教育部农科类卓越中等职业学校教师培养计划改革项目

畜牧基础学

王清华　王艳荣　主编

中国农业大学出版社
·北京·

内容简介

《畜牧基础学》是为动物科学卓越师资班本科学生编著的教材。本教材以本科生培养目标为导向，以培养和造就一批"基础厚、能力强、素质高、适应广"的开拓型、创造型畜牧业师资人才，以突出应用性、加强实践性、强调针对性、注重灵活性为宗旨，使学生从课堂上学到扎实的专业知识和专业技能。本教材内容包括绪论、动物营养学、饲料学、动物遗传学、家畜育种学和家畜繁殖学五部分。

图书在版编目(CIP)数据

畜牧基础学 / 王清华，王艳荣主编. — 北京 ：中国农业大学出版社，2018.4
ISBN 978-7-5655-1999-4

Ⅰ.①畜…　Ⅱ.①王…②王…　Ⅲ.①畜牧学－高等学校－教材　Ⅳ.①S81

中国版本图书馆 CIP 数据核字(2018)第 061997 号

书　　名　畜牧基础学

作　　者　王清华　王艳荣　主编

策　　划　梁爱荣　　　　**责任编辑**　冯雪梅
封面设计　郑　川
出版发行　中国农业大学出版社
社　　址　北京市海淀区圆明园西路 2 号　　　　**邮政编码**　100193
电　　话　发行部 010-62818525，8625　　　　读者服务部 010-62732336
　　　　　　编辑部 010-62732617，2618　　　　出　版　部 010-62733440
网　　址　http://www.caupress.cn　　　　**E-mail** cbsszs @ cau.edu.cn
经　　销　新华书店
印　　刷　北京时代华都印刷有限公司
版　　次　2018 年 4 月第 1 版　　2018 年 4 月第 1 次印刷
规　　格　787×1 092　　16 开本　　27.5 印张　　670 千字
定　　价　72.00 元

编写人员

主　　编　王清华　王艳荣

副 主 编　张晓建　杨丽芬　韩芬霞　贺永惠

编写人员（按照姓氏拼音排序）

郭　锋　韩芬霞　何　云　贺永惠　任　斐

王清华　王艳荣　杨丽芬　张晓建

前言

PREFACE

本教材是根据《教育部关于实施卓越教师培养计划的意见》(教师[2014]5 号)和《关于推进卓越教师培养计划改革项目实施工作的通知》(教师司函[2015]16 号)文件精神编写而成的。

按照"农科类卓越中等职业学校教师培养改革计划(教高函[2014]7 号)"的要求，在与地方教育主管部门、行业企业、中职学校的协同合作中，依据行业企业用人的需求、中职学校教师队伍建设的诉求、地方政府对技能型人才的要求，经过长期研究和实践，我校创造性地构建了在全国颇具影响的"双师型素质、双基地建设、双技能训练、双证书制度"的"四双"工程人才培养模式，实施了职教师资培养的"双岗实习、置换培训"实习新模式，实行了校内外"双导师制"，建立了"专业＋专项＋专证"的人才评价制度。在此基础上，我校成立了卓越畜牧兽医科技班，并编写了本教材。

本教材包括动物营养学、饲料学、动物遗传学、家畜育种学、家畜繁殖学五部分。根据我校教学改革实际，针对以往教材中理论偏深、实用性偏差、结构体系不太合理等问题，在本教材编写过程中把握好量和度，要求和教学课时相适应，力求做到新、精、实用，反映行业的新发展。按照"因材施教、全面发展、精简课内、加强实践、突出创新"的思路，根据中职学校"双师型"教师培养目标，强化教学模式、教学内容、专业实践等环节的有机融合，体现涉农行业、企业、农业产业对技能型人才的知识、素质、能力的基本要求。

本教材的编写得到了河南科技学院的资助，河南科技学院教务处和动物科技学院的领导给予了大力支持，谨此致以衷心的感谢！此外，本教材参考和引用了许多文献，在此一并表示感谢！

由于编者水平所限，书中不妥之处在所难免，敬请读者批评指正。

编者

2017 年 10 月

目录 CONTENTS

第二篇 饲料学

第三篇　动物遗传学

第四篇　家畜育种学

第五篇　家畜繁殖学

绪　论

畜牧基础学是一门研究动物生产的基础理论的综合性课程，是动物科学和动物医学专业一门重要的专业课程。是以动物营养与饲料科学、遗传育种与繁育等学科为基础，研究动物生产过程中营养物质的来源和需要量、生长发育规律及其应用、优良畜禽繁殖技术等，为进一步学习专业课奠定基础。其任务是使学生掌握相关的基础理论与基本的饲料配制、品种改良、繁殖技能，能够利用所学理论和技术，科学组织畜牧生产，解决生产应用中的问题，提高动物生产力和经济、生态以及社会效益。

一、有关概念

营养(nutrition)是有机体消化吸收食物并利用食物中的有效成分来维持生命活动、修补体组织、生长和生产的全部过程。食物中的有效成分能够被有机体用以维持生命或生产产品的一切化学物质，即通常所称的营养物质或营养素、养分(nutrient)。动物营养(animal nutrition)指动物摄取、消化、吸收、利用饲料中营养物质的全过程，是一系列化学、物理及生理变化过程的总称。动物营养学(nutriology)是研究营养物质摄入与动物生命活动(包括生产)之间关系的科学。研究养分的摄入与动物健康和高效生产的定性定量规律，不但可以为动物生产提供理论根据和实践指南，维持动物生产的高效进行，而且有助于揭示动物生命活动的本质、动物与人及环境的互作关系。

饲料(feed)是动物赖以生存和生产畜产品的物质基础。饲料学(feed science)是一门研究饲料的学问，目的在于揭示饲料的化学组成及其规律以及与动物营养需要之间的关系。饲料学对动物生产和饲料工业的发展至关重要，它不仅是培养动物生产、动物营养与饲料科学专业人才的一门重要学科，也是推动动物生产和饲料工业不断发展的理论与技术基础，在理论和实践上都具有重要的地位。

遗传(heredity)就是亲代与子代之间在形态结构、生理功能、行为本能等方面的相似性。变异(variation)就是亲代与子代之间在形态结构、生理功能、行为本能等方面差异现象。遗传是相对的，变异是绝对的；遗传是生物物种得以延续和繁衍。变异是生物进化的基础。遗传学(genetics)是研究遗传与变异的科学，是研究生物体遗传物质结构、功能以及遗传信息传递与表达的科学。

动物育种(animal breeding)是一种从遗传上逐代改进动物群体重要性状，从而提高经济效益的技术和方法。即利用现有的畜禽资源，采取一切可能的手段来改进动物的遗传素质，以期生产出符合市场需求的数量多、质量高的畜产品。动物育种学(animal breeding science)是人类应用遗传学理论指导家畜育种实践的有关科学知识体系，具体上是人为地控制畜禽个体的繁殖机会，利用适当的育种方法，尽可能“优化”地开发利用畜禽品种的遗传变异的一系列理论和方法。是研究改进、保护和利用动物遗传资源，以提高生产效率的原理、方法和技术的一门科学。

繁殖(reproduction)是指有生命的个体以某种方式繁衍与自己性状相似的后代来延续生命的

过程。动物繁殖学(animal reproduction)是研究动物生殖活动及其调控规律和调控技术的科学,是加强畜禽品种改良、保证畜牧业快速发展的重要手段。

二、我国畜牧业面临的挑战

我国畜牧业面临着养殖成本的不断攀升,环保压力持续加大,资源约束趋紧,国际竞争加剧,动物疫病防控形势严峻等挑战。

养殖成本的不断攀升。我国畜牧业规模化水平不高、养殖效率较低,养殖成本不断攀升。目前蛋鸡和肉鸡的规模化水平最高,牛羊较差。2005—2013 年,我国生猪生产成本年均增长率为 9.04%。2013 年我国养猪生产成本比美国高 40%左右。近几年来,环保成本迅速增长,目前每头猪的环保成本需要 30~40 元。

环保压力持续加大。畜牧业粪便年产量达 6 亿 t,占比超过 30%,种养循环不畅,养殖布局与资源承载能力不匹配。

资源约束趋紧。养殖用地审批难、蛋白饲料缺口大、实用技术人才短缺等因素,要求畜牧业提高土地利用效率、饲料转化效率、劳动生产效率。

国际竞争加剧。与发达国家生产性能相比,我国生产效率较低,如母猪年提供育肥猪数量方面,我国一头母猪一年提供十几头育肥猪,而欧美等国家,一头母猪提供二十几头甚至 30 头。自由贸易是大势所趋,2015 年我国猪肉进口 78 万 t,是 2010 年的 3.9 倍。预计 2016 年 100 万 t,占国内消费总量的 2%。

动物疫病防控形势严峻。重大疾病时有发生,常见病多发。

具体到畜禽良种与饲料业来说,存在的问题有:

畜禽良种方面面临的问题是种畜禽生产依赖进口,特别是猪、奶牛、白羽肉鸡等,非常依赖国外。大部分企业的育种积极性不高,投入高,时间长,风险也有,造成企业育种不积极。科研生产水平不高。更多停留在理论水平,商业化程度低。缺乏联合育种机制,基础工作不扎实。

目前,我们已经发展成为世界第一的饲料大国,年产商品饲料超过 2 亿 t,建成了包括饲料加工、饲料原料、饲料添加剂、饲料机械在内的门类齐全的产业体系,现代饲料工业初具规模,对养殖业的支撑能力显著增强。我国工业饲料在养殖业中的普及率已经达到了很高的水平,如在生猪养殖中约为 75%,在蛋禽和肉禽养殖中超过了 90%。虽然我国饲料工业这些年的发展取得了显著成就,但总体看仍处于从饲料大国向饲料强国迈进的爬坡过坎期,还存在一些制约产业加快升级的矛盾和问题。如在加工装备、管理体系和技术创新能力等方面还有差距,产品同质化问题突出,具有较强国际影响力的企业和品牌不多;饲料生产企业与养殖场户对接不够紧密,产品销售环节多费用高;技术支撑机构人才装备建设滞后,基层监督执法体制机制不健全,质量安全风险管控和日常监管没有全面落实到位;抵御大宗原料价格波动等市场风险、采用新技术新装备实现持续发展的能力不强。从外部环境看,"十三五"期间,饲料工业发展面临着市场空间拓展更难、质量安全要求更严、资源环境约束更紧等诸多挑战,迫切要求加快推进供给侧结构性改革,实现发展动能转换。

三、"十三五"期间畜禽良种与饲料业的工作重点

"十三五"期间畜牧业发展的主要任务是发展标准化规模养殖,使整个畜牧业综合规模化率由"十二五"期间的 39.6%上升到 50%以上。畜牧发展开展精准化饲养,加强粪污的资源化利用及无害化处理,全国粪污量 38 亿 t,争取实现利用率达 70%以上。提高秸秆的饲料利用率,全国每年

8亿t秸秆产量，饲料利用率由“十二五”期间的27.5%提升至34%以上。

深入实施遗传改良计划，建设现代化生猪种业、奶牛、肉牛、肉羊以及其他特色草食畜禽国家核心育种场。系统开展生猪本土化选育，打造“华系”种猪品牌；促进生猪遗传资源保护和开发利用；大力支持奶牛、肉牛、肉羊以及其他特色草食畜禽国家核心育种场建设，完善生产性能测定配套设施设备配置，规范开展生产性能测定工作，督促育种企业提高场内测定的质量，提高国产优秀种公畜数量和质量；加强种畜禽遗传评估中心基础设施建设，提高遗传评估的准确性和及时性。

在加快生猪种业发展方面，一是打造华系种猪品牌。借鉴发达国家经验，突出“杜、长、大”品种的本土化选育，着力提升生长发育性能和繁殖性能，提高核心种源自给率。强化种猪质量评价体系建设。二是以种猪登记和生产性能测定为基础，以种猪生产性能测定中心和遗传评估中心为载体，构建种猪质量评价体系和信息发布平台，推进种猪优质优价。三是促进地方品种保护与开发。据第二次全国畜禽遗传资源调查，我国共有地方猪种资源80个，其中列入国家级畜禽遗传资源保护名录的有42个。以国家级保护品种为重点，建立资源动态监测机制，促进地方品种资源有效保护和有序开发。

加快主要草食畜禽育种进程，奶牛要加大全基因组选择和优质胚胎引进推广力度，建设全国奶牛育种大数据平台和遗传评估中心，强化育种监督管理服务；肉牛要选择群体规模大、育种基础好的现有杂交群体开展杂交育种，培育一批专门化肉牛新品种，提高育成品种和引进品种的生产性能；肉羊要开展地方品种选育，提高肉用生产性能和种群供种能力，培育繁殖性能高、生长发育快的专门化肉羊新品种。

“十三五”期间饲料工业的发展目标是支持畜牧业发展的快速发展，加快饲料工业的转型升级，提升饲料安全和新饲料研发。根据《全国农业现代化规划（2016—2020年）》，2020年全国肉类、奶类和养殖水产品预期产量分别为9 000万t、4 100万t和5 240万t，按照目前的技术水平，实现这个增产目标需增加1 600万t配合饲料。此外，生猪、肉牛、肉羊规模化养殖的进一步发展，还可增加配合饲料1 000万t以上。同时，随着养殖业综合技术进步，未来5年饲料利用效率可望提高3%以上，节省配合饲料600万t左右。综合“两增一减”三个因素，预计未来5年工业饲料消费年均增长约400万t，增速约为1.9%。从增速看，我国工业饲料将进入低速增长期，但仍有稳定的拓展空间。

在饲料工业“十三五”规划中，列明了五个具体目标：产量目标为2.2亿t配合饲料。管理目标为制度完善监管有力饲料总体合格率96%。产业目标为100万吨企业集团40家，产量占比60%。添加剂目标为添加剂产值比2015年增长50%；微生物氨基酸等优势产品保持稳定；限制性小品种氨基酸类产品应用更加广泛；酶制剂微生态制剂生产技术达到国际先进水平。生态目标为每饲用1 t饲料对应的氮磷排放量减少5%；每吨颗粒饲料加工能耗降低10%。明确了五个方面的重点任务。一是巩固饲料原料基础，稳定供应谋发展。重点是进一步提高玉米、豆粕等大宗饲料原料的保障能力，挖掘饲草料生产和农副资源饲料化利用潜力。二是坚守饲料安全生命线，提升监管能力谋发展。重点是着力健全规范标准、安全评价、监测预警、监督执法等支撑保障体系，完善事前、事中、事后有效衔接的监管制度。三是瞄准安全高效环保的方向，依靠创新谋发展。重点是加快发展新型饲料添加剂，加快构建精准配方技术体系，加强先进适用技术集成，推动饲料产品质量升级。四是挖掘工艺装备的潜力，节本增效谋发展。重点是以智能化、精细化、高效低耗、安全生产为方向，提升装备水平，推广先进工艺，推动饲料加工水平升级。五是突出以企业为主体的原则，转变生产经营方式谋发展。重点是围绕全产业链发展、全球化发展、信息化发展和创新驱动发展，做大做强饲料企业，提升国际竞争力。

第一篇

动物营养学

第一章　饲料中的营养物质及其来源

动物为了维持自身的生命活动和生产，必须从外界环境中摄取所需要的各种营养物质。植物及其产品是动物饲料的主要来源。因此，了解营养物质的概念、种类和来源，是学习动物营养学的重要基础。

本章重点阐述了动物饲料中主要营养物质概念、种类、基本功能和来源，动植物体的营养物质组成及其比较，特别是饲料概略养分分析方案中六大营养物质的概念。

第一节　饲料中的营养物质

动物为了生存、生长、繁衍后代和生产，必须从外界摄取食物，动物的食物称为饲料。饲料中凡能被动物用以维持生命、生产产品的物质，称为营养物质，简称养分。

一、营养物质的种类

饲料中营养物质可以是简单的化学元素，如 Ca、P、Mg、Na、Cl、K、S、Fe、Cu、Mn、Zn、Se、I、Co 等；也可以是复杂的化合物，如蛋白质、脂肪、碳水化合物和维生素等。动物需要的营养物质主要有六类，即水、蛋白质、碳水化合物、脂类、矿物质和维生素。

(一)概略养分

国际上通常采用 1864 年，德国 Hanneberg 提出的常规饲料分析方案，即概略养分分析方案(feed proximate analysis)，将饲料中的养分分为水分、粗灰分、粗蛋白质、粗脂肪、粗纤维和无氮浸出物六大类，它们之间的相互关系见图 1-1-1。

该分析方案概括性强，简单、实用，尽管分析中存在一些不足，特别是粗纤维分析尚待改进，目前世界各国仍在采用。

- 饲料
  - 水分
  - 干物质
    - 无机物质(粗灰分或矿物质)
    - 有机物质
      - 含氮化合物(粗蛋白质)
      - 无氮化合物
        - 乙醚浸出物(粗脂肪)
        - 碳水化合物
          - 粗纤维
          - 无氮浸出物

图 1-1-1　概略养分与饲料组成之间的关系

1. 水分(water)

各种饲料均含有水分，其含量差异很大，最高可达 95%以上，最低可低于 5%。饲料中的水分常以两种状态存在。一种是含于动植物体细胞间，与细胞结合不紧密，容易挥发的水，称为游离水或自由水；另一种是与细胞内胶体物质紧密结合在一起，形成胶体水膜，难以挥发的水，称结合水或束缚水。构成动植物体的这两种水分之和，称为总水分。

常规饲料分析将饲料中总水分分为初水和吸附水。

(1)初水(primary moisture)　即自由水、游离水或原始水分。将新鲜饲料在60～70℃烘箱中烘一定时间，在室温下冷却至恒重时，所失重量即为初水。各种新鲜的青绿多汁饲料，含有较多的初水。

$$\text{初水含量}=\frac{\text{鲜饲料重(g)}-\text{风干饲料重(g)}}{\text{鲜饲料重(g)}}\times100\%$$

(2)吸附水(absorption water)　即结合水或束缚水。测定初水后的饲料或风干饲料在100～105℃烘箱内烘一定时间，放入干燥器中冷却并达到恒重时，所失去的重量为吸附水。

$$\text{吸附水含量}=\frac{\text{风干饲料重(g)}-\text{烘干后饲料重(g)}}{\text{风干饲料重(g)}}\times100\%$$

饲料中除去初水和吸附水后的剩余部分称为干物质（dry matter，缩写 DM）。干物质是比较各种饲料所含养分多少的基础。

2. 粗灰分(Ash)

粗灰分是饲料样品在550～600℃高温炉中灼烧有机物质全部燃烧后剩余的残渣。主要为矿物质氧化物或盐类等无机物质，有时还含有少量泥沙，故称粗灰分。

$$\text{粗灰分含量}=\frac{\text{灰分重(g)}}{\text{饲料样品重(g)}}\times100\%$$

3. 粗蛋白质(crude protein，缩写 CP)

粗蛋白质是饲料样品中一切含氮物质的总称，包括真蛋白质和非蛋白质含氮化合物(non-protein nitrogen，缩写 NPN)两部分。

常规饲料分析测定粗蛋白质，是用凯氏定氮法测出饲料样品中的氮含量后，再乘以6.25计算粗蛋白质含量。6.25称为蛋白质的换算系数，表示饲料样品中粗蛋白质的平均含氮量为16%(100/16=6.25)。计算公式如下：

$$\text{粗蛋白含量}=\frac{\text{饲料样品含氮(g)}\times6.25}{\text{饲料样品重(g)}}\times100\%$$

4. 粗脂肪(ether extract，缩写 EE)

粗脂肪是饲料样品中脂溶性物质的总称。常规饲料分析常用乙醚浸提，故又称乙醚浸出物。粗脂肪中除真脂肪外，还含有其他溶于乙醚的有机物质，如叶绿素、胡萝卜素、有机酸、树脂、脂溶性维生素等物质，故称粗脂肪。

$$\text{粗脂肪含量}=\frac{\text{乙醚浸出物重(g)}}{\text{饲料样品重(g)}}\times100\%$$

5. 粗纤维(crude fiber，缩写 CF)

粗纤维是植物细胞壁的主要组成成分，包括纤维素、半纤维素、木质素及角质等成分。

常规饲料分析方法测定的粗纤维，是将饲料样品经1.25%稀酸、1.25%稀碱各煮沸30 min后，所剩余的不溶解碳水化合物。在分析过程中，有部分半纤维素、纤维素和木质素溶解于酸、碱中，使测定的粗纤维含量偏低，同时又增加了无氮浸出物的计算误差。为了改进粗纤维分析方案，Van Soest(1976)提出了用中性洗涤纤维(neutral detergent fiber，缩写NDF)、酸性洗涤纤维(acid detergent fiber，缩写ADF)、酸性洗涤木质素(acid detergent lignin，缩写ADL)作为评定饲草中纤维类物质的指标。此法能将饲料粗纤维中的半纤维素、纤维素和木质素全部分离出来，能更好地评定饲料粗纤维的营养价值。测定方案如图1-1-2。

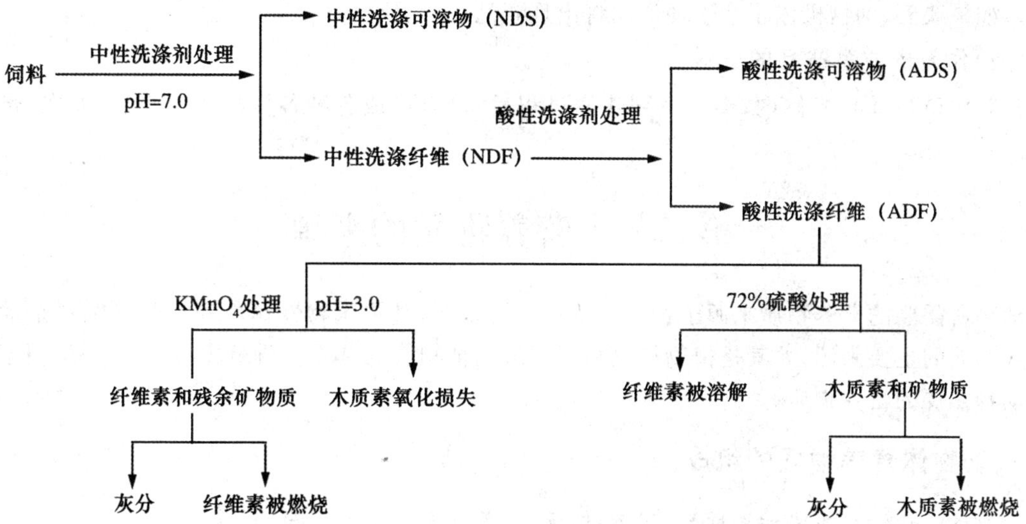

图1-1-2 Van Soest粗纤维分析方案

6. 无氮浸出物(nitrogen free extract，缩写NFE)

无氮浸出物主要由易被动物利用的淀粉、菊糖、双糖、单糖等可溶性碳水化合物组成。常规饲料分析不能直接分析饲料中无氮浸出物含量，而是通过计算求得：

无氮浸出物含量＝100%－(水分＋粗灰分＋粗蛋白质＋粗脂肪＋粗纤维)%

(二)纯养分

饲料中最基础的、不可再分的养分叫纯养分，包括蛋白质中的氨基酸、脂肪中的脂肪酸、碳水化合物中的各种糖、各种矿物质元素和维生素等。测定纯养分的分析方法叫纯养分分析法，需要用更复杂的方法和设备才能进行。纯养分分析比概略养分分析更准确，更能反映饲料的营养价值。随着动物营养科学的发展，饲料养分分析方法的不断改进，分析手段越来越先进，如氨基酸自动分析仪、原子吸收光谱仪、气相色谱分析仪等的使用，使饲料分析的劳动强度大大减轻，效率提高，各种纯养分皆可进行分析，促使动物营养研究更加深入细致，饲料营养价值评定也更加精确可靠。

二、营养物质的基本功能

饲料中各种营养物质的基本功能可归结为三个方面：

(一)作为动物体的结构物质

营养物质是动物机体每一个细胞和组织的构成物质，如骨骼、肌肉、皮肤、结缔组织、牙齿、羽毛、角、爪等组织器官。所以，营养物质是动物维持生命和正常生产过程中不可缺少的物质。

(二)作为动物生存和生产的能量来源

在动物生命和生产过程中，维持体温、随意活动和生产产品，所需能量皆来源于饲料中营养物质。碳水化合物、脂肪和蛋白质都可以为动物提供能量，但以碳水化合物供能最经济。脂肪除供能外还是动物体储存能量的最好形式。

(三)作为动物机体正常机能活动的调节物质

营养物质中的维生素、矿物质以及某些氨基酸、脂肪酸等，在动物机体内起着不可缺少的调节作用。如果缺乏，动物机体正常生理活动将出现紊乱，甚至死亡。

(四)作为形成畜产品的原料

营养物质在动物机体内，经一系列代谢过程后，可以形成各种各样的离体产品，如肉、蛋、奶、毛等。

第二节　营养物质的来源

动物所需要的营养物质来源于饲料。饲料种类繁多，其中植物性饲料和动物性饲料是动物所需营养物质的主要来源，尤其是植物性饲料。了解动植物体的营养物质组成特点和差异，便于合理供给动物需要的营养物质。

一、动物体营养物质的组成

动物体的化学组成依动物种类、年龄、体重、营养状况不同而不同。

(一)水分

动物体内水分含量随年龄的增加而大幅度的降低。以牛为例，胚胎期含水分高达95%，初生犊牛含水75%～80%，5月龄幼牛含水66%～72%，成年牛体内含水仅40%～60%，且相对稳定。动物体内水分随年龄增长而大幅度降低的主要原因，是由于体脂肪的增加。如猪体重从8 kg增至100 kg，水分从73%下降到49%，脂肪则从6%上升到36%。动物体脂肪和水分含量呈显著负相关($r=-0.89$)。

不同器官和组织因机能不同，水分含量亦不同。血液含水分90%～92%，肌肉含分水72%～78%，骨骼组织含水分约45%，牙釉质含水分仅5%。

(二)有机物质

脂肪和蛋白质是动物体内两种重要的有机物质。动物体内碳水化合物含量极少。

蛋白质是构成动物体各组织器官重要的组成成分。动物体内各种酶、抗体、内外分泌物、色素以及对动物有机体起消化、代谢、保护作用的一些特殊物质多为蛋白质。动物体内的蛋白质是由各种氨基酸按一定顺序排列构成的真蛋白质。

动物种类不同体内的脂肪含量也不同。一般说来，猪体脂肪储量最高，牛、羊次之，鸡、兔、鱼等动物体内脂肪储量较少。脂肪的含量与营养水平、采食量密切相关。同一种动物用高营养水平，特别是高能量水平饲喂，体脂的储量则高。动物随年龄和体重的增加，体脂肪的含量增加。动物生产上，分割的肥肉部分含脂肪30%～90%。分割的肌肉组织含脂肪较少。如猪的肌肉组织含脂肪约20%；鸡的胸肌组织含脂肪不足20%；大理石状的牛腰肉含脂肪15%～20%。

动物体内碳水化合物含量低于1%，主要以肝糖原和肌糖原形式存在。肝糖原占肝鲜重的2%～8%，占总糖原的15%。肌糖原占肌肉鲜重的0.5%～1%，占总糖原的80%。其他组织中糖原约占5%。葡萄糖是重要的营养性单糖，肝、肾是体内葡萄糖的储存库。

（三）灰分（矿物质）

动物体内灰分主要由各种矿物质组成。包括常量矿物质元素钙、磷、镁、钾、钠、氯、硫，其中主要为钙、磷，占65%～75%；微量矿物质元素如铁、铜、锌、锰、钴、硒、碘等。

二、植物体的营养物质组成

植物整体水分含量随植物从幼龄至老熟，逐渐减少。碳水化合物是植物的主要组成成分。碳水化合物分为粗纤维和无氮浸出物。粗纤维是植物细胞壁的构成物质，在植物茎秆中含量较高。蛋白质、脂肪、矿物质的含量随植物种类不同差异很大。如豆科植物含蛋白质较多，牧草特别是豆科牧草含矿物质相对较多。

植物不同部位的营养物质相对比例变异较大。植物成熟后，将大量营养物质输送到籽实中储存，因而籽实中蛋白质、脂肪和无氮浸出物含量皆高于茎叶，粗纤维含量则低于茎叶。如玉米籽实和玉米秸秆的成分差异较大。植物叶片是制造养分的主要器官，叶片中蛋白质、脂肪、无氮浸出物含量比茎秆高，粗纤维则比茎秆低。动物生产上，叶片保存完整的饲料植物营养价值也相对较高。

三、动植物体营养物质组成的比较

（一）元素组成比较

19世纪初期，科学工作者利用化学分析方法对动植物体化学成分进行研究，并作了比较，发现二者所含化学元素种类基本相同，数量略有差异。植物因种类不同，化学元素含量差异很大。不同种类动物体化学元素含量差异不显著。无论植物或动物所含化学元素，皆以氧为最多，碳和氢次之，钙和磷较少。动物体内的钙、磷、钠含量大大超过植物，钾含量则低于植物。其他微量元素的含量，相对较稳定。植物则受土壤、肥料、气候条件和收储时间等因素影响而变化。

（二）化合物组成比较

1. 碳水化合物

碳水化合物是植物体的结构物质和储备物质。植物种类及部位间，碳水化合物的含量和种类差异较大。植物体中可溶性碳水化合物分布比较集中，如芸薹属植物根的液泡中葡萄糖含量较高；甘蔗、甜菜等茎中蔗糖含量特别高；豆科籽实中棉籽糖、水苏糖含量高；块根块茎和禾谷类籽实干物质中淀粉等营养性多糖含量高达80%以上。一些木质化程度很高的茎叶、秕壳中，可溶性碳水化合物含量很低。粗纤维主要分布于根茎叶和种皮中，主要包括纤维素、半纤维素、木质素和果胶等，是植物细胞壁的主要组成物质。不同种类、不同生长阶段的植物，细胞壁组成物质的种类和含量不同。纤维素含量占20%～40%，也可高达60%；半纤维素含量占10%～20%；果胶占1%～10%；木质素是植物生长成熟后才出现在细胞壁中的物质，占5%～10%。

动物体内的碳水化合物含量低于1%，主要为糖原和葡萄糖，完全不含粗纤维。

2. 蛋白质

蛋白质是动物体的重要组成成分，是除水外含量最高的营养物质，含量相对比较稳定。动物体内的蛋白质主要是真蛋白质和少量游离氨基酸、激素和酶。

植物的蛋白质含量变异大,除真蛋白质外,还含有较多的非蛋白质含氮物。植物蛋白质的氨基酸组成、含量和平衡情况变异很大,导致蛋白质的品质变异大。

3.脂类

脂类是动物体的能量储备物质,动物体的脂类含量一般高于植物体(除油料作物籽实)。动物体内的脂类除了储存在脂肪组织中的甘油三酯外,还有结构性的复合脂类,如磷脂、糖脂、鞘脂、脂蛋白质等。动物因种类、品种、肥育程度等不同,脂肪含量差异很大。

油料植物中脂类含量较多,一般植物中脂类含量较少。植物种子中的脂类主要是简单的甘油三酯,复合脂类是细胞中的结构物质。此外,还含有蜡质、色素等。

4.水分

植物体内水分含量变异范围很大,而成年动物体内水分含量则相对稳定。

5.灰分

动物体内灰分含量比植物体多(以干物质计),特别是钙、磷、镁、钾、钠、氯、硫等常量矿物元素的含量远高于植物体。

复习思考题

1.解释饲料和营养物质的概念。

2.简述概略养分分析方案中的营养物质种类及其概念。

3.简述营养物质的基本功能。

4.比较动植物体营养物质组成的差异。

第二章　动物对饲料的消化

采食是动物摄入营养物质的途径，是动物最基本的生命活动。但饲料中的营养物质一般不能被动物机体直接吸收利用，必须在消化道内经过物理的、化学的、微生物的一系列消化过程，将大分子有机物质分解为简单的、可吸收的小分子物质，才能被机体吸收。

不同动物的消化道生理结构不同，对饲料的消化吸收的方式也不同，对同种饲料的消化利用程度也就不同；不同种类的饲料，性质差异较大，致使动物对其消化利用的程度也不一样。因此，了解动物消化饲料的基本规律和特点，有利于合理向动物供给饲料、节约利用饲料，从而提高饲料利用效率，降低动物生产成本。

本章主要阐述动物对饲料中营养物质的不同消化方式，各种动物消化饲料的特点和影响动物对饲料中营养物质消化的因素。

第一节　动物的消化方式及特点

动物种类不同，消化道结构和功能也不同，对饲料中营养物质的消化、吸收方式有一定差异。

一、动物的消化系统结构及消化特点

(一)消化系统结构

消化系统由消化道和消化腺两部分组成。消化道为饲料通过的管道，起始于口腔，经咽、食管、胃、小肠、大肠，止于肛门。消化腺是分泌消化液的腺体，包括唾液腺、肝脏、胰腺、胃腺和肠腺等。不同动物消化系统示意图如图 1-2-1。

(二)各种动物的消化特点

1. 非反刍动物

非反刍动物包括单胃杂食类、草食类和肉食类，主要有猪、马、兔和犬等。除单胃草食类动物外，单胃杂食类动物的消化特点主要是消化酶的消化。

猪口腔内牙齿对饲料咀嚼比较细致，咀嚼时间长短与饲料的柔软程度和动物年龄有关。一般粗硬的饲料咀嚼时间长，随年龄的增加咀嚼时间相应缩短。生产上猪饲料宜适当粉碎以减少咀嚼的能量消耗，同时又有助于胃、肠中酶的消化。猪饲粮中的粗纤维主要靠大肠和盲肠中微生物发酵消化，消化能力较弱。

马和兔主要靠上唇和门齿采食饲料，靠臼齿磨碎饲料，咀嚼比猪更细致。咀嚼时间愈长，唾液分泌愈多；饲料的湿润、膨胀、松软就愈好，愈有利于胃内酶的消化。该类动物的饲料喂前适当切短，有助于采食和磨碎。

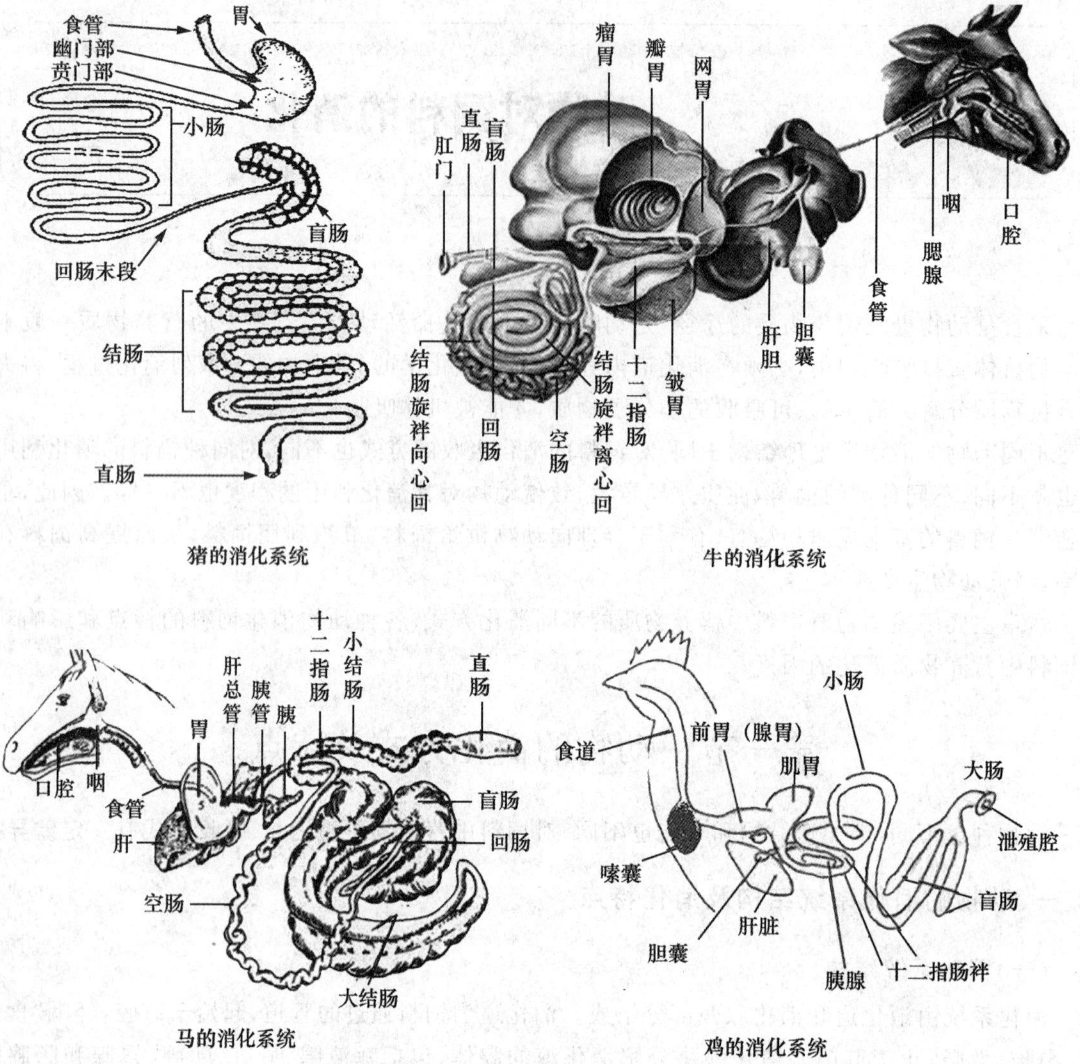

图 1-2-1　不同畜禽消化系统比较示意图

马胃的容积较小，盲肠和结肠却十分发达。盲肠容积可达 32～37 L，约占消化道容积的 16%，而猪和牛仅占 7%。盲肠中的微生物种类与反刍动物瘤胃类似。食糜在马盲肠和结肠中滞留时间长达 72 h 以上，饲草中粗纤维 40%～50% 被微生物发酵分解为挥发性脂肪酸、氨和二氧化碳，消化能力与瘤胃类似。兔的盲肠和结肠有明显的蠕动与逆蠕动，从而保证了盲肠和结肠内微生物对食物残渣中粗纤维进行充分消化。

2. 反刍动物

反刍动物的消化特点是前胃（瘤胃、网胃、瓣胃）以微生物消化为主，主要在瘤胃内进行。皱胃和小肠的消化与非反刍动物类似，主要是酶的消化。

反刍动物采食饲料不经充分咀嚼就匆匆咽入瘤胃，被唾液和瘤胃水分浸润软化后，在休息时又返回到口腔仔细咀嚼，再吞咽入瘤胃，这是反刍动物消化过程中特有的反刍现象。饲料在瘤胃经微生物充分发酵，其中70%～85%干物质和50%的粗纤维在瘤胃内消化。

食糜由瘤胃、网胃、瓣胃进入真胃和小肠，进行酶的消化。当食糜进入盲肠和大肠时又进行第二次微生物发酵消化。饲料中粗纤维经两次发酵，消化率显著提高，这也是反刍动物能大量利用粗饲料的营养基础。

3. 禽类

禽类对饲料中养分的消化类似于非反刍动物猪的消化。不同的是禽类口腔中没有牙齿，靠喙采食饲料，喙也能撕碎大块食物。鸭和鹅呈扁平状的喙，边缘粗糙面具有很多小型的角质齿，也有切断饲料的功能。饲料与口腔内的唾液混合，吞入食管膨大部——嗉囊中储存。在嗉囊中饲料被湿润和软化，再进入腺胃。食物在腺胃停留时间很短，消化作用不强。禽类的肌胃壁肌肉坚厚，可对饲料进行机械性磨碎，肌胃内的砂粒更有助于饲料的磨碎和消化。禽类的肠道较短，饲料在肠道中停留时间不长，所以酶的消化和微生物的消化都比猪的弱。未消化的食物残渣和尿液，通过泄殖腔排出。

二、各种动物对饲料的消化方式

(一)物理性消化

物理性消化又称机械性消化，主要靠动物牙齿(或喙)和消化道管壁的肌肉运动把饲料撕碎、磨烂、压扁、搅拌，增加食物的表面积，使之易与消化液充分混合，为化学性消化和微生物消化做好准备。同时，推动食糜向下一段消化道移动。

对于哺乳动物猪、牛、羊等，口腔是主要的物理性消化的器官，对改变饲料粒度起着十分重要的作用。另外，消化道管壁肌肉的收缩对食糜进行进一步的研磨和搅拌。鸡、鸭、鹅等禽类，对饲料的物理性消化，一方面通过喙将食物撕碎、切断，另一方面通过肌胃壁强有力的收缩和饲料中的硬质物料的切磋，达到改变饲料粒度的目的，这也是禽类在笼养条件下，配合饲料中适量添加硬质沙石的依据。

(二)化学性消化

动物对饲料的化学性消化，主要是通过消化道所分泌的各种消化酶或饲料中含有的消化酶对饲料进行分解的过程。酶的消化是高等动物主要的消化方式，是饲料中营养物质变成能被动物吸收的营养物质的一个过程。反刍与非反刍动物都存在着酶的消化，但是非反刍动物酶的消化具有特别重要的作用。消化酶可以分为三大类：分解碳水化合物的淀粉酶类，分解蛋白质的蛋白酶类，分解脂类的脂肪酶类。各种消化酶均有其专一性的特征。动物胃肠道中主要的消化酶见表1-2-1。

不同种类动物酶消化的特点明显不同。原生动物酶的消化主要是细胞内消化。变形虫和草履虫吞噬食物后形成食物泡，再由溶酶体分泌的酶对食物进行化学性消化。随着动物的进化，细胞内消化逐渐分化为细胞外消化。细胞外消化的动物，消化管各部位已发生分化，有的部位以物理性消化为主(如口腔、肌胃)，有的部位用来储存食物(如嗉囊和瘤胃)，有的部位(如真胃和小肠)主要分泌消化液，进行酶的消化，有的部位(如小肠)主要用来吸收。

不同种类动物同一部位消化酶分泌的特点不同，口腔分泌唾液通常用来润湿食物，便于吞咽。人的唾液中含有较多的淀粉酶。猪和家禽唾液中含有少量淀粉酶。牛、羊、马唾液中不含淀粉酶或含量极少，但存在其他酶类，如麦芽糖酶、过氧化物酶、脂肪酶和磷酸酶等。唾液淀粉酶在动物口腔内消化活性很弱，随食糜进入胃后，在胃内还可以进一步发挥消化作用。反刍动物唾液中所含

$NaHCO_3$和磷酸盐，对维持瘤胃适宜酸度具有较强的缓冲作用。

表 1-2-1　消化道的主要酶类

来源	酶	前体物	致活物	底物	终产物
唾液	唾液淀粉酶			淀粉	糊精、麦芽糖
胃液	胃蛋白酶	胃蛋白酶原	盐酸	蛋白质	肽
胃液	凝乳酶	凝乳酶原	盐酸、活化钙	乳中酪蛋白	凝结乳
胰液	胰蛋白酶	胰蛋白酶原	肠激酶	蛋白质	肽
胰液	糜蛋白酶	糜蛋白酶原	胰蛋白酶	蛋白质	肽
胰液	羧肽酶	羧肽酶原	胰蛋白酶	肽	氨基酸、小肽
胰液	氨基肽酶	氨基肽酶原		肽	氨基酸
胰液	胰脂酶			脂肪	甘油、脂肪酸
胰液	胰麦芽糖酶			麦芽糖	葡萄糖
胰液	蔗糖酶			蔗糖	葡萄糖、果糖
胰液	胰淀粉酶			淀粉	糊精、麦芽糖
胰液	胰核酸酶			核酸	核苷酸
肠液	氨基肽酶			肽	氨基酸
肠液	双肽酶			肽	氨基酸
肠液	麦芽糖酶			麦芽糖	葡萄糖
肠液	乳糖酶			乳糖	葡萄糖、半乳糖
肠液	蔗糖酶			蔗糖	葡萄糖、果糖
肠液	核酸酶			核酸	核苷酸
肠液	核苷酸酶			核酸	核苷、磷酸

引自南京农业大学，家畜生理学，1980

(三)微生物消化

消化道微生物在动物消化过程中起着积极的，不可忽视的作用。这种作用对反刍动物和草食单胃动物的消化十分重要，是其能大量利用粗饲料的根本原因。反刍动物的微生物消化场所主要在瘤胃，其次在盲肠和大肠。草食单胃动物的微生物消化主要在盲肠和大肠。

1. 瘤胃内环境

反刍动物的瘤胃可看作是一个厌氧性微生物接种和繁殖的活体发酵罐，具有以下几大特点：

(1)食物和水分相对稳定　瘤胃内容物含干物质10%～15%，含水分85%～90%。虽然经常有食糜流入和排出，但食物和水分相对稳定，能保证微生物繁殖所需的各种营养物质。

(2)瘤胃 pH　瘤胃内 pH 变动范围是5.0～7.5，呈中性而略偏酸，很适合微生物的繁殖。

(3)渗透压　一般情况下瘤胃内渗透压比较稳定，约接近血浆水平。

(4)瘤胃温度　由于瘤胃发酵产生热量，所以瘤胃内温度通常超过体温1～2℃，适合各种微生物的生长。

2. 瘤胃内消化

瘤胃内环境很适合厌氧微生物的繁殖。瘤胃微生物种类繁多，主要为原生动物(如纤毛虫和鞭毛虫)和细菌两大类群。其数量随着饲料种类、饲喂制度及动物年龄等因素的不同而变化。一般成年反刍动物每毫升瘤胃液含细菌(0.4～6.0)$\times 10^{10}$个,含纤毛虫(0.2～2)$\times 10^{6}$个。总体积占瘤胃的5%～10%。瘤胃微生物按鲜重计算,绝对量可达3～7 kg。瘤胃微生物除原虫和细菌外,也还有酵母类的微生物和噬菌体等。

瘤胃微生物能分泌α-淀粉酶、蔗糖酶、呋喃果聚糖酶、蛋白酶、胱氨酸酶、半纤维素酶和纤维素酶等。这些酶将饲料中糖类和蛋白质分解成挥发性脂肪酸、NH_3等物质,同时微生物发酵也产生CH_4、CO_2、H_2、O_2、N_2等气体,通过嗳气排出体外。有实验证明,绵羊由瘤胃转入真胃的蛋白质,约有82%属菌体蛋白质,可见饲料蛋白质在瘤胃中大部分已转化成了菌体蛋白质。

瘤胃微生物不仅与宿主存在共生关系,而且微生物之间彼此存在相互制约、相互共生的关系。纤毛虫能吞食和消化细菌,除了菌体能提供营养来源外,还可利用菌体酶类来消化营养物质。当瘤胃纤毛虫完全消失时,细菌数目就大量增加,维持瘤胃内一定的消化水平。

瘤胃微生物在反刍动物的整个消化过程中具有两大优点:一是借助于微生物产生的β-糖苷酶,消化宿主动物不能消化的纤维素、半纤维素等物质,显著增加饲料中总能(GE)的可利用程度,提高动物对饲料中营养物质的消化率;二是微生物能合成必需氨基酸、必需脂肪酸和B族维生素等营养物质供宿主利用。瘤胃微生物消化的不足之处是:微生物发酵使饲料中能量的损失较多,优质蛋白质被降解,一部分碳水化合物经发酵生成CH_4、CO_2、H_2及O_2等气体,排出体外而流失。

非反刍草食动物盲肠和大肠内的微生物消化也比较重要,其与反刍动物瘤胃的微生物消化类似。

显然,微生物消化的最大特点是,可将大量不能被宿主动物直接利用的物质转化成能被畜主动物利用的高质量的营养素。但在微生物消化过程中,也有一定量能被宿主动物直接利用的营养物质首先被微生物利用或发酵损失,这种营养物质二次利用明显降低利用效率,特别是能量利用效率。

三、营养物质的吸收方式

饲料中营养物质在动物消化道内经物理的、化学的、微生物的消化后,经消化道上皮细胞进入血液或淋巴的过程称为吸收(absorption)。吸收后的营养物质被运送到机体各部位,供机体利用。动物营养研究中,把消化吸收了的营养物质视为可消化营养物质。

各种动物口腔和食道内均不吸收营养物质。非反刍动物,胃可以吸收少量葡萄糖、小肽和水。各种动物营养物质的主要吸收场所在小肠。反刍动物的瘤胃可吸收氨和挥发性脂肪酸,其余三个胃主要是吸收水和无机盐。动物的大肠也能进行一定程度的吸收。

营养物质的吸收是一个复杂的过程,高等动物对营养物质的吸收方式有三种:

(一)被动吸收

被动吸收指的是通过滤过、渗透、简单扩散和易化扩散(需要载体)等几种形式,将消化了的营养物质吸收进入血液和淋巴系统;这种吸收形式不需要消耗机体能量;一些小分子物质,如简单多肽、各种离子、电解质和水等的吸收即为被动吸收。

(二)主动吸收

主动吸收是一种需要消耗能量、逆电化学梯度并需要细胞膜上载体(膜蛋白)的协助进行的物质转运形式。是高等动物吸收营养物质的主要方式。动物机体内绝大部分营养物质的吸收是靠主动吸收完成的。

(三)胞饮吸收

胞饮吸收是吸收细胞以吞噬的方式吸收一些大分子物质的过程。首先,这些物质与细胞膜上特殊蛋白质(受体)结合;然后,结合部位向细胞内凹陷形成小泡;最后,小泡与细胞膜脱离进入细胞内部。以这种方式吸收的物质,可以是分子形式,也可以是团块或聚集物形式;初生哺乳动物对初乳中免疫球蛋白的吸收就是胞饮吸收,这对初生动物获取抗体具有十分重要的意义。

第二节 动物的消化力与饲料的可消化性

不同动物消化能力的大小存在明显差异,而不同饲料的可消化程度也各不相同。

一、消化力与消化性

饲料被动物消化的性质或程度称为饲料的可消化性;动物消化饲料中营养物质的能力称为动物的消化力。饲料的可消化性和动物的消化力是营养物质消化过程不可分割的两个方面。消化率是衡量饲料可消化性和动物消化力这两个方面的统一指标,它是饲料中可消化养分占食入饲料养分的百分率,计算公式如下:

$$\text{饲料中可消化养分} = \text{食入饲料中养分} - \text{粪中养分}$$

$$\text{饲料中某养分消化率} = \frac{\text{食入饲料中某养分} - \text{粪中某养分}}{\text{食入饲料中某养分}} \times 100\%$$

因粪中所含各种养分并非全部来自饲料,有少量来自消化道分泌的消化液、肠道脱落细胞、肠道微生物等内源性产物,故上述公式计算的消化率为表观消化率。

分析动物对饲料中各种养分的消化过程及其产物表明:饲料中蛋白质的表观消化率小于真实消化率,因为表观消化率计算中把来源于消化道的代谢蛋白质、消化酶和肠道微生物等视为未消化的饲料蛋白质,造成计算粪中排出蛋白质的量与真实情况不符。真消化率计算公式如下:

$$\text{饲料中某养分的真消化率} = \frac{\text{食入饲料中某养分} - (\text{粪中某养分} - \text{消化道来源物中某养分})}{\text{食入饲料中某养分}} \times 100\%$$

不同动物因消化力不同,对同一种饲料的消化率亦不同;不同种类的饲料,因可消化性不同,同一种动物对其消化率也不同。不同动物消化力差别见表 1-2-2。

表 1-2-2 不同动物消化力的差别 %

动物类别	有机物质	粗蛋白质	粗脂肪	粗纤维	无氮浸出物
			青苜蓿		
牛	65	78	46	44	74
绵羊	63	75	35	44	72
马	60	79	23	35	73
猪	66	71	0	43	76

续表 1-2-2

动物类别	有机物质	粗蛋白质	粗脂肪	粗纤维	无氮浸出物
			玉米籽实		
牛	87	75	87	19	91
绵羊	94	78	87	30	99
马	94	87	81	65	97
猪	88	56	46	21	69

引自许振英(1987)

二、影响消化率的因素

影响消化率的因素很多，凡影响动物消化生理、消化道结构与功能以及饲料性质的因素，都会影响消化率。主要有动物因素、饲料因素、饲养管理技术等几个方面。

(一)动物因素

1. 动物种类

不同种类的动物，由于消化道的结构、功能、长度和容积不同，因而消化力也不一样。一般来说，不同种类动物对粗饲料的消化率，差异较大。牛对粗饲料的消化率最高，羊稍次，猪较低，家禽几乎不能消化粗饲料中的粗纤维。精料、块根茎类饲料的消化率，动物种类间差异较小。

2. 年龄及个体差异

动物从幼年到成年，消化器官和机能发育的完善程度不同，则消化力强弱不同，对饲料养分的消化率也不一样。蛋白质、脂肪、粗纤维的消化率有随动物年龄的增加而呈上升的趋势，尤以粗纤维最明显，无氮浸出物和有机物质的消化率变化不大。老年动物因消化机能的衰退，消化率又逐渐降低，见表 1-2-3。

表 1-2-3　不同年龄猪对各种养分的消化率　　%

月龄	有机物	粗蛋白质	粗脂肪	粗纤维	无氮浸出物
2.5	80.2	68.2	63.6	11.0	89.4
4.0	82.1	72.0	45.4	39.4	90.5
6.0	80.9	73.6	65.0	36.9	88.1
8.0	82.8	76.5	67.9	36.4	89.8
10.0	83.4	77.6	72.6	35.1	90.2
12.0	84.5	81.2	74.5	46.2	90.1

引自许振英(1987)

同年龄、同品种的不同个体之间，因培育条件、体况、神经类型等的不同，对同一种饲料养分的消化率仍有差异。一般对混合料差异可达 6%，谷实类差异可达 4%，粗饲料差异可达 12%～14%。

(二)饲料因素

1. 种类

不同种类和来源的饲料因养分含量及性质的不同，可消化性也不同。一般幼嫩青绿饲料的可消化性较高,干粗饲料的可消化性较低;作物籽实的可消化性较高,而茎秆的可消化性较低。

2. 化学成分

饲料的化学成分以粗蛋白质和粗纤维对消化率影响最大。饲料中粗蛋白质含量越高,消化率愈高;粗纤维含量越高,则消化率愈低。

(1)蛋白质含量　饲料或饲粮中粗蛋白质含量高,碳水化合物含量则相对较低,有利于动物消化液的分泌和养分的充分消化。就反刍动物而言,各种养分的消化率随饲料或饲粮蛋白质水平的升高而升高(表 1-2-4)。猪和家禽的饲料或饲粮蛋白质水平对养分消化率的影响也存在同样趋势,但没有反刍动物明显。

表 1-2-4　粗蛋白质水平对各种养分消化率的影响　%

饲料粗蛋白质水平	各种养分消化率				
	有机物	粗蛋白质	粗脂肪	粗纤维	无氮浸出物
8.8	60.7	54.5	52.5	59.6	62.8
12.5	65.4	64.0	56.0	61.4	68.9
17.2	66.3	72.7	61.3	56.5	70.9
21.9	69.6	79.0	55.4	55.1	74.2
26.7	69.7	82.7	54.5	61.7	67.2
32.2	77.5	84.6	71.8	72.1	73.9

引自许振英(1987)

(2)粗纤维含量　饲料中粗纤维水平的高低对消化率影响最大。实验证明,随饲料中粗纤维含量增加,有机物质的消化率下降,尤其在非反刍动物中反应更明显。见表 1-2-5。

表 1-2-5　粗纤维对饲粮有机物质消化率的影响　%

粗纤维占饲粮干物质	牛	猪	马
10.1～15.0	76.3	68.9	81.2
15.1～20.0	73.3	65.8	74.9
20.1～25.0	72.4	56.0	68.6
25.1～30.0	66.1	44.5	62.3
30.1～35.0	61.0	37.3	56.0

引自陆治年等(1982)

3. 饲料中的抗营养物质

饲料中的抗营养物质是指饲料本身含有,或从外界进入饲料中的阻碍养分消化的微量成分。影响蛋白质消化的抗营养物质或营养抑制因子有:胰蛋白酶或胰凝乳蛋白酶抑制因子、植物凝集素、酚类化合物、皂素(皂苷)、单宁、胃肠胀气因子等;影响碳水化合物消化的有:淀粉酶抑制剂、酚类化合物、胃肠胀气因子等;影响矿物质消化的有:植酸、草酸、葡萄糖硫苷、棉酚等;影响维生素消化的有:存在于大豆中的脂氧化酶,能破坏维生素 A、胡萝卜素,双香豆素能影响维生素 K 的利用,甲基芥子盐吡啶胺等影响维生素 B_1 的利用,异咯嗪等影响维生素 B_2 的利用。各种抗营养因子都不同程度地影响饲料消化率。

(三)饲养管理技术

1. 饲料的加工调制

饲料加工调制的方法很多,有物理的、化学的、微生物等方法。各种方法对饲料养分消化率均产生影响,其程度视动物种类不同而有差异。适度的磨碎有利于单胃动物对饲料干物质、能量和氮的消化;适宜的加热可提高饲料中蛋白质等有机物质的消化率。粗饲料用酸碱处理有利于反刍动物对纤维性物质的消化;凡有利于瘤胃发酵和微生物繁殖的因素,皆能提高反刍动物对饲料养分的消化率。见表 1-2-6 和表 1-2-7。

表 1-2-6　碱化处理对稿秆消化率的影响　%

营养物质	未经处理	处理时间/h				
		1.5	3	6	12	72
有机物	45.7	59.3	70.3	70.3	71.2	73.1
粗纤维	58.0	69.2	79.8	79.8	80.3	72.3
无氮浸出物	40.2	48.1	57.6	57.3	60.3	78.5

表 1-2-7　不同粉碎程度的大麦对猪消化率的影响　%

处理	有机物	粗蛋白质	粗脂肪	粗纤维	无氮浸出物
整粒	67.1	60.3	36.7	11.6	75.1
中等粉碎	80.6	80.6	54.6	13.3	87.7
磨细	84.6	84.4	75.5	30.0	89.6

2. 饲喂水平

随饲喂量的增加,饲料养分消化率降低。以维持水平或低于维持水平饲养,养分消化率最高,而超过维持水平后,随饲喂水平的增加,消化率逐渐降低(表 1-2-8)。饲喂水平对猪的影响较小,对草食动物的影响较明显。

表 1-2-8　不同饲养水平对消化率的影响　%

动物	1 倍维持水平	2 倍维持水平	3 倍维持水平
阉牛	69.4	67.0	64.6
绵羊	70.0	67.7	65.5

3. 饲养条件

动物所处的饲养环境,如温度、湿度、通风、光照、空气中有害气体的变化等,都可以引起动物应激,从而降低其消化力。动物在温度适宜、卫生及健康状况良好的情况下,对某种饲料的消化力要强于在恶劣条件下的消化力。

4. 饲料添加剂

在饲粮中添加适量的抗生素、酶制剂或益生素等添加剂,可不同程度的改善动物消化器官的消化吸收能力,从而增强动物的消化力。

复习思考题

1. 简述动物的主要消化方式及特点。
2. 简述动物的主要吸收方式及特点。
3. 解释消化力、消化性及消化率的概念。
4. 影响消化率的因素有哪些？生产中如何提高动物对饲料养分的消化率？

第三章　水的营养

水是动物生存所必需的营养成分。动物在生存过程中,水一般容易获得,因而容易被忽视。实际上,大多数动物对水的摄入量远比三大营养素多。成年动物体成分中1/2～2/3由水组成,初生动物体成分中水分高达80%。动物机体失去20%的水就会有生命危险。因此,充分认识水的营养生理作用,保证动物水的供给和饮水卫生,对动物的健康和生产具有十分重要的意义。

本章主要对本章主要对水的性质特点、生理作用、水的需要和饮水品质作简要介绍。

第一节　水的性质和作用

水的性质决定了其在动物营养生理过程中具有重要的作用。

一、水的性质

水与动物营养生理有关的性质如下:

(一)水的流动性大

水具有流动性大的特征,使其成为体液循环的运输物质。如血液含水90%,通过血液循环将营养物质运送到全身各组织器官。

(二)水的表面张力高

在常温下的所有液体中,水的表面张力仅次于汞,有很强的毛细、湿润和吸附的作用。水与动物体蛋白质的活性基或碳水化合物的活性基以氢键相结合,形成胶体。胶体具有一定的稳定性,使组织细胞具有一定的形态、硬度和弹性。

(三)水的比热容大、蒸发热高

水的比热容高于其他固体和液体的比热容,如1 g水从14.5℃上升到15.5℃需要4.184 J的热;水的蒸发热较高,如1 g水在37℃时完全蒸发,需吸收2 260 kJ的热量。这一特性对动物调节体内热平衡起十分重要的作用。

(四)结合水不能自由移动

动物机体内与细胞和组织中蛋白质结合的水,不能自由移动,即使冷却到−40～−30℃,也不会结冰,但在特定条件下,遇到强冷过程或解冻不慎,则有细胞破裂和动物死亡的危险。

二、水的生理作用

水的营养生理作用很复杂,动物生命活动过程中许多特殊生理功能都有赖于水的存在。

(一)水是动物机体的主要组成成分

水是动物机体细胞中的一种主要结构物质。早期发育的胎儿含水量高90%以上,初生幼畜达

80%左右，成年动物达50%～60%。一般规律是随年龄和体重的增加而减少。

(二)水是一种理想的溶剂

水分子的极性强，物质在水中可以通过静电引力或配位键与水分子结合，是性能优良的溶剂。体内各种营养物质的吸收、转运和代谢废物的排出必须溶于水后才能进行。水在胃肠道中作为转运半固状食糜的中间媒介，同时也是血液、组织液、细胞及分泌物、排泄物等的载体。

(三)水是一切化学反应的介质

水在常温下可以进行微弱的电离，在动物体内酶的作用，水参与很多生物化学反应，如水解、水合、氧化还原、有机化合物的合成和细胞的呼吸过程等。动物体内所有聚合和解聚合作用都伴有水的结合或释放。

(四)调节体温

水的比热容大、导热性好、蒸发热高，所以水能储蓄热能、迅速传递热能和蒸发散失热能，有利于恒温动物体温的调节。水的比热容大，使得机体不会因为外界环境的降温而迅速降低体温；水的导热性比其他液体好，有助于深部组织热量的散失，如动物肌肉连续活动20 min，无水散热，其温度可使蛋白质凝固；动物通过呼吸和排汗等蒸发散热的形式及时将体内多余的热散失出去，水的蒸发散热对具有汗腺的动物更为重要。

(五)维持细胞内环境稳定

动物机体中的体液广泛分布在细胞内外，构成机体的内环境。组织液和血浆之间水的交换是维持体液渗透压和pH等稳定的重要因素。

(六)润滑作用

动物体关节囊内、体腔内和各器官间的组织液中的水，可以减少关节和器官间的摩擦力，起到润滑作用。

此外，水对神经系统如脑脊髓液的保护性缓冲作用也是非常重要的。

第二节　动物体内水的来源与流失

一、水的来源

动物体获取水的来源有三条途径：

(一)饮水

饮水是动物获得水的重要来源。动物饮水的多少与动物种类、生理状态、生产水平、饲料或饲粮构成成分、环境温度等有关。在环境温度还不至于引起热应激的前提下，饮水量随采食量增加而成直线上升。在热应激时，饮水量大幅度增加。相比较而言，牛的饮水量最大，羊和猪次之，家禽饮水量少，犬和沙漠里的羚羊、骆驼、啮齿类动物一般情况下可不饮水。

(二)饲料水

饲料水是动物获取水的另一个重要来源。动物采食不同性质的饲料，获取水分的多少各异。一般饲料含水量变异范围在5%～95%。动物采食饲料中水分含量多，饮水越少，见表1-3-1。

表 1-3-1　饲草水分含量与绵羊饮水之间的关系

水的摄入/(L/kg DM)	饲草含水/%
3.7	10
3.6	20
3.3	30
3.1	40
2.9	50
2.3	60
2.0	65
1.5	70
0.9	75

引自 Pond 等(1995)

(三)代谢水

代谢水是动物体内有机物质氧化分解或合成过程中所产生的水,又称氧化水,其量在大多数动物中占总摄水量的 5%～10%。不同营养素产生代谢水的程度不同,见表 1-3-2、表 1-3-3。

表 1-3-2　三大有机养分的代谢水

养　分	氧化后代谢水/g	每 100 g 含热量/kJ	代谢水/(g/100 kJ)
100 g 淀粉	60	1673.6	3.6
100 g 蛋白质	42	1673.6	2.5
100 g 脂肪	100	3765.6	2.7

引自许振英(1987)

表 1-3-3　不同饲料的代谢水　　%

种类	水分	粗蛋白质	粗脂肪	糖	代谢水
谷类	13.0	10	3	69	49
薯芋	73.6	3	0.1	22	15
豆类	12.5	25	11	44	49
叶菜类	93.0	2	0.3	3	3

引自许振英(1987)

动物种类不同,代谢水的重要性不同。有汗腺的动物和蛋白质代谢尾产物主要以尿素形式排泄的动物,随着三大营养物质的摄入和代谢,产热量增加,水的需要量更大,体内营养素氧化产生的代谢水明显不能满足失水的需要。蛋白质代谢尾产物主要以尿酸或胺形式排泄的动物,排泄这类产物需要的水很少,代谢水已能满足需要。冬眠的动物可完全靠代谢水维持正常生存。

饮水和饲料水为外源水,代谢水为内源水。

二、水的流失

动物体内的水经复杂的代谢过程后,通过粪、尿的排泄,肺和皮肤的蒸发,以及离体产品等途径排出体外,保持动物体内水的平衡。

(一)粪和尿的排泄

动物由尿排出的水受总摄水量的影响。摄水量多,尿的排出量则增加。通常随尿液排出的水可占总排水量的一半左右。不同动物由尿排出的水分不同。禽类排出的尿液较浓,水分较少;大多数哺乳动物排出的水分较多。不同动物尿液浓度的近似值(mol/L):人 1.5,牛 1.3,兔 1.9,绵羊 3.2,骆驼 3.1。肾脏对水的排泄有很大的调节能力,一般饮水量越少、环境温度越高、动物的活动量越大,由尿排出的水量就越少。

粪便中的排水量,随动物种类不同而不同。通常反刍动物由粪排出的水相对较多。牛粪含水量高达 80%;绵羊、山羊和鹿粪含水量为 65%~70%;猪粪含水量为 62%~79%。粪中水分也受饲料性质的影响,如动物采食高纤维饲粮,粪中水分相应增加。

(二)肺脏和皮肤的蒸发

肺脏以水蒸气形式呼出的水量,随环境温度的提高和动物活动量的增加而增加。体重 20~60 kg 的猪在 20℃条件下,每天由呼吸道排出的水分为 0.29~0.58 L。

由皮肤表面失水的方式有两种:一是血管和皮肤的体液中的水分可简单地扩散到皮肤表面蒸发。这种扩散方式随皮肤的温度和血液循环的变化而变化。通过皮肤扩散作用和呼吸道蒸发而失掉的水,被称为不感觉的失水。母鸡以这种方式失水可占总排水量的 17%~35%;二是通过排汗失水。排汗量也随气温的变化而变化。在适宜的环境条件下,排汗丢失的水不多,但在热应激时,具有汗腺、自由出汗的动物失水较多。人、马经汗排泄的水分量相当大,出汗也是一种有效的散热方式,其效率相当于呼吸散热的 4 倍,在散热的同时,水分也大量蒸发。

(三)经动物产品排出

泌乳也是水排出的重要途径。牛乳平均含水高达 87%。每产 1 kg 牛乳,可排出 0.87 kg 水。实验证明,奶牛每形成 1 kg 乳,需供水 4~5 kg。充分满足奶牛饮水,可保证产乳量。产蛋家禽每产 1 g 蛋,排出水 0.7 g 左右。产蛋家禽缺水,产蛋率明显下降。

第三节　各种动物的需水量及饮水品质

动物对水的需要比对其他营养物质的需要更重要。一个饥饿动物,可以失掉几乎全部脂肪,半数以上的蛋白质和体重的 40%仍能生存,但失掉体重 1%~2%的水,即出现干渴感,食欲减退。继续失水达体重 8%~10%,则引起代谢紊乱。失水达体重 20%,可使动物死亡。实验证明:缺乏有机养分的动物,可维持生命 100 d,如同时缺乏水,仅能维持 5~10 d。所以水是动物十分重要的营养物质,动物生产上必须注意满足动物水的需要及饮水品质。

一、动物的需水量

动物的需水量因动物的种类、生产目的、日粮组成(蛋白质、矿物质和粗纤维的含量)以及气温等的不同而有差异。

不同动物的需水量不同。鸟类需水量通常低于哺乳动物。初生动物单位体重需水量要比成年动物高。动物在不同生理状况下对水的需要量也不同。高产奶牛、高产母鸡、重役马需水量比同类的低产动物多。如日泌乳 10 kg 的奶牛,日需水 45~50 kg;日泌乳 40 kg 的高产奶牛,日需水高达 100~110 kg。妊娠也增加动物对水的需要,产多羔母羊需水比产单羔母羊多。活动也会增加动物饮水量，紧张的动物又比安静的动物需更多的水。

在正常情况下，动物的需水量与采食的干物质量呈一定比例关系。一般每摄入 1 kg 干物质需饮水 2～5 kg。在适宜环境中，猪每摄入 1 kg 干物质，需饮水 2～2.5 kg，马和鸡则为 2～3 kg，牛为 3～5 kg，犊牛为 6～8 kg。

二、影响动物需水量的因素

动物的需水量受动物种类、饲粮、环境等很多因素的影响，变动范围较大，主要因素有以下几点：

（一）动物种类

不同种类的动物，其生理和营养物质，特别是蛋白质代谢终产物不同，机体水分流失和对水的需要也明显不同。猪、牛、马等哺乳动物，蛋白质代谢终产物主要为尿素，这些物质大量停留在体内对动物有一定的有毒有害作用，需要大量水分稀释，并使其适时排出体外。牛、羊等反刍动物需要大量水分维持瘤胃微生物的正常代谢，需水量相对较大。禽类蛋白质代谢终产物主要是尿酸，经尿中排出的水较少，因此，禽类需水量相对较小。

某些动物对水的需要量特别少，甚至不饮水。如骆驼能忍受失去总水量的 30％或更多，可以较长时间不饮水。袋鼠长期采食干饲料也不饮水。它们主要通过体内水的周转代谢维持水的平衡和正常生命活动及生长。

（二）饲粮因素

在适宜环境条件下，动物的需水量与饲料干物质采食量高度相关。动物食入水分丰富的牧草时，饲料中水分含量可能大于其需要量，则可不需额外饮水。动物食入含粗蛋白质水平高的饲粮，尿素的生成和排泄需一定量的水，需水量增加。饲粮中粗纤维含量增加，因纤维的膨胀、酵解及未消化残渣的排泄，也同样要提高动物的需水量。

此外，动物采食消化率低的饲粮时，较多的未消化物质致使排粪增多，从粪中排出的水分也多，需水量增加。饲粮中食盐或其他盐类的增加，需水量和排水量增加。

（三）环境因素

高温是造成动物需水量增加的主要因素。随着环境温度的升高，呼吸和汗液蒸发造成水分排出增加，动物需水量增加。一般当气温高于 30℃时，动物饮水量明显增加；低于 10℃时，需水量明显减少。气温在 10℃以上，采食 1 kg 干物质需供给 2.1 kg 水；当气温升高到 30℃以上时，采食 1 kg 干物质需供给 2.8～5.1 kg 水。乳牛在气温 30℃以上时，泌乳的需水量较气温 10℃以下提高 75％以上。产蛋母鸡当气温从 10℃以下升高到 30℃以上时，饮水量几乎增加两倍。空气湿度也影响动物的需水量。在同一温度下，随着相对湿度的增加，动物需水量减少。

舍饲动物饮水器的设计和安装以及水源的卫生皆会影响饮水频率及饮水量。放牧动物，牧草离水源的距离也影响饮水频率及饮水量。动物饲养上必须考虑这些因素。

三、水的缺乏与过量

（一）水的缺乏

缺水或长期的饮水不足会影响动物的健康甚至危害生命。动物失水是连续的，饮水则是间断的。动物为维持正常生理功能，必须通过饮水来弥补机体散失的水分，以保证水的平衡。长期的饮水不足，可使动物粪、尿水分显著下降，肾脏对氮和电解质（Na^+、Cl^-）排泄量增加，脉搏加快，血液浓稠，血管渗透压增高，造成细胞脱水，最后代谢紊乱而死亡。高温季节的缺水后果比低温是更加严重。

(二)水的过量

由于水的摄入受口渴感调节，而排出受中枢神经系统和肾排尿的调节，因此，一般情况下不会出现水中毒。但饮水过多会减少动物对干物质的采食量，降低其机械消化能力。短时间内大量或过量饮水而超过肾脏排出的能力，同时电解质摄入又不足时，吸收的水很快进入血液，可造成体内水分过多，细胞外液中电解质浓度下降，使得细胞外的水大量进入细胞内而引起水肿甚至水中毒，严重的也可造成死亡。

任何原因造成的动物体内水增加至正常水平的10%或以上时，都会表现为水肿，进而引起多种损伤和疾病。

四、水的品质

水的品质直接影响动物的饮水量、饲料消耗、健康和生产性能。评价动物饮水品质时，通常考虑的主要指标有：水的气味、理化特性、有毒物质及其含量、病原微生物存在与否、矿物质或化合物是否过量等。

(一)气味

我国饮用水的水质标准规定，人的生活用水不得有异臭和异味。而对于畜禽饮用水，目前还没有相应的标准。

(二)理化特性

动物饮用水的理化特性主要指 pH、总可溶性固形物(total dissolved solids，TDS)、硬度及总溶氧等。

动物饮用水的 pH 标准还未确定，美国国家环境保护局推荐的动物饮水 pH 为 6.5～8.5。

TDS 测定溶解在水中的总无机盐含量的指标。其中，首先考虑到是氯化钠的量，其次是碳酸氢盐、硫酸盐、钙、镁和硅。此外，还有铁、硝酸盐、钾、碳酸盐、磷等，但浓度较低。当水中 TDS 含量超过 6 000 mg/L 时，虽然动物的健康和生产性能不受影响，但可能导致暂时的腹泻及饮水增加，以 TDS 来评价水的品质，其要求见表 1-3-4。

表 1-3-4　畜禽对水中不同浓度盐分的反应　　mg/L

可溶性总盐分	高级评价	反应
<1 000	安全	适于各种动物
1 000～2 999	满意	不适应的猪可出现轻度腹泻
3 000～4 999	满意	可能出现暂时性拒绝饮水或短时腹泻，上限水平不适于家禽。
5 000～6 999	可接受	不适于家禽和种猪
7 000～10 000	不适	成年反刍动物可适应
>10 000	危险	任何情况下皆不适宜

引自 NRC(1974)

硬度通常用钙和镁含量的总和来表示(折算成碳酸钙的数量)。水中的阳离子如 Zn^{2+}、Sr^{2+}、

Al^{3+}、Mn^{2+}等，虽然含量较低，但也能对硬度产生一定的影响。水的硬度可划分为软(0～60 mg/L)、中等硬度(61～120 mg/L)、硬(121～180 mg/L)及非常硬(>180 mg/L)。使用阴离子交换剂等软化剂可改善水的硬度。

(三)有毒物质

重金属、有毒金属、有机磷和碳氢化合物等有毒物质在水中存在与否，及其含量多少会影响动物的健康，表 1-3-5 是家畜饮用水对重金属等有毒物质的要求。

表 1-3-5 家畜饮用水质量标准 mg/L

指标	推荐的最大值	
	TFWQG(1987)*	NRC(1974)
常量离子		
钙	1 000	—
硝酸盐-N 及亚硝酸盐-N	100	440
亚硝酸盐-N	10	33
硫酸盐	1 000	—
重金属离子及微量元素离子		
铝	5.0	—
砷	0.5	0.2
铍	0.1	—
硼	5.0	—
镉	0.02	0.05
铬	1.0	1.0
钴	1.0	1.0
铜	5.0	0.5
氯化物	2.0	2.0
铅	0.1	0.1
汞	0.003	0.01
钼	0.5	—
镍	1.0	1.0
硒	0.05	—
铀	0.2	—
钒	0.1	0.1
锌	50.0	25.0

引自 NRC(1998)

(四)矿物质或化合物

动物饮水品质仅用 TDS 为指标来评价是不确切的。还应考虑各种硝酸盐、钠、硫和铁等的具体含量，特别是水中硝酸盐和亚硝酸盐的含量。硝酸盐和亚硝酸盐在饮水中广泛存在。尽管 NO_3^- 一般不会对动物健康构成威胁，但是其中还原性产物 NO_2^- 可被胃肠吸收，很快达中毒水平。动物对硝酸盐的耐受力为 1 320 mg/L，但亚硝酸盐浓度在 33 mg/L 以上便具有毒性。亚硝酸盐可氧化血红蛋白中的铁，使血红蛋白失去携氧能力。细菌能够把 NO_3^- 转化为 NO_2^-，从而对动物或人的健康造成危害。

(五)微生物

天然水中可能含有各种微生物，包括细菌或病毒。细菌中以沙门氏菌属、钩端螺旋体属及埃希氏杆菌属最为常见。生产上可采用氯化作用清除和消灭致病微生物。

总之，水是动物十分重要的必需营养物质。水主要通过饮水来提供，所以，保护水源、保证饮水的品质、节约用水是动物生产上不容忽视的问题。

复习思考题

1. 水具有哪些理化特性和生理作用？
2. 水的来源与排泄途径有哪些？
3. 简述缺水和水过来对动物的危害。
4. 影响动物需水量的因素有哪些？
5. 简述评价动物饮水品质的指标。

第四章　蛋白质的营养

蛋白质是由氨基酸组成的大分子有机化合物，其种类繁多、数量庞大、功能各异。蛋白质是动物机体的重要组成部分，是生命的物质基础。体内一切最基本的生命活动几乎都与蛋白质有关。动物在生长发育过程中，必须从饲料中不断摄取蛋白质以满足组织器官的生长和更新，并用以沉积于产品中。饲料中蛋白质含量不足是限制动物生长的主要因素之一。蛋白质供给过量也会引起动物生产性能下降，并可能产生特异性的损伤。所以，蛋白质营养是动物的一个重要营养过程。

本章主要从动物营养学的角度阐述蛋白质的营养生理作用，非反刍动物和反刍动物对蛋白质的消化、吸收、代谢的特点和影响因素，氨基酸的营养及理想蛋白的有关概念。

第一节　蛋白质的组成和作用

一、蛋白质的组成

（一）蛋白质的元素组成

蛋白质的主要组成元素是碳、氢、氧、氮，大多数的蛋白质还含有硫，少数含有磷、铁、铜和碘等元素。比较典型的蛋白质元素组成（%）为：碳 51.0～55.0，氮 15.5～18.0，氢 6.5～7.3，硫 0.5～2.0，氧 21.5～23.5，磷 0～1.5。

（二）蛋白质的氨基酸组成

蛋白质是氨基酸的聚合物。目前，各种生物体中发现的氨基酸已有 180 多种，但构成动植物体蛋白质的常见氨基酸只有 20 种。由于这些氨基酸的数量、种类和排列顺序不同而形成了各种各样的蛋白质。

氨基酸的结构通式为一个短链羧酸的 α-碳原子上结合一个氨基（脯氨酸除外），即

$$R—\underset{\Large |}{\overset{NH_2}{}}\!\!\!\!\!\!CH—COOH$$

通常根据所含 R 基团的种类，将氨基酸分为芳香族（苯丙氨酸和酪氨酸）、杂环族（色氨酸、组氨酸和脯氨酸）和脂肪族（除前两种外，其余的氨基酸）3 类。此外，根据氨基和羧基数目、含硫等情况将氨基酸分为酸性氨基酸（天冬氨酸和谷氨酸）、碱性氨基酸（赖氨酸、精氨酸和组氨酸）、含硫氨基酸（半胱氨酸和蛋氨酸）、支链氨基酸（缬氨酸、亮氨酸、异亮氨酸）等。

除甘氨酸（无不对称碳原子）外，氨基酸都有 L 型和 D 型两种构型。除蛋氨酸外，L 型的氨基酸生物学效价比 D 型高，而且大多数 D 型氨基酸不能被动物利用或利用率很低。天然饲料中仅含 L 型氨基酸。微生物能合成 L 型和 D 型两种氨基酸。化学合成的氨基酸多为 D 型、L 型混合物。

二、蛋白质的营养生理作用

蛋白质在动物的生命活动中具有重要的营养生理作用。

(一)蛋白质是机体和畜产品的重要组成部分

蛋白质是动物机体组织器官中除水外,含量最多的养分,占干物质的50%,占无脂固形物的80%。动物的肌肉、神经、结缔组织、腺体、精液、皮肤、血液、毛发、角、喙等都以蛋白质为主要成分,起着传导、运输、支持、保护、连接、运动等多种功能。蛋白质也是乳、蛋、毛等动物产品的主要组成成分。除反刍动物外,饲料蛋白质是用以合成动物体蛋白质的唯一来源。

(二)蛋白质是机体内功能物质的主要成分

在动物的生命和代谢活动中起催化作用的酶、某些起调节作用的激素、具有免疫和防御机能的抗体(免疫球蛋白)都是以蛋白质为主要成分。另外,蛋白质对维持体内的渗透压和水分的正常分布,也起着重要的作用。

(三)蛋白质是组织更新、修补的主要原料

在动物的新陈代谢过程中，组织和器官的蛋白质的更新、损伤组织的修补都需要蛋白质。据同位素测定，动物体蛋白每天更新0.25%～0.3%，6～7个月可更新一半。

(四)蛋白质可供能和转化为糖、脂肪

在机体能量供应不足时,蛋白质也可分解供能,维持机体的代谢活动。当摄入蛋白质过多或氨基酸不平衡时,多余的部分也可能转化成糖、脂肪或分解供能。正常条件下,鱼等水生动物体内亦有相当数量的蛋白质参与供能作用。

三、蛋白质的缺乏和中毒

(一)蛋白质的缺乏

动物缺乏蛋白质的主要症状有食欲不振、采食量下降、厌食、生长受阻、生产性能降低、体内氮沉积下降、某些激素和酶的合成受影响、羽毛生长不良、啄羽、贫血等。蛋白质缺乏若伴随某种特定氨基酸的缺乏,则可能产生该氨基酸缺乏的特异性缺乏症,如赖氨酸缺乏导致家禽的有色羽毛白化;蛋氨酸缺乏导致家禽羽毛生长不良;缬氨酸、异亮氨酸缺乏导致家禽羽毛生长异常等。

(二)蛋白质的中毒

蛋白质中毒一般不容易发生。中毒症状与蛋白质品质或特定氨基酸的种类有关。若特定氨基酸过量,可产生特定中毒症状。当蛋白质品质较好,而且特定氨基酸不过量时,未见典型症状。但过多氨基酸一方面可造成浪费,另一方面可发生脱氨基,增加肝脏和肾脏的负担,引起体增热增加,加重热应激。

第二节　蛋白质的消化吸收

一、非反刍动物蛋白质的消化吸收

(一)蛋白质的消化吸收

非反刍动物蛋白质的消化起始于胃,而十二指肠是其消化的主要场所。首先胃酸破坏蛋白质的高级结构,使之变性,肽键暴露。接着在胃蛋白酶、胰蛋白酶和糜蛋白酶等内切酶的作用下,蛋白质分子降解为含氨基酸数目不等的小分子多肽。随后在小肠中,多肽经胰腺分泌的羧基肽酶和氨基肽酶等外切酶的作用,进一步降解为游离氨基酸和寡肽。没有被消化的蛋白质或肽,进入大肠,在微生物的作用下进行发酵,生成氨基酸、硫化氢、二氧化硫、氨气等物质。

吸收主要在小肠上 2/3 的部位进行。大多数氨基酸的吸收是通过主动转运进行的。寡肽可被肠黏膜直接吸收,且吸收的速度比氨基酸快。目前认为,饲料蛋白质通常主要以寡肽形式被吸收,吸收进入肠黏膜的寡肽约 90%被二肽酶分解为游离的氨基酸,另外约 10%直接通过肠黏膜细胞进入血液循环。被吸收的氨基酸主要经门脉运送到肝脏,只有少量的氨基酸经淋巴系统转运。小肠黏膜细胞一般不吸收完整的蛋白质,但新生的哺乳动物,在出生后 24～36 h 内,能直接吸收免疫球蛋白。因此,给新生幼畜及时吃上初乳,可保证获得足够的抗体,对幼畜的健康非常重要。

(二)影响蛋白质消化吸收的因素

动物的种类和年龄、饲料组成及抗营养因子、饲料加工储存中的热损害等均是影响蛋白质消化吸收的因素。

1. 动物因素

动物种类、年龄均影响蛋白质的消化、吸收。

(1)动物种类　对同一种饲料蛋白质的消化吸收,不同的动物之间存在着一定的差异,这是由于不同种类动物各自消化生理特点的不同所致。

(2)年龄　随着动物年龄的增加,其消化道功能不断完善,分泌消化酶的能力不断增强,对食入蛋白的消化率也相应提高。例如,仔猪胃内盐酸、胃蛋白酶及胰蛋白酶的分泌,2～3 月龄才能达到成年猪的水平。

2. 饲粮因素

饲粮中的蛋白质水平、纤维水平、蛋白酶抑制剂等均影响蛋白质的消化、吸收。

(1)蛋白质水平　胰腺蛋白质水解酶的活性受肠道中蛋白质含量的反馈控制。当肠道中蛋白质水平升高后,肠腔中游离的酶减少,胰腺中酶的合成和分泌增加。

(2)纤维水平　纤维物质对饲粮蛋白质的消化、吸收都有阻碍作用,随着纤维水平的增加,蛋白质在消化道中的排空速度加快,这无疑降低了其被酶作用的时间以及被肠道吸收的概率。有研究表明,饲粮粗纤维含量在 2%～20%范围内,每增加 1 个百分点,粗蛋白的消化率降低 1.4 个百分点。

(3)蛋白酶抑制因子　一些饲料,尤其是未经处理或热处理不够的豆类籽实及其饼粕,含有多种蛋白酶抑制因子。其中最主要的是胰蛋白酶抑制剂,其能降低胰蛋白酶的活性,从而降低蛋白质的消化率,并引起胰腺肿大。但初乳中的抗胰蛋白酶因子却是一个例外,它可保护免疫球蛋白免遭分解,使其以完整的大分子形式被吸收,增强机体的免疫力。

3. 热损害

蛋白酶抑制因子对热敏感,对大豆等饲料进行适当的热处理,能消除其中的抗营养因子,也能使蛋白质初步变性,有利于消化吸收。但温度过高或处理时间过长,则有损蛋白质的营养价值,其原因是发生了一种美拉德反应(Maillard 反应),即肽链上的某些游离氨基(特别是赖氨酸的 ε-氨基)与还原糖(如葡萄糖、乳糖)的醛基发生反应,生成一种棕褐色的氨基糖复合物。胰蛋白酶不能切断与还原糖结合的氨基酸肽键,导致赖氨酸等不能被动物消化、吸收,降低蛋白质消化率。

二、反刍动物蛋白质的消化吸收

(一)蛋白质的消化吸收

反刍动物真胃和小肠中蛋白质的消化、吸收与非反刍动物类似。但由于瘤胃微生物的作用,使反刍动物对蛋白质和其他含氮化合物的消化、吸收与非反刍动物又有很大的差异。

1.饲料蛋白质在瘤胃中的降解

进入瘤胃的饲料蛋白质,一部分在瘤胃中不发生变化而直接进入真胃和小肠进行消化吸收,这部分蛋白质称为瘤胃未降解蛋白或过瘤胃蛋白(rumen undegradable protein,UDP)。另一部分在瘤胃中经微生物的作用降解成肽和氨基酸,称为瘤胃可降解蛋白(rumen degradable protein,RDP)。降解生成的氨基酸多数又进一步被降解为挥发性脂肪酸、氨和二氧化碳。微生物降解所产生的氨、游离氨基酸以及一些简单的肽类,可被用于合成微生物蛋白质(MCP)。瘤胃中80%的微生物能利用氨,其中26%只能利用氨,55%可利用氨和氨基酸,少数能利用肽。

饲料中的NPN(如尿素)也被降解为氨,进而合成微生物蛋白质。

2.降解产物的吸收

饲料蛋白质在瘤胃中降解生成的氨,除用于合成微生物体蛋白外,多余的会通过瘤胃壁吸收,经血液输送到肝脏,在肝脏中转变成尿素。所生成的尿素一部分可经唾液和血液返回瘤胃,然后再被微生物降解成氨,这种氨和尿素的生成与不断循环,称为瘤胃氮素循环。在饲料供给的蛋白质少或当饲粮蛋白质难以降解时,瘤胃液中氨的浓度就低(<50 mg/L),经血液和唾液以尿素形式返回瘤胃的氮的数量可能超过以氨的形式从瘤胃吸收的氮量。这种进入瘤胃的“再循环氮”转变为微生物蛋白质,就意味着转移到后段胃肠道的蛋白质数量可能比饲料蛋白质多。因此,瘤胃氮素循环对反刍动物的蛋白质营养具有重要意义,既可提高饲粮蛋白质的利用率,又可将食入植物性饲料中的粗蛋白质反复转化为菌体蛋白,提高饲料蛋白质品质。

瘤胃液中氨的最适浓度范围较宽(85~300 mg/L),与饲粮蛋白质或含氮物降解速度、瘤胃微生物利用氨的能力(即合成MCP的速度)、能量及碳架供给有关。如果蛋白质或含氮物降解速度过快,合成MCP的速度较慢,则氨就会在瘤胃内积聚并超过微生物所能利用的最大氨浓度,导致过多的氨被吸收入血液,从而引起氨中毒。

蛋白质在反刍动物真胃和小肠中的消化方式和产物与非反刍动物相似,但作用的底物种类和来源不同。进入真胃和小肠的蛋白质由微生物蛋白质(占50%~90%)和UDP(占50%~10%)组成。小肠主要吸收氨基酸,吸收方式也与非反刍动物相似。

(二)微生物蛋白质的数量和质量

在氮源和可发酵有机物比例适当、数量充足的情况下,瘤胃微生物能合成足以维持正常生长和一定产奶量的蛋白质。在一般情况下,瘤胃中每1 kg可发酵有机物质,微生物能合成90~230 g菌体蛋白质,可供100 kg左右体重的反刍动物维持正常生长或日产奶10 kg的蛋白质需要。

瘤胃微生物能合成宿主所需的必需氨基酸。瘤胃微生物蛋白质的品质一般略次于优质的动物蛋白质,与豆饼和苜蓿叶蛋白大约相当,优于大多数谷物蛋白。

(三)影响反刍动物蛋白质消化吸收的因素

除了反刍动物的种类、年龄外,尚有以下几种因素影响其对蛋白质的消化吸收。

1.蛋白质的结构和溶解性

蛋白质的结构与蛋白质瘤胃降解率有关。如卵清蛋白为环状蛋白质,降解很慢;角蛋白含有大量的二硫键,蛋白酶难与之接触;甲醛处理的蛋白质含有亚甲基交联键,瘤胃降解率降低。植物性饲料蛋白质的降解率一般高于动物性饲料的降解率。

蛋白质的溶解度愈高,则降解速度愈快。饲料真蛋白质一般较 NPN 降解慢。例如,尿素的降解率为 100%,降解速度很快;酪蛋白质降解率为 90%,降解速度稍慢。植物性饲料蛋白质的降解率变化较大,玉米约为 40%,少数植物蛋白质可达 80%。

2.饲料蛋白质在瘤胃中的滞留时间

饲料蛋白质在瘤胃中的滞留时间短,被降解的程度就低。滞留时间受饲料采食量的影响。提高采食量,蛋白质在瘤胃的滞留时间就会减少,从而降低瘤胃降解蛋白的量,增加过瘤胃蛋白量。

3.饲粮组成

瘤胃微生物合成氨基酸和蛋白质不仅需要氮源,还需要碳水化合物提供的能量和碳架。反刍动物对氮的利用效率不仅取决于饲粮中含氮组分的降解速率,而且也取决于饲粮中以可溶性碳水化合物形式存在的碳架的同步供给情况。因此,要使瘤胃微生物很好地利用饲粮氮源,提高饲粮粗蛋白质的利用率,必须对饲粮组成作全面考虑,既要保证真蛋白氮与非蛋白氮的适当比例,也要考虑饲粮总氮含量与可利用碳水化合物的适宜比例。

4.饲料的加工处理

热处理可降低饲料蛋白质在瘤胃中的降解率,加热过度,还会降低蛋白质在小肠的消化率。反刍动物饲粮蛋白质的热损害与单胃动物饲粮蛋白质的热损害有一定的差异,这与饲粮的组成结构不同有关。反刍动物饲粮蛋白质的热损害是指饲料中蛋白质肽链上的氨基酸残基与碳水化合物中的半纤维素结合生成聚合物的反应,该反应生成的聚合物含有 11%的氮,类似于木质素,完全不能被宿主或瘤胃微生物消化。因此,这种聚合物也称为"人造木质素"(artifact lignin)。所含氮叫作"酸性洗涤不溶氮"(acid detergent insoluble nitrogen,ADIN)。在反刍动物饲料中,酸性洗涤不溶氮低于 10%被认为是正常的。

第三节　氨基酸的营养

动物对蛋白质的需要实质上是对氨基酸的需要,蛋白质营养实质上是氨基酸的营养。饲粮氨基酸尤其是必需氨基酸的种类、数量和比例是氨基酸营养的关键。氨基酸的缺乏、过量、拮抗等均可引起氨基酸之间的比例失衡,从而影响蛋白质的营养价值和利用率。

一、必需、非必需及限制性氨基酸

(一)必需氨基酸、半必需氨基酸及条件性必需氨基酸

1.必需氨基酸

必需氨基酸(essential amino acids, EAA)是指动物自身不能合成或合成的量不能满足动物的需要,必须由饲粮提供的氨基酸。各种动物所需必需氨基酸的种类大致相同,但因各自遗传特性和生长阶段的不同,也存在一定的差异。Ile、Leu、Lys、Met、Phe、Thr 和 Trp 是所有动物的必需氨基酸;Arg、His 和 Val 是大多数动物的必需氨基酸。生长猪的必需氨基酸有 10 种;对于成年猪

Arg 不是必需氨基酸。生长家禽的必需氨基酸有 11 种，除了生长猪的 10 种，还有 Gly。

2. 半必需氨基酸

半必需氨基酸是指在一定条件下能代替或节省部分必需氨基酸的氨基酸。如半胱氨酸或胱氨酸、酪氨酸以及丝氨酸，在体内可分别由蛋氨酸、苯丙氨酸和甘氨酸转化而来，其需要可完全由蛋氨酸、苯丙氨酸及甘氨酸满足，但动物对蛋氨酸和苯丙氨酸的特定需要却不能由半胱氨酸或胱氨酸及酪氨酸满足，营养学上把这几种氨基酸称作半必需氨基酸。目前已证明，非反刍动物总含硫氨基酸(Met＋Cys)需要量的 50％可由胱氨酸(或半胱氨酸)替代。芳香族氨基酸(Phe＋Tyr) 至少 50％的需要量可由酪氨酸满足。

3. 条件性必需氨基酸

条件性必需氨基酸则是指在特定的情况下，必须由饲粮提供的氨基酸。如 Arg、His、Pro 和 Gln 等。猪能合成部分精氨酸，可满足任何时期的维持需要，但不能满足生长早期的需要；性成熟后及妊娠母猪均能合成足够的精氨酸，不需饲粮提供。妊娠母猪必须由饲粮提供一定的组氨酸，但成年母猪能通过体内合成满足维持需要。猪整个生命周期的许多阶段都不需饲粮提供脯氨酸，但幼仔猪(1～5 kg)却需要饲粮提供。因此，在上述生理情况下，需对这些氨基酸加以考虑。

(二)非必需氨基酸

非必需氨基酸(non-essential amino acids, NEAA)是指动物体内的合成完全可以满足需要，不需由饲粮提供的氨基酸。非必需氨基酸同样是动物必不可少的氨基酸。实际情况下，动物饲粮(纯合氨基酸饲粮除外)在提供必需氨基酸的同时，也提供了大量的非必需氨基酸，不足的部分才由体内合成。

反刍动物自身同样不能合成必需氨基酸，但瘤胃微生物能合成宿主所需的几乎全部的必需和非必需氨基酸。对于产奶量高或生长快速的反刍动物，瘤胃合成氨基酸的数量和质量则不能完全满足需要，必须以过瘤胃蛋白的形式由饲粮补充。

(三)限制性氨基酸

限制性氨基酸(limiting amino acids, LAA)是指一定饲料或饲粮所含必需氨基酸的量与动物所需的蛋白质必需氨基酸的量相比，比值偏低的氨基酸。由于这些氨基酸的不足，限制了动物对其他必需和非必需氨基酸的利用。其中比值最低的称第一限制性氨基酸，以后依次为第二、第三、第四……限制性氨基酸。非反刍动物饲料或饲粮限制性氨基酸的顺序容易确定。反刍动物由于瘤胃微生物的作用，只有讨论过瘤胃饲料蛋白和微生物蛋白混合物的限制性氨基酸才有意义。瘤胃微生物提供的蛋氨酸相对较少，此氨基酸可能是反刍动物的主要限制性氨基酸。不同的饲料，对不同的动物，限制性氨基酸的顺序不完全相同。常用禾谷类及其他植物性饲料，对于猪，赖氨酸常为第一限制性氨基酸；对于家禽，蛋氨酸一般为第一限制性氨基酸。

二、氨基酸的平衡

(一)氨基酸的平衡与不平衡

动物体蛋白质的合成要求饲粮提供的 EAA 在数量和比例上与其需要一致。如果饲粮中 EAA 总量够多，但各种 EAA 之间的比例与动物的需求不相适应，一种或几种氨基酸数量过多或过少，都会影响其他氨基酸营养功能的发挥，降低饲料蛋白质的利用率。若某种饲粮的 EAA 的数量和相互比例与动物的需要相比最接近，则表明该饲粮的氨基酸是平衡的。反之，则为不平衡。

一般不会出现饲粮中氨基酸的比例都超过需要的情况,往往是大部分氨基酸符合需要,而个别氨基酸偏低。为了便于平衡饲粮氨基酸,生产中常添加合成氨基酸(如合成赖氨酸、蛋氨酸等),以降低饲粮粗蛋白质水平,改善饲粮蛋白质的品质,提高其利用率,从而减少氮的排泄。

(二)氨基酸的缺乏

一种或几种必需氨基酸含量不能满足动物的需要的情况称为氨基酸缺乏。氨基酸缺乏时,动物只能以缺乏的氨基酸满足蛋白质合成的程度来利用其他氨基酸,从而影响动物的生产性能。氨基酸缺乏一般在低蛋白质饲粮情况下容易产生,可通过添加合成氨基酸来进行补充。氨基酸缺乏不完全等于蛋白质缺乏。如在使用菜籽饼(粕)作为猪的主要蛋白质饲料时,有可能饲粮蛋白质水平超过标准,而个别氨基酸(如赖氨酸)含量仍不能满足需要。

不平衡主要是比例问题,缺乏主要是量不足。在实际生产中,饲粮氨基酸不平衡一般都同时存在氨基酸的缺乏。

(三)氨基酸的中毒

氨基酸中毒指由饲粮中某种氨基酸过量而造成的不良作用,不能通过补充其他氨基酸而消除的现象。氨基酸中毒可引起动物生产性能下降或产生特异性的组织病理变化。添加其他氨基酸可部分缓解中毒症,但不能完全消除。自然条件下几乎不会产生氨基酸中毒,但在大量使用合成氨基酸时可能会发生中毒。对于猪,赖氨酸、蛋氨酸、色氨酸和苏氨酸是毒性相对较大的氨基酸,而蛋氨酸和色氨酸毒性最大。对于家禽,蛋氨酸毒性最大,酪氨酸、苯丙氨酸、色氨酸和组氨酸有一定的毒性。当饲粮中缺乏烟酸和叶酸时,甘氨酸也有毒性。

(四)氨基酸的互补作用

在饲粮配合中,利用各种饲料氨基酸含量和比例的不同,通过两种或两种以上饲料混合使用,相互取长补短,弥补氨基酸的缺陷,使饲粮氨基酸平衡得以改善,从而提高蛋白质的利用率,这种作用称为氨基酸的互补作用。在生产实践中,这是提高饲粮蛋白质品质和利用率的经济有效的方法。

(五)氨基酸的拮抗

某些氨基酸在过量的情况下,有可能在肠道和肾小管吸收时与另一种或几种氨基酸产生竞争,增加机体对这种(些)氨基酸的需要,这种现象称为氨基酸的拮抗。例如,赖氨酸可干扰精氨酸在肾小管的重吸收而增加精氨酸的需要;缬氨酸与亮氨酸、异亮氨酸之间存在拮抗作用;苯丙氨酸与缬氨酸、苏氨酸,亮氨酸与甘氨酸,苏氨酸与色氨酸之间也存在拮抗作用。存在拮抗作用的氨基酸之间,比例相差愈大拮抗作用愈明显。拮抗往往伴随着氨基酸的不平衡。

三、理想蛋白质

(一)理想蛋白质的概念

所谓理想蛋白质(ideal protein, IP),是指这种蛋白质的氨基酸在组成和比例上与动物所需蛋白质的氨基酸的组成和比例一致,包括必需氨基酸之间以及必需氨基酸和非必需氨基酸之间的组成和比例,动物对该种蛋白质的利用率应为100%。

理想蛋白质的构想源于20世纪40年代,但将理想蛋白质正式与单胃动物氨基酸需要量的确定及饲料蛋白质营养价值的评定联系起来,则是1981年ARC猪的营养需要。

理想蛋白模式是指氨基酸的比例，尤其是必需氨基酸之间的比例。有两种表示方式：一是用各种必需氨基酸占蛋白质的比例(%)表示；二是以赖氨酸或色氨酸为 100 或 1，计算其他氨基酸与之的比例，其中以赖氨酸为基础最常用。

是将动物所需蛋白质氨基酸的组成和比例作为评定饲料蛋白质质量的标准，并将其用于评定动物对蛋白质和氨基酸的需要。按照理想蛋白的定义，也只有可消化或可利用氨基酸才能真正与之相匹配。NRC(1998)猪的营养需要就是先确定维持、沉积及乳蛋白质的理想氨基酸模式，然后直接与饲料的真回肠可消化氨基酸结合，确定动物的氨基酸需要，充分体现了理想蛋白质和可消化氨基酸的真正意义和实际价值。

(二)理想蛋白的必需氨基酸模式

对猪、禽的理想蛋白质氨基酸模式已进行了大量研究，并提出了一些模式。表 1-4-1 列出了常见的几套饲养标准中猪、禽等单胃动物的理想蛋白质必需氨基酸模式。

表 1-4-1　猪、禽理想蛋白必需氨基酸模式[a](占 Lys 百分比)　%

氨基酸	生长肥育猪					肉鸡		肉鸭	
	ARC[a] (1981)	INRA (1984)	日本[b] (1993)	SCA (1990)	NRC[c] (1998)	SCA (1987)	NRC[d] (1994)	ARC (1985)	NRC[e] (1994)
赖氨酸	100	100	100	100	100	100	100	100	100
精氨酸	—	29	—	—	39	100	114	94	122
甘氨酸＋丝氨酸	—	—	—	—	—	—	114	127	—
组氨酸	33	25	33	33	32	39	32	44	—
异亮氨酸	55	59	55	54	54	60	73	78	70
亮氨酸	100	71	100	100	95	136	109	133	140
蛋氨酸	—	—	—	—	26	45	45	44	44
蛋氨酸＋胱氨酸	50	59	51	50	57	—	82	83	78
苯丙氨酸	—	—	—	—	58	70	65	—	—
苯丙氨酸＋酪氨酸	96	98	96	96	92	120	122	128	—
脯氨酸	—	—	—	—	—	—	55	—	—
苏氨酸	60	59	60	60	64	78	73	66	—
色氨酸	15	18	15	14	18	19	18	19	26
缬氨酸	70	70	71	70	67	81	82	89	87

a：表中除 NRC(1998)以真回肠可消化氨基酸为基础外，其余均是以总氨基酸为基础。

b：30～70 kg 生长猪；c：20～50 kg 生长猪；d：0～3 周龄肉鸡；e：0～2 周龄肉鸭。

随着对理想蛋白的认识和研究逐渐完善，NRC(1998)猪的营养需要提出以回肠真可消化氨基酸为基础表述氨基酸的需要及理想蛋白质氨基酸模式，并直接与猪维持和沉积蛋白质氨基酸模式相结合，将除体重以外的多种影响氨基酸需要和模式的因素，巧妙地用每日胴体平均沉积无脂肌肉量这一综合指标来代替，分别按沉积蛋白和维持的理想氨基酸模式，确定不同生产水平和体重情况下生产和维持的氨基酸需要，两者之和即为特定生长动物的氨基酸总需要量。NRC(1998)所采用的猪维持、蛋白质沉积、泌乳的理想蛋白质氨基酸模式及体组织蛋白质的氨基酸组成见表 1-4-2。

表 1-4-2　维持、蛋白质沉积、泌乳和体组织蛋白质氨基酸模式(占 Lys 百分比)　%

氨基酸	维持	蛋白沉积	产奶	体组织
赖氨酸	100	100	100	100
精氨酸	−200	48	66	105
组氨酸	32	32	40	45
异亮氨酸	75	54	55	50
亮氨酸	70	102	115	109
蛋氨酸	28	27	26	27
蛋氨酸＋胱氨酸	123	55	45	45
苯丙氨酸	50	60	55	60
苯丙氨酸＋酪氨酸	121	93	112	103
苏氨酸	151	60	58	58
色氨酸	26	18	18	10
缬氨酸	67	68	85	69

第四节　非蛋白氮的利用

反刍动物瘤胃微生物能很好地利用非蛋白氮(NPN),因此,NPN 在反刍动物营养中具有重要意义。合理利用 NPN 可以节约优质蛋白质饲料资源,降低饲粮成本。但应用不当,也可引起动物氨中毒,甚至死亡。

一、动植物体中的 NPN

动植物体中的 NPN 包括游离氨基酸、酰胺类、含氮的糖苷和脂肪、生物碱、铵盐、硝酸盐、甜菜碱、胆碱、嘧啶和嘌呤等。迅速生长的牧草、嫩干草的 NPN 含量约占总氮的 1/3。新鲜的饲用玉米只含 10%～20%的 NPN,青贮后上升到 50%。块根、块茎含 NPN 可高达 50%。种子在成熟早期,NPN 的含量也很高,成熟后不到 5%。干草、籽实及加工副产物含 NPN 都较少。

二、生产上常用的 NPN

生产上常用的 NPN 有以下几类:尿素及其衍生物类;氨态氮类,如液氨、氨水等;铵类,如硫酸铵、氯化铵等;肽类及其衍生物,如氨基酸、酰胺、胺等;动物粪便及其他废弃物等。

三、反刍动物对 NPN 的利用

在 NPN 中,尿素由于成本低、效果好而被广泛使用。

反刍动物利用尿素的机理是:尿素进入瘤胃后,能够迅速溶解,且被脲酶分解产生氨和二氧化碳,瘤胃微生物利用氨和碳水化合物降解产生的碳架及能量合成微生物蛋白质,再进一步被机体利用。

尿素饲喂恰当,是反刍动物很好的氮源;但若饲喂不当,则可导致氨中毒,甚至造成动物死亡。

反刍动物饲粮中使用尿素应注意以下几点:①提供充足的可溶性碳水化合物;②在日粮蛋白质

水平已满足需要时，添加尿素无效；③用尿素提供氮源时，应补充硫、磷、铁、锰、钴等的不足，因尿素不含这些元素，且氮与硫之比以(10～14)∶1为宜；④瘤胃微生物对尿素的利用有一个逐渐适应的过程，一般需 2～4 周适应期；⑤注意用法、用量，防止氨的中毒。一般奶牛饲粮中尿素的用量不能超过饲粮干物质的 1%，才能保证既安全，又有良好的效果。如果饲粮本身含 NPN 较高，如青贮料，尿素用量则应酌减。

当瘤胃氨水平上升到 800 mg/L，血氨浓度超过 50 mg/L 就可能出现中毒。氨中毒一般多表现为神经症状及强直性痉挛，0.5～2.5 h 可发生死亡。灌服冰醋酸中和氨或用冷水使瘤胃降温可以防止死亡。

四、非反刍动物对 NPN 的利用能力

NPN 对猪、禽等非反刍动物基本上没有利用价值。成年公猪在饲喂低蛋白质饲粮时添加 NPN 有一定作用。母鸡在饲予必需氨基酸平衡很好的饲粮基础上，能够用 NPN 合成一些非必需氨基酸，以补充非必需氨基酸的不足。

对后肠微生物比较发达的非反刍草食动物，如马属动物、兔等，NPN 的作用则介于反刍动物与猪禽之间，非反刍草食动物因其微生物的作用部位所限，尿素等 NPN 很难直接到达后肠(盲肠或结肠)，通常是在小肠被降解成 NH_3 而吸收入血，在肝脏重新转化为尿素，少数经血液循环到达盲肠或结肠，而大部分则随尿排出体外，非反刍草食动物对 NPN 的利用还与其能否接触微生物合成物有关。兔等具有食粪癖的非反刍草食动物，能有效地利用 NPN，马接触粪便的机会不多，因而对 NPN 利用的可能性小，但在采食低蛋白日粮情况下，也可通过食粪而增加体内氮储留。

复习思考题

1. 简述蛋白质的营养生理作用。
2. 简述反刍动物与非反刍动物对蛋白质消化吸收特点的异同。
3. 简述影响反刍动物及非反刍动物蛋白质消化吸收的因素。
4. 解释必需氨基酸、非必需氨基酸、限制性氨基酸、瘤胃氮素循环、蛋白质周转代谢、理想蛋白质的概念。
5. 简述氨基酸之间的相互关系及对应的概念。
6. 简述反刍动物利用 NPN 原理及合理利用的措施。

第五章 碳水化合物的营养

碳水化合物(carbohydrates)是多羟基的醛、酮或其简单衍生物以及能水解产生上述产物的化合物的总称。它是一类重要的营养素，广泛存在于植物性饲料中，在动物饲粮中占一半以上。因来源丰富、成本低而成为动物生产中的主要能源。本章主要介绍碳水化合物的组成、性质、营养生理作用、消化、吸收、利用过程等知识。

第一节 碳水化合物及其营养生理作用

一、碳水化合物的组成、分类和主要性质

(一) 碳水化合物的组成和分类

碳水化合物主要有 C、H、O 三种元素组成，通式为 $C_m(H_2O)_n$。目前，在生物化学中常用糖类(saccharides)这个词作为碳水化合物的同义语。不过，习惯上所谓糖(sugar)，通常只指水溶性的单糖和低聚糖，不包括多糖。在常规养分分析中，碳水化合物包括无氮浸出物和粗纤维。前者主要由易被动物利用的淀粉、菊糖、双糖、单糖等可溶性碳水化合物组成。粗纤维是植物细胞壁的主要组成成分，包括纤维素、半纤维素、木质素及果胶等成分。随着营养研究进程的深入，植物性饲料中的多糖又从营养生理角度分为营养性多糖和结构性多糖。淀粉、菊糖、糖原等属营养性多糖，其余多糖属结构性多糖，通常称为非淀粉多糖。

(二)碳水化合物与动物营养有关的一些性质

淀粉存在于作物籽实中，分为直链淀粉和支链淀粉两类。直链淀粉呈线形，由 250～300 个葡萄糖单位以 α-1,4-糖苷键连接而成。支链淀粉则每隔 24～30 个葡萄糖单位出现一个分支，分支点以 α-1,6-糖苷键相连，分支链内则仍以 α-1,4-糖苷键相连。淀粉在其天然状态下呈不溶解的晶粒，对其消化性有一定影响，但在湿热条件下(60～80℃)淀粉颗粒易破裂和溶解，有助于消化。

糖原(动物淀粉)存在于动物的肝脏、肌肉和其他组织中，是动物体内碳水化合物的主要储备形式。每隔 10～12 个葡萄糖单位出现一个分支，结构与支链淀粉相似。

麦芽糖由两分子 α-D-葡萄糖以 α-1,4-糖苷键连接而成。

纤维素是自然界最丰富的有机化合物，占植物细胞壁的 20%～40%，其构成单位是纤维二糖。纤维二糖是由两分子 β-D-葡萄糖以 β-1,4-糖苷键连接而成。动物分泌的 α-淀粉酶只能水解 α-1,4-糖苷键，不能分解 β-糖苷键。这是动物本身不能消化利用纤维素的根本原因。

半纤维素是木糖、阿拉伯糖、半乳糖和其他碳水化合物的聚合物，占植物细胞壁的 10%～40%，含大量 β-糖苷键，与木质素以共价键结合后很难溶于水。

木质素是植物生长成熟后才出现在细胞壁中的物质，含量为 5%～10%，它是苯丙烷衍生物的

聚合物(亦称苯丙基的多聚物),动物及其体内微生物所分泌的酶均不能使其降解。木质素通常与细胞壁中的多糖形成难降解的复合物,从而限制动物对植物细胞壁物质的利用。

果胶在植物细胞壁中占1%～10%。植物细胞壁中果胶物质与纤维素、半纤维素结合形成不溶性的原果胶。原果胶经酸处理或在原果胶酶的作用下,可转变为可溶性果胶。

非淀粉多糖(non-starch polysaccharides,NSP)主要由纤维素、半纤维素、果胶和抗性淀粉(阿拉伯木聚糖、β-葡聚糖、甘露聚糖、葡糖甘露聚糖等)组成。根据水溶性,NSP分为不溶性NSP(如纤维素)和可溶性NSP(如β-葡聚糖和阿拉伯木聚糖)。

不同谷物可溶性NSP的含量不同。小麦、黑麦中阿拉伯木聚糖含量相对较高,大麦、燕麦中β-葡聚糖含量相对较高。主要谷物中β-葡聚糖和阿拉伯木聚糖的含量见表1-5-1。

表1-5-1 β-葡聚糖和阿拉伯木聚糖在谷物中的含量(DM) %

谷物	β-葡聚糖	阿拉伯木聚糖
小麦	0.6～0.7	5.7～8.2
黑麦	2.3～2.6	8.1～9.9
小黑麦	0.4～0.8	6.2～7.9
大麦	3.9～4.5	6.6～6.9
燕麦	3.8～4.0	5.7～5.8
高粱	—	2.1
玉米	0.1	4.3
大米	—	1.0～1.4

可溶性NSP的抗营养作用日益受到关注。其抗营养作用机理为:猪、鸡消化道缺乏相应的内源酶而难以将其降解;它们与水分子直接作用增加溶液的黏度,且随多糖浓度的增加而增加;多糖分子本身互相作用,缠绕成网状结构,这种作用过程能引起溶液黏度大大增加,甚至形成凝胶。因此,可溶性NSP在动物消化道内能使食糜变黏,进而阻止养分接近肠黏膜表面,最终降低养分消化率。

动植物体内的碳水化合物在种类和数量上不尽相同,但植物体中有些碳水化合物在动物体内可转化为六碳糖被利用。碳水化合物的这种异构变化特性在营养中具有重要意义。它是动物消化吸收不同种类碳水化合物后能经共同代谢途径利用的基础,也是阐明动物能利用多种糖类作为营养的理论根据。

二、碳水化合物的营养生理作用

(一)碳水化合物的供能储能作用

碳水化合物可直接氧化供能,动物机体代谢所需要的能量70%左右来自碳水化合物的氧化提供。葡萄糖是供给动物代谢活动快速应变需能的最有效的营养素。葡萄糖是大脑神经系统、肌肉、脂肪组织、胎儿生长发育、乳腺等代谢的主要能源。葡萄糖供给不足,小猪出现低血糖症,牛产生酮病,妊娠母羊产生妊娠毒血症,严重时会致死亡。

碳水化合物除了直接氧化供能外,也可以转变成糖原和脂肪储存。胎儿在妊娠后期能贮积大量糖原和脂肪供出生后作能源利用。

值得注意的是小猪总糖原含量高,肝糖原含量低。这可能与小猪出生后几天产生低血糖,难于克服能量供给不足和抵抗应激能力极差有关系。

(二)参与动物机体的构成和调控体内代谢

以核糖、脱氧核糖、糖蛋白、糖脂、黏多糖、壳多糖等形式存在的碳水化合物，分布在细胞膜、细胞器膜、细胞浆以及细胞间质、结缔组织、节肢动物的外壳中，在动物体内发挥着极其重要的作用。

糖蛋白质是指由比较短、往往是分支的寡糖链与多肽共价相连所构成的复合糖。糖蛋白质种类繁多，在体内物质运输、血液凝固、生物催化、润滑保护、结构支持、黏着细胞、降低冰点、卵子受精、免疫和激素发挥活性等方面发挥极其重要的作用。黏液分泌物中的糖蛋白质常含有大量糖类，能束缚大量的水，而且具有很高的黏性，对机体有保护和润滑作用，可作为润滑剂和表面保护剂。南极鱼中含有一类抗冻的糖蛋白质，此糖蛋白质水解后呈特定形状，可使所系水分子不易冻结，降低水的冰点但不降低其熔点，提高了抗低温能力。参与细胞质膜组成的糖蛋白质在质膜的主动运输、作为病毒、激素和抗体的受体、参与细胞间的识别和黏着等作用中发挥着重要的作用。许多生物学现象和血清蛋白质的体内平衡，红细胞的体内平衡、血小板的凝血作用、动物的受精过程、外源凝集的血球凝集作用等，其作用机制都与糖蛋白质寡糖链所提供的"识别标记"直接相关。体内许多生物学反应的发生，都需要膜中含有特异的识别位点，即受体或选择素。受体分子往往含有若干条寡糖链，糖链的组分常为半乳糖、甘露糖、*N*-乙酰葡萄糖胺和唾液酸等，受体分子受到诱导发生构象的改变，从而促进特定的生物学反应的发生。受体蛋白质在细胞表面和溶酶体之间循环，保持动态平衡。糖蛋白质作为生物体系的识别标记的研究日益受到重视。

糖脂是糖类通过其还原末端以糖苷键与脂类链接起来的脂类化合物。它是一类两亲分子，在生物体内分布甚广，但含量较少。糖脂是构成细胞膜的成分之一，在细胞黏附、生长、分化、信号传导和突轴传导刺激冲动等过程中发挥着重要作用。一些与免疫应答相关的糖脂，如 α-半乳糖基神经酰胺、硫苷脂等参与细胞识别、免疫应答等重要生理过程。

黏多糖是保证多种生理功能实现的重要物质。透明质酸具有高度黏性，在润滑关节、保护机体在受到强烈振动时，不致影响正常功能方面起重要作用。硫酸软骨素在软骨中起结构支持作用。几丁质(又名甲壳素、壳多糖)是许多低等动物尤其是节肢动物外壳的重要组成部分。虾、蟹是在不断蜕壳和再生壳的过程中生长，而甲壳素的分解产物 2-氨基葡萄糖对于虾、蟹壳的形成具有重要作用。因此，在饲料中添加甲壳素(生产中添加虾糠或虾头粉)可促进虾、蟹类的生长。

(三)参与产品的形成

碳水化合物参与动物体脂、乳脂、乳糖和非必需氨基酸等的形成。高产奶牛平均每天大约需要 1.2 kg 葡萄糖用于乳腺合成乳糖。产双羔的绵羊每天约需 200 g 葡萄糖合成乳糖。反刍动物产奶期体内 50%～85%的葡萄糖用于合成乳糖。基于乳成分的相对稳定性，血糖进入乳腺中的量是奶产量的限制因素。葡萄糖也参与部分奶蛋白质非必需氨基酸的形成。碳水化合物进入非反刍动物乳腺主要用以合成奶中必要的脂肪酸，母猪乳腺可利用葡萄糖合成肉豆蔻酸和一些其他脂肪酸。

(四)碳水化合物的其他作用

1. 某些寡糖的生理作用

不同的微生物通过特异性识别作用，只能选择性地定植于某一特定的器官或部位。近年来研究发现，这种特异性识别是通过微生物表面的凝集素和宿主细胞表面的某些寡糖介导完成的。在畜禽胃肠道内，微生物表面的糖蛋白质(或菌毛)能够特异地识别肠黏膜上皮的寡糖受体，并与之结合。近几年来，人们对于寡糖的研究和应用具有特别的兴趣，已合成了一些寡糖产品，如甘露寡糖

(MOS,酵母细胞壁的衍生物)、果寡糖(FOS,由蔗糖通过转果糖酶反应合成)等。研究表明,当含有上述寡糖的饲料进入动物体内后,胃肠道中的致病菌就会与之结合,从而不能在肠壁表面定植,这样它们就会随食糜一道排出体外,从而保护了动物免遭这些致病菌的侵害。

某些寡糖不能被动物分泌的酶消化。在胃肠道内,寡糖可以选择性地作为某些细菌生长的底物。果寡糖能够作为乳酸杆菌和双歧杆菌生长的底物,但沙门氏菌、大肠埃希氏菌和其他革兰阴性菌发酵 FOS 的效率很低,因而它们的生长将会受到抑制。MOS 可以防止沙门氏菌、大肠杆菌和霍乱弧菌在动物肠道黏膜上皮上的黏附。由于合成寡糖具有上述调整胃肠道微生物区系平衡的效应,现已将其称为化学益生素(chemical probiotics)。

2. 动物体内糖苷的生理作用

糖苷是指具有环状结构的醛糖或酮糖的半缩醛羟基上的氢,被烷基或芳香基团所取代的缩醛衍生物。糖苷经完全水解,糖苷键分裂,产生的糖部分称为糖基(glycone),非糖部分称为配基(aglycone)。现已确定动物体内代谢产生的许多糖苷具有解毒作用。哺乳类、鱼类及一些两栖类动物的许多毒素、药物或废物,包括固醇类激素的降解产物可能是通过与 *D*-葡萄糖醛酸形成葡萄糖苷酸而排出体外的。

3. 粗纤维的营养作用

这部分内容在本章的最后一节将进行详细讲解。

第二节 碳水化合物消化、吸收和代谢

一、非反刍动物对碳水化合物的消化、吸收和代谢

营养性碳水化合物主要在消化道前段(口腔到回肠末端)消化吸收,而结构性碳水化合物主要在消化道后段(回肠末端以后)消化吸收。

猪、禽对碳水化合物的消化吸收特点,是以淀粉形成葡萄糖为主,以粗纤维形成 VFA 为辅,主要消化部位在小肠。所以,在猪、禽的饲养实践中,其饲粮粗纤维水平不宜过高,对生长育肥猪应控制在 8%以下,对母猪可在 10%~12%。马、兔对粗纤维则有较强的利用能力,它们对碳水化合物的消化吸收是以粗纤维形成 VFA 为主,以淀粉形成葡萄糖为辅。

(一)碳水化合物在消化道前段的消化吸收

口腔中碳水化合物的消化是以物理性消化为主,化学性消化为辅。猪、兔、灵长目和人等哺乳动物唾液中含有 α-淀粉酶,在微碱性条件下能将淀粉分解成糊精和麦芽糖。因时间较短,消化很不彻底。禽类唾液分泌量少,α-淀粉酶的作用甚微。鸡的嗉囊中存在有淀粉酶的消化作用,但因饲料粒度限制,消化不具明显营养意义。

胃内无淀粉酶,在胃内酸性条件下仅有部分淀粉和部分半纤维素酸解。饲料未与胃液混合之前,唾液含有淀粉酶的动物可继续消化淀粉,唾液不含淀粉酶的动物,胃中碳水化合物的消化甚微。非反刍草食动物(如马)由于饲料在胃中停留时间较长,饲料本身所含的碳水化合物酶或细菌产生的酶对淀粉有一定程度的消化。

十二指肠是碳水化合物消化的主要部位,主要在酶的作用下进行化学性消化。饲料在十二指肠与胰液、肠液、胆汁混合,其中含有的 α-淀粉酶继续把尚未消化的淀粉分解成为麦芽糖和糊精。

低聚 α-1,6-糖苷酶分解淀粉和糊精中 α-1,6-糖苷键。这样,饲料中营养性多糖基本上都分解成了二糖,然后由肠黏膜产生的二糖酶—麦芽糖酶、蔗糖酶、乳糖酶等彻底分解成单糖。

禽类消化道中不含乳糖酶,不能消化吸收乳糖,饲粮中乳糖水平过高可能导致禽类腹泻。

正常情况下,回肠中乳酸发酵不影响酶活;病理条件下,可能因发酵增加,pH 下降,影响酶的作用。

碳水化合物吸收部位主要在小肠。其中,以十二指肠吸收为主,其次是空肠,回肠吸收较少。主要以单糖形式经载体主动转运通过小肠壁吸收,随食糜向回肠移动,吸收率逐渐下降。小肠吸收的单糖主要是葡萄糖和少量的果糖和半乳糖。果糖在肠黏膜细胞内可转化为葡萄糖,葡萄糖吸收入血后,供全身组织细胞利用。单糖吸收受激素控制,也需要 Ca^{2+} 和维生素参加。不同单糖吸收速度不同;鼠的实验证明,半乳糖吸收最快,然后依次是葡萄糖、果糖、戊糖。研究表明,葡萄糖的吸收也可能存在自由扩散。

(二)碳水化合物在消化道后段的消化吸收

进入大肠的碳水化合物以结构性多糖为主,包括部分在肠前段未被消化吸收的营养性碳水化合物。因大肠黏膜分泌物不含消化酶,这些物质由微生物发酵分解,主要产物为挥发性脂肪酸(volatile fatty acid, 缩写 VFA)、二氧化碳和甲烷。不同种类动物后肠发酵产生的各种 VFA 比例不同,见表 1-5-2。

非反刍草食动物马、兔的盲肠和结肠发达,未被小肠消化吸收的淀粉、双糖、单糖和大量的粗纤维在其中被微生物分泌的酶分解,生成大量的挥发性脂肪酸。猪对苜蓿干草中纤维物质的消化率仅为 18%,而马却高达 39%。

表 1-5-2　不同动物盲肠碳水化合物发酵产生的各种 VFA 比例　　%

动物	乙酸	丙酸	丁酸
猪	40～75	15～36	5～10
人	45～70	19～38	5～14
兔	75～82	8～11	8～17
马	67	14	14
牛	65～75	18～23	4～6

引自 Puschner 等(1988)

碳水化合物在猪、禽后肠发酵分解受年龄和饲粮结构影响较大,低纤维饲粮发酵产生的乳酸量相对较大。正常情况下,乳酸,包括来自回肠的乳酸都很快转变成丙酸。

大肠对单糖的吸收极少,主要吸收挥发性脂肪酸,以被动吸收方式扩散进入体内,参与代谢。

(三)碳水化合物的代谢

1. 单糖互变

非反刍动物体内循环的单糖形式主要是葡萄糖。但来自植物饲料中的单糖除了葡萄糖外,还有果糖、半乳糖、甘露糖和一些木糖、核糖等。它们必须通过适当变换才能进一步代谢,或从一种单糖转变成另一种单糖以满足代谢需要。

果糖主要经 1-磷酸果糖进入代谢。动物采食含果糖多的饲料,很容易经此途径合成较多甘油三酯。

半乳糖代谢过程中,胎儿和新生动物都能有效地把半乳糖转变成 1-磷酸半乳糖,但可能因磷酸半乳糖尿苷转移酶缺乏，使1-磷酸半乳糖进一步转变成1-磷酸葡萄糖受阻而使血液中半乳糖浓度升高。

甘露糖在动物饲粮中含量不高，主要参与体内糖蛋白质合成，若参与分解代谢，很容易经6-磷酸果糖进入代谢。

体内核糖和木糖一般都与其他物质结合存在，通过磷酸化进入磷酸戊糖循环后可按葡萄糖代谢的通常途径继续代谢。

2. 葡萄糖分解代谢

主要途径有三条：无氧酵解、有氧氧化和磷酸戊糖循环。

(1)无氧酵解　在细胞液中进行，若葡萄糖用于供能，75%～90%都要先经此酵解过程。在缺氧条件下酵解产生的丙酮酸还原成乳酸。1 mol 葡萄糖经无氧酵解可生成6～8 mol ATP。

(2)有氧氧化　实际上是糖酵解的尾产品在有氧存在条件下，进入线粒体经三羧酸循环彻底氧化。1mol 葡萄糖经有氧氧化可净生成36～38 mol ATP。

(3)磷酸戊糖循环　磷酸戊糖循环的主要功能是为长链脂肪酸(long chain fatty Acid，缩写LCFA)的合成提供NADPH。由1 mol 葡萄糖经磷酸戊糖循环可得到12 mol NADPH。此外，代谢过程中产生的5-磷酸核糖或1-磷酸核糖对供给细胞中核糖需要具有重要意义。

葡萄糖分解代谢的三条途径，在肝中受NAD和NADP浓度调节。NAD浓度高有利于葡萄糖沿前二条途径代谢，NADP浓度高则有利于沿第三条途径代谢。

3. 葡萄糖参与的合成代谢

(1)合成糖原　从肠道吸收的单糖转变成葡萄糖后可用于合成肝糖原和肌糖原。肝糖原只有在动物采食后血糖升高条件下才可能合成。肌糖原生成基本上与采食无关。

(2)合成乳糖　乳腺细胞利用血液中的葡萄糖，首先将其磷酸化，然后与UDP形成UDP-葡萄糖，再变构成UDP-半乳糖，最后与1-磷酸葡萄糖结合形成乳糖。

(3)合成体脂肪　在供能有余的情况下，葡萄糖经糖酵解生成丙酮酸，继而生成乙酰CoA，后者可转出线粒体，合成长链脂肪酸，合成体脂肪沉积。但动物组织中缺乏将乙酰CoA羧化为丙酮酸的酶，故动物组织中不发生上述过程的逆反应。不同种类动物合成体脂肪的能力差异大。任食的动物在合成体脂肪能力上比限食的动物强。

二、反刍动物对碳水化合物的消化、吸收和代谢

对碳水化合物的消化吸收，幼年反刍动物与非反刍动物类似，成年反刍动物因存在前胃消化，与非反刍动物有较大差异。反刍动物对碳水化合物的消化吸收的特点是以形成VFA为主，形成葡萄糖为辅，消化的主要部位是瘤胃，其次是小肠、盲肠和结肠。

(一)碳水化合物在口腔中的消化

反刍动物口腔中，唾液多而淀粉酶很少。碳水化合物在反刍动物口腔中主要进行物理性消化，化学性消化很小，粗纤维在口腔内基本不发生化学变化。

(二)碳水化合物在前胃的消化吸收

1. 消化

前胃是碳水化合物消化的主要场所。前胃内微生物每天消化的碳水化合物占采食的70%～90%，其中瘤胃相对容积大，是微生物寄生的主要场所，每天消化碳水化合物的量占总采食量的

50%～55%,具有重要营养意义。

前胃中碳水化合物的消化,其实质是微生物消耗可溶性碳水化合物,不断产生纤维分解酶分解粗纤维的一个连续循环过程。微生物附着在植物细胞壁上,不断利用可溶性碳水化合物和其他物质作为营养物质,使其自身生长繁殖,与此同时不断产生低级脂肪酸、甲烷、氢、二氧化碳等代谢产物,也不断产生纤维分解酶,把植物细胞壁物质分解成单糖或其衍生物。在纤维酶作用下,粗饲料中纤维素和半纤维素大部分能被分解。果胶在细菌和原生动物作用下可迅速分解,部分果胶能用于合成微生物体内多糖。木质素是一种特殊结构物质,基本上不能分解。半纤维素—木质素复合程度越高,消化效果越差。植物细胞壁物质分解成单糖后,在各种微生物体内的继续代谢过程基本相同。

碳水化合物在瘤胃中的消化过程可分为两步:第一步,复杂的碳水化合物(纤维素、半纤维素、果胶)被微生物分泌的酶水解为短链的低聚糖,主要是二糖(如纤维二糖、麦芽糖、木二糖等),部分糖继续水解为单糖。第二步,二糖和单糖被瘤胃微生物摄取,在细胞内酶的作用下迅速地被降解为挥发性脂肪酸—乙酸、丙酸、丁酸等。

瘤胃中产生的 VFA 种类和比例随饲粮因素如饲粮类型、加工方法、精粗比例等的不同而变化。尤其受饲粮精料与粗料的比例影响较大,因为不同的精料和粗料的比例会影响瘤胃的发酵类型。不同碳水化合物发酵分解产物比较见表 1-5-3。

表 1-5-3　部分饲料发酵分解产物比较

饲料	乙酸	丙酸	丁酸	戊酸
纤维饲料	高	很低	很低	—
淀粉饲料	很低	比较高	比较高	—
富含可溶性糖的饲料	很低	高	高	极低

引自 Puschner 等(1988)

2. 挥发性脂肪酸的吸收

瘤胃中碳水化合物发酵产生的 VFA 约 75%通过瘤网胃壁扩散进入血液。VFA 的吸收程度与速度直接受渗透压的影响,也与碳原子数有关。碳原子含量越多,吸收速度越快。丁酸吸收速度大于丙酸,乙酸吸收最慢。

部分挥发性脂肪酸在通过前胃壁过程中可转化形成酮体,其中丁酸的转化可占吸收量的90%,乙酸转化量甚微。转化量超过一定限度,会使奶牛发生酮血症,这是高精料饲养反刍动物存在的潜在危险。

(三)碳水化合物在皱胃和肠道的消化吸收

碳水化合物在皱胃和肠道的消化吸收,与非反刍动物类似。未被前胃消化的碳水化合物进入皱胃,皱胃中不分泌淀粉酶,对淀粉、粗纤维的消化影响不大。进入小肠的淀粉的量较少,占 10%～20%,小肠淀粉酶的活性低,食糜停留的时间短,使淀粉在小肠的消化吸收量受到限制。

(四)碳水化合物的代谢

1. 糖原异生

反刍动物不能大量从消化道吸收葡萄糖,但葡萄糖对于反刍动物仍然具有非常重要的生理作用,它仍然是肌糖原、肝糖原合成的前体;是神经组织(特别是大脑)和红细胞的主要能源;通过磷酸戊糖途径生成 NADPH,可促进长链脂肪酸的合成等。因此,糖原异生是反刍动物极其重要的碳水化合物代谢途径,体内所需葡萄糖的 90%或更多都是来源于糖原异生。

当大量饲喂纤维性饲料时,反刍动物从消化道吸收的葡萄糖几乎等于零,体内代谢所需的葡萄糖必须全部由糖原异生作用提供。可另一方面,糖异生作用的主要前体物质——丙酸在瘤胃发酵过程中所产生的数量和比例都很小。可见在大量饲喂纤维性饲料条件下,一方面对糖异生作用要求加强,以提供机体代谢所必需的葡萄糖,另一方面又因丙酸数量不足,无法满足糖异生作用进行的需要,使其受到限制,由此会产生下列不良后果:

(1)导致体脂肪合成与沉积量下降　反刍动物体内脂肪合成所需的重要原料长链脂肪酸(LCFA)的主要来源有二:一是饲料;二是由乙酸和丁酸合成。在冬春季节或大量饲用秸秆饲料时,由于饲粮内脂肪含量低(约为干物质的 2%),反刍动物从饲料获得的 LCFA 数量很少,这样,它们只有靠瘤胃发酵所产生的乙酸和丁酸来合成 LCFA,这一反应需要 NADPH 存在:

$$8\text{乙酰 CoA}+14NADPH+14H^{+}+7ATP+H_2O\rightarrow\text{棕榈酸}+8CoA+14NADP+7ADP+7\text{磷酸}$$

上述反应所必需的 NADPH 主要是通过磷酸戊糖途径由葡萄糖代谢而产生:

$$6\text{-磷酸葡萄糖}+12NADP+7H_2O\rightarrow 6CO_2+12NADPH+12H^{+}+\text{磷酸}$$

可是在大量饲喂纤维性饲料条件下,由于丙酸等前体物短缺,使内源葡萄糖合成锐减,无法满足合成 NADPH 的需要。因此,外源和内源葡萄糖的短缺对体内脂肪合成的影响是相当严重的。

反刍动物体内合成脂肪过程中,葡萄糖又是合成甘油三酯所必需的甘油的主要前体。据推算,每合成 100 g 甘油三酯需要 89 g 葡萄糖。这是在大量饲喂纤维性饲料条件下,由于外源和内源葡萄糖的短缺导致体脂肪合成和沉积量下降的另一个重要原因。

(2)导致机体蛋白质代谢更加恶化　在大量饲喂纤维性饲料的条件下,由于糖异生作用的主要前体物质——丙酸不足,所以动物不得不利用饲料来源和体内内源氨基酸合成葡萄糖,致使蛋白质沉积下降,氮代谢趋于负平衡,血液中生酮氨基酸的浓度升高,导致整体蛋白质代谢状况更加恶化。这对于冬春季节牧区生长家畜和处于妊娠泌乳阶段母畜的危害十分严重,是目前放牧家畜生产中必须解决的实际问题。

(3)导致母畜泌乳量下降　在母畜泌乳期间,葡萄糖是合成乳糖的主要来源。乳糖浓度的稳定是制约泌乳量的限制因素,因此,丙酸的产量间接决定了奶产量。据报道,乳牛血液中的葡萄糖浓度与乳产量呈直线相关关系,每产 1 kg 乳需要乳腺摄取 72 g 葡萄糖。可见,在大量摄入纤维性饲料条件下,反刍动物内外源葡萄糖供应短缺,是造成母畜泌乳量下降的主要营养限制因素。

2. 挥发性脂肪酸的代谢

挥发性脂肪酸由瘤胃吸收入血转运至各组织器官,反刍动物组织中有许多促进挥发性脂肪酸利用的酶系。

挥发性脂肪酸可氧化供能,反刍动物由挥发性脂肪酸提供的能量占吸收的营养物质总能的 2/3。乳牛组织中 50%的乙酸,2/3 的丁酸和 25%的丙酸都经氧化提供能量。乙酸可用于体脂肪和乳脂肪的合成,丁酸也可用于脂肪的合成。丙酸可用于葡萄糖和乳糖的合成。丙酸和丁酸在肝脏中代谢,60%的乙酸在外周组织(肌肉和脂肪组织)代谢,只有 20%在肝脏代谢,还有少量在乳房中参与乳脂肪合成。

(五)碳水化合物的代谢效率

1. 瘤胃中挥发性脂肪酸的不同比例对能量利用效率的影响

乙酸、丁酸发酵中产生的氢被甲烷产气菌利用合成甲烷,通过嗳气排出体外,而丙酸发酵时可利用氢。瘤胃内碳水化合物发酵的化学方程式如下：

乙酸发酵：$C_6H_{12}O_6 + 2H_2O \rightarrow 2CH_3COOH + 2CO_2 + 4H_2$

丙酸发酵：$C_6H_{12}O_6 + 2H_2 \rightarrow 2CH_3CH_2COOH + 2H_2O$

丁酸发酵：$C_6H_{12}O_6 \rightarrow CH_3CH_2CH_2COOH + 2H_2 + 2CO_2$

甲烷是一种高能物质，但动物不能利用，它的释放必然造成反刍动物饲料能量的损失。每消化100 g碳水化合物平均产生4～5 g甲烷。以甲烷形式损失的能量平均约占反刍动物饲料总能的7%。一般来说，饲粮中粗饲料比例越高，瘤胃液中乙酸比例越高，甲烷的产量也相应高，饲料能量利用效率则降低；精饲料比例越高，丙酸比例越高，饲料能量利用效率也相应提高。不过，当丙酸比例过高(33%以上)，乙酸比例很低时，乳用反刍家畜乳脂率会降低，甚至导致产乳量下降。

通过使用甲烷抑制剂、控制日粮精粗比例和粗饲料品质等方法来控制甲烷生成是瘤胃发酵调控的重要内容之一。

2.不同降解产物的代谢效率

体内化学反应经化学计量学的研究，不同单糖或碳水化合物发酵产物的能量利用效率均不高。平均50%以上的能量在体内作为热能散失(表1-5-4)。葡萄糖经磷酸戊糖途径供能效率更低。

表1-5-4　1 mol葡萄糖及VFA的能量利用效率

产物	总能/(kJ/mol)	代谢耗用/mol	总产ATP/mol	净获能/mol	捕获能/kJ	利用率/%
葡萄糖	2 816	4	40	36	1 206	43
乙酸	876	2	12	10	335	38
丙酸	1 536	4	22	18	603	39
丁酸	2 194	2	29	27	905	41

碳水化合物在体内可以糖原的形式少量储存，其余的碳水化合物可转化为脂肪作为能量储备。源于饲料中的单糖发酵产物必须经过一定代谢过程才能达到储能目的。经计算，饲粮来源的葡萄糖转变为棕榈酸甘油酯储存的效率是0.8，乙酸转变成棕榈酸的效率是0.72，乳酸转变为葡萄糖的效率是0.87，丙酸转变为葡萄糖的效率是0.83，葡萄糖变成糖原的效率是0.97，葡萄糖变成乳糖的效率是0.96。

动物体内葡萄糖的周转代谢效率，因动物种类、生理状态、生产目的、饲养、营养等不同而不同。奶牛产奶期葡萄糖的周转率比干奶期高3倍。周转代谢的葡萄糖60%～90%用于合成乳糖。产奶期动物血糖浓度对葡萄糖周转代谢影响甚大，血浆葡萄糖浓度提高100%，葡萄糖周转代谢率即增加50%。相反，血糖浓度稍微降低，葡萄糖周转代谢速度显著下降，甚至停止泌乳。

各种动物周转代谢的葡萄糖，35%～65%完全氧化成H_2O和CO_2，其余均转变成其他化合物。神经系统对来源于血中的葡萄糖可70%～100%氧化，脂肪组织、乳腺中葡萄糖氧化率低，肌肉居中。反刍动物葡萄糖的平均氧化率大约是35%，非反刍动物是50%～65%。

第三节　粗纤维的利用

迄今为止对饲粮纤维的定义尚未达成共识。不过从生理角度考虑，可将纤维视为不能被动物自身所分泌的消化酶消化的饲粮组成成分，主要是纤维素、半纤维素、果胶物质、木质素、β-葡聚糖、阿拉伯木聚糖等。各种动物利用纤维很大程度上是利用微生物酶的分解产物或微生物的代谢产物。植物细胞壁越成熟,木质化程度越高,越不易被微生物消化。

粗纤维是草食动物不可缺少的营养物质来源,但对猪、禽等单胃动物,过高的日粮纤维含量,将产生很多负面作用,如降低日粮的适口性,加快食糜在消化道中的流通速度,从而降低动物对营养物质的消化率,降低饲粮可利用能值,增加动物消化道内源蛋白质、脂肪和矿物质的损失等。近年来,粗纤维的特殊营养生理作用日益受到人们的重视。

一、粗纤维对反刍动物的作用

粗纤维是反刍动物的一种必需营养素。日粮纤维的特点与性质可影响反刍动物的采食、咀嚼和瘤胃发酵类型,对反刍动物的健康和生产起着重要作用。

(一)提供能量

饲粮纤维在瘤胃中发酵所产生的挥发性脂肪酸是反刍动物主要的能源物质。挥发性脂肪酸能为反刍动物提供能量需要的70%~80%。

(二)维持瘤胃的正常功能和动物的健康

淀粉和中性洗涤纤维(NDF)是瘤胃内产生挥发性脂肪酸的主要底物。淀粉在瘤胃内发酵比NDF更快,更剧烈。若饲粮中纤维水平过低,淀粉迅速发酵,大量产酸,降低瘤胃液pH,会抑制纤维分解菌活性,严重时可导致酸中毒。饲粮纤维能结合H^+,本身就是一种缓冲剂,粗饲料的缓冲能力比籽实高2~4倍。此外,饲粮纤维可刺激咀嚼和反刍的加强,促进动物唾液分泌,从而间接提高了瘤胃缓冲能力。研究表明,适宜的饲粮纤维水平对于消除由于大量进食精料所引起的采食量下降,防止酸中毒、瘤胃黏膜溃疡和蹄病是绝对不可缺乏的。饲粮纤维低于或高于适宜范围,都不利于能量利用。NRC(2001)推荐泌乳牛饲粮至少应含19%~21%的酸性洗涤纤维(ADF)或25%~28%的中性洗涤纤维(NDF),并且饲粮中NDF总量的75%必须由粗饲料提供。

(三)维持动物正常的生产性能

饲粮中纤维水平过低,瘤胃液挥发性脂肪酸中乙酸减少,导致乳脂肪合成减少,所以将饲粮纤维控制在适宜的水平上,可维持动物较高的乳脂率和产乳量。

二、粗纤维对非反刍动物的作用

饲粮纤维对非反刍动物同样具有重要作用。但非反刍动物利用纤维的能力不及反刍动物。

(一)维持肠胃正常蠕动,刺激胃肠道发育

肠胃正常蠕动是影响养分吸收的重要因素。饲粮纤维中未发酵的部分通过机械作用影响肠道蠕动和食糜滞留时间,而可发酵部分则可能是通过其发酵产品来影响肠道蠕动和食糜流通速度。繁殖动物常用NDF调节胃肠道食糜排空速度,保证胃肠道畅通。粗纤维可促进消化道蠕动、刺激消化液分泌,使胃肠道有一定的充盈度,促进胃肠道充分发育,以满足动物高产阶段的高采食量需要。

(二)提供能量

纤维经大肠微生物发酵,产生的挥发性脂肪酸,可满足维持能量需要的10%~30%,其中杂食动物相对低一点,非反刍草食动物相对高一点。研究表明,母猪妊娠期间,饲粮中配入适量的易于发酵的高纤维饲料,如甜菜渣、大豆壳、麦麸、三叶草、燕麦壳等,除可为母猪供能外,尚可提高初乳中脂肪含量,有利于初生仔猪的生长和成活。

(三)饲粮纤维的代谢效应

饲粮纤维可刺激胃液、胆汁、胰液分泌。果胶物质及可溶性纤维，如 β-葡聚糖，可使胆固醇随粪的排出增加，降低胆固醇的肠肝再循环，有效地降低血清胆固醇水平，从而降低心血管疾病的发病率。还有研究表明，不溶性纤维可降低人的结肠、直肠癌的发病率，而可溶性纤维则无此效应。

(四)解毒作用

饲粮纤维可吸附饲料和消化道中产生的某些有害物质，使其排出体外。适量的饲粮纤维在后肠发酵，可降低后肠内容物的 pH，抑制大肠杆菌等病原菌的生长，防止仔猪腹泻的发生。

(五)改善胴体品质

粗纤维容积大，可调控营养物质的摄入量。在猪肥育后期增加饲粮粗纤维，可减少脂肪沉积，提高胴体瘦肉率。

三、影响粗纤维利用率的因素

(一)动物因素

不同种类的动物，对粗纤维的消化率差异较大。一般牛的消化率最高，羊稍次，猪较低，家禽几乎不能消化粗纤维。

随动物年龄的增加，粗纤维的消化率有呈上升的趋势，但到老年消化率又逐渐降低。不同的个体及培育条件，对粗纤维的消化率也不同。

(二)营养因素

1. 日粮粗蛋白质水平

日粮粗蛋白质水平是改善瘤胃对粗纤维消化的重要因素。因蛋白质是微生物繁殖的基质，蛋白质水平过低将限制微生物的繁殖，从而影响其对纤维的分解力。如以低品质干草(含粗蛋白质3.28%～4.51%)喂绵羊时，粗纤维的消化率为 49%，若补加 10 g 尿素，粗纤维的消化率可提高10%左右。

2. 日粮粗纤维水平

日粮中粗纤维含量越高，其本身的消化率越低，同时其他养分的消化率也降低。

3. 日粮中矿物质

日粮中添加不同种类的矿物质添加剂可以提高粗纤维的消化率。试验证明，日粮中加入适量的钙、磷、硫等盐类，可提高粗纤维的消化率，补加食盐对提高瘤胃粗纤维的消化率也有重要作用。

(三)饲料加工技术

饲料加工技术不同，粗纤维的消化率不同。粗饲料粉碎过细，反刍动物对饲料粗纤维的消化率降低 10%～15%。其主要原因是由于加速了饲料通过瘤、网胃的速度，从而减少了微生物作用于饲料的时间。若加工成颗粒饲料，因在瘤胃内停留的时间过长，发酵产酸致使瘤胃 pH 降低，影响微生物区系纤维素酶的活性，减少分解纤维素的微生物群体，导致纤维素消化降低。秸秆饲料经热压碱化处理，粗纤维的消化率可提高 20%～40%，其机理是由于处理后木质素被破坏，提高了纤维素的膨胀力与渗透性及皂化过程，使酶与被分解的底物充分接触。

复习思考题

1. 简述碳水化合物的营养生理作用。
2. 非反刍动物与反刍动物对碳水化合物消化、吸收和代谢上有何异同？
3. 简述非淀粉多糖的概念及其抗营养作用机理。
4. 粗纤维对反刍动物与非反刍动物有哪些营养生理作用？如何提高粗纤维的利用率？

第六章　脂类的营养

脂类也称脂质，是一类存在于动植物组织中，不溶于水，但溶于乙醚、苯、氯仿等有机溶剂的物质。它能量价值高，是动物营养中的又一类重要营养素。其种类繁多，化学组成各异。常规饲料分析中将这类物质统称为粗脂肪。

第一节　脂类及其营养生理作用

一、脂类的组成、结构和分类

脂类的分类方法很多，根据结构不同，可分为真脂肪和类脂肪两大类。真脂肪由脂肪酸和甘油结合而成，如甘油三酯。类脂肪由脂肪酸、甘油及其他含氮物质等组成，包括磷脂、糖脂、固醇和固醇酯等。脂类按营养或营养辅助作用及组成结构分类，见表 1-6-1。

表 1-6-1　动物营养中脂类的分类、组成和来源

分类			名称	组成	来源
可皂化脂类	简单脂类		甘油酯	甘油＋3 脂肪酸	动植物体，特别是脂肪组织
			蜡质	长链醇＋脂肪酸	植物和动物
	复合脂类	磷脂类	磷脂酰胆碱	甘油＋2 脂肪酸＋磷酸＋胆碱	动植物
			磷脂酰乙醇胺	甘油＋2 脂肪酸＋磷酸＋乙醇胺	动植物
			磷脂酰丝氨酸	甘油＋2 脂肪酸＋丝氨酸＋磷酸	动植物
		鞘脂类	神经鞘磷脂	鞘氨醇＋脂肪酸＋磷酸＋胆碱	动物
			脑苷脂	鞘氨醇＋脂肪酸＋糖	动物
		糖脂类	半乳糖甘油酯	甘油＋2 脂肪酸＋半乳糖	植物
		脂蛋白质	乳糜微粒等	蛋白质＋甘油三酯＋胆固醇＋磷脂＋糖	动物血浆
非皂化脂类	固醇类		胆固醇	环戊烷多氢菲衍生物	动物中
			麦角固醇	环戊烷多氢菲衍生物	高等植物、细菌、藻类
	类胡萝卜素		β-胡萝卜素等	萜烯类	植物
	脂溶性维生素		维生素 A、维生素 D、维生素 E、维生素 K	见维生素的营养一章	动植物

简单脂类是动物营养中最重要的脂类物质，它是一类不含氮的有机物质。甘油三酯主要存在于植物种子和动物脂肪组织中，蜡质主要存在于植物表面和动物羽、毛表面，某些海生动物体内也沉积蜡质。

复合脂类属于动植物细胞中的结构物质，平均占细胞膜干物质的一半或一半以上。植物叶中脂类含量占总干物质的3%～10%，其中60%以上是复合脂类。动物肌肉组织中脂类60%～70%是磷脂类。

非皂化脂类在动植物体内种类甚多，但含量少，常与动物特定生理代谢功能相联系。

二、脂肪酸的结构和命名

(一)脂肪酸的结构

所有脂肪酸都有一条碳氢链，其中一端有一个羧基。碳氢链以线性为主，有分支或环状的数量极少。有的脂肪酸的碳氢链是饱和的，称为饱和脂肪酸，如硬脂酸。有的脂肪酸的碳氢链含有一个或几个双键，称为不饱和脂肪酸，如油酸、亚油酸等。不同脂肪酸之间的区别主要在于碳氢链的长度、饱和与否以及双键的数目和位置。

(二)脂肪酸的命名

1. 习惯命名法

主要根据脂肪酸的来源或性质命名，如棕榈酸，油酸、硬脂酸等。

2. 系统命名法

根据脂肪酸中碳原子数目及其双键位置，将脂肪酸分子中的碳原子用阿拉伯数字编号定位来命名，包括两种命名系统。

(1)△编码系统　从脂肪酸碳氢链的羧基端开始排序，先写出碳原子数目，再写出双键数目，最后标出双键位置。碳原子数与双键数之间用"："隔开，双键数与双键位置之间用"△"隔开。如油酸可简记为18:1△9，表明油酸有18个碳原子、含1个双键，双键位于第9和第10位碳原子之间。

(2) n或ω编码系统　从脂肪酸碳氢链的甲基端碳原子开始排序。如亚油酸可简记为18:2n-6，9(或18:2ω-6，9)，表明亚油酸有18个碳原子、含2个双键，双键分别位于第6、第7位碳原子之间和第9、第10位碳原子之间。

三、脂类的主要性质

脂类，特别是简单脂类，由于所含脂肪酸种类不同而具有不同特性。脂类的下列特性与动物营养密切相关。

(一)脂类的水解特性

脂类分解成基本结构单位的过程除在稀酸或强碱溶液中进行外，微生物产生的脂酶也可催化脂类水解，这类水解对脂类营养价值没有影响，但水解产生某些脂肪酸有特殊异味或酸败味，可能影响适口性。脂肪酸碳链越短(特别是4～6个碳原子的脂肪酸)，异味越浓。动物营养中把这种水解看成是影响脂类利用的因素。

(二)脂类氧化酸败

包括自动氧化和微生物氧化。

脂质自动氧化是一种由自由基激发的氧化，先形成脂过氧化物，这种中间产物并无异味，但脂质“过氧化物价”明显升高，此中间产物再与脂肪分子反应形成氢过氧化物，当氢过氧化物达到一定浓度时则分解形成短链的醛和醇，使脂肪出现不适宜的酸败味，最后经过聚合作用使脂肪变成黏稠、胶状甚至固态物质。自动氧化是一个自身催化加速进行的过程。

微生物氧化是一个由酶催化的氧化。存在于植物饲料中的脂氧化酶或微生物产生的脂氧化酶最容易使不饱和脂肪酸氧化。催化的反应与自动氧化一样，但反应形成的过氧化物，在同样温湿度条件下比自动氧化多。

氧化酸败结果既降低脂类营养价值，又产生不适宜气味。脂类氧化增加饲料中具有抗氧化作用物质的用量。

(三)脂肪酸氢化

在催化剂或酶作用下不饱和脂肪酸的双键可以得到氢而变成饱和脂肪酸，使脂肪硬度增加，不易氧化酸败，有利于储存，但也损失必需脂肪酸。

四、脂类的营养生理作用

(一)脂类是构成动物体组织的成分

脂类是动物体各种器官和组织细胞的组成成分，如神经、肌肉、骨骼、皮肤及血液的组成中均含有脂肪。除简单脂类参与体组织的构成外，大多数脂类，特别是磷脂和糖脂是细胞膜的重要组成成分。糖脂可能在细胞膜传递信息的活动中起着载体和受体作用。

(二)脂类的供能储能作用

1.脂类是动物体内重要的能源物质

脂类是含能最高的营养素，生理条件下脂类含能是蛋白质和碳水化合物的2.25倍左右。不管是直接来自饲料，还是体内代谢产生的游离脂肪酸、甘油酯，都是动物维持和生产的重要能量来源。

动物生产中常基于脂肪适口性好，含能高的特点，用补充脂肪的高能饲粮提高生产效率。饲粮脂肪作为供能营养素，热增耗最低。消化能或代谢能转化为净能的效率比蛋白质和碳水化合物高5%～10%。鱼、虾类等水生动物由于对碳水化合物特别是多糖利用率低，故脂肪作为能源物质的作用显得特别重要。

2.脂类的额外能量效应

研究表明，在禽饲粮中添加一定水平的油脂替代等能值的碳水化合物和蛋白质，能提高饲粮代谢能，使消化过程中能量消耗减少，热增耗降低，饲粮的净能增加，当植物油和动物脂肪同时添加时，效果更加明显，这种效应称为脂肪的额外能量效应或脂肪的增效作用。这种作用在其他非反刍动物同样存在。基于此，将固态脂肪和植物油按一定比例(通常为1∶(0.5～1))一起应用，效果更佳。脂肪中饱和脂肪酸和不饱和脂肪酸的最佳比例幼禽为1∶(2～2.2)，产蛋禽为1∶(1.4～1.5)，在这种情况下，不仅脂肪的能量价值提高，而且给家禽提供的亚油酸也增加。

产生脂肪额外能量效应的机制可能有：第一，饱和脂肪和不饱和脂肪间存在协同作用，不饱和脂肪酸键能高于饱和脂肪酸，促进饱和脂肪酸分解代谢。第二，脂肪能适当延长食糜在消化道的时间，有助于其中的营养素更好地被消化吸收。研究表明，添加不饱和脂肪使鸡对肉骨粉氨基酸消化率提高5%。另外，因脂肪的抗饥饿作用使鸡更安静，休息时间更长，用于活动的维持需要减少，用于生产的净能增加。第三，脂肪酸可直接沉积在体脂内，减少由饲粮碳水化合物合成体脂的能量消耗。

脂肪的额外能量效应受很多因素影响，如脂肪水平、脂肪结构、饱和与不饱和脂肪酸之间的比例、动物年龄、蛋白质氨基酸含量、脂肪与碳水化合物之间的相互作用、评定脂类营养价值的方法等。

3. 脂肪是动物体内主要的能量储备形式

动物摄入的能量超过需要量时，多余的能量则主要以脂肪的形式储存在体内。某些动物体中沉积脂肪具有特别的营养生理意义。初生的哺乳动物（猪除外）如初生羔羊、犊牛、人类婴儿等颈部、肩部、腹部有一种特殊的脂肪组织，称为褐色脂肪（brown fat），是颤抖生热的能量来源，这种脂肪含有大量线粒体，这种线粒体的特点是含有大量红褐色细胞色素，且线粒体内膜上有特殊的 H^+ 离子通道，由电子传递链"泵"出的氢离子直接通过这种通道流回线粒体内，这样一来，氧化、磷酸化作用之间的耦联被打断，电子传递释放的自由能不能被 ADP 捕捉形成 ATP，只能形成热能，由血液输送到机体的其他部位起维持体温的作用。若通过 F_0F_1 ATP 酶（亦称 ATP 合成酶系统，是 ADP 磷酸化形成 ATP 所必需）分子上特殊的通道返回线粒体基质，则不具有这一作用。

（三）脂类在体内物质代谢调节中的作用

脂类是动物必需脂肪酸的来源，参与细胞内某些代谢调节物质的合成（见本章第三节）。棕榈酸是合成肺表面活性物质的必需成分，肺表面活性物质是由肺泡Ⅱ型细胞产生，覆盖在肺泡细胞表面，起着防止肺泡萎缩，减少呼吸做功和保持肺泡干燥，防止肺水肿的作用。

（四）脂类在动物营养生理中的其他作用

1. 作为脂溶性营养素的溶剂

脂类作为溶剂对脂溶性营养素或脂溶性物质的消化吸收极为重要。鸡饲粮含 0.07%的脂类时，胡萝卜素吸收率仅 20%，饲粮脂类增到 4%时，吸收率提高到 60%。如果饲料中脂肪不足，可导致脂溶性维生素的缺乏。

2. 脂类的防护作用

高等哺乳动物皮肤中的脂类具有抵抗微生物侵袭，保护机体的作用。畜禽内脏器官如心脏、肾脏、消化道等周围均填充有脂肪，脂肪组织柔软富有弹性，将这些器官固定于特定位置，并防止因剧烈运动而导致内脏器官大幅度摆动和撞击损伤，起到保护内脏器官的作用。禽类尤其是水禽，尾脂腺中的脂对羽毛的抗湿作用特别重要。沉积于动物皮下的脂肪具有良好绝热作用，在冷环境中可防止体热散失过快，对生活在水中的哺乳动物显得更重要。

3. 脂类是代谢水的重要来源

生长在沙漠的动物氧化脂肪既能供能又能供水。每克脂肪氧化比碳水化合物多生产水 67%～83%，比蛋白质产生的水多 1.5 倍左右。

4. 磷脂肪的乳化特性

磷脂肪分子中既含有亲水的磷酸基团，又含有疏水的脂肪酸链，因而具有乳化剂特性。可促进消化道内形成适宜的油水乳化环境，并对血液中脂质的运输以及营养物质的跨膜转运等发挥重要作用。卵磷脂常用作幼小哺乳动物代乳料中的乳化剂，有利于提高饲料中脂肪和脂溶性营养物质的消化率，促进生长。磷脂是鱼虾饲料中一种不可缺少的营养成分。虾一般不能合成磷脂，鱼虾饲料中天然存在的磷脂一般不能满足需要。

5. 胆固醇的生理作用

胆固醇是甲壳类动物必需的营养素。蜕皮激素的合成需要胆固醇，而甲壳类动物包括虾，体内不能合成胆固醇，需要由饲料供给。胆固醇有助于虾转化合成维生素 D、性激素、胆酸、蜕皮素和维持细胞膜结构完整性，促进虾的正常蜕皮、消化、生长和繁殖。

6. 脂类是畜产品的组成成分

畜禽产品如肉、蛋、奶均含有一定量的脂肪，肉品中含脂肪 16%～29%，乳汁中为 1.6%～6.8%，一个鸡蛋中含脂肪约 5 g，饲料中缺乏脂肪时，畜禽产品的形成会受到很大影响，其营养价值和风味降低。

第二节　脂类的消化、吸收和代谢

脂类由于是非极性的，不能与水混溶，所以必须先使其形成一种能溶于水的乳糜微粒，才能通过小肠微绒毛将其吸收。上述过程可概括为：脂类水解→水解产物形成可溶的微粒→小肠黏膜摄取这些微粒→在小肠黏膜细胞中重新合成甘油三酯→甘油三酯进入血液循环。非反刍动物和反刍动物机体内部都有上述过程，但具体的机制却存在差异。

一、非反刍动物对脂类的消化吸收

（一）脂类的消化

胃脂肪酶和幼小动物口腔的脂肪酶对正常饲粮脂类的消化作用甚小。猪胃脂肪酶仅对短、中链脂肪酸组成的脂类有一定消化作用。幼小动物在胰液和胆汁分泌机能尚未发育健全以前，口腔内的脂肪酶对奶脂具有较好的消化作用，但随年龄增加，此酶分泌减少。正常情况下，十二指肠逆流进胃中的胰脂酶有一定程度消化作用。

饲粮脂类进入十二指肠后与大量胰液和胆汁混合，胆汁在激活胰脂酶和乳化脂类方面发挥着重要作用。在肠蠕动影响下，脂类乳化便于与胰脂酶在油—水交界面上充分接触。在胰脂酶作用下甘油三酯水解产生甘油一酯和游离脂肪酸。磷脂由磷脂酶水解成溶血性卵磷脂。胆固醇酯由胆固醇酯水解酶水解成胆固醇和脂肪酸。甘油一酯、脂肪酸和胆酸均具有极性和非极性基团，三者可聚合在一起形成水溶性的适于吸收的混合乳糜微粒（mixed micellae）。混合微粒既有极性基团又有非极性基团，极性基团向外排列与水紧密接触，非极性基团向内。混合微粒的一个重要特性是其内部的非极性的脂质部分可携带大量的非极性化合物如固醇、脂溶性维生素、类胡萝卜素等，否则这些物质不能被吸收。

饲粮脂类在消化道后段的消化与瘤胃类似。不饱和脂肪酸在微生物产生的酶作用下可变成饱和脂肪酸，胆固醇变成胆酸。

（二）脂类消化产物的吸收

猪、禽吸收消化脂类的主要部位是空肠。十二指肠内形成的混合微粒直径仅为 5～10 nm，可携带脂类的消化产物到达小肠黏膜细胞供吸收。当混合乳糜微粒与肠绒毛膜接触时即破裂，所释放出的脂类水解产物主要在十二指肠和空肠上段被吸收。胆盐也被释放出来。脂类水解产物通过易化扩散过程吸收。鸡的吸收过程不需要胆汁参加。一般来说，脂类水解产物进入吸收细胞是一个不耗能的被动转运过程，但进入吸收细胞后，重新合成脂肪则需要能量。实际上从肠道吸收脂肪的过程也消耗了能量，只有短链或中等链长的脂肪酸吸收后直接经门静脉血转运而不耗能。

胆盐吸收的情况各异。猪等哺乳动物主要在回肠以主动方式吸收，能溶于细胞膜中脂类的未分解胆酸在空肠以被动方式吸收，禽整个小肠都能主动吸收胆盐，但回肠吸收相对较少。各种动物吸收的胆汁，经门脉血到肝脏再分泌重新进入十二指肠，形成胆汁肠肝循环。

在肠黏膜上皮细胞中，吸收的长链脂肪酸（碳原子数在 12 个以上）与甘油一酯重新合成甘油三酯，中、短链脂肪酸则可直接进入门脉血液。肠黏膜细胞中重新合成的甘油三酯外被一层蛋白质膜，这些外被蛋白质膜的脂质小滴称为乳糜微粒（chylomicrons），主要由甘油三酯和少量的磷脂、胆固醇酯和蛋白质构成。乳糜微粒经胞饮作用的逆过程逸出黏膜细胞，通过细胞间隙进入乳糜管。乳糜管与淋巴系统相通，经胸导管将乳糜微粒输送入血。哺乳动物通过上述方式将大多数长链脂肪酸吸收入血。在肠黏膜细胞中甘油三酯重新合成的过程，禽类与哺乳动物相似。

二、反刍动物对脂类的消化吸收

瘤胃尚未发育成熟的反刍动物，脂类的消化与非反刍动物类同。

（一）脂类在瘤胃的消化

瘤胃脂类的消化，实质上是微生物的消化，瘤胃微生物对饲料脂肪进行重新改造并合成微生物脂肪。结果使脂类的质和量发生明显变化。

1. 氢化作用

瘤胃是一个高度还原的环境，生物氢化是瘤胃脂肪消化的一个重要过程。饲粮中大部分不饱和脂肪酸经微生物作用变成饱和脂肪酸，必需脂肪酸减少。饲粮中 90%以上的含多个双键的不饱和脂肪酸被氢化，氢化作用必须在脂类水解释放出不饱和脂肪酸的基础上才能发生。氢化反应受细菌产生的酶催化。反应需要的氢来源于 NADH 或内源电子供给体，也来源于瘤胃发酵产生的氢。据研究，瘤胃发酵产生的氢大约 14%用于微生物体内合成，特别是微生物脂肪合成和不饱和脂类氢化。

2. 异构变化

部分氢化的不饱和脂肪酸发生异构变化。粗饲料和谷物中的脂类主要是甘油三酯、半乳糖甘油酯和磷脂，主要的脂肪酸是 C18:2 和 C18:3。C18:2 和 C18:3 的生物氢化涉及一个同分异构反应，即将顺-12-双键转化为反-11 双键异构体，随后还原为反-11-C18:1，最终进一步还原为 C18:0（硬脂酸）。C18:0 是 C18:1、C18:2 和 C18:3 生物氢化后的主要产物，但瘤胃中产生的一些反式异构体随食糜进入小肠被吸收，结合到体脂和乳脂中。

3. 甘油被大量转化为挥发性脂肪酸

瘤胃微生物酶主要将甘油三酯水解为游离脂肪酸和甘油，甘油很快被微生物分解，转化为挥发性脂肪酸。饲草中含有大量的半乳糖甘油酯，瘤胃微生物分泌的脂肪酶先将其水解为半乳糖、脂肪酸和甘油，后者再转化为挥发性脂肪酸。

4. 支链脂肪酸和奇数碳原子脂肪酸增加

瘤胃微生物可利用丙酸、戊酸等合成奇数碳原子链脂肪酸（如 C15:0），也可利用异丁酸、异戊酸以及支链氨基酸（缬氨酸、亮氨酸和异亮氨酸）等的碳骨架合成支链脂肪酸。

脂类经过重瓣胃和网胃时，基本上不发生变化；在皱胃，饲料脂肪、微生物与胃分泌物混合，脂类逐渐被消化，微生物细胞也被分解。

（二）脂类在小肠的消化

进入十二指肠的脂类由吸附在饲料颗粒表面的脂肪酸、微生物脂类以及少量瘤胃中未消化的饲料脂类构成。由于脂类中的甘油在瘤胃中被大量转化为挥发性脂肪酸，所以反刍动物十二指肠中缺乏甘油一酯，消化过程形成的混合微粒构成与非反刍动物不同。成年反刍动物小肠中混合微粒由溶血性卵磷脂、脂肪酸及胆酸构成。链长小于或等于 14 个碳原子的脂肪酸可不形成混合乳糜微粒而被直接吸收。混合乳糜微粒中的溶血性卵磷脂由来自胆汁和饲粮的磷脂在胰脂酶作用下形成。此外，由于成年反刍动物小肠中不吸收甘油一酯，其黏膜细胞中甘油三酯通过磷酸甘油途径重新合成。

反刍动物胰脂肪酶对脂肪的消化主要在空肠后部进行，这是因为进入十二指肠和空肠前部的脂肪酸多，其内容物酸性比非反刍动物高，不利于脂肪乳化，使得胰脂肪酶难以充分发挥对脂肪的水解作用。在这里，胰磷脂酶将卵磷脂水解为脂肪酸和溶血性卵磷脂，后者可加强乳糜微粒的形成。

由于反刍动物消化道对脂类的消化损失较小，加之微生物脂类的合成，所以进入十二指肠的脂肪酸总量可能大于摄入量。绵羊饲喂高精料饲粮，进入十二指肠的脂肪酸量是采食脂肪酸的 104%。

(三)脂类消化产物的吸收

瘤胃中产生的短链脂肪酸主要通过瘤胃壁吸收。其余脂类的消化产物，进入回肠后都能被吸收。呈酸性环境的空肠前段主要吸收混合微粒中的长链脂肪酸，脂肪的消化产物在空肠前段仅被吸收 15%～26%。中、后段空肠主要吸收混合微粒中的其他脂肪酸，溶血磷脂酰胆碱也在此被吸收，脂肪的大部分是在空肠的后 3/4 部位被吸收的。胰液分泌不足，磷脂酰胆碱可能在回肠积累。

三、脂类的转运

血中脂类主要以脂蛋白质的形式转运。根据密度、组成和电泳迁移速率将脂蛋白质分为四类：乳糜微粒、极低密度脂蛋白质(very-low-density lipoprotein，VLDL)、低密度脂蛋白质(low density lipoprotein，LDL)和高密度脂蛋白质(high density lipoprotein，HDL)。乳糜微粒在小肠黏膜细胞中合成，VLDL、LDL、和 HDL 既可在小肠黏膜细胞合成，也可在肝脏合成。

脂蛋白质中的蛋白质基团赋予脂类水溶性，使其能在血液中转运。中、短链脂肪酸可直接进入门静脉血液与清蛋白质结合转运。乳糜微粒和其他脂类经血液循环很快到达肝脏和其他组织。给犬注射 ^{14}C 标记的棕榈酸甘油酯，10 min 以内，其在血液中的浓度即减少一半。禽类淋巴系统发育不健全，所有脂类基本上都是经门脉血液转运。血中脂类转运到脂肪组织、肌肉、乳腺等毛细血管后，游离脂肪酸通过被动扩散进入细胞内，甘油三酯经毛细血管壁的酶分解成游离脂肪酸后再被吸收，未被吸收的物质经血液循环到达肝脏进行代谢。

四、脂类代谢及其效率

(一)脂类代谢

饲料脂类在体内代谢极为复杂，受遗传、动物种类和营养的影响。在饲粮脂类和能量供给充足情况下，体内脂肪组织和肌肉组织都以甘油三酯的合成代谢为主，饥饿条件下则以氧化分解代谢为主。

1. 脂肪的合成代谢

猪和反刍动物脂肪合成主要在脂肪组织中进行，人主要在肝中进行脂肪合成，禽完全在肝中合成，过量则沉积于肝中，产生脂肪肝症。鼠、兔等的肝脏和脂肪组织中都可进行较为活跃的脂肪合成。

脂肪细胞中脂肪代谢主要是为了储存过多的能量和通过脂肪代谢循环向血浆提供游离脂肪酸，如图 1-6-1 所示。

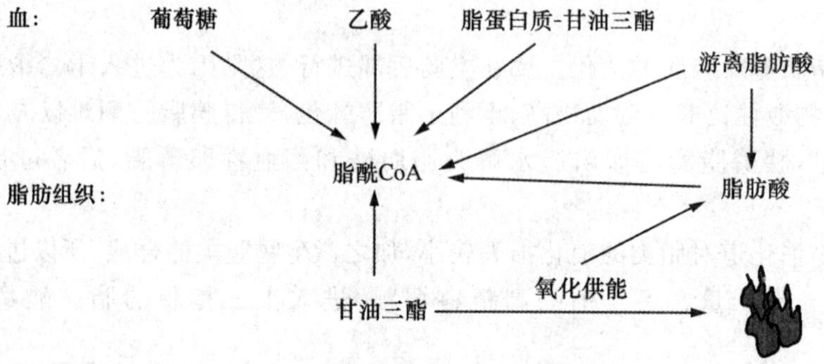

图 1-6-1　脂肪组织中的脂肪代谢

非反刍动物和反刍动物均可利用经消化道吸收的脂肪酸作为合成脂肪的原料。

对于非反刍动物，合成脂肪的另一重要底物是进入糖酵解循环最终转化为丙酮酸的葡萄糖。在食物充足时，大量的草酰乙酸和丙酮酸被转化为用于脂肪合成的乙酰 CoA。乙酰 CoA 不能透过线粒体膜而柠檬酸则能通过。因此，乙酰 CoA 与草酰乙酸缩合成柠檬酸进入细胞质，在此草酰乙酸被脱去，剩下能用于脂肪合成的乙酰 CoA。草酰乙酸则转化为苹果酸，再转化为丙酮酸，返回三羧循环。反刍动物则不能将葡萄糖转化为脂肪，原因在于它没有两个关键酶——ATP 柠檬酸裂解酶(将柠檬酸裂解为草酰乙酸和乙酰 CoA)和 NADP－柠檬酸脱氢酶(转化苹果酸为丙酮酸)。因此，上面所描述的非反刍动物的机制不适用于反刍动物，幼龄反刍动物有转变葡萄糖为脂肪酸的能力。

来自饲料的不饱和脂肪酸在猪、禽体内不经氢化可直接沉积在体脂肪中。因此，当饲喂不饱和脂肪酸含量高的饲料脂肪时，猪体内的不饱和脂肪酸亦显著升高，导致猪的体脂变软，容易酸败，肉的品质下降，不适宜做腌肉和火腿。为尽量避免这种情况，在猪的肥育后期，可饲喂麦类、薯类等含淀粉多的饲料。马、兔消化道后段具有与瘤胃相似的细菌，虽同样可将来自饲料的不饱和脂肪酸大量氢化为饱和脂肪酸，但由于饲料脂肪在进入消化道后段之前，大部分已在小肠被消化吸收，故马、兔体脂肪的饱和程度仍受饲料脂肪较大的影响。而反刍动物所采食的不饱和脂肪酸在瘤胃内大量氢化形成饱和脂肪酸，下移到小肠经消化吸收以饱和脂肪酸的形态沉积为体脂，另外，瘤胃微生物合成的高级脂肪酸也多为饱和性质。由于上述两个原因，无论反刍动物所采食的饲料脂肪饱和程度高还是低，它们的体脂肪依然可保持硬度大，熔点高，饱和脂肪酸含量多的特点。

2. 脂肪的分解代谢

肌肉细胞中脂肪是体内重要的脂肪代谢库，其代谢主要是氧化供能。当动物摄入能量不足时，为了满足能量的需要，将动员存储于脂肪组织细胞中的甘油三酯。细胞内营养素氧化代谢的总耗氧量，脂肪占 60%。肌肉组织中沉积的脂肪可直接通过局部循环进入肌肉细胞进行氧化代谢，使脂肪表现出高的能量利用效率。饲粮和内源代谢供给的脂肪酸，肌细胞都能氧化利用。长链脂肪酸只在葡萄糖供能不足情况下才能发挥供能作用。进入肾脏的脂肪酸也主要用于氧化供能。心肌

氧化 β-羟基丁酸供能比氧化脂肪酸供能更有效。

(二)脂类的代谢效率

1. 脂肪沉积的效率

一些饲料营养物质在体内形成脂肪沉积的效率见表 1-6-2。

表 1-6-2　营养素转变成脂肪的效率

营养素(前体)	脂肪(产物)	效率/%
饲粮脂肪	体脂肪	70～95
乙酸	棕榈酸酯	72
葡萄糖	三棕榈酸酯	80
蛋白质(鱼粉)	体脂肪	65

这些利用率均系理论值,用于实际生产一般偏高。因为实际生产中有很多因素影响利用率。产奶后期的奶牛,体内营养素的负平衡开始转为正平衡,体脂肪沉积开始恢复,饲料能量沉积体脂肪的利用率可达 75%。而干奶期奶牛利用饲料能量沉积体脂肪的效率只有 59%。饲粮结构对沉积体脂肪的影响更明显。凡引起发酵产热增加和体内代谢产热增加的因素都会降低能量利用效率。

2. 脂肪氧化供能的效率

体脂肪氧化供能的效率,按 β-氧化途径计算,任何脂肪酸经此途径氧化都要耗用 2 mol ATP 。每脱去一个二碳单位都可生成 5 mol ATP 。每分子乙酰 CoA 彻底氧化可产生 12 mol ATP 。以棕榈酸为例,照此计算可净生成 129 mol ATP[(12+5)×(16/2−1)+12−2]。每分子 ATP 在生理条件下可提供能量 33.5 kJ,这样,棕榈酸氧化供能的效率大约是 43%。同样可以估计出乙酸氧化供能的效率大约是 38%,丙酸 39%,丁酸 41%,己酸 42%,硬脂酸 43%,甘油 44%。

第三节　必需脂肪酸

一、必需脂肪酸及其生物学作用

(一)必需脂肪酸的概念

通常将具有两个或两个以上双键的脂肪酸称为高度不饱和或多不饱和脂肪酸(polyunsaturated fatty acid,PUFA)。凡是体内不能合成,必须由饲粮供给,或能通过体内特定先体物形成,对机体正常机能和健康具有重要保护作用的多不饱和脂肪酸称为必需脂肪酸(essential fatty acids,EFA)。必需脂肪酸是多不饱和脂肪酸,但并非所有多不饱和脂肪酸都是必需脂肪酸。通常认为亚油酸、α-亚麻油酸和花生四烯酸为 EFA。

EFA 双键都是顺式构型,即双键同侧的两个原子或原子团是相同或相似的。动物之所以需由饲粮供给 EFA,根本的原因在于动物缺乏在脂肪酸碳链上由羧基端数起第 9 位碳原子与末端甲基之间合成双键的能力。亚油酸和 α-亚麻油酸动物体内不能合成。花生四烯酸和 γ-亚麻油酸在动物体内虽可由特定的前体(亚油酸)合成,但合成过程中 Δ-6 去饱和步骤为限速反应,合成的量可能很少,故饲粮中的供应对动物大有好处。自 1930 年首次发现在几乎不含脂肪的饲粮中亚油酸对大鼠的健康具有保护作用以来，大量的证据表明 EFA 也是鸡、猪、犊牛和山羊、鱼所必需的。尽管反刍动物瘤胃将大量由青粗饲料和谷物提供的亚油酸和亚麻油酸进行了生物氢化，使可利用的 EFA 减少，但反刍动物出现 EFA 缺乏症的可能性仍然很小，因为反刍动物能有效保留饲粮中一定量的 EFA。

（二）必需脂肪酸的命名

营养学上对于多不饱和脂肪酸的命名多采用 ω 编号系统（或 n 编号系统），即从脂肪酸碳链的甲基端开始计数为碳原子编号。按 ω 编号系统，根据第一个双键所处的位置可将多不饱和脂肪酸分为四个系列，即 ω-3，ω-6，ω-7 和 ω-9 系列，其中 ω-6 和 ω-3 系列 PUFA 不能从头合成，EFA 分属这两个系列。

ω-6 系列（或 n-6 系列）：该系列 PUFA（polyunsaturated fatty acid）中第一个双键位于"ω"第 6 和第 7 位碳原子之间。该系列的第一个成员为亚油酸，由亚油酸可合成该系列的其他 PUFA，如下所示：

C18：2ω-6（亚油酸）→C18：3ω-6（γ-亚麻油酸）→C20：3ω-6→C20：4ω-6（花生四烯酸）→C22：4ω-6→C22：5ω-6

ω-3 系列（或 n-3 系列）该系列 PUFA 中第一个双键位于"ω"第 3 和第 4 位碳原子之间。该系列的第一个成员为 α-亚麻油酸，由 α-亚麻油酸可合成该系列的其他 PUFA，如下所示：

C18：3ω-3（α-亚麻油酸）→C18：4ω-3→C20：4ω-3→C20：5ω-3→C22：5ω-3→C22：6ω-3

这两个系列中，ω-6 系列对高等哺乳动物和禽最重要。以 EFA 影响皮肤对水的通透性为标准衡量其防水损失的效能表明，此系列十分有效。其中 C20：4ω-6 最有效。而 ω-3 系列脂肪酸效能极差。C18：3ω-3 的效能只有 C18：2ω-6 的 9%，甚至一些其他系列的脂肪酸如 C21：4ω-7 都比 C18：3ω-3 好。因此，畜禽营养需要只考虑 ω-6 系列中亚油酸的需要，但冷水鱼对 ω-3 系列的需要比 ω-6 系列更重要。

近年研究表明，两种多不饱和脂肪酸 EPA（C20：5ω-3）和 DHA（C22：6ω-3）也属于动物的必需脂肪酸。

（三）必需脂肪酸的生物学功能

1. EFA 是细胞膜、线粒体膜和质膜等生物膜脂质的主要成分

EFA 在绝大多数膜的特性中起关键作用，也参与磷脂的合成。磷脂中脂肪酸的浓度、链长和不饱和程度在很大程度上决定了细胞膜流动性、柔软性等物理特性，这些物理特性又影响生物膜发挥其结构功能的作用。

2. EFA 是合成类二十烷的前体物质

类二十烷（eicosanoids）的作用与激素类似，但又无特殊的分泌腺，不能储存于组织中，也不随血液循环转移，而是几乎所有的组织都可产生，仅在局部作用以调控细胞代谢，所以是类激素。类二十烷包括前列腺素（prostaglandin）、凝血恶烷（thromboxome）、环前列腺素（prostacyclin）和白三烯（leukotriens）等，它们都是 EFA 的衍生物。前列腺素有三大系列，系列 1 和系列 2 由 ω-6 系列的亚油酸和花生四烯酸衍生而来，系列 3 则由 ω-3 系列的 α-亚麻油酸和二十碳五烯酸（C20：5ω-3）衍生而来。不同结构的前列腺素作用不同，如前列腺素 PGE 使支气管和血管扩张，有降血压作用，前列腺素 PGF 则使血管收缩，刺激子宫收缩和肠道蠕动。前列腺素对神经递质的活动有调节作

用，PGE对大脑皮层有镇静作用，抑制肾上腺素引起的反应，PGF则与其相反，有促进的作用。凝血恶烷促进血小板的凝集，同时有使动脉收缩的作用，而环前列腺素则可使血管舒张。白三烯可能是不同的过敏反应和炎症的介导物，当组织发炎时，白三烯浓度增加，可使平滑肌、冠状动脉、肺脉管收缩。白三烯尚可调控人类过敏反应中体液和细胞的组分，其效率比组胺高1 000倍。

二十碳五烯酸（C20:5ω-3）不仅自身可衍生为类二十烷物质，而且对由花生四烯酸衍生类二十烷物质具有调节作用，鱼油中富含C20:5ω-3。

3. EFA能维持皮肤和其他组织对水分的不通透性

正常情况下，皮肤对水分和其他许多物质是不通透的，这一特性是由于ω-6EFA的存在。EFA不足时，水分可迅速通过皮肤，使饮水量增大，生成的尿少而浓。许多膜的通透性与EFA有关，如血一脑屏障、胃肠道屏障。

4. 降低血液胆固醇水平

α-亚油酸衍生的前列腺素PGE1能抑制胆固醇的生物合成。血浆脂蛋白质中ω-3和ω-6多不饱和脂肪酸的存在，使脂蛋白质转运胆固醇的能力降低，从而使血液中胆固醇水平降低。研究表明，每日摄入脂肪校正乳（通过饲喂保护性不饱和脂肪酸生产的富含ω-3和ω-6脂肪酸的牛乳）的成年人与每日摄入常规牛乳相比，血液总胆固醇水平及低密度脂蛋白质（胆固醇随血液转运的主要载体）中胆固醇含量均显著下降。

（四）EFA的缺乏及判断

EFA缺乏，动物表现出一系列病理变化。鼠、猪、鸡、鱼、幼年反刍动物缺乏EFA，主要可见表现是：皮肤损害，出现角质鳞片，体内水分经皮肤损失增加，毛细管变得脆弱，动物免疫力下降，生长受阻，繁殖力下降，产奶减少，甚至死亡。幼龄、生长迅速的动物反应更敏感。

EFA缺乏的生化水平变化，各种动物都有近似的变化规律，表现出体内亚油酸系列脂肪酸比例下降，特别是一些磷脂的含量减少。ω-6系列的C20:4显著下降，ω-9系列分子内部转化增加，ω-9系列的C20:3显著积累，C20:3ω-9/C20:4ω-6的比值显著增加，这个比值被称为三烯酸四烯酸比（triene-tetraene ratio）。研究表明，此比值在一定程度上可反映体内EFA满足需要的程度，故已被广泛地用作判定EFA是否缺乏的指标。鼠的此比值接近0.4即反映了C18:2ω6能满足最低需要。用猪做的实验也得到了相似的结果。因此，有人建议把0.4作为确定鼠和其他动物亚油酸最低需要的标识。

细胞水平的代谢变化表明，若EFA缺乏，则影响磷脂代谢，造成膜结构异常，通透性改变，膜中脂蛋白质的形成和脂肪的转运受阻。

二、动物EFA的来源和供给

非反刍动物和幼龄反刍动物能从饲料中获得所需要的EFA。常用饲料中主要EFA—亚油酸比较丰富。饲粮中亚油酸含量达0.9%能满足禽的需要。一般以玉米、燕麦为主要能源或以谷类籽实及其副产品为主的饲粮都能满足亚油酸需要。幼龄、生长快和妊娠动物可能不足，表现出缺乏症。

瘤胃微生物合成的脂肪能满足宿主动物脂肪需要的20%，其中细菌合成占4%，原生动物合成占16%，后者合成的脂肪中亚油酸含量可高达20%，加上饲料脂肪在瘤胃中未被氢化部分，以及反刍动物能有效地利用EFA，在正常饲养条件下，反刍动物不会产生EFA缺乏。

复习思考题

1. 简述脂类的营养生理作用。
2. 简述脂肪的额外能量效应及其可能机制。
3. 脂类有哪些特性？对其饲用价值有何影响？
4. 反刍动物与非反刍动物对脂类的消化有何不同？
5. 脂类在反刍动物瘤胃中发生了哪些变化？
6. 简述必需脂肪酸的概念及其生物学功能。
7. 为什么反刍动物体脂肪硬度比非反刍动物的大？

第七章 矿物质营养

矿物元素是动物营养中的一大类无机营养素。现已确认动物体组织中含有约45种矿物元素。但是并非动物体内的所有矿物元素都在体内起营养代谢作用。在20世纪50年代以前已发现有13种，50年代和60年代又发现3种，70年代以后，陆续新发现10种左右在动物体内含量很微的矿物元素可能具有营养生理功能。随着科学技术的发展，发现越来越多的矿物元素对动物的正常生长和生产有重要作用，同时又不断地发现矿物元素新的营养生理功能。

本章主要讲述动物体内必不可少的矿物元素的分布、营养生理功能、缺乏和中毒的危害及来源与供给。

第一节 概 述

一、动物体内的矿物质元素

(一)必需矿物质元素

必需矿物质元素是指对动物生理过程和体内代谢必不可少的矿物质元素。必需矿物质元素必须具备以下4个条件:①在动物体内具有相对稳定的含量;②在动物体内具有确切的生理功能和代谢作用;③必须由外界供给，当外界供给不足，不仅影响生长或生产，而且引起动物体内代谢异常、生化指标变化和缺乏症。在缺乏某种矿物元素的饲粮中补充该元素，相应的缺乏症会减轻或消失。④供给过量，可引起中毒。

动物矿物质元素的必需性可根据试验判定。通过饲喂不含待判定元素的纯合饲粮，根据动物是否出现缺乏症和在缺乏饲粮中补充该元素，缺乏症是否减轻或消失来确定。

目前已证明动物必需的矿物质元素包括:钙、磷、钠、钾、氯、镁、硫、铁、铜、锰、锌、碘、硒、钼、钴、铬、氟、硅、硼等22种。

饲料中还存在一些矿物质元素，在生产上并不表现缺乏症，但可能在体内有一定的营养生理功能。已发现铝、镉、砷、铅、锂、镍、钒、锡、溴等矿物质元素，在实验条件下可出现实验性缺乏症或具有某些生理功能，这些元素也可能是动物必需的矿物质元素。

(二)必需矿物质元素的分类

必需矿物质元素按动物体内含量或需要不同分成常量矿物质元素和微量矿物质元素两大类。常量矿物质元素一般指在动物体内含量高于0.01%的元素，主要包括钙、磷、钠、钾、氯、镁、硫等7种。微量矿物质元素一般指在动物体内含量低于0.01%的元素，目前查明必需的微量元素有铁、锌、铜、锰、碘、硒、钴、钼、氟、铬、硼、硅等15种。

(三)必需矿物质元素的营养生理作用

(1)参与体组织的结构组成。如钙、磷、镁以其相应盐的形式存在,是骨和牙齿的主要组成部分。

(2)作为酶的组成成分和激活剂。如锌、锰、铜、硒等参与辅酶或辅基的组成;镁、氯等作为酶的激活剂参与体内物质代谢。

(3)构成特殊化合物。如激素(甲状腺素、胰岛素等),参与体内的代谢调节等。

(4)以离子的形式维持体内电解质平衡和酸碱平衡。如 Na^{+}、K^{+}、Cl^{-} 等。

(5)维持神经肌肉的正常功能。

(四)必需矿物质元素生物学效应的双重性

必需矿物质元素具有两面性——营养作用和毒害作用。

一些矿物质元素,在饲粮中含量较低时是必需矿物质元素,在含量过高情况下则可能是有毒有害元素。在 20 世纪 70 年代以前,把硒归类为有毒有害元素,因为在动物的饲粮中硒含量超过 5～6 mg/kg 会导致动物中毒。但是,当饲粮硒缺乏时,既影响动物的生长或生产,又出现典型的缺乏症,所以它又是必需矿物质元素。其他的矿物质元素如砷、铅、氟等,一般情况下都称为有毒有害元素,但现在已发现这些元素具有一定营养生理功能,发现了实验性的缺乏症,因此这些矿物质元素可能也是动物必需的矿物质元素。动物对这些元素的需要量都非常低,一般不出现缺乏或不足,生产上最容易出现的是中毒问题,其必需性因而被忽视。几乎所有的必需矿物质元素摄入过量后都会出现中毒,但中毒剂量存在很大差异。

二、自然界中的矿物质元素与动物的关系

在自然界存在的矿物元素有 100 种以上,但在动物体内含有的矿物元素约 45 种。动物体内的矿物元素主要从饮水和饲料中来。天然饲料和饮水中的矿物元素对动物的生产和健康有重要影响。

天然植物饲料中的矿物元素来源于生长环境中的土壤和水。植物从土壤和水中吸收的矿物元素受许多因素影响。土壤和水中的矿物元素含量、矿物元素的存在形式、肥料中的矿物元素含量和植物的吸收力是主要的影响因素。通过调查发现:在世界上不同地区土壤中矿物元素含量差异很大。有些元素普遍缺乏;有些元素存在地区性缺乏,例如世界上有一些地区明显缺硒(如我国四川的西昌)、钼、氟;有些元素中毒存在地区性,如某些地区的土壤或水中含有大量硒、铅和氟等,这些元素过量后很容易使人和动物出现中毒症状。

对一般的天然饲料而言,由于动物对矿物元素的需要量和在饲料中的含量不同,动物缺乏程度也不同。非反刍动物钙、磷、钠、氯不足,铁、锌、铜、锰、碘处于临界缺乏或缺乏,硒、氟和钼缺和不缺具有地区性;反刍动物通常是钙、磷、钠、钾、镁和硫不足,铁、铜、碘、钴、锰处于临界缺乏或不缺,硒、氟和钼缺或不缺具有地区性。在现代生产条件下,缺乏的矿物元素一般用矿物质添加剂补足。

水中的矿物元素含量对动物的健康和生产影响很大,最容易导致动物矿物元素摄入过量,出现中毒,严重者导致死亡,影响生产。水中最容易出现中毒的矿物元素是动物需要量极低或不需要的元素,这些元素主要是硒、砷、铅、汞、氟。因此,保证水质非常重要。

第二节 常量矿物质元素

一、钙和磷

钙、磷是动物体内必需的矿物质元素。在现代动物生产条件下，常用饲料中所含的钙、磷一般不能满足动物需要，因此，它们已成为配合饲料必须考虑的、添加量最大的两种矿物质营养素。

(一)钙、磷在体内的含量和分布

钙、磷是体内含量最多的矿物质元素，平均占体重的1%～2%，其中98%～99%的钙、80%的磷存在于骨和牙齿中，其余存在于软组织和体液中。骨中钙约占骨灰的36%，磷约占17%。正常的钙∶磷是2∶1左右，由于动物种类、年龄和营养状况不同，钙磷比也有一定变化。钙、磷主要以两种形式存在于骨中：一种是结晶型化合物，主要成分是羟基磷灰石（$Ca_{10}(PO_4)_6(OH)_2$）；另一种是非晶型化合物，主要含 $Ca_3(PO_4)_2$、$CaCO_3$ 和 $Mg_3(PO_4)_2$。

血液中钙几乎都存在于血浆中。血钙正常含量 9～12 mg/100 mL，但鸡在产蛋期要高 3～4 倍。血钙以离子或与蛋白质结合或与其他物质结合的形式存在，以这三种形式存在的钙量分别占总血钙的50%、45%和5%。血磷含量较高，一般在35～45 mg/100 mL，主要以 $H_2PO_4^{-1}$ 的形式存在于血细胞内。而血浆中磷含量较少，一般在 4～9 mg/100 mL，生长动物稍高，主要以离子状态存在，少量与蛋白质、脂类、碳水化合物结合存在。

(二)钙、磷的吸收与代谢

1. 钙、磷的吸收

钙、磷的吸收部位主要是胃和十二指肠。饲料钙进入肠吸收部位后，在具有类激素活性的维生素 D_3 刺激下，与蛋白质形成钙结合蛋白质，经过异化扩散吸收进入细胞膜内，少量以螯合形式或游离形式吸收。磷吸收以离子态为主，也可能存在异化扩散。

钙、磷吸收率变化较大。反刍动物钙吸收率变化在22%～55%之间，平均45%；磷吸收率比钙高，平均55%。非反刍动物钙吸收率在40%～65%，猪平均吸收率55%；磷吸收率在50%～85%之间，而植酸磷消化吸收率低，一般在30%～40%。

钙、磷吸收受很多因素影响。①溶解度对钙、磷吸收起决定性作用。凡是在吸收细胞接触点可溶解的，不管以任何形式存在都能吸收。②肠道中的酸度。当肠道内容物呈酸性时有利于钙、磷的吸收，因为在酸性条件下，可阻止磷酸钙的生成，使钙、磷的溶解度增加。③钙、磷与其他物质的相互作用。在肠道大量存在铁、铝和镁时，这些物质可与磷形成不溶解的磷盐降低磷的吸收率；饲料中过量脂肪酸可与钙形成不溶钙皂，草酸与钙结合形成草酸钙沉淀，植酸磷与结合成植酸钙镁盐，降低钙的吸收；饲料中乳糖能增加吸收细胞通透性，促进钙吸收。④钙、磷本身的影响。钙、磷之间比例不合理（高钙低磷或低钙高磷）也可抑制钙磷的吸收。一般动物饲料中钙、磷比在(1～2)∶1吸收率高。⑤维生素 D 的供给。维生素 D 有利于钙、磷的吸收。

2. 钙、磷的代谢

钙、磷的代谢主要靠甲状旁腺素、降钙素和活性维生素 D_3（1,25-$(OH)_2$-D_3）等三种激素调节，这些激素对钙的吸收、骨中沉积、肾的重吸收和排泄等代谢过程都有调节作用。

(三)钙、磷的生物学功能

1. 钙的生物学功能

①参与骨骼和牙齿的组成;②调节神经兴奋性,通过钙控制神经传递物质释放,当血钙浓度过高时,就会抑制神经的兴奋性,反之,则会使神经兴奋性提高;③通过神经体液调节,改变细胞膜通透性,使 Ca^{2+} 进入细胞内触发肌肉收缩;④激活多种酶的活性,如卵磷脂酶、抗体致活酶、肌磷蛋白酶;⑤促进胰岛素、儿茶酚胺、肾上腺皮质固醇,甚至唾液等的分泌;⑥钙还具有自身营养调节功能,在外源钙供给不足时,沉积钙(特别是骨骼中)可大量分解供代谢循环需要,此功能对产蛋、产奶、妊娠动物十分重要。

2. 磷的生物学功能

在所有矿物质元素中磷的生物功能最多。①与钙一起参与骨齿结构组成,保证骨骼和牙齿的结构完整;②参与体内能量代谢,是 ATP 和磷酸肌酸的组成成分,这两种物质是重要的供能、储能物质,也是底物磷酸化的重要参加者;③促进营养物质的吸收,磷以磷脂的方式促进脂类物质和脂溶性维生素的吸收;④保证生物膜的完整,磷脂是细胞膜不可缺少的成分;⑤磷作为重要生命遗传物质 DNA、RNA 和一些酶的结构成分,参与许多生命活动过程,如蛋白质合成和动物产品生产。

(四)钙、磷的缺乏和过量

1. 缺乏症

钙、磷缺乏症不是动物生命过程中的任何阶段都可能出现。草食动物最易出现磷缺乏,猪、禽最易出现钙缺乏。

一般常见缺乏症表现是:食欲降低,异食癖;生长减慢,生产力和饲料利用率下降;骨生长发育异常,已骨化的钙、磷也可能大量游离到骨外,造成骨灰分降低、骨软,严重的不能维持骨的正常形态,从而影响其他生理功能。动物典型的钙、磷缺乏症有佝偻病、骨软化症或骨疏松症和产后瘫痪。

佝偻病是幼龄生长动物钙、磷缺乏所表现出的一种典型营养缺乏症。其表现为:动物行走步态僵硬或脚跛,甚至骨折;骨骼生长发育明显畸形,长骨末端肿大;骨矿物质元素含量减少;血钙、血磷或两者含量下降。由饲粮低钙高磷引起血钙降低、血磷正常的佝偻病叫低钙佝偻病;由饲粮低磷高钙引起血磷降低、血钙正常的佝偻病叫低磷佝偻病;饲粮钙磷都低引起血钙血磷相应降低的佝偻病叫真佝偻病。生长牛主要出现低磷佝偻病,而出现低钙佝偻病较少;生长猪两者均可能出现。

骨软化症是成年动物钙、磷缺乏所表现出的一种典型营养缺乏症。饲粮钙、磷、维生素 D_3 缺乏或不平衡,高产动物(产奶、产蛋等)过多动用骨中矿物元素均可引起此病。患骨软化症动物的肋骨和其他骨骼因大量沉积的矿物质分解而形成蜂窝状,容易造成骨折、骨骼变形等。

骨松症是成年动物的另一种钙、磷营养代谢性疾病。患骨松症的动物,骨中矿物质元素含量均正常,只是骨中的绝对总量减少而造成的功能不正常。引起骨松症的根本原因大致有二:一是骨基质蛋白质合成障碍,减少矿物元素沉积,使骨的绝对总量减少;二是长期低钙摄入,使骨的代谢功能减弱、骨总灰分减少和骨强度降低。属后一种原因引起的骨松症可增加饲粮供给而消除。动物生产中出现骨松症的情况很少见。

在实际生产中,对成年动物钙、磷营养缺乏症往往不严格区别骨软化症和骨松症,两种叫法可互换。

产后瘫痪(又名产乳热)是高产奶牛因缺钙引起内分泌功能异常而产生的一种营养缺乏症。在分娩后,产奶对钙的需要突然增加,甲状旁腺素、降钙素的分泌不能适应这种突然变化,在缺钙时则引起产后瘫痪。

2. 过量

动物对钙、磷的耐受力较强，过量直接造成中毒的很少见，但超过一定的限度可能降低生产成绩。高钙可引起磷、镁、铁、碘、锌、锰的利用率下降。长期摄入高于正常需要量 2～3 倍的磷会引起钙代谢异常。高磷使血钙降低，进而刺激副甲状腺分泌增加，引起副甲状腺功能亢进。

猪、禽、产蛋禽、牛、绵羊、兔和马饲粮中钙的耐受量分别为 1.0%、1.2%、4.0%、2.0%、2.0%、2.0%、2.0%，磷的耐受量分别为 1.5%、1.0%、0.8%、1.0%、0.6%、1.0%、1.0%。

(五)钙、磷的来源与供给

植物性饲料：一般以豆科植物含钙量较高。植物籽实及其加工副产品中，磷的含量一般较高，但多以植酸磷形式存在，猪、禽对其利用率较低。

动物性饲料：含钙、磷较丰富，且利用率高，如鱼粉、骨粉等。

矿物质饲料 ：蛋壳粉、贝壳粉、磷酸氢钙、磷酸钙、石粉等。

对饲料地、牧草地多施加含钙、磷的肥料，也可增加饲料中钙、磷含量。

二、钠、钾、氯

(一)含量分布

高等哺乳动物体内钠、钾、氯含量按无脂干物质计算分别含 0.15%、0.30%和 0.1%～0.15%，每 100 mL 血浆中分别含 330 mg、2 mg 和 370 mg。三种元素主要分布在体液和软组织中。钠主要分布在细胞外，大量存在于体液中，少量存在于骨中；钾主要分布在肌肉和神经细胞内；氯在细胞内外均有。

(二)生物学功能

①作为电解质维持渗透压，调节酸碱平衡，控制水的代谢；②在营养物质的消化吸收中起重要作用，如氯是形成胃酸的主要元素，钾可影响细胞对葡萄糖的吸收等；③钠、钾是维持体内神经肌肉的正常兴奋性的重要营养素；④细胞内钾与很多代谢有关；⑤钠、钾、氯可为酶提供有利于发挥作用的环境或作为酶的活化因子。

(三)缺乏或过量

各种动物饲料钠都较缺乏，其次是氯，钾一般不缺。但在实际生产中，当育肥肉牛饲喂精料或非蛋白氮物质比例过高或高产奶牛大量使用玉米青贮等饲料时也可能出现缺钾症。

三个元素中任何一个缺乏均可表现食欲差、生长慢、失重、生产力下降和饲料利用率低等，同时可导致血浆中含量和粪尿中含量降低。因此，粪尿中三种元素的含量下降可以敏感地反映三种元素的缺乏。

奶牛缺钠初期有严重的异食癖，对食盐特别有食欲，随缺钠时间延长则产生厌食、被毛粗糙、体重减轻、奶产量下降、奶脂肪率和奶钠含量下降等症状。猪缺钠可导致相互咬尾或同类相残。产蛋鸡缺钠，易形成啄癖，同时也伴随着产蛋率下降和蛋重减轻，但不同品种鸡生产力下降程度不同。

一般情况下，动物能自身调节钠摄入，食盐任食也不会有害，各种动物耐受食盐的能力都比较强，在供水充足时耐受力更强。但较长时间缺乏食盐的动物，任食食盐可导致中毒，其表现症状为：腹泻、极度口渴、产生类似于脑膜炎样的神经症状。饲粮中钾过量，降低镁吸收率，因此当牧草大量施钾肥时可引起反刍动物低镁性“痉挛”。奶牛、猪、马、鸡和鸭、火鸡等饲粮中食盐的耐受量分别为

5.0%、5.0%、3.0%、3.0%、3.0%，水中食盐耐受量分别为1.0%、1.0%、0.6%、0.4%、0.4%。

(四)电解质平衡与营养

体内正负离子平衡是保证动物发挥正常生产性能的重要条件，电解质营养已成为挖掘动物营养和饲养潜力的一个重要方面。饲粮酸碱度或电解质平衡与体内电解质平衡之间、酸碱平衡与营养物质利用效率之间的关系颇受动物营养学家重视。

1. 饲粮电解质平衡状况的表示方法

饲粮电解质平衡状况可用两种方法表示：

(1)饲粮电解质平衡值(dietary electrolytes balance，缩写为DEB)　电解质平衡值主要根据饲料中的阴阳离子的摩尔数计算而得，任何元素的实际百分比乘以各自的转换系数就可以计算电解质平衡值，即：

$$DEB(mmol/kg)=(Na^{+}+K^{+}+Ca^{2+}+Mg^{2+})b-(Cl^{-}+S^{2-}+P^{2-})b$$

式中：b为各元素相对的转换系数，具体见表1-7-1。

在实际情况下通常不考虑Ca^{2+}、Mg^{2+}、S^{2-}、P^{2-}等离子，可用简化式计算：

$$DEB(mmol/kg)=(Na^{+}+K^{+}-Cl^{-})b$$

DEB的大小可以反映阴阳离子的平衡情况和过剩情况。

表1-7-1　饲粮中主要离子的原子量、化合价和转换系数

元素	原子量	化合价	转换系数[b]
阳离子元素			
钙	40.1	+2	+499
镁	24.1	+2	+823
钠	23.0	+1	+435
钾	39.1	+1	+256
阴离子元素			
氯	35.5	−1	−282
硫	32.1	−2	−623
磷[a]	31.0	−1.8	−581

a. 生物体液pH为7.4时，磷酸中80%为$H_2PO_4^{-2}$，20%为HPO_4^{-1}，因此化合价为[0.80×(−2)+0.2×(−1)]=−1.8。

b. 转换系数以该元素在饲粮中含量为1%计算，以钙为例，其转换系数的计算为：10 000×(+2)/40.1=+499（注：1%为10 000 g/kg）。

(2)阳离子与阴离子的当量比(Canion/Anion，缩写C/A)

$$C/A=(Na^{+}+K^{+}+Ca^{2+}+Mg^{2+})/(H_2PO_4^{-}+HPO_4^{2-}+Cl^{-1}+SO_4^{2-})$$

精确估计饲粮正负离子平衡或酸碱度比较困难。饲粮离子的分析测定、动物消化道酸碱度的变化和估计、不同饲料消化的适宜pH和酸结合能力等都对估计有影响。用主要一价离子(Na^{+}、K^{+}、Cl^{-})代替全部离子估计和平衡饲粮酸碱度比较方便实用。在实际应用时，Na^{+}、K^{+}、Cl^{-}的供给量和它们之间的平衡(一般用$K^{+}/(Na^{+}+Cl^{-})$表示)可能比DEB和C/A更加重要。

2. 电解质平衡的营养生理重要性

电解质平衡的基本营养生理功能是：电解质是动物体内酸碱平衡缓冲系统的基本组成部分。电解质平衡有利于调节水的代谢和摄入，保证营养素的适宜代谢环境，避免重要营养素（如赖氨酸等）在体内充当碱性离子（如钾不足）利用而降低营养素的代谢利用效率。已有实验证明，动物在低营养条件下，补充碳酸氢钾表现出赖氨酸节约效应。酸碱平衡变化甚至影响体内钙、磷和维生素 D_3 的代谢。

3. 电解质平衡失调带来的危害

电解质平衡失调对动物有相当大的危害。电解质平衡失调会打破离子平衡、酸碱平衡和体内的缓冲系统，其危害包括：生产性能下降、动物腹泻、家禽蛋壳质量下降、肉鸡出现胫骨粗短症、导致酸中毒或碱中毒、动物抗应激反应能力下降等。

其他矿物质元素的营养见表 1-7-2。

表 1-7-2 其他矿物质元素的营养

矿物质	主要功能	缺乏所引起的症状或典型缺乏症	相互关系	来源	中毒量 /(mg/kg)
镁	骨的形成所必需，酶的激活剂，调节神经肌肉兴奋性	厌食、过度兴奋、痉挛和肌肉抽搐，血压下降。“草痉挛”	过量镁影响钙、磷的代谢	饼粕、糠麸、青绿饲料。补充硫酸镁、氯化镁	
硫	含硫氨基酸、硫胺素、生物素的组分	消瘦，角、蹄、爪、毛、羽生长缓慢		蛋白质饲料，补充硫酸盐	
铁	血红素的成分，参与物质代谢调节，生理防卫	贫血	铁代谢需铜辅助；过量的铁干扰磷的利用	绿叶饲料，动物性饲料，补充硫酸亚铁、螯合铁	
铜	金属酶组成部分，维持铁的正常代谢，参与骨形成	贫血，共济失调，骨骼异常，毛、羽褪色	过量的 Fe、Zn、Mo、S 等干扰 Cu 的吸收	豆科牧草、糠麸和饼粕，补饲硫酸铜	猪 250，绵羊 10～15
锌	参与体内多种酶组成，维持上皮细胞的形态，维持激素的正常作用，维持生物膜的正常结构和功能	食欲低，采食量和生产性能下降，皮肤和被毛损害。“皮肤不完全角质化症”	过量钙妨碍锌的吸收，过量锌干扰铁、铜的吸收	动物性饲料，幼嫩植物，补充硫酸锌、碳酸锌、螯合锌	牛 900～1 200，猪 2 000，鸡 1 000～3 000
锰	作为酶的活化因子或组成部分，参与体内代谢	脚跛、后踝关节肿大、腿弯曲缩短，禽的“滑腱症”（骨短粗症）	过量 Ca、P、Fe 降低 Mn 的吸收	牧草、糠麸，补饲硫酸锰	牛 1 000～2 000，猪 500，鸡 1 000
钴	维生素 B_{12} 的组分，促进红细胞的形成，参与物质代谢	食欲差，生长慢，失重，消瘦，异食癖，贫血		各种饲料均含微量，补饲硫酸钴、氯化钴	牛 60，绵羊 100～200

续表 1-7-2

矿物质	主要功能	缺乏所引起的症状或典型缺乏症	相互关系	来源	中毒量/(mg/kg)
碘	甲状腺素的组分，参与体内代谢	甲状腺肿大，生长受阻，出现“呆小症”		海产品，补饲碘化食盐，碘化钾，碘酸钾	牛 50，猪 400～800，鸡 300
硒	抗氧化作用；对胰腺组成和功能有重要影响；与繁殖密切相关	猪“肝坏死”，鸡“渗出性素质”，牛羊“白肌病”	与维生素 E 具有协同作用	亚硒酸钠	牛 3～4，猪 5～8，鸡 10～20

复习思考题

1. 解释必需矿物质元素、常量矿物质元素、微量矿物质元素。
2. 必需矿物质元素必须具备哪几个条件？
3. 简述必需矿物质元素的营养生理作用。
4. 影响钙、磷吸收的因素有哪些？
5. 简述动物钙磷、镁、铁、锌、锰、硒、碘缺乏时的典型的缺乏症。
6. 试述饲粮电解质平衡与动物健康和生产性能的关系。

第八章 维生素的营养

维生素是一类不同于脂肪、碳水化合物和蛋白质的低分子有机化合物，体内一般不能合成，必须由饲粮提供，或者提供其先体物。反刍动物瘤胃的微生物能合成机体所需的B族维生素和维生素K。

本章主要介绍各种维生素的特性及营养生理功能、吸收代谢特点、缺乏或过量的表现及典型症状、主要来源等。

第一节 概 述

一、维生素的概念及分类

维生素是一类维护动物健康、促进动物生长发育、调节动物正常生理机能和代谢所必需的、需要量极少的低分子有机化合物。对维生素营养作用的认识，往往先于其化学结构和性质。不少维生素的生物学功能目前还没有彻底弄清，不同的学者对维生素的定义不同，而且也还没有一个满意的、被营养学家广泛接受的维生素的定义。

目前已确定的维生素有14种，按其溶解性可分为脂溶性维生素和水溶性维生素两大类。脂溶性维生素4种，包括维生素A、维生素D、维生素E和维生素K。水溶性维生素10种，包括B族维生素（硫胺素、核黄素、烟酸、泛酸、维生素B_6、叶酸、生物素、维生素B_{12}、胆碱）和维生素C。另有一类物质如：肌醇、肉毒碱、硫辛酸、辅酶Q和多酚等，目前虽还没有完全确定其为维生素，但在不同程度上具有维生素的属性，故称之为类维生素或假维生素。

二、维生素的营养特点

（1）不参与机体构成，也不是能源物质。它们主要以辅酶和催化剂的形式广泛参与体内代谢的多种化学反应，从而保证机体组织器官的细胞结构和功能正常。

（2）生物体对其需要量极少，每日需要量一般在毫克或微克水平。

（3）体内一般不能合成，必须由饲粮提供，或者提供其先体物。

（4）维生素缺乏可引起机体代谢紊乱，产生一系列缺乏症，影响动物健康和生产性能，严重时可导致动物死亡。供应过多会出现相应的中毒现象，尤其是脂溶性维生素。

（5）不同动物对各种维生素的需要量不同，而且需要量受多种因素影响。

第二节 脂溶性维生素

脂溶性维生素包括维生素A、维生素D、维生素E和维生素K。其特点是：只含有碳、氢、氧三种元素;在消化道内随脂肪一同被吸收,吸收的机制与脂肪相同,凡有利于脂肪吸收的条件,均有利于脂溶性维生素的吸收;容易在体内积累;主要经胆囊从粪中排出;摄入过量的脂溶性维生素可引起中毒、代谢和生长产生障碍;缺乏症一般与其功能相联系;除维生素 K 可由动物消化道微生物合成所需的量外,其他脂溶性维生素都必须由饲粮提供。

一、维生素 A

(一)理化特性

维生素 A 是含有 β-白芷酮环的不饱和一元醇。它有视黄醇、视黄醛和视黄酸三种衍生物,每种都有顺、反两种构型,其中以反式视黄醇效价最高。

维生素 A 只存在于动物体中,植物中不含维生素 A,而含有维生素 A 原(先体)—胡萝卜素。胡萝卜素也存在多种类似物,其中以 β-胡萝卜素活性最强,玉米黄素和叶黄素无维生素 A 活性,但可用作蛋黄,肉鸡皮肤及脚胫的着色。在动物肠壁中,一分子 β-胡萝卜素经酶作用可生成两分子视黄醇。猫和貂缺乏这种能力。各种动物转化 β-胡萝卜素为维生素 A 的能力也不同,如果以家禽的转化能力为 100%,猪、牛、羊、马只有 30%左右。

维生素 A 和胡萝卜素易被氧化破坏,尤其是在湿热和与微量元素及酸败脂肪接触的情况下。在无氧黑暗处较稳定,在 0℃以下的暗容器内可长期保存。

(二)功能与缺乏症

1. 维持动物正常视觉

维生素 A 的视觉功能归功于 11-顺视黄醛。它与视蛋白结合生成视紫红质,而视紫红质是视网膜杆细胞对弱光敏感的感光物质。当维生素 A 缺乏时,11-顺视黄醛的生成不足,杆细胞合成的视紫红质减少,对弱光的敏感度降低,从而出现在暗光、黄昏和夜间视物不清的现象,称其为"夜盲症"。

2. 维持上皮组织结构的正常

维生素 A 是维持一切上皮组织健全所必需的物质。研究表明,维生素 A 可以通过糖基转移酶的作用影响上皮细胞中糖蛋白的生物合成,缺乏时,黏多糖蛋白的合成受阻,致使消化道、呼吸道、生殖泌尿系统、眼角膜及其周围软组织等的上皮组织细胞都可能发生鳞状角质化。上皮组织的这种变化可引起腹泻、眼角膜软化、浑浊、干眼、流泪和脓性分泌物等多种症状。脱落的角质化细胞在膀胱和肾易形成结石,角质化也减弱了上皮组织对外来感染和侵袭的抵抗力,动物因此易患感冒、肺炎、肾炎和膀胱炎等。

3. 提高动物的繁殖力

目前研究发现,维生素 A 酸(视黄酸)在胚胎发育中起着重要的作用。维生素 A 缺乏,可引起生殖机能障碍。鸡和其他动物可发生胎儿吸收、畸形、死胎、产蛋率下降、睾丸退化等症状。

4. 维护骨骼的正常生长发育

维生素 A 缺乏,软骨上皮的成骨细胞和破骨细胞的活动受到影响而使骨发生变形。特别是胚胎和幼畜的脊柱、头骨易受其害,从而导致骨的钙化不全和畸形。生长期骨形的变化可压迫神经,进而发生退化。如犬可因听神经受损而导致耳聋。牛、羊和猪也发现因骨变形而影响肌肉和神经,导致运动不协调、步态蹒跚、麻痹及痉挛等。另外也可因软组织受损而造成先天畸形,如猪生下无眼球和兔子产生脑积液。

5. 增强机体免疫力

维生素 A 在机体的免疫功能以及抵抗疾病的非特异性反应方面也起着重要的作用。维生素 A 缺乏将不同程度地影响淋巴组织，导致淋巴细胞分化成 T 和 B 细胞的胸腺（鸡为法氏囊）发生萎缩，鸡的法氏囊过早消失，骨髓中骨髓样和淋巴样细胞的分化也受到影响。

在体液免疫方面，维生素 A 缺乏的动物其抗体抗原的应答下降，黏膜免疫系统机能减弱，病原体易于入侵。在细胞免疫方面，维生素 A 的缺乏会影响机体非抗原系统的免疫功能，如吞噬作用，外周血淋巴细胞的捕捉和定位，天然杀伤细胞的溶解，白细胞溶菌酶活性的维持以及黏膜屏障抵抗有害微生物侵入机体的能力。

此外，维生素 A 对于防止某些癌症也有一定作用。维生素 A 可促进肾上腺皮质酮的分泌。维生素 A 缺乏导致肾上腺萎缩和糖原异生作用大大降低。目前已发现，维生素 A 酸与类固醇激素有相似的作用。

目前关于维生素 A 缺乏引起的一系列病变的机理还了解不多。生物化学的证据只表明它在黏多糖的合成中起作用。黏多糖是存在于软骨和分泌黏液的上皮细胞中的糖蛋白质或黏蛋白质的辅基。上皮细胞的这种变化有可能是通过遗传信息的改变而影响细胞核的形成或细胞表面糖蛋白质的合成而引起。已有报道，维生素 A 缺乏，RNA 的代谢和蛋白质的合成均会受影响。维生素 A 酸受体可促进基因转录。

（三）过量与中毒

维生素 A 过量易引起中毒。症状可表现为骨的畸形、器官退化、生长缓慢、失重、皮肤受损以及先天畸形。对于非反刍动物，包括禽和鱼类，维生素 A 的中毒剂量是需要量的 4～10 倍以上，反刍动物则 30 倍于需要量。据报道，人一次服用 50 万～100 万 IU 的维生素 A 可致死。

（四）来源与需要

维生素 A 来源于动物产品，主要是肝脏、鱼肝油等，多以脂的形式存在。鱼卵、全奶、奶油、禽蛋等含维生素 A 也较丰富。

胡萝卜素在豆科牧草和青绿饲料中含量较多，幼嫩的比老的多。青绿饲料在干燥、加工和储藏过程中，胡萝卜素易遭氧化破坏。叶子的绿色程度是胡萝卜素含量多少的一种标志。快速晒干的绿色牧草胡萝卜素的损失可降低到 5%。胡萝卜素的损失主要来自酶反应（高达 27%～28%）。高温条件下损失更大。这种酶反应在完全干燥时才停止。在正常情况下，干草中胡萝卜素的含量每个月损失 6%～7%。

动物日粮中维生素 A 的需要量一般在每千克饲料 1 500～4 000 IU 之间。但由于日粮中脂肪、水分、亚硝酸盐等均能增加维生素 A 的需要量，并考虑到维生素 A 的促生长、免疫和提高繁殖性能等作用，生产中维生素 A 的添加量为标准的 2～10 倍。

二、维生素 D

（一）理化特性

维生素 D 有 D_2（麦角钙化醇）和 D_3（胆钙化醇）两种活性形式。麦角钙化醇的先体是来自植物的麦角固醇；胆钙化醇来自动物的 7-脱氢胆固醇。先体经紫外线照射而转变成维生素 D_2 和 D_3。7-脱氢胆固醇在动物体中可由胆固醇和鲨烯（三十碳）转化而来。后两者大量存在于皮肤、肠壁和其他组织中。

结晶的胆钙化醇是一种白色针状物，低温和暗环境下较稳定。紫外线的照射、酸败的脂肪以及矿物质元素均可使之氧化失效。维生素E和其他抗氧化剂可防止胆钙化醇的破坏。

一个国际单位（IU）的维生素D相当于0.025 μg维生素D_3的活性。对于猪，维生素D_3的效价可能高于维生素D_2。奶牛维生素D_2的效价可能只有维生素D_3的1/4～1/2，用维生素D_2满足鱼对维生素D的需要至少3倍于维生素D_3。家禽维生素D_3的效价比维生素D_2约高30倍。

（二）功能与缺乏症

维生素D最基本的功能是促进肠道钙、磷的吸收，提高血液钙和磷的水平，促进骨的钙化。

当血钙过低时，可促进甲状旁腺激素释放并刺激羟化酶，使25-羟胆钙化醇在肾脏进一步转化成1,25-二羟胆钙化醇。后者进入肠道，通过促进钙结合蛋白质的形成参与钙的吸收，在体内则参与骨的钙化。甲状旁腺激素和1,25-$(OH)_2$-D_3也促进肾小管对钙、磷的重吸收。

此外，维生素D与肠黏膜细胞的分化有关。维生素D缺乏的大鼠和雏鸡的肠黏膜微绒毛长度仅为采食正常饲粮的70%～80%。1,25-$(OH)_2$-D_3有可能促进腐胺的合成，而腐胺与细胞分化和增殖有关。已有实验证明，维生素D可促进肠道中Be、Co、Fe、Mg、Sr、Zn以及其他元素的吸收。

维生素D缺乏可引起钙、磷的吸收和代谢机制紊乱，导致骨骼钙化不全。正在生长的骨骼如果缺乏维生素D，则在成骨过程中将不能正常沉积钙盐，从而导致骨软化和畸形，出现“佝偻病”。成年动物软骨内骨化完成后，可由于钙、磷代谢紊乱而发生骨质脱钙、骨质疏松、骨骼变形等骨营养不良症，称为“软骨病”。母畜孕期维生素D过度缺乏会造成新生幼畜先天骨畸形，母畜本身骨也受损害。高产奶牛可能出现“产乳热”。家禽缺乏维生素D可降低产蛋量和孵化率，使蛋壳薄而脆。

维生素D缺乏，肠道对钙、磷的吸收能力降低，血钙、血磷的水平下降。佝偻病和软骨病病畜均伴随有血清钙水平的降低（常在5～7 mg/100 mL）和碱性磷酸酶活性的上升，这可用于维生素D缺乏症的诊断。

（三）过量与中毒

饲予大剂量经光照射过的麦角固醇会产生维生素D过多症。特征是血液钙过多，动脉中钙盐广泛沉积，各种组织和器官都发生钙质沉着以及骨损伤。马、牛和猪采食富含1,25-$(OH)_2$-D_3的植物后可发生严重的维生素D中毒，表现为跛脚，骨硬化和软组织钙沉积。

对于大多数动物，连续饲喂超过需要量4～10倍以上的维生素D_3可出现中毒症状。短期饲喂，大多数动物可耐受100倍的剂量。维生素D_3的毒性比维生素D_2大10～20倍。日粮中钙、磷水平高时，可加重维生素D的毒性。

（四）来源与需要

动物性产品，主要是鱼肝油、肝、奶、蛋黄等含有较多的维生素D_3，特别是某些鱼类的肝中含量很丰富。植物性饲料中维生素D_2的含量主要决定于光照程度。

太阳光照射是获得维生素D最廉价的来源方式之一。牧草在收获季节通过太阳光照射，维生素D_2含量大大增加；人和动物皮肤的分泌物中也含有7－脱氢胆固醇，经照射可转变成维生素D_3的活性形式，而且可被皮肤吸收。

动物机体也能储藏相当的维生素D。孕期食入丰富的维生素D，可使新生幼畜有较多的储备。例如，羔羊可由此获得能维持六个月所需的维生素D。

畜禽及某些鱼类对维生素D的需要一般在每千克饲粮1 000～2 000 IU之间。封闭饲养条件下动物可适当增加维生素 D 的供给。

三、维生素 E

(一)理化特性

维生素 E(又称生育酚)是一组化学结构近似的酚类化合物。自然界中存在 α-、β-、γ-和 δ-、ζ_1-、ζ_2-、η-和 ε-八种具有维生素 E 活性的生育酚,其中以 α-生育酚活性最高。

α-生育酚是一种黄色油状物,不溶于水,易溶于油、脂肪、丙酮等有机溶剂。维生素 E 易被饲粮中的矿物质和不饱和脂肪酸氧化破坏,因此,它本身是一种很好的生物抗氧化剂。

(二)功能与缺乏症

维生素 E 的营养生理功能有以下几个方面:①生物抗氧化作用。维生素 E 通过中和过氧化反应链形成的游离基和阻止自由基的生成使氧化链中断,从而防止细胞膜中脂质的过氧化和由此而引起的一系列损害。②α-生育酚也能通过影响膜磷脂的结构而影响生物膜的形成。③促进十八碳二烯酸转变成二十碳四烯酸并进而合成前列腺素。④维持正常的免疫功能,阻断肿瘤细胞周期,抑制其基因表达,防止细胞恶性转化。⑤维生素 E 在生物氧化还原系统中是细胞色素还原酶的辅助因子。⑥参与细胞 DNA 合成的调节。⑦可以降低镉、汞、砷、银等重金属和有毒元素的毒性。⑧通过使含硒的氧化型谷胱甘肽过氧化物酶变成还原型的谷胱甘肽过氧化物酶以及减少其他过氧化物的生成而节约硒,减轻因缺硒而带来的影响。⑨维生素 E 也涉及磷酸化反应、维生素 C 和泛酸的合成以及含硫氨基酸和维生素 B_{12} 的代谢等。

维生素 E 的缺乏症是多样化的,涉及多种组织和器官。在不同的动物,缺乏症的表现也不完全一样。维生素 E 缺乏时,其症状很多都与硒的缺乏相似,而且也受饲粮中硒、不饱和脂肪酸和含硫氨基酸水平的影响。

反刍动物主要表现为肌肉营养不良。犊牛和羔羊出现白肌病。

公猪睾丸退化、精子生成障碍;母猪卵巢萎缩、性周期异常、生殖系统发育异常、出现死胎、流产等。仔猪表现为肌肉营养不良,肝脏变性、坏死以及胃溃疡等病理变化。

家禽表现为繁殖功能紊乱、胚胎退化、脑软化、渗出性素质病、胰腺纤维化等。

(三)维生素 E 的过量

相对于维生素 A 和维生素 D 而言,维生素 E 几乎是无毒的,大多数动物能耐受 100 倍于需要量的剂量。

(四)来源与需要

所有谷类粮食都含有丰富的维生素 E,特别是种子的胚芽中。小麦胚油、大豆油、玉米油、花生油等植物油中含维生素 E 很丰富。绿色饲料,尤其是苜蓿中含量很丰富。动物性饲料含量很少,仅人和牛的初乳及蛋类中含有一定的量。

维生素 E 在饲料的加工和储存中,损失较大,半年可损失 30%～50%。

植物能合成维生素 E,因此,维生素 E 广泛分布于动物的饲料中,一般不需额外补充。

近年来,为了提高肉的品质和延长储藏时间,一些国家的标准推荐的维生素 E 的需要量已有所提高。猪禽每千克饲粮维生素 E 的量已从以往的 5～10 mg 提高到了 10～20 mg;鱼类为 50～100 mg。

四、维生素 K

(一)理化特性

维生素 K 的基本结构为 2-甲基-1,4-萘醌,现已知有多种具有维生素 K 活性的萘醌化合物。天然存在的维生素 K 活性物质有叶绿醌(维生素 K_1)和甲基萘醌(维生素 K_2)。前者为黄色油状物,由植物合成;后者是淡黄色结晶,可由微生物和动物合成。维生素 K_2 是动物组织中维生素 K 的主要形式。人工合成的有维生素 K_3 和维生素 K_4,这两种为水溶性化合物。

维生素 K 耐热,但对碱、强酸、光和辐射不稳定。

各种维生素 K 的生物学活性是不同的,但 K_1 和 K_2 相当。合成的甲萘醌系列产品生物活性相差较大,这主要取决于产品的稳定性和饲粮组成质量。饲粮中存在的维生素 K 拮抗物明显影响维生素 K 的活性。例如霉变的三叶草,因存在香豆素的衍生物,会降低维生素 K 的活性。

(二)功能与缺乏症

维生素 K 主要是参与凝血活动,是凝血酶原(因子Ⅱ)、斯图尔特因子(因子Ⅹ)、转变加速因子前体(因子Ⅶ)和血浆促凝血酶原激酶(因子Ⅸ)的激活所必需的。

依赖维生素 K 的羧化酶系统除对凝血有重要作用外,也与钙结合蛋白质的形成有关,钙结合蛋白质可能在骨钙化中起作用。

维生素 K 缺乏时,会使凝血时间延长和出血,严重时导致动物死亡。维生素的缺乏症主要是在家禽中发现,因其他动物的饲料含维生素 K 较多,而且肠道微生物也能合成相当的维生素 K。产蛋鸡缺乏维生素 K 时,所产的蛋和孵出的小鸡含维生素 K 也少,而且凝血时间延长,可引起皮下、肌肉、胃肠道及其他脏器出血,严重时因出血不止而死亡。

双香豆素(草木樨醇)是维生素 K 天然的拮抗物,动物采食草木樨可引起维生素 K 缺乏,导致出血性疾患。

(三)过量与中毒

维生素 K_1 和 K_2 相对于维生素 A 和 D 而言,几乎无毒。大多数动物能耐受 1 000 倍需要量的剂量。但大剂量维生素 K_3 可引起溶血、正铁血红蛋白尿和卟啉尿症。

(四)来源和需要

绿色饲料是维生素 K 的丰富来源,其他植物饲料含量也较多。肝、蛋和鱼粉含有较丰富的维生素 K_2。

反刍动物瘤胃微生物能合成足够需要的维生素 K。肠道微生物也能合成,但在下段大肠吸收几乎等于零。单胃动物能通过食粪获取一些维生素 K,从而使肠道微生物的合成具有一定意义。禽肠道短,微生物合成有限,一般需要饲粮提供。

对大多数非反刍动物而言,维生素 K 的需要一般为每千克饲料 0.05～0.15 mg,而家禽维生素 K 的需要一般为每千克饲料 0.5～1.5 mg。

第三节　水溶性维生素

水溶性维生素包括 B 族维生素和维生素 C,其特点是:除含碳、氢、氧元素外,多数都含有氮,有的还含硫或者钴;溶于水进行吸收、运输、代谢;主要经尿排出(包括代谢产物);除维生素 B_{12} 外,几乎不在体内储存；易产生缺乏症，多数情况下，缺乏症无特异性，而且难以与其生化功能直接相联系，食欲下降和生长受阻是共同的缺乏症状；B族维生素主要作为辅酶，催化碳水化合物、脂肪和蛋白质代谢中的各种反应；相对于脂溶性维生素而言，毒性较小，一般无毒性。

所有水溶性维生素都为代谢所必需。除瘤胃功能不健全的幼年反刍动物外，反刍动物瘤胃微生物能合成足够动物所需的B族维生素，一般不需饲粮提供。猪肠道微生物也能合成，但难于吸收。家禽肠道短，微生物合成有限，吸收利用的可能性更小，一般需饲粮供给。工厂化饲养，食粪机会少，单胃动物对饲粮提供的需要量增加。

大多数动物能在体内合成一定数量的维生素C。人、猴和豚鼠，因肝脏中缺少*L*-古洛糖酸内酯氧化酶，故不能在体内合成维生素C。在高温、运输、疾病等逆境情况下，动物对维生素C的需要量增加。

水溶性维生素的特性、功能、缺乏症与来源见表1-8-1。

表1-8-1　水溶性维生素的特性、功能、缺乏症与来源

维生素名称	特性	主要生理功能	缺乏所引起的症状或缺乏症	来源
硫胺素（维生素 B_1）	受热、遇碱迅速被破坏	作为辅酶（羧辅酶），参与碳水化合物代谢，是神经介质和细胞膜的组成成分	神经系统代谢障碍，鸡出现多发性神经炎、角弓反张	酵母，谷物的胚芽、种皮，青绿饲料
核黄素（维生素 B_2）	耐热，可见光可使之迅速破坏	以FAD和FMN的形式存在，参与碳水化合物、脂肪和蛋白质的代谢	猪腿弯曲、僵硬、皮厚、皮疹；鸡患蜷爪麻痹症	酵母，青绿饲料，发酵饲料，鱼粉，
尼克酸（烟酸、维生素PP）	稳定，耐热	为辅酶Ⅰ和辅酶Ⅱ的组成成分，参与碳水化合物、脂类和蛋白质的代谢	猪腹泻、皮炎；鸡口腔炎、偶尔也见鳞状皮炎	动物性产品、酒糟、发酵液、饼粕类
维生素 B_6	对热、酸和碱稳定；遇光，尤其是在中性和碱性溶液中易被破坏	与蛋白质代谢的酶系统相联系，也参与碳水化合物和脂肪的代谢	猪小红细胞异常的血红蛋白过少性贫血、抽搐或痉挛；鸡运动失调	酵母、肝、肌肉、乳清、谷物及其副产物、蔬菜
泛酸（遍多酸）	不稳定，易吸湿，也易被酸碱和热破坏	辅酶A和酰基载体蛋白质（ACP）的组成成分，在细胞内的许多反应中起重要作用	猪表现为典型的鹅步症；鸡羽毛生长不良，进一步表现为皮炎	苜蓿草粉、饼粕、糖蜜、酵母、糠麸，补充泛酸钙
生物素	酸败的脂、胆碱、紫外线照射能使它失去活性	以辅酶的形式广泛参与碳水化合物、脂肪和蛋白质的代谢	猪腿痉挛、足裂缝、皮炎；家禽的脚、喙以及眼周围发生皮炎，患胫骨粗短症	苜蓿草粉、饼粕、酵母

续表 1-8-1

维生素名称	特性	主要生理功能	缺乏所引起的症状或缺乏症	来源
叶酸	在中性、碱性中对热稳定，在酸性中加热易分解，易被光破坏	参与一碳基团的代谢，与嘌呤、嘧啶、核酸、蛋白质合成以及红细胞、白细胞的成熟有关	巨红细胞贫血，血小板和白细胞减少	绿色的叶片和肉质器官、谷物、豆类、动物产品
胆碱	易吸潮	参与卵磷脂和神经磷脂的形成，是乙酰胆碱的重要组成部分，与脂肪代谢和神经冲动传导有关	猪运动不协调，肝脏脂肪浸润；鸡骨粗短	含脂肪的饲料
维生素 B_{12}	易吸湿，可被氧化剂、还原剂、醛类、抗坏血酸、二价铁盐等破坏。	参与某些氨基酸的合成以及碳水化合物和脂肪的代谢等多种代谢活动，促进红细胞的形成和维持神经系统的完整	正常红细胞或小红细胞贫血，猪运动不协调；鸡骨异常，类似骨粗短症	鱼粉、肉粉、肝粉、发酵饲料
维生素 C（抗坏血酸）	易被热、金属离子破坏，具有可逆的氧化性和还原性	广泛参与机体的多种生化反应	非特异的精子凝集，贫血，坏血症	青绿饲料、马铃薯

复习思考题

1. 整理各种维生素缺乏的典型缺乏症。
2. 试比较脂溶性维生素和水溶性维生素的营养特点。
3. 简述佝偻病的病因、症状及防治措施。

第九章　营养需要与饲养标准

动物为了维持生命、生产产品和繁衍后代，需要从外界摄取各种营养物质，动物种类不同，生产目的与水平不同，对营养物质的需要量也不同。动物营养不仅研究不同种类动物所需要的营养素种类、作用和代谢利用规律，还要研究阐明每一种营养素需要的数量。这两方面的研究成果对提高动物生产力有着重要的指导意义，也是合理配制日粮的依据。

为了便于应用，动物营养学家总是定期或不定期地将这些研究成果，特别是定量研究成果，加上饲料营养价值评定方面的成果，按动物种类总结成一套系统、简明、实用的表册式配套资料，供生产和科学研究应用。这种系统的资料在 20 世纪 50 年代以前一般叫作饲养标准，现在又称为营养需要。本章主要对其基本特性、内容及其表达形式、应用原则和意义等作简要介绍。

第一节　饲养标准

一、饲养标准和营养需要的概念

(一)饲养标准(feeding standard)

是根据大量饲养实验结果和动物生产实践的经验总结，对各种特定动物所需要的各种营养物质的定额做出的规定，这种系统的营养定额及有关资料统称为饲养标准。简言之，即特定动物系统成套的营养定额就是饲养标准，简称“标准”。

“标准”是一个传统专业名词术语，其含义和准确程度受科学研究条件和技术进步程度制约。早期的“饲养标准”基本上是直接反映动物在实际生产条件下摄入营养物质的数量，“标准”的适用范围比较窄。现行饲养标准则更为确切和系统地表述了经实验研究确定的特定动物(不同种类、性别、年龄、体重、生理状态、生产性能、不同环境条件等)能量和各种营养物质的定额数值。

(二)营养需要(nutrient requirements)

也称营养需要量，是指动物在最适宜环境条件下，正常、健康生长或达到理想生产成绩对各种营养物质种类和数量的最低要求，简称“需要”。营养需要量是一个群体平均值，不包括一切可能增加需要量而设定的保险系数。

制定这种营养需要的目的是为了使营养物质定额具有更广泛的参考意义。因为在最适宜的环境条件下，同品种或同种动物在不同地区或不同国家对特定营养物质需要量没有明显差异，这样就使营养需要量在世界范围内可以相互借用参考。为了保证相互借用参考的可靠性和经济有效地饲养动物，营养物质的定额按最低需要量给出。对一些有毒有害的微量营养素，常给出耐受量和中毒量。

营养需要中规定的营养物质定额一般不适宜直接在动物生产中应用，常要根据不同的具体条件,适当考虑一定程度保险系数。其主要原因是实际动物生产的环境条件一般难达到制定营养需要所规定的条件要求。因此应用营养需要中的定额,认真考虑保险系数十分重要。

二、饲养标准的基本特性

(一)科学性和先进性

饲养标准或营养需要是动物营养和饲料科学领域科学研究成果的概括和总结,高度反映了动物生存和生产对饲养及营养物质的客观要求,具体体现了本领域科学研究的最新进展和生产实践的最新总结。"标准"的科学性和广泛的指导作用无可非议。此外,总结、概括纳入饲养标准或营养需要中的营养、饲养原理和数据资料,都是以可信度很高的重复实验资料为基础,对重复实验资料不多的部分营养指标,在"标准"或"需要"中均有说明。表明"标准"是实事求是、严密认真科学工作的成果。

(二)权威性

"标准"的权威性首先是由其内容的科学性和先进性决定的。其次以其制定的过程和颁布机构的地位作用看,也体现了权威性。"标准"不但是大量科学实验研究成果的总结,而且它的全部资料都要经过有关专家定期或不定期的集中严格审定,其审定结果又以专题报告的文件形式提交有关权威行政部门颁布。这样,"标准"不仅有权威性,其严肃性也是显而易见的。

我国研究制定的猪、鸡、牛和羊等的饲养标准,均由农业部颁布。世界各国的"标准"或营养需要均由该国的有关权威部门颁布,其中有较大影响的饲养标准有:美国国家科学研究委员会(NRC)制订的各种动物的营养需要;英国农业科学研究委员会(ARC)制订的畜禽营养需要;日本的畜禽饲养标准等。它们都颇有代表性,并各有特点,值得参考。

(三)可变化性

"标准"不可能一成不变。就"标准"本身而言,它不但随科学研究的发展而变化,也随实际生产的发展而变化。随着科学技术不断发展、实验方法不断进步、动物营养研究不断深入和定量实验研究更加精确,饲养标准或营养需要也需不断地更新、补充和完善,使其尽可能接近动物对营养物质摄入的实际需要。就应用"标准"而言,不能一成不变地按"标准"规定供给动物营养,必须根据具体情况调整营养定额,认真考虑保险系数。只有充分考虑"标准"的可变化性特点,才能保证对动物经济有效的供给,才能更有效地指导生产实践。

(四)条件性和局限性

"标准"是确切衡量动物对营养物质客观要求的尺度。"标准"的产生和应用都是有条件的,它是以特定动物为对象,在特定环境条件下研制的满足其特定生理阶段或生理状态的营养物质需要的数量定额。但在动物生产实际中,影响饲养和营养需要的因素很多,诸如同品种动物之间的个体差异,各种饲料的不同适口性及其物理特性,不同的环境条件,甚至市场经济形势的变化等,都会不同程度地影响动物的营养需要量和饲养。这种"标准"产生和应用条件的特定性和实际动物生产条件的多样性及变化性,决定了"标准"的局限性,即任何饲养标准都只在一定条件下、一定范围内适用。切不可不问时间、地点、条件生搬硬套"标准"。在利用"标准"中的营养定额拟订饲粮,设计饲料配方,制订饲养计划等工作中,要根据不同国家、地区、不同环境情况和对畜禽生产性能及产品质量的不同要求,对"标准"中的营养定额酌情进行适当调整,才能避免其局限性,增强实用性。

总之,我们既要肯定由"标准"的科学、先进性所决定的"标准"的普遍性,即其在适用条件和范围内的普遍指导意义,又要看到条件差异形成的特殊性,在普遍性的指导下,从实际出发,灵活应用"标准"。只有这样,才能获得预期效果。

三、饲养标准的内容

(一)饲养标准的种类

根据动物营养、饲料科学的研究成果和进展,饲养标准以动物为基础分类制定。现在已经制定出了猪、禽、奶牛、肉牛、绵羊、山羊、马、兔、鱼、实验动物、犬、猫、非人灵长类动物等的饲养标准或营养需要,并在动物生产和饲料工业中得到广泛应用,对促进科学养殖,科学饲养动物起到了重要的指导作用,创造了显著的社会、经济效益。一些与人类生活密切相关的珍稀动物、观赏动物(包括动物园中的动物)等也在不同程度上有了一定的饲养标准或营养需要。随着动物生产不断发展、人类生活需要和科学研究领域的扩大,更多种类动物的饲养标准或营养需要将不断地被制定出来。

"标准"为了适应动物的营养生理特点,对每一种动物或每一类动物分别按不同生长发育阶段、不同生理状态、不同生产性能制定营养定额。

(二)饲养标准的组成结构

一般可分为六个组成部分,即序言、研究综述、营养定额、饲料营养价值、典型饲粮配方和参考文献。序言主要说明制定和修订"标准"的意义和必要性,"标准"所涉及的内容,"标准"利用研究资料的情况。修订"标准"还要说明本次修订的主要变化和与前一版显著不同的地方。

研究综述部分是详细总结到目前为止的有关研究资料。一般是按营养物质划分子专题进行详细深入总结。综述是体现"标准"制定或修订后的科学性和先进性的基本依据,也是制定营养定额的基础。

营养定额是"标准"营养指标数量化的具体体现,是应用"标准"时的主要参考部分。营养定额一般是以表格的形式列出每一个营养指标的具体数值,方便查找参考。

饲料营养价值用表列出常用饲料的常规营养成分,部分或全部列出维生素、矿物元素含量。不同"标准"还不同程度列出蛋白质、氨基酸、磷等可消化或可利用程度方面的资料。饲料营养价值表与"标准"配套使用。

典型饲粮配方主要提供给应用"标准"规定的营养定额进行饲粮配合时参考。通过典型饲粮配方指导,可以使应用者得到如何设计符合"标准"要求的实际饲粮配方方面的启发。

参考文献详细列出了制定或修订"标准"所涉及的可靠资料来源及与营养定额数值有关的文献,以便查阅。

(三)饲养标准的指标体系和指标种类

不同饲养标准或营养需要除了在制定能量、蛋白质和氨基酸定额时采用的指标体系有所不同以外,其他指标所采用的体系基本相同。在确定营养指标的种类上,不同国家和地区则差异较大。

1. 能量指标体系

消化能(DE)、代谢能(ME)或净能(NE)是"标准"确定能量定额常用的能量指标,但是在不同种类动物、不同国家或地区的具体"标准"中,用的能量指标则有所不同。禽用 ME,世界各国都比较一致。猪的能量体系各国不完全一致。美国、加拿大等国用 DE,也用 ME。欧洲各国多用 ME,也标出 DE。我国只用 DE。反刍动物多用 NE,也标出 DE、ME,一些曾经在历史上用过的能量单位如可消化总养分(TDN)、饲料单位、淀粉价等,在一些饲养标准中也会同时标出。

能量指标是“饲养标准”的重要指标之一。它是一个综合性的营养指标，不特指某一具体营养物质。但是，来源于不同种类营养物质中的能量组成比例不同，可能对动物有不同影响。

2. 蛋白质指标体系

常用粗蛋白质(CP)和可消化粗蛋白质(DCP)。我国各种动物的饲养标准一般都用 CP 表示蛋白质定额，奶牛两者都标出。NRC 在反刍动物 CP 需要中还标出 DIP，UIP。ARC 的反刍动物蛋白质需要另外标出了 RDP，UDP。

蛋白质指标也是饲养标准的一个重要指标。它用于反映动物对总氮的需要。对猪、禽等单胃动物，主要用于反映对真蛋白质的需要。

3. 氨基酸指标体系

大多数饲养标准一般只涉及必需氨基酸(EAA)，而且采用总必需氨基酸含量体系表示定量需要。按理想蛋白质考虑时，也用到非必需氨基酸或非必需氮。不同饲养标准列出的 EAA 指标种数不同。NRC 和 ARC 猪的营养需要，全部必需氨基酸指标均列出。NRC 第 10 版猪的营养需要还根据氨基酸的回肠消化率列出了表观和有效必需氨基酸指标。不同种类动物饲养标准，对不同生理阶段的动物，列出的 EAA 种类有所不同。例如 NRC 禽的营养需要中，育成鸡除了列出一般的 12 个 EAA 外，还列出了甘氨酸和丝氨酸，而对于肉鸡，在育成鸡的基础上，又增加了脯氨酸。一些饲养标准仅列出赖氨酸或赖氨酸和蛋氨酸。

氨基酸指标主要用于反映动物对蛋白质质量的要求。

4. 其他营养指标

不同种类饲养标准或营养需要，不同国家和地区的“标准”列出的指标多少不同。

(1)采食量　一般“标准”均按风干物质重量列出每天的采食数量，也有按动物每天采食的能量多少列出采食的能量数量。

(2)脂肪酸　“标准”中主要列出必需脂肪酸(EFA)，一般只列出亚油酸指标。

(3)维生素　一般按脂溶性维生素和水溶性维生素的顺序列出。反刍动物一般只列出部分或全部脂溶性维生素。非反刍动物则脂溶性和水溶性维生素都部分或全部列出。NRC 和 ARC 猪、禽营养需要中，4 个脂溶性维生素都列出，水溶性维生素只列出 9 个。维生素 C 仅在水生动物营养需要中才列出。

(4)矿物元素　按常量元素和微量元素的顺序列出。常量元素中除了硫，一般都全部列出，有的饲养标准还列出了有效磷指标。微量元素中一般只列出铁、锌、铜、锰、碘、硒等指标。其他必需矿物元素，不同“标准”列出的多少不统一。

(5)非营养素指标　传统“标准”不包括这类指标。随着动物营养和饲料科学研究不断深入，非营养性物质不断广泛地在饲料工业和动物生产中应用。NRC 第十版《猪的营养需要》已对非营养性添加物质的使用提出了指导意见。

四、应用饲养标准的基本原则

饲养标准是发展动物生产、制订生产计划、组织饲料供给、设计饲粮配方、生产平衡饲粮、对动物实行标准化饲养管理的技术指南和科学依据。但是，照搬“标准”中数据，把“标准”看成是解决有关问题的现成答案，忽视“标准”的条件性和局限性，则难以达到预期目的。因此，应用任何一个饲养标准，充分注意以下基本原则相当重要。

（一）选用“标准”的适合性

“标准”都是有条件的、具体的，选用“标准”时，必须认真分析“标准”对应用对象的适合程度，尽可能选择最适合应用对象的“标准”。首先应考虑“标准”所要求的动物与应用对象是否一致或比较近似，若品种之间差异太大，则难使“标准”适合应用对象，例如 NRC 猪的营养需要则难适合用于我国地方猪种。除了动物遗传特性以外，绝大多数情况下均可以通过合理设定保险系数使“标准”规定的营养定额适合应用对象的实际情况。

（二）应用标准定额的灵活性

“标准”规定的营养定额一般只对具有广泛或比较广泛的共同基础的动物饲养有应用价值，对共同基础小的动物饲养则只有指导意义。要使“标准”规定的营养定额变得可行，必须根据不同的具体情况对营养定额进行适当调整。选用按营养需要原则制定的“标准”，一般都要增加营养定额。选用按“营养供给量”原则制定的“标准”，营养定额增加的幅度一般比较小，甚至不增加。选用按“营养推荐量”原则制定的“标准”，营养定额可适当增加。

（三）“标准”与效益的统一性

应用“标准”规定的营养定额，不能只强调满足动物对营养物质的客观要求，而不考虑饲料生产成本。必须贯彻营养、效益（包括经济、社会和生态等效益）相统一的原则。

“标准”中规定的营养定额实际上显示了动物的营养平衡模式，按此模式向动物供给营养，可使动物有效利用饲料中的营养物质。在饲料或动物产品的市场价格变化的情况下，可以通过改变饲粮的营养浓度，不改变平衡，而达到既不浪费饲料中的营养物质又实现调节动物产品的量和质的目的，从而体现“标准”与效益统一性原则。

第二节 动物营养需要量的研究方法和指标

一、确定需要量的研究方法

畜禽的生理活动是多方面的，包括维持、生长、肥育、妊娠、产蛋、产奶、产毛、役用等。畜禽营养需要可从生理活动角度分为维持需要和生产需要量两部分。生产需要可细分为生长、肥育、妊娠、产蛋、产奶、产毛、役用等各项需要。任何畜禽在任何时候都至少处于一种生理状态（即维持状态），常常同时处于两种（如维持和妊娠）或三种（如维持和生长、肥育）生理状态。畜禽的营养需要即为满足各项生理活动的营养需要的总和。

确定畜禽需要量的方法可归为两类：

（一）综合法

综合法是根据“维持需要和生产需要”统一的原理，采用饲养实验、代谢实验及生物学方法等笼统确定畜禽在特定生理阶段、生产水平下对某一养分的总需要量。

综合法是研究营养需要量的最常用方法，可直接测知动物对养分的总需要量，其结果可用于指导生产。但综合法不能解析出构成总需要量的各项组分，即不能把维持和生产需要分开，因而难于总结变异规律。

(二)析因法

根据“维持需要和生产需要”分开的原理,分别测定维持需要和生产需要,各项需要之和为畜禽的营养总需要量。可概括为:

养分总需要量=维持需要+生产需要

详细剖析为:$R = aW^b + cX + dY + eZ + \cdots$

式中:R 为某养分的总需要量;W 为自然体重;W^b 为代谢体重;a 为常数,即每千克代谢体重的养分需要量;X、Y、Z 为不同产品中某养分的含量;c、d、e 分别为饲料养分转化为产品养分的利用率。

按此公式可以推算出任一体重、任一生理阶段、任一生产水平下畜禽的养分需要量,关键是要掌握公式中的各项参数。

析因法比综合法更科学、合理,但所确定的需要量一般低于综合法。析因法原则上适用于推算任何体重和任一生产内容时畜禽对各种养分的需要量,但在实际应用中由于某一生理阶段的生产内容受多种因素干扰,且饲料养分转化为产品的利用率难于测定,因此大多数情况下仍采用综合法确定。如妊娠母畜的营养需要多采用综合法确定。再如维生素、矿物质元素在体内代谢复杂,利用率难于准确测定,因而也采用综合法。

总之,在实际应用中,综合法和析因法都可用来确定需要量,并且两种方法相互渗透,使确定的需要量更为准确。如用综合法时常常借用析因法的原则和参数。随着方法的改进和资料的积累,析因法将会发挥更大的作用。

二、确定需要量的指标

(一)生长或生产性能

生长或生产性能是最常用的综合性指标,与生产实际联系紧密,方便适用。常见的指标包括增重率或日增重(生长动物)、产蛋量或产蛋率(产蛋禽)、产乳量(泌乳动物)、产毛量(毛用动物)、繁殖性能(种畜)等。与期望的生长或生产性能相对应的营养物质摄入量即为营养需要量。用生长或生产性能确定需要量,不能确切反映营养素的摄入对动物体组成和畜产品质量的影响。

(二)饲料利用率

饲料利用率又称饲料报酬,指每千克饲料能生产畜产品的数量,生产上常采用料肉比、料蛋比、料奶比、饵料系数指标,指每生产 1 kg 肉、蛋、奶或鱼肉需要的饲料量(kg)。

用最大饲料利用率来确定动物的营养需要比较直观和实用,但饲料和畜产品的养分含量差异对饲料利用率的影响很大。因此,该指标过于简单和表观化。采用饲料中有效养分(如有效能、氨基酸、可利用氨基酸等)的利用率来表示更准确。

(三)生理生化参数

生理生化参数包括血液和组织器官养分含量、相关酶的活性、免疫指标等。常用于确定对重量变化不敏感的养分的需要量,如矿物质元素、维生素等,并多以不出现缺乏症的养分供给量为最低的需要量。这类指标有助于解释营养素的作用机理,但通常情况下与生产性能特别是短期生产性能间没有明显的对应关系。

(四)其他指标

确定钙、磷需要量时,一般选择骨骼的灰分含量、最大骨骼强度、最佳蛋壳质量等作为判断指标。确定生长单胃动物的氨基酸需要量时,除考虑日增重外,还考虑瘦肉率等指标。确定维生素、微量元素的需要量时,除考虑预防缺乏症外,还考虑繁殖性能等指标。

复习思考题

1. 解释营养需要和饲养标准的概念。
2. 简述确定营养需要量的方法及其特点。
3. 简述饲养标准的基本特征。
4. 简述应用饲养标准的基本原则。

第十章 维持的营养需要

动物不能把摄入的营养物质完全转化为动物产品(肉、奶、蛋、毛等),他们首先要满足自身的生存需要(维持需要)后,才能将多余的能量和其他养分用于生产。维持是动物最基本的生命活动,维持需要是确定动物营养需要的重要前提和组成部分。生产产品的动物对营养物质的总需要等于维持损耗和生产需要之和,即营养需要=维持需要+生产需要。

本章主要介绍动物维持营养需要的概念和确定维持营养需要的基本方法及影响维持营养需要的因素。

第一节 维持需要的概念及意义

一、维持和维持需要

(一)维持

动物营养中,维持是指动物生存过程中的一种基本状态,在这种状态下,成年动物或非生产动物保持体重不变,体组织成分保持相对恒定,体内分解代谢和合成代谢过程处于动态平衡。生长或生产产品的动物,不进行生产,体内营养素周转代谢保持动态平衡,分解代谢和合成代谢速度相等。

(二)维持需要

是指动物在维持状态下对能量和其他养分的需要。

营养物质满足维持需要的生产利用率为零。这种需要仅维持生命活动的基本代谢过程,弥补营养素周转代谢的损失以及必要的活动需要。

二、维持需要的意义和作用

(一)维持需要在动物营养需要研究中的意义

在动物营养需要研究中,维持需要研究是一项基本研究,是测定动物营养需要的基础。对于探索具有普遍意义的营养需要规律,比较不同种类动物或同一种类动物在不同条件下的营养需要特点具有重要意义和作用。一头 100 kg 体重的肉牛和 100 只 1 kg 体重的肉兔,营养需要明显不同,其中维持需要不同是一个重要原因。但两种动物的营养需要都可用维持加生产进行描述。研究维持需要也是剖析影响动物代谢有关因素、阐明维持状态下营养素的利用特点,寻求生理条件下营养素的代谢规律和进一步探索提高营养素利用效率等的重要手段和方法。

(二)维持需要对动物生产的指导作用

在动物生产中,维持需要属于非生产需要,但又是必不可少的部分。动物只有在满足维持需要后，多余的养分才能用于生产。维持需要在总的营养需要中占很大的比例。合理平衡维持需要与生产需要之间的关系，尽可能减少维持消耗，可提高生产效率。在动物生产潜力允许范围内，增加饲料投入，可相对降低维持需要，从而增加生产效益。

维持需要是动物生产企业制定生产计划，确定主要经济技术指标，预测动物生产效率的主要参考依据之一。现代动物生产，饲料成本是影响生产效益的主要因素，平均占生产总成本的50%～80%。降低维持的饲料耗费是主要考虑的因素之一。

第二节 动物维持状态下的营养需要

一、维持的能量需要

动物在维持状态下对能量的需要主要用于基础代谢、随意活动及体温调节的能量消耗。

（一）基础代谢

指健康正常的动物在适温环境条件下、处于空腹、绝对安静及放松状态时，维持自身生存所必要的最低限度的能量代谢。

基础代谢是维持能量需要中比较稳定的部分。各种动物都有自己的最低能量代谢强度。但对于动物而言，很难准确测定这种最低代谢。因此，在实际研究中，通常以绝食代谢代替基础代谢。

绝食代谢是指动物绝食到一定时间，达到空腹条件时所测得的能量代谢，动物绝食代谢的水平一般比基础代谢略高，但仍比较稳定。大量研究表明，各种成年动物的绝食代谢产热用单位代谢体重（$W^{0.75}$）表示比较一致。平均为：

$$\text{绝食代谢产热量(kJ/d)} = 300\ W^{0.75}$$

即成年动物每天每千克代谢体重的绝食代谢产热量为300 kJ（净能）。成年动物绝食代谢的平均基础值不适合生长动物。生长动物随年龄增加，单位代谢体重的绝食代谢产热量减少。

（二）随意活动

随意活动是指动物生存过程中所进行的一切有意识的活动。实际活动量一般都比实验条件下大，但活动量的增加量较难准确测定。一般在确定维持能量需要时，活动量增减用占绝食代谢的百分数表示。活动量随动物种类和具体情况变化较大，牛、羊在绝食代谢基础上增加20%～30%可满足维持需要。猪、禽可增加50%。舍饲猪、牛、羊活动量增加20%；放牧则增加25%～50%；公畜另加15%；处于应激条件下的动物可增加100%，甚至更高。

二、维持的蛋白质、氨基酸需要

在维持状态下，动物即使采食无氮日粮，仍会不断从粪、尿和体表排泄一定数量的含氮物质，动物也必须从饲料中获得一定数量的蛋白质，以补充机体蛋白质的消耗。

（一）内源尿氮（EUN）

EUN是指动物在维持生存过程中，必要的最低限度体蛋白质净分解代谢经尿中排出的氮。它是评定维持蛋白质需要的重要组成部分。

动物体内蛋白质代谢始终处于一种动态平衡状态。在这一动态代谢过程中，分解代谢产生的氨基酸不可能全部重新用于体蛋白质的合成代谢，总有一部分被氧化分解。被氧化的氨基酸变成尿素或尿酸，主要经尿排出体外。

(二)代谢粪氮(MFN)

动物采食无氮饲粮时经粪中排出的氮叫代谢粪氮。它主要来源于脱落的消化道上皮细胞和胃肠道分泌的消化酶等含氮物质，也包括部分体内蛋白质氧化分解经尿素循环进入消化道的氮。MFN 排出的多少与绝食代谢无关，但与采食量成正比，与饲料品质成反比。

(三)体表氮损失

是指动物在基础氮代谢条件下，经皮肤表面损失的氮。主要是皮肤表皮细胞和毛发衰老脱落损失的氮。具有汗腺的动物，体内蛋白质分解代谢的尾产物也可能有少部分经皮肤排泄。体表氮损失的量与动物大小、年龄、环境等因素有关，测定基础氮代谢时，对个体大的动物值得考虑。

内源尿氮、代谢粪氮和体表氮损失的总和称为基础氮代谢(总内源氮)，其中以内源尿氮和代谢粪氮为主。

$$维持的蛋白质需要=基础氮代谢\times 6.25$$
$$\approx(内源尿氮+代谢粪氮)\times 6.25$$

三、维持的矿物元素、维生素需要

(一)矿物元素的维持需要

体内矿物元素代谢同样存在内源损失。内源代谢的基本特点是代谢损失量很小，反复循环利用程度高。幼猪内源钙损失每天每千克体重约为 23 mg，20 kg 以上的生长肥育猪约为 32 mg，磷的内源损失平均每天每千克体重约为 20 mg。维持需要钙的利用率，仔猪可达到 65%，到最后肥育期下降到 50%左右，相应磷的维持利用效率从 80%下降到 60%。猪每天每千克体重对钠的维持需要为 1.2 mg。生长牛每天每千克体重损失内源钙 16 mg，磷 24 mg，钠 11 mg，镁 4 mg。成年奶牛每天钙、磷维持需要为 22～26 g，钠、镁分别为 7～9 g 和 11～13 g。

(二)维生素的维持需要

维生素的内源代谢与其他营养素不同，内源损失少，不便于用析因法评定维持需要。如用饲养实验评定，因需要量甚微，衡量标准较难选定，评定误差较大。反刍动物和其他草食动物维生素 A 的维持需要是每天每千克体重 0.025～0.035 IU，奶牛需要较高，平均是 0.035 IU。非反刍动物与反刍动物基本上类似。从动物生产角度出发，将维生素维持需要与生产需要分开没有能量蛋白质那样重要。

第三节　影响维持需要的因素

一、动物的影响

动物种类、品种、年龄、性别、健康状况、活动能力、皮毛类型等都影响维持需要。动物种类不同，维持需要明显不同，如牛每天维持需要的绝对量比禽高数十倍。同种而不同品种的动物，维持需要也不一样，如产蛋鸡的维持能量需要比肉鸡高 10%～15%，奶用种牛比肉用种牛高 10%～20%。不同生长阶段的动物，维持需要差异亦较明显，幼龄动物大于成年动物。动物遗传类型不同对维持需要同样有影响。瘦肉型猪比脂用型猪的维持需要高 10%以上。同一个体不同生理状态，体内激素分泌水平不同，对代谢影响不同，维持需要也不同。健康状况良好的动物维持需要明显比处于疾病状态下的动物低。皮厚毛多的动物，在冷环境条件下维持需要明显比皮薄毛少的动物少。动物活动量对维持能量需要的影响同样较大，活动量越大，消耗的能量越多，维持需要越高。

二、饲粮组成的影响

非反刍动物饲粮种类和组成不同对维持需要的直接影响甚大，其中热增耗是一个重要影响因素。不同饲料，不同饲粮配合，三大有机营养素的绝对含量和相对比例不同，热增耗也不同。蛋白质含量高的饲粮热增耗大，维持需要高。

反刍动物中，由于瘤胃特殊的营养生理作用，不同饲料或饲粮用于维持的代谢效率不同，而代谢率与饲粮代谢能用于维持的利用效率成正相关，因此饲粮组成变化引起代谢率变化，最终将影响维持能量需要。饲料种类不同对蛋白质维持需要同样有很大影响。秸秆饲料比含氮量相同的干草产生的代谢粪氮更多，相应增加维持总氮需要。

三、饲养的影响

动物维持需要明显受饲养影响。鸡在傍晚喂料，让其在晚上消化代谢，饲料利用效率更高，用于维持的部分相应减少。反刍动物适当增加植物细胞壁成分比例，可减少维持需要，相反过量饲喂或瘤胃过度发酵，会增加维持需要。非反刍动物可因饲养水平提高、生长加快或生产水平提高，使体内营养物质周转代谢加速，增加维持需要。饲粮 ME 浓度增加也增加维持需要。

四、环境的影响

环境因素中对维持需要影响最大、研究较多的是环境温度。动物体温、体产热都受环境温度影响，体内营养物质代谢强度也与环境温度直接相关。动物在等热区内，代谢率最低，维持需要的能量最少。环境温度每变化 10℃，营养物质代谢强度将提高 2 倍。因此，环境温度过高或过低均增加维持需要。例如环境温度每增加 10℃，牛耗氧量将增加 62%，绵羊增加 41%。肉牛在环境温度 20℃基础上，每变化 1℃，NEm 需要相应变化 0.91%。母猪在低于临界温度以下，每降 1～2℃，ME 摄入要增加 418.6 kJ 才能满足维持需要。

复习思考题

1. 解释维持和维持需要的概念。
2. 阐述维持需要的意义和作用。
3. 如何用析因法确定动物维持的能量及蛋白质需要？
4. 影响动物维持需要的因素有哪些？

第十一章 生长肥育的营养需要

生长发育是动物生命过程中的重要阶段，肥育是畜牧业生产的重要目的；而营养物质是生长肥育的物质基础。不同的动物、同一动物不同的生长阶段，生长发育的规律不尽相同，对营养物质的需要也不同。准确地确定动物的营养需要，对提高生长肥育的效率具有重要的意义。要准确地确定生长肥育的营养需要量，必须了解动物的生长规律及其营养需要的特点。

本章主要介绍动物生长发育和机体养分沉积规律，影响机体发育及养分沉积的因素，以及动物对各种养分需要量的确定原理及方法。

第一节 生长的生理基础

一、生长肥育的概念

生长是极其复杂的生命现象，可把其理解为动物机体细胞数量增多、组织器官体积增大、重量增加和物质积累的过程。从物理的角度看，生长是动物体尺的增长和体重的增加；从生理的角度看，则是机体细胞的增殖和增大，组织器官的发育和功能的日趋完善；从生物化学的角度看，生长又是机体化学成分，即蛋白质、脂肪、矿物质和水分等的积累过程。

最佳的生长体现在动物有一个正常的生长速度和成年动物具有功能健全的器官。为了取得最佳的生长效果，必须供给动物营养均衡的饲粮。

肥育一般对肉用动物而言，指肉用畜禽生长后期经强化饲养而使蛋白质和脂肪在体内的快速沉积过程。

目前，人们对瘦肉的需求日益增加，生长肥育不但要有高的生长速度，而且要减少脂肪的沉积量。为达此目的，肥育期往往限制增重过快。对于种用动物，早期的生长发育影响终生的繁殖成绩，合理饲养，保证具有良好种用体况更为重要。

二、生长的一般规律

揭示生长规律是确定动物不同生长阶段的营养需要的基础。总体及各部位的生长，以及机体化学成分各有其特点和变化规律。

(一)总体的生长

机体体尺的增大与体重的增加密切相关。一般以体重反映整个机体的变化规律。在动物的整个生长期中，生长速度不一样。

绝对生长速度—日增重，取决于年龄和起始体重的大小。图 1-11-1 是体重随年龄变化的绝对生长曲线，总的规律是慢—快—慢。在生长转折点(拐点)以下，日增重逐日上升；过转折点，日增重逐日下降；转折点在性成熟期内。

相对生长速度—相对于体重的增长倍数、百分比或生长指数，却随体重或年龄的增长而下降。图 1-11-2 是猪增重与体重的比例的对数随体重的变化，为一下降的直线。这表明动物体重（年龄）愈小，生长强度愈大；从生产角度看，愈小的动物产出产品的效率愈高；从营养上考虑，需要的饲粮养分浓度愈高。

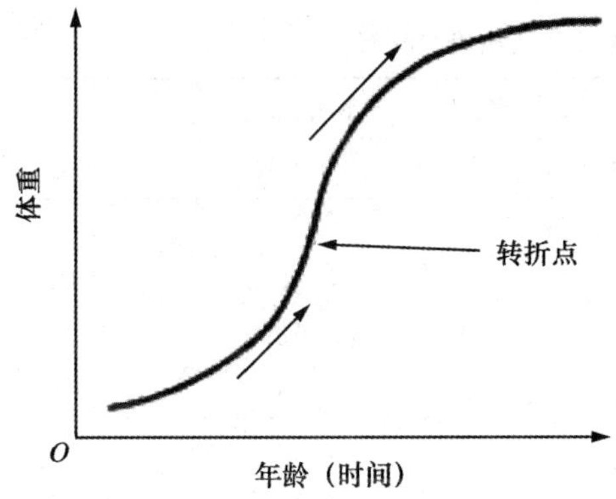

图 1-11-1　绝对生长模式

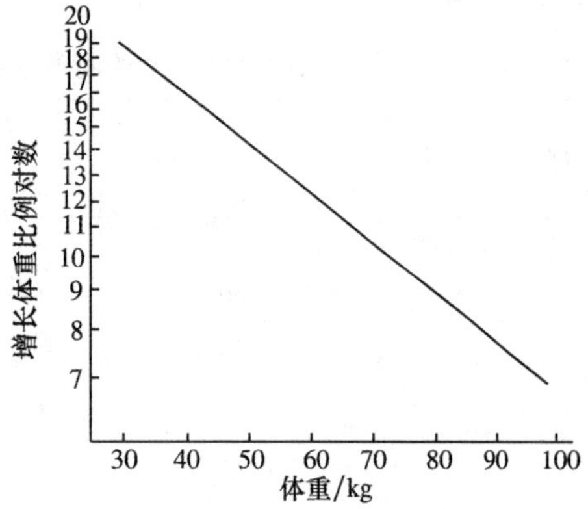

图 1-11-2　相对生长模式

(二)局部生长

整体生长是由各个部位和组织器官的生长所汇集而成的。

1. 部位

动物在生长期间，各部位的生长速度并不一致，某些部位在生长早期生长速度较快，而另一些部位则在晚期生长速度较快。例如，头、腿属于早熟部位，故年龄愈小所占的比重愈大，且结束发育的时期亦愈早。所以，初生动物表现为头大、腿长。胸、臀部位快速生长的时期开始较晚，而腰部更晚。动物在生长中期其体长生长速度较快，而成年期则体深增长较快。可见，动物各部位快速生长时期的出现系沿骨骼系统的中轴，从头部到尾部，从肢体到躯体依序进行。

2. 体组织

主要是骨骼、肌肉和脂肪组织的增长。动物各种组织的生长速度不尽相同，从胚胎开始，最早发育和最先完成的是神经系统，依次为骨骼系统、肌肉组织，最后是脂肪组织，如图 1-11-3 所示。图 1-11-3 还表明早熟品种和营养充足的动物生长速度快，器官生长发育完成早，但骨骼、肌肉和脂肪生长发的顺序不变。

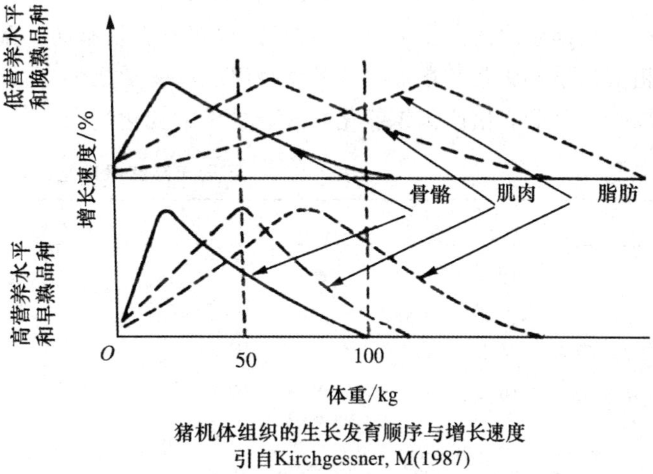

图 1-11-3　猪机体组织的生长发育

(三)机体化学成分的变化

年龄不同，机体组织（骨骼、肌肉、脂肪等）增长的速度不同；其化学成分如水分、粗蛋白质、粗脂肪、粗灰分等的含量及比例和能量也不相同。表 1-11-1 是鸡、猪、牛、羊生长期机体化学成分和能值的变化。所有动物机体水分含量比例随年龄增长而下降，粗脂肪和能值则随年龄增长明显上升。机体粗蛋白质的百分比含量，不同的动物表现不完全一样，牛、羊粗蛋白质变化较小，肉鸡粗蛋白质随年龄增长明显上升，猪略呈下降趋势。生长后期机体组织能值的增加与机体水分的减少和脂肪比例的增加有关。牛和鸡最瘦，绵羊和猪相对较肥。粗灰分的比例，肉鸡随年龄增长变化不大，猪随年龄增长有所下降，而绵羊则明显上升。

表 1-11-1　动物不同年龄和体重的增重成分及能值的含量

动物	活重/kg	年龄	增重成分/%和能值/(MJ/kg)				
			水分	粗蛋白质	粗脂肪	粗灰分	能值
肉鸡*	0.038	1 日	74.5	16	5.3	4.2	6.11
	0.3	2 周	69.1	17	10.4	3.5	8.12
	1.315	5 周	67.2	19.1	10.2	3.5	8.29
	1.66	6 周	63.7	20.4	11.9	4	9.08
猪*	15	7 周	70.4	16	9.5	3.7	7.58
	40	11 周	65.7	16.5	14.1	3.5	9.52
	80	18 周	58	15.6	23.2	3.1	12.92
	120	24 周	50.4	14.1	32.7	2.7	16.34
绵羊**	9	1.2 月	57.9	15.3	24.8	2.2	13.9
	34	6.5 月	48	16.3	32.4	3.1	16.49
	59	19.9 月	25.1	15.9	52.8	6.3	20.8
牛**	10	1.3 月	67	19	8.4	—	7.83
	210	10.6 月	59.4	16.5	18.9	—	11.39
	450	32.4 月	55.2	20.9	18.7	—	12.35

引自 Kirchgessner, M. (1987) p. 246, 248.　　** 引自 McDonald, P. (1988)

(四)肌肉组织化学成分含量的变化

肌肉组织的主要成分是蛋白质，也含有少量脂肪。随着年龄的增长，肌肉中水分含量减少，而粗蛋白质和粗脂肪增加。各种动物组织其化学成分含量变化的基本规律类似。表 1-11-2 是 4～28 周龄生长肥育猪肌肉组织化学成分含量的变化情况。

表 1-11-2　不同年龄猪肌肉组织化学成分含量的变化

年龄/周	水分/%	脂/%	蛋白质及其他/%
出生	81.5	1.9	16.6
4	75.7	4.3	19.9
8	76.2	4.7	19.0
16	75.7	3.4	20.9
20	74.4	4.0	21.6
28	71.8	5.6	22.6

引自 Kirchgessner, M. (1987)

三、影响生长的因素

动物的生长速度和生长内容受动物品种(品系)、性别、营养、母体效应、环境等多种因素的影响。

(一)动物

动物品种及性别是影响生长的内在因素。例如猪品种间存在明显差异,不同年代及不同类型猪体脂和瘦肉增长随年龄的变化而变化。现代瘦肉型猪在达到屠宰体重以前,瘦肉的日沉积量都超过脂肪;而20世纪40年代的猪,体重达60 kg左右时,瘦肉的日沉积量开始下降,70 kg左右时,脂肪日沉积超过瘦肉,与目前我国某些地方猪种类似。

品种(大、中、小型)和性别不同的牛,在不同体重情况下其日沉积能量是不同的。随体重增加,各种牛日沉积能量均增加,但小型牛日沉积能量最多,其次为中型牛,大型牛最少;母牛大于阉牛,公牛最少,即瘦肉沉积比例最大。图1-11-4是大、中、小型和不同性别的牛不同体重日沉积能量的差异。对于猪,在同样饲养情况下,幼公猪最瘦,母猪次之,阉猪最肥。肉用家禽性别对胴体品质的影响较小,但雄禽的生长速度大于雌禽,胴体也较瘦。

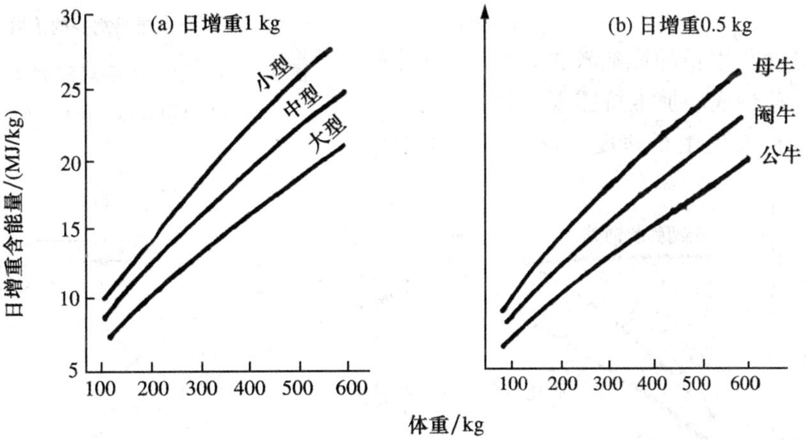

图1-11-4 体型(品种)和性别不同日沉积能量的差异

(二)营养水平

动物的生长速度和增重内容直接受营养因素制约。各种营养物质缺乏对生长的影响在前面有关章节已介绍。营养水平和营养物质间的比例,同样影响生长速度和增重内容。随营养水平的升高,生长速度加快、日增重明显增加、肥育期缩短、脂肪和蛋白质沉积增加,但蛋白质增加幅度比脂肪小。据测定,猪每千克增重耗料以营养水平为维持的3～3.5倍时最少,超过或低于这个水平,每千克增重耗料增加(饲料报酬下降)。营养水平过低,对生长速度、每千克增重耗料、蛋白质沉积都是不利的。营养水平过高,蛋白质沉积的增加很有限,但脂肪沉积增加却较多,使每千克增重耗料增加。图1-11-5为不同营养水平(相当于维持的倍数)对生长肥育猪的日增重、每千克增重耗料、蛋白质和脂肪沉积的影响。

图1-11-6为不同营养水平对青年肥育牛生长速度的影响。全期采用高营养水平(强化饲养)组与84 d后开始强化饲养组相比,肥育时间无明显差异;而在168 d后才开始强化饲养组,肥育期推迟约50 d。表明短期的营养不足可以得到补偿,而长期的营养不足则难以弥补。

饲粮蛋白质、氨基酸与能量的比例不当对生长也会有影响。生长前期，蛋白质、氨基酸比例偏低对生长速度影响较大，动物愈小影响愈严重，尤其是瘦肉型猪。例如，对于20～45 kg体重的猪，当饲粮能量水平分别为维持的2.5倍和3.6倍，赖氨酸水平从0.2%上升到1%时，日增重和胴体蛋白质日沉积量随赖氨酸水平的增加而增加，直到满足最大需要后，才缓慢下降；而能量水平只影响变化的幅度，对变化的规律无明显影响；每千克增重耗料和胴体脂肪沉积的变化规律与日增重和蛋白质沉积相反，受能量的影响也较小。

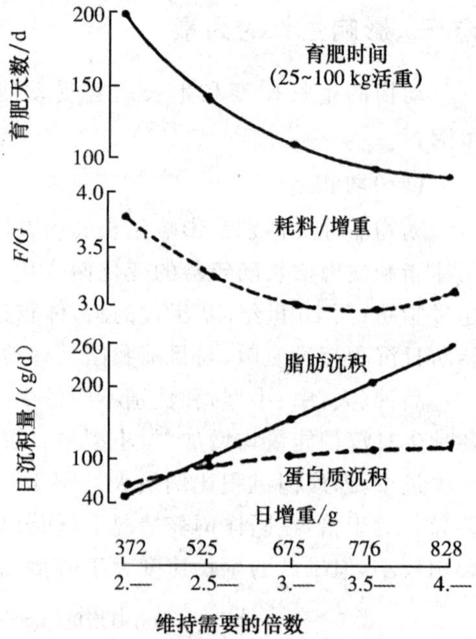

图 1-11-5　营养水平对猪肥育成绩的影响

(引自 Kirchgessner，M，1987)

(三)环境

环境温度、湿度、气流、饲养密度(每个动物占面积和空间)及空气清洁度也影响生长的速度和内容。

1.环境温度

环境温度对动物生长的影响较大，过高或过低都将影响动物的采食量或增加维持需要，最终将降低蛋白质和脂肪的沉积而使生长速度下降。高温对肥育畜禽的影响大，而低温对幼小的畜禽影响大。有资料表明，有效温度比临界温度下限每低1℃，仔猪(10 kg)每天将多耗料5 g；对于50 kg体重猪，有效温度超过临界温度上限1℃，采食量将减少5%，增重降低7.5%。

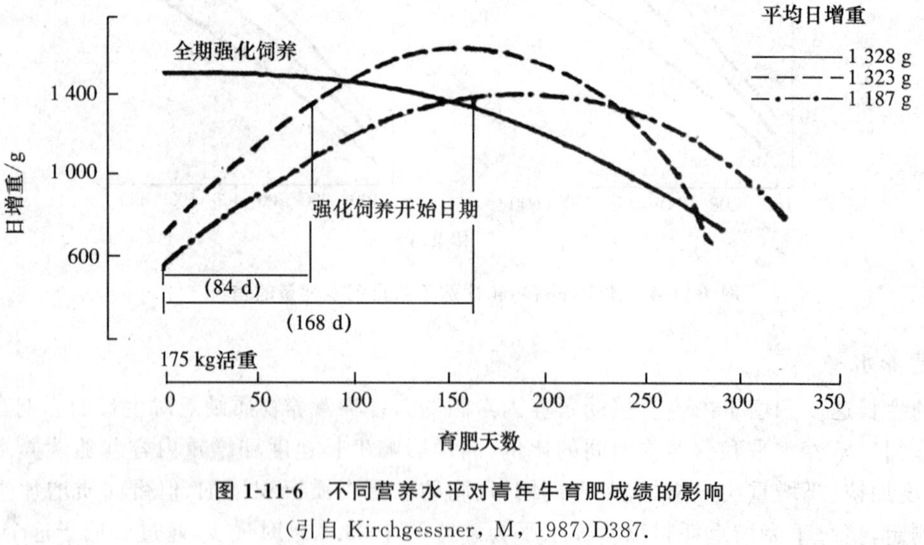

图 1-11-6　不同营养水平对青年牛育肥成绩的影响

(引自 Kirchgessner，M，1987)D387.

2.湿度、气流、密度及空气清洁度

随着集约化饲养业的发展，畜舍的空气湿度、清洁度、流速、每个动物占有面积和空间的大小也成为影响动物生长速度和健康的重要因素。据调查，如果在超过最适面积基础上增加圈养猪头数，每增加一头，采食量可减少 1.2%，日增重下降 0.95%。

(四)母体效应

母体效应主要表现在对初生重及日后生长的影响。动物初生重明显影响出生后的生长速度，这在多胎和头胎动物中表现明显。对于多胎动物，每胎产仔的个数愈多，初生体重愈小。初产母畜产仔的平均个体重也较经产母畜轻。表 1-11-3 是国外高产猪初生重对仔猪死亡率和整个生长肥育期生长速度(日增重)的影响。初生重愈小，死亡率愈高，28 日龄和以后的日增重愈低。初生重与死亡率呈高度负相关，与日增重呈正相关。但国内本地猪的初生重一般在 1 kg 左右是正常的。品种、窝产仔数和母体营养状况均可影响初生重。母畜哺育能力、带仔头数、体况、泌乳力、健康状况均影响出生后幼畜的生长速度。

表 1-11-3　仔猪初生重对死亡率及日后增重速度的影响

初生重/kg	死亡率/%	出生～28 日龄	28 日龄～20 kg	20～100 kg	
				限食	任食
0.4～0.7	100～55	—	—	—	—
0.4～0.8	64	139	362	—	—
0.4～0.9	49	148	323	—	—
0.4～1.0	44	156	368	615	—
0.4～1.1	35	168	373	613	698
0.4～1.2	16	185	395	639	704
0.4～1.3	15	188	405	650	726
0.4～1.4	14	200	412	683	720
0.4～1.5	17	220	415	685	747
0.4～1.6		221	432	716	744
0.4～1.7		245	407	689	—
0.4～1.8	7	240	410	706	—
0.4～1.9		266	453	—	—
0.4～2.0		271	450	—	—

引自 Burgstaller，G.(1985)

第二节　生长肥育的营养需要

动物生长肥育的营养需要量，主要取决于其体重、日增重和增重内容，以及动物对饲粮能量和营养物质的利用效率。按照动物生长发育的规律特点及其影响因素，研究制定生长动物的营养需要时，一般按阶段考虑。我国及世界很多国家的饲养标准对生长肥育畜禽的营养需要量都是按阶段给出的。但目前，营养需要或饲养标准正向动态模型(标准)发展，即分别估计任意时期(体重)及不同生长速度(日增重及瘦肉沉积量)的营养需要。确定需要量的方法有综合法和析因法。综合法只考虑总的需要，而不需分别考虑生长、维持等各部分的需要，析因法则相反。二者相比，析因法更有利于预测动物的需要和建立动态模型。

一、能量需要

生长肥育动物所需能量是用于维持生命、组织器官的生长及机体脂肪和蛋白质的沉积。能量需要主要通过生长实验、平衡实验及屠宰实验，按综合法或析因法的原理确定。各种动物及不同生长阶段的需要量不同，但确定的方法和原理并无差异。

(一)综合法

主要通过生长实验，也常与屠宰实验相结合确定动物对能量的需要。一般采用不同能量水平的饲粮，以最大日增重、最佳饲料利用率和胴体品质时的能量水平作为需要量。后备公母畜的生长前期与肥育动物差异不大，后期一般限食，防止脂肪沉积过多。能量的需要也常与蛋白质的需要结合研究，使之能取得一个适宜的能量蛋白质比例。为保证胴体品质，生长实验也与屠宰实验结合。能量需要可表示为每千克饲料含消化能(DE)、代谢能(ME)或净能(NE)多少，也可是每头每日需要量。根据日采食量，两种表示法可相互换算。需限食的后备种畜，一般给出每日的需要量。我国猪禽和牛的饲养标准，基本上是按照上述方法总结的。在大量实验数据的基础上，也可建立回归公式估计其需要量。

(二)析因法

综合法主要根据生长速度和饲料利用率来估计总的需要，析因法则从维持和剖析增重的内容出发，研究在一定条件下蛋白质和脂肪的沉积规律以及沉积单位重量的脂肪和蛋白质所需的能量，在大量实验数据的基础上，建立回归公式以估计某种动物在一定体重和日增重情况下的脂肪和蛋白质日沉积量。再根据脂肪和蛋白质的沉积量推算出增重净能，加上维持净能，即为所需的总的净能。

二、蛋白质、氨基酸的需要

动物对蛋白质的需要实际上是对氨基酸的需要，粗蛋白质的需要只是一定饲粮条件下为满足氨基酸需要的另一种表示方式，可随饲粮氨基酸可利用性(可消化性)的变化而变化。由于营养学的发展，猪禽已开始采用可消化(可利用)氨基酸体系，反刍动物则多为瘤胃降解与未降解蛋白质体系。因此，确定动物维持加生长(或产奶、产蛋)的净蛋白质和氨基酸需要以及氨基酸模式比确定粗蛋白质需要更重要。

蛋白质的需要可采用综合法，通过生长实验确定；也可用析因法测定维持和生长(蛋白质沉积)蛋白质的需要。动物年龄愈小，肌肉组织相对发育愈早，瘦肉率越高，所需粗蛋白质与氨基酸比例越高。

氨基酸的需要同样用析因法先确定维持和沉积的单个氨基酸的需要。一般是先求得赖氨酸的需要，然后根据维持和沉积的蛋白质的氨基酸模式，推算出各个氨基酸的需要(相当于真可消化氨基酸)，维持加上沉积即为氨基酸的总需要量。一般表示为每日需要量，根据每日采食饲料的量和DE或ME可折算成每千克饲料的百分含量。

三、矿物质元素的需要

对于生长动物，必需的矿物元素都不能缺少。但从缺乏程度、添加量以及饲粮平衡等因素考虑，钙、磷相对于其他矿物元素更为重要。生长动物在肌肉和脂肪增长的同时，骨骼也迅速生长发育。骨骼和牙齿中的钙和磷约占机体矿物质元素总量的70%。生长动物对钙和磷的需要量较大，骨骼的钙化情况表明骨发育的正常与否。对于生长肥育动物，只要求骨骼的发育与最大生长速度相适应，而对于种用和乳用的生长动物，有适宜的钙化速度是必要的。一般认为，能保证骨骼正常生长发育的饲粮钙、磷水平，可作为动物对钙、磷的需要量。

除钙、磷外，常量矿物元素常需考虑的还有镁和钠。其他矿物元素的需要量都较少。其需要一般通过生长和屠宰实验，根据生长效应、组织中的含量及其功能酶的活性进行综合评定。由于微量元素添加量少，价格便宜，中毒剂量一般又超过需要量若干倍，在生产实际中，除饲料中个别含量已超过需要量的元素，一般将饲料中的含量忽略不计。

四、维生素的需要

对于生长动物，维生素的需要主要通过生长实验评定。对于单胃动物和反刍动物脂溶性维生素都必须由饲粮提供，尤其是消化道功能尚未健全的幼龄动物。在有充足的阳光照射情况下，不需饲粮提供即可保证维生素D的需要。成年家畜肠道微生物能合成维生素K。成年反刍动物能合成足够需要的全部水溶性维生素。工厂化养鸡和养猪应特别注意维生素的补充。在有青绿饲料喂养情况下，维生素的添加量可适当降低。对于所有的动物，每公斤饲粮所需的维生素含量随年龄的增长而下降。各种鱼类，维生素的需要量差异较大，不同于其他种类动物。

由于确定维生素需要的标准不同、维生素源效价的不同、饲料加工储存中的损失以及饲养环境条件的差异，各国标准公布的维生素需要量差异较大。为保证畜产品的质量和延长保质时间，增强动物抗应激和免疫的能力，防止饲料的氧化以及考虑到在加工储存中的损失，商业产品的推荐量一般都大于甚至远远超过需要量。因此，在实际生产中与微量元素一样，一般没考虑饲料中原有的维生素含量。

第三节　生长肥育的饲料利用效率

动物对饲料的利用效率，可以剖分为对各种养分，如能量、蛋白质等的利用效率。对于生长肥育动物，饲料能量和蛋白质的利用效率一直是研究的重点。单位增重的耗料多少，即F/G或饲料报酬，常用以表示饲料利用效率的高低。值得注意的是，当饲粮养分浓度和增重内容不相同时，用F/G表示饲料的利用效率就不够准确。

一、营养水平与饲料利用率

营养水平是指动物每天摄入营养物质的多少，常表示为相当于维持需要的倍数。营养水平直接影响饲料的利用率。从图1-11-5和图1-11-6可见，随着营养水平的提高，每千克增重耗料减少（饲料报酬提高），当营养水平高到一定程度，每千克增重饲料消耗开始上升（饲料报酬下降）。对于幼龄生长动物，增重以蛋白质沉积为主，机体水分占的比例也较大（70%左右）；而随着年龄的增长，脂肪的比例明显上升，机体水分含量减少（50%左右）。因此，动物愈小，饲料报酬愈高。动物体重越大和饲养时间愈长，维持占总营养需要的比例愈大，饲料报酬也愈低。所以生长肥育动物，全期都采用充足的饲养，有利于获取最大日增重和最佳饲料报酬。但在生长后期，为避免胴体过肥而适当限食,以降低日增重,减少脂肪沉积。由于每千克脂肪所含能量相当于每千克瘦肉的 5 倍以上,脂肪沉积增加,饲料报酬也就下降。

显然,每千克增重耗料或每千克饲料增重在经济上有其重要的意义,但它不能说明各种营养物质及能量被利用的程度。营养物质及能量的利用效率的高低与每千克饲料增重的多少呈高度正相关,但意义有所不同。主要涉及增重的内容,如增重内容以脂肪为主,能量利用效率不一定低,但每千克饲料增重就比以沉积瘦肉为主少得多。

二、生长肥育的能量利用效率

动物生长肥育过程中对能量的利用,主要用于维持机体的生命活动和体脂、体蛋白质的合成。维持的能量来自体内营养物质氧化分解释放的能量(热),而体脂、体蛋白质的合成却是一个耗能的过程。从理论上推算,机体合成体脂的效率是 65%～95%,合成体蛋白质的效率是 80%～90%。差异主要来自合成的原料。

在实际生产中,饲料营养物质所含能量转化成体脂、体蛋白质的效率却低于理论推算值。究其原因在于机体吸收饲料营养物质转变成体脂、体蛋白质的过程中还要经过一些周折。例如,吸收氨基酸的比例与将合成的体蛋白质氨基酸模式不一致,一些氨基酸(非必需氨基酸)需经过降解和再合成的耗能过程。表 1-11-4 是牛、猪和家禽各种能量(DE、ME、NE)在不同生理状况下的转化效率(利用率)的平均值。猪与禽消化能转化为代谢能的效率几乎相同,高于牛羊。

表 1-11-4　牛、猪、家禽 ME 转化为 NE 的效率(K)

效率	牛	猪	家禽
K_p(蛋白质沉积)	0.72	0.75	0.75
K_m(维持)	0.38	0.56	0.45
K_f(脂肪沉积)	0.60	0.74	0.75
DE 转化为 ME 的效率	0.82(牛羊)	0.96	0.96

三、生长肥育的蛋白质利用效率

对于生长、肥育动物,除蛋白质品质外,年龄、蛋白质的食入量也影响蛋白质的利用效率。与能量的利用类似,随着年龄的增长,相对生长速度下降,用于维持所需的蛋白质比例增大,用于生长肥育的比例减少,利用率也就降低。例如,生长猪从 20～100 kg,NPU 从 55%下降到 40%左右。

随着蛋白质摄入量的增加,蛋白质的利用效率也下降,特别是在食入量较大的情况下。

对于反刍动物,由于瘤胃微生物的作用,对优质的饲料蛋白质,利用率比单胃动物低;对质量差的饲料蛋白质和非蛋白氮(NPN),却能大大提高其利用率。反刍动物蛋白质用于生长肥育的平均效率(NPU)为 40%左右(35%～45%)。但同样随年龄、体重的增加而降低。

肉鸡生长很快,对蛋白质的利用效率较高。用于维持和生长的效率差异不大,平均为 60%左右。

总的来说,蛋白质的利用效率很大程度上取决于蛋白质的品质。相比较而言,生长肥育的蛋白质利用效率比维持和泌乳低,高于妊娠。

复习思考题

1. 怎样理解动物生长肥育的概念？
2. 简述动物的生长发育的规律。
3. 影响动物生长肥育的因素有哪些？
4. 简述确定生长肥育的能量、蛋白质需要的测定方法。
5. 阐述营养水平与饲料利用率的关系。

第十二章 繁殖的营养需要

繁殖是动物种族繁衍的重要生理机能。合理的营养管理对于最大限度提高动物的繁殖成绩十分重要。母畜的繁殖周期可分为配种准备期及配种期、妊娠期和哺乳期三个阶段。每个阶段的生理特点和营养要求均各不相同，但前后关系十分密切。因此，应根据不同阶段的特点，分别供给适宜的营养。

本章简要阐述营养对繁殖周期各阶段影响、繁殖周期中母畜和胎儿的营养生理规律、妊娠母畜的营养需要特点以及公畜的营养需要特点。

第一节　营养对动物繁殖的影响

动物的生产水平和效益与动物的繁殖性能密切相关，很多繁殖障碍可由营养引起。营养不仅影响动物在一个繁殖周期不同阶段的性能，而且也影响随后的繁殖周期乃至终生繁殖性能。

一、营养对初情的影响

动物初情期主要与动物种类、品种有关。营养状况可使动物初情期提前或推迟。一般说来，同一品种的动物生长愈快，初情期就愈早。

影响猪初情期的主要因素是年龄、品种。初情期年龄一般为 5～6 月龄，地方猪种的初情年龄早于外种猪，杂交猪早于纯种猪。营养水平对初情年龄也有影响。营养水平过低或过高均会推迟小母猪的初情年龄。牛、羊等反刍动物的初情期主要取决于体重或体格大小，与年龄关系较小。一般而言，牛、羊体重分别达到成年体重的 35%～70%(6～8 月龄)和 60%左右(5～10 月龄)开始发情。营养不足，则生长缓慢，初情期推迟，初情体重也不可能达到正常营养水平时的体重。适度提高营养水平使初情期提前。

二、营养对排卵的影响

营养水平可以影响促性腺激素的分泌，进而影响母畜的排卵数。母猪在配种前或在发情周期内，提高能量水平可增加排卵数。小母猪在后备期和发情期提高能量水平也能增加排卵数。据文献综述，后备期 ME 摄入量从每头每天 16.8 MJ 提高到 26.3 MJ 时，排卵数则从 12.9 枚提高到 14 枚；发情期 ME 摄入量从每头每天 15.9 MJ 提高到 28.4 MJ 时，排卵数从 12.4 枚提高到 13.8 枚。

根据上述规律，生产上常常为配种前的母猪提供较高能量水平(一般在维持能量需要基础上提高 30%～100%)的饲粮以促进排卵，这种方法称为“短期优饲”或“催情补饲”。短期优饲的效果与母猪的体况和优饲时间有关。优饲开始时间以配种前 10～14 d 为宜，此时开始优饲能提高血浆雌激素的水平，促进排卵的效果最好。短期优饲对体况较差、产仔数高、泌乳力强和在哺乳期失重严重的母猪效果更好。

在母绵羊体重下降到最低体重前，或在繁殖季节开始前2～3周起，用高能高蛋白质优饲，可使排卵数和产羔数增加，产羔率(100只母羊所产的羔羊数)可提高10%～20%。母牛每次只排一个卵，因而不必进行催情补饲。但对奶牛和肉用母牛，从泌乳70 d起提高营养水平可保证下一繁殖周期顺利配种受孕。

三、营养对受胎率和胚胎成活率的影响

母猪受精率在95%左右，牛可达100%。然而，部分胚胎可因各种不良因素的影响而在中途死亡。母体的营养条件，特别是能量摄入水平是引起胚胎死亡的重要因素之一。

初产母猪在后备期和发情周期内，给予高水平营养会提高胚胎死亡率。由于高能水平可增加排卵数，但胚胎死亡率升高，因此，成活的胚胎数不一定改变。妊娠前期(0～30 d)供给高能水平会降低胚胎成活率。据报道，供给高能(ME 38.12 MJ/d)饲粮时，配种后25～43 d胚胎成活率为67%～74%，而低能(ME 20.92 MJ/d)饲粮的成活率为77%～80%。饲粮蛋白质水平对胚胎成活率影响不大，但微量养分，特别是维生素A、维生素E、叶酸和铁、碘、锌等微量元素的严重缺乏会提高胚胎死亡率。母牛长期或短期营养不足，会影响受精率和胚胎的成活。母牛体况既是决定发情，也是决定受精妊娠的因素。极瘦母牛空怀率高达77%，而体况良好的母牛空怀率仅为5%。

配种期能量水平对母羊的受胎率和胚胎成活率的影响，虽迄今尚无定论，但当母羊获得能维持其体重不变的营养物质时，其产羔数高于失重的母羊。

四、营养对胎儿生长发育的影响

妊娠后期，胎儿生长发育很快，此期母畜的营养水平明显影响胎儿的生长和初生重，但对多胎动物的产仔数没有影响。提高母猪妊娠后期的能量摄入量，可使仔猪初生重和成活率增加，但当DE摄入量超过25.1 MJ时，初生重不再增加。妊娠后期饲粮中添加脂肪，使母猪至分娩时食入的脂肪总量达1 kg，则仔猪的成活率可提高17%。蛋白质水平对仔猪初生重影响较小，只有当蛋白质严重不足时，初生重才会下降。

青年母牛妊娠最后5个月内的营养水平，对胎儿发育及犊牛断奶时体重有影响。母羊在妊娠后期若营养严重不足，不仅会影响羔羊初生重和生活力，还会影响胎儿次级毛囊的成熟，这种影响对怀双羔的羊更明显。

五、营养对产后发情间隔的影响

母畜产后或断奶后至下次发情的间隔时间和发情期受胎率是影响母畜繁殖性能的重要因素，缩短发情间隔，提高受胎率有利于提高母畜的繁殖成绩。

动物分娩时的体况和哺乳期营养是影响发情间隔的关键因素。提高哺乳期能量蛋白水平可缩短发情间隔。用初产北京黑猪实验表明，日喂DE 49 MJ的猪发情正常(间隔7.3 d)，喂43 MJ的猪发情推迟(间隔22.5 d)，喂40 MJ的间隔更长(27 d)。哺乳期饲粮蛋白质、赖氨酸水平与断奶后的配种间隔时间关系密切。对初产母猪，提高蛋白质赖氨酸水平对缩短间隔时间效果十分明显。

母牛在营养良好的情况下，一般在产后40～45 d发情。营养不良可使发情时间推迟到产后60～100 d。如果产后85 d尚未配种受胎，则母牛就不能实现一年一胎。

六、营养对中长期繁殖性能的影响

母畜繁殖周期中营养状况不仅影响现期繁殖成绩，也会影响后期甚至一生的繁殖成绩，但关于营养对中长期繁殖性能影响的研究，资料不多。母畜过度饲养，体况过肥是繁殖障碍的常见原因；母畜长期严重营养不良，可导致“母畜瘦弱综合征”。两种情况均将提高母畜的淘汰率。

用 4 种能量水平(ME，12.55 MJ/d、18.83 MJ/d、25.10 MJ/d 和 31.38 MJ/d)饲喂母猪，连续 3 胎。结果发现，到第二、三胎时，高能组母猪的淘汰率最大。长期蛋白质营养不良也会增加母猪的淘汰率。

为有利于长期繁殖性能的提高，母畜应维持适度低的营养水平。

第二节　繁殖周期中母畜及胎儿的营养生理规律

繁殖周期中母畜的营养与胚胎发育、幼畜初生重、生活力及出生后的生长密切相关。因此，根据母体和胎儿的营养生理规律给予合理营养，是提高母畜繁殖成绩的重要保证。

一、母体的营养生理规律

(一)母畜体重的变化规律

繁殖周期中母畜体重变化的基本规律是妊娠期增重和哺乳期失重，但从配种到断奶，母畜体重有净增加，母畜体重随胎次的增加而增加。母猪在繁殖周期中的体重变化程度受营养水平的影响。表 1-12-1 表明妊娠期营养水平对母猪体重的影响：在高营养水平下，增重与失重表现明显，妊娠期增重越多，哺乳期失重就越多，其净增重较低；低营养水平下，增重和失重均较小，而净增重较高。其他动物也符合此规律。

表 1-12-1　母猪妊娠期营养水平对体重的影响　　kg

营养水平	配种体重	产后体重	妊娠期增重	断奶体重	哺乳期失重	净增重
高	230.2	284.1	53.0	235.8	48.3	5.6
低	229.7	249.8	20.1	242.2	7.4	12.7

引自宋育(1995)

(二)母体增重内容

妊娠期间母体的增重由两部分组成。

1. 子宫及其内容物的增长

随胎儿的生长发育子宫也在增长。孕畜子宫的黏膜和浆液膜均发生变化，肌纤维加大，肌肉层急剧增长，结缔组织和血管扩大，结果使胎衣和胎水迅速增长。妊娠期间，母猪子宫及其内容物增长情况如表 1-12-2 所示。

随着妊娠期的增进，母畜子宫、乳腺和胎儿内沉积的营养物质也随之增加。妊娠期间，约有 50%的蛋白质和 50%以上的能量是在最后 1/4 时期沉积的。钙磷的沉积率亦以末期最高。

2. 母体本身营养物质的沉积

妊娠期间，母体具有较强的储存营养物质的能力，其储存部分一般为胎儿的 1.5～2 倍，高的可达 4 倍。这种储存对分娩后母畜的营养有重要意义。母体增重以前期为主，至妊娠中、后期，由于胎儿发育超过母体增重，此时母体能量和营养物质的沉积量显著下降。

表 1-12-2　母猪妊娠期间子宫、胎衣和胎水的重量

妊娠天数/d	子宫		胎衣		胎水	
	重量/g	与 47 d 比/%	重量/g	与 47 d 比/%	重量/g	与 47 d 比/%
47	1 300	100	500	100	1 350	100
63	2 450	189	2 100	263	5 050	374
81	2 600	200	2 550	319	5 650	419
96	3 441	265	2 500	313	2 250	207
108	3 770	290	2 500	313	1 890	140

引自宋育(1995)

(三)孕期合成代谢

妊娠母猪喂以与空怀母猪相等水平的饲粮时，妊娠母猪除能保证其胎儿和乳腺组织增长外，母体本身的增重高于空怀母猪。这表明，在同等营养水平下，妊娠母猪比空怀母猪具有更强的沉积营养物质的能力，这种现象称为“孕期合成代谢”。事实上，妊娠促进母体增重是生物的一种适应性，其他哺乳动物也可能存在“孕期合成代谢”现象。

母畜“孕期合成代谢”的强度随营养水平不同而异，低营养水平时的合成强度高于高营养水平。

二、胎儿发育的生理规律

(一)胎重、胎高和胎长的增长

胎重的增长特点是前期慢，后期快，最后更快。胎重的 2/3 是在妊娠最后 1/4 期内增长的。胎高、胎长的增长特点是前期、中期较快(图 1-12-1)。

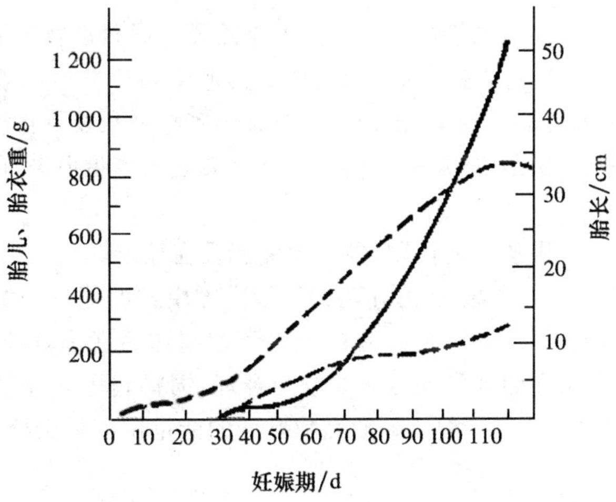

图 1-12-1　妊娠期间猪胎长胎重和胎衣的增长

母牛、母羊的胎儿增重在妊娠最后两个月内最迅速。妊娠后期，绵羊胎儿的增重占初生重的

80%～90%。因此应注意此时期的营养,尤应注意怀双胎或多胎母羊的营养。

(二)胎儿体化学成分的变化

随着胎龄的增加,胎体化学成分亦不断变化。水分含量逐渐减少,蛋白质、能量和矿物质则逐渐增加。在胎体成分中,约有一半的蛋白质和一半以上的能量、钙、磷是在妊娠的最后1/4时期内增长的。表1-12-3为不同胎龄时胎儿化学成分的变化。

表1-12-3 不同胎龄时猪胎儿的化学成分 %

胎龄/d	水分	鲜重			干重		
		脂肪	蛋白质	灰分	脂肪	蛋白质	灰分
30	94.7	0.5	3.6	0.9	9.4	67.9	16.9
60	89.5	0.9	6.2	1.7	8.5	59.0	18.0
100	85.3	1.3	9.1	3.1	8.8	61.9	21.0
107	83.6	1.4	9.7	3.2	8.5	59.1	19.5

引自 杨凤(1993)

第三节 繁殖母畜的营养需要

繁殖周期中母畜的营养与幼畜初生重、生活力及出生后的生长发育有关。因此,根据繁殖母畜的营养需要,给予合理营养是提高母畜繁殖率的重要保证。

一、能量需要

繁殖母畜的能量需要因繁殖阶段的不同而异,妊娠期、哺乳期和空怀期的能量需要存在明显差异。

妊娠母猪的能量需要按析因法确定,包括母猪维持需要、母体增重需要和妊娠产物需要三大部分。即:

总需要=维持需要+母体增重需要+妊娠产物需要

妊娠母猪的能量需要因体重、妊娠期目标增重及其他管理和环境因素而异。合理供给妊娠母猪的能量非常重要,即在维持的基础上,根据子宫及其内容物增长及母体代谢来确定适宜的能量水平。如对妊娠母猪控制能量供给,尽量减少哺乳期母猪失重和体脂损失,可使母猪在下一次妊娠期很快恢复体重。

妊娠期沉积的能量虽可供哺乳期使用,但体内储能及在储能转化利用过程中需消耗大量能量,极不经济。低妊娠-高泌乳和高妊娠-低泌乳两种能量供给模式的能量和饲料利用效率的比较研究表明,两种模式的能量总消耗量相等,但前者的能量利用率比后者高39%。母猪在整个繁殖周期中的能量供给以妊娠期占1/3和哺乳期占2/3较为合理,饲料利用率较妊娠期和哺乳期的能量各占1/2时高8%左右。因此,合理分配妊娠期和哺乳期的能量供给量十分重要。

二、蛋白质的需要

妊娠母畜对蛋白质的需要,受维持需要和母体及胎儿蛋白质沉积的影响,因受较大的"缓冲"调节能力和"孕期合成代谢"强度的影响,因此很难精确测出。但是,为获得良好的繁殖性能,必须给予一定数量的蛋白质,同时需要考虑品质,因为,蛋白质的数量和质量与繁殖性能指数明显相关。

总需要＝维持需要＋母体增重需要＋妊娠产物增重需要

因瘤胃微生物的作用,妊娠母牛(包括绵羊)对蛋白质的品质要求一般不高。其对蛋白质的需要,包括瘤胃降解蛋白质和非降解蛋白质两部分需要。这两部分蛋白质的供给不足,均会影响纤维的消化,甚至精料的消化。母牛采食量降低,最终导致生产性能降低;若供给过量,就会造成蛋白质的浪费。目前,认为应尽量满足奶牛(实际是瘤胃微生物)对瘤胃降解蛋白质的需要,若供给足够的能量可促进对瘤胃降解蛋白质的需要量。

三、矿物质的需要

妊娠母畜钙的需要是随胎儿生长而增加,饲粮缺钙时,引起胎儿发育阻滞甚至死亡;饲粮缺磷也是母畜不孕和流产的原因之一;钠和氯缺乏,仔猪初生重和断奶重会下降;母畜缺锰导致发情异常,受胎率降低;铜对受精、胎儿发育和产后仔畜的健壮生长均是必需的。牛、羊缺铜可造成不发情或胚胎早期死亡。妊娠母畜补碘、锌、硒、钴和铬,均可使受胎率提高。

四、维生素需要

研究表明,母猪血浆维生素 A 水平升高,有利于胚胎存活,母体内维生素 A 极度不足时,受精卵的继续发育受阻;叶酸可有利于提高胚胎成活率;胆碱可增加猪窝产仔数和断奶仔猪数,改善母猪受胎率;满足母猪最大需要量的维生素 D、维生素 E、泛酸、维生素 B_2、维生素 B_6时可达到最佳繁殖性能。

第四节 繁殖公畜的营养需要

公畜的繁殖机能主要是生成精子,并达到使母畜卵子受精的目的。所以,饲养公畜的要求是,保持健壮的体况、旺盛的性欲和配种能力,产出正常的精子。要达到上述目的,就应根据公畜种用体况、正常的配种或采精任务给予合理的营养。

一、能量的需要

后备期公畜能量供给不足时,会导致睾丸和附属性器官发育不正常,推迟性成熟;然而过高的能量水平亦会降低后备公畜的性活动。能量对成年公畜的繁殖性能亦同样重要,能量不足可导致性器官机能降低和性欲减退;增加能量后可使公畜性机能恢复正常;但能量过高会使公畜体况偏肥,性机能减弱,如偏肥的公猪腿病发病率增高。

二、蛋白质的需要

蛋白质对幼年公畜的培育和成年公畜的繁殖性能很重要。根据实验,每生产 1 亿精子需要 1 g 蛋白质。饲粮中蛋白质不足,会影响精子形成和减少射精量,青年公牛特别敏感,易引起睾丸发育不良和出现无精子等症状;饲粮中蛋白质过多,不利于精液品质的提高,如用高蛋白质水平饲喂的内江后备公猪,精子活力、精液浓度均比低蛋白质水平组低,精子畸形率比低蛋白质水平组高。

种公猪对蛋白质的需要实质上是对必需氨基酸的需要,种公猪对必需氨基酸的需要基本与妊娠母猪相同。

三、矿物质的需要

钙离子能刺激细胞的糖酵解过程，提供精子活动所必需的能量，从而加强精子活动，尤其是鞭毛活动。钙离子还能促进精子和卵子的融合以及精子穿入卵细胞透明带。然而，钙离子浓度过高会影响精子活动。磷对精液品质亦有很大影响。后备公猪饲粮含钙 0.90%，成年公猪饲粮含 0.75% 可满足繁殖需要，钙磷比要求 1.25:1。种公牛饲粮含 0.4%钙即可满足需要，钙磷比以 1.33:1 为宜。

公猪、公牛的睾丸、附睾、前列腺及精囊腺均与硒有亲和力，而且附睾各部分的硒含量与精子密度呈显著正相关。此外，公畜精液成分内还含有钠、钾、镁、氯、锰、锌等矿物元素，应注意供给。

四、维生素的需要

维生素 A 缺乏时可引起睾丸萎缩、生精过程停止。补饲维生素 A 和胡萝卜素，可使生殖上皮、精液生成和正常性活动得到恢复。根据研究，公猪睾丸生殖细胞具有聚集维生素 A 的作用。公猪按每千克体重添加 250～1000 IU 维生素 A，可提高受精率。

复习思考题

1. 解释孕期合成代谢、短期优饲的概念。
2. 简述营养对动物繁殖周期各阶段的影响。
3. 简述繁殖周期中母畜及胎儿的营养生理规律。
4. 简述妊娠母猪能量需要的特点。
5. 如何合理供给繁殖公畜营养？

第十三章　泌乳的营养需要

泌乳是哺乳动物的重要生理机能,为哺育幼畜,繁衍种族所必需。现代乳用家畜特别是乳牛,经过长期选育和精心饲养,其产奶量已远远超过哺育幼畜的需要。高产奶牛或奶山羊一年的产奶量,按干物质计算,相当于自身体重的4～5倍,高者可达7～8倍。因此,成年哺乳动物泌乳活动的代谢强度和所产生的营养应激比其他生产活动都高。营养对泌乳至关重要。营养不良时,轻者将导致产奶量下降,体重损失,重者将影响胚胎发育和后期生产性能。

本章以奶牛为重点,阐述泌乳规律、营养对泌乳的影响及泌乳的营养需要。

第一节　乳的成分及影响因素

一、各种动物乳的成分

乳是一种由一系列不同种类的化学分子构成的极其复杂的生物液态物,主要由水、无机元素、含氮物质、乳糖、脂类、酶和维生素等组成。各种动物乳成分含量差异较大。兔乳的水分含量最低,干物质中蛋白质、脂肪、灰分含量高,能值最高,而乳糖含量最低。水牛乳与兔乳相近。驴乳水分含量最高,脂肪、蛋白质、灰分和能值最少,而乳糖却最高。

(一)脂肪

乳脂肪呈球状,是含有4～8个碳原子的饱和脂肪酸和以油酸为主的不饱和脂肪酸构成的甘油三酯的混合物。其中甘油三酯占99%,其余的1%大部分是磷脂(卵磷脂、脑磷脂及神经磷脂)和微量的胆固醇及其他脂类。乳脂中也含有少量不饱和程度更高的亚油酸和亚麻酸。

(二)蛋白质

乳的含氮中,95%为真蛋白质,其余5%是非蛋白含氮化合物,其中有尿素、氨、氨基酸、尿酸、肌酸和肌酐等。乳蛋白主要由酪蛋白和乳清蛋白组成。

(三)乳糖

大多数哺乳动物乳中的主要碳水化合物是乳糖,全部溶解在乳清中。它是乳腺合成的特有的化合物,即在动物的其他器官中没有这种糖。乳糖在所有动物乳中的含量都很高,是维持渗透压的主要成分。乳中还有其他单糖和多糖。

(四)无机盐

乳中矿物质约占0.75%。除常量元素外,存在于乳中的微量元素有25种。乳中的无机盐包括钾、钠、钙、镁的磷酸盐、氯化物和柠檬酸盐,还有微量的碳酸氢盐。乳中矿物质主要来自于血液。

(五)维生素

乳中含有动物体所需要的各种维生素。脂溶性维生素A、维生素D、维生素E和维生素K都和脂肪球在一起。乳中维生素 A 和 β-胡萝卜素含量丰富，维生素 C、维生素 D 含量很少，维生素 E、维生素 K 含量甚微。B 族维生素的含量变异很大，主要受饲料含量的影响。

二、影响乳成分含量的因素

动物种类不同，其乳成分含量存在明显差异。同种动物的乳成分受若干营养和非营养因素的影响，后者包括动物品种、泌乳期、胎次、环境及管理。乳的各种成分中，以乳脂含量变化最大。

(一)不同品种乳牛的乳成分含量

乳牛品种不同，乳的品质就不同。一般而言，产奶量越高，乳的品质就越差。品种内不同品系间的乳成分含量也存在较大差异。

(二)同一泌乳周期不同泌乳阶段的乳成分含量

母畜分娩后，最初几天分泌的乳汁称初乳，约 5 d 后转化为常乳。初乳与常乳的成分含量差异较大。除乳糖外，初乳中的各种成分含量均高于常乳，最明显的是免疫球蛋白。在初乳中含量高达 5.5%～6.8%，占乳蛋白总量的 38%～48%，而常乳中只有 0.09%，占总蛋白的 2.7%。初乳中的维生素含量也明显高于常乳。

同一泌乳期内，牛乳成分含量的变化规律一般是分娩后的前 2 周非脂固形物和乳脂含量高，2 周后逐渐下降，6～10 周时降到最低，以后又逐渐上升。乳蛋白在泌乳初期和后期较高。乳糖在第 40～50 天时升至最高，以后缓慢下降。

(三)不同胎次(年龄)乳牛的乳成分含量

乳牛幼龄时乳脂率较高，以后随年龄增长渐减。非脂固形物也随年龄增加而下降(蛋白质下降很少，主要是乳糖下降)，见表 1-13-1。

表 1-13-1　乳牛不同胎次乳成分含量的变化 %

胎次	脂肪	非脂固形物	蛋白质	乳糖
1	4.11	9.01	3.36	4.72
2	4.06	8.92	3.35	4.62
3	4.03	8.82	3.28	4.59
4	4.02	8.84	3.30	4.57
5	3.90	8.72	3.26	4.53
6	3.91	8.74	3.30	4.48
7	3.94	8.76	3.25	4.48
8	3.82	8.65	3.23	4.44
9	4.03	8.70	3.27	4.48
10	3.83	8.66	3.25	4.46
11	3.77	8.61	3.16	4.46

引自 McDonald(1988)

(四)营养对乳成分含量的影响

营养不仅影响产奶量，而且对乳成分含量也有明显影响。详见本章第四节。

三、标准乳

牛乳的成分含量因各种因素的影响存在很大差异。其中，变化最大的成分是乳脂，其余成分均随乳脂的变化而变化。通常将乳脂含量为4%的乳称为标准乳。为了比较不同状态下的乳的质量和计算不同条件下产乳的营养需要，通常将不同乳脂含量的乳校正到含乳脂4%的标准状态，校正后含乳脂4%的奶叫乳脂校正乳(FCM)。校正公式如下：

$$\text{FCM} = 0.4M + 15F$$

式中：FCM为乳脂校正乳的重量(kg)；M为非标准乳的重量(kg)；F为非标准乳的含脂量(kg)。

例：1kg含乳脂3.6%、非脂固形物8.6%的乳按上式折算，等于0.94 kg标准奶。

$$\text{FCM(kg)} = 0.4 \times 1 + 15 \times 0.036 \times 1 = 0.94$$

当乳脂率低于2.5%时，上式校正不够准确。此时可根据乳脂(F)及非脂固形物(SNF，kg)含量折算成固形物校正乳(SCM，亦即含乳脂4%、非脂固形物8.9%的乳，kg)。计算公式如下：

$$\text{SCM (kg)} = 12.3 \times F + 6.56 \times \text{SNF} - 0.0752 \times M$$

例：1 kg含乳脂3.6%、非脂固形物8.6%的乳，按公式折算，等于0.93 kg固形物校正乳。

$$\text{SCM(kg)} = 12.3 \times 0.036 \times 1 + 6.56 \times 0.086 \times 1 - 0.0752 \times 1 = 0.93$$

固形物校正乳与标准乳的有机成分含量和能值基本相等。1 kg标准乳含脂肪40 g，蛋白质34 g，碳水化合物47 g，热值3 138 kJ。

第二节　乳的形成

乳中的成分主要是在乳腺腺泡和细小乳导管的分泌上皮细胞内利用简单前体物合成的。这些前体物包括葡萄糖、乙酸、β-羟丁酸、氨基酸和脂肪酸等，均直接或间接来自血液。泌乳期间乳腺的代谢非常活跃，乳腺中的血流速度很快，高产牛每分钟约20 L血液流经乳腺。生产1 L奶，需要约500 L血液通过乳腺。

一、乳脂的形成

(一)乳脂中脂肪酸的来源

乳脂的主要成分是甘油三酯，其脂肪酸的来源有两个方面：即直接来自血液和在乳腺上皮细胞内合成。

(1)脂肪酸的合成　乳腺合成脂肪酸的碳源随动物种类不同而异。反刍动物的主要碳源是乙酸(瘤胃中40%～70%的乙酸被乳腺利用合成乳脂)和β-羟丁酸(乳腺中60%的脂肪酸来自β-羟丁酸)，非反刍动物则主要是葡萄糖。

(2)来自血液的脂肪酸　反刍动物乳脂中近一半的十六碳脂肪酸(如软脂肪)和全部更长碳链的脂肪酸是来自血液的。这些脂肪酸按重量计算约占乳脂中脂肪酸的60%。

(二)甘油的来源

形成乳脂的甘油主要来自葡萄糖的酵解作用，而葡萄糖则是乳腺细胞从血液吸收的。

(三)乳脂的生成

在乳腺细胞中，脂酰 CoA 和 α-磷酸甘油反应合成甘油三酯。

二、乳糖的合成

乳糖分子中的半乳糖和葡萄糖两部分都来自血液葡萄糖。由葡萄糖生成乳糖的反应如下：

$$\text{葡萄糖} + \text{ATP} \xrightarrow{\text{己糖激酶}} \text{葡萄糖-6-磷酸} + \text{ADP}$$

$$\text{葡萄糖-6-磷酸} \xrightarrow{\text{葡萄糖磷酸变位酶}} \text{葡萄糖-1-磷酸(G-1-P)}$$

$$\text{G-1-P} + \text{UTP} \xrightarrow{\text{UDP-葡萄糖焦磷酸化酶}} \text{UDP}-\text{葡萄糖} + \text{PP}$$

$$\text{UDP-葡萄糖} \xrightarrow{\text{UDP-半乳糖-4-差向酶}} \text{UDP-半乳糖}$$

$$\text{UDP-半乳糖} + \text{葡萄糖} \xrightarrow{\text{乳糖合成酶}} \text{乳糖} + \text{UDP}$$

三、乳蛋白的合成

乳中的蛋白质按其来源可分为两类：一类是乳腺中特有的蛋白质，在乳腺腺泡上皮细胞中合成，其中包括酪蛋白、β-乳球蛋白、α-乳清蛋白；另一类是来自血液中的蛋白质，主要有免疫球蛋白和血清清蛋白。

(一)乳腺中合成的蛋白质

乳腺是一个很活泼的合成蛋白质的场所。90%以上的乳蛋白是在乳腺中利用氨基酸合成的，其合成过程与其他组织合成蛋白质的过程相同。合成蛋白质的必需氨基酸全部来自血液，部分非必需氨基酸可在乳腺中利用葡萄糖、乙酸、必需氨基酸来合成。其中，精氨酸和鸟氨酸是乳腺合成其他氨基酸最主要的氮源。合成蛋白质所需的能量主要从乳腺中葡萄糖氧化所产生的 ATP 获得，合成 1 L 奶中的蛋白质(30 g)，需 7 g 葡萄糖氧化供能。

(二)乳中的血液蛋白质

牛乳中 5%～10%的乳蛋白质来自血液。一种是血清清蛋白，存在于牛乳乳清中，与血液中的血清蛋白完全相同。另一种是免疫球蛋白，初乳中的免疫球蛋白大部分来自血液。免疫球蛋白包括 IgG、IgM 和 IgA 三种成分，分别占免疫球蛋白总量的 85%～90%、10%和 5%左右。

四、乳中的维生素和矿物元素

乳腺不能合成维生素，乳中的维生素和矿物元素都来自于血液。但乳腺吸收矿物元素具有很大的选择性。乳腺能够阻止硒、氟等元素的进入。铁、铜虽可进入乳腺，但提高母畜铁、铜供给量并不能增加乳中的含量。

第三节　泌乳的营养需要

泌乳动物的营养需要，通常按析因法确定，分为维持需要和生产需要。泌乳动物的种类、生理阶段和生产目的不同，对营养物质的需要量也不同。这里主要讲述泌乳母牛的营养需要。

一、能量需要

奶牛饲养标准中，各国采用的能量体系不尽相同，但目前总的趋势是采用净能体系。对于奶牛不仅产奶而且维持和增重的能量需要均以产奶净能表示。在确定奶牛的产奶净能需要过程中，除测定奶(动物产品)中所含净能值外，最重要的是准确评定饲料的产奶净能价值，或者准确测定饲料消化能或代谢能用于泌乳的转化效率。

奶牛的营养需要大多通过析因法确定，亦即分别研究维持和生产需要。奶牛在泌乳期的不同阶段所处的生产状态不同，除了产奶以外，还包括体重的增减和妊娠。因此，奶牛的能量需要是维持、产奶、增重或失重、妊娠等多项需要之和。

泌乳母牛每日产奶净能的总需要量理论上为上述四项之和，实际生产中应根据泌乳阶段作简化处理。泌乳早期，奶牛一般失重，此时需要量为第 1、第 2 项之和减去第 3 项。泌乳中期，一般只计算第 1、第 2 项需要。泌乳后期，奶牛一般已进入干奶期，此时母体增重明显，胚胎迅速发育，能量需要以维持、母体增重和妊娠需要为主。

二、蛋白质需要

奶牛的蛋白质需要，在各国饲养标准中皆以粗蛋白和可消化粗蛋白表示。蛋白质需要计算方法与能量需要相同，包括维持、产奶和增重三个方面的需要。

随着蛋白质研究的进展，世界一些国家(英、美、法等国)相继提出了新的蛋白体系。我国也已开始对反刍动物饲料蛋白质的瘤胃降解进行研究，并提出了新蛋白体系的建议。因此，反刍动物的蛋白质需要，实质上是由饲料中非降解蛋白和瘤胃微生物蛋白提供的，而降解蛋白又是合成瘤胃微生物体的原料。所以一些国家的乳牛饲养标准中的蛋白质需要列出了非降解蛋白和降解蛋白的需要量。

各种动物乳中不仅含蛋白质的量多，而且品质较优，富含各种必需氨基酸且配比适宜。为保证泌乳动物的产奶量和奶的品质，不仅要供给适宜数量的蛋白质，而且应注意各种氨基酸的供给。对反刍动物，一般情况下 EAA 的 40%来自瘤胃微生物蛋白，60%来自饲料，这足以满足维持和中等生产水平的奶牛对 EAA 的需要量。但对于高产奶牛，则不能满足产奶需要，需额外补充 EAA 或提高饲粮中非降解优质蛋白质的比例。一般来说，日产奶量在 15 kg 以上时，蛋氨酸和亮氨酸可能是饲料的限制性氨基酸；日产奶量达 30 kg 时，蛋氨酸、亮氨酸、赖氨酸、组氨酸、苏氨酸将成为限制性氨基酸。

三、矿物质需要

乳中含总灰分 0.4%～1%，灰分中含有各种常量和微量矿物元素，灰分在乳中较稳定。泌乳期中母牛从乳中分泌出大量矿物质，一头产奶 3 000 kg 的奶牛，从乳中分泌出矿物质 21 kg 左右。

泌乳母牛对钙和磷的需要量，是根据维持所需加乳中含量和动物对食入钙磷的吸收、利用效率确定的。高产奶牛在泌乳初期到高峰期往往会出现钙磷的负平衡，即使供给丰富的钙磷仍然改变不了这种现象。随着泌乳量的渐减，钙磷平衡逐渐恢复，到后期，钙磷储积逐渐增加。当出现钙、磷负平衡时，母牛就动用体内海绵状骨组织中的钙磷储存。如果负平衡持续时间过长，就会动用致密骨组织中的钙磷，从而导致骨质疏松症和产后瘫痪。根据泌乳母畜在泌乳后期体内钙磷储存能力增加的生理规律，除在泌乳期充分供给钙磷外，应特别注意在泌乳后期和干奶期供给高于产奶及胎儿所需要的钙磷量，以弥补前期的损耗和增加骨组织的储存。

母畜从乳中分泌出较多的钠和氯，必须注意对泌乳母畜食盐的供给。食盐不足产奶量和体重下降。产奶牛的食盐供给量可按钠占饲料干物质的 0.18%或氯化钠占饲料干物质的 0.45%计，一般是在混合精料中配入 0.5%～1.0%的食盐。

其他矿物质元素如镁、硫、铁、铜、钴、碘、锌、锰、硒等对奶牛也很重要，需进行适当的补充。

四、维生素需要

为保证泌乳动物生产力的充分发挥和正常健康，需要各种维生素。奶牛瘤胃内微生物可以合成维生素 B 族、维生素 C 和维生素 K。体内不能合成维生素 A、维生素 D 和维生素 E。因此，奶牛的维生素需要主要是维生素 A、维生素 D 和维生素 E 三种。

五、干物质和水的需要

奶牛饲料干物质的进食量和体重、产奶量及饲料类型有关。

奶牛每天从产品（奶）和排泄物（粪、尿）中排出大量水，必须充分供给饮水。饮水量和产奶量、气温、干物质及食盐进食量密切相关。

第四节　营养对泌乳的影响

一、营养水平

产奶量和产奶效率不仅受现期营养水平的影响，也受前期营养水平的影响。用三种饲粮饲喂生长期乳牛，三种饲粮的营养水平分别为：饲养标准规定的营养水平（100）、低于规定水平（62）和高于规定水平（146）。实验结果如表 1-13-2 所示。低营养水平虽然延迟产犊年龄，但产奶量逐胎上升，产奶效率也高，甚至高于高营养水平组。许多研究还表明：乳牛生长期采用高能饲料，造成乳房脂肪沉积过多，影响分泌组织增生，导致以后产奶量低、生产年限短、产奶效率低。

表 1-13-2　乳牛生长期营养水平对产奶的影响　kg

胎次	营养水平					
	62		100		146	
	标准奶	产奶效率	标准奶	产奶效率	标准奶	产奶效率
第一胎	4 010	53	4 120	50	4 185	48
第二胎	4 672	53	4 767	53	4 424	47
第三胎	4 981	53	5 088	55	4 882	50
第四胎	5 288	54	5 027	52	4 852	49
第五胎	5 631	55	5 700	58	4 872	47
第六胎	5 626	55	5 180	52	5 114	49

引自杨凤（1993）。注：产奶效率为单位代谢体重的相对产奶量

乳牛现期营养水平对产乳量及乳成分含量也有影响。饲喂高能量水平有利于产奶量提高，但乳脂下降。如表 1-13-3 所示。

表 1-13-3 高低能量水平条件下,干草与精料比例对产奶量及乳成分含量的影响

采食能量水平	干草:精料	产奶量/(kg/d)	乳脂含量/(g/kg)	乳脂产量/(g/d)
低	40:60	16.4	39.7	651
	20:80	17.2	36.8	633
高	40:60	17.8	36.9	657
	20:80	19.1	31.0	592

引自杨凤(1993)

二、蛋白质水平

泌乳母牛特别是高产牛每天从奶中排出大量蛋白质,饲料蛋白水平不足会降低奶的产量。乳牛为了产奶,从肌肉组织中动员体蛋白的能力很有限。为提高瘤胃微生物的产量,在充分供给含氮物质的同时,碳源物质必须保证。饲料中蛋白水平和碳水化合物来源的不同对产奶量、乳成分含量的影响如表 1-13-4 所示。

表 1-13-4 饲料蛋白水平和碳水化合物来源不同对产奶量及乳成分含量的影响

项目	日粮类型			
	压扁玉米为碳源		糖甜菜渣为碳源	
CP/(g/kg DM)	139	187	122	161
RDP/(g/kg DM)	104	114	98	105
UDP/(g/kg DM)	35	73	24	56
产奶量/(kg/d)	21.73	24.53	20.63	23.32
标准奶/(kg/d)	18.57	19.04	20.45	23.55
乳脂/(g/kg 奶)	28.4	26.6	39.0	40.9
乳蛋白/(g/kg 奶)	29.6	30.1	29.2	30.1

引自杨凤(1993)

三、饲料中精粗料比例

饲料中精粗料比例可影响瘤胃发酵性质与挥发性脂肪酸的组成,精料比例大,不利于乙酸发酵,而有利于丙酸发酵,导致乳脂率下降,而体脂增加。

大量实验表明,乳牛饲料中精料占 40%~60%、粗纤维 15%~17%、酸性洗涤纤维 19%~21%和中性洗涤纤维 25%~28%较为适宜。

四、脂肪含量与性质

饲料脂肪太少,产奶量下降。提高饲料脂肪含量,可增加产奶量,有时也使乳脂量略有增加。低熔点植物油食入过多,导致牛奶中不饱和脂肪酸增多,短链脂肪酸减少,有时还会降低乳脂熔点,影响乳脂品质。

在饲料脂肪含量相同条件下,脂肪来源不同,其效果不一样。以油料籽实作为脂肪源时,既提高产奶量又增加乳脂量;而以豆油为脂肪源时,只提高产奶量而不增加乳脂量。其原因是单独加入

豆油时，脂肪在瘤胃内很快水解，长链脂肪酸被释放，严重降低纤维酶活性，使乙酸和丙酸比率改变，导致乳脂成分降低而产奶量增加。饲料添加脂肪后，乳蛋白含量明显下降。

复习思考题

1. 解释标准乳、固形物校正乳的概念。
2. 影响乳成分的因素有哪些？
3. 如何通过析因法确定奶牛的能量需要？
4. 简述营养对泌乳的影响。
5. 如何通过营养调控措施提高奶牛泌乳量和泌乳效率？

第十四章　产蛋的营养需要

产蛋是禽类进行繁衍的一个生理过程。蛋在生殖系统中的形成是一个周期性的连续过程。但是，产蛋则是一个间断的生理过程，处于产蛋高峰期的禽，也不可能天天产蛋。产蛋的间隔时间和蛋大小明显受营养影响。蛋禽的生产能力很强，一只来航鸡年产蛋量约相当于自身体重的 10 倍，以干物质计约 4 倍于体重。营养物质在体内的代谢强度相当大。产蛋的营养需要既关系到养禽生产的效益，又关系到禽种的繁衍。

本章以产蛋鸡为主，重点讲述蛋的组成、蛋形成生理、营养对蛋形成的影响、产蛋的营养需要和影响营养需要的因素。

第一节　蛋的成分、形成和营养因素的影响

一、蛋的成分

(一)全蛋的成分

蛋由蛋壳、蛋清和蛋黄三部分组成。各类禽蛋的组成成分见表 1-14-1。从表中可知：各类禽蛋蛋壳、蛋清和蛋黄的百分含量非常相近，去壳蛋中水分和蛋白质的含量比较稳定。

表 1-14-1　蛋的组成成分

蛋类别	蛋重 /g	蛋壳 /%	蛋清 /%	蛋黄 /%	水分 /%	蛋白* /%	脂类* /%	糖类* /%	灰分* /%	能量 /kJ
鸡蛋	58	12.3	55.8	31.9	73.6	12.8	11.8	1.0	0.8	400
鸭蛋	70	12.0	52.6	35.4	69.7	13.7	14.4	1.2	1.0	640
鹅蛋	150	12.4	52.6	35.0	70.6	14.0	13.0	1.2	1.2	1 470
火鸡蛋	75	12.8	55.9	32.3	73.7	13.7	11.7	0.7	0.8	675

* 为去壳蛋成分含量

蛋的营养成分有以下特点：①蛋黄中的干物质含量和能量最高；②蛋清中水分、蛋白质和氨基酸含量高；③几乎所有的脂类、大部分的维生素和微量元素都存在于蛋黄中；④绝大部分钙、磷和镁存在于蛋壳中。

(二)蛋壳的成分

蛋壳从内到外由两层蛋壳膜、真壳和一层蛋白质透明薄膜组成。两层蛋壳膜主要由角蛋白质和少量的糖类组成，富含胱氨酸、羟脯氨酸和羟赖氨酸。真壳又叫钙化壳，是由乳头或海绵体组成，其干物质含有 2%左右的有机物(由氨基酸组成的类似于软骨的糖蛋白质)，其余是碳酸钙，也含有

少量的镁、磷酸盐、柠檬酸盐、钾和钠。表 1-14-2 列出了鸡、鸭、鹅蛋的蛋壳成分。

表 1-14-2 鸡、鸭、鹅蛋的蛋壳成分 %

组分	鸡蛋壳	鸭蛋壳	鹅蛋壳
有机物	4.0	4.3	3.5
碳酸钙	93.0	94.4	95.3
碳酸镁	1.0	0.5	0.7
碳酸钙镁	2.8	0.8	0.5

(三)蛋清的成分

蛋清中蛋白质与水分之比约为 1∶8。蛋清由多种蛋白质组成,主要为糖蛋白质,它们构成蛋清的凝胶特性。卵清蛋白质是糖蛋白质主要的组成成分,富含必需氨基酸,蛋氨酸尤其丰富。在孵化时,卵清蛋白质可供胚胎发育用。卵转铁蛋白质将铁转移给胚胎。类卵黏蛋白质含糖量较高,是一种蛋白酶抑制剂。鸡的类卵黏蛋白质仅仅抑制胰蛋白酶,而其他家禽的类卵黏蛋白质还抑制胰凝乳蛋白酶。卵黏蛋白质是一种不溶纤维酸性糖蛋白质,它反映蛋清特别是浓蛋清的凝胶性质。抗生物素蛋白质能与生物素结合,使生物素失去活性。溶菌酶的主要生物学特性是对细菌细胞壁有溶解活性,也水解多糖类,在蛋内具有化学防御功能,阻止细菌通过蛋壳进入蛋内。在蛋的储存过程中,蛋清中的镁可阻止白明胶的液化,维持蛋的品质。鸡蛋清的成分见表 1-14-3。

表 1-14-3 鸡蛋清的成分(蛋重为 60 g)

成分	占蛋白干物质/%	蛋清中含量/g
糖蛋白质	87.40	28.89
卵清蛋白质	56.80	19.43
卵转铁蛋白质	13.70	4.69
类卵黏蛋白质	11.60	3.97
卵黏蛋白质	3.15	1.08
卵糖蛋白质	0.55	0.19
卵巨球蛋白质	0.55	0.19
卵抑制素	0.10	0.034
抗生物素蛋白质	0.05	0.017
黄素蛋白质	0.85	0.29
蛋白质溶菌酶	3.50	1.20
未确定蛋白质	9.10	3.11

引自 Bondi(1987)

(四)蛋黄的成分

蛋黄中含有胚胎发育所需的蛋白质、脂类、矿物元素、维生素和水分等养分。蛋黄的主要成分是甘油三酯和磷脂,其中的脂肪酸主要是不饱和脂肪酸,也含一定量的饱和脂肪酸。不饱和脂肪酸主要是油酸,饱和脂肪酸主要是棕榈酸。蛋黄中游离的蛋白质、卵黄蛋白质与血液中的蛋白质如血清清蛋白质、血清球蛋白质完全相同。蛋黄中的脂类大多数以脂蛋白质形式存在,并富含磷,如卵黄磷脂蛋白质和卵黄磷蛋白素,这两种蛋白质含有丰富的磷酸,且常与钙和铁形成复合物。卵黄中的微量元素和维生素在胚胎发育过程中具有重要作用。蛋黄中的黄色物质由饲粮中的类胡萝卜素等色素沉积而成。鸡蛋黄的成分见表 1-14-4。

表 1-14-4　蛋黄的成分（蛋重 60 g）

成分	占干物质/%	蛋黄中含量/g
卵黄蛋白质	4～10	0.786～1.97
卵黄磷蛋白质	4～15	0.786～2.95
卵黄磷蛋白素	8～9	1.57～1.77
卵黄高磷蛋白质	5～6	0.983～1.18
卵黄磷脂蛋白质	16～18	3.65～3.54
卵黄磷脂蛋白素	12～13	2.36～2.56
甘油三酯	46	9.04
磷脂	20	3.93
固醇	3	0.589
糖类	2	0.393
矿物质	2	0.393
维生素	微量	微量

引自 Bondi(1987)

二、蛋的形成

在性成熟前，卵泡大小不等，生长缓慢。接近性成熟时，未成熟的卵子开始迅速发育。鸡的卵子在 9～10 d 内成熟。排卵前 7 d 卵子和卵黄的重量约增加 16 倍。在雌激素的作用下，肝脏中形成卵黄蛋白质和脂类，随后转运至卵巢，沉积于发育的卵泡中。在输卵管中形成蛋清约需 24 h。卵泡成熟后，卵泡破裂释放卵子，卵子被输卵管喇叭部纳入，送至输卵管膨大部，由膨大部腺体分泌的蛋清将卵黄包围。在膨大部，包围卵黄的稠蛋清，因旋转而形成系带，随后形成稀蛋清层，尔后再在表面形成稠蛋清层和外稀蛋清层。卵子进入管腰部后形成外蛋壳膜并吸收水分。当卵细胞通过输卵管腰部和子宫部的连接处时，蛋壳上乳头核附着在外膜上，在子宫部进行积极的钙化过程，少量的碳酸钙晶体成了连接位点，使乳头核又与外壳膜纤维相连。海绵层构成蛋的强度和厚度，也在子宫部完成，最后形成外表的晶体和胶护膜。

蛋壳形成需要大量的钙，必须从循环的血液中摄取钙。在产蛋前 10 d，受雌激素影响，血中钙浓度从每 10 mg/100 mL 上升到 25 mg/100 mL。血液中的钙以钙结合蛋白质的形式形成卵黄磷蛋白复合物；离子化的钙为 5～6 mg/100 mL。在蛋壳形成过程中，血浆总钙水平下降约 20%，约 10 h 后又回复正常。产蛋鸡钙离子的周转率很大，鸡不能从饲料中摄取足够的钙满足蛋壳形成的需要，往往要动员骨中的钙。家禽性成熟前或产蛋间歇期，将饲粮中摄入的钙大量储存在骨里，以供产蛋时用。因此，在产蛋前和产蛋间歇期保证钙的供应非常重要。当饲粮缺钙时，会影响蛋壳的形成，蛋壳变薄，产蛋量下降。

三、营养因素对蛋的影响

营养因素对蛋的影响包括对蛋的数量、大小和成分的影响。

(一)营养对产蛋量和蛋重的影响

(1)能量　能量的摄入量是影响蛋重的主要因素。蛋禽可根据饲粮能量浓度调节采食量,一般不会出现能量过量,但能量不足,开始会导致蛋变小,长期导致产蛋量下降,饥饿会造成停产。能量摄入过量或自由采食会使肉用种鸡体组织脂肪沉积过多,降低产蛋量和受精率。

(2)蛋白质　饲粮蛋白质、氨基酸长期缺乏,产蛋量下降,蛋重减轻,严重缺乏时则产蛋停止。饲粮中氨基酸或蛋白质过量导致其他养分需要增加。同时,尿酸生成增多,能量利用率降低。

(3)脂类　饲粮中亚油酸等必需脂肪酸不足,明显降低产蛋量、蛋重和蛋中脂类含量。

(4)维生素、矿物质　维生素、矿物质参与机体各种代谢过程,对产蛋的影响非常复杂。维生素缺乏,产蛋量下降。影响产蛋量的主要矿物元素是钙和钠。

(二)营养对蛋成分的影响

(1)脂肪酸　蛋黄中的多不饱和脂肪酸和其他脂类成分受饲粮中相应成分含量的影响。提高饲粮中的多不饱和脂肪酸可以提高蛋中多不饱和脂肪酸含量。饲粮中的胆固醇可以在蛋黄中沉积。利用蛋沉积脂类的特性,通过适宜控制饲粮脂类成分含量,可以生产出满足要求的对人健康有益的保健蛋。

(2)微量元素　饲粮中的微量元素——碘和硒可以在蛋中沉积。饲粮中的高碘和高硒可提高蛋中碘和硒含量。利用此原理生产高碘和高硒蛋,可用于防治人的地区性碘或硒的缺乏症,保证人的保健。饲粮中其他微量元素对蛋成分几乎没有影响。

(3)维生素　蛋中维生素受饲粮的影响最大。可能是禽类尚无保证蛋中维生素适当含量的机制。类胡萝卜素可以在蛋黄中沉积,有些具有着色作用。水溶性维生素中维生素 B_{12} 影响最大,其次为泛酸和叶酸,其他维生素则影响较小。

(三)营养对蛋壳质量的影响

(1)钙、磷、维生素 D　饲粮钙磷含量、比例和利用率、来源和颗粒大小、维生素 D 等都可影响蛋壳质量,特别是蛋壳厚度、强度和光洁度。种蛋蛋壳的厚度太厚,强度太大可导致雏禽不易出壳,降低雏禽的出壳率。商品蛋蛋壳太薄,蛋易破损,病原微生物易从破损处进入蛋白质和蛋黄内,造成巨大的经济损失。

(2)铜、锌、锰、镁　饲粮铜缺乏,可造成蛋壳膜缺乏完整性、均匀性,在钙化过程中导致蛋壳起皱褶;饲粮铜过量,则影响矿物质元素的平衡;锌缺乏,可使蛋鸡卵巢、输卵管发育不良,蛋壳变薄、脆、粗糙等;锰缺乏,可影响黏多糖合成,导致钙化基质形成受阻,致使蛋壳强度下降,裂缝蛋比例上升,蛋的破损率提高;镁缺乏,可导致蛋壳厚度和强度下降。

(3)电解质　电解质失衡,导致子宫和血液中 pH 下降,对蛋壳的形成有不利影响。

第二节　产蛋的营养需要

一、产蛋禽的能量需要

产蛋禽的能量需要一般用析因法确定。根据析因原理,产蛋禽的能量需要分为维持、产蛋和体增重几部分。

能量的总需要＝维持能量需要＋产蛋能量需要±体增重能量需要

在实际生产中由于家禽有根据饲粮能量浓度调节采食量的能力，因此可以根据正常的采食量确定适宜的能量浓度。我国的饲养标准规定：产蛋鸡饲粮代谢能浓度为 11.51 MJ/kg。采食量可以根据产蛋率调整。

影响产蛋能量需要的主要因素有：①家禽产蛋率不同，能量需要不同。经计算，如果蛋重不变，母鸡产蛋率每改变 10%，对饲粮的能量需要量相应改变 4%。在实际生产中，由于家禽有根据饲粮能量浓度调节采食量的能力，而采食量可以根据产蛋率调整，能量浓度每增加或减少 1%，对饲粮的采食量相应减少或增加 0.5%；②限制饲养程度不同，能量需要不同。限制程度为自由采食的 5%～10%，可提高产蛋的饲料利用率，降低能量需要；③外界环境温度和羽毛状况明显影响蛋禽的能量需要。外界环境温度每变化 1℃，蛋鸡的维持 ME 需要改变约每天每千克代谢体重 8 kJ。在天热时，产蛋家禽消耗的能量很少；在天冷时，能量的消耗比在适宜温度时提高 20%～30%。环境温度对羽毛不丰满的家禽影响大于对羽毛丰满的家禽。

二、产蛋的蛋白质和氨基酸需要

根据析因原理，产蛋禽的蛋白质需要包括维持、产蛋、体组织和羽毛的生长几部分。

蛋白质的总需要＝维持需要＋产蛋需要＋体沉积的需要

综合法是确定蛋白质需要的常见方法。运用此法已确定了不同家禽产蛋的蛋白质需要。综合法确定的蛋白质需要与家禽的采食量关系特别大，可以与能量需要结合在一起，用能量蛋白质比的方法表示。

影响产蛋蛋白质需要量的因素有：①体型大的家禽比体型小的家禽的维持需要大。体重 2.5 kg 的鸡比体重 1.5 kg 的鸡每天多需要 2 g 维持蛋白质；②家禽产蛋率越高，蛋白质的需要量越大。产蛋率为 75%～80%时，来航鸡每天的蛋白质需要为 16.5%左右；产蛋率大于 80%，蛋白质的需要为 17%～18%；③产蛋前、后期的蛋白质需要量有明显的差异。以来航鸡为例，从前期到后期，产蛋率从 0～80%，体重从 1.35 kg 增至 1.8 kg，蛋重从 40 g 增至 56 g，这些指标的变化必然改变蛋白质的需要；④外界环境温度对蛋禽蛋白质需要有明显影响。主要通过影响采食量而影响的，由于产蛋家禽具有根据饲粮的能量浓度调节采食量的能力，为了满足鸡的蛋白质日需要量，必须根据饲粮能量浓度调整蛋白质水平，即调整蛋白质能量比，一般在夏季加大蛋能比，在冬季减少蛋能比。

家禽对蛋白质的需要，实际上是对各种必需氨基酸的需要。产蛋家禽的必需氨基酸有蛋氨酸、赖氨酸、色氨酸、精氨酸、组氨酸、异亮氨酸、亮氨酸、苯丙氨酸、缬氨酸和苏氨酸，前三个一般为家禽常用饲料限制性氨基酸。

三、产蛋的矿物质需要

确定蛋禽对矿物质需要的方法有平衡实验、饲养实验等，也可用析因法估算。

(一)钙的需要

产蛋家禽对钙的需要特别高，一般为非产蛋禽的 4～5 倍。一枚蛋约含 2.2 g 钙，中等体型、年产蛋 300 枚的蛋鸡由蛋排出的钙约 680 g，碳酸钙约 1 700 g，相当于母鸡全身钙的 30 倍。家禽不能从饲料中摄取足够的钙来满足蛋壳形成的需要时，往往要动员骨骼钙。因此，在产蛋前期或产蛋间歇期保证钙的供应以储存在骨骼中非常重要。但家禽因骨量小、骨壁薄，体内储存钙的能力有限。饲粮缺钙时，会影响蛋壳的形成，使蛋壳变薄，产蛋量下降。

(二)磷的需要

植物性饲料中的磷大部分以植酸磷的形式存在，家禽对其利用率很低。因此，确定饲粮磷的需要量，不仅要考虑总磷量，还要考虑有效磷量，一般将植物性饲料磷的有效性按 30%计算。

据研究，蛋鸡饲粮钙磷比以(5～6)∶1为宜。0.3%的有效磷和 4.0%的钙可使蛋鸡获得最大产蛋量和最佳蛋壳质量；3.5%的钙和 0.55% 总磷可使来航鸡蛋获得最高孵化率。

(三)食盐的需要

钠、钾、氯在维持体内酸碱平衡和蛋壳形成中具有重要作用。由于家禽饲粮中含有丰富的钾，一般不需在饲粮中添加，而需添加食盐补充钠和氯。我国鸡的饲养标准中产蛋鸡对食盐的需要量为 0.37%。

(四)微量元素的需要

评定产蛋家禽和种禽对微量元素的需要时，商品蛋禽主要考虑产蛋量、蛋壳质量和微量元素在蛋中的沉积量等指标；产蛋种禽除蛋壳质量外，更注重种蛋的孵化率、受精率和幼雏的早期生长发育。对受精率和孵化率影响大的微量元素是铁、锰和锌。在实际研究中主要根据饲养实验，依所产蛋的用途选用不同的营养标识来确定其微量元素的需要量。

四、产蛋的维生素需要

迄今为止，评定家禽对维生素的需要量尚无一致的标准。目前多以家禽的生产成绩为指标，以生化指数为指标少见。最常用的指标，对幼禽是生长率，对成年产蛋禽则是产蛋量和孵化率。通常以不同水平的维生素进行饲养实验，根据所选指标的最佳效果确定需要量。

产蛋禽对维生素的需要量应该考虑以下因素：①现在公布的产蛋禽维生素需要量主要考虑的是不出现缺乏症为条件，需要量偏低；②生产水平提高，目前产蛋所需的能量、蛋白质都比以往减少，这就意味着维生素需要增加，因营养物质在体内的代谢强度增强，许多维生素以辅酶或辅基的形式参与代谢调节；③饲养环境改变，高密度的工厂化养鸡，导致动物常处于应激状态，为了提高产蛋禽的抗应激能力，必须增加维生素的需要；④由于维生素 A、维生素 E 与免疫力有关，在饲粮中增加其用量可增加家禽的免疫力和抗病力。

五、产蛋的水需要

水对产蛋禽的产蛋率影响很大，饮水的供应非常重要，供水不足，导致产蛋率严重下降。实际生产中多采用不间断供水(自由饮水)，或间断充足供水，可以完全保证供水量。水的质量对产蛋率也有严重的影响。因此，供给产蛋禽充足、清洁、卫生的饮水非常必要。

复习思考题

1. 简述蛋的组成及营养成分特点。
2. 简述营养对产蛋量及蛋重的影响。
3. 简述营养对蛋成分及蛋壳质量的影响。
4. 如何通过析因法确定产蛋禽的能量及蛋白质需要？

第十五章 产毛的营养需要

产毛动物的饲养与营养意义主要在于毛的经济价值。毛的生长发育有其特殊规律，对营养物质的需要亦有其特殊性。根据毛的营养、生理特点，合理供给营养、适宜饲养及提供良好的环境条件是充分发挥产毛最大遗传潜力，提高毛的产量和质量的主要因素。

本章主要介绍毛的结构、成分、形成、影响产毛量和质量的主要因素、产毛营养需要的特点及营养与毛质量的关系。

第一节 毛的成分和形成

一、毛的结构和成分

(一)毛的结构

毛是动物皮肤毛囊长出的纤维。根据毛纤维有无髓层可分为有髓毛、无髓毛和两型毛。

有髓毛(又称粗毛)由鳞片层、皮质层和髓质层三部分构成；无髓毛(又称真毛)由鳞片层和皮质层两部分构成；两型毛由鳞片层、皮质层和髓质层三部分构成，但髓质层呈断续状态。

(二)羊毛成分

羊毛的化学组成随纤维种类不同而差别很大。羊毛主要成分是角蛋白质，并含少量脂肪和矿物质。

羊毛角蛋白质含 20 种以上的 α-氨基酸，其中含硫氨基酸的含量特别高，主要是胱氨酸。根据硫含量或氨基酸含量不同，羊毛角蛋白质分为高硫蛋白质、低硫蛋白质和高酪氨酸蛋白质三类。低硫蛋白质存在于微原纤维中，含有羊毛中全部的蛋氨酸和大部分赖氨酸；高硫蛋白质是包围微原纤维的主要蛋白质，富含胱氨酸、脯氨酸和丝氨酸；高酪氨酸蛋白质主要存在于纤维皮质细胞间质中，酪氨酸和谷氨酸含量高。

二、毛的形成

在胚胎发育的第 57～70 天，皮肤表皮生发层出现原始体，原始体从周围血管获得营养物质使细胞增殖而形成毛囊。毛囊分初生毛囊和次生毛囊。初生毛囊有汗腺、皮脂腺和竖毛肌，而次生毛囊只有皮脂腺。初生毛囊在动物出生以前已发育形成毛纤维，次生毛囊在出生后较短时间(4～18周)形成并发育成毛纤维。

皮肤毛囊性状对羊毛产量和质量起决定性作用。次生毛囊越多，毛纤维直径越细，毛密度和产毛潜力越大。

第二节　产毛的营养需要

动物的产毛潜力决定于产毛遗传特性，实际产毛的质量和数量则主要决定于营养、饲养及其他环境因素。适宜供给营养是保证产毛量和毛品质、发挥产毛遗传潜力的主要条件。

一、营养对产毛的影响

(一)营养对产毛量的影响

1. 能量

能量摄入不足严重影响产毛量。能量不足，明显影响羊毛生长，这一影响在几天内就可以表现出来，但明显的影响需 9～12 周。

2. 蛋白质和氨基酸

蛋白质在负平衡状态下，羊毛虽仍在继续生长，但产毛量受影响。断奶后放牧绵羊每天或每 2～3 d 补饲蛋白质饲料，羊毛生长较快。降低蛋白质在瘤胃中的降解率也可以提高羊毛的生长速度。含硫氨基酸是限制羊毛生长的主要氨基酸之一，对产毛量影响最大，而其他的氨基酸影响较小。饲粮中补充胱氨酸和蛋氨酸，羊毛产量和毛中含硫量增加。饲粮中添加赖氨酸可促进毛囊的生长。

3. 微量元素和维生素

某些微量元素和维生素对毛纤维的生长很重要。

绵羊饲粮中矿物质含量低于适宜量时，采食量降低，体内营养物质代谢受影响，羊毛生长减慢。铜和锌是毛纤维的组成物质，缺乏铜和锌，毛的生长受阻，影响产毛量；羊毛生长还受硫、硒、钾、钠、氟、钴和磷等矿物元素影响。

羊饲粮缺乏维生素 A 或胡萝卜素，皮肤表皮及附着器官萎缩退化，表皮脱落及毛囊过度角质化，汗腺、皮脂腺机能失调，分泌减少使皮肤粗糙而影响产毛。核黄素、生物素、泛酸、烟酸、叶酸和吡多醇均可影响皮肤健康，缺乏时可影响毛的生长。

(二)营养对毛品质的影响

1. 营养水平

营养水平主要是通过影响次生毛囊的数量而影响毛的质量。营养不足的羊所产的毛较细短、弯曲少、强度低、脆弱易断和纺织性能较差。提高绵羊饲粮能量水平和可消化蛋白质水平，羊毛的直径增大，强度提高。

2. 微量元素

铜对羊毛品质有明显的影响，铜缺乏时，羊毛蓬乱，失去弯曲，延伸力、弹性、染料亲和力和胱氨酸含量下降，有色毛褪色或变色；锌缺乏，羊毛易脱落、断裂和强度下降；铁缺乏，毛的光泽下降，质量变差；钴缺乏，毛变脆易断裂；碘缺乏，羊毛粗短，毛稀易断或无毛。

二、产毛动物的营养需要

(一)能量需要

产毛的能量需要主要包括维持、体重变化以及产毛的需要。

（二）蛋白质和氨基酸

当能量供应不足时，蛋白质作为能源物质利用，因此蛋白质转化成羊毛蛋白质的利用率降低。当绵羊能量、蛋白质沉积均为负值时，羊毛中含氮量下降。随蛋白质供给量增加，体沉积氮、羊毛中含氮量及其占供给氮量的比例均增加，而羊毛氮占沉积氮的比例降低。美利奴绵羊将牧草中氮转变成羊毛氮的效率不超过10%。尽管毛中主要组成成分是蛋白质，但是真正产毛需要的蛋白质占总蛋白质需要的比例很低。含硫氨基酸是产毛动物的重要限制性氨基酸，因此，日粮中供给适宜数量的含硫氨基酸，尤其是过瘤胃氨基酸非常重要。

（三）矿物质和维生素

1. 矿物质

绵羊铜的需要量为每头10 mg/d，但要注意铜、硫和钼之间的平衡，低钼高铜会引起中毒；铁的需要量为每千克饲粮30 mg；成年绵羊和羔羊锌需要量为每千克干物质40 mg（20～80）mg。成年绵羊钴的需要量为0.11 mg /d，或每千克干物质0.07 mg；碘的需要量为每千克干物质0.1～0.2 mg；在饲粮缺硫或加尿素时，补饲无机硫化物0.1%～0.2%（按干物质计算）为宜，但要注意硫氮比例，绵羊以1∶（10～13）为宜；硒的需要一般为每千克饲粮0.10 mg。

2. 维生素

绵羊大量饲喂青草可获得丰富的胡萝卜素，一般不易缺乏维生素A，但青草供应不足时，应适当补充；绵羊维生素E容易缺乏，必须注意供给。对产毛量高或瘤胃尚未完全发育的羔羊注意供给核黄素、生物素、泛酸、烟酸、叶酸和吡多醇等维生素。

复习思考题

1. 简述羊毛的结构与成分。
2. 简述影响产毛量和毛质量的主要营养因素。
3. 如何采取营养措施提高羊毛产量及品质？
4. 析因法如何确定产毛动物的能量需要？

第三篇

饲料学

第一章　饲料分类

饲料是指能提供动物所需养分、保证动物健康、促进其生长和生产、调控其生理机能，在合理使用下不发生有毒、有害作用的可食物质。

饲料是动物生产的物质基础，饲料种类繁多，养分组成和营养价值各异。为了科学合理地利用饲料，有必要建立现代饲料分类体系和饲料数据库，以适应现代动物生产发展需要。目前世界各国饲料分类(classification of feeds)方法尚未完全统一，但总的原则是简便、实用、具有科学性。

本章主要阐述习惯饲料分类、法国际饲料分类法以及中国饲料分类法。

第一节　习惯饲料分类法

习惯饲料分类法常常将饲料根据来源、形态、营养特性等进行分类。

一、按照饲料的来源分类

(一)动物性饲料

利用动物性产品加工而成的饲料，包括水产品、肉品、奶产品等加工的产品，如鱼粉、血粉、乳清粉、水解羽毛粉等。

(二)植物性饲料

包括植物籽实、根、茎、叶及其加工副产品，如玉米、麸皮、豆粕、干草、秸秆等。

(三)矿物质饲料

包括天然和工业合成的矿物质，如石粉、膨润土、磷酸氢钙、食盐等。

(四)微生物饲料

利用微生物，包括酵母、细菌、真菌和藻类等生产的饲料，如益生菌、啤酒酵母、绿藻等。

(五)人工合成或提纯饲料

利用化学合成或提纯等方法生产的饲料原料，如合成氨基酸、维生素、尿素、抗生素等。

二、按照饲料的营养价值分类

(一)精饲料

一般指容积小，粗纤维含量低，可消化养分多，营养价值高的一类饲料，如玉米、麸皮、豆粕、鱼粉等。

(二)粗饲料

与精饲料相对而言，一般指容积大，粗纤维含量高，可消化养分少，营养价值低端的一类饲料，如秸秆、干草、荚壳等。

(三)青绿多汁饲料

指天然水分含量高的新鲜牧草、绿色作物、蔬菜等。

(四)特殊饲料

凡不属于前三类的饲料,包括饲料添加剂、矿物质、酵母、尿素、糖蜜等。

第二节　国际饲料分类法

美国学者 L. E. Harris(1956)的饲料分类原则和编码体系,迄今已为多数学者所认同,并逐步发展成为当今饲料分类编码体系的基本模式,被称为国际饲料分类法。L. E. Harris 根据饲料的营养特性将饲料分为粗饲料、青绿饲料、青贮饲料、能量饲料、蛋白质补充料、矿物质饲料、维生素饲料、饲料添加剂 8 大类,并对每类饲料冠以 6 位数的国际饲料编码(international feeds number, IFN),首位数代表饲料归属的类别,后 5 位数则按饲料的重要属性给定编码。编码分 3 节,表示为△-△△-△△△。

一、粗饲料

粗饲料(forage roughage)是指饲料干物质中粗纤维含量大于或等于 18%的饲料。此种饲料以风干物为饲喂形式,如干草类、农作物秸秆等。IFN 形式为 1-00-000。

二、青绿饲料

青绿饲料(pasture range plants and fed as green)是指天然水分含量在 60%以上的青绿牧草、饲用作物、树叶类及非淀粉质的根茎、瓜果类。IFN 形式为 2-00-000。

三、青贮饲料

青贮饲料(silage)是指以天然新鲜青绿植物性饲料为原料,在厌氧条件下,经过以乳酸菌为主的微生物发酵后调制成的饲料,具有青绿多汁的特点,如玉米青贮。IFN 形式为 3-00-000。

四、能量饲料

能量饲料(energy feeds)是指饲料干物质中粗纤维含量小于 18%,同时粗蛋白质含量小于 20%的饲料,如谷实类、麸皮、淀粉质的根茎、瓜果类。IFN 形式为 4-00-000。

五、蛋白质补充料

蛋白质补充料(protein supplements)是指饲料干物质中粗纤维含量小于 18%,同时粗蛋白质含量大于或等于 20%的饲料,如鱼粉、豆饼(粕)等。IFN 形式为 5-00-000。

六、矿物质饲料

矿物质饲料(minerals)是指可以供饲用的天然矿物质、化工合成的或经特殊加工的无机盐类和矿物质元素的有机络合物,如石粉、骨粉、磷酸氢钙、蛋氨酸锌等。IFN 形式为 6-00-000。

七、维生素饲料

维生素饲料(vitamins)是指由工业合成或提纯的单一种或复合维生素,但不包括富含维生素的天然青绿饲料在内。IFN 形式为 7-00-000。

八、饲料添加剂

饲料添加剂(feeds additive)是指为了利于营养物质的消化吸收,改善饲料品质,促进动物生长和繁殖,保障动物健康而掺入饲料中的少量或微量物质,但不包括矿物质元素、维生素、氨基酸等营养物质添加剂。IFN 形式为 8-00-000。

第三节 中国饲料分类法

20 世纪 80 年代初,张子仪院士等依据国际饲料分类原则与我国传统饲料分类体系相结合,建立了我国饲料数据库管理系统及饲料分类方法。首先根据国际饲料分类原则将饲料分成 8 大类,然后结合中国传统饲料分类习惯划分为 17 亚类,从而建立了我国的饲料分类法和编码系统,迄今可能出现的类别有 37 类,对每类饲料冠以相应的中国饲料编码(Chinese feeds number,CFN),共 7 位数,首位为 IFN8 大类分类编号,第 2、第 3 位为 CFN17 亚类编号,第 4～7 位为具体饲料顺序号。编码分 3 节,表示为△-△△-△△△△。

一、青绿多汁类饲料

凡天然水分含量大于或等于 45%的栽培牧草、草地牧草、野菜、鲜嫩的藤蔓和部分未完全成熟的谷物植株等皆属此类。CFN 形式为 2-01-0000。

二、树叶类饲料

树叶类(leaves)有 2 种类型:采摘的新鲜树叶,饲用时的天然水分含量在 45%以上属青绿饲料,CFN 形式为 2-02-0000;采摘的树叶风干后饲喂,干物质中粗纤维含量大于或等于 18%,如风干的槐叶、松针叶等属粗饲料,CFN 形式为 1-02-0000。

三、青贮饲料

青贮饲料(silage)有 3 种类型:其一是由新鲜的植物性饲料调制成的青贮饲料,一般含水量在 65%～75%的常规青贮;其二是低水分青贮饲料(low moisture silage),亦称半干青贮饲料(haylage),用天然水分含量为 45%～55%的半干青绿植物调制成的青贮饲料;其三是谷物湿贮(grain silage),以新鲜玉米、麦类籽实为主要原料,不经干燥即贮于密闭的青贮设备内,经乳酸发酵,其水分在 28%～35%。第一、第二类 CFN 形式均为 3-03-0000。第三类根据营养成分含量,属能量饲料,但从调制方法分析又属青贮饲料,CFN 形式为 4-03-0000。

四、块根、块茎、瓜果类饲料

有 2 种类型:天然水分含量大于或等于 45%的块根(roots)、块茎(tubers)、瓜(gourd)果(fruits)类,如胡萝卜、芜菁、饲用甜菜等,鲜喂则 CFN 形式为 2-04-0000。这类饲料脱水后的干物质中粗纤维和粗蛋白质含量都较低，干燥后属能量饲料如甘薯干、木薯干等，干喂则 CFN 形式为 4-04-0000。

五、干草类饲料

干草类(hays)包括人工栽培或野生牧草的脱水或风干物，其水分含量在 15%以下。水分含量在 15%～25%的干草压块亦属此类。有 2 种类型：第一类指干物质中的粗纤维含量大于或等于 18%者，属粗饲料，CFN 形式为 1-05-0000；第二类指一些优质豆科干草，干物质中的粗蛋白含量大于或等于 20%，而粗纤维含量又低于 18%者，如苜蓿叶粉、早期刈割的苜蓿草和紫云英调制的草粉，属蛋白质饲料，CFN 形式为 5-05-0000。

六、农副产品类饲料

农副产品类(agricultural byproduct)有 3 种类型，其一是干物质中粗纤维含量大于或等于 18%者，如秸、荚、壳等，都属于粗饲料，CFN 形式为 1-06-0000；其二是干物质中粗纤维含量小于 18%、粗蛋白含量也小于 20%者，属能量饲料，CFN 形式为 4-06-0000；其三是干物质中粗纤维含量小于 18%，而粗蛋白质含量大于等于 20%者，属于蛋白质饲料，CFN 形式为 5706-0000。后两者罕见。

七、谷实类饲料

谷实类饲料(cereals-grains)的干物质中，一般粗纤维含量小于 18%，粗蛋白含量也小于 20%，如玉米、稻谷等，属能量饲料，CFN 形式为 4-07-0000。

八、糠麸类饲料

糠麸类饲料(milling byproducts)有 2 种类型：其一是饲料干物质中粗纤维含量小于 18%，粗蛋白质含量小于 20%的各种粮食的碾米、制粉副产品，如小麦麸、米糠等，属能量饲料，CFN 形式为 4-08-0000；其二是粮食加工后的低档副产品，如统糠、生谷机糠等，其干物质中的粗纤维含量多大于 18%，属于粗饲料，CFN 形式为 1-08-0000。

九、豆类饲料

豆类饲料(beans)有 2 种类型：豆类籽实干物质中粗蛋白质含量大于或等于 20%，而粗纤维含量又低于 18%者，属蛋白质饲料，如大豆等，CFN 形式为 5-09-0000；个别豆类籽实的干物质中粗蛋白质含量在 20%以下，如江苏的爬豆，属于能量饲料，CFN 形式为 4-09-0000。

十、饼粕类饲料

饼(cake)粕(meal)类有 3 种类型：干物质中粗蛋白质大于或等于 20%，粗纤维含量小于 18%，大部分饼粕属于此，为蛋白质饲料，CFN 形式为 5-10-0000；干物质中的粗纤维含量大于或等于 18%的饼粕类，即使其干物质中粗蛋白质含量大于或等于 20%，仍属于粗饲料类，如有些多壳的葵花籽饼及棉籽饼，CFN 形式为 1-10-0000；还有一些饼粕类饲料，干物质中粗蛋白质含量小于 20%，粗纤维含量小于 18%，如米糠饼、玉米胚芽饼等，则属于能量饲料，CFN 形式为 4-08-0000。

十一、糟渣类饲料

糟渣类饲料(distiller's dried grain soluble, DDGS; distiller's dried grain, DDG pulp etc.)有3种类型:干物质中粗纤维含量大于或等于18%者属于粗饲料,CFN形式为1-11-0000;干物质中粗蛋白质含量低于20%,且粗纤维含量也低于18%者属于能量饲料,如优质粉渣、醋糟、甜菜渣等,CFN形式为4-11-0000;干物质中粗蛋白质含量大于或等于20%,而粗纤维含量小于18%者,属蛋白质饲料,如含蛋白质较多的啤酒糟、豆腐渣等,CFN形式为5-11-0000。

十二、草籽树实类饲料

草籽树实类饲料(seed of grass and trees)有3种类型:干物质中粗纤维含量大于或等于18%者属于粗饲料,如灰菜籽等,CFN形式为1-12-0000;干物质中粗纤维含量在18%以下,而粗蛋白质含量小于20%者,属能量饲料,如干沙枣等, CFN形式为:4-12-0000;干物质中粗纤维含量在18%以下而粗蛋白质含量大于等于20%者,属蛋白质饲料,但较罕见,CFN形式为5-12-0000。

十三、动物性饲料

动物性饲料(feed of animal source)均来源于渔业、畜牧业的动物性产品及其加工副产品。有3种类型:其干物质中粗蛋白质含量大于等于20%者属蛋白质饲料,如:鱼粉、动物血、蚕蛹等,CFN形式为5-13-0000;干物质中粗蛋白质含量小于20%,粗灰分含量也较低的动物油脂属能量饲料,如牛脂等,CFN形式为4-13-0000;干物质中粗蛋白质含量小于20%,粗脂肪含量也较低,以补充钙磷为目的者属矿物质饲料,如骨粉、贝壳粉等,CFN形式为6-13-0000。

十四、矿物质饲料

矿物质饲料(minerals for feeds)指可供饲用的天然矿物质,如石灰石粉等;化工合成无机盐类,如硫酸铜等及有机配位体与金属离子的螯合物,如蛋氨酸性锌等,CFN形式为6-14-0000。

十五、维生素饲料

维生素饲料(vitamins for feeds)是指由工业合成或提纯的单一种或复合维生素制剂,如硫胺素、核黄素、胆碱、维生素A、维生素D、维生素E等,但不包括富含维生素的天然青绿多汁饲料。CFN形式为7-15-0000。

十六、饲料添加剂

饲料添加剂(feed additive)是为了补充营养物质,保证或改善饲料品质,提高饲料利用率,促进动物生长和繁殖,保障动物健康而掺入饲料中的少量或微量营养性及非营养性物质。有2种类型:其一是非营养性添加剂,如饲料防腐剂、饲料黏合剂、驱虫保健剂等非营养性物质,CFN形式为8-16-0000。其二是营养性添加剂,如用于补充氨基酸的工业合成赖氨酸、蛋氨酸等,CFN形式为5-16-0000。

十七、油脂类饲料及其他

油脂类饲料(oil,fat for feeds)主要是以补充能量为目的,用动物、植物或其他有机物质为原料经压榨、浸提等工艺制成的饲料，属于能量饲料，CFN 形式为：4-17-0000。随着饲料科学研究水平的不断提高及饲料新产品的涌现，还会不断增加新的 CFN 形式。

复习思考题

1. 简述国际饲料分类法的依据及各大类饲料的特点。
2. 简述我国饲料分类法的特点及编码体系。

第二章　青绿饲料

青绿饲料是指天然水分含量在60%以上的饲料，主要包括天然牧草、人工栽培牧草、青饲作物、叶菜类、非淀粉质根茎瓜类、水生植物及树叶类等。这类饲料种类繁多、来源广、产量高、营养丰富，具有促进动物生长发育、提高畜产品品质和产量、改善日粮适口性等作用，被人们誉为“绿色能源”。

本章主要对青绿饲料的营养特性、影响青绿饲料营养价值的因素、青绿饲料在动物日粮中的用量以及饲用青绿饲料时应注意的问题进行阐述。

第一节　青绿饲料的营养特性及影响因素

一、青绿饲料的营养特性

(一)水分含量高

陆生植物的水分含量为60%～90%，而水生植物可高达90%～95%。因此其鲜草含的干物质少，能值较低，陆生植物每千克鲜重的消化能在1.20～2.50 MJ。

(二)蛋白质含量较高，品质较优

一般禾本科牧草和叶菜类饲料的粗蛋白质含量在1.5%～3.0%，豆科牧草在3.2%～4.4%。若按干物质计算，前者粗蛋白质含量达13%～15%，后者可高达18%～24%。后者可满足动物在任何生理状态下对蛋白质的营养需要。不仅如此，由于青绿饲料是植物体的营养器官，含有各种必需氨基酸，尤其以赖氨酸、色氨酸含量较高，故蛋白质生物学价值较高，一般可达70%以上。

(三)粗纤维含量较低

幼嫩的青绿饲料含粗纤维较少，木质素低，无氮浸出物较高。若以干物质为基础，则其中粗纤维为15%～30%，无氮浸出物在40%～50%。粗纤维的含量随着植物生长期的延长而增加，木质素的含量也显著增加。一般来说，植物开花或抽穗之前，粗纤维含量较低。猪对未木质化的纤维素消化率可达78%～90%，对已木质化的纤维素消化率仅为11%～23%。

(四)钙磷比例适宜

一般来说，青绿饲料中含有动物所需的各种矿物质元素，但矿物质含量因植物种类、土壤与施肥情况而异。青绿饲料钙、磷比例较为适宜，特别是豆科牧草钙的含量较高，因此依靠青绿饲料为主食的动物不易缺钙。此外，青绿饲料尚含有丰富的铁、锰、锌、铜等微量矿物元素。但牧草中钠和氯一般含量不足，所以放牧家畜需要补给食盐。

(五)维生素含量丰富

青绿饲料是供应家畜维生素营养的良好来源。特别是胡萝卜素含量较高，每千克饲料含50～

80 mg。在正常采食情况下，放牧家畜所摄入的胡萝卜素要超过其本身需要量的 100 倍。此外，青绿饲料中 B 族维生素、维生素 E、维生素 C 和维生素 K 的含量也较丰富，如青苜蓿中含硫胺素为 1.5 mg/kg、核黄素 4.6 mg/kg、烟酸 18 mg/kg。但缺乏维生素 D，维生素 B_6（吡哆醇）的含量也很低。

另外，青绿饲料柔嫩、多汁，适口性好，还含有各种酶、激素和有机酸，易于消化。青绿饲料中有机物质的消化率：反刍动物为 75%～85%，马为 50%～60%，猪为 40%～50%。

二、影响青绿饲料营养价值的因素

(一)土壤与肥料

土壤是植物营养物质的主要来源之一。生长在肥沃和结构良好的土壤中的青绿饲料营养价值较高；反之，在贫瘠和结构差的土地上收获的青绿饲料其营养价值就较低。特别是青绿饲料中一些矿物质的含量在很大程度上受土壤中元素含量与活性的影响。

(二)种类、生长阶段和部位

一般豆科牧草和叶菜类的营养价值较高，禾本科次之，水生植物的最低。同一种类青绿饲料其品种不同，营养价值也有差异。

青绿饲料的生长阶段不同其营养价值也各异。幼嫩时期水分含量高，干物质中蛋白质含量较多而粗纤维较少。因此生长在早期阶段的各种牧草有较高的消化率，其营养价值也高。随着植物生长期的延长，水分、粗蛋白质等养分含量逐渐降低，而粗纤维特别是木质素的含量则逐渐上升，致使营养价值、适口性和消化率都逐渐降低。

植物体的部位不同其营养成分差别也很大。例如苜蓿的上部茎叶中粗蛋白质含量高于下部茎叶，而粗纤维含量则低于下部。一般来讲，茎秆中粗蛋白质含量低而粗纤维含量高，叶片中则恰恰相反，因此，叶片占全株的比例愈大，营养价值就愈高。

(三)气候条件

气候条件如气温、光照及雨量等对于青绿饲料的营养价值影响也较大。如在多雨地区或季节，土壤经常被冲刷，土壤中的钙质容易流失，故植物体内钙质积累较少；反之在干旱地区或季节，植物体内积累的钙质较多。在寒冷地区的植物，粗纤维含量较温暖地区高，粗蛋白质和粗脂肪的含量则较少。此外，生长在阳光充足的阳坡地的植物，粗蛋白质和六碳糖的含量显著高于阴坡地的植物。

(四)管理因素

牧地放牧制度的健全与否也影响到草地总的营养价值。放牧不足，植物变得粗老，营养价值降低；过度放牧则使许多优良草类如豆科牧草被频繁采食，以致不能恢复生长，逐渐从牧地上消失，使牧地总营养价值降低。此外，草地经常刈割可打断植物生长发育规律，使其恢复到生理上幼嫩的生长阶段，蛋白质和脂肪的含量可保持在一个较高水平，而粗纤维含量降低。

第二节　青绿饲料的饲用

一、青绿饲料在动物日粮中的用量

从动物营养的角度来说，青绿饲料是一种营养相对平衡的饲料，但因其水分含量高，干物质中消化能较低，从而限制了其潜在的营养优势。

青绿饲料在动物日粮中的用量，通常受动物种类的限制。对于草食动物，可以大量利用青绿多汁的饲料，也可以长期作为其唯一的饲料来源而并不影响生产力。

对单胃杂食动物（如猪、鸡）来说，由于青绿饲料干物质中含有较多数量的粗纤维，它们对粗纤维的消化主要在盲肠内进行，因而对青绿饲料的利用率较差。并且，青绿饲料容积较大，而猪、鸡的胃肠容积有限，使其采食量受到限制。因此，在猪禽饲粮中不能大量加入青绿饲料，但可作为一种蛋白质与维生素的良好来源适量搭配于饲粮中，以补充其饲料组成的不足，从而满足猪禽对营养的全面需要。

另外，青绿饲料含水量高，不易储藏和运输，除让家畜采食鲜草外，宜经适当加工处理（如青贮、打浆、晒制干草等）后饲用。

二、饲用青绿饲料时应注意的几个问题

（一）防止亚硝酸盐中毒

青绿饲料如蔬菜、饲用甜菜、萝卜叶、芥菜叶、油菜叶等均含有硝酸盐，硝酸盐本身无毒或低毒，但在细菌作用下，硝酸盐可被还原为具有毒性的亚硝酸盐。

青绿饲料堆放时间过长，发霉腐败，在锅里加热或煮后焖的时间过长，都会在细菌作用下，将硝酸盐还原为亚硝酸盐。青绿饲料在锅里焖 24～48 h，亚硝酸盐含量可达到 200～400 mg/kg。

亚硝酸盐中毒发病很快，多在 1 d 内死亡，严重者可在 0.5 h 内死亡。发病症状表现为：动物不安、腹痛、呕吐、流涎、口吐白沫、呼吸困难、心跳加快、全身震颤、行走摇晃、后肢麻痹，体温无变化或偏低，血液呈酱油色。

（二）防止氢氰酸（HCN）和氰化物（NaCN、KCN、$Ca(CN)_2$）中毒

氰化物是剧毒物质，即使在饲料中含量很低也会造成中毒。青绿饲料中一般不含氢氰酸，但在高粱苗、玉米苗、马铃薯幼芽、亚麻叶、蓖麻籽饼、三叶草、南瓜蔓中含氰苷配糖体，这些饲料堆放发霉或霜冻枯萎，在植物体内特殊酶的作用下，氰苷配糖体被水解生成氢氰酸。

氢氰酸中毒的症状为：腹痛、腹胀，呼吸困难而且快，呼出气体有苦杏仁味，行走站立不稳，可见黏膜由红色变为白色或紫色，肌肉痉挛，牙关紧闭，瞳孔放大，最后卧地不起，四肢划动、呼吸麻痹而死。

（三）防止草木樨中毒

草木樨本身不含有毒物质，但含有香豆素，当发霉腐败时，在细菌的作用下，可使香豆素变为双香豆素，与维生素 K 具有拮抗作用。

双香豆素中毒主要发生于牛，其他动物很少发生。中毒发生缓慢，通常饲喂霉变草木樨 2～3 周后发病。生产上，饲喂草木樨时应注意逐渐增加喂量，不能突然增加喂量，不要投喂发霉变质的草木樨。

（四）防止农药中毒

蔬菜园、棉花园、水稻田等刚喷过农药后，其临近的杂草或蔬菜不能用作饲料，等下过雨后或隔 1 个月后再割草利用，谨防引起农药中毒。

（五）防止某些植物因含有毒物而引起动物中毒

有些植物内含有毒物质，如夹竹桃、嫩栎树芽等，不能用来喂动物。

复习思考题

1.简述青绿饲料的营养特性。

2.影响青绿饲料营养价值的因素有哪些?

3.使用青绿饲料时应注意哪些问题?

第三章 青贮饲料

青贮饲料是指将新鲜的青绿饲料切短装入密封容器里，在厌氧条件下，经过以自然发酵或添加剂青贮调制成的一种具有特殊芳香气味、营养丰富的多汁饲料。青贮是保存青绿饲料的一种良好方法，通过青贮可以保持青绿饲料固有的营养特性，减少青绿饲料中营养物质的损失，并达到长期储存青绿饲料营养价值的目的。生产实践证明，饲料青贮是调剂青绿饲料欠丰，以旺养淡，以余补缺，合理利用青饲料的一项有效方法 。它可以扩大饲料资源，保证家畜常年均衡供应青绿多汁饲料。

本章主要阐述了青贮饲料的制作方法、品质评定以及饲喂技术。

第一节 青贮饲料的制作方法

一、常规青贮

(一)青贮原理

青贮发酵是一个复杂的微生物活动和生物化学变化过程，主要是利用乳酸菌的发酵作用。青贮过程为乳酸菌生长繁殖创造有利条件，使乳酸菌大量繁殖，将青贮原料中可溶性糖类变成乳酸，从而降低原料的 pH，当 pH 降至 3.8～4.0 并无氧状态时，抑制了有害微生物的生长，从而达到保存饲料的目的。因此，青贮的成败，主要决定于乳酸菌发酵的程度。

青贮发酵过程可分为 3 个阶段，即好气性菌活动阶段、乳酸菌发酵阶段和青贮稳定阶段。

(二)调制优良青贮料应具备的条件

在制作青贮饲料时，要使乳酸菌快速生长和繁殖，必须为乳酸菌创造良好的条件。有利于乳酸菌生长繁殖的条件是：青贮原料应具有一定的含糖量、适宜的含水量以及厌氧环境。

1.青贮原料应有适当的含糖量

乳酸菌要产生足够数量的乳酸，必须有足够数量的可溶性糖分。若原料中可溶性糖分很少，即使其他条件都具备，也不能制成优质青贮料。青贮原料中的蛋白质及碱性元素会中和一部分乳酸，只有当青贮原料中 pH 为 4.2 时，才可抑制微生物活动。因此乳酸菌形成乳酸，使 pH 达 4.2 时所需要的原料含糖量是十分重要的条件，通常把它叫作最低需要含糖量。原料中实际含糖量大于最低需要含糖量时容易青贮，否则难于青贮。

一般说来，禾本科饲料作物和牧草含糖量高，容易青贮；豆科饲料作物和牧草含糖量低，不易青贮。易于青贮的原料有玉米、高粱、禾本科牧草、甘薯藤、南瓜、菊芋、向日葵、芜菁、甘蓝等。不易青贮的原料有苜蓿、三叶草、草木樨、大豆、豌豆、紫云英、马铃薯茎叶等，只有与其他易于青贮的原料混贮或添加富含碳水化合物的饲料，或加酸，青贮才能成功。

2. 青贮原料应有适宜的含水量

青贮原料中含有适量水分，是保证乳酸菌正常活动的重要条件。水分含量过高或过低，均会影响青贮发酵过程和青贮饲料的品质。如水分过低，青贮时难以踩紧压实，窖内留有较多空气，造成好气性菌大量繁殖，使饲料发霉腐败。水分过多时易压实结块，利于酪酸菌的活动。同时植物细胞液汁被挤后流失，使养分损失。

乳酸菌繁殖活动，最适宜的含水量为 65%～75%。豆科牧草的含水量以 60%～70%为好。但青贮原料适宜含水量因质地不同而有差别，质地粗硬的原料含水量可达 80%，而收割早、幼嫩多汁的原料则以 60%较合适。判断青贮原料水分含量的简单办法是：将切碎的原料紧握手中，然后手自然松开，若仍保持球状，手有湿印，其水分含量为 68%～75%；若草球慢慢膨胀，手上无湿印，其水分为 60%～67%，适于豆科牧草的青贮；若手松开后，草球立即膨胀，其水分为 60%以下，只适于幼嫩牧草低水分青贮。

含水过高或过低的青贮原料，青贮时应处理或调节。对于水分过多的饲料，青贮前应稍晾干凋萎，使其水分含量达到要求后再青贮。如凋萎后还不能达到适宜含水量，应添加干料进行混合青贮。也可以将含水量高的原料和低水分原料按适当比例混合青贮，如玉米秸和甘薯藤和花生秧、玉米秸和紫花苜蓿是比较好的组合，但青贮的混合比例以含水量高的原料占 1/3 为适合。

3. 创造厌氧环境

为了给乳酸菌创造良好的厌氧生长繁殖条件，须做到原料切短，装实压紧，青贮窖密封良好。

青贮原料切短的目的是为了便于装填紧实，使窖内空气排出。同时原料切短或粉碎后，青贮时易使植物细胞渗出液汁，湿润表面，糖分流出附在原料表层，有利于乳酸菌的繁殖。切短程度应视原料性质和畜禽需要来定，对牛羊来说，细茎植物如禾本科牧草、豆科牧草、草地青草、甘薯藤、幼嫩玉米苗等，切成 3～4 cm 长即可；对粗茎植物或粗硬的植物如玉米、向日葵等，切成 2～3 cm 较为适宜。叶菜类和幼嫩植物，也可不切短青贮。对猪禽来说，各种青贮原料均应切得越短越好，细碎或打浆青贮更佳。

(三)青贮的步骤和方法

饲料青贮是一项突击性工作，事先要把青贮窖、青贮切碎机或铡草机和运输车辆进行检修，并组织足够人力，以便在尽可能短的时间完成。青贮的操作要点，概括起来要做到“六随三要”，即随割、随运、随切、随装、随踩、随封，连续进行，一次完成；原料要切短、装填要踩实、窖顶要封严。

1. 原料的适时收割

优质的青贮原料是调制优良青贮料的物质基础。适期收割，不但可以在单位面积上获得最大营养物质产量，而且水分和可溶性碳水化合物含量适当，有利于乳酸发酵，易于制成优质青贮料。一般收割宁早勿迟，随收随贮。

整株玉米青贮应在蜡熟期，即在干物质含量为 25%～35%时收割最好。其明显标记是，靠近籽粒尖的几层细胞变黑而形成黑层。检查方法是：在果穗中部剥下几粒，然后纵向切开或切下尖部寻找靠近尖部的黑层，如果黑层存在，就可刈割作整株玉米青贮。

收果穗后的玉米秸青贮，宜在玉米果穗成熟、玉米茎叶仅有下部 1～2 片叶枯黄时，立即收割玉米秸青贮；或玉米成熟时削尖后青贮，但削尖时果穗上部要保留一张叶片。

一般来说，豆科牧草宜在现蕾期至开花初期进行收割，禾本科牧草在孕穗至抽穗期收割，甘薯藤、马铃薯茎叶在收薯前 1～2 d 或霜前收割。原料收割后应立即运至青贮地点切短青贮。

2. 切短

少量青贮原料的切短可用人工铡草机，大规模青贮可用青贮切碎机。大型青贮料切碎机每小时可切 5～6 t，最高可切割 8～12 t。小型切草机每小时可切 250～800 kg。若条件具备，使用青贮玉米联合收获机，在田内通过机器一次完成割、切作业，然后送回装入青贮窖内，功效大大提高。

3. 装填压紧

青贮的装料过程越快越好，这样可以缩短原料在空气中暴露的时间，减少由于植物细胞呼吸作用造成的损失，也可避免好气性菌大量繁殖。装窖前，先将窖或塔打扫干净，窖底部可填一层 10～15 cm 厚的切短的干秸秆或软草，以便吸收青贮液汁。若为土窖或四壁密封不好，可铺塑料薄膜。装填青贮料时应逐层装入，每层装 15～20 cm 厚，即应踩实，然后再继续装填。装填时应特别注意四角与靠壁的地方，要达到弹力消失的程度，如此边装边踩实，一直装满并高出窖口 70 cm 左右。长方形窖或地面青贮时，可用拖拉机进行碾压，小型窖亦可用人力踏实。青贮料紧实程度是青贮成败的关键之一，青贮紧实度适当，发酵完成后饲料下沉不超过深度的 10%。

4. 密封

严密封窖，防止漏水漏气是调制优良青贮料的一个重要环节。窖装满压紧后立即覆盖，造成厌氧环境，促使乳酸菌的快速繁殖和乳酸的积累，保证青贮饲料的品质。青贮容器密封不好，进入空气或水分，有利于腐败菌、霉菌等繁殖，使青贮料变坏。填满窖后，先在上面盖一层切短秸秆或软草（厚 20～30 cm）或铺塑料薄膜，然后再用土覆盖拍实，厚 30～50 cm，并做成馒头形，有利于排水。青贮窖密封后，为防止雨水渗入窖内，距离四周约 1 m 处应挖排水沟。以后应经常检查，窖顶下沉有裂缝时，应及时覆土压实，防止雨水渗入。

二、半干青贮

半干青贮也称低水分青贮。青贮原料中的微生物不仅受空气和酸的影响，也受植物细胞质的渗透压的影响。低水分青贮料制作的基本原理是：青饲料刈割后，经风干水分含量达 45%～50%，植物细胞的渗透压达（55～60）×10^5 Pa。这种情况下，腐败菌、酪酸菌以至乳酸菌的生命活动接近于生理干燥状态，生长繁殖受到限制。因此，在青贮过程中，青贮原料中糖分的多少，最终的 pH 的高低已不起主要作用，微生物发酵微弱，有机酸形成数量少，碳水化合物保存良好，蛋白质不被分解。虽然霉菌在风干植物体上仍可大量繁殖，但在切短压实和青贮厌氧条件下，其活动也很快停止。

任何一种牧草或饲料作物，不论其含糖量多少，均可低水分青贮，难以青贮的豆科牧草如苜蓿、豌豆等尤其适合调制成低水分青贮料，从而为扩大豆科牧草或作物的加工调制范围开辟了新途径。

根据低水分青贮的基本原理和特点，制作时青贮原料应迅速风干，要求在刈割后 24～30 h 内，豆科牧草含水量应达 50%，禾本科达 45%。原料必须短于一般青贮，装填必须更紧实，才能造成厌氧环境以提高青贮品质。

三、添加剂青贮

（一）加酸青贮法

难青贮的原料加酸之后，很快使 pH 下降至 4.2 以下，抑制了腐败菌和霉素的活动，达到长期保存的目的。

加酸青贮常用的无机酸有盐酸、硫酸、磷酸等。有机酸有甲酸(蚁酸)和丙酸等,甲酸是很好的发酵抑制剂,一般用量为每吨青贮原料加纯甲酸 2.4～2.8 kg。添加甲酸可减少青贮中乳酸、乙酸含量,降低蛋白质分解,抑制植物细胞呼吸,增加可溶性碳水化合物与真蛋白含量。丙酸是防霉剂和抗真菌剂,能够抑制青贮中的好气性菌,作为好气性破坏抑制剂很有效,但作为发酵剂不如甲酸,其用量为青贮原料的 0.5%～1.0%。添加丙酸可控制青贮的发酵,减少氨氮的形成,降低青贮原料的温度,促进乳酸菌生长。

(二)添加尿素青贮

青贮原料中添加尿素,通过青贮微生物的作用,形成菌体蛋白,以提高青贮饲料中的蛋白质含量。尿素还可以抑制开窖后的二次发酵。尿素的添加量为原料重量的 0.5%。

(三)添加甲醛青贮

甲醛能抑制青贮过程中各种微生物的活动。40%的甲醛水溶液俗称福尔马林,常用于消毒和防腐。在青贮饲料中添加 0.15%～0.30%的福尔马林,能有效抑制细菌,发酵过程中没有腐败菌活动,但甲醛异味大,影响适口性。

(四)添加乳酸菌青贮

加乳酸菌培养物制成的发酵剂或由乳酸菌和酶母培养制成的混合发酵剂青贮,可以促进青贮料中乳酸菌的繁殖,抑制其他有害微生物的作用,这是人工扩大青贮原料中乳酸菌群体的方法。值得注意的是菌种应选择那些盛产乳酸而不产生乙酸和乙醇的同质型乳酸杆菌和球菌。一般每 1 000 kg 青贮料中加乳酸菌培养物 0.5 L 或乳酸菌制剂 450 g,每克青贮原料中加乳酸杆菌 10 万个左右。

(五)添加酶制剂青贮

在青贮原料中添加以淀粉酶、糊精酶、纤维素酶、半纤维素酶等为主的酶制剂,可使青贮料中部分多糖水解成单糖,有利于乳酸发酵。酶制剂由胜曲霉、黑曲霉、米曲霉等培养物浓缩而成,按青贮原料质量的 0.01%～0.25%添加,不仅能保持青饲料特性,而且可以减少养分的损失,提高青贮料的营养价值。豆科牧草苜蓿、红三叶添加 0.25%黑曲霉制剂青贮,与普通青贮料相比,纤维素减少 10.0%～14.4%,半纤维素减少 22.8%～44.0%,果胶减少 29.1%～36.4%。如酶制剂添加量增加到 0.5%,则含糖量可高达 2.48%,蛋白质提高 26.7%～29.2%。

四、谷物湿贮

用作饲料的谷物如玉米、高粱、大麦、燕麦等,收获后带湿储存在密封的青贮塔或水泥窖内,经过轻度发酵产生一定量的(0.2%～0.9%)有机酸(主要是乳酸和醋酸),以抑制霉菌和细菌的繁殖,使谷物得以保存。此法储存谷物,青贮塔或窖一定要密封不透气,谷物最好压扁或轧碎,可以更好地排出空气,降低养分损失,并利于饲喂。整个青贮过程要求从收获至储存 1 d 内完成,迅速造成窖内的厌氧条件,限制呼吸作用和好气性微生物繁殖。

第二节　青贮饲料的品质评定及利用

一、青贮饲料的品质评定

青贮饲料品质的优劣与青贮原料种类、刈割时期以及青贮技术等密切相关。正确青贮,一般经

17～21 d的乳酸菌发酵，即可开窖取用。通过品质鉴定，可以检查青贮技术是否正确，判断青贮料营养价值的高低。

(一)感官评定

开启青贮容器时，从青贮饲料的色泽、气味和质地等进行感官评定，见表2-3-1。

表2-3-1 青贮饲料的品质评定

等级	颜色	气味	结构质地
优良	绿色或黄绿色	芳香酒酸味	茎叶明显，结构良好
中等	黄褐或暗绿色	有刺鼻酸味	茎叶部分保持原状
低劣	黑色	腐臭味或霉味	腐烂，污泥状

1. 色泽

优质的青贮饲料非常接近于作物原先的颜色。若青贮前作物为绿色，青贮后仍为绿色或黄绿色最佳。青贮器内原料发酵的温度是影响青贮饲料色泽的主要因素，温度越低，青贮饲料就越接近于原先的颜色。对于禾本科牧草，温度高于30℃，颜色变成深黄；当温度为45～60℃，颜色近于棕色；超过60℃，由于糖分焦化近乎黑色。一般来说，品质优良的青贮饲料颜色呈黄绿色或青绿色，中等的为黄褐色或暗绿色，劣等的为褐色或黑色。

2. 气味

品质优良的青贮料具有轻微的酸味和水果香味。若有刺鼻的酸味，则醋酸较多，品质较次。腐烂腐败并有臭味的则为劣等，不宜喂家畜。总之，芳香而喜闻者为上等，而刺鼻者为中等，臭而难闻者为劣等。

3. 质地

植物的茎叶等结构应当能清晰辨认，结构破坏及呈黏滑状态是青贮腐败的标志，黏度越大，表示腐败程度越高。优良的青贮饲料，在窖内压得非常紧实，但拿起时松散柔软，略湿润，不粘手，茎叶花保持原状，容易分离。中等青贮饲料茎叶部分保持原状，柔软，水分稍多。劣等的结成一团，腐烂发黏，分不清原有结构。

(二)化学分析鉴定

分析测定青贮饲料的pH、氨态氮和有机酸(乙酸、丙酸、丁酸、乳酸的总量和构成)可以判断其发酵情况。

1. pH(酸碱度)

pH是衡量青贮饲料品质好坏的重要指标之一。实验室测定pH，可用精密雷磁酸度计测定，生产现场可用精密石蕊试纸测定。优良青贮饲料pH在4.2以下，超过4.2(低水分青贮除外)说明青贮发酵过程中，腐败菌、酪酸菌等活动较为强烈。劣质青贮饲料pH在5.5～6.0之间，中等青贮饲料的pH介于优良与劣等之间。

2. 氨态氮

氨态氮与总氮的比值是反映青贮饲料中蛋白质及氨基酸分解的程度，比值越大，说明蛋白质分解越多，青贮质量不佳。

3. 有机酸含量

有机酸总量及其构成可以反映青贮发酵过程的好坏，其中最重要的是乳酸、乙酸和丁酸，乳酸所占比例越大越好。优良的青贮饲料,含有较多的乳酸和少量醋酸,而不含酪酸。品质差的青贮饲料,含酪酸多而乳酸少。见表 2-3-2。

表 2-3-2　不同青贮饲料中各种酸含量　%

等级	pH	乳酸	醋酸		丁酸	
			游离	结合	游离	结合
良好	4.0～4.2	1.2～1.5	0.7～0.8	0.1～0.15	—	—
中等	4.6～4.8	0.5～0.6	0.4～0.5	0.2～0.3	—	0.1～0.2
低劣	5.5～6.0	0.1～0.2	0.1～0.15	0.05～0.1	0.2～0.3	0.8～1.0

二、青贮饲料的利用

(一)取用方法

青贮过程进入稳定阶段,一般糖分含量较高的玉米秸秆等经过一个月,即可发酵成熟,开窖取用,或待冬春季节饲喂家畜。

开窖取用时,如发现表层呈黑褐色并有腐败臭味时,应把表层弃掉。对于直径较小的圆形窖,应由上到下逐层取用,保持表面平整。对于长方形窖,自一端开始分段取用,不要挖窝掏取,取后最好覆盖,以尽量减少与空气的接触面。每次用多少取多少,不能一次取大量青贮料堆放在畜舍慢慢饲用,要用新鲜青贮料。青贮料只有在厌氧条件下,才能保持良好品质,如果堆放在畜舍里和空气接触,就会很快地感染霉菌和杂菌,使青贮料迅速变质。尤其是夏季,正是各种细菌繁殖最旺盛的时候,青贮料也最易霉坏。

(二)饲喂技术

青贮饲料可以作为草食家畜牛羊的主要粗饲料,一般占饲粮干物质的 50 %以下,需与精料和优质干草搭配使用。刚开始喂时家畜不喜食,逐渐适应后即可习惯采食。训练方法是,先空腹饲喂青贮料,再饲喂其他草料;先将青贮料拌入精料喂,再喂其他草料;先少喂后逐渐增加;或将青贮料与其他料拌在一起饲喂。由于青贮饲料含有大量有机酸,具有轻泻作用,因此母畜妊娠后期不宜多喂,产前 15 d 停喂。劣质的青贮饲料有害畜体健康,易造成流产,不能饲喂。冰冻的青贮饲料也易引起母畜流产,应待冰融化后再喂。

不同家畜不同阶段饲喂青贮饲料量不同。成年牛每 100 kg 体重日喂量(kg):泌乳牛 5～7 kg,肥育牛 4～5 kg,役牛 4～4.5 kg,种公牛 1.5～2.0 kg。绵羊每 100 kg 体重日喂量:成年羊 4～5 kg,羔羊 0.4～0.6 kg。奶山羊每 100 kg 体重日喂量:泌乳母羊 1.5～3.0 kg,青年母羊 1.0～1.5 kg,公羊为 1.0～1.5 kg。马的日喂量:役马每匹每天可喂 12～15 kg,种母马和 1 岁以上的幼驹每天可喂 6～10 kg。

复习思考题

1. 常规青贮饲料制作的原理是什么?
2. 简述调制优良青贮饲料应具备的条件。
3. 特种青贮有哪些?
4. 如何合理利用青贮饲料?
5. 青贮饲料品质鉴定的方法有哪些?

第四章 粗饲料

根据前述国际饲料分类原则，粗饲料(roughage)是指饲料干物质中粗纤维含量大于或等于18%，并以风干形式饲喂的饲料，主要包括干草类，农副产品类(壳、荚、秸、秧、藤)、树叶、糟渣类等。粗饲料的特点是能量价值低，粗纤维含量高，可达25%～45%，可消化营养成分含量较低，有机物消化率在70%以下，质地较粗硬，适口性差。虽然粗饲料消化率低，但它来源广，数量大，不仅是草食动物不可缺少的饲料种类，对单胃动物也有促进肠胃蠕动和增强消化力的作用。

粗饲料是重要的饲料资源，若对其进行适当的加工处理并运用于畜牧生产，必将获得巨大的生产、生态、经济和社会效益。长期以来，如何开发利用这类饲料，是众多畜牧学家和动物养殖经营者都关注的问题，特别是目前全国各地大力提倡发展草食动物的形式下更显其重要性。

本章重点介绍了青干草的营养价值及调制方法、几种主要的秸秆、秕壳及树叶类饲料，并对粗饲料的加工调制方法进行阐述。

第一节 青干草与草粉

青干草(green hay)是将牧草及青绿饲料作物在质量和产量最好的时期刈割，经自然或人工干燥调制而成长期保存的饲草。青干草可常年供家畜饲用。优质的干草，颜色青绿，气味芳香，质地柔软，叶片不脱落或脱落很少，绝大部分的蛋白质和脂肪、矿物质、维生素被保存下来，是家畜冬季和早春不可缺少的饲草。

青干草是草食家畜所必备的饲草，是秸秆等不可替代的饲料种类，不同类型畜牧生产实践表明，只有优质的青干草才能保证家畜的正常生长发育，才能获得优质高产的畜产品。

调制青干草，方法简便，成本低，便于长期大量储藏，在畜禽饲养上有重要作用。随着农业现代化的发展，牧草的刈割、搂草、打捆机械化，青干草的质量也在不断提高。

一、青干草调制的方法

长期以来，大部分国家和地区青干草调制的方法主要是自然干燥法，即选择适宜的时期和晴朗的天气刈割牧草，然后晒制而成。而一些畜牧业发达的国家也采用人工干燥法，人工干燥法调制的青干草品质好，但成本高。这里介绍国内外常用的青干草调制的方法。

(一)田间干燥法

田间晒制干草(hay curing)可根据当地气候、牧草生长、人力及设备等条件，分别确定平铺晒草法、小堆晒草法或平铺小堆结合晒草法，以达到更多地保存青饲料中的养分的目的。

作物、牧草种类不同，饲草刈割期不同。一般栽培的豆科牧草在初花期、禾本科牧草在抽穗开花期刈割。天然牧草可在夏秋季刈割，但以夏季刈割调制的青草品质较优。人工栽培牧草应尽量采取非雨季节调制干草的方法。如河南、河北、山东、陕西等省栽培苜蓿，可用第一茬(5 月份)晒草，第二、三茬(正处于 7—9 月份雨季)作青饲料用。

平铺晒草法虽干燥速度快，但养分损失大，故目前多采用平铺与小堆结合晒草法。具体方法是：青草刈割后即可在原地或另选一地势较高处将青草摊开曝晒，每隔数小时翻草一次，以加速水分蒸发。一般是早上刈割，傍晚叶片已凋萎，其水分估计已降至 50%左右，此时就可把青草集成约 1 m 的小堆，每天翻动 1 次，使其逐渐风干。如遇天气恶化，草堆外层宜盖草苫或塑料布，以防雨水冲淋。天气晴朗时，再倒堆翻晒，直至干燥。

田间平铺与小堆结合晒草法的优点是：①初期干燥速度快，可减少植物细胞呼吸作用造成的养分损失；②后期接触阳光曝晒面积小，能更好地保存青草中的胡萝卜素，同时因堆内干燥，可适当发酵，产生一定酯类物质，使干草具有特殊香味；③茎叶干燥速度趋于一致，可减少叶片嫩枝的破损脱落；④遇雨时，便于覆盖，不致受到雨水淋洗，造成水分的大量损失。

(二)草架干燥法

在湿润地区或多雨季节晒草，地面干燥容易导致牧草腐烂和养分损失，故宜采用草架(hay frame)干燥。用草架干燥，可先在地面干燥 4～10 h，含水量降到 40%～50%时，然后自下而上逐渐堆放。草架干燥方法，虽然要花费一定经费建造草架，并多耗费一定劳力，但能减少雨淋的损失，通风好，干燥快，能获得品质优良的青干草，营养损失也少。

(三)化学制剂干燥法

近几年来，国内外研究用化学制剂加速豆科牧草的干燥速度，应用较多的有碳酸钾、碳酸钾加长链脂肪酸混合液、碳酸氢钠等。其原理是这些化学物质能破坏植物体表面的蜡质层结构，促进植物体内的水分蒸发，加快干燥速度，减少豆科牧草叶片脱落，从而减少了蛋白质、胡萝卜素和其他维生素的损失。但成本较前田间干燥和草架干燥方法高，适宜在大型草场进行。

(四)人工干燥法

人工干燥法(artificial hay drying)是通过人工热源加温使饲料脱水。温度越高，干燥时间越短，效果越好。150℃干燥 20～40 min 即可；温度高于 500℃，6～10 s 即可。高温干燥的最大优点是，时间短，不受雨水影响，营养物质损失小，能很好地保留原料本色。但机器设备耗资巨大，一台大型烘干设备安装至利用需几百万元，且干燥过程耗资多，故应慎用。

二、青干草的营养价值

青干草的营养价值与原料种类、生长阶段、调制方法有关。一般豆科青干草的营养价值优于禾本科青干草，尤其是前者含有较丰富的蛋白质和钙；人工干燥的优质青干草的营养价值较高，与精饲料相近，而劣质的青干草营养价值较低，几乎与秸秆相当；青干草粗纤维含量高，为 20%～35%，但其中纤维的消化率较高；此外，干草中矿物元素含量丰富，一些豆科牧草中的钙含量超过 1%，足以满足一般家畜需要；田间晒制的干草中维生素 D 含量丰富，但其他营养物质的损失较多。

三、草粉生产

草粉(grass powder)是将青干草粉碎而成的产品，它与草捆、草颗粒一样，属于草产品，而且是一种主要的草品形式。优质草粉是近几年新兴起的配合饲料的重要原料，在畜禽尤其是单胃畜禽养殖业中发挥着愈来愈重要的作用。

加工草粉的原料主要是紫花苜蓿、三叶草等优质豆科牧草以及豆科与禾本科混播的牧草,优良的黑麦草、黑麦、羊草等禾本科牧草也可作为原料。生产草粉时对牧草的质量要求较高,故对刈割期的选择尤为重要,一般在牧草蛋白质和维生素含量以及产量较高的时期刈割,具体刈割期与青干草基本类同。采用先平铺后小堆的田间干燥或人工烘干有利于保持草粉的绿色和良好的品质。牧草干燥至水分含量为13%～15%时,用锤片式粉碎机粉碎。粉碎的粒度依据饲养畜禽的种类而定,一般在鱼类饲料中应用粉碎细度为60目,至少过40目筛,禽类饲料和仔猪比鱼类稍粗些,草屑长度1 mm左右为宜,育肥猪和母猪草屑可长至2 mm左右。为了减少草粉在储存过程中的营养损失和便于运输,生产中常把草粉压制成草颗粒。一般草粒的容重为草粉的2～2.5倍,减少草的运输体积,同时减少了与空气的接触面积,减少养分的氧化。并且在压制过程中,还可加入抗氧化剂,以减少胡萝卜素及其他维生素的损失。

优质的草粉具有蛋白质、维生素、β-胡萝卜素含量高的特点,可在反刍动物和单胃动物饲粮中应用。如在现蕾至初花期刈割并且调制良好的优质紫花苜蓿草粉,在雏鸡和产蛋鸡饲粮中可用至5%,青年鸡饲料中可用至15%;育肥猪和母猪饲粮中可分别用至10%～15%;兔饲粮中可用至20%～50%。

第二节　稿秕与饲用林产品饲料

稿秕饲料即农作物秸秆秕壳,其来源广,数量多,总量是粮食产量的1～4倍之多。这类饲料最大的营养特点是粗纤维含量高,一般都在30%以上;质地坚硬,粗蛋白质含量很低,一般不超过10%;粗灰分含量高,有机物的消化率一般不超过60%。

稿秕饲料对于草食家畜尤为重要,在某种情况下(如冬季耕牛),它们还是唯一的家畜饲料。另一方面,草食家畜消化道容积大,可采用秸秆等粗饲料来填充,以保证消化器官的正常蠕动,使家畜有饱感。对于奶牛,饲粮中使用一定比例的秸秆饲料,可提高奶的乳脂率。

一、秸秆饲料

秸秆是指农作物在籽实成熟并收获后的剩余副产品,即茎秆和枯叶。我国秸秆饲料主要有稻草、玉米秸、麦秸、豆秸和谷草等。

(一)稻草

稻草(rice straw)是水稻收获后剩下的茎叶,其营养价值很低,但数量非常大。据统计,我国稻草产量为1.88亿t,因此应引起注意。研究表明,牛、羊对其消化率为50%左右,猪一般在20%以下。

(二)玉米秸

玉米秸(corn stover)具有光滑外皮,质地坚硬,一般作为反刍家畜的饲料,若用来喂猪,则难于消化。反刍家畜对玉米秸粗纤维的消化率在65%左右,对无氮浸出物的消化率在60%左右。玉米秸青绿时,胡萝卜素含量较高,为3～7 mg/kg。

生长期短的夏播玉米秸,比生长期长的春播玉米秸粗纤维少,易消化。同一株玉米,上部比下部的营养价值高,叶片又比茎秆的营养价值高,牛、羊较为喜食。玉米秸的营养价值优于玉米芯,而和玉米苞叶的营养价值相似。

玉米秸的饲用价值低于稻草。为了提高玉米秸的饲用价值，一方面，在果穗收获前，在植株的果穗上方留下一片叶后，削取上梢饲用，或制成干草、青贮料。割取青梢由于改善了通风和光照条件，并不影响籽实产量。另一方面，收获后立即将全株分成上半株或上 2/3 株切碎直接饲喂或调制成青贮饲料。

(三)麦秸

麦秸(wheat straw)的营养价值因品种、生长期的不同而有所不同。常用作饲料的有小麦秸、大麦秸和燕麦秸。

小麦秸粗纤维含量高，并含有硅酸盐和蜡质，适口性差，营养价值低。小麦秸主要用于饲喂牛、羊，经氨化或碱化处理后效果较好。

大麦秸的产量比小麦秸要低得多，但适口性和粗蛋白质含量均高于小麦秸，可作为反刍动物的饲料。在麦类秸秆中，燕麦秸是饲用价值最好的一种。

(四)豆秸

豆秸(soybean stem)有大豆秸、豌豆秸和蚕豆秸等种类。由于豆科作物成熟后叶子大部分凋落，因此豆秸主要以茎秆为主，茎已木质化，质地坚硬，维生素与蛋白质也减少，但与禾本科秸秆相比较，其粗蛋白质含量和消化率都较高。

大豆秸适于喂反刍家畜，尤其适于喂羊。在各类豆秸中豌豆秸营养价值最高，但是新豌豆秸水分较多，容易腐败变黑，要及时晒干后储存。在利用豆秸类饲料时，要很好地加工调制，搭配其他精粗饲料混合饲喂。

(五)谷草

谷草(millet straw)即粟的秸秆，其质地柔软厚实，适口性好，营养价值高。在各类禾本科秸秆中，以谷草的品质最好，是马、骡的优良粗饲料，还可铡碎喂牛、羊，与野干草混喂，效果更好。

部分秸秆饲料营养成分见表 2-4-1。

表 2-4-1　秸秆的营养成分与营养价值(干物质基础)

饲料	产奶净能/(MJ/kg)	增重净能/(MJ/kg)	消化能/(MJ/kg)	粗蛋白/%	粗纤维/%	钙/%	磷/%
稻草	3.6～4.4	0.2～0.5	7.3	2.7～3.8	28～35	0.08～0.16	0.04～0.06
玉米秸	6.1～6.4	3.1～3.5	—	6.5	24～28	0.43	0.25
小麦秸	3.4	0.4	6.2	3.1～5.0	35.6～44.7	0.06～0.28	0.03～0.07
大麦秸	2.9～4.4	1.4	8.2	5.5～6.1	35.5～38.2	0.06～0.15	0.02～0.07
燕麦秸	7.73	1.8	—	7.5	28.4	0.18	0.01
谷草	4.30	1.2	8.3	5.0	35.9	0.37	0.03
高粱秸	4.56	1.55	8.08	3.9	35.6	—	—
大豆秸	2.9～3.0	—	8.20	5.1～9.8	48～54	1.33	0.22
豌豆秸	4.1	1.0～1.2	8.20	16.4	—	—	—
花生秸	5～5.6	2.1	—	12～14.3	24.6～32.4	2.69	0.04
甘薯藤	4.60	1.6	—	9.2	32.4	1.76	0.13

二、秕壳饲料

农作物收获脱粒时，除分出秸秆外还分离出许多包被籽实的颖壳、荚皮与外皮等，这些物质统称为秕壳(hull)。由于脱粒时常沾染很多尘土异物，也混入一部分瘪的籽实和碎茎叶，这样使它们的成分与营养价值往往有很大的变异。总的看来，除稻壳、花生壳外，一般秕壳的营养价值略高于同一作物的秸秆。

(一)豆荚类

如大豆荚、豌豆荚、蚕豆荚等。无氮浸出物含量为42%～50%，粗纤维为33%～40%，粗蛋白为5%～10%，牛和绵羊消化能分别为7.0～11.0 MJ/kg、7.0～7.7 MJ/kg，饲用价值较好，尤其适于反刍家畜利用。

(二)谷类皮壳

有稻壳、小麦壳、大麦壳、荞麦壳和高粱壳等。这类饲料的营养价值仅次于豆荚，但数量大，来源广，值得重视。其中稻壳的营养价值很差，对牛的消化能低，适口性也差，仅能勉强用作反刍家畜的饲料。另外大麦秕壳带有芒刺，易损伤口腔黏膜引起口腔炎，应当注意。几种谷类皮壳的营养成分见表2-4-2。

表2-4-2 谷类皮壳的营养成分

类别	干物质/%	粗蛋白质/%	粗脂肪/%	粗纤维/%	无氮浸出物/%	粗灰分/%	消化能/(MJ/kg)		钙/%	磷/%
							牛	绵羊		
稻壳	92.4	2.8	0.8	41.1	29.2	18.4	1.84	2.64	0.08	0.07
小麦壳	92.6	5.1	1.5	29.8	39.4	16.7	6.82	6.15	0.20	0.14
大麦壳	93.2	7.4	2.1	22.1	55.4	6.3	10.04	10.33	—	—
荞麦壳	87.8	3.0	0.8	42.6	39.9	1.4	2.68	2.55	0.26	0.02
高粱壳	88.3	3.8	0.5	31.4	37.6	15.0	—	—	—	—

(三)其他秕壳

一些经济作物副产品如花生壳、油菜壳、棉籽壳、玉米芯和玉米苞叶等也常用作饲料。这类饲料营养价值很低(表2-4-3)，须经粉碎与精料、青绿多汁饲料搭配使用，主要用于饲喂牛、羊等反刍家畜。棉籽壳含少量棉酚(约0.068%)，饲喂时要小心，以防引起中毒。

表2-4-3 几种经济作物副产品(风干)的营养成分

类别	干物质/%	粗蛋白质/%	粗脂肪/%	粗纤维/%	无氮浸出物/%	粗灰分/%	消化能/(MJ/kg)		钙/%	磷/%
							牛	绵羊		
花生壳	91.5	6.6	1.2	59.8	19.4	4.4	3.10	3.97	0.25	0.06
油菜壳	87.7	3.1	4.7	36.9	36.8	6.2	—	—	—	—
棉籽壳	90.9	4.0	1.4	40.9	34.9	2.6	8.70	7.24	0.13	0.06
玉米芯	89.8	2.8	0.7	31.1	53.7	1.6	8.28	8.28	0.11	0.04
玉米苞叶	88.6	3.3	0.8	29.3	52.0	3.2	8.87	9.67	0.16	0.13

三、树叶和其他饲用林产品

我国树木资源丰富，除少数不能饲用外，大多数树叶（包括青叶和秋后落叶）及其嫩枝和果实都可用作畜禽饲料。有些优质青树叶还是畜禽很好的蛋白质和维生素饲料来源，如紫穗槐叶、洋槐叶和银合欢叶等。树叶虽是粗饲料，外观虽硬，但营养丰富，其营养价值远优于秸秕类。青干叶经粉碎后制成叶粉，可以代替部分精料喂猪、鸡、鱼，并具有改善畜产品外观和风味之目的。

树叶的营养成分随产地、品种、季节、部位和调制方法不同而异，一般鲜叶嫩叶营养价值最高，其次为青干叶粉，青落叶、枯黄干叶营养价值最差。

树叶喂猪、鸡也是非常好的饲料，但需制成叶粉。仔猪、育肥猪、笼养蛋鸡饲粮中的添加量可分别达到5%、10%和5%。除树叶以外，许多树木的籽实，如橡子、槐豆也可喂猪。有些含油较多的树种，其油渣可以喂猪。果园的残果、落果更是猪的良好多汁饲料。

有些树叶中含有单宁，有涩味，家畜不喜采食，必须加工调制（发酵或青贮）再喂。有的树木有剧毒，如荚竹桃等，要严禁饲喂。

第三节　粗饲料的加工调制

粗饲料的营养价值低，经过适宜的加工处理，可明显提高其营养价值。大量科学研究和生产实践证明，粗饲料经一般粉碎处理可提高采食量7%；加工制粒可提高采食量37%；而经化学处理可提高采食量18%～45%和有机物的消化率30%～50%。因此，粗饲料的合理加工处理对开发粗饲料资源具有重要的意义。目前，粗饲料加工调制的主要途径有物理、化学和生物学处理3种。

一、物理加工

（一）机械加工

机械加工是指利用机械将粗饲料铡短、粉碎或揉碎，这是粗饲料利用最简便而又常用的方法。尤其是秸秆饲料比较粗硬，加工后便于咀嚼，减少能耗，提高采食量，并减少饲喂过程中的饲料浪费。

1. 铡短

利用铡草机将粗饲料切短至1～2 cm，稻草较柔软，可稍长些，而玉米秸秆较粗硬且有结节，以1 cm左右为宜。玉米秸青贮时，应使用铡草机切短至2 cm左右，以便于踩实。

2. 粉碎

粗饲料粉碎可提高饲料利用率和便于混拌精饲料。冬春季节饲喂绵羊、山羊的粗饲料应加以粉碎，但不应粉碎太细，否则会影响反刍。粉碎机筛底孔径以8～10 mm为宜。优质花生秧等在用作猪、禽配合饲料的干草粉时，要粉碎成较细的粉状，以便充分搅拌。

3. 揉碎

揉碎机械是近几年来推出的新产品。为适应反刍家畜对粗饲料利用的特点，将秸秆饲料揉搓成丝条，尤其适于玉米秸的揉碎，可饲喂牛、羊、骆驼等反刍家畜。秸秆揉碎不仅可提高适口性，也提高了饲料利用率，是当前秸秆饲料利用比较理想的加工方法。

(二)热加工

热加工主要指蒸煮、膨化和高压蒸汽裂解 3 种方法。

1. 蒸煮

将切碎的粗饲料放在容器内加水蒸煮，以提高秸秆饲料的适口性和消化率。吉林省延边朝鲜族自治州的农民，多年来都有蒸煮稻草的习惯，有时还添加入尿素，以增加饲料中粗蛋白质的含量。据报道，在压力 2.07×10^6 Pa 下处理稻草 1.5 min，可获得较好的效果。如压力为$(7.8\sim8.8)\times10^5$ Pa 时，需处理 30～60 min。

2. 膨化

膨化是利用高压水蒸气处理后突然降压以破坏纤维结构的方法，对秸秆甚至木材都有效果。膨化可使木质素低分子化和分解结构性碳水化合物，从而增加可溶性成分。内蒙古提出了热喷处理工艺，麦秸在气压 7.8×10^5 Pa 处理 10 min，喷放压力为$(1.37\sim1.47)\times10^6$ Pa 时，干物质消化率和动物增重速度均有显著提高。但因膨化设备投资较大，目前在生产上尚难以广泛应用。

3. 高压蒸汽裂解

高压蒸汽裂解是将各种农林副产物，如稻草、蔗渣、刨花、树枝等置入热压器内，通入高压蒸汽，使物料连续发生蒸汽裂解，以破坏纤维素—木质素的紧密结构，并将纤维素和半纤维素分解出来，以利于牛羊消化。此法与膨化法一样实用性较差。

(三)盐化

盐化(salt treat)是指用 1%的食盐水，与等重量的铡短或粉碎的秸秆充分搅拌后，放入容器内或在水泥地面堆放，用塑料薄膜覆盖，放置 12～24 h，使其自然软化，可明显提高适口性和采食量。在东北地区广泛利用，效果良好。

(四)其他

除上述 3 种途径外，还有利用射线照射以增加饲料的水溶性部分，提高其饲用价值。有人曾用 γ 射线对低质饲料进行照射，有一定的效果，但由于设备造价高，难以在生产上应用。

二、化学处理

利用酸碱等化学物质对劣质粗饲料——秸秆饲料进行处理，破坏木质素与多糖(纤维素、半纤维素)之间的酯键，分解其中难于消化的部分，使饲料变软，以提高其饲用价值。化学处理粗饲料的方法主要有碱化、氨化和酸处理 3 种。

(一)碱化处理

碱化(alkalize)作用是通过碱类物质的氢氧根离子打断木质素与半纤维素之间的酯键，把镶嵌在木质素—半纤维素复合物中纤维素释放出来，同时，碱类物质还能溶解半纤维素，也有利于反刍动物对饲料的消化，提高粗饲料的消化率。碱化处理所用原料，主要是氢氧化钠和石灰水。

1. 氢氧化钠处理

早在 1921 年德国化学家贝克曼首次提出“湿法处理”，即将秸秆放在盛有 1.5%氢氧化钠溶液池内浸泡 24 h，然后用水反复冲洗至中性，湿喂或晾干后喂反刍家畜，有机物消化率可提高 25%。此法用水量大，许多有机物被冲掉，且污染环境。1964 年威尔逊等提出了改进方法，用占秸秆重量 4%～5%的氢氧化钠，配制成 30%～40%溶液，喷洒在粉碎的秸秆上，堆放数日，不经冲洗直接喂用,可提高有机物消化率 12%~20%,称为“干法处理”。这种方法虽较“湿法”有较多改进,但牲畜采食后粪便中含有相当数量的钠离子,对土壤和环境也有一定程度的污染。

2. 石灰水处理

生石灰加水后生成的氢氧化钙,是一定弱碱溶液,经充分熟化和沉积后,用上层的澄清液(即石灰乳)处理秸秆。具体方法是:每 100 kg 秸秆,需 3 kg 生石灰,加水 200~300 kg,将石灰乳均匀喷洒在粉碎的秸秆上,堆放在水泥地面上,经 1~2 d 后可直接饲喂牲畜。这种方法成本低,生石灰来源广,方法简便,效果明显。苏联在 30~40 年代就广泛应用,我国在许多地方也有采用此方法的。

(二)氨化处理

氨化(ammoniate)处理秸秆饲料始于 70 年代,近年来世界各国普遍采用。氨化饲料制作方法简便,氨化后的秸秆质地松软,气味糊香,颜色棕黄,提高了饲料的适口性,增加了采食量,饲料营养价值提高显著,是牛、羊反刍家畜良好的粗饲料。

1. 氨化原理

秸秆饲料蛋白质含量低,当与氨相遇时,其有机物与氨发生氨解反应,破坏木质素与多糖(纤维素、半纤维素)链间的酯键结合,并形成铵盐,成为牛、羊瘤胃内微生物的氮源。同时,氨溶于水形成氢氧化铵,对粗饲料有碱化作用。因此,氨化处理是通过氨化与碱化双重作用以提高秸秆的营养价值。秸秆经氨化处理后,粗蛋白质含量可提高 100%~150%,纤维素含量降低 10%,有机物消化率提高 20%以上。

2. 氨化方法

氨化饲料的质量,受秸秆饲料本身的质地优劣、氨源的种类及氨化方法诸多因素的影响。氨化处理方法多种多样,可因地制宜。

(1)原料选择　秸秆原料最好是新鲜的,要铡短或揉碎,垛放的原料只要不发生霉变,也可用。

(2)氨源选择　氨源的种类很多,国外多利用液氨,需有专用设备,进行工厂化加工或流动服务;我国广大农村多利用尿素、碳酸氢铵作氨源;靠近化工厂的地方,氨水价格便宜,也可作为氨源使用。

(3)氨化方法　氨化的方法有堆垛法、氨化池(炉、室、窖、缸)氨化法、塑料袋法等。

表 2-4-4 是氨化饲料的一些处理方法。

表 2-4-4　氨化处理粗饲料的方法

氨源	处理方法	条件
氨水或无水氨	(1)将原料垛成方形或圆形垛,用聚乙烯薄膜盖严,注入氨	按 DM 计,加入 3%~3.5%氨,原料水分 15%~20%,在温度 5~15℃条件处理1~8周
	(2)草捆装入聚乙烯塑料袋中,分别用氨处理	按 DM 计,加入 3%~3.5%氨,原料水分 15%~20%,在温度 5~15℃条件处理1~8周
无水氨	(1)在密封箱或室中进行,无须加热	按 DM 计,加入 3%~3.5%氨,原料水分 15%~20%,在温度 5~15℃条件处理1~8周
	(2)在氨化炉内进行,加热	温度 90℃,3%~3.5%氨化处理 17 h,静置 5 h,换入新鲜空气

续表 2-4-4

氨源	处理方法	条件
尿素	(1)将原料青贮在土坑、青贮窖或成堆青贮 (2)将原料切短或磨细,加入尿素后制粒	5%尿素水溶液与原料按 50∶50 混合,>20℃温度下青贮 1 周以上 2%~3%的尿素液,温度不低于 133℃,原料水分 15%~20%
碳酸铵或碳酸氢铵	按尿素处理(1)方法进行,用量为秸秆重的 10%~12%	温度 60~110℃

(4)氨化步骤　①选择场地:氨化场地要选在向阳、干燥、地势较高的地方。②选择时间:以8~10 月或 4~6 月为好,尤以 8~9 月最好。要选择晴朗、高温天气进行。③选择氨源:根据实际情况选择合适的氨源,生产上应用最多的是尿素。④堆垛装窖:将处理好的原料平铺平堆,每次装填厚度为 3~5 cm,具体装填量视垛、窖或室面积大小而定,边装边踩实,直到装满窖口,高出 0.5m 左右。装窖要连续作业,当日装窖,当日封窖。⑤喷洒注氨:根据原料用量准确计算氨源的用量并配制好。若用尿素或碳酸氢铵作为氨源,需边装填边均匀喷洒氨源溶液;若用氨水或无水氨作为氨源,则需装填完毕再注入原料中。⑥密封氨化:装窖后用塑料布封严四周,上面再盖上土,防止漏气、透风。

3.氨化饲料的使用

(1)品质鉴定　氨化好的秸秆呈棕色或深黄色、褐色,发亮,颜色越深越好;打开时有强烈的氨味,放氨后有糊香味或酸面包味,味越大越好;质地柔软,发散,放氨后干燥,手插入温度不高。

(2)饲喂　必须将氨味完全放掉,呈糊香味时方可饲喂,切不可用带氨味的饲料饲喂;要进行训饲,开始饲喂时应少给勤添;最好是拌料喂,也可单独喂,但要注意补充其他养分;注意霉烂的部分不能饲用;应储存在室、窖、垛或塑料袋内,若放在露天日晒、风吹、雨淋会降低它的质量。

(三)酸处理

使用硫酸、盐酸、磷酸和甲酸处理秸秆饲料称为酸处理(acidize),其原理和碱化处理相同,用酸破坏木质素与多糖(纤维素、半纤维素)链间的酯键结合,以提高饲料的消化率。但酸处理成本太高,在生产上很少应用。

(四)氨-碱复合处理

为了使秸秆饲料既能提高营养成分含量,又能提高饲料的消化率,把氨化与碱化二者的优点结合利用。即秸秆饲料氨化后再进行碱化。如稻草氨化处理的消化率仅 55%,而复合处理后则达到 71.2%。当然复合处理投入成本较高,但能够充分发挥秸秆饲料的经济效益和生产潜力。

三、生物学处理

粗饲料的生物学处理主要指微生物的处理,其主要原理是利用某些有益微生物,在适宜培养的条件下,分解秸秆中难以被家畜利用的纤维素或木质素,并增加菌体蛋白、维生素等有益物质,软化秸秆,改善味道,从而提高粗饲料的营养价值。微生物种类很多,但用于饲料生产真正有价值的是乳酸菌、纤维分解菌和某些真菌。应用这些微生物加工调制的粗饲料与青贮饲料、发酵饲料一样,也是在厌氧条件下,加入适当的水分、糖分,在密闭的环境下,进行乳酸发酵。在粗饲料微生物的处理方面,国外筛选出一批优良菌种用于发酵秸秆,如层孔菌(*Fome lividus*)、裂褶菌(*Schizophyl-*

lum commune)、多孔菌(*Polyporus anceps*)、担子菌(*Basidi omycete*)、酵母菌、木霉等。我国已培育出一些可供生产应用的优良菌株，并有了成型的固体培养技术，已有一定的优势。

生物学法因操作技术复杂，投入成本太高，一般难以在生产上推广应用，但粗饲料处理后营养价值得到提高，也有利于饲料的消化利用，因此，有条件的地区或养殖场可采用此法。

综上所述，粗饲料加工调制的途径很多，在实际应用中，往往是多种方法结合使用。如秸秆饲料粉碎或切碎后，进行青贮、碱化或氨化处理，如有必要，可再加工成颗粒饲料、草砖或草饼。加工调制途径的选择，要根据当地生产条件、粗饲料的特点、经济投入的大小、饲料营养价值提高的幅度和家畜饲养的经济效益等综合因素，科学地加以应用。具有一定规模的饲养业，饲料加工调制要向集约化和工厂化方法发展。广大农村分散饲养的千家万户，要选择简便易行、适合当地条件的加工调制方法，并应向专业加工和建立服务体系方向发展，以促进畜牧业高速发展。

复习思考题

1. 简述青干草调制的方法。
2. 比较各类秸秆饲料的饲喂价值。
3. 简述粗饲料加工调制的方法。
4. 粗饲料氨化处理的基本原理是什么？生产中应如何正确使用氨化饲料？

第五章　能量饲料

能量饲料是指饲料干物质中粗纤维含量低于18%，同时粗蛋白质含量低于20%的饲料。这类饲料主要包括谷实类、糠麸类、脱水块根、块茎及其加工副产品、动植物油脂以及乳清粉等。能量饲料在动物饲粮中所占比例最大，一般为50%～70%，是畜禽重要的能量来源。

本章主要对各种能量饲料的营养特点、饲用价值、饲喂方法及注意事项以及质量标准进行阐述。

第一节　谷实类饲料

谷实类饲料是指禾本科作物的籽实，常用的有玉米、小麦、大麦、稻谷、粟、高粱和燕麦等，在动物日粮中占有重要位置。谷实类饲料富含无氮浸出物，一般都在70%以上；粗纤维含量少，多在5%以内，仅带颖壳的大麦、燕麦、水稻和粟可达10%左右；粗蛋白含量一般不及10%，但也有一些谷实如大麦、小麦等达到甚至超过12%，蛋白质的品质较差，赖氨酸、蛋氨酸、色氨酸等含量较少；灰分中，钙少磷多，但磷多以植酸盐形式存在，对单胃动物的有效性差；维生素E、维生素B_1较丰富，但维生素C、维生素D贫乏；适口性好，消化率高，有效能值也高。正是由于上述营养特点，谷实类饲料是动物的最主要的能量饲料。

一、玉米

玉米(maize，corn)的产量高，在我国粮食作物生产中占第3位，仅次于水稻和小麦。全世界玉米70%～75%作为饲料。玉米是畜禽主要的饲料来源之一，其有效能值高，是最常用而且用量最大的一种能量饲料，故有“饲料之王”的美称。

(一)玉米的营养特点

玉米中碳水化合物在70%以上，主要是淀粉，粗纤维含量低；粗蛋白质含量低，一般为7%～9%，其品质较差，缺乏赖氨酸、色氨酸等必需氨基酸；粗脂肪含量较高，为3%～4%，主要为不饱和脂肪酸组成；有效能值高，其消化能(猪)为14.27 MJ/kg，代谢能(鸡)为13.56 MJ/kg，产奶净能(奶牛)为7.70 MJ/kg；粗灰分较少，其中钙少磷多，但磷多以植酸盐形式存在，对单胃动物的有效性低；维生素E和维生素B_1含量较多，其他维生素含量较少，黄玉米中含有较多的β-胡萝卜素、叶黄素和玉米黄素等。

(二)玉米的饲用价值

玉米适口性好，能值高，是猪、禽饲粮中主要的饲料原料，饲喂效果优于其他谷物籽实。玉米对鸡的饲用价值很高，而且黄玉米对鸡的皮肤、脚、喙以及蛋黄等有良好的着色效果；玉米对养猪的效果也很好；玉米是牛、羊、兔等草食动物的良好能量补充饲料，黄玉米的色素为牛、羊奶油色素的重要来源;玉米作为鱼类等水生动物的饲料时,效果不佳,但黄玉米对鱼体着色有一定的效果。

(三)玉米的饲喂方法及注意事项

玉米喂猪应避免用量过多,尤其在肥育后期,否则会使背膘增厚,瘦肉率下降,甚至产生"黄膘肉",影响加工质量。将玉米炒熟或部分炒熟,对断奶仔猪的饲用效果好于未炒熟的玉米。

玉米粉碎过细会影响鸡的采食量,以粗碎为宜,粒度应大小一致,同时也应避免过量使用玉米,否则肉鸡腹腔内过量蓄积脂肪而使屠体品质下降。

玉米用作牛、羊饲料时不应粉碎过细,宜磨碎或破碎,最好与其他体积大的糠麸类饲料配合使用,以防积食和引起鼓胀。

玉米不宜用作猪、禽的唯一饲料,应与优质蛋白质饲料和矿物质饲料搭配使用。生产中应注意黄曲霉污染而造成黄曲霉毒素中毒,故粉碎后玉米不宜久置。

(四)玉米的质量标准

我国饲料用玉米的质量标准见表 2-5-1。

表 2-5-1 饲料用玉米的质量标准 %

质量指标	一级	二级	三级
粗蛋白质	≥9.0	≥8.0	≥7.0
粗纤维	<1.5	<2.0	<2.5
粗灰分	<2.3	<2.6	<3.0

二、小麦

小麦(wheat)是全世界主要粮食作物之一。我国小麦产量占粮食总产量的 1/4,仅次于水稻而位居第二,主要用作粮食,只有少量用作饲料,通常用作饲料的是其副产品。

(一)小麦的营养特点

有效能值高,其消化能(猪)为 14.18 MJ/kg,代谢能(鸡)为 12.72 MJ/kg,产奶净能为 7.49 MJ/kg;粗蛋白质含量居谷实类之首位,一般达 12% 以上,但品质较差,必需氨基酸尤其是赖氨酸不足;无氮浸出物含量多,在其干物质中可达 75%以上;粗脂肪含量低,约 1.7%;矿物质中钙少磷多,但半数以上的磷为植酸磷;B 族维生素和维生素 E 含量较多;非淀粉多糖(NSP)含量较多,可达小麦干重 6%以上,主要是阿拉伯木聚糖和 β-葡聚糖。

(二)小麦的饲用价值

小麦作为畜禽饲料,除能量比玉米低外,其他指标均优于玉米,对各种动物都有较好的饲用价值。但因小麦含有阿拉伯木聚糖、β-葡聚糖等非淀粉多糖,限制了其在猪和家禽日粮中的使用量。

小麦对猪的适口性好,作为猪的能量饲料时可减少饲粮中蛋白质饲料的用量,在等量取代玉米饲喂肥育猪时,可改善胴体品质,防止背膘变厚;小麦对鸡的饲用价值约为玉米的 90%;小麦是牛、羊等反刍动物的良好能量饲料;小麦是鱼类能量饲料的首选饲料,因其所含淀粉较软,而且又具黏性,可改善颗料硬度,故小麦及其次粉用作鱼类饲料的效果优于其他任何谷实。

(三)小麦的饲喂方法及注意事项

小麦用作育肥猪饲料时,宜磨碎,用作仔猪饲料时,宜粉碎;小麦作鸡的饲料时,不宜粉碎过细,否则会引起粘嘴现象,适口性降低;小麦饲喂牛、羊等反刍动物,以粗碎为宜,压片或糊化处理可改善利用率，在饲粮中用量不能过多(控制在 50%以下)，否则易引起瘤胃酸中毒；在添加小麦的猪、禽饲粮中添加以阿拉伯木聚糖酶为主的复合酶制剂可提高饲喂效果。

(四)饲料用小麦的质量标准

我国饲料用小麦的质量标准见表 2-5-2。

表 2-5-2　饲料用小麦的质量标准 %

质量指标	一级	二级	三级
粗蛋白质	≥14.0	≥12.0	≥10.0
粗纤维	<2.0	<3.0	<3.5
粗灰分	<2.0	<2.0	<3.0

三、稻谷

稻谷(paddy)是世界上最重要的谷物之一，是我国第一大粮食作物。一般在产稻区因玉米供应不足，通常用陈稻谷或糙米作为饲料，也有用未成熟的米和米厂加工过程中产生的碎米作饲料。

(一)稻谷、糙米与碎米的营养特点

稻谷无氮浸出物含量在 60%以上；粗纤维含量较高，达 8%以上；粗蛋白质含量比玉米低，为 7%～8%，必需氨基酸如赖氨酸、蛋氨酸、色氨酸等较少；有效能值比玉米低得多。

糙米(rough rice)中无氮浸出物多，主要是淀粉；蛋白质含量(8%～9%)及其氨基酸组成与玉米相似；粗脂肪含量约 2%，其中不饱和脂肪酸比例较高；灰分含量较少，其中钙少磷多，磷多以植酸磷形式存在。

碎米(broken rice)中养分含量变异很大，如其中粗蛋白质含量变动范围为 5%～11%，无氮浸出物含量变动范围为 61%～82%，而粗纤维含量最低仅 0.2%，最高可达 2.7%以上。

(二)稻谷、糙米、碎米、陈米的饲用价值

稻谷由于粗纤维含量高，对猪和禽类的饲用价值仅为玉米的 80%，作为牛、羊、兔等的饲料，饲养效果良好；糙米、碎米、陈米可作为猪、鸡、牛、羊等动物的良好能量饲料，饲养效果与玉米相当。

(三)稻谷、糙米、碎米、陈米的饲喂方法及注意事项

在生产上一般不提倡直接用稻谷喂猪、鸡等单胃动物，对架子猪、育肥猪、母猪，可使用稻谷，但须严格控制用量。稻谷喂牛、羊时应粉碎后饲用；糙米和陈米应粉碎后喂猪、鸡，但注意变质的米不能饲用。

(四)饲用稻谷与饲用碎米的质量标准

我国饲料用稻谷与碎米的质量标准见表 2-5-3。

表 2-5-3　饲料用稻谷、碎米的质量标准 %

种类	质量指标	一级	二级	三级
稻谷	粗蛋白质	≥8.0	≥6.0	≥5.0
	粗纤维	<9.0	<10.0	<12.0
	粗灰分	<5.0	<6.0	<8.0

续表 2-5-3

种类	质量指标	一级	二级	三级
碎米	粗蛋白质	≥7.0	≥6.0	≥5.0
	粗纤维	<1.0	<12.0	<3.0
	粗灰分	<1.5	<2.5	<3.5

四、大麦

大麦(barley)是重要的谷物之一，根据有无稃皮可分为皮大麦和裸大麦。大麦作为饲料用，在美国约占总产量的60%，西欧国家占70%～90%，我国仅一些局部地区用大麦作为动物的饲料。

(一)大麦的营养特点

粗蛋白质含量一般为11%～13%，平均为12%，且蛋白质质量稍优于玉米；无氮浸出物含量低于玉米，为67%～68%；皮大麦粗纤维的含量较高，可达4.8%；粗脂肪含量较少(2%左右)，主要为甘油三酯；有效能值低于玉米；矿物质含量较高，但仍是钙少磷多，铁的含量较高；B族维生素丰富；含有较高的非淀粉多糖，其中主要是β-葡聚糖和阿拉伯木聚糖。

(二)大麦的饲用价值

总体而言，大麦的饲用价值较玉米低。大麦不是鸡的理想饲料原料，饲喂效果较差，对蛋黄、皮肤也无着色效果；用大麦作育肥猪的饲料，不仅饲养效果好，且能提高瘦肉率，生产出优质硬脂猪肉；大麦是牛、羊、兔、马等草食动物的良好能量饲料；用大麦作为鱼类饲料优于玉米，但逊于小麦，大麦经蒸汽压制成片，再粉碎后加入鱼饲粮中，能增强饲粮的黏结性，鱼的肉质也变得硬实。

(三)大麦的饲喂方法及注意事项

大麦饲喂鸡时，应控制用量，否则会引起腹泻，不宜粉碎过细；大麦不宜喂仔猪，但经脱壳及蒸汽处理过的大麦片可取代部分玉米饲喂仔猪，在育肥猪的日粮中比例不宜超过25 %，而且玉米和大麦以2∶1比例配合，可获得最佳养猪效果，应用时不应粉碎太细；反刍动物饲喂大麦不应粉碎，宜压扁或磨碎，否则易引起瘤胃鼓胀，经压片、蒸汽处理可改善其适口性和饲养效果；猪、鸡饲喂含大麦的日粮应同时添加以阿拉伯木聚糖酶和β-葡聚糖酶为主的复合酶制剂。

(四)饲料用大麦的质量标准

我国饲料用大麦的质量标准见表2-5-4。

表 2-5-4 饲料用大麦的质量标准

%

种类	质量指标	一级	二级	三级
皮大麦	粗蛋白质	≥11.0	≥10.0	≥9.0
	粗纤维	<5.0	<5.5	<6.0
	粗灰分	<3.0	<3.0	<3.0
裸大麦	粗蛋白质	≥13.0	≥11.0	≥9.0
	粗纤维	<2.0	<2.5	<3.0
	粗灰分	<2.0	<2.5	<3.5

第二节 糠麸类饲料

糠麸类饲料是指谷实加工后形成的一些副产品，主要由种皮、外胚乳、糊粉层、胚芽、颖稃纤维残渣等组成，包括米糠、小麦麸、大麦麸、玉米糠、高粱糠、谷糠等。糠麸的营养成分不仅受原粮种类影响，而且还受原粮加工方法和精度影响。与原粮相比，糠麸中粗蛋白质、粗纤维、B族维生素、矿物质等含量较高，但无氮浸出物含量低，故属于一类有效能较低的饲料。另外，糠麸结构疏松、体积大、容重小、吸水膨胀性强，其中多数对动物有一定的轻泻作用。

一、小麦麸

小麦麸(wheat bran)俗称麸皮，是以小麦籽实为原料加工面粉后的副产品。小麦麸的营养成分变异较大，主要受小麦品种、制粉工艺、面粉加工精度等因素影响，一般生产精面粉时，麦麸约占小麦总量的30%，生产粗面粉时，麦麸约占小麦总量的20%。我国每年小麦麸的产量很大，是畜禽常用的饲料原料。

(一)小麦麸的营养特点

小麦麸中粗蛋白质含量较高，一般为12%～17%，其中赖氨酸含量丰富，但蛋氨酸含量少；与原粮相比，小麦麸中无氮浸出物较少，约60%，但粗纤维含量高得多，多达10%，甚至更高，故有效能值较低；粗灰分含量较多，其中钙少磷多，Ca、P比例(约1∶8)极不平衡，铁、锰、锌含量高；富含B族维生素。

(二)小麦麸的饲用价值

小麦麸由于容重小，能值低，常用来调节饲粮的能量浓度，另外，因适口性好，质地疏松，还具有轻泻作用，对各种动物都是较好的饲料。

小麦麸是猪的优质饲料原料，可提高采食量和瘦肉率，对妊娠后期和哺乳母猪有通便润肠道作用；小麦麸对鸡的饲用价值为玉米的75%，由于能值低，在肉鸡的日粮中用量有限，雏鸡阶段可以少量使用，种鸡和产蛋鸡可以较多使用；小麦麸是牛、羊、马、兔等的良好饲料；小麦麸容积大，对于调节鱼饵料比重起着很重要的作用。

小麦麸有效能值较低，因此用量可占其饲粮的25%～30%，甚至更高。

(三)小麦麸的饲喂方法及注意事项

小麦麸不宜用作仔猪的饲料，生长育肥猪饲粮中的用量一般控制在15%～20%以内；在肉鸡饲粮中用量一般为5%以内，在种鸡和产蛋鸡饲粮中用量为5%～10%，若需控制后备种鸡体重，可在其饲粮中加15%～20%；泌乳母牛混合精料中用量25%～30%时，有助于其泌乳，肉牛用量不宜过高；马属动物饲粮中用量可达50%，但不能再高，否则有诱发肠结石的危险；动物饲喂小麦麸时应适当搭配高能值的谷实类饲料及优质蛋白质饲料。

(四)饲料用小麦麸的质量标准

我国饲料用小麦麸的质量标准见表2-5-5。

表 2-5-5　饲料用小麦麸的质量标准　%

质量指标	一级	二级	三级
粗蛋白质	≥15.0	≥13.0	≥11.0
粗纤维	<9.0	<10.0	<11.0
粗灰分	<6.0	<6.0	<6.0

二、米糠

米糠是指稻谷砻去外壳后的糙米，进一步加工成精米的过程中，所分离出的种皮、糊粉层、少量胚和胚乳等的混合物，有时会混有少量的稻壳和碎米等。米糠的品质与成分，因糙米精制程度而不同，精制的程度越高，米糠的饲用价值愈大。砻糠是稻谷的外壳或其粉碎品，营养价值极低，不宜作饲料。生产上常使用将砻糠和米糠按一定的比例混合而成的糠，即统糠，如三七糠、二八糠。统糠营养价值视其中米糠比例不同而异，米糠所占比例越高，统糠的营养价值越高。

(一)米糠的营养特点

米糠中蛋白质含量较高，约为 13%，其中赖氨酸含量高；粗脂肪含量高达 15%～17%，脂肪酸组成中多为不饱和脂肪酸；无氮浸出物含量不高，一般在 50%以下，但粗纤维含量较多；有效能值较高；矿物质中钙少磷多，钙、磷比例极不平衡(1:20)；B 族维生素和维生素 E 丰富；含有较多种类的抗营养因子，如植酸、胰蛋白酶抑制因子、非淀粉多糖、生长抑制因子等。

(二)米糠的饲用价值

米糠是糠麸类饲料中能值最高的，新鲜米糠的适口性较好，是猪的很好的能量饲料；米糠对家禽的饲用效果不如猪，其饲用价值仅为玉米的 50%；米糠适于作牛、羊、马、兔等动物的饲料；全脂米糠是鱼类尤其是草食性鱼类饲粮的重要原料，可提供鱼类所需的必需脂肪酸和维生素。

(三)米糠的饲喂方法及注意事项

米糠中含的胰蛋白酶抑制因子、生长抑制因子等抗营养因子可通过加热破坏掉，故米糠宜熟喂；全脂米糠中脂肪含量多，其中的不饱和脂肪酸易氧化酸败，故米糠不能久存，要使用新鲜的米糠，酸败变质的米糠不能饲用；脱脂后的米糠(米糠饼、米糠粕)储存期可适当延长，但仍不能久存，也应及时使用；在畜禽饲粮中要控制米糠使用量：成年鸡饲粮中占 10%以下，雏鸡饲粮中占 5%以下；生长育肥猪饲粮中不宜超过 15%，且不易长期饲用，否则会使其体脂变软，肉质下降，仔猪宜少用或不用米糠；在牛、羊、马、兔等动物的饲料中，用量可达 20%～30%；在鱼类饲粮中用量一般控制在 15%以下。

(四)饲料用米糠、米糠饼、米糠粕的质量标准

我国饲料用米糠、米糠饼、米糠粕的质量标准见表 2-5-6。

表 2-5-6　饲料用米糠、米糠饼、米糠粕的质量标准　%

种类	质量指标	一级	二级	三级
米糠	粗蛋白质	≥13.0	≥12.0	≥11.0
	粗纤维	<6.0	<7.0	<8.0
	粗灰分	<8.0	<9.0	<10.0

续表 2-5-6

种类	质量指标	一级	二级	三级
米糠饼	粗蛋白质	≥14.0	≥13.0	≥12.0
	粗纤维	<8.0	<10.0	<12.0
	粗灰分	<9.0	<10.0	<12.0
米糠粕	粗蛋白质	≥15.0	≥14.00	≥13.0
	粗纤维	<8.0	<10.0	<12.0
	粗灰分	<9.0	<10.0	<12.0

第三节　块根、块茎、瓜果类饲料

这类饲料主要包括薯类(甘薯、马铃薯、木薯)、萝卜、胡萝卜、甜菜、菊芋和南瓜等。这类饲料天然水分含量高,但干物质中主要是无氮浸出物,而蛋白质、脂肪、粗纤维、粗灰分等较少或贫乏。

一、甘薯

甘薯(sweet potato)又名红薯、白薯、山芋、红苕、地瓜等。我国甘薯的年产量仅次于水稻、小麦、玉米而居于第 4 位。甘薯除供作粮食、酿造业、淀粉工业等的原料外,还是重要的饲料,可鲜喂或熟喂,也可以切成片或丝晒干粉碎后使用。

(一)甘薯的营养特点

新鲜甘薯中水分含量高达 60%~80%。脱水甘薯中主要是无氮浸出物,含量达 75%以上,甚至更高;粗蛋白质含量低,且蛋白质品质较差,缺乏赖氨酸、蛋氨酸和色氨酸等必需氨基酸;有效能值明显低于玉米等谷实;粗灰分含量低,钙、磷含量均少,钾含量较高;B 族维生素含量低,红心甘薯中胡萝卜素和叶黄素含量丰富;含有胰蛋白酶抑制因子。

(二)甘薯的饲用价值

新鲜甘薯块是优良的多汁饲料,不论是生喂或熟喂,其适口性均佳,动物都喜食,且易于消化吸收。给育肥动物和泌乳动物饲用新鲜甘薯,能促进其生产性能。甘薯粉可用于配合饲料中,尤其是反刍动物良好的能量来源,对奶牛有促进消化和增加泌乳的效果。

(三)甘薯的饲喂方法及注意事项

鲜甘薯不论是生喂还是熟喂,都应将其切碎或切成小块,以免牛、羊、猪等动物食道梗塞;甘薯粉体积大,易产生饱腹感,故应控制其在饲粮中用量:在鸡饲粮中占 10%即可,在猪饲粮中可占 15%左右,或可替代玉米用量的 1/4,在牛饲粮中可代替 50%的其他能量饲料;因含有胰蛋白酶抑制因子,熟甘薯的消化率高于生甘薯的消化率;有黑斑病的甘薯不能作为动物的饲料,因黑斑中含有黑芭霉酮毒素,易导致动物中毒;注意补充优质的蛋白质饲料和氨基酸。

(四)饲料用甘薯干的质量标准

我国国家标准《饲料用甘薯干》(GB 10370—1989)以粗纤维、粗灰分为质量控制指标,以 87%干物质为基础计算,规定粗纤维含量小于 4%,粗灰分含量小于 5%,两项质量指标均符合含量规定者即为合格品。

二、马铃薯

马铃薯(potato)又称土豆、洋芋、地蛋、山药蛋等，在我国主要作为人类的食物和生产淀粉用，也是一种重要的饲料。

(一)马铃薯的营养特点

马铃薯块茎含干物质17%～26%，其中80%左右为淀粉，粗纤维含量低；能量价值高，消化率高；粗蛋白质含量较高，约占干物质9%，主要是球蛋白，生物学价值高；矿物质和维生素含量低；含有胰蛋白酶抑制因子和有毒物质—龙葵素。

(二)马铃薯的饲用价值

马铃薯是动物优质的饲料原料，可生喂，也可熟喂。脱水马铃薯块茎为较好的能量饲料，宜将其粉碎后加到动物饲粮中。

(三)马铃薯的饲喂方法及注意事项

马铃薯在蛋鸡日粮中可用到10%左右，肉鸡可用到20%～30%无不良影响；马铃薯喂猪，熟喂比生喂好，蒸煮后可提高其适口性和消化率；对于草食动物生喂和熟喂的效果基本一致；生喂时宜切碎后投喂；使用时应防止龙葵素中毒，尤其是当发芽、青皮或腐烂时应特别注意，饲用时需挖去芽眼、青皮及腐烂部位，或煮熟后再喂，对马铃薯秧和马铃薯粉渣，也应煮熟后再喂。

三、木薯

木薯(cassava, tapioca)又称树薯、树番薯，为多年生热带植物。木薯不仅是杂粮作物，也是良好的饲料作物，其块根用作能量饲料，叶片还可喂蚕。

(一)木薯的营养特点

脱水木薯中无氮浸出物含量高达80%，绝大部分是淀粉，粗纤维含量低，因此其有效能值较高；粗蛋白质含量很低，仅为2.5%，且品质差；矿物质含量低；维生素含量几乎为零；含有毒物氢氰酸。

(二)木薯的饲用价值

木薯干可作为畜禽平衡饲粮的原料，又因其黏性强，有利于制粒，但因含有较高的氢氰酸，用量受到限制，用量过大，会影响适口性，致使动物生长缓慢，死亡率增加。

(三)木薯的饲喂方法及注意事项

木薯一般不宜鲜喂，通常需经晒干或脱皮干燥后以木薯干的形式利用；木薯干在家禽饲粮中的用量一般控制在10%以下为宜；肥育猪饲粮中可用到30%，仔猪尽量少用；奶牛使用量过多时，影响泌乳量，以30%以下为宜，肉牛也以不超过30%为宜；饲用前最好要测定其中氢氰酸的含量，符合卫生标准方能饲用，若超标，应进行脱毒处理。

(四)饲料用木薯的质量标准

中国农业行业标准《饲料用木薯干》以粗纤维、粗灰分为质量控制指标，以87%干物质为基础计算，规定粗纤维含量不得高于4%，粗灰分含量必须低于6%。另外，中国国家标准《饲料卫生标准》规定，饲料用木薯干中氢氰酸允许量在100 mg/kg以内。

第四节 油脂类饲料

畜禽由于生产性能的不断提高，对日粮养分浓度尤其是日粮能量浓度的要求愈来愈高。要配制高能量饲粮，用常规的饲料难以配制出高能量饲粮。油脂能够提供比任何其他饲料都多的能量，成为配制高能量饲粮所不可缺少的原料。

一、油脂的分类

油脂种类较多，按来源可将其分为以下 4 类。

（一）动物油脂

是指用家畜、家禽和鱼体组织（含内脏）提取的一类油脂。其成分以甘油三酯为主，另含少量的不皂化物和不溶物等。动物油脂中脂肪酸主要为饱和脂肪酸，但鱼油含有较高的不饱和脂肪酸。

（二）植物油脂

是从植物种子或果实中提取而得，主要成分为甘油三酯，另含少量的植物固醇与蜡质成分。大豆油、菜籽油、花生油、玉米油、棕榈油等是这类油脂的代表。植物油脂中的脂肪酸主要为不饱和脂肪酸。

（三）饲料级水解油脂

是指制取食用油或生产肥皂过程中所得的副产品，其主要成分为脂肪酸。

（四）粉末状油脂

对油脂进行特殊处理，即将其与酪蛋白、乳糖和淀粉等赋形剂混合加工而成的粉末状油脂，这类油脂便于包装、运输、储存和应用。

二、油脂的饲用价值

油脂的能值高，是配制高能量饲粮的首选原料；是供给动物必需脂肪酸的基本原料；是动物消化道内的良好溶剂，促进脂溶性维生素的吸收，在血液中，有助于脂溶性维生素的运输；可延长饲料在消化道内停留时间，从而能提高饲料养分的消化率和吸收率；热增耗低，利用率高，在高温季节能减轻动物的热负担；添加油脂，能增强饲粮风味，改善饲粮外观，防止饲粮中原料分级；在饲料加工过程中，可减少粉尘，降低机械磨损程度。

在蛋鸡饲粮中添加油脂，尤其是添加富含不饱和性脂肪酸油脂，可增加蛋重，提高产蛋率，在炎热夏季，效果尤为明显，适宜添加量为 2%～5%；在肉仔鸡饲粮中添加油脂，可提高其对干物质和蛋白质的表观消化率，适宜添加量为 5%～8%。

在断奶仔猪饲粮中添加油脂，有助于其生产性能的发挥；在生长肥育猪日粮中添加油脂，可持续地提高日增重和饲料转化率，并减少采食量；给哺乳母猪补饲油脂可提高其产奶量和乳脂率；仔猪饲粮中的添加量为 5%～10%，生长肥育猪为 3%～5%，妊娠－泌乳母猪为 10%～15%。

多数高产奶牛存在着能量负平衡，在奶牛日粮中加适量油脂，或用高脂饲料，可使奶牛摄入较多能量，满足其需要；油脂用于泌乳的效率高；油脂由于热增耗少，故给热应激奶牛补饲油脂有良好作用；用油脂给奶牛补充能量，能保证其粗纤维的正常摄入量，提高繁殖机能，维持较长泌乳高峰期，降低瘤胃酸中毒和酮病的发生率，一般适宜添加量为 3%～4%。

给鱼类补饲油脂，可节省鱼类对蛋白质的需要量，还能提供必需脂肪酸和磷脂等，油脂在不同鱼类饲粮中的适宜添加量如下：罗非鱼 10%；鲤鱼 5%～10%；青鱼 4.5%～6.0%；草鱼 4.5%；团头鲂 3.6%。长吻鮠、虹鳟、斑点叉尾鮰约 12%。

三、使用油脂的注意事项

(一)饲粮添加油脂后，应相应提高饲粮中其他养分的水平

添加油脂后，饲粮能量浓度增加，饲粮中其他养分的水平也要相应提高。

(二)应针对不同的动物，选择适宜的脂肪类型

油脂中饱和脂肪酸与不饱和的比例以及中短链脂肪酸的含量，应根据动物的不同而进行相应的调整，如饱和脂肪酸与不饱和的最佳比例幼禽为 1∶(2～2.2)，产蛋鸡为 1∶(1.4～1.5)，生长肥育猪为 1∶(1.5～2.0)。

(三)应避免使用已发生氧化酸败的油脂

油脂易发生氧化酸败，尤其在高温高湿季节，使用油脂时应添加抗氧化剂并妥善保管。

(四)应避免使用劣质油脂

高熔点油脂(椰子油和棉籽油)和含毒素的油脂(棉籽油、蓖麻油、桐籽油等)及含有有害物质(如杀虫剂、棉酚、重金属、二噁英、沙门氏菌、大肠杆菌及疯牛病病原等)的油脂应避免使用。

(五)添加量不宜过高

油脂的添加量过高会影响胴体品质。

四、饲料用油脂的质量标准

我国至今未对饲料用油脂颁布国家标准，但我国台湾省和日本制订了饲料用油脂的质量标准。台湾规定指标为：总脂肪≥90%，总脂肪酸≥90%，游离脂肪酸≤0.5%，水分≤0.5%，杂质≤2.5%；日本规定指标为：酸价≤30，皂化价≥190，碘价≥70，过氧化物≤5 mg/kg，羧基价≤30 mg/kg。

在生产中，对饲料用油脂的质量一般规定为：

(1)动物油脂中脂肪含量在 91%～95%为合格产品；90%为最低标准；85%为皂脚(油渣)的最低标准；低于 85%为劣质产品。

(2)动物油脂中游离脂肪酸在 10%以下者，为中、优质产品；20%～50%者为劣质产品。

(3)油脂中含水量在 1.5%以下者，为合格产品；大于 1.5%者，为劣质产品。

(4)油脂中不溶性杂质在 0.5%以下者，为优质产品；大于 0.5%者，为劣质产品。

复习思考题

1. 简述玉米、小麦麸的营养特点。
2. 生产中怎样合理使用米糠和小麦麸？
3. 饲用甘薯和马铃薯时应注意哪些问题？
4. 畜禽饲粮中使用油脂时应注意哪些问题？

第六章 蛋白质饲料

蛋白质饲料(protein feeds)是指干物质中粗纤维含量小于18%、粗蛋白质含量大于或等于20%的饲料。蛋白质饲料可分为植物性蛋白质饲料 、动物性蛋白质饲料、单细胞蛋白质饲料和非蛋白氮饲料。蛋白质饲料是配合饲料的重要原料之一。

本章主要阐述了各种蛋白质饲料的营养特点、饲用价值、饲喂方法及注意事项以及质量标准。

第一节 植物性蛋白质饲料

植物性蛋白质饲料包括豆类籽实、饼粕类和其他植物性蛋白质饲料，是动物生产中使用量最多、最常用的蛋白质饲料。该类饲料具有以下共同特点：

(1)粗蛋白质含量高，且质量较好。一般植物性蛋白质饲料粗蛋白质含量为20%～50%，因种类不同差异较大。其蛋白质主要由球蛋白和清蛋白组成，品质优于谷物类蛋白。但植物性蛋白质的消化率一般仅有80%左右，原因在于大量蛋白质与细胞壁多糖结合(如球蛋白)，有明显抗蛋白酶水解的作用；存在蛋白酶抑制剂，阻止蛋白酶消化蛋白质；含胱氨酸丰富的清蛋白，可能产生一种核心残基，对抗蛋白酶的消化。此类饲料经适当加工调制，可提高其蛋白质利用率。

(2)粗脂肪含量变化大，油料籽实含量为15%～30%，非油料籽实只有1%左右。饼粕类脂肪含量因加工工艺不同差异较大，高的可达10%，低的仅1%左右。

(3)粗纤维含量一般不高，基本上与谷类籽实近似，饼粕类稍高些。

(4)矿物质中钙少磷多，且磷主要是植酸磷。

(5)维生素含量与谷实相似，B族维生素较丰富，而维生素A、维生素D较缺乏。

(6)大多数含有一些抗营养因子，影响其饲喂价值。

一、豆类籽实

豆类籽实包括大豆、豌豆、蚕豆等，曾作为我国主要役畜的蛋白质饲料，现在一般以食用为主。全脂大豆经加热或膨化用在高热能饲料和颗粒料中。

(一)大豆

大豆按种皮颜色分为黄色大豆、黑色大豆、青色大豆、其他大豆和饲用豆(秣食豆)5类，其中黄豆最多，其次为黑豆。

1.大豆的营养特性

大豆蛋白质含量为32%～40%。生大豆中蛋白质多属水溶性蛋白质(约90%)，加热后即溶于水。氨基酸组成良好，植物蛋白中普遍缺乏的赖氨酸含量较高，如黄豆和黑豆分别为2.30%和2.18%，但含硫氨基酸含量不足；脂肪含量高，达17%～20%，其中不饱和脂肪酸较多，亚油酸和亚麻酸可占 55%，油脂中存在磷脂质，占 1.8%～3.2%；碳水化合物含量不高，无氮浸出物仅 26%左右，其中淀粉含量甚微，仅 0.4%～0.9%；矿物质中铁含量较高，钾、磷、钠也较多，但 60%磷为不能利用的植酸磷；维生素含量略高于谷实类，B 族维生素丰富，维生素 A、维生素 D 较少。

生大豆中存在多种抗营养因子，其中加热可被破坏者包括胰蛋白酶抑制因子、血细胞凝集素、抗维生素因子、植酸十二钠、脲酶等。加热无法被破坏者包括皂苷、胃肠胀气因子等。此外大豆还含有大豆抗原蛋白，该物质能够引起仔猪肠道过敏，损伤，进而腹泻。

2. 大豆的饲用价值

生大豆饲喂畜禽可导致腹泻和生产性能的下降，但经加热处理的全脂大豆对各种畜禽均有良好的饲喂效果。

在肉鸡饲粮中，以颗粒料饲喂时，添加全脂大豆与豆粕＋豆油相比可更多的提高肉鸡的代谢能和肉鸡对饲料脂肪的消化率。饲喂全脂大豆的肉鸡胴体和脂肪组织中亚油酸和 ε-3 脂肪酸含量较高。加工全脂大豆在蛋鸡饲粮中能完全取代豆粕，可提高蛋重，并明显改变蛋黄中脂肪酸组成，显著提高亚麻酸和亚油酸含量，降低饱和脂肪酸含量，从而提高鸡蛋的营养价值。

在猪饲粮中应用生大豆作为唯一蛋白质来源，对猪生产性能有很大影响，与大豆粕相比，会增加仔猪腹泻率、降低生长肥育猪的增重和饲料转化率、降低母猪生产性能，而经过加热处理的全脂大豆因其良好的效果在养猪生产中得到越来越多的应用。全脂大豆因其蛋白质和能量水平都较高，是配制仔猪全价料的理想原料，一些研究表明，经过充分处理的全脂大豆可以代替仔猪饲粮中的乳清粉、鱼粉或豆粕，而对仔猪无不良影响。用全脂大豆饲喂生长肥育猪，比用大豆粕能获得更高的增重速度和饲料转化率，增加胴体中的 ε-3 脂肪酸含量，在一定程度上还可提高屠宰率。用全脂大豆饲喂母猪，可以产生高脂初乳和乳汁，提高母猪产奶量，增加仔猪糖原储备，可获得更多的断奶仔猪，提高仔猪断奶体重。不同猪品种对大豆抗营养因子的反应不同，在饲料转化率、日增重、采食量等方面表现出中国地方品种比西方猪种耐受能力强。

全脂大豆无论从化学组成上还是从养分的利用效率上，都是饲用价值较高的反刍动物和水产动物饲料原料，在鱼饲料中应用可以部分代替鱼粉，达到比豆粕更高的营养价值。全脂大豆中的高油脂含量减少了鱼类自身能量的分解，这对冷水鱼很有意义。全脂大豆中含有的亚油酸和亚麻酸，为鱼类如鲑鱼、鲤鱼、罗非鱼等提供了所必需的多量不饱和脂肪酸；对于牛，全脂大豆嗜口性高于生黄豆，并具有较高的过瘤胃蛋白量。

3. 大豆的饲喂方法及注意事项

生大豆含有众多的抗营养因子，生产中一般不直接使用生大豆。大豆加工的最常用办法为加热，通过加热，可使生大豆中不耐热的抗营养因子如胰蛋白酶抑制因子、血细胞凝集素等变性失活，从而提高蛋白质的利用率，提高大豆的饲喂价值。

加工全脂大豆用于肉鸡粉状料宜在 10%以下，否则会影响采食量，造成增重降低，而颗粒料则无此虑；生长肥育猪饲粮中全脂大豆的添加比例一般为 10%～15%，添加比例过大，则会影响胴体品质，尤其是影响脂肪的硬度；牛饲料中可使用生大豆，但不宜超过精料的 50%，且需配合胡萝卜素含量高的粗料使用，否则会降低维生素 A 的利用率，造成牛乳中维生素 A 含量剧减，生大豆也不宜与尿素同用，肉牛饲料中使用过高会影响采食量，且有软脂倾向。

4. 饲料用大豆的质量标准

中华人民共和国农业行业《饲料用大豆》标准中规定：大豆中异色粒不许超过 5.0%，秣食豆不能超过 1.0%，水分含量不得超过 13.0%，熟化全脂大豆脲酶活性不得超过 0.4。以粗蛋白质、粗纤维、粗灰分为质量控制指标，按含量可分为 3 级，各项质量指标含量均以 87%干物质为基础计算，3 项质量指标必须全部符合相应等级的规定，低于 3 级者为等外品。饲料用大豆质量标准见表 2-6-1。

表 2-6-1　饲料用大豆质量标准　　%

质量指标	一级	二级	三级
粗蛋白质	≥36.0	≥35.0	≥34.0
粗纤维	<5.0	<5.5	<6.5
粗灰分	<5.0	<5.0	<5.0

(二)豌豆

1. 豌豆的营养特点

豌豆风干物中粗蛋白质含量 24%左右，其中赖氨酸含量丰富，而其他必需氨基酸含量都较低，特别是含硫氨基酸与色氨酸；粗纤维含量约 7%；粗脂肪含量约 2%；各种矿物质元素含量都偏低；含有胰蛋白酶抑制因子、外源植物凝集素、胃肠胀气因子等。

2. 豌豆的饲喂方法及注意事项

豌豆因含多种抗营养因子，故不宜生喂。在鸡饲料中可使用 10%～20%；粉碎后肥育猪可用到 12%，但需补充蛋氨酸，对生长及屠体品质无不良影响，煮熟后种猪可用到 20%～30%；乳牛精料可用 20%以下，肉牛用 12%以下，肉羊用 25%以下。

3. 饲料用豌豆的质量标准

中华人民共和国农业行业《饲料用豌豆》标准中规定，以粗蛋白质、粗纤维、粗灰分为质量控制指标，按含量可分为三级，标准见表表 2-6-2。

表 2-6-2　饲料用豌豆质量标准　　%

质量指标	一级	二级	三级
粗蛋白质	≥24.0	≥22.0	≥20.0
粗纤维	<7.0	<7.5	<8.0
粗灰分	<3.5	<3.5	<4.0

二、饼粕类

(一)大豆饼粕

大豆饼粕是以大豆为原料取油后的副产物。由于制油工艺不同，通常将压榨法取油后的产品称为大豆饼(soybean cake)，而将浸出法取油后的产品称为大豆粕(soybean meal)。大豆饼粕是目前使用最广泛、用量最多的植物性蛋白质饲料原料。

1. 大豆饼粕的营养特性

大豆饼粕粗蛋白质含量高，一般为 40%～50%，必需氨基酸含量高，组成合理，其中赖氨酸和异亮氨基酸含量是饼粕类饲料中最高者，赖氨酸与精氨酸(约为 100∶130)以及异亮氨酸与缬氨酸的比例较为恰当，色氨酸、苏氨酸含量也很高，但蛋氨酸含量不足；粗纤维含量较低，主要来自大豆皮;无氮浸出物主要是蔗糖、棉籽糖、水苏糖和多糖类,淀粉含量低;胡萝卜素、核黄素和硫胺素含量少,烟酸和泛酸含量稍多,胆碱含量丰富,维生素 E 在脂肪残量高和储存不久的饼粕中含量较高;矿物质中钙少磷多,磷多为植酸磷(约 61%),硒含量低;加热不足的大豆饼粕含有胰蛋白酶抑制因子、血细胞凝集素、脲酶等多种抗营养因子。

2. 大豆饼粕的饲用价值

大豆饼粕色泽佳,风味好,质量较稳定,是动物优质蛋白质饲料原料。大豆饼粕适当加热后添加蛋氨酸,即为禽类最好的蛋白质来源,适用任何阶段的家禽,幼雏效果更好,其他饼粕原料不及大豆饼粕,但加热不足的大豆饼粕能引起家禽腹泻、胰脏肿大,发育受阻,对雏鸡影响尤甚;大豆饼粕对猪适口性好,适当处理后适用任何种类、任何阶段的猪;大豆饼粕也是奶牛、肉牛的优质蛋白质原料,各阶段牛饲料中均可使用,适口性好,长期饲喂也不会厌食,牛可有效利用未经加热处理的大豆饼粕,含油脂较多的豆饼对奶牛有催乳效果;羊马也可使用,效果优于生大豆;在水产动物中,草食鱼及杂食鱼对大豆粕中蛋白质利用率很好,可达 90%左右。

3. 大豆饼粕的饲喂方法及注意事项

大豆饼粕使用前应注意判断其加热程度,对于加热不足的应作适当的热处理。大豆饼粕与大量玉米及少量的鱼粉配合使用,特别适合家禽氨基酸营养需要,与谷实类饲料配合可起到互补作用;大豆饼粕在猪的人工代乳料或仔猪补料中用量应加以限制,以小于 10%为宜,或饲喂熟化的脱皮大豆粕效果较好,育肥猪无用量限制,以大豆饼粕为唯一的蛋白源的饲粮中,添加蛋氨酸可提高猪生产性能,若同时添加蛋氨酸、赖氨酸和苏氨酸,可进一步提高猪生产性能;大豆饼粕在反刍动物人工代乳料和开食料中用量应加以限制,在成年反刍动物饲粮中的用量也应控制,以免造成蛋白质利用率降低;草食鱼及杂食鱼饲粮中可以以大豆饼粕取代部分鱼粉作为蛋白质主要来源,肉食鱼对大豆饼粕利用率低,尽量少用。

4. 饲料用大豆饼粕的质量标准

饲料用大豆饼粕国家标准规定的感官性状为:呈黄褐色饼状或小片状(大豆饼),呈浅黄褐色或淡黄色不规则的碎片状(大豆粕);色泽一致,无发酵、霉变、结块、虫蛀及异味、异臭;水分含量不得超过 13.0 %;不得掺入饲料用大豆饼粕以外的东西。标准中除粗蛋白质、粗纤维、粗灰分为质量控制指标(大豆饼增加粗脂肪一项)外,规定脲酶活性不得超过 0.4。饲料用大豆饼和大豆粕国家标准标准见表 2-6-3。

表 2-6-3 饲料用大豆饼和大豆粕质量标准 %

原料	质量指标	一级	二级	三级
大豆饼	粗蛋白质	≥41.0	≥39.0	≥37.0
	粗脂肪	<8.0	<8.0	<8.0
	粗纤维	<5.0	<6.0	<7.0
	粗灰分	<6.0	<7.0	<8.0
大豆粕	粗蛋白质	≥44.0	≥42.0	≥40.0
	粗纤维	<5.0	<6.0	<7.0
	粗灰分	<6.0	<7.0	<8.0

(二)菜籽饼粕

菜籽饼(rape seed cake)和菜籽粕(rape seed meal)是油菜籽提油后的副产品,是一种良好的蛋白质饲料，但因含有毒物质，使其应用受到限制，实际用于饲料的仅占 2/3，其余用作肥料，极大浪费蛋白质饲料资源。菜籽粕的合理利用，是解决我国蛋白质饲料资源不足的重要途径之一。为解决菜籽的毒性问题，改善菜籽饼粕的饲用价值，植物育种学家一直致力于“双低”(低芥酸和低硫葡萄糖苷)油菜品种的培育。

1. 菜籽饼粕的营养特性

菜籽饼粕粗蛋白质含量较高，为 34%～38%，氨基酸组成平衡，含硫氨酸较多，精氨酸含量低，精氨酸与赖氨酸的比例适宜；粗纤维含量较高，为 12%～13%，有效能值较低；无氮浸出物多为不宜消化的淀粉，且含有 8%的戊聚糖，雏鸡不能利用；矿物质中钙、磷含量均高，但大部分为植酸磷，富含铁、锰、锌、硒，尤其是硒含量远高于豆饼；维生素中胆碱、叶酸、烟酸、核黄素、硫胺素均比豆饼高，但胆碱与芥子碱呈结合状态，不易被肠道吸收；含有硫葡萄糖苷、芥子碱、植酸、单宁等抗营养因子。

2. 菜籽饼粕饲用价值

菜籽饼粕是一种良好的氨基酸平衡饲料，但因含有多种抗营养因子，饲喂价值明显低于大豆粕。毒物含量高的菜籽饼粕适口性差，在饲粮中过量使用，会引起不良反应，如甲状腺肿大，肝肾肿大，采食量下降，生产性能下降等，“双低”品种饲用价值明显高于普通品种。

3. 菜籽饼粕的饲喂方法及注意事项

菜籽饼粕在使用前应进行脱毒处理或严格控制用量。在鸡配合饲料中应限量使用，一般幼雏应避免使用，品质优良的菜籽饼粕，肉鸡后期可用至 10%～15%，但为防止肉鸡风味变劣，用量宜低于 10%；蛋鸡、种鸡可用至 8%，超过 12%即引起蛋重和孵化率下降；褐壳蛋鸡采食多时，鸡蛋有鱼腥味，应谨慎使用。

菜籽饼粕在肉猪饲粮中用量应限制在 5%以下，母猪则低于 3%；经处理或“双低”品种的菜籽饼粕，肉猪可用至 15%，但为防止软脂现象，用量应低于 10%；种猪用至 12%对繁殖性能并无不良影响，也应限量使用。

菜籽饼粕在肉牛精料中使用 5%～10%，对胴体品质无不良影响；奶牛精料中使用 10%以下，产奶量及乳脂率正常。双低品种菜籽饼粕在奶牛精料中用量，最高可用至 25%。

4. 饲料用菜籽饼粕质量标准

饲料用菜籽饼粕国家标准规定：感官性状菜籽饼为褐色、小瓦片状、片状或饼状，菜籽粕为黄色或浅褐色、碎片或粗粉状；具有菜籽油的香味；无发酵、霉变、结块及异臭；水分含量不得超过 12.0%。具体质量指标见表 2-6-4。

表 2-6-4　饲料用菜籽饼质量标准　　%

原料	质量指标	一级	二级	三级
菜籽饼	粗蛋白质	≥37.0	≥34.0	≥30.0
	粗脂肪	<10.0	<10.0	<10.0
	粗纤维	<14.0	<14.0	<14.0
	粗灰分	<12.0	<12.0	<12.0
菜籽粕	粗蛋白质	≥40.0	≥37.0	≥33.0
	粗纤维	<14.0	<14.0	<14.0
	粗灰分	<8.0	<8.0	<8.0

(三)棉籽饼粕

棉籽饼(cotton seed cake)和棉籽粕(cotton seed meal)是棉籽经脱壳取油后的副产品,因脱壳程度不同,通常又将完全去壳的叫作棉仁饼粕。

1.棉籽饼粕的营养特性

棉籽饼粕粗蛋白含量较高达34%以上,棉仁饼粕粗蛋白可达41%~44%。氨基酸中赖氨酸、蛋氨酸含量较低,精氨酸含量较高,赖氨酸与精氨酸之比在100∶270以上;粗纤维含量主要取决于制油过程中棉籽脱壳程度,国产棉籽饼粕粗纤维含量较高,达13%以上,有效能值低于大豆饼粕,脱壳较完全的棉仁饼粕粗纤维含量约12%,代谢能水平较高;矿物质中钙少磷多,其中71%左右为植酸磷,含硒少;维生素B_1含量较多,胡萝卜素、维生素D含量较少;含有棉酚、环丙烯脂肪酸、单宁和植酸等抗营养因子。

2.棉籽饼粕的饲用价值

棉籽饼粕对鸡的饲用价值主要取决于游离棉酚和粗纤维的含量,此外,鉴于棉籽饼粕中的环丙烯脂肪酸对动物的不良影响,棉籽饼粕中的脂肪含量越低越安全;品质好的棉籽饼粕是猪良好的蛋白质饲料原料,代替猪饲料中50%大豆饼粕无副效应,品质差的棉籽饼粕或使用量过大会影响适口性,并有中毒可能;棉籽饼粕对反刍动物不存在中毒问题,是反刍家畜良好的蛋白质来源,奶牛饲料中添加适量棉籽饼粕可提高乳脂率,但用量过多则影响适口性,同时乳脂变硬。

3.棉籽饼粕的饲喂方法及注意事项

棉籽饼粕在使用前应进行脱毒处理或严格控制用量。由于游离棉酚可使种用动物尤其是雄性动物生殖细胞发生障碍,因此种用雄性动物应禁止使用棉籽饼粕,雌性种畜也应尽量少用。

含壳多的棉籽饼粕,因粗纤维含量高,热能低,应避免在肉鸡中使用。棉籽饼粕在家禽饲粮中用量以游离棉酚含量而定,通常游离棉酚含量在0.05%以下的棉籽饼粕,在肉鸡中可用到饲粮的10%~20%,产蛋鸡可用到饲粮的5%~15%,未经脱毒处理的饼粕,饲粮中用量不得超过5%。蛋鸡饲粮中棉酚含量在200 mg/kg以下,不影响产蛋率,若要防止"桃红蛋",应限制在50 mg/kg以下。添加亚铁盐可增强鸡对游离棉酚的耐受力。

用品质好的棉籽饼粕代替猪饲料中的大豆饼粕,需补充赖氨酸、钙、磷和胡萝卜素等。鉴于棉籽饼粕产品的不稳定性和棉酚毒性问题,一般乳猪、仔猪饲粮中不用。游离棉酚含量低于0.05 %的棉籽饼粕,在肉猪饲粮中可用至10%~20%,母猪可用至3%~5%,当游离棉酚高于0.05%时,应谨慎使用。

对于反刍动物,棉籽饼粕属便秘性饲料原料,需搭配糖蜜、芝麻饼粕等软便性饲料原料使用。一般用量奶牛以占精料的20%~35%为宜;喂幼牛时,以低于精料的20%为宜,且需搭配含胡萝卜素高的优质粗饲料;肉牛可以以棉籽饼粕为主要蛋白质饲料,但应供应优质粗饲料,再补充胡萝卜素和钙,方能获得良好的增重效果,一般在精料中可占30%~40%。棉籽仁饼粕也可作为羊的优质蛋白质饲料来源,同样需配合优质粗料。

4.饲料用棉籽饼粕质量标准

饲料用棉籽饼粕国家标准规定:感官性状棉籽饼为小片状或饼状,色泽呈新鲜一致的黄褐色,棉籽粕呈黄褐色或金黄色,小碎片或粗粉状,有时夹杂小颗粒;无发酵、霉变、虫蛀及异味、异臭;水分含量不得超过12.0%;不得掺入饲料用棉籽饼粕以外的东西。具体质量标准见表2-6-5。

表 2-6-5　饲料用棉籽饼粕质量标准　%

原料	质量指标	一级	二级	三级
棉籽饼	粗蛋白质	≥40.0	≥36.0	≥32.0
	粗纤维	<10.0	<12.0	<14.0
	粗灰分	<6.0	<7.0	<8.0
棉籽粕	粗蛋白质	≥41.0	≥38.0	≥36.0
	粗纤维	<10.0	<12.0	<14.0
	粗灰分	<7.0	<7.0	<8.0

(四)花生(仁)饼粕

花生饼(peanut cake)和花生粕(peanut meal)是花生(peanut)脱壳后,经机械压榨或溶剂浸提油后的副产品。是重要的蛋白质饲料原料。

1. 花生(仁)饼粕的营养特性

花生(仁)饼蛋白质含量约44%,花生(仁)粕蛋白含量约47%,蛋白质含量高,但氨基酸组成不平衡,赖氨酸、蛋氨酸含量偏低,精氨酸含量在所有植物性饲料中最高,赖氨酸与精氨酸之比在100∶380以上;花生(仁)饼粕的有效能值在饼粕类饲料中最高,约12.26 MJ/kg;无氮浸出物中大多为淀粉、糖分和戊聚糖;残余脂肪熔点低,脂肪酸以油酸为主,不饱和脂肪酸占53%～78%;钙磷含量低,磷多为植酸磷,铁含量略高,其他矿物元素较少;胡萝卜素、维生素D、维生素C含量低,B族维生素较丰富,尤其烟酸含量高;含有少量胰蛋白酶抑制因子。

2. 花生(仁)饼粕的饲用价值

花生(仁)饼粕的适口性好,可提高动物的食欲。加热不足的花生(仁)饼粕会引起雏鸡胰腺肥大;花生(仁)饼粕是猪的优良蛋白质饲料,因赖氨酸、蛋氨酸含量低,其饲喂价值不及大豆饼粕,育肥猪在满足赖氨酸、蛋氨酸需要的前提下可代替全部大豆饼粕;花生(仁)饼粕对奶牛、肉牛的饲用价值与大豆饼粕相当,但因有通便作用,采食过多易导致软便,经高温处理的花生仁饼粕,蛋白质溶解度下降,可提高过瘤胃蛋白量,提高氮沉积量。

3. 花生(仁)饼粕的饲喂方法及注意事项

花生(仁)饼粕极易感染黄曲霉,产生黄曲霉毒素,引起动物黄曲霉毒素中毒。我国饲料卫生标准中规定,其黄曲霉素B_1含量不得大于0.05 mg/kg。为避免黄曲霉毒素中毒,幼雏应避免使用,饲喂家畜时适于和精氨酸含量低的菜籽饼粕、血粉等配合使用。

花生(仁)饼粕在育成鸡饲粮中可用到6%,产蛋鸡可用到9%,若补充赖氨酸、蛋氨酸或与鱼粉、豆饼、血粉配合使用,效果更好。在鸡饲粮中添加蛋氨酸、硒、胡萝卜素、维生素或提高饲粮蛋白质水平,都可以降低黄曲霉毒素的毒性。

花生(仁)饼粕在育肥猪的饲粮中用量宜低于10%,以防引起下痢和体脂变软。

花生(仁)饼粕不宜作为奶牛、肉牛蛋白质的唯一来源,需配合其他蛋白质来使用。

4. 饲料用花生饼粕质量标准

饲料用花生(仁)饼粕国家标准规定:感官要求花生饼为小瓦块状或圆扁块状,花生粕为黄褐色或浅褐色不规则碎屑状,色泽新鲜一致;无发霉、变质、结块及异味、异臭;水分含量不得超过12.0%。饲料用花生(仁)饼粕国家标准见表2-6-6。

表 2-6-6　饲料用花生饼质量标准　%

原料	质量指标	一级	二级	三级
花生饼	粗蛋白质	≥48.0	≥40.0	≥36.0
	粗纤维	<7.0	<9.0	<11.0
	粗灰分	<6.0	<7.0	<8.0
花生粕	粗蛋白质	≥51.0	≥42.0	≥37.0
	粗纤维	<7.0	<9.0	<11.0
	粗灰分	<6.0	<7.0	<8.0

第二节　动物性蛋白质饲料

动物性蛋白质饲料主要包括水产类及其加工副产品、畜禽加工副产品和乳品业加工副产品等。该类饲料的主要营养特点是：蛋白质含量高（40%～85%），氨基酸组成比较平衡；碳水化合物含量低，不含粗纤维；粗灰分含量高，钙、磷含量丰富，比例适宜；维生素含量丰富（特别维生素 B_2 和维生素 B_{12}）；脂肪含量较高，能值含量高，但脂肪易氧化酸败，不宜长时间储藏；含有促进动物生长的动物性蛋白因子（animal protein factor，APF）。

一、鱼粉

鱼粉（fish meal）以全鱼或鱼品加工的下脚料（鱼头、尾、鳍、内脏等）为原料，经一定的工艺脱水、粉碎加工而成的粉状产品。

（一）鱼粉的营养特性

鱼粉的蛋白质含量高，一般脱脂全鱼粉的粗蛋白质含量高达 60%以上，氨基酸组成齐全而且平衡，尤其是主要氨基酸与猪、鸡体组织氨基酸组成基本一致；粗脂肪含量高，其中不饱和脂肪酸含量较高；钙、磷含量高，比例适宜，微量元素中铁、锌、硒含量高，海水鱼粉中碘含量高；富含维生素 B_{12}、维生素 A、维生素 D、维生素 E 和未知生长因子。

（二）鱼粉的饲用价值

鱼粉是一种优质动物性蛋白质饲料，不易被其他蛋白质饲料完全取代。鱼粉对鸡的饲养效果很好，不但适口性好，而且可以补充必需氨基酸；鱼粉也是猪的良好蛋白质来源，具有改善饲料利用率和提高生长速度的效果；反刍动物饲粮中使用鱼粉的效果与植物性蛋白质饲料相近，一般不使用；鱼粉是鱼饲料的良好原料，因鱼粉的氨基酸组成近于水产动物的体组成，消化利用率较高，无不良作用，故为水产动物饲料的主要原料。

（三）鱼粉的饲喂方法及注意事项

鱼粉中因不饱和脂肪酸含量较高并具有鱼腥味，故在畜禽饲粮中使用量不可过多，否则导致畜产品异味。在家禽饲粮中使用鱼粉过多可导致禽肉、蛋产生鱼腥味，因此当鱼粉中脂肪含量约 10%时，在鸡饲粮中用量应控制在 10%以下，鱼油含量要求小于 1%，火鸡宰前 8 周应停喂鱼粉；肉猪饲粮中鱼粉用量应控制在 8%以下，否则会使体脂变软、肉带鱼腥味；一般幼龄畜禽饲粮中鱼粉添加量应小于 10%，成年畜禽小于 5%，为降低成本，猪育肥后期饲粮可不添加鱼粉。

鱼粉在使用前应进行品质鉴定，尤其要注意掺杂掺假问题以及食盐的含量，配方计算时应考虑鱼粉的含盐量，以防食盐中毒。

鱼粉应储藏在干燥、低温、通风、避光的地方，防止发生变质。鲱鱼、西鲱鱼及鲤科鱼类，体内含有破坏硫胺素的酶，特别是鱼粉不新鲜时，大量摄入会引起硫胺素缺乏症，因此，在使用劣质鱼粉时应考虑提高硫胺素的添加量。

当鱼粉加工温度过高、时间过长或运输、储藏过程中发生自燃，都会产生过多的肌胃糜烂素，这种物质含量过高，喂鸡常因胃酸分泌过度而使鸡嗉囊肿大，肌胃糜烂、溃疡、穿孔，最后呕血死亡，生产中对该类鱼粉应慎用或不用。

(四)鱼粉的质量标准

迄今中国还没有正式发布饲料用鱼粉质量的国家标准，现仍执行原农牧渔业部发布的《鱼粉》部颁标准。卫生标准则按中华人民共和国标准《饲料卫生标准》(强制性标准)执行。

我国鱼粉专业标准适用于以鱼、虾、蟹类等水产动物或鱼品加工过程中所得的鱼头、尾、内脏等为原料，进行干燥、脱脂、粉碎或先经蒸煮再压榨、干燥、粉碎而制成的作为饲料用的鱼粉。其质量与分级标准见表 2-6-7。

表 2-6-7　饲料用鱼粉的质量标准

项目	等级			
	特级品	一级品	二级品	三级品
色泽	红鱼粉黄棕色、黄褐色等鱼粉正常颜色；白鱼粉黄白色			
组织	蓬松、纤维状组织明显，无结块、无霉变	较蓬松、纤维状组织较明显，无结块、无霉变		松软粉状物，无结块、无霉变
气味	有鱼香味，无焦灼味和油脂酸败味		具有鱼粉正常气味、无异臭及焦灼味	
粉碎粒度	至少 98%能通过筛孔为 2.80 mm 的标准筛			
粗蛋白质/%	≥60	≥55	≥50	≥45
粗脂肪/%	≤10	≤10	≤12	≤12
水分/%	≤10	≤10	≤10	≤12
盐分/%	≤2	≤3	≤3	≤4
灰分/%	≤15	≤20	≤25	≤25
沙分/%	≤2	≤3	≤3	≤4

二、肉骨粉

肉骨粉(meat and bone meal)是以动物屠宰后不宜食用的下脚料以及肉类罐头厂、肉品加工厂等的残余碎肉、内脏杂骨等为原料，经高温消毒、干燥粉碎制成的粉状饲料。

(一)肉骨粉的营养特性

因原料组成和肉、骨的比例不同，肉骨粉的质量差异较大。粗蛋白质 20%～50%，赖氨酸 1%～3%，含硫氨基酸 3%～6%，色氨酸低于 0.5%；粗灰分为 26%～40%，钙 7%～10%，磷 3.8%～5.0%；脂肪 8%～18%；维生素 B_{12}、烟酸、胆碱含量丰富，维生素 A、维生素 D 含量较少。

(二)骨肉粉的饲用价值

肉骨粉是动物良好的钙磷供源,作为一类蛋白质饲料原料,可与谷类饲料搭配补充蛋白质的不足。但由于肉骨粉主要由肉、骨、腱、韧带、内脏等组成,还包括毛、蹄、角、皮及血等废弃物,所以品质变异很大。若以腐败的原料制成产品,品质更差,甚至可导致中毒。加工过程中热处理过度的产品适口性和消化率均下降。储存不当时,所含脂肪易氧化酸败,影响适口性和动物产品品质,总体饲养效果较鱼粉差。

(三)骨肉粉的饲喂方法及注意事项

骨肉粉因品质稳定性差,用量应加以限制,并补充所缺乏的氨基酸,家禽饲粮中以 6%以下为宜;猪以 5%以下为宜,一般多用于生长肥育猪和种猪饲粮,仔猪避免使用;反刍动物饲粮中已禁止使用。

肉骨粉的原料很易感染沙门氏菌,在加工处理畜禽副产品过程中,要进行严格的消毒。用患病家畜的副产物制成的肉粉尽量不喂同类动物。

(四)肉骨粉的质量标准

中华人民共和国标准将骨粉及肉骨粉作为一个标准颁布。其中对肉骨粉的质量标准指标及理化指标分为 3 级,见表 2-6-8。

表 2-6-8　肉骨粉质量标准

指标		等级		
		一级	二级	三级
感观指标	色泽	褐色或灰褐色	灰褐色或浅棕色	灰色或浅棕色
	状态	粉状		
	气味	具固有气味	无异味	无异味
理化指标/%	粗蛋白质	≥26	≥23	≥20
	水分	≤9	≤10	≤12
	粗脂肪	≤8	≤10	≤12
	钙	≥14	≥12	≥10
	磷	≥8	≥5	≥3

三、血粉

血粉(blood meal)是以畜、禽血液为原料,经脱水加工而成的粉状动物性蛋白质补充饲料。动物血粉的资源量非常丰富,开发利用这一资源十分重要。

(一)血粉的营养特性

血粉干物质中粗蛋白质含量高,一般在 80%以上,但氨基酸组成极不平衡,赖氨酸居天然饲料之首,达 6%~9%,色氨酸、亮氨酸、缬氨酸含量也高于其他动物性蛋白,但缺乏异亮氨酸、蛋氨酸。血粉中蛋白质、氨基酸利用率与加工方法、干燥温度、时间的长短有很大关系,通常持续高温会使氨基酸的利用率降低,低温喷雾法生产的血粉优于蒸煮法生产的血粉。血粉中含钙、磷少,含铁多,约 2 800 mg/kg。

(二)血粉的饲用价值

血粉适口性差,氨基酸组成不平衡,自身的氨基酸利用率不高,但因血粉中蛋白质和赖氨酸的含量高,可补充猪、鸡饲料中易缺乏的赖氨酸;血粉具有黏性,过量添加易引起动物腹泻;不同种类动物的血源及新鲜度是影响血粉品质的一个重要因素。

(三)血粉的饲喂方法及注意事项

血粉的添加量不宜过高,一般仔鸡、仔猪饲料中用量应小于 2%,成年猪、鸡饲料中用量不应超过 4%;使用血粉时要考查其新鲜程度,防止微生物污染;使用时尽可能与蛋氨酸、异亮氨酸含量高和缬氨酸含量低的饲料配伍。

(四)饲料用血粉的质量标准

我国饲料用血粉的质量标准见表 2-6-9。

表 2-6-9　饲料用血粉的质量标准　　%

质量指标	一级	二级
粗蛋白质	≥80	≥70
粗纤维	<1	<1
水分	≤10	≤10
灰分	≤4	≤6

四、水解羽毛粉

水解羽毛粉(hydrolyzed feather meal)是将家禽羽毛经过清洗、蒸煮、高压或酶水解后粉碎或膨化成粉状制成的产品,作为一种动物性蛋白质补充饲料,是一种潜力很大的蛋白质饲料资源。

(一)水解羽毛粉的营养特性

水解羽毛粉中粗蛋白质含量为 80%～85%,含硫氨基酸含量高,其中的胱氨酸的含量为 2.93%,居所有天然饲料之首,缬氨酸、亮氨酸、异亮氨酸的含量也高于其他动物性蛋白质饲料,但赖氨酸、蛋氨酸和色氨酸的含量相对缺乏。

(二)水解羽毛粉的饲用价值

水解羽毛粉蛋白质生物学价值低,适口性差,氨基酸组成不平衡,但由于胱氨酸含量高,在代谢中可代替 50%蛋氨酸,所以配方中添加适量水解羽毛粉可补充蛋氨酸不足,同时添加水解羽毛粉还可以平衡其他氨基酸。

(三)水解羽毛粉的饲喂方法及注意事项

水解羽毛粉在单胃动物饲粮中的添加量不应过高,控制在 5%～7%比较合适。蛋鸡、肉鸡饲粮中的添加量以 4%以下为宜;生长猪饲粮中以 3%～5%为宜;鱼、鹿饲粮中一般以 3%～10%为宜;火鸡饲粮中一般以 2.5%～5.0%为宜。水解羽毛粉和血粉合理配伍,除蛋氨酸外其余必需氨基酸均可获得营养互补,若补加蛋氨酸可达到良好的饲喂效果。

(四)饲料用羽毛粉质量标准

目前我国还没有制订饲料用羽毛粉的国家标准。北京市地方标准《饲料用羽毛粉》DB/1100 B 4610—89 的质量指标规定,以粗蛋白质、粗灰分、胃蛋白酶消化率为质量控制指标,各项指标均以 90%干物质含量计算,见表 2-6-10。

表 2-6-10　饲料用羽毛粉质量标准　%

质量指标	含量
粗蛋白质	≥80.0
粗灰分	<4.0
胃蛋白酶消化率	≥90.0

第三节　单细胞蛋白质饲料

单细胞蛋白质(single-cell protein,SCP)是单细胞或具有简单构造的多细胞生物的菌体蛋白的统称,又称微生物蛋白质饲料。目前可供作饲料用的 SCP 微生物主要有:酵母、真菌、藻类及非病原性细菌 4 大类。

一、单细胞蛋白的基本特性

(一)营养特性

单细胞蛋白质饲料由于原料及生产工艺不同,其营养成分组成变化较大。一般风干制品中含粗蛋白质在 50%以上,必需氨基酸组成和利用率与优质豆饼相似;因为这类蛋白质是由多个独立生存的单细胞构成,所以富含多种酶系;B 族维生素丰富;微量元素中富含有铁、锌、硒。

(二)生产特性

(1)单细胞蛋白质生产周期短,繁殖快,世代周转迅速　如酵母菌在良好条件下每接种100 kg,1 d 即可获得 2 500 kg 酵母,其生长繁殖速度约为大豆的 1 300 倍,为动物生长的 2 000 倍。

(2)作为培养基的原料来源广　可充分利用工农业的废物,净化污水,减少环境污染。生产单细胞蛋白质饲料产品的原料多为烃类及其衍生物、天然气、石油产品、有机垃圾、纸浆、糖蜜、稿秆粉等。

(3)可以工业化生产,不与农业争地,也不受气候条件限制。

二、单细胞蛋白的种类

(一)酵母菌类

在单细胞蛋白饲料中饲料酵母利用的最多。饲料酵母按培养基不同常分为石油酵母,工业废液(渣)酵母(包括啤酒酵母、酒精废液酵母、味精废液酵母、纸浆废液酵母)。酵母细胞膜不宜被消化酶破坏,为提高饲用价值,国外生产饲用酵母有时先用自溶酶将膜破坏再制成饲用酵母粉。

(二)单细胞藻类

单细胞藻类(*algae*)是指以阳光为能源,以天然有机和无机物为培养基,生活于水中的小型单细胞浮游生物体。目前主要饲用的藻类有绿藻和蓝藻 2 种。绿藻呈深绿色,可以生长在咸水中或以脏水、动物的粪便或其他废弃物为肥料的池塘内,池塘水变绿就是由其所致。蓝藻可生长在因碱性强而不能用于灌溉的淡水和湖泊里,易培养捕捞,色素和蛋白质的利用率高。从发展前景看,蓝藻有取代绿藻的趋势。

(三)真菌类

常用真菌有地霉属、曲霉属、根霉属、木霉属、镰刀菌属和伞菌目的霉菌等。除去培养基质后的

SCP 的营养价值和酵母 SCP 相似。

(四)非病原性细菌类

在非病原性细菌中常见的有芽孢杆菌属、甲烷极毛杆菌属、氢极毛杆菌属以及放线菌属中的分枝杆菌、诺卡氏菌、小球菌等。

第四节　非蛋白氮饲料

凡含氮的非蛋白质可饲物质均可称为非蛋白氮饲料(non-protein nitrogen,NPN),主要作为反刍动物蛋白质营养的补充来源,供给瘤胃可降解氮的需要。NPN 主要包括饲料用的尿素、氨、铵盐及其他合成的简单含氮化合物。

一、尿素

尿素是目前应用最广泛的非蛋白氮源。纯尿素含氮量为 46%,一般商品尿素的含氮量为 45%。每 1 kg 尿素相当于 2.8 kg 粗蛋白质,或相当于 7 kg 豆饼的粗蛋白质含量。

二、异丁叉二脲

是由尿素与异丁醛化合而成的一种含氮化合物,进入反刍动物瘤胃后可缓慢分解为尿素和异丁醛,保证了饲喂的安全性。

复习思考题

1. 简述植物性蛋白质饲料营养特点。
2. 使用大豆饼粕、棉籽饼粕、菜籽饼粕时需注意哪些问题?
3. 在猪、鸡饲粮中如何科学合理的应用鱼粉?
4. 何谓单细胞蛋白质饲料?特性如何?包括哪些种类?

第七章 矿物质饲料

矿物质饲料是补充动物矿物质需要的饲料，包括人工合成的、天然单一的和多种混合的矿物质饲料，以及配合有载体或稀释剂的痕量、微量、常量元素补充料。矿物质元素在各种动植物饲料中都有一定含量，虽多少有差别，但由于动物采食饲料的多样性，可在某种程度上满足对矿物质的需要。但在舍饲条件下或饲养高产动物时，动物对矿物质的需要量增多，常规的基础饲料不能满足需要，这时就必须在动物饲粮中另行添加所需的矿物质。

本章主要对几种常用的常量物质饲料和天然矿物质饲料进行介绍。

第一节 常量矿物质饲料

常量矿物质饲料包括钙源性饲料、磷源性饲料、食盐以及含硫饲料和含镁饲料等。

一、钙源性饲料

通常天然植物性饲料中的含钙量与各种动物的需要量相比均感不足，特别是产蛋家禽、泌乳牛和生长幼畜更为明显。因此，动物饲粮中应注意钙的补充。常用的含钙矿物质饲料有石灰石粉、贝壳粉、蛋壳粉、石膏及碳酸钙类等。

(一)石灰石粉

石灰石粉又称石粉，是由天然的石灰石经粉碎加工而制成的，基本成分为碳酸钙($CaCO_3$)，一般含纯钙35%以上，是补充钙的最廉价、最方便的矿物质原料。

天然的石灰石中，只要铅、汞、砷、氟的含量不超过安全系数，都可用作饲料。一般认为饲料级石粉中镁的含量不宜超过0.5%，重金属如砷等含量更有严格限制。

石粉的用量依据畜禽种类及生长阶段而定，一般畜禽配合饲料中石粉使用量为0.5%～2%，蛋鸡和种鸡可达到7%～7.5%。单喂石粉过量，会降低饲粮有机养分的消化率，还对青年鸡的肾脏有害，使泌尿系统尿酸盐过多沉积而发生炎症，甚至形成结石。蛋鸡过多接受石粉，蛋壳上会附着一层薄薄的细粒，影响蛋的合格率。石粉与贝壳粉按1∶1比例配合使用，效果更佳。

石粉作为钙的来源，其粒度以中等为好，一般猪要求粒度稍小，为0.5～0.7 mm，禽要求粒度稍大，为0.6～0.7 mm。对蛋鸡来讲，粒度可达1.5～2.0 mm，较粗的粒度有助于保持血液中钙的浓度，满足形成蛋壳的需要，从而增加蛋壳强度，减少蛋的破损率，但粗粒会影响饲料的混合均匀度。

除用作钙源外，还被用作微量元素预混料的载体工艺稀释剂。

(二)轻质碳酸钙

又称为沉淀碳酸钙，是将石灰石经高温锻烧成氧化钙，加水调制成石灰乳，再与二氧化碳作用生成的碳酸钙产品。其碳酸钙含量在95%以上，钙含量为34%～38%。

轻质碳酸钙因价格偏高，在大宗饲料中应用较少，常常作为奶牛的补充料。

(三)贝壳粉

贝壳粉是各种贝类外壳(蚌壳、牡蛎壳、蛤蜊壳、螺蛳壳等)经加工粉碎而成的粉状或粒状产品，多呈灰白色、灰色、灰褐色。主要成分也为碳酸钙，其含量为90%～95%，含钙量应不低于33%。不同畜禽对贝壳粉的粒度要求：猪以25%通过0.36 mm筛，蛋鸡以70%通过1.8 mm筛，肉鸡以60%通过0.3 mm筛为宜。

在午后或傍晚给产蛋家禽饲粮中添加贝壳粗粉，可使其缓慢吸收，满足夜间蛋在子宫内钙化所需，从而改善蛋壳质量。

贝壳粉内常掺杂砂石和泥土等杂质；若贝肉未除尽，加之储存不当，堆积日久易出现发霉、腐臭等情况，故选购及应用时要特别注意。

(四)蛋壳粉

禽蛋加工厂或孵化厂废弃的蛋壳，包括壳膜、残留蛋清经干燥灭菌、粉碎后即得到蛋壳粉，蛋壳粉除了含有34%左右钙外，还含有7%的蛋白质及0.1%左右的磷。蛋壳粉是理想的钙源饲料，利用率高，用于蛋鸡、种鸡饲料中，具有增加蛋壳硬度的效果。值得注意的是蛋壳干燥的温度应超过82℃，以消除传染病源。

此外，石膏、大理石、白云石、白垩石、方解石、熟石灰、石灰水等均可作为补钙饲料。至于利用率很高的葡萄糖酸钙、乳酸钙等有机酸钙，因其价格较高，多用于水产饲料，畜禽饲料中应用较少。其他还有甜菜制糖的副产品—滤泥也属于碳酸钙产品。

钙源饲料很便宜，但不能用量过多，否则会影响钙磷平衡，使钙和磷的消化、吸收和代谢都受到影响。微量元素预混料常常使用石粉或贝壳粉作为稀释剂或载体，使用量占配比较大时，配料时应注意把其含钙量计算在内。

二、磷源性饲料

富含磷的矿物质饲料有磷酸钙类、磷酸钠类、骨粉及磷矿石等。在利用这一类原料时，除了注意不同磷源有着不同的利用率外，还要考虑原料中有害物质如氟、铝、砷等是否超标。

(一)磷酸钙类

磷酸钙类包括磷酸氢钙、磷酸二氢钙和磷酸钙等。

1. 磷酸氢钙

磷酸氢钙也叫磷酸二钙，为白色或灰白色的粉末或粒状产品，又分为无水盐($CaHPO_4$)和二水盐($CaHPO_4 \cdot 2H_2O$)两种，一般生产中使用较多的是后者。市售品中除含有磷酸氢钙外，还含少量的磷酸一钙及未反应的磷酸钙。

磷酸氢钙是世界上产量最大、使用最普遍的饲料级磷酸盐品种，其钙、磷利用率较高，是优质的磷、钙补充料。

饲料级磷酸氢钙应注意脱氟处理，含氟量不得超过标准。饲料级磷酸氢钙的质量标准见表2-7-1。

表 2-7-1 饲料级磷酸氢钙质量标准 %

项目	指标	项目	指标
磷(P)含量	≥16.5	砷(As)含量	≤0.003
钙(Ca)含量	≥21.0	铅(Pb)含量	≤0.003
氟(F)含量	≤0.18	细度(粉末状通过 500 μm 试验筛	≥95

2. 磷酸二氢钙

磷酸二氢钙又称磷酸一钙或过磷酸钙，纯品为白色结晶粉末，多为一水盐，分子式为 $Ca(H_2PO_4)_2 \cdot H_2O$。市售品常含有少量未反应的碳酸钙及游离磷酸，吸湿性强，且呈酸性。本品含磷 22%左右，含钙 15%左右，最适合用于水产动物饲料。由于本品磷高钙低，在配制饲粮时易于调整钙磷平衡。

在使用磷酸二氢钙应注意脱氟处理，含氟量不得超过标准。饲料级磷酸二氢钙质量标准见表 2-7-2。

表 2-7-2 饲料级磷酸二氢钙质量标准 %

项目	指标	项目	指标
钙(Ca)含量	15.0～18.0	重金属(以 Pb 计)含量	≤0.003
总磷(P)含量	≥22.0	pH	≥3.0
水溶性磷(P)含量	≥20.0	水分	≤3.0
氟(F)含量	≤0.20	细度(通过 500 μm 筛)	≥95.0
砷(As)含量	≤0.004		

3. 磷酸钙

磷酸钙又称磷酸三钙，纯品为白色无臭粉末。饲料用常由磷酸废液制造，为灰色或褐色，并有臭味，分为一水盐 $Ca_3(PO_4)_2 \cdot H_2O$ 和无水盐 $Ca_3(PO_4)_2$ 2 种，以后者居多。经脱氟处理后，称作脱氟磷酸钙，为灰白色或茶褐色粉末，含钙 29%以上，含磷 15%～18%以上，含氟 0.12%以下。磷酸钙由于相对生物学效价较低，我国使用量很少。

(二)磷酸钠类

(1)磷酸二氢钠　又称磷酸一钠，有无水物(NaH_2PO_4)及二水物($NaH_2PO_4 \cdot 2H_2O$)2 种，均为白色结晶性粉末，因其有潮解性，宜保存于干燥处。无水物含磷约 25%，含钠约 19%。因其不含钙，在钙要求低的饲料中可充当磷源，在调整高钙、低磷配方时使用不会改变钙的比例。

(2)磷酸氢二钠　也称磷酸二钠，分子式为 $Na_2HPO_4 \cdot xH_2O$，呈白色无味的细粒状，无水物一般含磷 18%～22%，含钠 27%～32.5%，应用同磷酸一钠。

(三)骨粉

骨粉是以家畜骨骼为原料加工而成的产品，由于加工方法的不同，成分含量及名称各不相同。骨粉是我国配合饲料中常用的磷源饲料，其钙磷比例为 2∶1，是动物体吸收钙磷的最佳比例，因此，骨粉是补充家畜钙、磷需要的良好来源。

骨粉一般为黄褐乃至灰白色的粉末，有肉骨蒸煮过的味道。骨粉的含氟量较低，只要杀菌消毒彻底，便可安全使用。但由于成分变化大，来源不稳定，而且常有异臭，在国外饲料工业上的用量逐渐减少。

骨粉按加工方法可分为煮骨粉、蒸制骨粉、脱胶骨粉和焙烧骨粉等。

1. 煮骨粉

煮骨粉是将原料骨经开放式锅炉煮沸，直至附着组织脱落，再经粉碎而制成。这种方法制得的骨粉色泽发黄，骨胶溶出少，蛋白质和脂肪含量较高，质地坚硬，易吸湿腐败，适口性差，不易久存。

2. 蒸制骨粉

蒸制骨粉是将原料骨在高压(2.03 kPa)蒸汽条件下加热，脱去大部分蛋白质及脂肪，使骨骼变脆，加以压榨、干燥粉碎而制成。一般含钙 24%，含磷 10%左右，含粗蛋白质 10%。这种骨粉含蛋白质较少，色泽洁白，易于消化，无特殊气味，是目前应用最多的一类。

3. 脱胶骨粉

脱胶骨粉也称特级蒸制骨粉，制法与蒸制骨粉基本相同。用 40.5 kPa 压力蒸制处理或利用抽出骨胶的骨骼经蒸制处理而得到，由于骨髓和脂肪几乎全部除去，故无异臭，色泽洁白，可长期储存。是一种质量稳定可靠，卫生安全的产品，但造价太高。

4. 焙烧骨粉(骨灰)

焙烧骨粉(骨灰)是将骨骼堆放在金属容器中经烧制而成，这是利用可疑废弃骨骼的可靠方法，充分烧透既可灭菌又易粉碎。

骨粉一般在猪、鸡饲料中添加量为 1%～3%。值得注意的是，用简易方法生产的骨粉，即不经脱脂、脱胶和热压灭菌而直接粉碎制成的生骨粉，因含有较多的脂肪和蛋白，易腐败变质。尤其是品质低劣，有异臭，呈灰泥色的骨粉，常携带大量病菌，用于饲料易引发疾病传播。有的兽骨收购场地，为避免蝇蛆繁殖，喷洒敌敌畏等药剂，这种骨粉绝对不能用作饲料。

骨粉由于质量不稳定，且易传染疾病等原因，在饲料工业中的用量将呈现逐渐减少的趋势。

第二节 天然矿物质饲料

随着饲料工业的发展，近年来又有许多天然矿物质被用作饲料，其中使用较多的有沸石、麦饭石、稀土、膨润土、海泡石、凹凸棒和泥炭等，这些天然矿物质饲料多属非金属矿物。

一、沸石

沸石(zeolite)是沸石族矿物的总称，已知的天然沸石有 40 余种，其中最有使用价值的是斜发沸石和丝光沸石。

天然沸石是含碱金属和碱土金属的含水铝硅酸盐类，含有动物所需的大部分矿物质元素。沸石大都呈三维硅氧四面体及三维铝氧四面晶体格架结构，晶体内部具有许多孔径均匀一致的孔道和内表面积很大的孔穴(500～1 000 m^2/g)，孔道和孔穴两者的体积占沸石总体积的 50%以上。通常情况下，晶体孔道和孔穴中含有金属阳离子和水分子，且与格架结构结合的比较弱。

沸石的特殊结构使之具有良好的选择性吸附、阳离子交换、催化激活、耐酸和热稳定等性能。饲料中添加沸石，可被其他极性分子所置换，析出动物所需的矿物质元素供机体利用；在消化道中，沸石除可以吸附氨、硫化氢、二氧化碳等物质外，还能吸附某些细菌毒素，改善肠道内环境；沸石的催化特性可激活一些酶的活性，提高饲料消化率；在畜牧生产中，沸石常用作某些微量元素添加剂的载体和稀释剂，用作畜禽无毒无污染的净化剂、粪便除臭剂和池塘水质改良剂，还是良好的饲料防结块剂。

沸石在各类动物饲粮中的添加量一般为：猪 5%～7%，以 5 %时效果最佳；鸡 3%～6%，以 3%时效果最佳；母牛 8%左右；羔羊以 5%为宜；鱼 3%～5%。

二、麦饭石

麦饭石（moifanite）因其外观似麦饭团而得名，是一种经过蚀变、风化或半风化，具有斑状或似斑状结构的中酸性岩浆岩矿物质。麦饭石的主要化学成分是二氧化硅和三氧化二铝，二者占麦饭石的 70%～80%，含有 K、Na、Ca、Mg、Cu、Zn、Fe、Se 等对动物有益的常量和微量元素，且这些元素的溶出性好，有利于体内物质代谢 。

麦饭石具有多孔性海绵状结构，溶于水时会产生大量的带有负电荷的酸根离子，这种结构决定了它有强的选择吸附性，可减少动物体内某些病原菌和有害重金属元素等对动物机体的侵害，可降低饲料中棉籽饼粕毒素。在畜牧生产中麦饭石一般用作饲料添加剂，以降低饲料成本，也可用作微量元素及其他添加剂的载体和稀释剂。在水产养殖上，麦饭石可用来改良鱼塘水质，使水的化学耗氧量和生物耗氧量下降，溶解氧提高，提高鱼虾的成活率和生长速度。

三、膨润土

膨润土（bentonite）是由酸性火山凝灰岩变化而成的，俗称白黏土，又名班脱岩，是蒙脱石类黏土岩组成的一种含水的层状结构铝硅酸盐矿物。膨润土的主要化学成分为 SiO_2、Al_2O_3、H_2O，以及少量的 Fe_2O_3、FeO、MgO、CaO、Na_2O 和 TiO_2 等，含有动物生长发育所必需的多种常量和微量元素。

膨润土具有良好的吸水性、膨胀性功能，可延缓饲料通过消化道的速度，提高饲料的利用率。同时作为生产颗粒饲料的黏结剂，可提高产品的成品率。膨润土的吸附性和离子交换性，可提高动物的抗病能力。

四、稀土元素

稀土元素（rare earths，RE）是 15 种镧系元素和与其化学性质相似的钪、钇等 17 种元素的总称。化学组成一般为铈 48%，镧 25%，钕 16%，钐 2%，镨 5%，此外还有 4%的钷、铕、钆、铽、镝、钬、铒、铥、镱、镥、钪、钇 12 种元素。

稀土元素是一类有益的辅助性营养元素，一方面可以参与动物体内物质代谢，另一方面对酶有不同程度的激活作用。稀土与微量元素有互作关系，可提高血液中 Cu、Mn、Zn、Fe、Se 等微量元素的含量，间接影响动物机体的代谢，达到提高动物生产性能的目的。

目前，使用的稀土饲料添加剂有无机稀土和有机稀土 2 种类型。无机稀土主要有碳酸稀土、氯化稀土和硝酸稀土，目前常用的是硝酸稀土。有机稀土主要有氨基酸稀土螯合剂、有机酸稀土（如柠檬稀土添加剂）和维生素 C 稀土、稀土酵母等。此外，根据添加剂中所含稀土元素的种类还可以分为单一稀土饲料添加剂和复合稀土添加剂。

其他的天然矿物质饲料还有凹凸棒石、海泡石、泥炭等。

复习思考题

1.什么是矿物质饲料？为什么要在动物饲粮中使用矿物质饲料？

2.钙源性矿物质饲料有哪些？使用时应注意什么？

3.磷源性矿物质饲料有哪些？使用时应注意什么？

4.使用骨粉时应注意哪些问题？

5.动物饲粮中添加沸石有什么作用？

第八章　配合饲料与配方设计

动物的科学饲养是建立在合理利用各类饲料以符合营养需要基础上的。而各种单一的饲料原料普遍存在营养不平衡、不能满足动物的营养需要、饲养效果差的问题，有的饲料还存在适口性差、不能直接饲喂动物、加工和保存不方便或含有抗营养因子和毒素等问题。为了使各种饲料资源得到合理的利用、提高饲料的利用效率和营养价值，就必须将各种饲料进行合理搭配，以便充分发挥各种单一饲料的优点、避开其缺点。

饲料配方技术是配合饲料生产的关键环节之一，饲料配方的水平决定饲料企业的产品质量和经济效益。因此，依据饲养标准、利用新技术科学的设计饲料配方，生产高质量、低成本的配合饲料，是养殖业和饲料加工业获得高效益的关键技术措施。

本章主要对配合饲料的概念、分类、饲料配方设计的原则与方法进行阐述。

第一节　配合饲料的概念及分类

一、配合饲料的概念

（一）配合饲料

配合饲料（formula feed）指根据动物的营养需要以及饲料资源状况，按照科学的饲料配方将多种单一饲料原料按照一定比例均匀混合，并按规定的工艺流程加工而成饲料产品。

配合饲料是以动物的营养需要和饲料营养价值评定的研究结果为基础，根据科学试验并经过实践验证而设计和生产的，可以不同程度的满足不同种类、不同生产目的及水平和不同生长发育阶段的各种动物的营养需要。配合饲料可直接饲喂或经简单处理后饲喂，方便用户使用、运输和保存，减轻了用户劳力。

配合饲料生产需要根据有关标准、饲料法规和饲料管理条例进行，有利于保证质量，并有利于人类和动物的健康，有利于环境保护和维护生态平衡。

（二）日粮和饲粮

日粮（ration）是指满足一头动物一昼夜所需各种营养物质而采食的各种饲料总量。饲粮（diet）是指按日粮中各种饲料组分的比例配合成的饲料。

在生产实践中，除极少数量动物尚保留个体单独饲养外，通常均采用群饲。因此，为满足集约化畜牧生产和饲料工业生产的需要，一般是按生产目的相同的动物群体配制而成大量的配合饲料，再按日分顿饲喂。

二、配合饲料的分类

配合饲料的分类方法很多，根据饲喂对象可分为猪用配合饲料、家禽用配合饲料、反刍动物用配合饲料、水产动物用配合饲料、实验动物用配合饲料、特种经济动物用配合饲料等；根据饲料形状可分为粉状料、颗粒料、破碎料、膨化料、扁状料、液体饲料等；通常根据配合饲料的营养成分分为以下 4 类。

（一）全价配合饲料（complete formula feed，compound feed）

又称完全配合饲料或全日粮配合饲料，通常可根据动物种类、年龄、生产用途等划分为各种型号。此种饲料营养成分均衡全面，除水分外能完全满足饲喂对象的营养需要，用户不必另外添加任何营养性饲用物质而直接饲喂动物，但必须注意选择与饲喂对象相符合的全价配合饲料。

实际生产中，由于科学技术水平和生产条件的限制，许多“完全饲料”难以达到营养上的“全价”，故可根据饲料配合的水平区分为“全价配合饲料”与“混合饲料”。混合饲料（mixed feed）是由某些饲料原料经过简单加工混合而成，为初级配合饲料，主要考虑能量、蛋白质、钙、磷等营养指标，在许多农村地区常见。混合饲料可用于直接饲喂动物，但饲养效果不理想。

（二）浓缩饲料（concentrate feed）

又称平衡用配合料，主要由蛋白质饲料、矿物质饲料和添加剂预混合饲料按一定比例配制的均匀混合物。浓缩饲料通常为全价饲料中除去能量饲料的剩余部分，故需按规定比例混合能量饲料组成全价饲料后来饲喂动物。浓缩饲料一般占全价配合饲料的 20%～40%。

市场上将使用量在 10%～20%之间的产品称为超级浓缩料或料精，其基本成分为蛋白质饲料的一部分、添加剂预混料及具有特殊功能的物质，使用时需要搭配能量饲料和部分蛋白质饲料。

（三）精料补充料（concentrate supplement）

是由能量饲料、蛋白质饲料、矿物质饲料及饲料添加剂按一定比例配制的均匀混合物，主要是用于补充以青饲料、粗饲料及青贮饲料等为主的草食动物的营养。精料补充料不单独构成饲粮，必须与青饲料、粗饲料及青贮饲料等搭配使用，方可全面满足饲喂对象的各种营养需要。在变换基础饲草时，应根据动物生产反应及时调整给量。

（四）添加剂预混料（additive premix）

指由一种或多种的饲料添加剂与载体或稀释剂按一定比例配制的均匀混合物，又称预混合饲料或预混料，目的是有利于微量的原料均匀分散于大量的配合饲料中。添加剂预混料在配合饲料中所占的比例很小，但它是配合饲料的精华部分，因其含有的微量活性组分常是配合饲料饲用效果的决定因素。

各类配合饲料所含饲料组成见表 2-8-1。

表 2-8-1 各类配合饲料组成

配合饲料类型	所含饲料原料	用量
草食动物全价饲粮	粗饲料＋青饲料＋青贮饲料＋能量饲料＋蛋白质饲料＋矿物质饲料＋维生素饲料＋添加剂＋载体或稀释剂	100%
全价配合饲料	能量饲料＋蛋白质饲料＋矿物质饲料＋维生素饲料＋饲料添加剂＋载体或稀释剂	100%

续表 2-8-1

配合饲料类型	所含饲料原料	用量
精料补充料	能量饲料＋蛋白质饲料＋矿物质饲料＋维生素饲料＋饲料添加剂＋载体或稀释剂	占饲粮干物质的15％～40％
浓缩饲料	蛋白质饲料＋矿物质饲料＋维生素饲料＋饲料添加剂＋载体或稀释剂	20％～40％
超级浓缩料	少量蛋白质饲料＋矿物质饲料＋维生素饲料＋饲料添加剂＋氨基酸＋载体或稀释剂	10％～20％
添加剂预混料	微量矿物质元素＋维生素饲料＋饲料添加剂＋载体或稀释剂	≤1％

第二节　饲料配方设计的原则与方法

一、饲料配方设计的原则

根据动物的营养需要、饲料的营养价值、饲料原料的现状及价格等因素，合理地确定各种饲料的配合比例，这种饲料的配比即称为饲料配方。确定饲料配方的过程就是饲料的配方设计。进行饲料的配合必须有饲料配方，设计饲料配方是一项技术性和实践性很强的工作，饲料配方水平决定产品的质量。因此，合理地设计饲料配方是科学饲养动物和生产高质量配合饲料的关键环节。

饲料配方的设计涉及许多制约因素，为了对各种资源进行最佳分配，配方设计应遵循以下原则：

（一）科学性

饲养标准是对动物实行科学饲养的依据，因此，经济合理的饲料配方必须根据饲养标准所规定的营养物质需要量的指标进行设计。在选用的饲养标准基础上，可根据饲养实践中动物的生长或生产性能等情况做适当的调整。一般按动物的膘情或季节等条件的变化，对饲养标准可作适当的调整。

设计饲料配方应熟悉所在地区的饲料资源现状，根据当地饲料资源的品种、数量以及各种饲料的理化特性和饲用价值，尽量做到全年比较均衡地使用各种饲料原料。在这方面应注意的问题是：

（1）饲料品质　应选用新鲜无毒、无霉变、质地良好的饲料，含有毒素或抗营养因子的饲料应处理后使用，或控制一定的喂量。

（2）饲料体积 应注意饲料的体积尽量和动物的消化生理特点相适应。

（3）饲料的适口性　饲料的适口性直接影响动物的采食量。应选择适口性好、无异味的饲料。若采用营养价值虽高，但适口性却差的饲料须限制其用量。特别是为幼龄动物和妊娠动物设计饲料配方时更应注意。对适口性差的饲料，可采用适当搭配适口性好的饲料或加入调味剂以提高其适口性，促使动物增加采食量。

（二）经济性

经济性即考虑经济效益。饲料成本通常占动物生产成本的60％～70％，因此在设计饲料配方时，必须注意经济原则，使配方既能满足动物的营养需要，又必须尽可能地降低成本，防止片面追求高质量。这就要求在设计饲料配方时营养参数的确定要结合实际，饲料原料的选用应注意因地制宜和因时制宜，要合理安排饲料工艺流程和节省劳动力消耗，降低成本。

（三）市场性

配合饲料是一种商品，所以设计配方时必须以市场需求为目标，明确产品的定位。例如，应明确产品的档次、客户范围、现在与未来市场对本产品可能的认可程度与接受前景等。另外，还应特别注意同类竞争产品的特点。农区与牧区、发达地区与不发达地区和欠发达地区、南方与北方、动物的集中饲养区与农家散养区，产品的特性应有所差别。只有这样，才能做到有的放矢，提高产品的市场竞争力。

（四）可操作性

即生产上的可行性。设计饲料配方时必须考虑原材料选用的种类、质量稳定程度、价格及数量上是否与市场情况及企业条件相配套。产品的种类与阶段划分应符合养殖业的生产要求，还应考虑加工工艺的可行性。

（五）安全性与合法性

按配方设计出的产品应严格符合国家法律法规及条例，如营养指标、感观指标、卫生指标、包装等。禁止使用发霉、变质、酸败、污染毒素等不合格的饲料原料；含有有毒有害物质的原料应脱毒使用或限量使用；严防微量元素中重金属元素超标；应合理使用饲料添加剂，遵守停药期的规定，对于国家明令禁止使用的饲料添加剂如部分抗生素、激素、瘦肉精等绝对不能使用；企业标准应通过合法途径注册并遵照执行。

（六）逐级预混原则

为了提高微量养分在全价饲料中的均匀度，原则上讲，凡是在成品中的用量少于1%的原料，均应首先进行预混合处理，否则混合不均匀就可能会造成动物生产性能不良，整齐度差，饲料转化率低，甚至造成动物死亡。

二、饲料配方设计的方法

（一）饲料配方设计的基本步骤

饲料配方设计有多种方法，但其设计步骤基本类似，一般按以下5个步骤进行：

1.明确目标

饲料配方设计的第一步是明确目标。首先应明确饲料产品用来饲喂的对象，即根据不同的品种、年龄、性别以及生产方向选用相应的饲养标准；其次是明确饲料配方的预期目标值。对于一个养殖企业来说，所设计的配方应达到预期的生产目的，而对于一个饲料企业来说，在设计配方时应满足饲养标准所规定或建议的主要参考值。

不同的目标对配方要求有所不同，配方设计也必须作相应的调整，只有这样才能实现各种层次的需求。

2.确定营养水平

饲养标准是进行饲料配方设计时确定营养水平的科学依据。但由于养殖场的情况千差万别，动物的生产性能各异，环境条件的不同，因此应根据当地的实际情况选择适宜的饲养标准，并进行必要的、合理的调整。

确定饲料的营养水平时，不可能满足全部指标，应根据重要性进行筛选，主要考虑的有能量、蛋白质和氨基酸、钙磷、食盐等几个指标。

3. 选择饲料原料

即选择可利用的原料并确定其养分含量和对动物的利用率。原料的选择应是适合动物的习性并考虑其生物学效价（或有效率），要综合考虑饲料的营养价值、抗营养因子组成和含量、营养物质之间的互补和制约作用、适口性等因素，合理选择和搭配。

4. 计算饲料配方

将上述步骤中所获取的信息进行综合处理，可以用手工计算，也可以采用专门的计算机优化配方软件，设计出饲料配方，再结合生产工艺特性适当调整制作成生产用配方，用于配合饲料生产。

5. 配方质量评定

配合饲料配制出来以后，需取样进行化学分析以评定配方质量，并将分析结果和预期值进行对比。如果所得结果在允许误差的范围内，说明达到饲料配制的目的。反之，如果结果在这个范围以外，说明存在问题，问题可能是出在饲料原料成分变化、加工过程、取样混合或配方，也可能是出在实验室。为此，送往实验室的样品应保存好，供以后参考用。

配方产品的实际饲养效果是评价配制质量的最好尺度，条件较好的企业均以实际饲养效果和生产的畜产品品质作为配方质量的最终评价手段。随着社会的进步，配方产品安全性、环境和生态效应也将作为衡量配方质量的重要尺度。

（二）配合饲粮时必须掌握的资料

设计饲料配方必须具备下述几种资料，才能着手进行计算。

（1）动物的品种、生产阶段及相应的营养需要量（饲养标准）。

（2）拥有的饲料原料种类、质量规格，所用饲料的营养物质含量（饲料成分及营养价值表）及其用量限制。

（3）饲料的价格与成本，在满足动物营养需要的前提下，应选择质优价廉的饲料以降低成本。

（4）饲喂方式、饲粮的类型和预期采食量。饲粮类型与其组成和养分的含量有关。即所设计的配方是全价饲料，还是浓缩饲料等。如果是全价饲料，它是用于限制饲喂还是自由采食？故应了解所配饲粮的类型。

在设计配方时，应使动物能够食到所需要的数量，因为饲粮中各种养分所需浓度取决于采食量。

（三）饲粮配合的方法

饲粮配合主要是规划计算各种饲料原料的用量比例。设计配方时采用的计算方法分手工计算和计算机规划两大类。

1. 手工计算法

手工计算法主要有交叉法、联立方程法、试差法。

（1）交叉法（cross method）　交叉法又称四角法、方形法、对角线法或图解法。其基本方法是由两种饲料配制某一养分符合要求的混合饲料，也可扩展为 3 种或更多种符合要求的混合饲料。在饲料种类不多及营养指标少的情况下，采用此法，较为简便。在采用多种类饲料及复合营养指标的情况下，由于计算要反复进行两两组合，比较麻烦，而且不能使配合饲粮同时满足多项营养指标。

（2）联立方程法（equation method）　此法是利用数学上联立方程求解法来计算饲料配方。优点是条理清晰，方法简单。缺点是饲料种类多时，计算较复杂。

(3)试差法(try method)　又称为凑数法，是目前中小型饲料企业和养殖场经常采用的方法。具体计算配方的方法是：首先根据经验初步拟出各种饲料原料的大致比例，然后用各自的比例去乘该原料所含的各种养分的百分含量，再将各种原料的同种养分之积相加，即得到该配方的每种养分的总量。将所得结果与饲养标准或自定的营养需求进行对照，若有任一养分超过或不足时，可通过增加或减少相应的原料比例进行调整和重新计算，直至所有的营养指标都基本上满足要求为止。这种方法简单易学，可用于各种配料技术，应用面广。缺点是计算量大，尤其当自定的配方不够恰当或饲料种类及所需营养指标较多时，往往需要反复调整各类饲料的用量，且不易筛选出最佳配方，相对成本可能较高。

2. 计算机规划法

主要是根据有关数学模型编制专门程序软件进行饲料配方的优化设计，涉及的数学模型主要包括线性规划、多目标规划、模糊规划、概率模型、灵敏度分析、多配方技术等。

三、浓缩饲料的配方设计

浓缩饲料配方的设计方法有 2 种。

(一)由全价配合饲料配方推算出浓缩饲料的配方

这是一种比较常见、直观的方法，就是先行设计出相应的全价配合饲料配方，然后把能量饲料从配方中抽去，剩余的各原料重新计算百分比，即可得到浓缩饲料配方。在换算中应注意浓缩饲料和能量饲料的比例最好为一个整数，以方便使用。

(二)直接计算浓缩饲料配方

对专门生产浓缩饲料的厂家，可以直接计算浓缩饲料配方。此种方法又包括 2 种情况：

1. 由设定的搭配比例计算浓缩饲料配方

根据用户所有的能量饲料的种类和数量，确定浓缩饲料与能量饲料的比例，结合动物饲养标准确定浓缩饲料各养分所应达到的水平，最后计算浓缩饲料的配方。

2. 由设定或推荐的浓缩饲料营养指标直接计算浓缩饲料配方

根据蛋白质、矿物质饲料的供应情况和价格，决定浓缩饲料的营养水平，即确定粗蛋白质、氨基酸、钙和磷等指标后，如计算全价配合饲料配方一样计算出最低成本浓缩料配方，用户买到浓缩料后再根据其各营养成分的含量选择能量饲料的种类和配合数量。

四、添加剂预混料配方设计

添加剂预混料是配合饲料的核心，其配方质量的高低直接影响着配合饲料的质量。

(一)添加剂预混料的种类

添加剂预混料由饲料添加剂与载体或稀释剂构成，根据其中所含添加剂种类的多少，可将其分为单一预混料和复合预混料两大类。

1. 单一预混料

指由同一种类的饲料添加剂配制而成的均匀混合物。如微量元素预混料和维生素预混料等。微量元素预混料是指由一种或多微量元素化合物与载体或稀释剂按一定比例配制的均匀混合物；维生素预混料是指由一种或多种维生素与载体或稀释剂按一定比例配制的均匀混合物。

2. 复合预混料

指由微量元素、维生素、氨基酸或非营养性添加剂中任何两类或两类以上的组分与载体或稀释剂按一定比例配制的均匀混合物。

(二)载体和稀释剂的选择

为保证添加剂预混料中活性成分的有效性及在饲料中的均匀分布，配制添加剂预混料必须使用载体或稀释。

1. 载体

载体是一种能够承载或吸附微量活性添加成分的可饲物料。它不但具有承载和吸附作用，还能起到稀释作用，提高添加剂的散落性，使添加剂能均匀地分布于饲料中。常用的载体有有机载体和无机载体 2 类。有机载体包括次粉、小麦麸、玉米粉、脱脂米糠粉、稻壳粉、玉米穗轴粉、大豆壳粉、大豆粕粉、淀粉、乳糖等；无机载体则为碳酸钙、磷酸钙、硅酸盐、二氧化硅、食盐、陶土、滑石、蛭石、沸石粉、海泡石粉等。

2. 稀释剂

稀释剂系指混合于一组或多组微量活性组分中起稀释作用的物料。它可将活性微量组分的浓度降低，并把它们的颗粒彼此分开，减少活性成分之间的相互反应，以增加活性成分稳定性。稀释剂也可分为有机物与无机物两大类，有机物常用的有去胚的玉米粉、右旋糖(葡萄糖)、蔗糖、豆粕粉、烘烤过的大豆粉、带有麸皮的粗小麦粉等；无机物类主要有石粉、碳酸钙、贝壳粉、高岭土(白陶土)等。

(三)预混料制作原则与要求

制作预混合饲料的规格要求和影响因素很多，但均要遵循如下几个原则：必须保证微量活性组分的稳定性，保证微量活性组分的均匀一致性，以及保证人和动物的安全性。

在预混料中，除了添加剂外，还有载体与稀释剂。因此，作为预混料产品均要符合如下几项要求，方能保证产品质量。

(1)产品配方设计合理，产品与产品配方基本一致；

(2)混合均匀，防止分级；

(3)稳定性良好，便于储存和加工；

(4)浓度适宜，包装良好，使用方便。

(四)添加剂预混料配方设计注意事项

1. 配方设计应以饲养标准为依据

饲养标准是设计添加剂预混料配方的重要依据，但饲养标准中的营养需要量通常是动物的最低需要量，因此，在确定各活性成分的添加量时，应在饲养标准的基础上增加一定的安全系数，以保证满足动物在生产条件下对各种营养物质的正常需要。

2. 正确使用添加剂原料

各种添加剂原料的质量直接影响到添加剂预混料的质量，因此对各种添加剂原料的质量要严格把关，正确选用。添加剂原料使用前，要对其活性成分进行实际测定，以实际测定值作为确定配方中实际用量的依据。在使用药物添加剂时，除注意实际效用外，还要特别注意安全性，充分考虑实际使用条件、使用期、停药期及其他注意事项，要在使用说明中给予详细的注释，以保障动物和人类的健康。

3. 注意添加剂之间的配伍性和配伍禁忌

在设计添加剂预混料配方时，必须清楚了解和注意各组分之间的可配伍性和配伍禁忌。

（1）微量元素与维生素　微量元素铁、铜、锰、锌等，能促进一些维生素的氧化破坏，混合后随着预混料储存时间的延长，维生素效价的损失越严重，尤其是 Fe^{2+} 对维生素 A 及其他多种维生素的破坏极为显著。因此，微量元素添加剂预混料和维生素添加剂预混料最好是分别配制、加工、包装和储藏。

（2）泛酸钙与烟酸、维生素 C　泛酸钙的吸湿性强，容易脱氨失活，尤其在酸性的环境（$pH<6$）下性质很不稳定，效价降低。而烟酸、维生素 C 酸性较强，可加快泛酸钙的分解破坏，因此，泛酸钙应避免与烟酸、维生素 C 等酸性物质混合使用。必须混合使用时，可用碳酸钙粉中和烟酸的酸性，或加大载体或稀释剂的用量。

（3）氯化胆碱与维生素　氯化胆碱具有很强的吸湿性，对其他维生素具有较强的破坏作用，特别是有金属元素存在时，对维生素 A、维生素 D_3、维生素 K_3 破坏较快，因而，不易加入到多维素添加剂中。若配制复合添加剂预混料，必须将氯化胆碱的配比控制在 20 %以下，已加入氯化胆碱的预混料应尽快使用。

（五）添加剂预混料配方设计的一般方法和步骤

饲料添加剂的使用量一般相对固定，预混料配方的设计过程比全价料简单，一般方法和步骤如下：

1. 微量元素、维生素和氨基酸添加量的确定

确定添加量的基本原则是依据饲养标准。微量元素添加量一般以基础饲料中微量元素的含量作为安全系数，按饲养标准中规定的需要量添加；维生素的添加量应在饲养标准的基础上，根据实际情况适当增加供给量，生产上常采用超量添加到方法；氨基酸的添加量按下式计算：某种氨基酸添加量＝某种氨基酸需要量－非氨基酸添加剂物和其他饲料提供的某种氨基酸量

2. 原料选择

选择原料时可根据原料的稳定性、生物学效价、价格和加工工艺等因素综合考虑。

3. 商品原料量计算

根据原料中微量元素、维生素及有效成分含量或效价、预混料中的需要量等计算在预混料中所需商品原料量

其计算方法是：

纯原料量＝某微量成分需要量÷纯品中该成分含量（%），

商品原料量＝纯原料量÷商品原料有效含量（或纯度）

4. 确定载体用量

根据预混料在配合饲料中的比例，计算载体用量。一般认为预混料占全价配合饲料的0.1%～0.5%为宜。

载体用量为预混料量与商品添加剂原料量之差。

5. 列出饲料添加剂预混料的生产配方。

复习思考题

1. 简述配合饲料、饲料配方的概念。
2. 配合饲料分为哪几类？各具有哪些特点？
3. 简述饲料配方设计的原则与基本步骤。
4. 简述添加剂预混料的种类及配方设计注意事项。
5. 简述添加剂预混料配方设计的方法和基本步骤。

3

第三篇

动物遗传学

第一章　遗传的物质基础

第一节　核酸的结构

遗传学家很早就认识到:作为遗传物质至少要具备以下 4 个条件:①细胞生长和繁殖的过程中具有精确的自我复制能力,而且能将遗传信息从上代正确传递到下代;②能储存、携带大量的遗传信息,并能正确地表达,将遗传信息转变为生物体内其他大分子物质,并指导产生细胞内各类有机物;③能够调控生物性状和新陈代谢;④分子结构具有相对的稳定性,只有在特殊情况下才产生遗传变异并遗传给后代等。

核酸是主要的遗传物质,那么 DNA 分子是怎样在遗传中发挥作用的呢? 要回答这些问题,就需要了解核酸的分子的结构。

一、核酸的化学组成与结构

(一)核酸的化学组成

核酸是一种高分子化合物,其基本结构单元是核苷酸(图 3-1-1),每个核苷酸由五碳糖、磷酸和含氮碱基构成。核酸有脱氧核糖核酸(DNA)和核糖核酸(RNA)两种。DNA 的碱基与脱氧核糖结合,构成脱氧核糖核苷。脱氧核糖核苷分子中的脱氧核糖分子与磷酸分子结合,构成脱氧核糖核苷酸又称为脱氧核苷酸。脱氧核苷酸依据其组成中的碱基种类不同,分别称为腺嘌呤核苷酸(A)、鸟嘌呤核苷酸(G)、胞嘧啶核苷酸(C)和胸腺嘧啶核苷酸(T)。每个核苷酸通过磷酸和脱氧核糖连接在一起形成了脱氧核糖—磷酸—脱氧核糖—磷酸的长链,构成了 DNA 分子链的骨架。

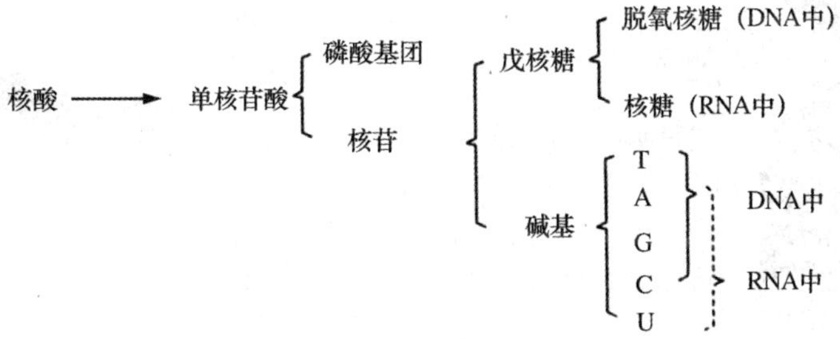

图 3-1-1　核酸的化学组成

(二)DNA 的分子结构

DNA 的二级结构是指两条核苷酸链反向平行盘绕所生成的双螺旋结构。1953 年,沃森(Watson, J. D.)和克里克(Crick, F. H. C.)根据碱基互补配对原则以及对 DNA 分子 X 射线衍射研究的结果，提出了 DNA 分子双螺旋结构模型。

1. DNA 双螺旋的分子结构

(1)双螺旋分子结构模型的主要内容

①主链：DNA 分子是由两条多核苷酸链组成(图 3-1-2)，每条链都是以脱氧核糖和磷酸根以纵向交替排列形成的长链骨架，并以右手螺旋方式围绕着同一中心轴向前盘旋，但两链的走向是反向平行的，其中一条链的磷酸二酯键走向为 3′→5′，而另一条链则是 5′→3′。

②碱基对：由脱氧核糖磷酸组成的骨架位于 DNA 双螺旋的外侧，而内侧是扁平的盘状碱基，碱基一方面与脱氧核糖相联系，另一方面通过氢键与其他互补的碱基相联系(图 3-1-3)。两条链上的碱基按互补的原则进行配对，即 A 与 T 通过形成两个氢键配对(T=A 或 A=T)，C 与 G 则通过形成 3 个氢键配对(C≡G 或 G≡C)。

③螺旋参数：碱基的平面结构与螺旋轴垂直，两个相邻碱基之间的距离为 0.34 nm，每个螺旋的距离为 3.4 nm，即每个螺旋包含 10 对碱基；两个相邻碱基之间绕螺旋轴旋转的夹角为 36°，双螺旋的平均直径约为 2 nm。

④大沟和小沟：配对的碱基并不充满双螺旋空间，且碱基对占据的空间不对称。沿螺旋轴的方向观察，在双螺旋分子的表面，大沟和小沟交替出现。其中大沟是蛋白质识别 DNA 碱基序列发生相互作用的基础，可使蛋白质和 DNA 结合并发生作用。

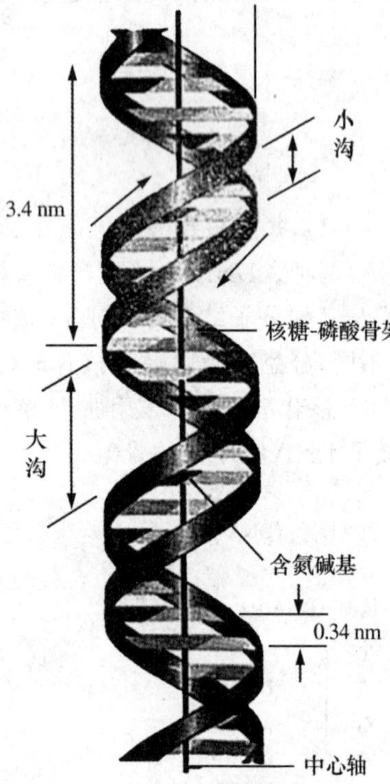

图 3-1-2　DNA 分子的双螺旋结构模型

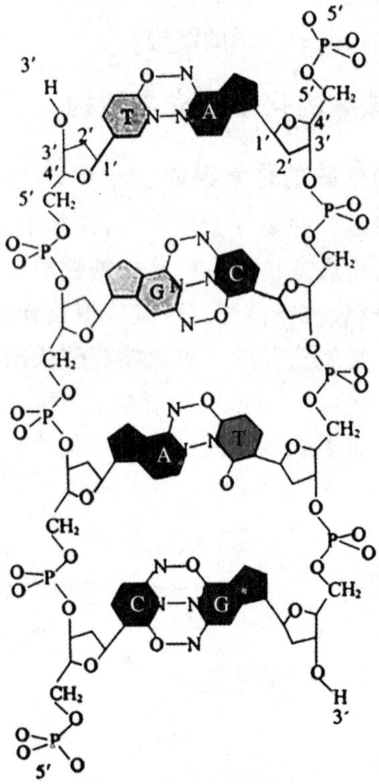

图 3-1-3　DNA 分子中碱基互补配对的结构

⑤氢键和碱基堆积力：嘌呤环和嘧啶环上的氨基和酮基是亲水的，因而配对碱基之间能形成氢键；而嘌呤环和嘧啶环本身却是疏水的，因而同一条链中相邻碱基之间能形成一种碱基堆积力。这两种力的协同作用维持了 DNA 双螺旋分子结构的稳定性。

(2)DNA 双螺旋分子的结构特点

①稳定性:DNA 分子两条长链上的脱氧核糖与磷酸交替排列的顺序和两条链之间碱基互补配对的方式是稳定不变的,从而导致 DNA 分子的稳定性。

②多样性:DNA 分子中碱基相互配对的方式虽然不变,而长链中的碱基对的排列顺序是千变万化的。假设一条 DNA 分子中有 100 个核苷酸,按全排列方式计算,应有 4 100 种不同的排列方式,可见数目是非常大的。而实际上构成 DNA 分子的脱氧核苷酸数目是成千上万的,其排列种类几乎是无限的,这就构成 DNA 分子的多样性。

③特异性:每个特定的 DNA 分子都具有特定的碱基排列顺序,这种特定的碱基排列顺序构成了 DNA 分子自身严格的特异性。

DNA 双螺旋分子结构模型不仅解释了当时所知道的 DNA 的理化性质,还将 DNA 的结构和功能联系起来,圆满地解释了作为遗传功能分子的 DNA 的复制和传递等,大大地推动了分子生物学的发展,也使遗传学从经典遗传学向分子遗传学方向发展,具有划时代的重要意义。

2. DNA 分子结构的变异类型

由沃森和克里克提出的 DNA 右手双螺旋构型一般称 B 型 DNA (B-DNA)。这种 B-DNA 是将生理盐浓度的 DNA 溶液抽成纤维,然后在 92%的相对湿度下进行 X 射线衍射测定出来的。大量研究证明,在溶液中的 DNA 采取 B 构型。然而,细胞并不是均一的溶液,而且细胞中的 DNA 常与蛋白质紧密结合,在某些区域发生构型上的改变是完全有可能的。除了上述 B 构型外,还发现了 A 构型、C 构型、D 构型和 E 构型等右手螺旋构型以及左手螺旋的 Z 构型。

(三)RNA 的分子结构

与 DNA 双螺旋不同,绝大多数 RNA 以单链形式存在,只有少数以 RNA 为遗传物质的动物病毒含有双链。在单链 RNA 中,部分区域也可按碱基互补配对原则而折叠起来,形成若干双链区域,形态上表现为发夹状。

二、两种核酸的区别

DNA 和 RNA 虽然都是由核苷酸组成的多聚体,而且 4 种碱基在一条单链上随机排列,可形成 4^n种排列方式,能储存大量的遗传信息,但两者也存在很多差异,主要表现在:

(1)组成核酸的糖分子不同　DNA 是脱氧核糖,而 RNA 是核糖。

(2)构成核酸的碱基不同　DNA 含有 A、T、C、G。RNA 有 3 种碱基(A、C、G)与 DNA 相同,只是以尿嘧啶核苷酸(U)取代了 DNA 的胸腺嘧啶核苷酸(T)。此外 RNA 还含有少量稀有碱基。

(3)多聚核苷酸链的结构不同　DNA 通常是双链,以双螺旋的方式形成主体结构,只在少数病毒中以单链的形式存在。而 RNA 通常是单链结构,在极少数的病毒中也有双链 RNA。

(4)产生的途径不同　DNA 常由半保留复制的方式产生,只在极少数病毒中,由反转录酶以 RNA 为模板反转录出单链 DNA,继而再互补成双链。而 RNA 常是以 DNA 为模板转录产生的,在极少数病毒中也可通过复制产生。

(5)在真核生物细胞内存在的部位不同　DNA 多位于细胞核内,只有很少一部分存在于细胞质中(主要分布在叶绿体和线粒体内)。而 RNA 多位于细胞质中,仅有少部分在细胞核内,成为染色体的组成成分以及形成核仁等。

(6)行使的功能不同　DNA 通过复制把遗传信息储存并传递给后代,通过转录将遗传信息传递给 RNA。而 mRNA 可作为蛋白质合成的模板,tRNA 可携带氨基酸并将氨基酸安放在 mRNA 的特定位置上,rRNA 与蛋白质结合成核糖体,是蛋白质合成的场所,三者共同作用将核酸的信息转译成蛋白质。

第二节　染色体

1848 年,霍夫迈斯特(Hofmeister, W.J)发现了染色体。染色体被认为是遗传物质的最主要载体,其化学组成和结构决定了它在本质上是最重要的细胞器。在细胞分裂过程中,染色体形态和结构表现出一系列的规律性变化,其中在尚未分裂的细胞核中,可以见到许多被碱性染料染色较深的、纤细的网状物,即染色质;而当细胞分裂时,核内的染色质便卷缩而呈现为一定数目和形态的染色体。

一、染色体的形态与数目

(一)染色体的形态特征

在光学显微镜下可观察到有丝分裂中期的染色体是由两条相同的染色单体构成的,它们彼此以着丝粒相连,互称姊妹染色单体。姊妹染色单体是在细胞分裂期经过自我复制形成的,它们携带相同的遗传信息。在形态上,染色体一般由下述几部分组成(图 3-1-4)。

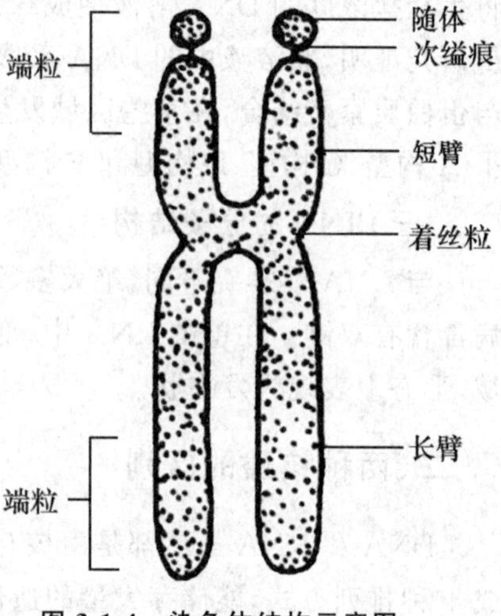

图 3-1-4　染色体结构示意图

1. 着丝粒和染色体臂

在细胞分裂的中期,每个染色体都有一个着丝粒和被着丝粒分开的两个臂。在细胞分裂时,纺锤丝就附着在着丝粒区域,即通常所称的着丝点部分。着丝粒在不同染色体上的位置一般是恒定的,它直接关系到染色体的形态表现(图 3-1-5),因此根据它的位置可以将染色体划分为 4 种类型:①中间着丝粒染色体,着丝粒位于染色体的中间,两臂大致等长,在细胞分裂后期当染色体向两极牵引时呈 V 形;②近中着丝粒染色体,着丝粒较近于染色体的一端,两臂长短不一,呈 L 形;③近端着丝粒染色体,着丝粒靠近染色体的末端,形成一个长臂和一个极短的臂,呈棒形或 I 形;④端着丝粒染色体,着丝粒位于染色体的末端,只有一个臂,也表现为棒形。另外,有的染色体两臂都很粗短,呈颗粒状。

2. 主缢痕

着丝粒不会被染料染色,所以在光学显微镜下表现为染色体上一缢缩部位(无色间隔点),所以又称为主缢痕。

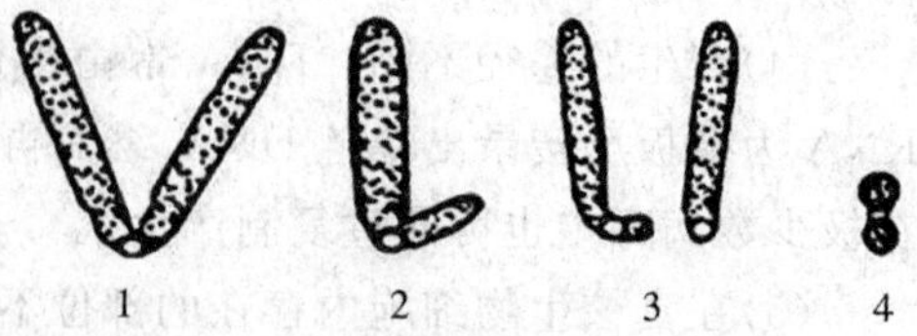

图 3-1-5　细胞分裂后期染色体的形态

1. V 形染色体　2. L 形染色体
3. 棒状染色体　4. 粒状染色体

3. 端粒

端粒是染色体长短臂末端的特化部分,在染色体中没有明显的外部形态特征,但往往表现对碱性染料着色较深。它是一条完整染色体所不能缺少的,起封闭染色体末端的作用。

4. 次缢痕和随体

在某些染色体的一个或两个臂上还常有另一个缢缩部分,称为次缢痕。有些染色体次缢痕末端具有一个圆形或略呈长形的突出体称为随体。在生物细胞染色体中,并不是每条染色体上都具有次缢痕或随体,某些次缢痕与核仁的形成有关,又称为核仁组织区。次缢痕与核仁组织区几乎可视为同义词,只是在使用上有区别。一般在对染色体形态结构描述时,用次缢痕;而涉及其功能时,用核仁组织区。在一个真核生物细胞的染色体中,至少有一对染色体有核仁组织区,没有核仁组织区的细胞是不能存活的。

(二)染色体的数目和大小

一般各种生物的染色体数目都是恒定的(表 3-1-1),而且它们在体细胞中是成对的,用 $2n$ 表示;在性细胞中是成单的,用 n 表示。来自双亲、在形态、结构和功能上相似的成对染色体,叫作同源染色体(homologous chromosome);而形态、结构和功能不同的染色体互称为非同源染色体。

表 3-1-1　一些动物的染色体数目

动物名称	染色体数目	动物名称	染色体数目
人	$2n=46$	猫	38
猪	38	兔	44
牛	60	家鼠	40
水牛	48	豚鼠	64
山羊	60	鸡	78
绵羊	54	鸭	80
马	64	火鸡	82
驴	62	鸽	80
犬	78	普通果蝇	8

染色体数目和形态特征对于鉴别物种之间的亲缘关系,特别是在近缘物种的分类上常常具有重要的意义。染色体的大小主要指长度。不同物种和同一物种的染色体之间的长度有较大差异,变幅为 0.2～50.0 μm。染色体的大小并不与所含基因的数目成正相关,如雄果蝇的 Y 染色体几乎完全由缺乏基因活性的异染色质构成,而它在体细胞中的长度却超过 X 染色体。此外,环境因素可影响染色体大小,如低温、秋水仙碱等理化因素作用,可促使染色体缩短。

(三)核型与核型分析

每一种生物的染色体数目、大小和形态特征都是特异的。这种物种所特有的一组(或一套)染色体的形态学称为核型(karyotype)(图 3-1-6)。对核型的各种特征进行定量和定性表述的过程称为染色体组型分析或核型分析(karyotype analysis)。描述核型的染色体特征指标包括染色体数目与大小、着丝点位置、染色体长度、臂比、随体的有无等。在进行核型分析过程中,还可根据各染色体的特征绘制成核型模式图。

二、染色体分带与带型分析

一般而言,中期染色体并不具备很多可用来鉴别的形态特征,而且在染色体数目较多时,仅仅

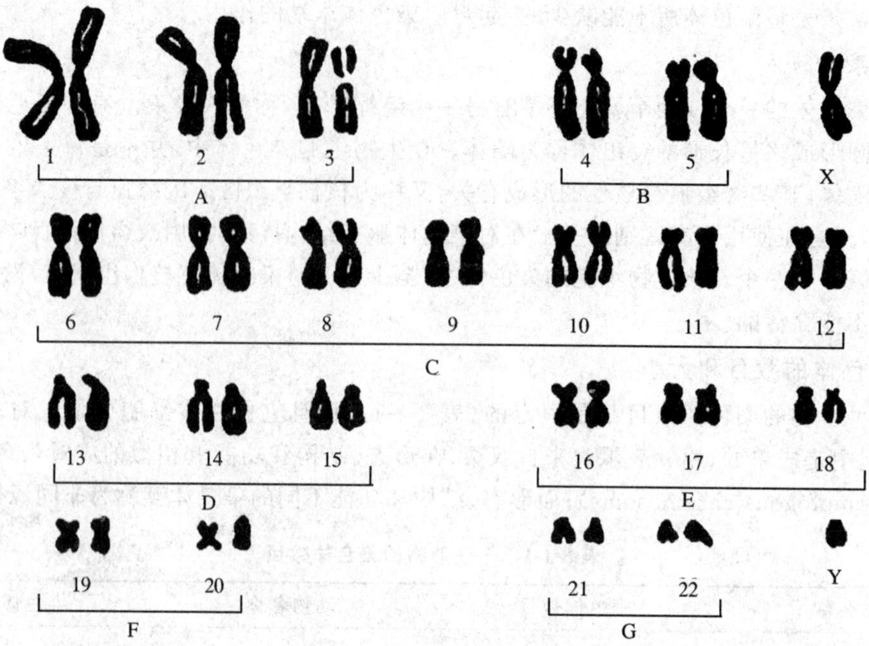

图 3-1-6　男性染色体的核型（引自 Russell，2000）

依靠其形态学特征也很难将它们一一区分开来。20 世纪 60 年代后期发展起来的染色体分带技术使这一问题得到了解决。染色体分带主要是利用染色体上常染色质和异染色质对理化处理及染料性质的反应差异，使染色体显现出不同的带纹，主要分为两大类：一是荧光分带，主要是 Q 带，它一般显示的是异染色质区；二是 Giemsa 分带，包括 C、G、N 带。C 带显示的带型具有种的特异性和相对稳定性，是最有应用价值的染色体分带技术。G 带主要反映的是蛋白质尤其是组蛋白在染色体上的不均一分布，它所显示的带纹可分布在整条染色体上。但由于 G 带带纹的大小及间距比较均匀一致，缺乏特异性，而且这种带纹的数目会随染色体收缩程度不同而改变等，因此应用价值不如 C 带。N 带是能使核仁组织区着色的带纹。染色体分带获得的带纹数目、位置、宽窄与浓淡具有相对恒定性和种的特异性，因此可以根据这些带纹的位置对染色体进行辨别以及开展遗传研究，即染色体带型分析（banding pattern analysis），此外，根据各染色体带的特征还可绘制成带型模式图。染色体带型分析已在医学上得到广泛应用，它可用来诊断由染色体异常引起的遗传性疾病；在动植物育种、研究物种间的亲缘关系、分析群遗传结构和探讨物种进化机制以及生物系统发育等研究中都有重要的应用价值。

三、染色体的超微结构

（一）染色体的化学组成

染色质是一类复杂的核酸－蛋白质的复合体，由 DNA、组蛋白、非组蛋白及少量 RNA 组成。这些化学组分在不同生物、不同组织或细胞周期、不同阶段的染色体中均表现出一定的变化特点。

DNA 是最重要的遗传物质，占染色质重量的 30%～40%；而 RNA 占染色质重量的 6%左右。在中期的染色体中，RNA/DNA 比值较分裂间期染色体高，有人认为可能是由于大量核糖体 RNA 等非染色体 RNA 附着在染色体表面。在细胞分裂时随染色体的分离而均衡分配到子细胞中去。

染色体蛋白占染色质重量的50%～60%。组蛋白是一类小分子碱性蛋白，在细胞中含量稳定，包括H1、H2A、H2B、H3和H4。H1富含赖氨酸，H2A和H2B的赖氨酸含量略高，H3和H4则富含精氨酸，H2A、H2B、H3和H4这4种组蛋白只存在于细胞核中的染色体上，在进化中高度保守，因其在染色体结构中组成核小体的核心，又统称为核小体组蛋白。非组蛋白主要是指染色体上与特异DNA序列相结合的蛋白质，主要包括结构蛋白、酶蛋白、调控蛋白、DNA结合蛋白和激素受体等，它们在细胞分裂中期与那些非染色体RNA一样，处于失活状态并附着于染色体上，以便能均等地分配到子核中去，参与新的细胞周期活动。

(二)染色体结构模型

Chambon，P.在1975年通过电子显微镜观察到了许多直径约11 nm的颗粒，命名为核小体(nucleosome)，每个核小体是由200 bp左右的DNA超螺旋和1个(H2A-H2B-H3-H4)$_2$组蛋白八聚体及1个组蛋白H_1组成，呈扁球状(图3-1-7)。DNA双螺旋在组蛋白八聚体分子表面盘绕1.75圈，其长度相当于146 bp。在相邻的两个核小体之间，由长50～60 bp的DNA连接，称为连接线。而单分子组蛋白H1结合于连接线与核小体的结合部位，形成相对稳定的核小体单元。

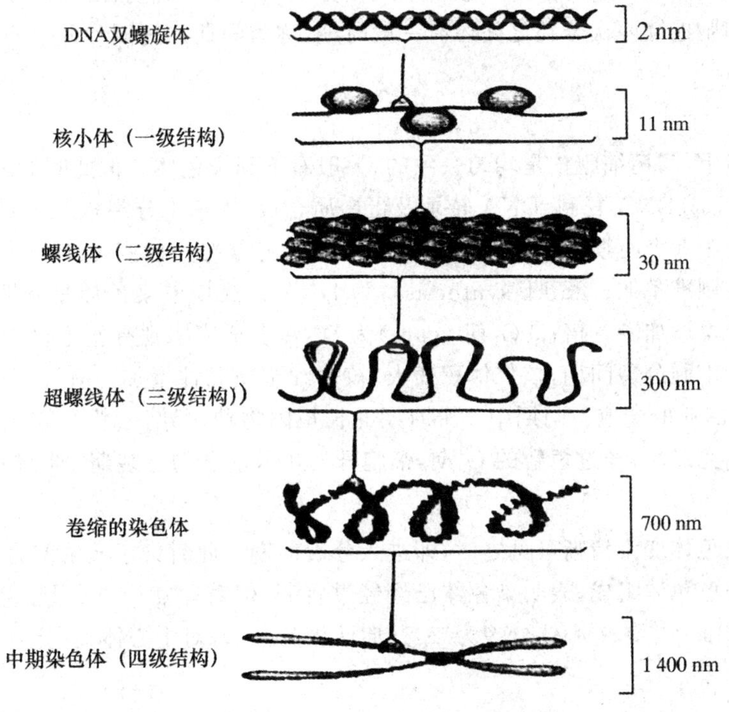

图3-1-7　真核生物染色体的四级基本结构模型(引自Russell，2000)

直径为10 nm核小体串珠结构是形成染色质的一级结构，使DNA的长度压缩近7倍。串珠结构进一步螺旋化，每周螺旋6个核小体，形成外径30 nm、内径10 nm、螺距11 nm的螺线管，为染色质的二级结构，DNA的长度又压缩6倍。螺线管进一步螺旋化形成的筒状体，称为超螺线体，为染色质的三级结构，使DNA的长度又压缩了40倍。超螺线体再次折叠和螺旋化就形成了染色体，此时染色体的压缩比率为5。根据四级结构模型，估计真核生物DNA经核小体到染色体，在长度上大致被压缩了8 000～10 000倍。这一压缩程度，与生物实际的DNA与染色体长度比是相接近的。

第三节 细胞分裂

在真核生物中,无论是单细胞还是多细胞生物体,其生长、发育和繁殖都是通过细胞分裂进行的。在细胞分裂过程中,作为遗传物质载体的染色体一直是决定生命过程的关键所在。染色体通过一系列有规律的数目动态变化,保证了生物遗传物质从细胞到细胞间乃至世代间传递的连续性和稳定性。

一、有丝分裂及其染色体动态

(一)有丝分裂过程

多细胞生物体的生长,主要是通过细胞数目的增加来实现的,因此也把有丝分裂称为体细胞分裂。有丝分裂的过程将经过复制的染色体从一个细胞均等地分配到两个新产生的子细胞中去,因此,每个子细胞都具有与亲细胞相同数目的染色体。细胞的有丝分裂是一个连续的动态过程,包括细胞核分裂和细胞质分裂两个阶段。一般将细胞核分裂分为 4 个时期(图 3-1-8):前期、中期、后期和末期。实际在细胞连续两次分裂之间还有一段时期,称为间期。间期和分裂期相互交替,循环出现,构成细胞周期。

1. 间期

在光学显微镜下,间期细胞核是均匀一致的,一般看不到染色体。但此时的核实际上正处于高度活跃状态,主要完成 DNA 复制、DNA 转录及蛋白质合成,为细胞分裂积蓄物质与能量。

间期又可细分为 3 个时期:①G_1 期(gap_1) 是指从细胞分裂完成到 DNA 合成前的一段时间,称为合成前期或复制准备期;②S 期(synthesis),为 DNA 合成期或染色体复制期,此时期内 DNA 完成复制,DNA 含量增加了一倍;③G_2 期 (gap_2)为 DNA 合成完毕到有丝分裂开始的一段时间,也称为合成后期。在细胞分裂间期,核仁体积变大,核内细胞质黏性增加。有证据表明,在 G_1、S、G_2 期都有 RNA 和蛋白质的合成。间期中 3 个时期的长短因物种而异,一般 S 期较长,而 G_1 和 G_2 期较短。染色体复制完成后,经过短暂的 G_2 期,细胞开始进入活跃的分裂期,即 M 期。

2. 前期

一般认为当染色体变为清晰可见之时,即进入分裂前期。此时染色质浓缩为染色体,每条染色体实际上由两条染色单体组成,表明染色体已经经过复制,但着丝点尚未分裂。这时核膜、核仁逐渐变得模糊。动物细胞中的中心体分裂为二,并向两极分开,每对中心体连同形成的星状体逐渐形成丝状的纺锤丝。

3. 中期

核仁与核膜消失,细胞核与细胞质间已无界限,由纺锤丝构成的纺锤体在细胞内清晰可见,各染色体的着丝点均排列在纺锤体中央的赤道板上。中期的染色体高度螺旋化,是染色体计数和鉴别的最佳时期。此时染色单体处于平行排列状态,不存在相关螺旋,当用秋水仙碱处理时,染色单体臂很容易分开,只在未分裂的着丝点处相互连接。着丝点分裂为中期结束的标志。

4. 后期

后期是有丝分裂过程最短的时期。染色单体分开并向两极运动是从着丝点开始的,每条染色体在着丝点处几乎同时分裂,具有独立着丝点的姊妹染色体彼此分开并移向两极。两极染色体数目与原来细胞相同。

5. 末期

两组子染色体到达两极，染色体解螺旋成染色质，纺锤体逐渐解体消失，核仁、核膜重新形成，形成两个子核。接着进行细胞质分裂，纺锤体的赤道板区域形成细胞板，分裂为两个细胞，又恢复为细胞分裂前的间期状态。

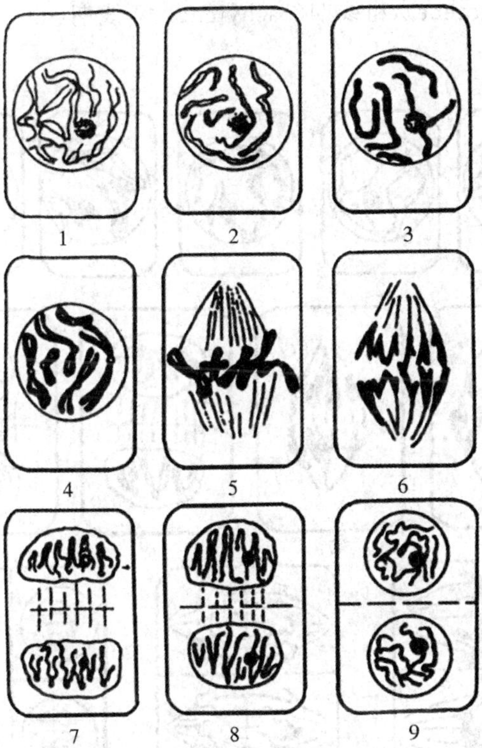

图 3-1-8　植物体细胞有丝分裂的模式图

1. 极早前期　2. 早前期　3. 中前期　4. 晚前期　5. 中期　6. 后期　7. 早末期　8. 中末期　9. 晚末期

(二)有丝分裂的意义

有丝分裂在遗传上具有重要意义。首先，由于细胞在有丝分裂间期每条染色体准确地复制，而在细胞分裂中，复制形成的两条姊妹染色体分开，成对的染色体有规律且均匀地分配到两个子细胞中去，从而使两个子细胞与母细胞具有同样数量和质量的染色体，这种均等的分裂方式，既维持了生物个体的正常生长和发育，也保证了物种的连续性和稳定性。其次，有丝分裂不仅产生体细胞，而且还产生若干具有潜在生殖功能的细胞，这些生殖细胞可以进行有丝分裂→减数分裂→受精→有丝分裂循环，使物种避免因细胞老化、死亡而保持其连续性。而从合子开始的有丝分裂则是导致分化必不可少的步骤。

二、减数分裂及其染色体动态

减数分裂是性母细胞成熟形成配子时所发生的一种特殊的有丝分裂，其特点是细胞核连续分裂两次，而染色体只复制一次(即 DNA 含量只倍增一次)，结果使染色体数目减半。减数分裂包括两次连续的细胞分裂，分别称为减数分裂Ⅰ和减数分裂Ⅱ，都可划分为前期、中期、后期和末期（图3-1-9）。

（一）第一次减数分裂

1. 前期Ⅰ

前期Ⅰ的细胞核体积大大增加，且持续时间长。根据染色体的配对状态，人为地将其划分为细线期（leptotene）、偶线期（zygotene），粗线期（pachytene）、双线期（diplotene）和终变期（diakinesis）5个时期。

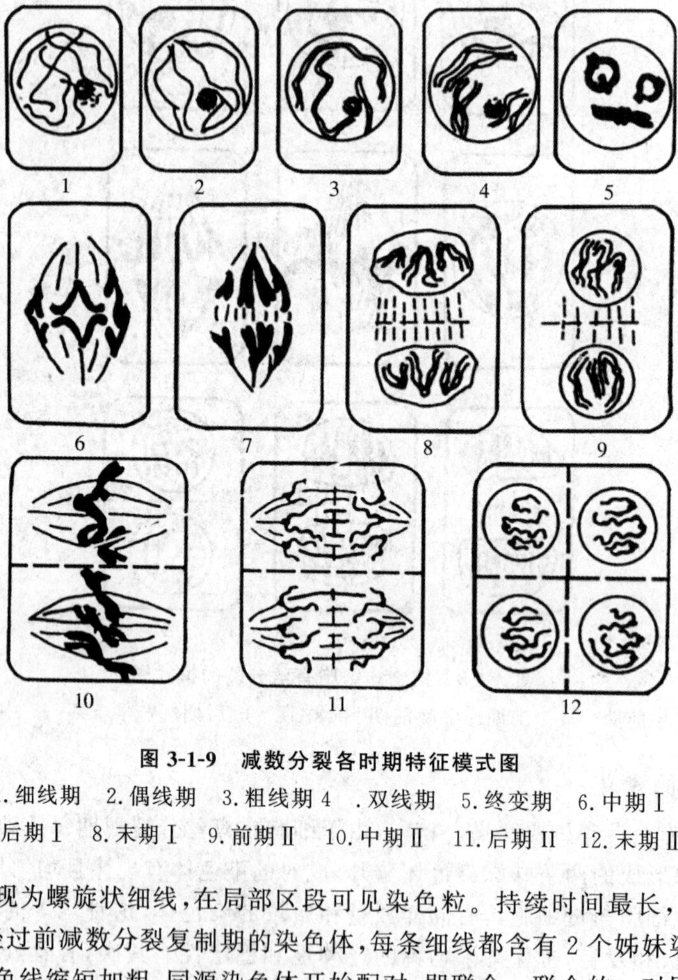

图 3-1-9　减数分裂各时期特征模式图

1. 细线期　2. 偶线期　3. 粗线期 4　. 双线期　5. 终变期　6. 中期Ⅰ
7. 后期Ⅰ　8. 末期Ⅰ　9. 前期Ⅱ　10. 中期Ⅱ　11. 后期Ⅱ　12. 末期Ⅱ

（1）细线期　表现为螺旋状细线，在局部区段可见染色粒。持续时间最长，占减数分裂周期的40％。这种细线是经过前减数分裂复制期的染色体，每条细线都含有2个姊妹染色单体。

（2）偶线期　染色线缩短加粗，同源染色体开始配对，即联会。联会的一对同源染色体，称为一个二价体，每一个二价体包括4个染色单体，所以又称为四分体。

（3）粗线期　同源染色体完成配对，二价体逐渐缩短变粗。这一时期也是同源染色体的非姊妹染色单体之间发生交换的时期，造成遗传物质的重组。

（4）双线期　四分体继续缩短变粗，各个联会了的二价体虽因非姊妹染色体相互排斥而松解，但仍被一二个至几个交叉联结在一起。这种交叉是非姊妹染色体之间某些片段在粗线期发生交换的结果。

（5）终变期　染色体高度凝缩，形成短棒状结构，所有二价体在核仁中呈均匀分布，此时可明显计算出染色体数目。当终变期结束时核仁逐渐解体，核膜逐渐消失。

2. 中期Ⅰ

从核膜解体到二价体固着于纺锤体之间的一段时期。每个二价体的两个着丝点并列在赤道面的两侧，各自面向相对的两极，这就决定了一对同源染色体将要分向两极的去向。不同四分体在中期纺锤体上的取向是随机的。

3. 后期Ⅰ

二价体中的两条同源染色体分开，分别移向两极，同源染色体平均地分配到子核中，每个子核只得到 n 条染色体，从而使体细胞的二倍性过渡到单倍性。完成染色体数目的减半。然而，由于一个二分体中的两条染色单体仍然由着丝粒连在一起，即姊妹染色单体的着丝点并不分裂，故每个细胞中的 DNA 含量与体细胞中的 DNA 含量相同。

4. 末期Ⅰ

同源染色体平均分配到达两极后，逐渐形成两个子核。同时，细胞质分为两部分，于是形成两个子细胞，称为二分体。此后，染色体或进入短暂的分裂间期，相当于有丝分裂的间期，但 DNA 并不复制；或者直接进入第二次分裂。

(二)第二次减数分裂

末期Ⅰ结束后，进入一个短暂的间期，但不进行 DNA 的复制，第二次减数分裂过程与有丝分裂过程非常相似。不同的是，每个次级性母细胞中只有 n 条染色体，每条染色体包含两条染色单体。经过第二次减数分裂，1 个初级性母细胞共形成 4 个子细胞，每个子细胞包含 n 条染色体。

(三)减数分裂的遗传学意义

减数分裂使得性细胞的染色体数目减少一半。当雌配子与雄配子结合成合子时，染色体数又恢复到二倍染色体数目，对于保证物种的遗传稳定性具有重要的意义。

在减数分裂中，由于同源染色体在后期Ⅰ向两极移动是随机的，非同源染色体表现为独立分配；而在形成配子后，不同的配子组合又是随机的，这对于物种遗传多样性的形成是非常有意义的。

减数分裂粗线期发生的非姊妹染色单体交换，使同源染色体上的基因发生重组，从而增加配子中的基因重组概率，这就增加了变异发生的频率。

第四节　遗传信息的传递

一、遗传物质的复制

(一)DNA 的半保留复制

1953 年，沃森和克里克提出了 DNA 半保留复制模型，他们认为：在 DNA 复制时，双螺旋中的每条链都可以作为模板，按照碱基配对的原则合成与其互补的新链。产生的两条新 DNA 链与亲代 DNA 完全相同，而且每条子代 DNA 分子的两条核苷酸链，一条来自亲代，另一条是新合成的，也就是说子代 DNA 分子双链中保留了一条亲本链，因此称为半保留复制。

(二)DNA 复制的起始点和复制的方向

众多实验证明，DNA 复制是从其分子上的特定部位开始的，这一部位叫作复制起始点(origin

of replication)。细胞中的 DNA 复制一旦开始就会连续复制下去，直至完成细胞中全部基因组 DNA 的复制。DNA 复制从起始点开始直到终点为止，每个这样的 DNA 单位称为复制子(replicon)或复制单元。在原核细胞中，每个 DNA 分子只有一个复制起始点，因而只有一个复制子；而在真核生物中，DNA 的复制可从多个起始点同时开始的，因此，每个 DNA 分子上可能有多个复制子(图 3-1-10)。

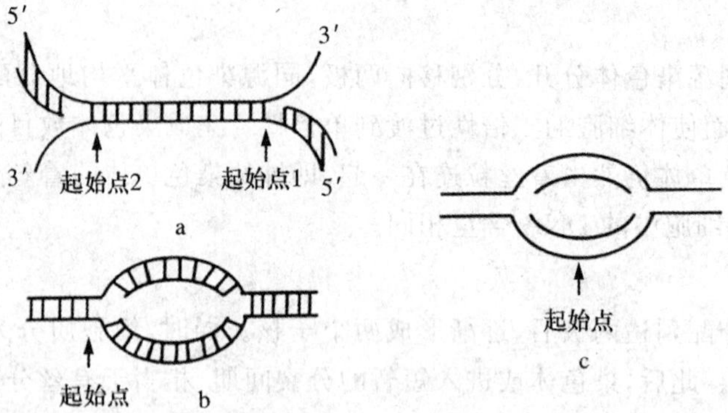

图 3-1-10　DNA 复制的起点和方向

a. 两个起始点，单一方向生长；b. 一个起始点，双链单一方向生长

c. 一个起始点，双链双向生长

大多数生物体内 DNA 的复制都以双向等速方式进行，但也有例外的情况。枯草芽孢杆菌的 DNA 复制是从起始点开始双向进行的，但两个复制移动是不对称的，先在一个方向上移动 1/5 的距离，然后停下来朝另一个方向复制 4/5 的距离。此外，DNA 分子的两条链一般是同时复制的，但也有在一定时期内 DNA 只复制一条链的情况，如线粒体的 D 环复制和一些噬菌体的滚环复制。

总之，在 DNA 复制的起始点及方向上，不仅原核细胞与真核细胞有所不同，而且在原核生物或真核生物的不同种属间也有相当大的差异。

(三)DNA 的半不连续复制

DNA 半保留复制分别以两条链互为模板，合成两条互补新链，因此，在复制之前必须使双螺旋链解开。此过程一般由 DNA 解旋酶催化完成，并由 ATP 提供解旋所需的能量。DNA 双链被解开之后，单链 DNA 结合蛋白马上结合在分开的单链上，从而保持其伸展状态。如果没有单链 DNA 结合蛋白的作用，分开的 DNA 双链互补碱基对间又可重新配对，或在同一条链的互补碱基对间配对而形成发夹结构，这种结构会阻止 DNA 聚合酶的作用。

DNA 的两条核苷链是反向平行的，当复制叉向前打开时，DNA 复制在起始点的一侧方向为 5′→3′，而在另一侧则为 3′→ 5′。由于 DNA 聚合酶只能按 5′→3′方向合成 DNA，这就很难解释 DNA 在复制时两条链如何能够同时作为模板合成其互补链。后来，冈崎等人在实验中发现在 DNA 的两条链中只有一条 DNA 链的合成是连续的，而另一条 DNA 链的合成则是不连续的；两条链的合成方向是相反的，但都是按 5′—3′方向复制。他们提出了 DNA 半不连续复制(图 3-1-11)。DNA 半不连续复制模型认为，沿 5′→3′方向连续合成的链是前导链，在前导链上，DNA 引物酶只在起始点合成一次引物，DNA 聚合酶就开始进行 DNA 的合成。另一条 DNA 链称为后随链，虽然这条链的 DNA 合成同样是沿 5′→3′方向进行，但复制是不连续的，其子链在引物 RNA 和 DNA 聚合酶的作用下，先沿 5′→3′方向合成一些不连续的小的片段(冈崎片段)，然后引物 RNA 被切除，并被新合成的 DNA 片段所取代，最后，由 DNA 连接酶将冈崎片段连接起来，形成一条完整的新链。

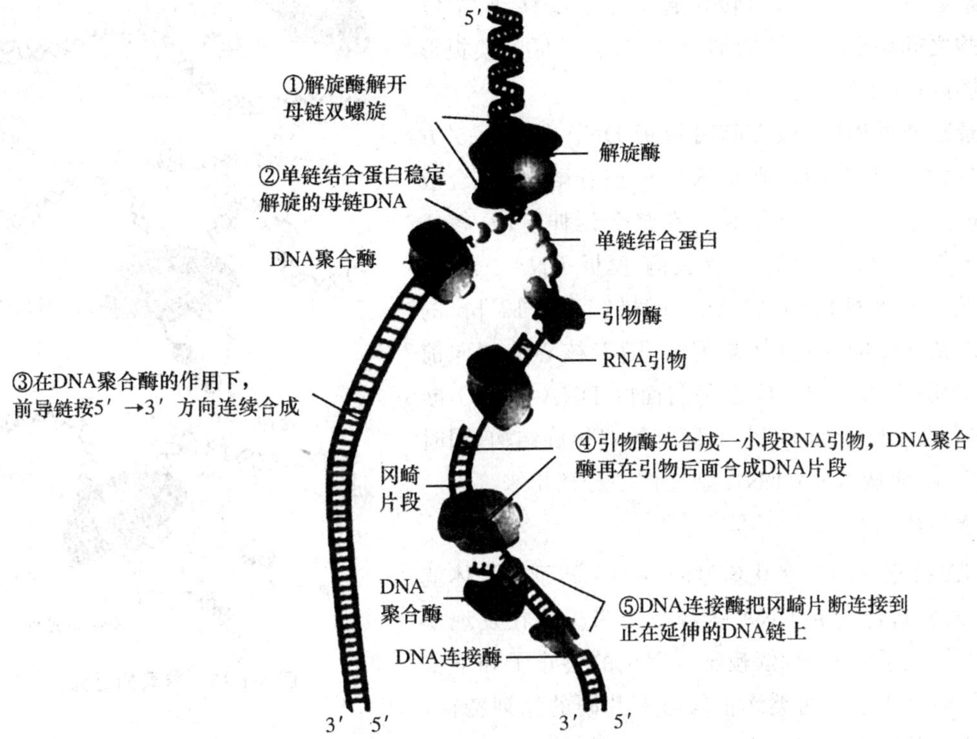

图 3-1-11　DNA 半不连续复制模型

二、遗传物质的转录

转录(transcription)是指以一条 DNA 单链为模板，在依赖 DNA 的 RNA 聚合酶催化下合成 RNA，同时把遗传信息从 DNA 传递到 RNA 的过程。DNA 转录时，在 RNA 聚合酶的作用下，DNA 分子双链的某区段局部分开，成为两个单链区段。其中一条参与 DNA 转录的单链称为模板链，也称反义链。而与模板链相对应的互补链称为编码链，也称为有义链。

转录过程可人为地分为转录的起始、转录的延伸和转录的终止 3 个阶段。

1. 转录的起始

这一阶段反应所需的辅助因子，在原核生物与真核生物之间有较大的差异。原核生物转录的起始由 RNA 聚合酶与 DNA 模板的启动子(promoter)结合。结合过程可分为两个步骤(图 3-1-12)。首先，由 RNA 聚合酶的 σ 因子辨认启动子的 -35 区，然后 RNA 聚合酶与该区结合，形成封闭的酶—启动子二元起始复合物。继而 RNA 聚合酶继续沿模板移动，在 -10 保守区(TATA 框)，形成开放的启动子二元复合物。结合过程的第二步，全酶移动到转录起始位点，开始合成 RNA 链的第一个 rNTP，形成酶—启动子—核苷三磷酸三元复合物，标志着转录起始阶段的结束。σ 亚基很快从全酶中脱落下来，核心酶与模板的亲和性下降为非特异性结合，在 DNA 链的移动更加容易。

真核生物转录的起始有 3 种 RNA 聚合酶参与，每一种酶都有自己的启动子。

2.转录的延伸

转录延伸阶段发生的反应,原核生物和真核生物较相似。总的来说,一是聚合酶向转录起始点下游移动,继续指导核苷酸之间磷酸二酯键的形成,二是转录区的模板形成局部单链区,便于转录。

在转录延伸过程中,核心酶沿模板 DNA 链 3′—5′方向移动,按照碱基配对的原则加入 4 种核苷酸,使新合成的 RNA 链沿着 5′—3′方向延伸。在整个延伸阶段,核心酶一直处于与模板结合的状态,保持酶-模板-RNA 三元复合物的结构;维持着长约 17 bp 的解链区及 12 bp 的 RNA-DNA 杂交链的结构(转录泡)。随着核心酶的向前的移动和 RNA 链的延伸,核心酶前面的 DNA 双链不断解开,而它后面已转录的 DNA 又回复的双螺旋结构,同时 RNA 链也不断地从 RNA-DNA 杂交体中分离出来。

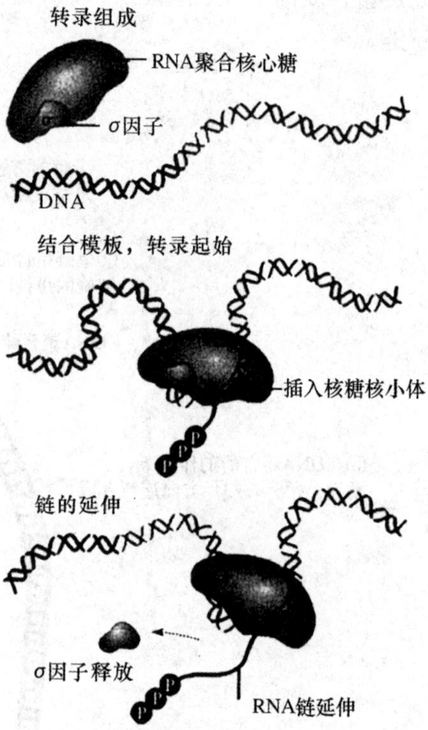

图 3-1-12　转录的过程

3.转录的终止

当 RNA 链延伸遇到终止信号时,RNA 转录复合体就发生解体,而使新合成的 RNA 链释放出来。现在发现使转录终止的终止子有两种:依赖于 ρ 因子的终止子和不依赖于 ρ 因子的终止子。两类终止信号有共同的序列特征,在转录终止之前有一段回文序列,它是一段方向相反、碱基互补的序列,在这段互补序列之间由几个碱基隔开。

不依赖 ρ 因子的终止位点附近有特殊的连续 T 序列,在连续 T 之前有富含 G-C 互补区及几个插入碱基,这种互补区的转录物可形成茎环结构,影响 RNA 聚合酶的构象使转录暂停;同时,由于转录产物的(rU)n 与模板的(dA)n 之间的 dA - rU 杂交区是最不稳定的双链,使杂化链的稳定性下降,而转录泡模板区的两股 DNA 容易恢复双链,释出转录产物 RNA,使转录终止。

依赖 ρ 因子的终止序列中 GC 回文序列,但碱基对含量较少,形成的发夹结构易于打开,且在 3′端没有寡聚 U,因此,当 RNA 聚合酶到达此终止子时,由于茎环的存在引起短暂的停留,如果没有 ρ 因子的帮助,聚合酶就会越过终止子继续转录下去。

三、遗传物质的翻译

遗传物质的翻译其实就是蛋白质的合成过程,是 mRNA 携带着转录的遗传信息附着在核糖体上,然后将由 tRNA 转运来的各种氨基酸,按照 mRNA 的信息顺序,相互联结成多肽,并进一步折叠成为立体蛋白质分子的过程。具体步骤包括:氨基酸的活化及其转运和活化氨基酸在核糖体上的缩合。

(一)氨基酸的活化

氨基酸的活化过程及其活化后的转运过程,都是由氨酰 tRNA 合成酶所催化,催化反应必须有 ATP 参加。反应过程分两步:一是氨基酸与 ATP 反应生成氨基酰腺氨酸,二是氨基酰腺氨酸将氨基酰转给 tRNA 形成氨基酰-tRNA。它的生产不仅是氨基酸活化而能形成肽键，而且还由于氨基酸是不能辨认密码子的，它们必须各自与特异的 tRNA 结合后才能被带到核糖体中，并通过 tRNA 来辨认密码子。

（二）活化氨基酸在核糖体上的缩合

现以原核生物的蛋白质合成为例，人为地分为肽链的起始、延伸和终止三个阶段。

1. 肽链合成的起始

在此阶段，至少需要核糖体的大小亚基、甲酰甲硫氨酰 tRNA^{iMet}、三磷酸鸟嘌呤核苷（GTP）、mRNA、Mg^{2+} 和可溶性蛋白质起始因子 IF_1、IF_2、IF_3 的共同参与（图 3-1-13）。肽链合成的起始过程如下。

（1）30S 小亚基与 mRNA 结合形成起始复合体　原核生物 mRNA 的 5′端与起始信号之间，富含嘌呤区（AGGA）称为 SD 序列，它可与核糖体 30S 小亚基的 16S rRNA 的富含嘧啶区序列互补。由此，30S 亚基在 IF_3 与 IF_1 的促进下，与 mRNA 的起始部位结合；而 IF_2 在 GTP 参与下特异地与甲酰甲硫氨酸 tRNA^{iMet} 结合，并使 tRNA 的反密码子与 30S 小亚基上 mRNA 的起始密码子互补结合，形成起始复合体。

（2）70S 大亚基复合体的形成　30S 小亚基起始复合体中的甲酰甲硫氨酰 tRNA^{iMet} 通过 tRNA 的反密码子识别起始密码子 AUG，而直接进入核糖体的 P 位并释放出 IF_3，50S 亚基随即与 30S 小亚基起始复合体结合形成完整的 70S 大亚基起始复合体，此时复合体中的 GTP 水，同时释放 IF_2 和 IF_1，从而完成肽链合成的起始。

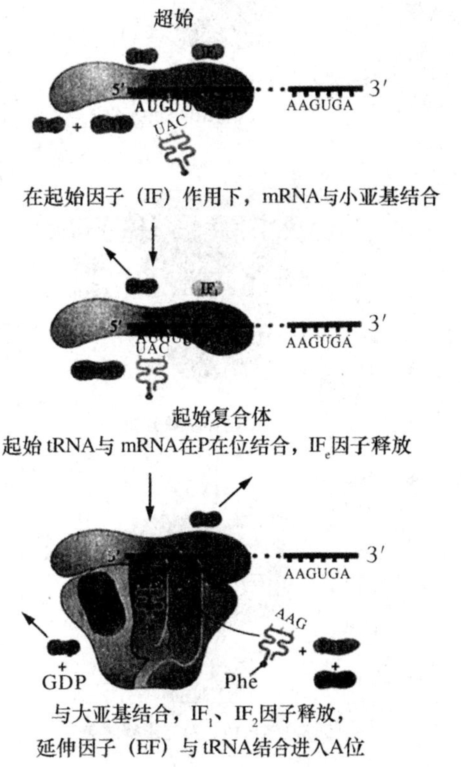

图 3-1-13　肽链合成的起始

2. 肽链合成的延伸

这一阶段，新的氨基酸不断被相应特异的 tRNA 运至核糖体的 A 位，形成肽链。同时，核糖体从 mRNA 的 5′端向 3′端不断移位以使肽链延伸。此阶段需要延伸因子 EF、GTP、Mg^{2+} 和 K^+ 参与。具体过程如下。

（1）进位　在起始阶段甲酰甲硫氨酰 tRNA^{iMet} 已经结合在 P 位，A 位是空的。根据密码子配对的原则，第二个甲酰甲硫氨酰 tRNA^{iMet} 就进入 A 位，此过程需要肽链延伸因子 EF-Tu 与 EF-Ts 的参与，EF-Tu 的作用是促进氨酰 tRNA 与核糖体 A 位的结合，而 EF-Ts 是促进 EF-Tu 的再利用。

（2）转肽　在肽酰转移酶的催化作用下，A 位上的甲酰甲硫氨酰 tRNA 上的氨基酸残基与 P 位上氨基酸的碳末端间形成多肽键。此过程需要 Mg^{2+} 与 K^+ 的存在。

（3）移位　核糖体向 mRNA 的 3′端前移一个密码子的距离，使原在 P 位上的 tRNA 离开核糖体，而原在 A 位上的多肽 tRNA 转入 P 位从而使 A 位空出。此过程需要肽链延伸因子 EF-G、

Mg^{2+} 与 GTP 供给能量。

(4)脱落　当空出的 A 位再结合另一个新的氨酰 tRNA 开始新一轮多肽链的延伸时,原来空载的 tRNA 就从核糖体上脱落。

以后肽链上每增加一个氨基酸残基,就需要进位、转肽、移位和脱落。如此循环重复,使肽链延伸(图 3-1-14)。

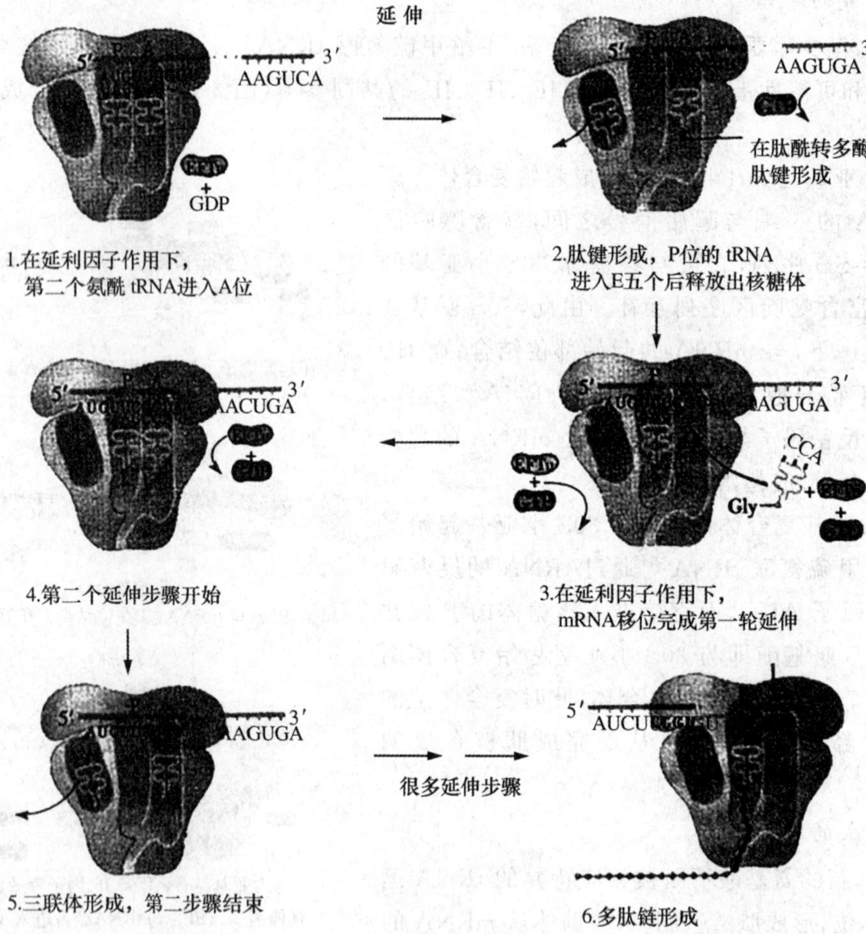

图 3-1-14　肽链合成的延伸

3. 肽链合成的终止

当肽链的延伸遇到 UAA、UAG 和 UGA 等终止密码子进入核糖体的 A 位时,由于没有对应的氨酰 tRNA 识别而使延伸不能进行,从而使肽链的合成转入终止阶段。对终止密码子的识别,需要释放因子 RF 的参与。当释放因子结合在核糖体的 A 位后,改变了肽酰转移酶的活性,在新合成的多肽链的末端加上了水分子,使多肽链从 P 位 tRNA 上释放,离开核糖体,同时核糖体也与 mRNA 解离,核糖体大、小亚基分开,而参与下一次肽链合成的循环。

在核糖体上合成的多肽链,很多不具有生物活性,还必须经过不同链的缔合、共价修饰、卷曲或折叠,才能成为具有正确的立体结构、有生物活性的蛋白质,如结构蛋白、功能蛋白或酶等。

复习思考题

1. 名词解释

同源染色体　姊妹染色单体　半保留复制　复制子　冈崎片段　转录　翻译

2. 简述两种核酸的不同。

3. 比较有丝分裂与减数分裂的异同。

4. 人细胞的染色体数 $2n=46$，分别说明下列各细胞分裂时期中的有关数据：

(1)有丝分裂前期和后期染色体的着丝粒数；

(2)减数分裂前期Ⅰ、后期Ⅰ、前期Ⅱ、后期Ⅱ的染色体数。

5. 简要说明 DNA 复制与转录的不同点。

6. 简述原核生物转录终止的信号及其终止机制。

7. 简述原核细胞中的肽链延伸过程。

8. 一个细胞因为缺乏胸腺嘧啶，迅速停止了 DNA 的合成，但仍然继续合成 RNA 和蛋白质。怎样解释这个现象？

9. 试述中心法则的意义及其发展。

第二章　遗传的基本规律

现代遗传学有三个基本定律:分离定律、自由组合定律和连锁遗传规律。前两个定律都是由孟德尔在 1865 年最先提出的,尽管这两个定律当时并没有被足够重视,直到 1900 年,被重新发现,和连锁遗传定律一起称为遗传学的三大定律,成为现代遗传学的基础。

第一节　分离规律

一、一对相对性状的杂交试验及其解释

孟德尔选用了豌豆稳定的、易于区分的多对质量性状作为观察分析的对象。所谓性状(character),是指生物体所表现出来的形态结构特征和生理生化特性的总称。任何一种生物可以被区分的具体的性状称为单位性状。同时,每个单位性状在同种生物不同个体之间又有各种不同的表现,如种子的形状有圆粒和皱粒、花的颜色有红色和白色、植株高度有高和矮等。这种同一单位性状不同个体之间表现出来的相对差异称为相对性状。

孟德尔在豌豆杂交试验中选择了 7 对具有明显差异的相对性状的品种做亲本,分别进行杂交,按照杂种后代的系谱详细地观察记载,统计分析杂种后代同一相对性状不同表现的株数及其比例关系。现以其中红花与白花的杂交组合试验结果为例加以说明(图 3-2-1)。

P	红花(♀)	×	白花(♂)
		↓	
F_1		红花	
		↓　(自交)	
F_2	红花 (Cc)		白花
株数	705		224
比例	3.15	:	1

图 3-2-1　豌豆花色的遗传

孟德尔也做了反交试验,即白花(♀)×红花(♂),所得结果与正交结果完全一致。F_1 全都开红花,F_2 群体出现红花与白花植株的分离,其比例也接近 3∶1。说明 F_1 和 F_2 的性状表现不受亲本组合方式的影响。同时,他在研究豌豆种子形状、子叶颜色等其他 6 对相对性状的杂交试验中,都获得了同样的试验结果。

①所有 F_1 个体的性状表现一致,只表现一个亲本的性状。在 F_1 表现出来的性状称为显性性状(dominant character);F_1 未表现出来的性状称为隐性性状(recessive character)。

②所有 F_2 群体同时出现显性和隐性个体的性状分离现象，并且显性和隐性个体的分离比例大致都是 3∶1。

孟德尔采用遗传因子，即后来由约翰生定名为基因(gene)进行解释。现仍以红花×白花的杂交试验来说明(图 3-2-2)。双亲通过减数分裂分别形成显性配子 C 和隐性配子 c，雌配子与雄配子通过受精作用形成 Cc 即 F_1，由于 C 对 c 为显性，所以 F_1 表现红花。F_1 通过减数分裂形成两种不同的配子 C 和 c，两种配子数相等，F_1 雌雄配子随机结合形成 F_2 群体，在 F_2 群体中有 3 种基因组合，其比例为 1/4CC、1/2Cc 和 1/4cc，即 1∶2∶1 的关系；有 2 种性状表现，其中 CC 和 Cc 都表现红花，cc 表现白花，所以 F_2 群体中红花∶白花＝3∶1。

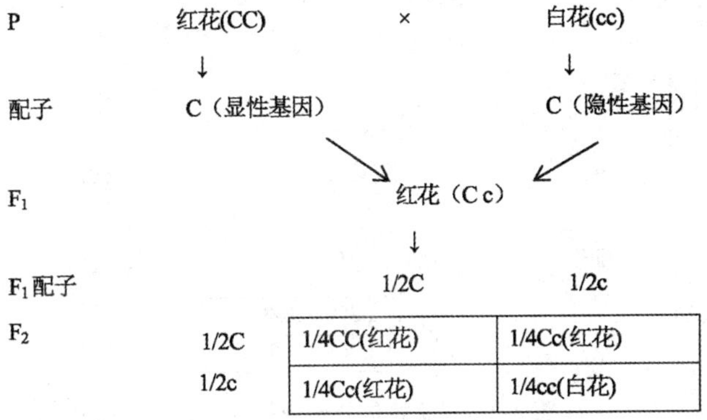

图 3-2-2　孟德尔分离现象的解释

在孟德尔的研究中，一对相对性状是由一对基因控制的，如决定豌豆花色的红花基因 C 和白花基因 c，它们是同一基因的两种不同形式，位于同源染色体的相对位点上。遗传学中将这种位于同源染色体的相对位点上，控制相对性状的基因，称为等位基因(allele)；而将位于非同源染色体上的基因，互称为非等位基因(non-allele)。

在孟德尔以后的遗传研究中，又发现了复等位基因现象。所谓复等位基因(multiple allele)，是指在同源染色体的相对位点上，存在 3 个或 3 个以上的等位基因。复等位基因在生物中广泛存在，如人类的 ABO 血型。在正常的二倍体细胞中，在同源染色体的相对位点上只能存在一组复等位基因中的两个。

生物个体的基因组成叫作基因型(genotype)，如决定豌豆红花性状的基因型有 CC 和 Cc 两种，决定白花性状的基因型为 cc。表现型(phenotype)是指生物体所表现的性状，是生物体的外部形态特征和内部生理生化特性的总和，如红花和白花。它是基因型和环境条件共同作用的具体表现。

从基因的组合看，CC 和 cc 两种基因型，等位基因是一样的，这样的个体在遗传学上称为纯合基因型；具有纯合基因型的个体称为纯合体(homozygote)，其中 CC 个体为显性纯合体，cc 个体称为隐性纯合体。而 Cc 基因型，等位基因不同，称为杂合基因型；具有杂合基因型的个体称为杂合体(heterozygote)。

二、分离定律的验证

孟德尔关于分离现象的解释完全是建立在理论假设的基础上的，其实质是位于同源染色体上的一对等位基因，在减数分裂时彼此分离且互不干扰，因而配子中只具有等位基因中的一个。为了验证这一假设的真实性，孟德尔及后人采用了以下几种方法。

(一)测交法

所谓测交(test cross)，是指被测个体或 F_1 与隐性纯合个体杂交的过程。隐性纯合体只产生含隐性基因的配子，与未知被测个体所产生的配子随机组合，子代只能表现被测个体产生配子所带基因决定的表现型。根据测交子代(F_t)的表现型种类及其比例，可以确定被测个体的基因型(图 3-2-3)。

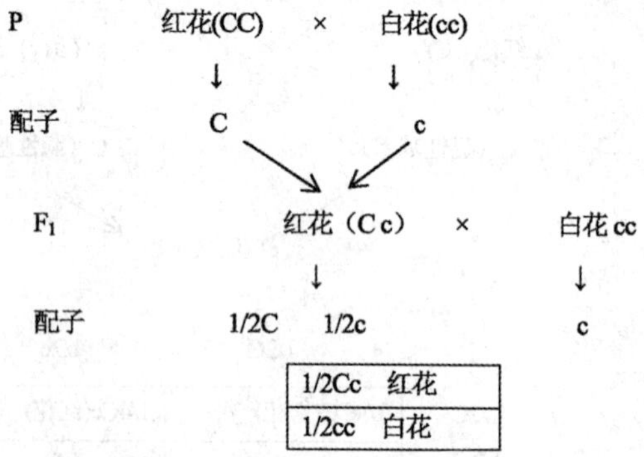

图 3-2-3 孟德尔分离规律的验证

从图 3-2-3 可以看出，被测个体与隐性纯合体杂交，如果 F_1 群体既有显性个体，又有隐性个体且比例为 1∶1，说明被测个体为显性杂合体 Cc。因此，测交后代的表现型种类及其比例关系，就体现了被测个体或 F_1 在减数分裂过程中所形成的配子类型及其比例关系。测交试验结果与孟德尔的理论假设完全相符合。

(二)自交法

孟德尔采用 F_2 继续自交产生 F_3 株系，然后根据 F_3 的性状表现，证实 F_2 所假设的基因型。按其假设 F_2 的红花植株中，有 1/3 的 CC 纯合体，自交产生的 F_3 全部开红花；有 2/3 的 Cc 杂合体，在 F_3 就应该表现为红花∶白花＝3∶1 的分离。F_2 的白花植株自交产生的 F_3 只能开白花。实际自交结果证实了孟德尔的假设。

第二节 自由组合规律

孟德尔在分离规律的基础上，深入研究了两对和多对相对性状之间的遗传关系，从而提出了自由组合规律，亦称为独立分配规律。

一、两对相对性状的杂交试验

孟德尔仍以豌豆为材料，选用两对相对性状差异的纯合亲本杂交，其中一个亲本是黄色子叶圆粒种子，另一个亲本绿色子叶皱粒种子。所得 F_1 种子均表现黄色子叶圆粒，表明黄色子叶和圆粒是显性。通过 F_1 自交，在所得的 556 粒 F_2 种子中共有 4 种类型，其中两种亲本型，另两种类型是重组型，对所得四种表现型的数据进行统计分析，其比例为 9∶3∶3∶1(图 3-2-4)。

P　　黄色圆粒 × 绿色皱粒

↓

F_1　　黄色圆粒

↓⊗

	黄色圆粒	黄色皱粒	绿色圆粒	绿色皱粒	总数
实测数	315	101	108	32	556
理论比例	9 :	3 :	3 :	1	16

图 3-2-4　豌豆两对相对性状遗传示意图

根据分离规律，如果把以上两对相对性状个体之间的杂交试验结果，分别按一对性状进行分析，则有：

黄色∶绿色＝(315＋101)∶(108＋32) ＝416∶140≈3∶1

圆粒∶皱粒＝(315＋108)∶(101＋32) ＝423∶133≈3∶1。

这说明在两对性状的遗传中的，每对性状的遗传仍然符合分离规律，F_2呈 3∶1 的分离比例。

如果两对性状是彼此独立地遗传的，那么在没有任何干扰的情况下，两个独立事件同时出现的概率等于它们分别出现概率的乘积，因而其后代的分离比可表示为(3 黄色∶1 绿色)×(3 圆粒∶1皱粒)＝9(黄色圆粒)∶3(黄色皱粒)∶3(绿色圆粒)∶1(绿色皱粒)。这说明控制两对相对性状的等位基因在形成配子过程中，其中一对等位基因与另一对等位基因的分离与组合彼此互不干扰，各自独立地分配到配子中去。

在上述杂交试验中，用 Y 和 y 代表子叶黄色和绿色，黄色(Y)对绿色(y)为显性；用 R 和 r 代表种子圆粒和皱粒，圆粒(R)对皱粒(r)为显性。可用棋盘方格表示黄色圆粒×绿色皱粒的分离与组合(图 3-2-5)。

P　　黄色圆粒(YYRR) × 绿色皱粒(yyrr)

↓　　↓

配子　　YR　　yr

↘　↙

F_1　　黄色圆粒（YyRr）

F_2　　↓

	YR	Yr	yR	yr
YR	YYRR	YYRr	YyRR	YyRr
Yr	YYRr	YYrr	YyRr	Yyrr
yR	YyRR	YyRr	yyRR	yyRr
yr	YyRr	Yyrr	yyRr	yyrr

图 3-2-5　豌豆黄色圆粒×绿色皱粒的 F_2 分离示意图

从图 3-2-5 可以看出，F_1经过减数分裂形成 4 种配子，且 4 种配子数目相等，雌配子与雄配子随机组合，共有 16 种可能的组合；F_2群体中共有 9 种基因型，4 种表现型，呈现 9∶3∶3∶1的比例。这与孟德尔杂交试验结果是相符的。

由此可知，自由组合规律的实质是：控制两对相对性状的非等位基因分别位于两对不同的同源染色体，在减数分裂形成配子时，位于同源染色体上的等位基因彼此分离，而位于非同源染色体上的非等位基因是彼此独立的，可以自由组合。

二、自由组合定律的验证

(一)测交法

对两对性状的自由组合规律的验证，孟德尔同样采用测交法进行(图 3-2-6)。从图 3-2-6 可以看出，F_1(YyRr)减数分裂形成 YR，Yr、yR 和 yr 4 种配子，其比例为 1∶1∶1∶1；双隐性亲本只本只产生 1 种配子 yr，孟德尔的试验结果与测交理论推断是一致的。

F_1　　黄色圆粒 YyRr　×　绿色皱粒 yyrr

↓

		YR	Yr	yR	yr
	yr	YyRr	Yyrr	yyRr	yyrr
理论 F_1	表现型种类	黄色圆粒	黄色皱粒	绿色圆粒	绿色皱粒
	表现型比例	1	1	1	1
实际 F_1	F_1为母本	31	27	26	26

图 3-2-6　豌豆两对性状测交结果

(二)自交法

根据分离和自由组合规律的理论推断，F_2有 4 种表现型，呈 9∶3∶3∶1 的分离。基因型有 9 种(表 3-2-1)，分为 3 类：第一类是两对基因的纯合体有 4 种，他们在 F_2群体中各占 2/16，自交产生的 F_2不发生性状分离；第二类是一对基因纯合，另一对基因杂合体，有 4 种，它们在 F_2群体中各占 2/16，自交产生的 F_3群体一个性状不分离，另一个性状呈 3∶1 的分离；第三类是两对基因杂合体，只有一种，在 F_2群体中占 4/16，F_3群体表现型呈 9∶3∶3∶1 的分离。F_2自交试验结果也证实了孟德尔的理论推断。

表 3-2-1　豌豆两对性状杂种 F_2自交结果分析

F_2表现型		黄色圆粒	黄色皱粒	绿色圆粒	绿色皱粒	F_3表现型
F_2基因型	两对基因纯和	1YYRR	1YYrr	1yyRR	1yyrr	不分离
	一对基因纯合一对杂合	2YYRr	2Yyrr	2yyRr	2YyRR	一个性状不分离，另一性状 3∶1分离
	两对基因杂合	4YyRr				9∶3∶3∶1分离
F_2表现型比例		9	3	3	1	

三、多对性状的遗传分析

当具有 3 对或 3 对以上的不同性状的个体杂交时，只要决定这些性状的基因分别位于非同源染色体上，那么它们的遗传就符合自由组合规律。其杂种 F_1个体形成配子种类，自交后 F_2的基因型和表现型及其分离比例等均具有共同的规律性，见表 3-2-2。

表 3-2-2　F_1 杂合基因对数与 F_2 表现型和基因型种类的关系

杂种杂合基因对数	F_1 形成配子种类	F_2 雌雄配子组合数	完全显性 F_2 表现型种类	F_2 基因型种类	F_2 完全显性表现型比例	F_2 基因型分离比
1	2	4	2	3	$(3:1)^1$	$(1:2:1)^1$
2	4	16	4	9	$(3:1)^2$	$(1:2:1)^2$
3	8	64	8	27	$(3:1)^3$	$(1:2:1)^3$
4	16	256	16	81	$(3:1)^4$	$(1:2:1)^4$
5	32	1 024	32	243	$(3:1)^5$	$(1:2:1)^5$
⋮	⋮	⋮	⋮	⋮	⋮	⋮
n	2^n	4^n	2^n	3^n	$(3:1)^n$	$(1:2:1)^n$

四、基因互作

事实上，两对等位基因的自由组合并不一定都表现 9:3:3:1的分离比。研究表明，这是由于不同对基因间相互作用的结果。这种现象称为基因互作(gene interaction)。基因互作包括两类，一类是等位基因间的基因内互作(intragenic interaction)，另一类是非等位基因间的基因间互作(intergenic interaction)。性状的表现都是在一定的环境条件下，通过这两类基因互作共同或单独发生作用的结果。

(一)基因内互作

基因内互作通常是指一对等位基因在决定一个性状时表现出来的相互关系，具体表现为不同类型的显隐性关系。

(1)完全显性　通过相对性状的亲本杂交，F_1 表现和亲本之一完全一样，这种显性表现称为完全显性。如孟德尔所做的豌豆 7 对性状杂交试验的 F_1 只表现一个亲本的性状，均属于这种类型。

(2)不完全显性　通过相对性状的亲本杂交，F_1 表现双亲性状的中间型，这种显性表现称为不完全显性 。如紫花茉莉花色的遗传，红花(RR)与白花(rr)杂交，F_1 表现粉红色，F_2 群体呈现红花(RR):粉红(Rr):白花(rr)为 1:2:1 的分离。在不完全显性时，表现型和基因型是一致的。

(3)共显性　双亲的性状同时在 F_1 上表现出来，而不表现单一的中间型，这种显性表现称为共显性。例如，人类 ABO 血型系统的遗传，当 I^AI^A 与 I^BI^B 婚配时，其子女的基因型为 I^AI^B，在红细胞表面既可以形成 A 抗原，又可以形成 B 抗原，表现为 AB 血型，双亲的性状同时得到表现。

(4)镶嵌显性　双亲的性状同时在 F_1 同一个体的不同部位表现出来。如异色瓢虫鞘翅色斑的遗传。黑缘型只在鞘翅前缘呈黑色，由 S^{Au} 基因决定，均色型则只在鞘翅后缘呈黑色，由 S^E 基因决定。黑缘型($S^{Au}S^{Au}$)与均色型(S^ES^E)杂交，F_1($S^{Au}S^E$)鞘翅前缘和后缘均表现为黑色，双亲的性状叠加在一起，同时在不同的部位表现出来。镶嵌显性实质上是共显性的一种表现形式。

(二)基因间的互作

基因间互作是指有两对或两对以上独立遗传的非等位基因相互作用，共同控制某一性状表现的现象。下面以两对独立遗传的性状间的各种互作方式给予说明。

1. 互补作用

两对独立遗传基因分别处于显性纯合或杂合状态时，共同决定一种性状表现，当只有一对基因是显性或两对基因都是隐性时，则表现另一种性状。这种现象称为互补作用(complementary effect)。如香豌豆中有两个白花品种,两者杂交产生的 F_1 开紫花。但 F_1 自交后,F_2 群体紫花和白花的分离比为 9:7。其中紫花性状是有两对显性基因互补作用的结果(图 3-2-7)。

P　　白花(CCpp) × 白花(ccPP)

↓

F_1　　紫花 (CcPp)

↓⊗

F_2　　9 紫花 (C_P_) : 7 白花 (3C_pp+3ccP_+1ccpp)

图 3-2-7　互补作用

互补作用在很多动物和植物的遗传研究中均有发现,它可以解释生物的返祖现象,即在后代中出现祖先性状的现象。在人类,有些耳聋人之间婚配的后代,听力是正常的。根据家系分析,人听力也是由两对基因控制的,其中只要有一对基因为隐性纯合 Aabb 或 aaBB,个体就表现耳聋。但 Aabb 和 aaBB 的个体进行婚配,其子代由于显性基因 A 和 B 相互补充,使耳聋的缺陷得以克服,因此听力表现正常。

2. 累加作用

当两对显性基因同时存在时产生一种性状;两对显性基因单独存在时,表现另一种相似的性状;两对显性基因均不存在时表现第三种性状。这种现象称为积加作用(additive effect)。如南瓜形状的遗传受两对基因(A/a、B/b)共同控制。当 A 和 B 基因同时存在时为扁盘形;只有 A 或 B 显性基因存在时为圆球形;两对基因均为隐性时为长圆形。F_2 群体表现型呈现 9:6:1的分离(图 3-2-8)。

P　圆球形(AAbb) × 圆球形(aaBB)

↓

F_1　扁盘形(AaBb)

↓⊗

F_2　9 扁盘形(A_B_): 6 圆球形(3A_ bb+3aaB_):1 长圆形(aabb)

图 3-2-8　累加作用

3. 重叠作用

不同对基因互作时,对性状产生相同影响,即只要有一个显性基因存在时,都表现同一种性状,只有纯合隐性个体表现另一种性状,这种现象称为重叠作用(duplicate effect)。如猪的阴囊疝遗传表现:该性状受两对基因(S_1/s_1、S_2/s_2)控制的,在 F_2 群体中 15/16 的表现正常,1/16 表现患病(图 3-2-9)。阴囊疝只有公猪才能表现出来,所以群体中公母合并统计,正常与患阴囊疝的猪的比例为 31:1。

从基因互作的结果可以看出,在各种互作类型中,基因型的比例仍然和自由组合是一致的,只有表现型比例有所变化,但这种变化都是在孟德尔自由组合规律的比例上(9:3:3:1)演变而来的。因此,由于基因互作,杂交分离的类型和比例与典型的孟德尔遗传虽有不同,但这并不能由此否定孟德尔遗传的基本规律,而应该认为这是对它的进一步深化和发展。

P　正常($S_1S_1S_2S_2$)　×　卵形($s_1s_1s_2s_2$)

↓

F_1　正常($S_1s_1S_2s_2$)

↓⊗

F_2　15 正常($9S_1\_S_2\_+3S_1\_s_2s_2+3s_1s_1S_2\_$)：1 患病（$s_1s_1s_2s_2$）

图 3-2-9　重叠作用

第三节　连锁遗传规律

任何一种生物的染色体数目总是有限的，而基因的数量却是很多的，因此必然有多个非等位基因位于同一条染色体上。那么，这些基因又是如何进行遗传的？摩尔根以果蝇为试验材料对此问题开展了研究，最后确认了不符合孟德尔规律的另一类遗传，即连锁(linkage)遗传。

一、连锁与交换

(一)连锁遗传的杂交试验

连锁遗传现象最早是贝特森在香豌豆两对性状的相引组和相斥组杂交试验中发现的。香豌豆中，紫花(P)对红花(p)为显性，长花粉粒(L)对圆花粉粒(l)为显性，他们做了两组试验。

试验一：相引组 杂交组合(图 3-2-10)

P　紫花、长花粉粒(PPLL)　×　红花、圆花粉粒(ppll)

↓

F_1　紫花、长花粉粒(PpLl)

↓⊗

F_2 表现型	紫、长	紫、圆	红、长	红、圆	总数
基因型	P_L_	P_ll	ppL_	ppll	
实得株数	4831	390	393	1338	695
按 9:3:3:1 推算理论株数	3910.5	1303.5	1303.5	434.5	6952

图 3-2-10　香豌豆相引相两对相对性状的连锁遗传

试验二：相斥组杂交组合(图 3-2-11)。

从以上两个试验结果可以看出，F_2群体有 4 种不同的表现型，但不符合自由组合规律的 9:3:3:1 分离比例，而是亲本组合个体数大于重新组合个体数，而且亲本组合性状的实际个体数多于理论数，重新组合性状的实际个体数少于理论数。至于出现这种结果的原因是什么？贝特森等当时没能给以正确的解释。

(二)连锁遗传的解释和验证

摩尔根和他的同事们以果蝇为试验材料，通过大量的研究，对连锁遗传现象做出了科学的解释和验证。他们是在研究果蝇位于常染色体上的两对基因时，发现了类似香豌豆的连锁现象。其中，一对基因决定眼色，红眼（pr^+）对紫眼（pr）为显性；另一对基因决定翅长，长翅（vg^+）对残翅（vg）为显性。用 $pr^+pr^+vg^+vg^+$ 个体与 prprvgvg 个体交配，然后 F_1 雌蝇再测交，所得结果见图 3-2-12。

P　紫花、圆花粉粒(PPll)　×　红花、长花粉粒(ppLL)

↓

F_1　紫花、长花粉粒(PpLl)

↓⊗

F_2 表现型	紫、长	紫、圆	红、长	红、圆	总数
基因型	P_L_	P_ll	ppL_	ppll	
实得株数	226	95	97	1	419
按 9:3:3:1 推算理论株数	235.8	78.5	78.5	26.2	419

图 3-2-11　香豌豆相斥相两对相对性状的连锁遗传

P　$pr^+pr^+vg^+vg^+$　×　prprvgvg

↓

F_1　pr^+prvg^+vg　×　prprvgvg

↓

F_1 基因型	pr^+prvg^+vg	$pr^+prvgvg$	$prprvg^+vg$	prprvgvg
实得蝇数	1139	151	154	1195

图 3-2-12　果蝇相引相两对相对性状的连锁遗传

从上述测交结果可知：F_1 虽然也形成了 4 种配子，但其比例显然不符合 1∶1∶1∶1，而是两种亲本配子 Pr^+vg^+ 和 prvg 多，两种重组配子 pr^+vg 和 $prvg^+$ 少；而且两种亲本配子数大致相同，两种重组配子数大致相同，都为 1∶1。

摩尔根又继续做了相斥组的杂交和测交试验，也得到了相同的结果。为此摩尔根是这样解释的：控制眼色和翅长的两对基因位于同一同源染色体的不同位点上，F_1 在减数分裂时，来自父母双方的两条同源染色体 pr^+vg^+ 和 prvg 分别被分配到不同的配子中去，而 pr^+ vg 和 prv 两种配子的形成，则是在减数分裂时，部分细胞同源染色体的两条非姊妹染色单体在两对基因之间发生了交换所造成的。

二、交换值及其测定

交换值（crossover value）指同源染色体非等位基因上的非姐妹染色单体间发生交换的频率。对一个很短的交换染色体片段，由于发生双交换的可能性较小，所以交换值就等于交换型配子（重组型配子）占总配子的百分率，又称交换率或重组率。但对一个较长的片段，由于发生双交换或多交换的可能大，用重组率来估计交换值往往偏低。一般地，用重组型配子数÷总配子数×100％来估算交换值。

在计算交换值前，首先要知道重组型配子数。测定重组型配子数的简易方法主要有测交法和自交法。

（一）测交法

用测交法测定交换值，是使杂种 F_1 与隐性纯合体杂交，然后根据测交后代的表现型种类和数目来计算亲本型配子和重组型配子的数目。现以上述摩尔根测交试验为例(图 3-2-12),来估算交换值。重组率=(151+154)/2839×100=11%

(二)自交法

现以上述贝特森的香豌豆相引组试验结果(图 3-2-10)为例进行分析。根据 F_2 的 4 种表现型可以推断出 F_1 在减数分裂时形成 4 种配子:PL、Pl、pL 和 pl。假定各种配子的概率分别为:a、b、c 和 d,根据连锁遗传规律可知:$a=d$,$b=c$,$a+b+c+d=1$。通过 4 种雌雄配子的随机组合,即 $(aPL:bPI:cpL:dpl)^2$, F_2 群体 4 种表现型(9 种基因型)及其理论比例为 :

P_L_(PPLL,PPL1,PpLL,PpLl): $a^2+2ab+2ac+2bc+2ad$

P _ ll (PP11,Ppll): b^2+2bd

PpL_ (ppLL,ppLl): c^2+2cd

ppll: d^2

只有双隐性个体(ppll)的基因型可以直接观测到,其频率为:$d^2=1338/6952=19.2\%$。由此,亲本型配子 PL 或 pl 的频率为 $a=d=\sqrt{19.2}=0.44$,重组型配子 Pl 或 pL 的频率为 $b=c=[1-(a+d)]/2=0.06$,所以 p—l 之间的交换值 $=b+c=0.12=12\%$。

第四节 伴性遗传

一、性别决定

生物细胞中有许多对染色体,可以分为两大类:一类是性染色体,是直接与性别决定有关的一个或一对染色体。通常用 XY 或 ZW 表示。另一类是常染色体,通常以 A 表示。成对的常染色体一般都是同型的。由性染色体决定性别的类型要有下述两种。

(1)XY 型(即雄杂合型) 雄性为异配性别,雌性为同配性别的性别决定类型叫作 XY 型。所有哺乳动物、大部分爬行类、两栖类、鱼类和双翅目昆虫等都属于 XY 型。

另外,与 XY 相似的还有 XO 型。蚱蜢、蟋蟀和蝗虫等直翅目昆虫属于这一类型。该类型的生物没有 Y 染色体,只有 X 染色体。雌性个体性染色体为 XX,形成一种雌配子 X;雄性个体性染色体为 X,产生 X 和不含 X 的两种雄配子。

(2) ZW 型(即雌杂合型) 雌性为异配性别,雄性为同配性别的性别决定类型叫作 ZW 型。鸟类(如鸡、鸭等)、蝶类和蛾类等属于这一类型。与之性别决定相似类型为 ZO 型。其雌性为异配性别 Z,雄性为同配性别 ZZ,只有极少数昆虫属于这一类型。

二、性连锁

性染色体除携带决定性别的基因外,也有决定其他性状的基因。性连锁是指位于性染色体上的基因所决定的性状总是伴随着性别而遗传的现象,所以又称为伴性遗传(sex— linked inheritance)。性连锁是连锁遗传的一种特殊表现形式。

(一)伴性遗传

1.果蝇眼色的伴性遗传

伴性遗传是摩尔根等人于 1910 年首先在果蝇中发现的。他们在纯种红眼果蝇的群体中发现个别白眼个体，让这只白眼雄果蝇与红眼雌果蝇交配，F_1都是红眼。让F_1互交得到F_2，F_2中雌果蝇全部是红眼，雄果蝇中红眼∶白＝1∶1。

正交　P　　红眼 X^+X^+　×　白眼 X^WY

↓

F_1　　红眼 X^+X^w（♀）　×　红眼 X^+Y（♂）

↓

F_2

配子	X	Y
X^+	红眼 X^+X^+	红眼 X^+Y
X^w	红眼 X^+X^w	白眼 ^WY

图 3-2-13　果蝇眼色的杂交试验

摩尔根等人认为：控制眼色的基因位于 X 染色体上，而 Y 染色体上没有对应的基因。红眼(X^+)对白眼(X^W)为显性。在亲本中，白眼雄果蝇的基因型为 $X^w y$，红眼雌果蝇的基因型为 X^+X^+，其F_1、F_2的基因型、表现型及比例如图 3-2-13 所示。

图 3-2-13 不仅解释伴性遗传现象，同时也解释了交叉遗传现象，即是指白眼雄果蝇的白眼基因(X^w)随 X 染色体传给他的女儿而不是儿子，女儿再把从父亲传来的白眼基因(X^w)传给自己的儿子。

在人类中，已知有 100 多个基因位于 X 染色体上，其中有些为隐性致病基因，如红绿色盲、A 型血友病和鱼鳞癣等，与果蝇眼色遗传具有同样的机制。

2. 鸡羽毛颜色的伴性遗传

芦花鸡（羽毛有黑白相间的横纹）的芦花基因(B)对非芦花基因(b)为显性，位于 Z 染色体上，而 W 染色体上没有对应的等位基因。通过正反交试验，F_1、F_2的基因型、表现型及比例如图 3-2-14 所示。

正交

P　芦花 Z^BW　×　非芦花 Z^bZ^b

↓

F_1　非芦花 Z^bW　×　芦花 Z^BZ^b

↓

	♂ \ ♀	Z^B	Z^b
F2	Z^b	芦花 Z^BZ^b	非芦花 Z^bZ^b
	w	芦花 Z^BW	非芦花 Z^bW

反交

非芦花 Z^bW　×　芦花 Z^BZ^b

↓

非芦花 Z^BW　×　芦花 Z^BZ^b

↓

	♂ \ ♀	Z^B	Z^b
F2	Z^b	芦花 Z^BZ^b	芦花 Z^bZ^b
	w	芦花 Z^BW	芦花 Z^bW

图 3-2-14　鸡的芦花条纹的正反交结果

从图 3-2-14 中可知：在正交试验中，以雌芦花鸡(Z^BW)与雄非芦花鸡(Z^bZ^b)杂交，F_1的雄鸡全部是芦花，而雌鸡全部为非芦花；让它们近亲繁殖，F_2的雄鸡和雌鸡芦花和非芦花各占一半。在反交试验中，以雌非芦花鸡(Z^bW)与雄芦花鸡(Z^BZ^B)杂交，情况就完全不同了，F_1的雄鸡和雌鸡全是芦花；让它们近亲繁殖，F_2的雄鸡全是芦花，而雌鸡的芦花和非芦花各占一半。

（二）从性遗传和限性遗传

从性遗传（sex-controlled inheritance）是指性状是由常染色体上的基因控制的，由于内分泌等因素的影响，其性状只在一种性别中表现，或在一种性别中为显性，而在另一种性别中为隐性的遗传现象。决定从性遗传的基因一般位于常染色体，所以在两个性别中均可以得到表达，但同一基因的表达在不同的性别中其显隐性关系不同。

例如人的秃顶遗传就是由从性基因所控制的。基因型 BB 在男性、女性都表现为秃顶，而 bb 在男性、女性都不表现秃顶，但杂合子 Bb 在男性表现为秃顶，在女性则为正常。即性别不同，Bb 的表型也不同。B 基因在男性表现为显性，而在女性则表现为隐性。羊角的遗传方式也与此类同。再如绵羊有角和无角由一对等位基因（H，h）控制，HH 无论雌雄都有角，hh 无论雌雄都无角，而 Hh 则表现为雄性有角、雌性则无角。

限性遗传（sex-limited inheritance）是指位于 Y 染色或 W 染色体上的基因所控制的性状，只在雄性或雌性上表现的遗传现象。这些性状仅限于某一性别，例如，母畜产子、母牛泌乳、鸡下蛋、男人长胡须、公猪的阴囊疝等。限性性状仅在一个性别中表现出来，但并不是说另一性别不带有控制该性状的基因。如母牛泌乳，公牛不泌乳，但控制泌乳的基因公牛同样具有。对种公牛产奶指数进行选择以提高牛群的产奶量，在奶牛饲养中是一项非常重要的工作。男人有胡须，女人没有胡须，但有些男人的须型可以和他父亲的大不相同，这说明儿子已从他母亲那里获得了控制胡须型的基因。

复习思考题

1. 名词解释

性状　单位性状　相对性状　测交　基因型　表现型　显性　共显性　纯合体　杂合体　等位基因　基因互作　连锁遗传　交换值　伴性遗传　限性遗传　从性遗传

2. 人的白化表现为毛发、皮肤无色素。有一对正常夫妻，他们的多个子女中出现了一个白化的儿子，这个白化的儿子娶了一个正常的女子为妻，结果他们的后代中有 2 个儿子也为白化，试问白化是显性基因控制的还是隐性基因控制的？这一对夫妻的基因型可能是什么样的？

3. 果蝇的黑体（b）为正常灰体（B）的突变隐性基因。试写出下列杂交类型的 F_1 基因型、表现型及各自的比例（1）Bb×Bb；（2）BB×bb；（3）Bb×bb。

4. 在果蝇中，一个显性基因 Hw 产生有毛的翅膀，但当另一个隐性抑制基因 su 纯合时，翅毛则没有，两正常翅果蝇交配，所有后代均为有毛翅，亲本和后代的基因型是什么？

5. 为什么说两个连锁基因之间发生交换的高限不超过 50%？

6. H 基因决定着羊角的有无，H 基因在公羊为显性，在母羊为隐性，一头无角的公羊与一头有角的母羊交配，F2 中公羊有角、母羊有角的概率各为多少？

7. 一男子为色盲，其女儿为正常，该女子嫁给正常男人后，她的儿子患色盲的概率为多大？她的女儿带色盲基因的概率又为多大？如果该女子的丈夫也是色盲，她的女儿全为色盲吗？概率多大？

8. 归纳伴性遗传、限性遗传、从性遗传的不同点。

9. 简述遗传学中三个基本规律之间的关系。

第三章　群体遗传学基础

孟德尔遗传学是建立在个体水平上的，研究范围仅涉及特定个体遗传信息的传递和表达规律。但是，自然界任何一个物种都是以群体的形式存在的。群体遗传学(population genetics)是研究群体的遗传结构及其变化规律的遗传学分支学科。它应用数学和统计学方法研究群体基因频率和基因型频率以及影响这些变化的因素。

第一节　基因频率与基因型频率

一、孟德尔群体

所谓孟德尔群体(Mendelian population)是指同一物种个体间有相互交配的可能性并随着世代进行基因交换的有性繁殖群体。换句话讲，具有共同的基因库，并且由有性交配个体所组成群体。在一个大的孟德尔群体内，由于各种原因造成的交配限制，可能导致基因频率分布不均匀的现象，形成若干遗传特性有一定差异的群落通常称为亚群或亚种，家畜品种都可视为特种的亚群。对于品种而言，品系、地域群都是亚群。对于于单倍体的微生物等原核生物一般也不称孟德尔群体。

二、群体的遗传结构

(一)基因型频率

基因型频率(genotype frequency)是指群体中某一基因型个体数占群体总数的比率。假定某基因由一对等位基因 P 和 p 控制，它们组成的基因型有 3 种：PP、Pp 和 pp。用 D、H、R 分别表示 3 种基因型的频率，则 $D+H+R=1$。

(二)基因频率

基因频率(gene frequency)是指群体中某一基因频率占其同一位点全部基因频率的比率。显性基因频率用 p 表示，隐性基因频率用 q 表示，则 $p+q=1$。

(三)基因频率与基因型频率的关系

1. 位于常染色体上的基因

设有 1 对等位基因 A、a，它们的基因频率分别为 p、q，可组成 3 种基因型 AA、Aa、aa，基因型频率分别为 D、H、R，个体总数为 N，AA 个体数为 n_1，Aa 个体数 n_2，aa 个体数为 n_3。

从以上分析得知，$D=\frac{n_1}{N}$，$H=\frac{n_2}{N}$，$R=\frac{n_3}{N}$。

$$P_{(A)} = D = \frac{2n_1 + n_2}{2N} = \frac{n_1}{2N} + \frac{n_2}{2N} = D + \frac{H}{2}$$

$$q_{(a)} = \frac{2n_3 + n_2}{2N} = \frac{n_3}{2N} + \frac{n_2}{2N} = R + \frac{H}{2}$$

因此

$$p = D + \frac{H}{2}$$

$$q = R + \frac{H}{2}$$

即一个基因的频率等于该基因纯合体的基因型频率加上一半杂合体的基因型频率

2.位于性染色体上的基因

由于性染色体具有性别差异，应把雌雄分别计算。

(1)性染色体同型群体(XX,ZZ)与常染色体上基因频率和基因型频率的关系相同，即

$$p = D + \frac{H}{2}$$

$$q = R + \frac{H}{2}$$

(2)性染色体异型群体(XY,ZW)因为基因的数量和基因型的数量相等，所以基因频率等于基因型频率，即

$$p=D;q=R$$

只要是孟德尔群体，这种关系是在任何群体(平衡或不平衡)中都是适应的。

第二节　遗传平衡定律

英国数学家哈代和德国医生温伯格，经过各自独立的研究，于1908年同一年发现了有关基因频率和基因型频率的重要规律，称为哈代-温伯格定律或称基因平衡定律。

一、哈代-温伯格定律的要点

(1)在随机交配的大群体中，若没有其他因素的影响，基因频率世代不变，即

$$p_0 = p_1 = p_2 = \cdots = p_n$$

$$q_0 = q_1 = q_2 = \cdots = q_n$$

(2)任何一个大群体，无论其基因频率如何，只要经过一代随机交配，一对常染色体基型频率就达到平衡，若没有其他因素的影响，一直进行随机交配，这种平衡状态始终不变，即

$$D_1 = D_2 = \cdots = D_n$$

$$H_1 = H_2 = \cdots = H_n$$

$$R_1 = R_2 = \cdots = R_n$$

(3)在平衡群体中，基因频率和基因型频率的关系为：

$$D = p^2$$

$$H = 2pq$$

$$R = q^2$$

二、哈代温伯格定律的证明

设在一个群体中亲代 AA、Aa、aa 的基因型频率为[D_0、H_0、R_0]，A 和 a 基因频率为[p_0、q_0]。在 0 世代的个体产生的配子所带 A 基因的频率为 p_0，带 a 基因的频率为 q_0。

让 0 世代雌雄配子随机结合，其结果见表 3-3-1。

表 3-3-1　0 世代雌雄配子随机结合结果

雌配子	雄配子	
	A, p_0	a, q_0
A, p_0	AA, p_0^2	Aa, $p_0 q_0$
a, q_0	Aa, $p_0 q_0$	aa, q_0^2

由表 3-3-1 可得：

一世代的基因型频率：　$D_1 = p_0^2$

$H_1 = 2p_0 q_0$

$R_1 = q_0^2$

一世代基因频率：　$p_1 = D_1 + 1/2H_1 = p_0^2 + 1/2(2p_0 q_0) = p_0(p_0 + q_0) = p_0$

$q_1 = R_1 + 1/2H_1 = q_0^2 + 1/2(2p_0 q_0) = q_0(q_0 + p_0) = q_0$

同理可证得：　$p_n = p_{n-1} = \cdots = p_2 = p_1 = p_0$

$q_n = q_{n-1} = \cdots = q_2 = q_1 = q_0$

基因型频率的证明为：　$D_1 = p_0^2$

$H_1 = 2p_0 q_0$

$R_1 = q_0^2$

让一世代雌雄配子随机结合，其结果见表 3-3-2。

表 3-3-2　一世代雌雄配子随机结合结果

雌亲	雄亲	
	A, p_1	a, q_1
A, p_1	AA, p_1^2	Aa, $p_1 q_1$
a, q_1	Aa, $p_1 q_1$	aa, q_1^2

由表 3-3-2 可得：

一世代的基因型频率：　$D_2 = {p_1}^2$

$H_2 = 2p_1 q_1$

$R_2 = {q_1}^2$

因为 $p_2 = p_0$，$q_2 = q_0$

所以 $D_2 = D_1$；$H_2 = H_1$；$R_1 = R_2$。

同理可证：　$D_n = D_{n-1} = \cdots = D_3 = D_2 = D_1$

$H_n = H_{n-1} = \cdots = H_3 = H_2 = H_1$

$R_n = R_{n-1} = \cdots = R_3 = R_1 = R_1$

由以上证明可以看出，基因型频率虽然 $D_1 \neq D_0$，$H_1 \neq H_0$，$R_1 \neq R_0$，但经一代随机交配，基因型频率达到平衡，基因频率则自始至终保持不变。

三、平衡群体的性质

从哈代一温伯定理推导出来的两个性质：

性质 1：在二倍体遗传平衡群体中，杂合子的频率 $H = 2pq \leqslant 0.5$

证明：因为

$$\frac{\mathrm{d}H}{\mathrm{d}q} = \frac{\mathrm{d}(2pq)}{\mathrm{d}q} = \frac{\mathrm{d}[2q(1-q)]}{\mathrm{d}q} = \frac{\mathrm{d}(2q-2q^2)}{\mathrm{d}q} = 0,$$

求导得 $2-4q=0$，所以 $q=2/4=1/2$，即 $q=1/2$ 时，H 最大，$p=1-q=1/2$

所以 $H=2pq=2\times1/2\times1/2=0.5$（最大值）。

根据这个性质可知，H 值可大于 D 或 R，但不能大于 $D+R$，如果 $p>2q$，即 $p^2>2pq>q^2$。

利用这个性质可知，只要 $H>1/2$，就绝对不是平衡群体。

性质 2：杂合子频率是两个纯合子频率乘积平方根的 2 倍，即 $H = 2\sqrt{DR}$ 、

证明：因为 $D=p^2$，$H=2pq$，$R=q^2$。

所以 $\sqrt{DR} = \sqrt{p^2q^2} = pq$，两边同 $\times 2$，得 $2pq = 2\sqrt{DR}$，$H = 2\sqrt{DR}$ 。

该性质给我们提供了检验群体是否达到平衡的一个简便方法，即如果 $\dfrac{H}{\sqrt{DR}} = 2$，就说明是平衡群体。

四、平衡状态时基因频率的计算

（一）无显性或显性不完全

在无显性或显性不完全时，计算比较简单。因为这是基因型和表现型一致，即由表型直接识别基因型，按因此只要知道表型的百分数就可知道基因型频率，再通过基因型频率计算出基因频率，所用公式为

$$p = D + \frac{H}{2}$$

$$q = R + \frac{H}{2}$$

（二）完全显性

在这种情况下，1 对基因有三种基因型，由于显性纯合子和杂合子表型相同，不能识别，但能得到隐性纯合子的基因型频率。根据公式 $R=q^2$，$p=1-q$，就可以计算平衡群体的基因频率。

例如：一个随机交配的牛群中，黑色对红色为显性，黑牛（BB、Bb）占 96%，红牛（bb）占 4%，则基因频率多少？

解：$q = \sqrt{R} = \sqrt{0.04} = 0.2$

$p = 1 - q = 1 - 0.2 = 0.8$

（三）伴性基因

对于伴性基因，应将雌、雄分开计算并注意区分是性染色体还是常染色体。

(1)对于雄杂合性:由于雄性仅从母本得到一条X染色体,基因型频率与上一代雌性中的两个等位基因的频率相等。如:性连锁隐性基因的频率为 q,那么该表型在雌性中为 q^2,在雄性为 q。

(2)对于雌杂合性:正好相反。

例:色盲是性连锁遗传,在人类女人色盲为36‰,并且处于平衡状,问:男性色盲的频率是多少?对于色盲基因杂合子的女人是多少?

解:假定色盲基因频率为 q,则女色盲个体的频率是 $q^2=36‰$,所以 $q=0.19$。

当群体达到平衡时,色盲男人个体频率为群体中色盲基因的频率 $q=19\%=0.19$。

因为 $p=1-q=0.81$,色盲基因杂合子的女人频率为 $2pq=0.31$。

(四)复等位基因

1.等显性的复等位基因

与不完全显性类似,计算较复杂。基本原则:某一基因的频率等于该基因纯合体的频率加上含有该基因全部杂合体频率的1/2。

例如:秦川牛血红蛋白的基因有三个等位基因,可组成6种基因型,各基因型及频率见表3-3-3。

表3-3-3 秦川牛血红蛋白各基因型及其频率

基因型	AA	BB	CC	AB	AC	BC	总计
测定头数	27	0	0	8	5	0	40
基因型频率	0.675	0	0	0.20	0.125	0	1

设A、B、C三个基因频率分别为 p、q、r;AB、AC、BC的频率分别为 H_1、H_2、H_3;AA、BB、CC的频率为 D_1、D_2、D_3,则

$$p=D_1+\frac{H_1+H_2}{2}=0.675+\frac{0.20+0.125}{2}=0.8375$$

$$q=D_2+\frac{H_1+H_2}{2}=0+\frac{0.20+0}{2}=0.10$$

$$r=D_3+\frac{H_1+H_2}{2}=0+\frac{0+0.125}{2}0.0625$$

2.等显性及有等级显性的复等位基因

例:人的ABO血型受3个复等位基因 I^A、I^B、i控制的,I^A、I^B 为等显性,在杂合状态下均可以得到表现,i对 I^A 和 I^B 均为隐性。设A、B、O的血型比率分别为 A、B、O,$[I^A, I^B, i]=[p, q, r]$,那么随机交配下一代的基因型、表现型及频率见表3-3-4和表3-3-5。

表3-3-4 人ABO血型随机交配下一代的基因型及其频率

雌亲	雄亲		
	I^A, p	I^B, q	i, r
I^A, p	$I^A I^A, p^2$	$I^A I^B, pq$	$I^A i, pr$
I^B, q	$I^B I^A, pq$	$I^B I^B, q^2$	$I^B i, qr$
i,r	$I^A i, pr$	$I^B i, qr$	ii, r^2

表 3-3-5　人 ABO 血型随机交配下一代的表现型与基因频率型

表现型	基因型	基因型频率	表现型频率
A 型	I^AI^A I^Ai	p^2 $2pr$	p^2+2pr
B 型	I^BI^B I^BI^0	q^2 $2qr$	q^2+2qr
AB 型	I^AI^B	$2pq$	$2pq$
O 型	ii	r^2	r^2

由表现型频率推知基因频率：

首先从隐性个体频率计算 i 基因的频率：

因为 $O=r^2$，所以 $r=\sqrt{O}$

因为：$A+O=p^2+r^2+2pr=(p+r)^2=(1-q)^2$，

所以 $1-q=\sqrt{A+O}$，$q=1-\sqrt{A+O}$，$p=1-q-r$

例如：Fan C. S. 于 1944 年在昆明调查了 6000 个中国人的 ABO 血型，结果见表 3-3-6。

表 3-3-6　昆明人群 ABO 血型调查结果

项目	血型				合计
	A	B	AB	O	
调查人数	1920	1627	607	1846	6000
基因表现频率	0.320	0.27116	0.10116	0.30766	0.9998

则基因频率为：　$r=\sqrt{O}=\sqrt{0.30776}=0.5547$

$q=1-\sqrt{A+O}=1-\sqrt{0.32+0.30766}=0.2077$

$p=1-q-r=1-0.2077-0.5547=0.2376$

第三节　影响群体遗传平衡的因素

群体的遗传平衡是在一定条件下成立的。哈代－温伯格定律是建立在大群体、随机交配、无突变、无迁移、无选择的前提下的。但实际情况是，自然界中没有一个群体的遗传组成不变化。影响群体平衡的主要因素有突变、选择、迁移和遗传漂移等。

一、突变(mutation)

1. 基因突变的作用

基因突变对群体的遗传组成的改变有两个重要作用：

(1)形成新的基因，即等位基因和复等位基因，为选择提供了材料，如果突变与选择方向一致，基因频率改变的速度就更加快了。

(2)突变直接改变了基因频率　当 A→a 时，A 的频率减少，a 的频率增加。

2. 正突变与反突变对基因频率的影响

自然条件下，自发突变的频率是很低的，一般为 $10^{-4} \sim 10^{-8}$，但正突变与反突变的频率往往不同，一般正突变＞反突变。

假定一个基因座上有两个等位基因 A_1 和 A_2，由 A_1 突变为 A_2 的突变频率为 u，由 A_2 突变为 A_1 的频率为 v。

如果起始群体中 A_1 基因频率为 p_0，A_2 频率为 q_0，则下一代 A_2 频率为

$q_1 = up_1 + (1-v)\ q_0 = u(1-q_0) + (1-v)q_0$

每一代的基因频率变化量 Δq 为：$\Delta q = q_1 - q_0 = u(1-q_0) - vq_0$

经过若干世代后，当 $\Delta q = 0$ 时，群体达到平衡，即 $vq = u(1-q)$

这时基因 A 的平衡频率

$$p = \frac{v}{u+v} \qquad q = \frac{u}{u+v}$$

可见，在平衡状态下，基因频率与原基因频率无关，仅取决于正反突变频率 u 和 v 的大小。如果一对等位基因的正反突变频率相等($u=v$)，则达到平衡时的基因频率都是 0.5。

二、迁移(migration)

两个基因频率不同群体的混杂称为迁移。由于群体间个体或基因流动即可是单向的，也可是双向甚至多方向的，因此必然会引起群体基因频率的改变。迁入者的比例通常用迁移率 m 来表示，迁移率是指迁入的个体数占迁入后群体总数的比值。产生的原因主要有混群、杂交、引种。那么两个群体混杂后，基因频率该如何计算呢？

1. 设有 M 和 N 两个群体，分别以 m 和 n 个个体相混杂，M 群体的基因频率为 p_m，N 群体的基因频率为 p_n，混合群体的基因频率为 p_{mn}，于是混合群体的基因频率就等于群体基因频率以各自群体个数为权的加权平均数，即

$$P_{mn} = \frac{mp_m + np_n}{m+n}$$

例如，有一个 100 个($m=100$)个体的群体，某一基因 A 的频率 $p_m=0.4$，另有一个 $n=200$ 的个体群体，某一基因 A 的频率 $p_n=0.5$，那么混合群体 A 基因的频率

$$P_{mn} = \frac{mp_m + np_n}{m+n} = \frac{100\times 0.4 + 200\times 0.5}{100+200} = 0.467$$

2. 如果是两个群体的雌雄个体杂交所产生的杂种群体，其基因频率为两个亲本群体基因频率的简单平均数。

设甲群体为♂，基因频率为 p_1，乙群体为♀，基因频率为 p_2，则杂种群体基因频率：

$$p = \frac{p_1 + p_2}{2}$$

例如：无角牛群为♂，有角基因频率为 $p_1=0$，有角牛群为♀，有角基因频率为 $p_2=1$，则混合牛群有角基因频率

$$q = \frac{p_1 + p_2}{2} = \frac{0+1}{2} = 0.5$$

3. 如果知道混合群体中迁入者比例为 m，基因频率为 q_m，原有个体比例为 $1-m$，原有个体基因频率 q_0。则：

$$q = m\,q_m + (1-m)\,q_0 = m(q_m - q_0) + q_0$$

经一代迁入基因频率的变化率为 $\Delta q = q - q_0 = m(q_m - q_0)$。其中 Δq 决定于两个因素，迁移率 (m) 和迁入群体与原群体之间基因频率的差异。

遗传物质引入家畜育种中是很重要的。目前，广泛采取的导入杂交就属于迁移的范畴，以增加群体中优秀基因的频率。

三、选择(selection)

在生物群体中，由于人类和自然界的干预，不同的基因型产生的后代数目不同，从而导致一些基因型频率逐代增高，另一些逐代降低，这种基因型个体的比例所发生变化的现象称为选择(selection)，选择是改变基因频率的重要因素。

在选择中某一基因型个体在下一代平均保留后代数的比率称为适合度(W)，某一基因型个体在下一代淘汰的个体数占总后代数的比例，称为选择系数或淘汰率，用 S 表示，则 $W=1-S$。一般把最适基因型的适合度定为 $W=1$，其他基因型的适合度则为 $W=0\sim1$。

(一)全部淘汰显性个体

在人工选择下淘汰显性基因，只需一代就可把显性基因型的个体从群体中消除，从而把显性基因的频率降低到 0，显性基因或显性性状就完全消失。见表 3-3-7。

表 3-3-7　全部淘汰显性个体后的基因型频率变化

基因型	AA	Aa	aa	合计
初始群频率	p_0^2	$2\,p_0 q_0$	q_0^2	1
适合度	0	0	1	
选择后频率	0	0	q_0^2	q_0^2

连续两代间基因频率关系为：

$$q_1 = \frac{q_0^2}{q_0^2} = 1;\ p_1 = 1 - q_1 = 1 - 1 = 0$$

例如，一个羊群的毛色有白色、黑色，由一对基因控制，白对黑为显性，白羊占 84%，黑羊占 16%。如果白羊全部淘汰后，基因频率为多少呢?

已知：$R_0=0.16, q_0=\sqrt{R_0}=\sqrt{0.16}=0.4$

则 $p_0=1-q_0=1-0.4=0.6$

$D_0=p^2=0.6^2=0.36$

$H_0=2\,p_0\,q_0=2\times0.6\times0.4=0.48$

经将 D_0、H_0 全部淘汰后，$p=0, q=1-p=1-0=1$，这种情况经一代淘汰，群体就全部纯化。

(二)全部淘汰隐性个体

由于隐性基因常常受到显性基因的作用而表现不出来，所以要淘汰隐性基因相对较慢。

1. 淘汰隐性个体后，隐性基因频率变化的计算

对隐性个体全部淘汰，即 $S=1$，适合度 $1-S=0$，基因变化见表 3-3-8。

表 3-3-8 全部隐性基因淘汰后基因型频率变化

基因型	AA	Aa	aa	合计
初始群基因型频率	p_0^2	$2p_0q_0$	q_0^2	1
适合度	1	1	0	
选择后频率	p_0^2	$2p_0q_0$	0	$p_0^2+2p_0q_0$

经一代淘汰后：

$$q_1=\frac{p_0q_0}{p_0^2+2p_0q_0}=\frac{(1-q_0)q_0}{1-q_0^2}=\frac{q_0}{1+q_0}$$

经两代淘汰后：

$$q_2=\frac{q_1}{1+q_1}=\frac{\frac{q_0}{1+q_0}}{1+\frac{q_0}{1+q_0}}=\frac{q_0}{1+2q_0}$$

经 n 代淘汰后：隐性基因频率为

$$q_n=\frac{q_0}{1+nq_0}$$

2. q 的变化率

$\Delta q=q_1-q_0=\frac{q_0}{1+q_0}-q_0=\frac{-q_0^2}{1+q_0}$，这是每一代基因的该变量。

3. 基因频率下降到一定程度所需世代数(n)

因为 $q_n=\frac{q_0}{1+nq_0}$，所以 $q_n+nq_nq_0=q_0$，$nq_nq_0=q_0-q_n$。两边同除以 q_nq_0，得 $n=\frac{1}{q_n}-\frac{1}{q_0}$，根据这个公式，只要知道 0 世代的基因频率，就能计算出达到某一基因频率所需要的代数。

例如：有一猪群有白猪和黑猪，且白色对黑色为显性，已知这个猪群黑色基因的频率为 0.4，经过把黑猪全部淘汰，下一代黑色基因的频率是多少？假如淘汰 2 代，20 代又如何？假设要使黑色基因频率降到 0.01，采取逐代全部淘汰黑猪，共需多少代？

已知：$q_0=0.4$，$q_n=0.01$，则

$q_1=\frac{q_0}{1+q_0}=\frac{0.4}{1+0.4}=0.286$，$R_1=q_1{}^2=0.286^2=0.0818$，

$q_2=\frac{q_0}{1+2q_0}=\frac{0.4}{1+2\times0.4}=0.2222$，$R_2=q_2{}^2=0.2222^2=0.04938$

$q_{20}=\frac{q_0}{1+20q_0}=\frac{0.4}{1+20\times0.4}=0.0444$，$R_{20}=q_{20}{}^2=0.0444^2=0.001975=0.2\%$

$n=\frac{1}{q_n}-\frac{1}{q_0}=\frac{1}{0.01}-\frac{1}{0.4}=97.5$(代)

则 $R_{97.5}=q_n{}^2=0.01^2=0.0001$

从此例可以看出，淘汰 98 代，1 万头猪还会有 1 头黑猪，说明隐性基因是很牢固的，彻底从群体中消除是不容易的。

(三)用测交选择显性纯合子公畜留种

显性类型包括显性纯合子和杂合子两种，如果种公畜都是显性纯合子，即使母畜不作选择，下

一代的隐性基因就会下降一半,因为公畜100%地携带者显性基因,所以母畜群显性基因的频率就是下一代纯合子基因型频率,母畜群隐性基因频率就是下一代杂合子的频率(表3-3-9)。

表3-3-9　公畜为显性纯合子时子代基因频率的变化

		精子类型及频率
		A,1
卵子类型及频率	A,p_0	AA,p_0
	a,q_0	Aa,q_0

下一代的基因型频率:$D_1 = P_0$, $H_1 = q_0$, $R_1 = 0$

$$q_1 = \frac{H_1}{2} = \frac{q_0}{2},\ q_2 = \frac{\frac{q_0}{2}}{2} = \frac{q_0}{2^2},$$

经过 n 代:$q_n = \frac{q_0}{2^n}, 2^n = \frac{q_0}{q_n}, n\lg 2 = \lg(\frac{q_0}{q_n})$。

所以 $n = \frac{\lg q_0 - \lg q_n}{\lg 2}$,这说明,如果每代都以测交选择纯合子公畜留种,而对母畜不作选择,那么 n 代后,隐性基因的频率就是选择前原始群体隐性基因频率除以2的 n 次方之商。

例如:要是一个有81%的有角牛群体,以测交选择显性纯合子无角公牛留种,现在要使该牛群育成一个纯种无角牛群,需要多少代能使无角牛占到99.96%。

已知　$R_0 = 0.81, R_n = 1-(D+H), q_0 = \sqrt{0.81} = 0.9, q_n = \sqrt{1-0.9996} = \sqrt{0.0004} = 0.02$

则,$n = \frac{\lg q_0 - \lg q_n}{\lg 2} = \frac{\lg 0.9 - \lg 0.02}{\lg 2} = 5.8$(代)

(四)突变和选择的联合效应

前面讨论了突变和选择对基因频率的影响,在考虑选择对基因频率的影响时,实际上假定了没有发生突变的前提,在考虑突变影响时,实际上假定无选择作用。但在自然界,这种影响往往是同时存在的,所以同时探讨选择和突变对基因频率的影响时更接近于实际的。

如果突变和选择对基因频率的影响时相同的,那么基因频率的变化就大一些,如果两者的影响不同,方向相反,那么它们的效应就会相互抵消,最后成为一个稳定的平衡状态。

1.突变与选择之间的平衡

如果每代突变改变的基因频率与选择改变的基因频率相当,方向相反,基因频率就会维持不变,处于一种平衡状态。

设A→a的频率为 u,A的频率为 p;a→A的频率为 v,a的频率为 q。对隐性个体每代的淘汰率为S。

则突变每代变化量 $\Delta q = up - vq$(增加)。

对隐性个体做不完全选择时,每代变化量为:$\Delta q = \frac{sq^2(q-1)}{1-sq^2}$(减少)

当 $v=0$,突变与选择的变化量相等时:

$$up = \frac{sq^2(q-1)}{1-sq^2}$$

当 q 很小时上式可写为(分母为1):$up = sq^2(1-q)$,则 $u(1-q) = sq^2(1-q)$

此时两种效应会彼此抵消，群体处于平衡状态，即 q 就是平衡时的隐性基因频率：

$u(1-\hat{q})=s\hat{q}^2(1-q)$

则有：$u=sq^2$；$q^2=u/s$，$q=\sqrt{\frac{u}{s}}$

即：当隐性基因 $\sqrt{\frac{u}{s}}$ 时，群体处于平衡状态。

2. 基因突变率的估计

因为 $q^2=u/s$，所以 $u=sq^2$。利用这一公式，只要测定出 S 和已知群体 q，就可估算基因的自发突变率。人类的许多基因的自然突变就是根据此公式估计的。

另外，在选择上还有各种选择办法，如：①对不完全显性状态下的隐性个体和杂合体的部分选择；②对显性纯合子和隐性纯合子的部分选择；③对杂合子的部分选择；④涉及多个位点的选择等各种形式。这些选择形式下，基因频率的变化各不相同。

四、遗传漂变(random genetic drift)

由某一代基因库中抽样形成下一代个体的配子时所发生的机误，这种机误而引起基因频率的变化称为基因的随机漂移，或叫遗传漂变。也可以说用随机抽样的办法建立小群体时，由于抽样误差引起基因频率随机波动的现象。

例如，有一群体中闭肛的基因频率为 0.001，正常基因为 0.999，原群 $D=0.998$，$H=2pq=0.002$。从这个群体中购买两头猪，这两头猪有可能都是显性纯合子(概率为 0.996)，也可能两头都是杂合子(概率为 0.00004)，也可能有一头为杂合子，1 头为纯合子(概率为 0.001996)，由它们建立的群体产生的基因频率变化见表 3-3-10。

表 3-3-10　抽样产生的基因频率的改变

抽样：两个	抽样概率	新群体基因频率
均为 AA	$D^2=0.998^2=0.996$	$p=1, q=0$
均为 Aa	$H^2=0.001998^2=0.00004$	$p=0.5, q=0.5$
1 个 AA，1 个 Aa	$D\times H=0.001994$	$p=0.75, q=0.25$

已知，$q=0.001$，$p=0.999$，$D=p^2=0.999^2=0.998$；

则 $H=2pq=2\times0.001\times0.999=0.001998$，$R=q^2=0.001^2=0.000001$

从此例可以看出，一个群体愈小，遗传漂变作用愈大；当群体很大时，个体间容易达到充分随机交配，遗传漂变的作用就消失了。基因频率遗传漂变的范围大于 0 而小于 1(0＜漂变＜1)。在基因频率为 $p=1$、$q=0$ 或 $p=0$、$q=1$ 的群体中是不会发生的。

遗传漂变的方向是不定的，但趋势是频率高的基因容易向高频率漂变，频率低的基因容易消失，低频率基因向高频率基因漂变的概率很小。随着抽样群体的增大，遗传漂变趋于缓和，故群体越大，愈难纯化。

遗传漂变一般由引种、留种、分群、建系、近交及传染病死亡等引起。

五、随机交配的偏移

平衡群体的交配制度是随机交配，但在实际生物群体常常出现的是非随机交配，尤其在当今人工授精技术得到广泛应用的条件下更是如此。

(一)非随机交配类型

(1)同型交配 相同基因型个体交配。如 AA×AA, Aa×Aa,aa×aa。

(2)异型交配 不同基因型个体交配。如 AA×aa, AA×Aa,Aa×aa。

(3)同质交配 表型相同或相似个体的交配;也就是说在体质、类型、生物学特性、生产性能及产品品质等方面相同或相似个体间的交配。实际上它和近交都是不完全的同型交配。

(4)异质交配 不同表型个体的交配。

同质交配和近交含有部分的同型交配,异质交配含有部分的异型交配,所以可以归结为同型交配和异型交配两种情况来讨论。

如果有 1 对等位基因 A、a,可组成 3 种基因型 AA、Aa、aa,即会有 3 种同型交配,分别为 AA×AA,Aa×Aa,aa×aa。第一、第三种同型交配,子代与亲代基因型相同;第二种交配方式即 Aa×Aa,后代有 3 种基因型 AA、Aa、aa,它们的比率分别为 0.25、0.5 和 0.25,每交配一代,杂合子频率降低一半,增加了两种纯合子的频率。如果原始群体的基因型频率为 $D=0$、$H=1$、$R=0$ 则连续进行同型交配,各代的基因型频率变化见表 3-3-11。

表 3-3-11 连续同型交配各代的基因频率变化情况

世代数	基因型		
	AA	Aa	aa
0	0	1.0000	0
1	0.2500	0.5000	0.2500
2	0.3750	0.2500	0.3750
3	0.4375	0.1250	0.4375
4	0.4683	0.0625	0.4683
5	0.4844	0.0312	0.4844
6	0.4922	0.0158	0.4922

基因型频率代代变化,但基因频率却始终不变

$$0\text{ 世代}:p=0+\frac{1}{2}=0.5,q=\frac{1}{2}+0=0.5$$

$$1\text{ 世代}:p=0.25+\frac{0.5}{2}=0.5,q=\frac{0.5}{2}+0.25=0.5$$

$$2\text{ 世代}:p=0.375+\frac{0.5}{2}=0.5,q=\frac{0.25}{2}+0.375=0.5$$

$$3\text{ 世代}:p=0.4375+\frac{0.125}{2}=0.5,q=\frac{0.125}{2}+0.4735$$

由此可得出同型交配的效应为:

(1)纯合子的同型交配,基因频率和基因型频率世代不变。

(2)杂合子的同型交配,基因频率不发生变化,但基因型频率发生改变,每经过一代杂合子频率减少一半。

(3)同型交配只改变基因型频率,不改变基因频率。

近交和同质交配是不完全的同型交配，其效应程度不如完全的同型交配，但效应的性质是相同的，即能使杂合子逐代减少，群体趋向分化，而对基因频率则无影响。

异型交配跟同型交配相反，可以增加杂合子的频率，减少纯合子的基因型频率，但均不改变基因频率。

复习思考题

1. 哈代-温伯格定律的要点是什么？怎样证明？它有何性质？

2. 分析影响基因频率和基因型频率变化的因素有哪些？

3. 对于等位基因 A 和 a，下列群体哪一个处于哈代-温伯格平衡？

A. 50AA，2Aa，48aa　　B. 49AA，42Aa，9aa　　C. 100AA，10aa　　D. 50AA，50aa

4. 在一个完全随机交配的群体中，基因型 AA、Aa 和 aa 的频率分别为 0.2、0.6 和 0.2。若没有其他因素的干扰，子 5 代的基因频率是多少？

5. 在人类中，大约 12 个男人中有一个为色盲患者（色盲是由于性连锁隐性基因引起的）。问女人中色盲的概率是多少？

6. 在一个原来平衡的群体中对隐性纯合子进行完全选择。已知在原群体中显性纯合子的频率是 0.36。需要经过多少代的选择才能是隐性基因频率下降到 0.005？

7. 在人群体中抽样 420 人进行 MN 血型分析，发现 137 人是 M 血型，196 人是 MN 血型，87 人是 N 血型。计算 M 基因频率 p 和 N 基因频率 q。

8. 基因 A 突变为隐性等位基因 a 的速率是 a 突变为 A 的 4 倍。在平衡时 a 的频率是多少？

第四章 数量遗传学基础

第一节 数量性状的遗传特征

动物的性状可分为两大类，一类为质量性状，可明确地区分成若干种相对性状，并可用形容词进行描述，如猪的毛色有黑、白、棕色之分；另一类为数量性状，只能用度、量、衡等工具进行测定，并用数量来表示，如猪在特定日龄的体重、体尺等，畜禽的大多数经济性状都是数量性状，所以数量性状在畜牧业中显得特别重要。

一、数量性状的多基因假说

Yule 在 1906 提出了数量性状的多基因假说，其主要论点为：数量性状同时受到基因型和环境的作用，其基因型是由大量的、效应微小而类似的、并且可加的基因所组成，这些基因在世代传递中服从孟德尔遗传原理，且它们之间一般没有显隐性区别。此外，数量性状的表现对环境影响相当敏感。这一假说的实质是数量性状由大量微小基因控制。

数量性状的一个重要特征是其度量值表现为一个正态分布，这就是说属于中间程度的个体较多，而趋向两极的个体越来越少。

数量性状的表现不仅仅取决于基因型，而且还不同程度地受到环境的影响。正因为如此，数量性状才能够表现出如此丰富多样的变异。同时，这也给研究数量性状的遗传规律带来了很大的困难。为了从大量可见的表型变异中归纳总结出数量性状的遗传规律，就必须应用生物统计学的方法。

二、数量性状表型值的剖分

数量性状的表型值(P)是由基因型值(G)和环境值(E)共同作用的结果，即：

$$P=G+E。$$

遗传效应是产生表型变异的内因，环境效应是表型变异的外部原因。

在一般情况下，个体环境效应有大有小、有正有负。因而，在样本含量足够大的群体中其总和为零。同时基因型值实际上存在 3 种不同效应，即基因加性效应(A)、等位基因间的显性效应(D)和非等位基因间的上位效应(I)。因此得出：

$$P=A+D+I+E$$

由于 D 和 I 带有一定的随机性，一般均将它们与环境偏差合并，统称为剩余值(R)，因而：

$$P=A+R$$

由于剩余效应与环境效应相同，可正可负，因而：

$$\bar{P}=\bar{A}$$

第二节 重复力

重复力是数量遗传学中三种遗传参数（重复力、遗传力、遗传相关）之一。

一、重复力的概念

重复力是指家畜个体同一性状多次度量值之间相关程度的度量。在家畜生产中，同一性状，常常有多次度量值。如一头奶牛，每个泌乳期有一个产奶量，一生就有好几个产奶量记录；又例如母猪不同胎次的产仔数，绵羊不同部位的羊毛细度，一窝鸡蛋中各个鸡蛋的蛋重等。度量次数愈多，信息量愈大，取样误差愈小，也就愈可靠。但是到底需要度量多少次合适，这决定于该性状各次度量间的相关程度。随着相关程度的降低，需要度量的次数就增加。

由于通常情况下对同一个体，同一性状的度量次数在 2 次以上，这时就不能采用相关分析法来估计各次度量值之间的相关程度，而只能采用组内相关法来求重复力。这时组间方差就是个体间方差，组内方差就是个体内方差，因而重复力的公式为：

$$r_e=\frac{\sigma_{\mathrm{B}}^2}{\sigma_{\mathrm{B}}^2+\sigma_{\mathrm{W}}^2}$$

式中：σ_{B}^2 和 σ_{W}^2 分别为个体间方差和个体内度量间方差。

为了说明重复力的性质，还需要引入一般环境方差与特殊环境方差的概念。一般环境方差，它是个体方差的一部分；特殊环境方差，也就是个体内度量间的方差。因为同一个体各次度量值的差异不是遗传原因造成的，也不是持久的环境原因造成的，而是由暂时的或局部的环境原因造成的。这样我们就把环境方差剖分成一般环境方差和特殊环境方差两部分，即 $V_{\mathrm{E}}=V_{\mathrm{Eg}}+V_{\mathrm{Es}}$，$V_{\mathrm{Eg}}$ 为一般环境方差，V_{Es} 为特殊环境方差。若用方差组分来表示，个体间方差 $\sigma_{\mathrm{B}}^2=V_{\mathrm{G}}+V_{\mathrm{Eg}}$，个体内度量次数间方差 $\sigma_{\mathrm{W}}^2=V_{\mathrm{Es}}$，于是得出：

$$r_{\mathrm{e}}=\frac{V_{\mathrm{G}}+V_{\mathrm{Eg}}}{V_{\mathrm{P}}}$$

二、重复力的主要用途

（一）判断遗传力估计的正确与否

重复力可以作为判断遗传力估计是否正确的参考。因为遗传力 $h^2=V_{\mathrm{A}}/V_{\mathrm{P}}$，而重复力 $r_{\mathrm{e}}=(V_{\mathrm{G}}+V_{\mathrm{Fg}})/V_{\mathrm{P}}$，所以重复力是遗传力估计的上限。遗传力最多等于重复力，不可能超过重复力，若估计的遗传力大于重复力，说明遗传力的估计有误。

（二）确定性状需要度量的次数

重复力越小，准确度随度量次数增长越快，接近最大准确度所需的度量次数也越多。如以相对准确度大于0.9为标准，那么当重复力等于0.9时，度量1次就可以了，当重复力等于0.75、0.50、0.30时，那么性状需要度量的次数分别为2、5、10次以上。如重复力为0.1时，度量25次后还没达到要求。

(三)估计畜禽终身可能的平均生产力

在家畜生产中根据畜禽生产力的几个度量值可以估计其终身可能的平均生产力，以评定其品质优劣，决定其去留。这个方法的优点在于能够把畜禽中具有不同次数生产力记录的个体放到可能生产力这样一个相同的标准上来比较。记录次数愈多，其平均值的准确度愈大.因而给予较大的加权系数，这样才能对生产力做出合理的评定。

(四)计算多次度量均值的遗传力

在估计个体育种值时，需要用到个体多次度量均值的遗传力。

第三节　遗传力

一、遗传力的概念

根据数量性状表型值可以剖分为遗传效应与环境效应或加性效应与剩余效应两部分的原理，即 $P = G + E$ 或 $P = A + R$，其表型方差在假定所剖分的两部分效应无交互作用的前提下，同样可以剖分为两部分，即 $V_P = V_G + V_E$ 或 $V_P = V_A + V_R$。基于这一剖分，1937年，*Lush* 提出了遗传力的概念。遗传力是指数量性状育种值方差占表型方差的比例，用 h^2 表示，其公式为：

$$h^2 = \frac{V_A}{V_P}$$

根据性状遗传力值的大小，将其大致分为三类，$h^2 \geqslant 0.3$ 为高遗传力；$0.1 < h^2 < 0.3$ 为中等遗传力；$h^2 \leqslant 0.1$ 为低遗传力。

二、测定遗传力的方法

(一)由亲子关系测定遗传力

由于亲属间存在遗传关系，因此只有通过亲属关系才能估计遗传力。这要求有两代资料，父母和子女的。如限性性状泌乳量，利用女儿对母亲的回归系数。

$$bop = \frac{COV_{OP}}{\sigma_P^2}$$

式中：COV_{OP} 为女儿和母亲的协变量，σ_P^2 为母亲的变量，b_{op} 表示子亲回归系数。根据公式就可以从任意亲属关系中估计出遗传力：

$$h^2 = 2b_{op}$$

(二)半同胞和子女与一个亲本来测定遗传力

实际中常采用半同胞和子女与一个亲本来估计遗传力。

1. 半同胞法

$$h^2 = 4t = \frac{4\sigma_s^2}{\sigma_s^2 + \sigma_d^2 + \sigma_w^2}$$

式中：t 表示相关系数，σ_s^2 表示公畜间方差，σ_d^2 表示公畜内母畜间方差，σ_w^2 表示母畜内后裔间方差。一般以父系半同胞测定最为准确，因为母系半同胞数目较少，同时它还包括有母体效应。

2. 子女对一个亲本法

$$h^2 = 2b = \frac{2COP_{OP}}{\sigma_P^2}$$

式中：COP_{OP} 表示子代对亲代的协方差，σ_P^2 表示亲代的表型方差。

3. 遗传力的用途

畜禽育种中遗传力应用于：

确定选种方法；预测选择反应；估计畜禽育种值；制定选择系数。

第四节　遗传相关

一、遗传相关

性状间的遗传相关是指同一个体两个性状育种值间的相关，一般用符号 $r_{A(xy)}$ 表示。

依据协方差的性质，我们可将表型协方差剖分为遗传协方差（COV_A）和环境协方差（COV_E）两个部分：

$$COV_P = COV_A + COV_E$$

上式可写为：$r_p = \dfrac{COV_A + COV_E}{\sigma_{Px} \cdot \sigma_{Py}}$

根据遗传力的定义可知：$\sigma_p^2 = \dfrac{\sigma_A^2}{h^2}$ 和 $\sigma_p = \dfrac{\sigma_A}{h}$

同样，$(1-h^2) = 1 - \dfrac{\sigma_A^2}{\sigma_P^2} = \dfrac{\sigma_E^2}{\sigma_P^2}$，

即：$(1-h^2)^{\frac{1}{2}} = \dfrac{\sigma_E}{\sigma_P}$　　$\sigma_P = \dfrac{\sigma_E}{(1-h^2)^{\frac{1}{2}}}$

将上述公式代入公式 $r_p = \dfrac{COV_A + COV_E}{\sigma_{Px} \cdot \sigma_{Py}}$ 中则得：

$$r_p = h_x h_y \frac{COV_A}{\sigma_{Ax} \cdot \sigma_{Ay}} + (1-h_x^2)^{\frac{1}{2}} (1-h_y^2)^{\frac{1}{2}} \frac{COV_E}{\sigma_{Ex} \cdot \sigma_{Ey}}$$

上式中包括有遗传相关系数 r_A 和环境相关系数 r_E，即：

$$r_A = \frac{COV_A}{\sigma_{Ax} \cdot \sigma_{Ay}} \qquad r_E = \frac{COV_E}{\sigma_{Ex} \cdot \sigma_{Ey}}$$

于是可将 r_p 表示为：

$$r_p = h_x h_y r_A + (1-h_x^2)^{\frac{1}{2}} (1-h_y^2)^{\frac{1}{2}} r_E$$

式中：r_p 为表型相关系数；h 为遗传力 h^2 的平方根。

二、遗传相关的用途

遗传相关是由基因多效性和基因连锁引起，可根据亲属间的表型资料进行间接估测。遗传相关可应用于以下方面：

(1)间接选择　对于某些无法直接选择(如限性性状、无法度量的性状、度量花费大的性状、生长发育后期表现的性状)的性状(y)，可通过与性状(y)相关强烈的性状(x)的选择来获得选择进展。

$$CR_y = i_x h_x h_y r_{A(xy)}$$

式中：CR_y 为间接选择反应；i 为选择强度。

(2)预测同一性状在不同环境中的效果　若甲地选择的某一性状为 x，同一性状在乙地的表现为 y，则乙地选择反应为 $\frac{CR_y}{R_x} = r_{A(xy)} \frac{h_y \sigma_{P_y}}{h_x \sigma_{P_x}}$，其中 R_x 表示直接选择性状 x 的选择反应。

(3)多性状综合选择　用于计算复合育种值。

复习思考题

1. 名词解释：数量性状　重复力　遗传力　遗传相关
2. 简述数量性状的多基因假说的要点。
3. 简述重复力、遗传力和遗传相关的计算公式及它们的应用范围。

第五章 动物基因工程

基因工程(genetic engineering)是用人工方法提取或制备目的基因DNA片段,与适当的载体重组并导入特定细胞,经扩增获得目的基因片段和表达产物的过程。因目的基因片段需经过体外的重组而获得其拷贝,故又称DNA重组技术。

基因工程的基本过程主要包括以下几个关键步骤:①目的基因的获取;②用限制性核酸内切酶分别将目的片段和载体进行切割,结合成重组DNA分子;③把重组DNA分子引入受体细胞,并使目的基因和载体上其他基因得以表达;④转化体细胞的扩增、鉴定和筛选。

第一节 基因工程的工具

在DNA的重组过程中,需要将原来生物的DNA切断,然后与载体连接起来,再通过适当方法转移到某种宿主细胞(亦称受体细胞)中进行DNA扩增或基因表达。因此,在切割DNA和连接DNA的过程中需要利用各种工具酶。

一、工具酶

(一)限制性核酸内切酶(restriction enzymes)

限制性核酸内切酶有3种类型:第一类,没有序列特异性,随机切割双链DNA分子,在基因工程中很少应用;第二类,能识别一段特异的DNA序列,而且所识别的序列是对称的,是在基因工程中常用的;第三类,虽然能特异切割双链DNA分子,但所识别的序列是非对称的,不能用于基因工程。通常在DNA重组技术中所说的限制性核酸内切酶主要指Ⅱ类酶。

大部分限制性核酸内切酶识别DNA序列具有回文结构特征,切断的双链DNA都产生5′磷酸基和3′羟基末端。不同限制性核酸内切酶识别和切割的特异性不同,结果有三种不同的情况:产生3′突出的黏性末端、产生5′突出的黏性末端、产生平头末端。不同限制性酸内切酶所识别的DNA序列可以不同。见表3-5-1。

表3-5-1 一些限制性内切酶的识别位点

限制性内切酶	识别位点	产生的末端类型
*Bam*HⅠ	G↓GATCC CCTAG↑G	5′突出
*Eco*RⅠ	G↓AATTC CTTAA↑G	5′突出

续表 3-5-1

限制性内切酶	识别位点	产生的末端类型
Hind Ⅲ	A↓AGCTT TTCGA↑A	5′突出
Alu Ⅰ	AG↓CT TC↑GA	平头末端

(二)连接酶

DNA 连接酶能催化 5′磷酸基末端与 3′羟基末端形成磷酸二酯键，起封闭 DNA 双链及 DNA-RNA 杂种双链中的单链缺口，以及由限制性核酸内切酶造成的黏性末端退火时出现的缺口等作用，从而把两段 DNA 连接起来。

已发现的 DNA 连接酶有 T_4 噬菌体 DNA 连接酶和大肠杆菌 DNA 连接酶两种。由于 T4 噬菌体 DNA 连接酶可连接的底物范围广，尤其是能有效地连接 DNA 分子的平齐末端，因此在基因工程中被广泛应用。大肠杆菌 DNA 连接酶几乎不能催化两个平齐末端 DNA 分子的连接，但由于它对 DNA 末端要求比较严格，所以它的连接产物转化细菌后，假阳性背景低，这一点优于 T4 噬菌体 DNA 连接酶。

二、载体

载体必须能在体外经限制性核酸内切酶的作用与目的基因结合为重组 DNA 分子，然后经转化进入受体细胞内大量复制及表达。

(一)质粒载体

质粒是应用较广泛的一类载体。目前，在基因克隆中使用最为广泛的是 pBR322 质粒，其优点有三：①分子质量小，长度为 4 363 bp，可携带 6～8 kb 的外源 DNA 片段；②带有两个抗生素抗性标记基因：Tet^r 和 Amp^r 基因，有利于进行选择；③全部序列和详细的酶切位点都已查明。

在构建 pBR322 的基础上又已改造出十余种载体，称为 pBR322 系列。近些年来还发展起来许多不同的质粒载体系列，如 pUC 系列载体、带有某种启动子的表达载体、穿梭质粒等。

(二)λ噬菌体载体

λ 噬菌体是迄今为止研究得最为详尽的一种大肠杆菌双链 DNA 噬菌体，其基因组中有一半左右的基因是其生命周期活动所不可缺少的，而位于 J 基因和 N 基因之间的部分则并非噬菌体形成所必需，用外源 DNA 片段取代这个区域，不会影响噬菌体的形成。这一特点是λ噬菌体可用做基因克隆载体的基础。

第二节　基因重组

一、目的基因的选择

基因工程的主要目的是通过优良性状相关基因的重组，获得具有更高应用价值的新物种。那些已被或者准备要分离、改造、扩增或表达的特定基因或 DNA 片段称为目的基因。获取目的基因的方法主要有以下几种。

(一)从基因文库中分离和克隆

基因文库是一组 DNA 和 cDNA 序列克隆的集合体。从基因文库中分离基因,首先要构建基因文库,然后再在基因文库中筛选出所需要的目的基因。

1. 基因文库的构建

基因文库是将某一生物的全部基因组 DNA 酶切后与载体连接构建而成的。

2. cDNA 文库的构建

cDNA 文库(cDNA library)是指以 mRNA 为模板,在反转录酶及其他一系列酶的催化作用下所获得的双链 cDNA,经与适当载体连接并转化到寄主细胞内进行扩增,由此而构成包含着相应基因编码序列的一群克隆。

3. 筛选和分离基因文库

从基因文库中筛选和分离基因,可根据对目的基因相关信息的来确定筛选的方法和条件。常用方法是用一段核苷酸序列做探针,可用放射性同位素或非放射性同位素标记探针,也可用抗体做探针来筛选基因文库。

(二)聚合酶链式反应

聚合酶链式反应是体外快速扩增 DNA 的方法,它可在数小时内使目的基因片段扩增到数百万个拷贝。

PCR 扩增基因的原理是:经过变性的单链 DNA 与待扩增 DNA 两条链两端互补的引物进行复性,在耐热 DNA 聚合酶和 dNTP 存在时,由引物引导待扩增的 DNA 从 5′端到 3′端的方向扩增其中间延伸,最后合成 DNA 新链。PCR 反应包括以下 3 个步骤:①94～95℃时变性,待扩增 DNA 的双链变性成为单链;②50～70℃时复性,待扩增 DNA 的单链与引物根据碱基互补原则进行复性;③72℃延伸,在引物的引导及耐热 DNA 聚合酶的作用下,合成完整的、与待扩增的 DNA 互补的一条新链。这三个步骤称为一个循环,PCR 反应一般为 25～35 个循环。一个循环完成后,待扩增的 DNA 扩增了一倍,新增加的 DNA 又可作为模板用于下一个循环的扩增。所以,PCR 反应中扩增的 DNA 成指数级的增长。因此仅用少量的模板 DNA 分子经过 PCR 反应后就可得到大量的扩增产物。

二、载体 DNA 与目的基因的连接

目的基因获得了,载体也选好了,下一步的工作就是将目的基因连接到载体上形成一个重组 DNA 分子,并引入细胞。

(一)黏性末端连接法

黏性末端连接可分为同一限制酶切位点连接、不同限制酶切位点连接。

同一限制酶切位点连接是指同一限制性核酸内切酶切割的不同 DNA 片段具有完全相同的末端,在连接酶的作用下,相互配对的黏性末端间形成磷酸二酯键。这种连接方式可用于 DNA 片段与 DNA 片段的连接,也可用于载体与 DNA 片段的连接。不同限制酶切位点连接由两种不同的限制性核酸内切酶切割的不同 DNA 片段具有相同类型的黏性末端,它们的末端之间形成碱基互补配对,并在连接酶的作用下形成共价连接的重组 DNA 分子。

(二)平头末端连接

具有平头末端的酶切载体只能与平头末端的目的基因连接。T_4DNA 连接酶可催化相同和不同限制性核酸内切酶切割形成的平头末端之间的连接。平末端连接的效率要远远低于黏性末端连接的效率。

除此之外,还有人工接头连接、同聚物加尾连接。

三、基因的转移

要使外源基因得到正确表达,必须把目的基因或重组 DNA 分子引入受体细胞。受体细胞可以是原核细胞,也可是真核细胞。原核中多用大肠杆菌,真核中可选择胚胎细胞、培养的体细胞及酵母细胞等。由于受体细胞的结构不同,转入的方法也有差异。

四、目的基因的表达

目的基因在受体细胞中的表达受许多因素的影响,重组 DNA 分子在转录中必须有一个能被受体细胞识别的启动子,翻译过程中,必须有核糖体的结合位点,同时还受到增强子,目的基因与载体的连接方向等因素的影响。

当目的基因表达之后,要对其进行检测,通常的方法有蛋白质电泳、免疫扩撒和凝集、放射免疫和酶联免疫等。

第三节　转基因动物技术

动物转基因技术是将外源 DNA 导入性细胞或胚胎细胞并生产出带有外源 DNA 片段动物的一种技术,它是在 DNA 重组技术的基础上发展起来的。1981 年、Godon 和 Ruddle 首用显微注射法把外源基因导入小鼠受精卵的雄核,并将注射后的受精人假孕母鼠子宫,生产了 78 只小鼠,其中有 2 只小鼠的所有细胞中(包括生殖细胞)都含有外源基因,但因缺乏启动子而不能表达。

生产转基因动物的一般步骤包括:

(1)选择能有效表达的蛋白质;

(2)克隆和分离编码这些蛋白质的基因;

(3)选择能与所需组织特异性表达方式相适应的基因调节序列;

(4)把调节序列与结构基因重组拼接,并在培养细胞或小鼠中预先检验其表达情况;

(5)把拼接的基因引入到受精卵的细胞核中;

(6)把引入后的受精卵移植到子宫,完成胚胎发育;

(7)检测幼畜是否整合外源基因、外源基因的表达情况以及外源基因在其后代中的传递情况。部分后代细胞携带有转入的外源基因,利用这些动物培育新的品系。

目前,在动物转基因上选择转入基因主要考虑能提高动物的生长速度、产生性能、繁殖性能、抗性及开拓新的经济用途等几个方面。

今天人类在转基因动物方面所取得的成果还仅仅处在起步阶段。随着生命科学各个领域的不断发展,新的突破会不断产生,一些在实验室中获得的结果可以不断地运用到生产实践中去。例如,澳大利亚、新西兰、南非、英国等主要产羊毛国家,目前正在致力于开发一种可以生产彩色羊毛的高产的转基因羊。类似的设想还很多,相信在未来,人们可以创造出更多有良好经济效益的物种，使地球的生物圈变得更加丰富多彩。转基因技术的诞生、成熟和推广正在给养殖业带来一场新的革命。

第四节　动物克隆技术

体细胞和受精卵一样都含有全部的遗传信息，因此从理论上来讲，从体细胞获得完整的动物个体是完全可行的。在 1997 年 2 月 23 日，英国科学家 Wilmut 领导的研究小组通过克隆方式所获得的世界第一个体细胞克隆羊——多莉诞生了。它的诞生，标志着理论上和技术上的重大突破，从理论上证明了已分化的动物细胞具全能性。

动物克隆(animal cloning)是不经过受精过程而获得动物新个体的方法。哺乳动物克隆技术，实际上是一种哺乳动物核移植技术，是通过显微操作等实验室手段，将发育到一定阶段的核供体(胚胎细胞或体细胞)及相应发育阶段的核受体(去核的原核胚或成熟卵母细胞)进行体外重组，通过重组胚的胚胎移植，达到大量生产遗传同质哺乳动物的一种生物工程技术。

克隆动物技术实际上是采用核移植与胚胎生物工程技术相结合，将一个体体细胞核移植到另一个体卵细胞中去，最终产生一个与供体细胞个体遗传性状一致的动物个体的技术。其操作步骤大体为：①体细胞的采集和培养：取动物某一组织体细胞在体外培养，经饥饿法或添加其他药品，诱导细胞使基因组重排，使基因的程序性表达重新从头开始，这样就使已失去全能性的体细胞恢复全能性。②采集卵细胞并去除其细胞核。③取出体细胞的细胞核。④将体细胞核用微注射法注入去除核的卵细胞中。⑤将重组胚细胞在体外进行适当培养。⑥将转核胚置入同期母体子宫，完成发育，所产生的动物幼子即为克隆动物。

克隆动物的技术远未成熟，但已为人类提供了广阔的前景。随着对哺乳动物体细胞克隆技术基本理论的广泛、深入研究，它将在扩繁优良畜种、克隆转基因动物和保护濒危动物遗传资源等方面发挥巨大的作用。

复习思考题

1. 基因工程产生的理论和技术基础是什么？
2. 简述基因工程的基本步骤。
3. 简述 PCR 反应的原理和过程。
4. 转基因动物的生产在理论研究和生产实践上有何意义？
5. 为什么说以基因转移为基础的基因治疗要在临床上很好地应用，还有待理论和各种技术的发展？

4

第四篇

家畜育种学

第一章　家畜的起源、驯化与品种

在地球上众多形式的动物资源中，与人类关系最为密切的是人类自身文明发展的产物：家畜遗传资源。所有种类的家畜，无一例外地都是从野生动物驯化而来。正确理解家畜的概念，了解家畜在动物分类学中的地位及其起源，掌握家畜品种的形成过程与发展趋势，对于合理利用和科学保存家畜品种资源、培育新品种和品系及利用杂种优势等，都具有重要的应用价值。

第一节　家畜的起源

家畜是人类赖以生存的重要生活资源，是人类文明的产物。家畜首先是人类长期辛勤劳作的产物。远古时代，人类为了生存，将野生动物逐渐驯化为家养动物，今天人类所从事的全部动物育种活动，仍然是过去动物驯化工作的延续和发展。属于同一物种的野生动物和家养动物，在遗传上的差异不大，以 DNA 多态性为尺度的遗传距离很小，其差异主要表现在动物的生存方式、对环境的适应能力、对人类的依赖程度以及人工选择所造成的家畜体型外貌、生产性能和生活习性的改变等。

一、家畜的概念

一般来说，在汉语中“畜”多指家养的动物，“兽”多指野生动物，古语有“在家曰畜，在野为兽”，“拘兽以为畜”之说。因此，家畜是野生动物经过人类的长期饲养和逐渐驯化而形成的，与人类社会经济活动有密切关系，是人类重要的生活资料和生产资料，为人类生产肉、蛋、奶、毛、皮、裘等产品，以及用于运输和农耕等。

家畜育种实践是一个永无止境的事业，家畜的内涵也在不断延伸，家畜一般有广义和狭义之分。广义的家畜是指在人类控制干预下，能够顺利地进行繁殖、有相当大的规模、有利于人类的经济性状得到充分发展并能遗传下去的家养的脊椎动物。泛指人类已经驯化的哺乳纲和鸟纲的动物，包括猪、牛、绵羊、山羊、马、鸡等，还有驴、骆驼、兔、鸭、鹅、犬、猫等，还包括火鸡、鸽、鹌鹑、珠鸡、番鸭、鱼鹰、鹿、象等。狭义的家畜仅指属于哺乳纲的驯化动物，鸟纲的已驯化动物则称为家禽。到目前为止，人类已先后驯化了 60 多种野生动物，随着生产力和科学技术的不断发展，家畜的种类还有可能进一步增加。

另外，那些被人类捕获和饲养的尚未完全驯化且数量不多的野生动物则不能称之为家畜。这些动物野性依旧，不能像家畜那样大量地任意饲养，通常称为特种养殖动物或特种经济动物，如动物园中的大多数动物多属此类。

家畜在动物分类学中占有十分重要的位置，一般属于脊索动物门、脊椎动物亚门、有羊膜类。如猪：属哺乳纲、偶蹄目、猪科、猪属、猪种的家畜；鸡：属鸟纲、鸡形目、雉科、原鸡属、鸡种的家禽。

二、家畜的祖先

现代各种家畜的祖先均来自野生动物，根据考古学、比较解剖学、生化遗传学、细胞和分子遗传学等不同学科的知识，一般都能够追溯到每一种现存家畜的祖先。

(1)牛的祖先　普通牛的祖先是原牛，原牛又有长头原牛、短角原牛、大额原牛和短面原牛。家牦牛的祖先是野牦牛，家水牛的祖先是野水牛。

(2)马的祖先　现代马的祖先是蒙古野马和太盘野马。太盘野马在19世纪还出现在黑海附近草原，现已绝迹。我国马可能源自蒙古野马。

(3)驴的祖先　一般认为非洲野驴是驴的野生祖先之一。

(4)绵羊的祖先　家绵羊的祖先包括摩弗伦羊和羱羊。亚洲摩弗伦羊是欧洲摩弗伦羊的祖先。我国绵羊可能源自羱羊或它的较小的变种。

(5)山羊的祖先　家山羊的祖先主要是野生角羚羊，部分源自羚羊，极少部分源自塔尔羊。

(6)猪的祖先　家猪的祖先主要是印度野猪和欧洲野猪。

(7)兔的祖先　家兔的祖先是欧洲穴兔。

(8)鸡的祖先　家鸡的祖先主要是红色原鸡，还有锡兰原鸡、灰色原鸡和黑或绿色原鸡。这些野鸡主要源于南亚和东南亚地区。

(9)鸭的祖先　家鸭主要起源于绿头野鸭和斑嘴鸭。

(10)鹅的祖先　家鹅的祖先主要是鸿雁、灰雁和真雁。其中鸿雁和灰雁是我国两个系统中国鹅和伊犁鹅的祖先，而灰雁和真雁则是欧洲各品种的直系祖先。

三、动物的驯化

野生动物的驯化与人类社会经济发展水平有着密切关系。人类把野生动物驯化成家养动物，经历了漫长的过程，使其更适应和习惯于人类干预下的生活，野性逐渐消失，更加便于人类使役和食用。尽管没有确凿的资料证明这一复杂过程，但可以推断，人类把野生动物驯化成家畜，大致经历了驯养和驯化两阶段。

1.驯养与驯化

随着人类社会的进步，人类的劳动工具有了很大的改进，在古人类历史的晚期，就已经能利用网罟、陷阱、围栏、弓箭和火箭等通过狩猎捕捉活的野生动物，由于暂时食用不完，或其他原因，这些活的动物被暂时留养起来，供以后利用，因此出现了驯养动物。

驯养(tameness)是指野生动物由野生状态逐渐转化为人工饲养的过程。驯养动物不能称为真正的家畜，它们的野性尚未完全失去，不易逮捉，有的动物可正常繁殖，有的繁殖力很低甚至不繁殖。

驯化(domestication)是指将驯养动物置于人为的饲养管理条件下繁育，使其能在家养条件下生活、累代繁衍并为人类利用的过程。驯化动物经过了人类数千年甚至是上万年的饲养、选择和培育后，体型发生巨大变化，完全失去野性，生活习性发生根本改变，并能在人工条件下繁殖，对人类有很大依赖性。这类动物性情温顺，易于驯服，便于管理，具有良好的肉用、毛用、蛋用或役用性能，成为人类重要的生活和生产资料。

2.动物驯化的基本情况

由于人类历史文化发展和生活需要的差异，人类对于各种动物的驯化年代和区域也有所不同。根据现有的考古资料可证明或推断的动物驯化基本情况如表 4-1-1。

表 4-1-1　动物驯化的基本情况

畜种	驯化年代	驯化地区	食性	体型
犬	约 12 000 年前	西南亚	食肉	小
绵羊	约 11 000 年前	西南亚	食草	中
山羊	约 12 000 年前	西南亚	食草	中
猪	约 8 000 年前	中国	杂食	中
普通牛	约 8 000 年前	西亚、中国	食草	大
马	约 6 000 年前	中亚、中国	食草	大
火鸡	约 6 000 年前	中南美	杂食	小
鸡	约 5 000 年前	东南亚、中国	杂食	小
水牛	约 4 000 年前	印度、西南亚	食草	大
鸵鸟	19 世纪末	南非、澳大利亚	食草	中

引自张沅(2001)。

从表 4-1-1 可以看出,亚洲文化发源最早,驯化的动物也最多;文化发展较晚的美洲、澳洲,驯化动物最少。家畜驯化的顺序大致是犬最早,羊、猪其次,水牛、马较晚。值得一提的是,非洲是许多物种的起源地,但却不是驯化地,这主要是由于驯化动物的时间与人类社会发展的历史阶段相适应。

3. 动物在驯化前后的变异

家畜在驯化之初,不论在形态、生理还是解剖结构上与野生状态下相比,差别并不大,但是,随着人类的长期饲养管理,家畜按照人们的选择目标,在形态结构、生理机能等方面都发生了巨大变化。如重型马的体重高达 1 000 kg,而小型观赏马仅有 50 kg 左右。但是有些家畜的生活条件和野生时相差不大,因而体重与体尺几乎没有变化,如骆驼、驯鹿。总之,家畜在驯化下的变异是由适应自然向依赖人类方向发展,向适应人类需求的方向发展。

第二节　家畜品种

一、家畜品种的概念

马、牛、绵羊、山羊、猪、鸡等为不同的动物物种。物种(species)简称种,是生物分类系统的基本单位,是自然选择的产物。种间的差别主要表现在生物学特性(形态构造、生理机能和发育特征等)方面的不同。自然条件下,物种之间相互生殖隔离,即一个种的个体一般不与其他种的个体交配,即使交配也不能产生有生殖能力的后代。

家畜品种(breed)是畜牧学上的概念,它是各个动物物种内,在长期的人工干预如饲养、选种选配等条件下发生内部分化,形成表型一致并具有稳定遗传的生理、经济性状特征,能适应一定的自然环境,在产量和品质上比较符合人类的要求,是人类的农业生产资料。

二、品种应具备的条件

作为一个品种的家畜，应具备以下条件：

(1)具有共同的来源(遗传起源)　同一品种的家畜，应该具备基本相同的血统来源，即个体间有着血统关系，因而彼此的遗传基础比较相似。这也是构成一个“基因库”的基本条件。

(2)具有能稳定遗传的、有别于其他品种的共同表型标志和相似生产性能　同一品种的家畜其表型标志(如毛色、角形、耳形等)应比较一致，生产性能应相对相似，并且这种表型标志及生产性能与其他品种相区别，且这种相似性能可一代代稳定地遗传下去。

(3)具有一定现实或潜在的经济价值和文化价值　作为一个独立品种应有其特色，其产品的产量或品质在某一方面能为人们的生活或人类的经济活动所利用，或者供作观赏、娱乐用。这是各具特色的品种之所以能从家畜品种中分化出来的主要原因。

(4)具有一定的结构　一个品种是由数个各具特点的类群(如品系、地方类群、育种场类群)所构成。这些类群可以是自然隔离形成的，也可以是人工培育而成的，它们构成了品种内的遗传异质性。

(5)具有足够的数量　一个品种必须拥有相当数量的合格个体，只有当品种内个体数量足够多时，才能保持品种所固有的特征、特性，才能避免过高的近亲交配，才能保持品种的生命力、较广泛的适应性、品种内的异质性和种用价值。

(6)被政府或品种协会承认　作为一个品种必须经过政府或品种协会等权威机构进行审定，确定其是否满足以上条件，并予以命名，只有这样才能正式称为品种。

三、品种的形成与演变

家畜的出现已有数千年至上万年的历史，但是，家畜品种却不像家畜那样久远。在饲养家畜的实践中和人类的迁移过程中，家畜的数量随着饲养技术的改善而逐渐增多，分布也越来越广。于是，由于各地自然环境条件和社会经济条件的差异，以及由于交通不便等因素所导致的地理隔离，使得向各地迁移的小群体在一定时间内在体型外貌、适应性等方面出现差异，其中既有由于基因漂变造成的差异，也有自然选择和人工选择造成的差异，这时家畜品种的雏形开始出现，人们给这些各具特色的不同产地的家畜群体冠以不同的名称，以示区别，这就是最初的家畜品种。这些品种一般称为原始品种、地方品种或土种。对这些品种继续选择，向某一特定生产力方向育种，就形成了生产性能更专一、经济效益更高的培育品种。例如，乳用、肉用、毛用、绒用、蛋用、兼用、役用、竞赛用、观赏用等品种。

一个品种不是固定不变的，会随着人工选择方向的变化而发生不同的变化。所以我们常常发现不同时代的同一品种无论从体型上、外貌上、生产性能上都有很大区别，导致品种发生这些变化的因素主要有社会经济条件和自然环境条件。

1. 社会经济条件

社会需求是形成不同用途培育品种的主要因素。例如，在工业革命之前的社会经济中，由于农业、军事的需要，养马业受到特别的重视，根据用途培育成了许多骑乘型、役用型品种。在机械工业充分发展以后，马在社会经济中的作用越来越小，用途也越来越有限。工业化所产生的大量城市人口，对乳、肉、蛋、绒、裘、革的需求越来越大，于是人类又定向地培育出了乳用、肉用、蛋用、毛用、绒用、裘皮用以及兼用型的家畜家禽品种。

社会经济因素是影响品种形成和发展的首要因素，在品种的形成和发展过程中，它比自然环境条件更占主导性地位。市场需求、生产性能水平、集约化程度无不影响着品种的形成和发展，任何一个品种"变"是绝对的，都有一个形成、发展和消亡的过程。

2. 自然环境条件

任何生命对生存环境都有一定的适应能力，人工选择的品种也不例外。影响品种形成的自然环境因素包括光照、海拔、温度、湿度、空气、水质、土质、植被、食物结构等。例如，高温干燥、植被稀疏的中东地区培育出了体型修长的轻型马（如阿拉伯马）；而低温湿润、植被茂盛的欧洲则多育成体型粗壮的重型马（如比利时重挽马、俄罗斯重挽马、法国阿尔登马和泼雪龙马等）。牛的品种像温带的黄牛、热带的瘤牛、青藏高原的牦牛、河湖湿热地区的水牛等，都是在当地自然环境条件下育成的，有明显的地域适应性，如果人为地强行改变其生活环境，往往会因不适应新环境而患病或死亡。

温度、湿度、降水量等气候因素对品种特征有明显的直接或间接影响。例如，同一种家畜在温暖地区生活的群体，其体型较小，在寒冷地区生活的群体，其体型较大。这是因为同种恒温动物，主要是通过皮肤散热，因而动物的皮肤面积与躯干体积的比值，是衡量动物保温能力的重要参数。这个比值越大，越有利于散热；这个比值越小，就越有利于保温。同一种动物，体型越大，这个比值越小；体型越小，这个比值越大。

生活地区的海拔高度影响动物呼吸系统、循环系统的机能。把高原品种引入平原地区，或把平原品种引入高原地区，都会因为不适应环境而致病死亡。例如，把顿河马、黑白花奶牛、西门塔尔牛、秦川牛、来航鸡、北京鸭等引入西藏拉萨，强烈的高山反应使这些畜禽不能正常生活和生产，甚至死亡。秦川牛在那里丧失繁殖能力；鸡和鸭的孵化率仅为 7%～8%。把海拔 3 000 m 以上的青藏高原的牦牛引入到海拔 1 500 m 的兰州，很难正常生活，而引入到湖南洞庭湖地区，当年全部死亡。一般来讲，高原品种的呼吸器官发达、血液中的血红素含量显著高于低地品种。这是品种在适应高原环境的过程中形成的生理性、机能性变化，而不是人工选择的结果。

阳光的强度和光照的时间也与品种特征有一定关系。例如，阳光强度、特别是紫外线的强度直接影响品种被毛的长度和颜色、皮肤色素分布与皮肤厚度。光照通过视觉和其他神经系统作用于动物的脑垂体，影响生长激素和生殖激素的分泌，进而影响动物的生长发育和生殖机能。例如，绵羊的发情配种季节是白昼逐渐变短的秋季，而马的发情季节则是在白昼逐渐变长的春季。鸡的增重、产蛋性能也与光照的长短有明显的关系。当把某一家畜品种从光照时间长的地区引入到光照时间短的地区时，其生理机能和生产性能会随之发生变化。这种变化经过一段时间可能会固定下来，使在新地区生活的家畜无论在内部机能，或者外部特征上都不同于原来的品种，久而久之就可能形成新的品系或品种。

第三节　家畜品种的分类

各个畜种驯化后经过自然和人工的长期选择形成了成千上万的品种，并且每个品种都各具特点。因此，合理地将各个家畜品种进行归类，将有利于更好地掌握各类品种的特性，便于育种工作的组织与开展。

在畜牧学中比较通用的分类方法主要有两种，即按品种的改良程度和经济类型来划分。

一、按改良程度分类

根据改良程度可将品种分为原始品种和培育品种。

(1)原始品种　在农业生产水平较低，长期处于粗放式饲养管理状态，未受到系统而严格的人工选择，选育水平较低的品种。例如，蒙古马、蒙古牛、天祝牦牛、哈萨克羊、藏猪、仙居鸡等都属于这类品种。原始品种生产力低下，晚熟且个体相对较小，但耐粗饲，体质健壮，抗病力强，尤其具有很强的适应自然的能力，这是培育能适应当地条件而又高产的品种所必需的原始材料。原始品种多按其原产地或自身特征命名。

另外，原始品种多为地方品种，但地方品种并非都是原始品种。因为有些地方品种是在原始品种基础上经过较高程度的系统培育而成，例如，金华猪、秦川牛、湖羊、伊犁马、北京鸭等，一般称这些地方品种为地方良种。

(2)培育品种　指有明确的育种目标，在遗传育种理论与技术指导下，经过较系统的人工选择过程而育成的家畜品种。这类品种集中了特别的优良基因，在某些性状上(通常为所处地区和历史时期的主要经济性状)的表现明显优于原始品种，其生产力高且产品相对比较专门化，因而也就具有更高的经济价值。但这类品种一般对饲养管理条件要求较高，同时还需要较高的选种选配等技术条件来维持，其适应性与抗病力以及抗逆性不如原始品种。例如各种专门化的肉牛、奶牛、瘦肉型猪、蛋鸡、肉鸡等都属于培育品种。

二、按经济类型分类

由于现代培育品种多为定向培育而成，故多用此法分类，一般分为专用品种和兼用品种。

(1)专用品种　由于人们的长期选择和培育，品种的某些特性获得显著发展，或某些组织器官产生了突出的变化，从而能够专门生产某一种畜产品或具有某种特定能力的品种。专门品种一般生产性能高，饲养管理要求严。如乳用的中国荷斯坦奶牛、羔皮用的湖羊、裘皮用的滩羊、毛用的澳洲美利奴羊等。

(2)兼用品种　指具有两种或多种用途的品种。兼用品种一般体质结实，适应性强，生产力较高。如肉乳兼用的草原红牛、毛肉兼用的新疆细毛羊、肉蛋兼用的浦东鸡等。

这种分类方法也是相对的，因为有些品种随着时代的变迁，人类需求的变化，其主要用途将发生一些变化。如，短角牛本以肉用著称，但后来有些地方形成了乳肉短角牛或兼用短角牛品种。

三、国内外主要家畜品种

据国外不完全统计，全世界目前有各种家畜品种超过 2 000 个，其中：牛 1 000 个，猪 203 个，绵羊 160 个，山羊 20 个，家禽 232 个，兔 60 个，犬 400 个，鹿 12 个。表 4-1-2 和表 4-1-3 分别列出了部分国内外主要家畜家禽品种。

表 4-1-2　我国部分畜禽品种一览表

种名	品种名	品种类别	原产地	生产类型
猪	民猪	地方品种	东北三省	肉脂兼用
	太湖猪	地方品种	江、浙太湖流域	肉脂兼用
	宁乡猪	地方品种	湖南	脂肪型
	大花白猪	地方品种	广东	脂肉兼用
	金华猪	地方品种	浙江	腌肉型
	内江猪	地方品种	四川	脂肉兼用
	荣昌猪	地方品种	四川	脂肉兼用
	两广小花猪	地方品种	广东、广西	脂肪型
	滇南小耳猪	地方品种	云南	肉脂兼用
	哈白猪	培育品种	黑龙江	肉脂兼用
	新金猪	培育品种	辽宁	肉脂兼用
	上海白猪	培育品种	上海	肉脂兼用
	北京黑猪	培育品种	北京	肉脂兼用
	伊犁白猪	培育品种	新疆	肉脂兼用
	三江白猪	培育品种	黑龙江	肉脂兼用
普通牛	蒙古牛	原始品种	内蒙古	兼用
	秦川牛	地方品种	陕西	役肉兼用
	南阳牛	地方品种	河南	役肉兼用
	鲁西牛	地方品种	山东	役肉兼用
	晋南牛	地方品种	山西	役肉兼用
	延边牛	地方品种	吉林	役肉兼用
	夏南牛	培育品种	河南	肉用
	中国荷斯坦牛	培育品种	国外	乳用、乳肉兼用
	三河牛	培育品种	内蒙古	乳肉兼用
	草原红牛	培育品种	内蒙古、河北、吉林	肉乳兼用
牦牛	青藏高山牦牛	原始品种	青藏高原	兼用
	天祝白牦牛	地方品种	甘肃天祝	兼用
	麦洼牦牛	地方品种	四川阿坝	兼用
水牛	海子水牛	地方品种	江苏	兼用
	上海水牛	地方品种	上海	役挽兼用
	滨湖水牛	地方品种	湖北、湖南	役挽兼用
	德昌水牛	地方品种	四川	役挽兼用
	福安水牛	地方品种	福建	役挽兼用
	德宏水牛	地方品种	云南	役挽兼用
	兴隆水牛	地方品种	广东	役挽兼用

续表 4-1-2

种名	品种名	品种类别	原产地	生产类型
绵羊	新疆细毛羊	培育品种	新疆	毛肉兼用
	东北细毛羊	培育品种	东北三省	毛肉兼用
	内蒙古细毛羊	培育品种	内蒙古	毛肉兼用
	寒羊	地方品种	河南、河北、山东	半细毛
	同羊	地方品种	陕西	半细毛
	蒙古羊	地方品种	内蒙古	兼用
	阿勒泰羊	地方品种	新疆	兼用
	哈萨克羊	地方品种	新疆	兼用
	湖羊	地方品种	浙江、江苏	羔皮用
	滩羊	地方品种	宁夏	裘皮用
	藏羊	原始品种	青藏高原	兼用
	中国美利奴羊	地方品种	新疆、内蒙古、东北	毛用
山羊	成都麻羊	地方品种	四川	兼用
	中卫山羊	地方品种	宁夏	裘皮用
	内蒙古绒山羊	地方品种	内蒙古	绒用
	青山羊	地方品种	山东	羔皮用
	辽宁绒山羊	地方品种	辽宁	肉绒兼用
	马头山羊	地方品种	陕西、湖北、湖南	肉用
马	蒙古马	原始品种	内蒙古	乘挽兼用
	河曲马	地方品种	甘肃、青海、四川	挽乘兼用
	西南马	地方品种	云南、贵州、四川	驮乘专用
	哈萨克马	地方品种	新疆	兼用
	伊犁马	培育品种	新疆	乘挽兼用
	三河马	培育品种	内蒙古	乘挽兼用
鸡	仙居鸡	地方品种	浙江	蛋用
	浦东鸡	地方品种	上海	肉蛋兼用
	惠阳胡须鸡	地方品种	广东	肉用
	寿光鸡	地方品种	山东	肉蛋兼用
	北京油鸡	地方品种	北京	肉蛋兼用
	新狼山鸡	地方品种	江苏	肉蛋兼用
	丝羽乌骨鸡	地方品种	江西、福建	药用
鸭	金定鸭	地方品种	福建	蛋用
	高邮鸭	地方品种	江苏	肉蛋兼用
	北京鸭	地方品种	北京	肉蛋兼用
鹅	狮头鹅	地方品种	广东	肉用
	太湖鹅	地方品种	江苏、浙江	肉蛋兼用

表 4-1-3　国外主要畜禽品种一览表

种名	品种名	原产地	生产类型
猪	长白(兰德瑞斯)Landrace	丹麦	腌肉型
	大白(约克夏)Yorkshire	英国	腌肉型
	汉普夏 Hampshire	美国	鲜肉型
	杜洛克 Duroc	美国	肉用
	巴克夏 Berkshiere	英国	脂肪型
	皮特兰 Pietrain	比利时	肉用
绵羊	美利奴 Merino	西班牙	细毛
	澳洲美利奴 Australian Merino	澳大利亚	细毛
	德国美利奴 German Merino	德国	毛肉兼用、肉用
	波列考斯 Precoce	法国	肉毛兼用
	萨福克 Suffolk	英国	中毛、肉用
	道赛特 Dorset	英国	中毛、肉用
	考力代 Corriedale	新西兰	中毛、毛肉兼用
	莱斯特 Leicester	英国	长毛
	罗姆尼 Romney	英国	长毛、半细毛
山羊	安哥拉 Angora	土耳其	毛(马海毛)用
	吐根堡 Toggenbury	瑞士	乳用
	萨能 Saanen	瑞士	乳用
	波尔 Boer	南非	肉用
普通牛	荷兰 Hostein-Frienia	荷兰、德国	乳用、乳肉兼用
	娟姗 Jersey	英国	乳用
	瑞士褐牛 Brown Shorthorn	瑞士	兼用
	乳用短角 Dairy Shorthorn	英国	乳用
	西门塔尔 Simmental	瑞士	兼用
	海福特 Hereford	英国	肉用
	安格斯 Angus	英国	肉用
	夏洛来 Charolais	法国	肉用
	利木赞 Limousin	法国	肉用
	肉牛王 Beefmaster	美国	肉用
	婆罗格斯 Brangus	美国	肉用
水牛	尼里-拉维水牛 Nili-Ravi	巴基斯坦、印度	乳役兼用
	摩辣水牛 Murrah	巴基斯坦、印度	乳役兼用
马	阿拉伯马 Arab	中东地区	乘用
	纯血马 Thoroughbred	英国	乘用、竞技
	阿尔登马 Ardennes	法国	挽用
	比利时重挽马 Belgian	比利时	挽用

续表 4-1-3

种名	品种名	原产地	生产类型
鸡	白来航鸡 White Leghorn	意大利	蛋用
	洛岛红鸡 Rhode Island Red	美国	兼用
	新汉县鸡 New Hampshire Red Opinton	美国	兼用
	澳洲黑 Australorp	澳大利亚	兼用
	洛克 Plymouth Rock	美国	兼用
	科尼什 Conish	英国	肉用
鸭	康贝尔 Campbell	英国	蛋用
火鸡	青铜火鸡 Brone	英国	肉用
	宽胸大型白 Broad Breasted Large White	美国	肉用
鸽	王鸽 King	美国	肉用

复习思考题

1. 名词解释：家畜、品种
2. 主要家畜的野生祖先分别是什么动物？
3. 品种的类型有哪些？不同类型的品种有什么特点？
4. 形成一个家畜品种应具备的条件有哪些？
5. 家畜品种是如何形成的？

第二章 生产性能测定

性能测定(performance testing)是一专门术语，特指在相对一致的条件下，对测定群各个体本身的主要性状进行度量，并依据本身的记录资料对个体的“遗传能力”做出评价和预测，以找出优良的种畜。而生产性能测定为非专门术语，是指确定家畜个体在有一定经济价值的性状上的表型值的育种措施。家畜生产性能测定是家畜育种中最基本的工作，它是其他一切育种工作的基础。没有生产性能测定，就谈不上评估与留种。因此，生产性能测定必须严格按照科学、系统、规范化规程去实施，得到全面而可靠的信息，提高育种工作的效率。

第一节 动物的生长发育规律

一、生长发育的概念

生长发育是两个不同的概念。生长是动物达到体成熟前体重的增加，即细胞数目的增加和组织器官体积的增大；它是以细胞分裂增殖为基础的量变过程。而发育则是动物达到体成熟前体态结构的改变和各种机能的完善，即各种组织器官的分化和形成；它是以细胞分化为基础的质变过程。生长是发育的基础，而发育又促进生长，并决定着生长的发展方向。生长发育的过程就是一个由量变到质变的过程。家畜的特征特性是在个体生长发育全过程中逐渐形成和完善起来的。

二、生长发育的测定和计算

(一)生长发育的测定

生产中常用定期称重和测量体尺的方法来了解动物生长发育的情况。一般在动物初生、断乳、初配、成年几个时期进行测定；对种畜要求测定次数多些，初生时测定一次，从初生到 6 月龄，每隔 2 个月测定一次，从 6～12 月龄，每隔 3 个月测定一次，从 1 岁到成年，则每半年测定一次等。

称量体重：用盘秤、磅秤、地秤等来称量动物的体重。

测量体尺：用测杖和卷尺等来量取动物的体高、体长、胸围、管围等体尺数值。

测量方法如下：

(1)体高(鬐甲高)　用测杖量取动物由鬐甲顶点至地面的垂直高度。

(2)体长(体斜长)　用卷尺量取动物由肩端到臀端的直线距离。猪的体长则是由两耳连线的中点沿着背线量至尾根的距离。

(3)胸围　用卷尺沿着肩胛软骨的后缘量取胸部的垂直周径。

(4)管围　用卷尺量取动物左前肢管部最细处的周径。

(二)生长发育的计算

测量得到的体重和体尺原始数据,应统计出平均数、标准差和变异系数,并进行以下生长指数的计算和分析。

1.累积生长、绝对生长和相对生长

(1)累积生长　任何一次所测得的体重和体尺,都是代表该动物在测定以前生长发育的累积结果,称为累积生长。它反映动物的一般生长发育情况。

(2)绝对生长　是在一定时间的增长量,是生长速度的标志。其计算公式为

$$绝对生长=\frac{末重-始重}{所经过的时间}$$

生产中常用绝对生长来检查动物的营养水平,生长发育是否正常,作为制定各项生产指标的依据,用来评定肉用动物肥育性能的优劣等。

(3)相对生长　使用增长量与原来体重的比率来代表动物在一定时间内的生长强度。不同年龄的动物在同一时间内可能生长速度相同,但生长强度并不完全一致。肯定是年龄小体重轻的个体,生长强度比较大。计算公式为

$$相对生长=\frac{末重-始重}{始重}\times100\%$$

(4)生长系数　是用末重与始重直接相比较来说明动物生长强度的一种指标。其公式为

$$生长系数=\frac{末重}{始重}\times100\%$$

2.体尺指数

体尺指数是说明动物各部位发育的相互关系和比例,即体态结果情况的指数。常用体尺指数及计算方法如下:

(1)体长指数　以体长与体高相比来表示体长与体高的相对发育程度。公式为

$$体长(体型)指数=\frac{体长}{体高}\times100\%$$

此指数随年龄增长而变大,如生前发育受阻,则体长指数加大;如生后发育受阻,则体长指数较正常的减小。

(2)胸围指数　以胸围与体高相比来表示体躯的相对发育程度。其公式为

$$胸围指数=\frac{胸围}{体高}\times100\%$$

由于生后胸围增长比体高大,故该指数随年龄而增大。

(3)管围指数　以管围与体高相比来表示骨骼的相对发育程度。其公式为

$$管围指数=\frac{管围}{体高}\times100\%$$

由于管骨的粗度在生后生长较多,故该指数随年龄而增大。

(4)体躯指数　以胸围与体长相比来表示体躯的相对发育程度。其公式为

$$体躯指数=\frac{胸围}{体长}\times 100\%$$

由于胸围和体长在生后生长均较快，故该指数对年龄增长变化不大。

三、生长发育的一般规律

(一)生长发育的阶段性

动物生长发育的全过程，明显分为胚胎期和生后期。

1. 胚胎期

从受精卵开始到出生时为止。此期又分为胚体期和胎儿期。

胚体期：是由合子形成到胚盘固定时为止。此期长短约为整个胚胎期的1/4。

胎儿期：是由胎儿形成到出生。此期生长极快，初生重的3/4约在后期长成。因而营养需要量急剧增加，若营养不足则易造成生前生长发育受阻。

2. 生后期

由出生后直到衰老死亡。生后期较长，又可分为四个时期：

哺乳期：由初生到断乳时为止。此期特点是生长发育快，条件反射相继形成，增重及适应能力不断提高，末期由哺乳渐变为食植物性饲料。

育成期：从断乳到初配时为止。此期增重还处于上升阶段，期末体重能达成年体重的50%～70%。体躯结构渐趋于固定，生殖器官发育成熟，有配种受胎能力。

成年期：由参加配种繁殖到衰老。此期体躯完全定型，各种性能完善，生产性能最高，性活动最旺盛，增重停止，遗传性稳定。

衰老期：各种机能开始衰退，代谢水平降低，生产力下降。

(二)生长发育的不平衡性

成畜不是幼畜的放大，幼畜也不是成畜的缩影。在同一时期，机体各部位及各组织之间，并不是按相同比例来增长，而是有先后快慢之分，这就是不平衡性。

1. 骨骼生长的不平衡性

动物全身骨骼出生前四肢骨生长发育明显占优势，故出生时四条腿特别长，尤其是后肢；出生后不久，转而为轴骨生长强烈，四肢骨的生长强度开始明显下降，故成年时体躯变长、变深和变宽，四肢相对变粗变短。体轴骨生长的顺序是由前向后依次转移；而四肢骨则是由下而上依次转移，这种生长强度有顺序地依次变换的现象称为“生长波”，而最后生长的部位则称为“生长中心”。马、牛、羊等草食动物的荐部和骨盆部是两个生长波汇合的部位，是生长中心，它的最高生长强度出现的最晚，是全身最晚熟的部位，但这部位又是全身出肉最多、肉质最好的地方，如果在强烈生长时期发育受阻，则将使后躯变得尖窄而斜，影响产肉量。

2. 外形部位生长的不平衡性

外形变化与全体骨骼生长顺序密切相关。马、牛、羊、骆驼初生幼畜的外形特点是，头大腿长躯干短，胸浅背窄荐部高，毛短皮松，骨多肉少；而成年时则躯干变长，胸深而宽，四脚相对较短，各部位变得协调匀称，肌肉与脂肪增多。一头幼畜从小到大是先长高，而后加长，最后变得深宽，体重加大，肉脂增多，幼畜和成畜出现的外形差别的原因，主要是由于骨骼生长的不平衡性所致。

3.体重生长的不平衡性

各种动物体重的相对增长是胚胎期远远超过出生以后。以牛为例，其受精卵仅为 0.5 mg，初生重为 35 kg，即体重加倍次数 26.06；成年时体重为 500 kg，即生长到成年时体重的加倍次数仅为 3.84。不同畜种和品种的动物，绝对增重最高峰出现的时间不同。

4.组织器官生长的不平衡性

不同组织发育快慢的先后顺序是，先骨骼和皮肤，而后肌肉和脂肪。幼龄动物的皮肤宽松，皱褶较多；肌肉的变化是随年龄增长而增多，肌纤维变粗，肌束变大，肉色变深，蛋白质增多，水分减少；脂肪则在发育成熟后才大量沉积，顺序是先肠油和板油，而后肌间脂和皮下脂(膘厚)，最后沉积在肌纤维之间。

(三)发育受阻及其补偿

1.发育受阻的规律

动物在生长发育过程中，由于饲养管理不良或其他原因，引起某些组织器官和部位直到成年后还显得很不协调，这种现象称为发育受阻或发育不全。

各部位发育受阻的程度，与其生长强度成正比，与其生物学意义成反比，即该阶段生长强度最大的部分如遇不良条件，受阻程度最大，那些维持生命和繁殖后代的重要器官则受阻程度相对较小。

2.发育受阻的类型

可分为三种类型

胚胎型：草食动物在胚胎后期四肢骨生长最旺盛，如母体此时营养不良，则此部分的受阻程度最大。直到成年时仍具有头大体矮、尻部低、四肢短、关节粗大等胚胎早期的特征。

幼稚型：生后由于营养不良，使体躯的长度、深度和宽度发育受阻，成年后仍具有躯短肢长、胸浅背窄等幼龄时期的特征。

综合型：生前生后都营养不良，使以上两种特征兼而有之。特点是体躯短小，体重不大，晚熟，生产力低。

3.发育受阻的补偿

一般受阻时间越早越长，则畜体发育受影响较深，以后虽改善饲养也只能使体重得到补偿。相反，受阻的时间越短越晚，则完全补偿的可能性无疑会大得多。

第二节　生产性能测定的基本形式

生产性能测定的形式是多样的，根据不同的分类方法，其基本形式可以从以下 3 个角度来划分：

一、测定站测定与场内测定

家畜育种工作中，性能测定可以在不同的场所进行，由此可分为测定站测定(也称中心测定)以及场内测定。

测定站测定是指将各育种场优良种畜的后裔，集中到中心测定站(或称测定中心)，在相对一致、更严格的条件下，在统一的期限内进行的生产性能测定。

这种测定形式所有个体都在相对稳定的环境条件(尤其是饲养管理条件)下进行测定,测定个体所表现的性能差异就主要是遗传差异,依此进行的选择准确性较高,加快了家畜的遗传进展。此外,测定站测定是在第三方主持下的性能测定,这就保证了测定过程的中立性和客观性。同时,由于能相对集中必要的人力和物力,测定的性状也相对较多,结果也更为可靠。不足是测定站测定的测定成本较高,育种经济效益的最大化是家畜育种工作者的最终追求目标,因此,测定的公畜规模受到一定程度的限制,又影响了遗传进展。

场内测定是指在各个育种场内自行组织的性能测定。不要求在统一的时间和地点进行,可以进行大规模的性能测定,可以弥补测定站测定只测定公畜,且测定容量有限的缺陷。因此,场内测定具有广泛的普遍意义。但其缺点也很明显,特别是在各场间缺乏联系时,各场的测定结果不具可比性,不能进行跨场的遗传评估。

二、个体测定、系谱测定、同胞测定和后裔测定

根据被测定对象与进行遗传评估个体间的亲缘关系可将性能测定分为个体测定、系谱测定、同胞测定和后裔测定。

个体测定的测定对象就是需要进行遗传评估的个体本身;系谱测定的测定对象是需要进行遗传评估个体的祖先,包括父母、祖父祖母、外祖父外祖母等;同胞测定的测定对象是需要进行遗传评估个体的全同胞和(或)半同胞;后裔测定的测定对象是需要进行遗传评估个体的后裔。这 4 种测定方式所获得的信息对个体遗传评定的可靠性不同,但并不是彼此对立的。现代育种的一个重要观点是同时利用一切可以利用的信息,因而应该尽量将 4 种测定方式结合起来使用。但对于不同的畜种、不同性状和不同的性别来说,对这 4 种测定方式的侧重点有所不同。例如,对于猪、鸡等畜种,一个个体可以有较多的全同胞和半同胞,对同胞测定就比较侧重;对产奶和产蛋等限性性状,就不能对雄性个体进行测定;对于公畜来说,由于它们在畜群中的影响较大,对它们的遗传评估的可靠性的要求也就更高,因而常常要进行后裔测定。

三、大群测定和抽样测定

按性能测定的目的来分,可分为大群测定和抽样测定。

大群测定是对种畜群中的所有符合条件的个体都进行测定,其目的主要是为个体遗传评估提供信息,在一定经济效益的前提下,测定的个体越多,遗传进展就越大。抽样测定主要用于评定杂交组合的生产性能,从而找出一个最佳的杂交组合用于商品生产。在抽样测定中,从参加测定的每个品种中随机抽取一定数量(取决于统计学的要求和测定的容量)的个体在相同的环境中进行性能测定。

第三节 各种畜禽的性能测定

一、牛的生产性能测定

牛的生产性能测定主要分为 4 个方面:产奶测定、挤奶能力测定、生长发育及产肉性能测定。

(一)产奶性能测定

产奶性能测定主要是针对乳用和乳肉兼用牛品种而言的。这是在所有家畜生产性能测定中

最早开始的系统的性能测定。产奶性能主要用产奶量和乳成分来度量，乳成分主要指乳脂和乳蛋白。

1. 产奶量的度量指标

(1)305 d 产奶量　从产犊到第 305 个泌乳日的总产奶量。一般每月测定一天(每次间隔的时间要相等)，然后将 10 d 测定的总和乘以 30.5，作为 305 d 的记录。

(2)成年当量　将各个产犊年龄的泌乳期产奶量校正到成年时的产奶量。中国奶牛协会在 1992 年颁布的“中国荷斯坦牛登记办法(试行)”中提出了一个校正办法，即将不同胎次的产奶量校正到第 5 胎的产奶量，其校正系数为

胎次	1	2	3	4	5
系数	1.351 4	1.176 5	1.087 0	1.041 7	1.000 0

2. 乳成分的度量指标

(1)乳脂量(率)　乳中所含脂肪的量(百分率)。

(2)乳蛋白量(率)　乳中所含蛋白质的量(百分率)。

(3)4%标准乳　对一头奶牛的产奶量和乳脂率的综合评判指标。

4%标准奶量＝(0.4＋15×乳脂率)×产奶量

(二)挤奶能力测定

(1)排乳速度　第 50～180 泌乳日期间，一个测定日内测定一次挤奶中间阶段需要的时间和奶量。要求所测得的奶量不少于 5 kg。再校正到第 100 泌乳日的标准平均每分钟泌乳量，校正公式为

标准乳流速＝实际乳流速＋0.001×(测定时的泌乳日－100)

(2)前后房指数　指一次挤奶中前乳区的挤奶量占总挤奶量的百分比。

(三)次级性状测定

次级性状是指那些有较高经济意义，但遗传力较低或难以测定的性状，如繁殖力性状、抗病性状、使用年限等。

(1)配妊时间　指母牛产后第一次输精到最后妊娠的那次输精所间隔的天数，它主要反映母牛的繁殖性能，但也受公牛精液质量的影响。

(2)不返情率　指一头公牛的所有与配母牛在第一次输精后的一定时间间隔(如 60 d 或 90 d)内不返情的比例，它是衡量公牛配种能力的重要指标。

(3)乳房炎抗性　乳房炎的抵抗能力，是最重要的抗病性状。尽管乳房炎主要由外界因素引发，但个体间在易感性上也存在一定的差异，通过选择可以从遗传上提高牛群对乳房炎的抗性。

(4)使用年限　母牛在牛群中实际使用的胎次或月龄；公牛用其女儿在一定月龄(如 60 月龄、75 月龄、90 月龄等)时仍在牛群内继续生产的比例来度量。

(四)生长发育及肥育性能测定

对于乳牛、乳肉兼用和肉用牛都需要进行生长发育的测定，而且测定方法也基本相似，其作用是为牛的早期选择提供依据。生长发育的测定性状主要是各生长阶段的体重，即初生重、6 月龄重、12 月龄重、18 月龄重和 24 月龄重。由于一般不可能在牛正好达到某月龄时称重，因此要对实测体重进行校正。例如：

$$校正6月龄体重=\frac{实际体重-初生重}{实际日龄}\times 180+初生重$$

$$校正12月龄体重=\frac{实际体重-实际6月龄体重}{实际饲养天数}\times 185+校正6月龄体重$$

公牛一般在测定站测定，母犊牛一般在牛场内测定。

另外，对于肉用牛和乳肉兼用牛来说，除了要测定各生长阶段直至屠宰时的体重和相应的日增重外，有条件的还要对采食量、饲料报酬、胴体组成和肉质等性状进行测定。

二、猪生产性能测定

猪的生产性能测定主要包括繁殖性能测定、生长性能测定、胴体品质测定。

(一)繁殖性能测定

猪育种中，繁殖性能占有十分重要的地位，因为它直接影响生产者的经济效益。繁殖性能的测定工作只能在猪场内进行，应对公、母猪的基本情况登录清楚，并测定以下指标：

(1)初产日龄　母猪头胎产仔时的日龄。

(2)窝间距　2次产仔之间的间隔天数，可由产仔日期计算得出。

(3)窝产仔数　包括总产仔数(不包括木乃伊)和活产仔数(产仔后24 h内存活的仔猪数)。

(4)育成仔猪数(或断奶仔猪数)　在断奶时一窝中仍然存活的仔猪数。

(5)出生窝重　出生时一窝仔猪的总重量。

(6)断奶窝重　断奶时一窝仔猪的总重量，是母猪哺乳能力的主要指标。

此外，在产仔中出现的异常现象也应记录在案。

(二)生长性能定

生长性能和胴体组成是衡量一头猪经济价值的最重要指标，二者通常是同时在一起测定的。严格的胴体组成测定必须在屠宰后对胴体进行分割后测定，但个体在屠宰后不可能再做种用，因此，在实践中是对活体的一些与胴体组成性状有较高遗传相关的辅助性状进行测定。要测定的性状主要有：

(1)达到目标体重日龄　目标体重即标准的屠宰体重，各个国家有不同的规定，我国农业部畜牧兽医总站于2 000年颁布的《全国种猪遗传评估方案》建议为100 kg，与加拿大相同，而美国规定为113.47 kg。

(2)平均日增重　在测定期中的平均日增重：

$$平均日增重(ADG)=\frac{结束测定时的体重-开始测定时的体重}{测定天数}$$

(3)目标体重背膘厚　测定猪达到目标体重时的背膘厚。

活体背膘厚通常由A型或B型超声波仪测定。

(4)采食量　测定期间一头猪的总采食量。

(5)饲料转换率(FCR)　每单位增重所消耗的饲料。

$$FCR=\frac{采食量}{测定期体重}$$

以上性状的测定可在场内进行，也可在测定站进行。

(三)应激敏感性测定

猪应激综合征(porcine stress syndrome，PSS)是某些猪种中，尤其是瘦肉率高的猪品种中的一种常见遗传缺陷。应激敏感猪在受到一定刺激(如运动、运输、争斗、高温等)后产生应激反应，表现为心跳加快、体温升高、呼吸加快、肌肉僵硬等，严重者会窒息而死，这些症状又称为恶性高温综合征(MHS)。此外，应激敏感型猪在屠宰(屠宰本身对猪也是一种刺激)后极易出现 PSE(pale soft exudative，即灰白、松软、渗水)肉，这种肉表面粗糙，结构松散、嫩度差、酸败快、发干无味，即不适于鲜食用也不适于加工用。因而对应激敏感性的测定在近年来已成为猪性能测定中的重要内容。

目前已证明猪的应激敏感性受一个基因座控制，当该座位上为隐性纯合体(nn)时，猪表现为应激敏感，为杂合体(Nn)和显性纯合体(NN)时，不表现应激敏感。目前用于活体测定该基因型的方法主要有以下 2 种：

(1)氟烷测定　氟烷测定是让待测猪吸入一定量的氟烷麻醉剂，以此作为一种刺激，诱发应激敏感猪的应激反应，凡出现应激反应者可以认为具有 nn 基因型。这种测定需要特定的设备，并且要严格按照操作规程执行，否则可能会造成猪的死亡。这个方法的一个主要缺陷是不能区分 Nn 和 NN 基因型。

(2)基因诊断　基因诊断是从猪的身上采取组织样品(血液、毛发、皮肉等)，送往特定的实验室，从组织样品中提取 DNA，用 PCR 方法进行 DNA 扩增，再用特异性基因探针进行杂交，并用凝胶电泳来判断个体的基因型。用这种方法可准确区分 3 种基因型。

(四)胴体品质测定

胴体品质测定是指对屠宰后的胴体进行品质测定，它包括胴体组成测定和肉质测定。在测定站测定。

1. 胴体组成测定

受测猪在停食 24 h 后称重屠宰，屠宰后测定以下性状：

(1)胴体重　屠宰后去内脏、头和蹄后的左半扇胴体重。

(2)屠宰率　胴体重占宰前体重的百分比。

(3)膘厚　用游标卡尺在肩部下脂肪最厚处、胸腰椎结合处和腰荐椎结合处测定 3 点膘厚，求平均值，或只在 6～7 肋间测膘厚。

(4)皮厚　用游标卡尺在 6～7 肋间测皮厚。

(5)眼肌面积　在胸腰接合处垂直切下，用硫酸纸描出眼肌轮廓，用求积仪、图像仪或坐标纸计算面积。

(6)瘦肉率　左侧胴体去板油和肾脏，分离瘦肉(含肌间脂)、脂肪(含皮肌)、皮和骨，瘦肉重占瘦肉、脂肪、皮和骨的总重的百分比为瘦肉率。与之相应的指标还有脂肪率、皮率和骨率。

2. 肉质测定

肉质是一个综合性状，主要由以下指标来度量：

(1)肉色　屠宰后 2 h 内，在胸腰接合处取新鲜背最长肌横断面，目测肉色，对照标准肉色图评分：1 分——灰白色，2 分——轻度灰白色，3 分——亮红色，4 分——稍深红色，5 分——暗红色。以 3 分为最佳，2 分和 4 分仍为正常，1 分则趋于 PSE 肉，5 分则趋于 DFD 肉。

(2)pH　屠宰后 45 min 在倒数 3～4 肋间测背最长肌的 pH(用 pH 测定仪或 pH 试纸)，记为

pH_1，pH_1 小于 5.9 是 PSE 肉的象征。将胴体在 4℃下冷却 24 h，测后腿肌肉的 pH，记为 pH_{24}，pH_{24} 大于 6.0，是 DFD 肉的象征。

(3)系水力　指肌肉受外力(加压、加热、冷冻等)作用时保持其原有水分和添加水分的能力，也成为持水性或保水力。测定方法有 2 种：一是在一定时间中的重量损失率，此即为肌肉失水率；二是取同样的肉样，将其悬挂后测定在自然重力作用下在一定时间内的失水率，又称为滴水损失。

(4)大理石纹　肌肉大理石纹反应肌肉纤维之间脂肪的含量和分布，是影响肉口味的主要因素。测定方法是在胴体胸腰椎结合处取眼肌横切面，在 4℃下存放 24 h，而后对照肌肉大理石评分标准图，用目测评分：1 分——脂肪呈极微量分布，2 分——脂肪呈微量分布，3 分——脂肪呈适量分布，4 分——脂肪呈较多量分布，5 分——脂肪呈过多量分布。

三、鸡生产性能测定

鸡的生产性能分为产蛋性能和产肉性能两大类。这两类性状之间存在着较强的负相关，很难同时提高产蛋性能和生长速度，因此，现代养鸡生产已分化成蛋用和肉用两个方向，形成了蛋用型鸡(蛋鸡)和肉用型鸡(肉鸡)，兼用型鸡已基本被淘汰。

(一)产蛋性能测定

产蛋性能是蛋鸡的最主要的生产性能，但它同时也决定种鸡的繁殖性能，因而在肉鸡中也应受到重视。产蛋性能主要包括以下指标：

(1)产蛋数　指个体在一定时间范围内的产蛋总数。一般用群体平均产蛋数记录，包括以下 2 个指标：

$$\text{饲养日产蛋数}=\frac{\text{饲养天数}\times\text{产蛋总数}}{\text{饲养日鸡总数}}$$

$$\text{入舍鸡产蛋数}=\frac{\text{产蛋总数}}{\text{入舍鸡数}}$$

饲养日产蛋数反映了实际存栏鸡只的平均产蛋能力，而入舍鸡产蛋数则综合体现了鸡群的产蛋能力和生存能力。

(2)产蛋总重(或总蛋重)　指一只鸡或某鸡群在一定时间范围内产蛋的总重量。

(3)蛋重　即单个蛋的重量，取新鲜蛋(不超过 24 h)称重。一般测定某一特定年龄(如 36 周龄)的蛋重。

(4)蛋品质　指蛋壳强度、蛋白品质、蛋中血斑和肉斑的含量、蛋白形状、蛋壳颜色等，需要用特定的仪器测定。

(5)料蛋比　指产蛋鸡在某一年龄阶段饲料消耗量与产蛋总量之比。

(二)产肉性能测定

产肉性能主要包括生长发育和胴体品质 2 个方面。

1. 生长发育测定

生长发育测定的主要指标有：

(1)体重　主要指不同周龄时鸡的体重。

(2)增重　指鸡在一定年龄段内体重的增量。

(3)料肉比　指在一定年龄段内饲料消耗量与增重之比。

2.胴体品质测定

(1)屠宰率　指全净膛重或半净膛重占宰前活重的比率。

(2)腹脂率　指腹脂重占宰前活重的比率。

(三)繁殖性能测定

对繁殖性能主要测定以下性状：

(1)受精率　指入孵蛋中受精蛋所占比例。

(2)孵化率　指种蛋孵化后出壳的雏鸡所占的比例，又分为入孵蛋孵化率和受精蛋孵化率。

四、羊的生产性能测定

羊的生产的集约化程度是所有家畜中是最低的，因而在生产性能测定方面也相对的要粗放一些，但仍是一项不可缺少的育种工作。

(一)绵羊的生产性能测定

这里主要介绍绵羊的产毛性能测定。

(1)剪毛量　一次剪毛所得的羊毛重量。

(2)净毛率　将剪下的羊毛通过洗毛除去杂质(油汗、尘土、粪渣、草料碎屑等)后所得净毛的重量(称为净毛量)与剪毛量(也称为污毛量)的比率。

(3)毛长　在肩胛后缘一掌，体侧中线稍上处，打开毛丛量取从皮肤表面到毛的顶端的自然长度。

(4)细度　有两种测定方式：一种是用肉眼凭经验评定，用品质支数来表示其细度，所谓支数，是指 1 kg 重的羊毛能够纺成 1 000 m 长的毛纱的段数，可在测量毛长的相同部位观察评定；另一种是用仪器测定，用羊毛的直径(以微米为单位)来表示其细度，可在羊的肩部(肩胛骨中心点)、体侧(测量毛长的同一部位)和股部(腰角至飞节连线的中点)3 个部位取毛样并充分混匀，然后制成切片用显微镜测微尺测量，或直接用专用的羊毛细度测定仪测量。

(5)密度　以两手抓握羊体侧部被毛，根据手感饱满程度判断毛的密度，同时两手分开毛丛，如露出的皮肤为一条狭窄的直线，则表示毛较密，如露出的皮肤宽且不呈直线，毛丛中交叉毛多，羊毛弯曲度高，则表示毛较稀。也可分好、中和差三个等级。

(6)弯曲度、油汗含量、细度匀度、长度匀度　在测量毛长的同一部位用肉眼观察凭经验评定，都可分为好、中、差三个等级。

(二)山羊的生产性能测定

山羊主要分为乳用山羊和毛用山羊。对乳用山羊的泌乳性能测定与奶牛相似，对毛用山羊的产毛性能的测定与绵羊相似。

第四节　外貌评定

家畜育种的最终目的是提高畜群在有经济意义的性状上的性能。一般来说，体型外貌本身并无直接的经济意义(除皮毛和观赏动物)，但某些体型外貌性状与生产性能之间存在一定的关系。

一、体型外貌评定方法

早期的体型外貌评定仅仅是根据肉眼观察，主要从形态学上从主观愿望出发看一个个体是否理想，并无严格的定量标准。后来又出现了2种比较客观的评定方法，一是基于身体结构的协调性定出每一畜种身体结构的理想尺寸，再将各个个体与之相比较，这种协调性主要是从解剖学的角度而不是从生理学的角度去考虑。另一种方法是给身体的各个部位评分，对一个个体体型外貌的评定除了有总体评定外还有各个部位的评分，但这种评分是用肉眼观察给出的。以上方法都带有一定的主观性。后来，美国奶牛人工授精育种者联合会提出了一种用于奶牛的新的体型评定方法，即体型线性评定，与对生产性状的测定一样，这种评定方法是完全客观的，并且可用相同的统计学方法对评定结果进行分析。

二、家畜体尺测量方法

体尺测量是用测量工具对家畜的各个部位进行测量。常用的测量工具有测杖、圆形测定器、测角器和卷尺。这些工具在使用前要仔细检查，并调整到正确的度数。测量时要使被测个体站在平坦的地方，肢势保持端正。体型外貌评定中要测量的体尺主要有：

(1)体高(鬐甲高)　鬐甲顶点至地面的垂直高度。

(2)背高　背部最低处至地面的垂直高度。

(3)荐高　荐部最高点至地面的垂直高度。

(4)臀端高　坐骨结节上缘至地面的垂直高度。

(5)体长(体斜长)　从肩端到臀端距离。猪的体长是从两耳连线中点沿背线到尾根处距离。

(6)胸深　由鬐甲至胸骨下缘的直线距离(沿肩胛后角量取)。

(7)胸宽　肩胛后角左右两垂直切线间的距离。

(8)腰角宽(髋宽)　两侧腰角外缘间的距离。

(9)臀端宽(坐骨结节宽)　两侧坐骨结节外缘间的距离。

(10)头长　牛自额顶至鼻镜上缘的直线距离；马自额顶至鼻端的直线距离；猪自两耳连线中点至吻突上缘的直线距离。

(11)最大额宽　两侧眼眶外缘间的直线距离。

(12)头深　两眼内角连线中点至下颌骨下缘的切线距离。

(13)胸围　沿肩胛后角量取的胸部周径。

(14)管围　在左前肢管部上1/3最细处量取的水平周径。

三、体型线性评定

1. 线性评定的基本原则

(1)要评定的体型性状应有一定的生物学功能，且可通过育种手段加以改进。

(2)对各个性状要独立地分别进行评定，对每一性状都用数字化的线性尺度来表示其从一个极端到另一个极端的不同状态，即所谓的线性评分。这种数字的大小只客观地反映性状的状态，而不反映性状的优劣。

(3)评分结果适合用BLUP育种值估计方法进行分析，为此应将评定尺度分得细一些。

(4)被评定的个体应处于相同的年龄阶段。

2. 评定方法

对要评定的体型性状用数字化的线性尺度如用1～50或1～9，来衡量其从一个极端到另一个极端的不同状态。例如，对于奶牛的尻长性状，可用1～9的尺度来描述其从很短到很长的状态：

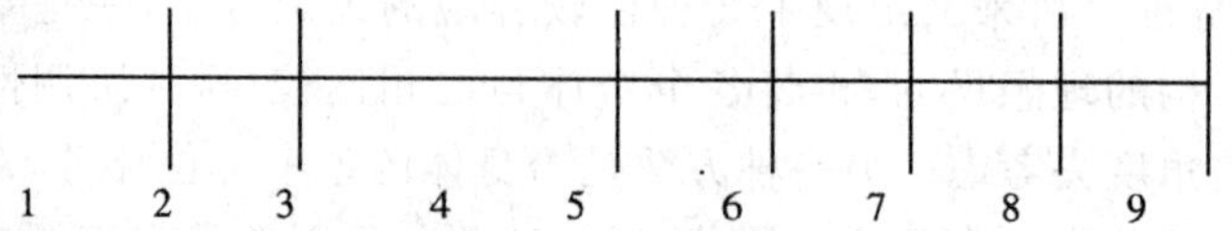

对于一个群体来说，大多数性状的评分应服从或近似服从正态分布。

由于从育种的角度来看，有的性状在处于某一极端值时为佳，而有些性状在处于中间状态时为最好，也就是说评分的数字大小并不直接反映性状的优劣，所以还要将线性评分转换成直接反映性状优劣的等级分，通常以百分制表示，以 100 分为最好。在得到个体的各个单个性状的等级分后，还可将它们适当加权合并为该个体的整体体型得分。

3. 各个畜种中的体型外貌评定

无论哪一畜种，在选择种畜时对体型外貌都有一些共同的基本要求：

(1)符合或基本符合品种的体型外貌特征。每一家畜品种都有一个品种标准，其中对体型外貌有明确的规定，作为种畜应符合这些标准。

(2)发育正常，体格健壮。发育不良或体质虚弱通常会影响配种能力、妊娠能力或使用寿命等，从而降低种用价值。

(3)无遗传缺陷。

(4)生殖器官或泌乳器官(母畜)发育良好。

除此之外，不同畜种在体型外貌的评定上还有较大的差别。

奶牛：在奶牛中体型外貌评定是最复杂也是做得最完善的。线性评定方法自 80 年代初起就在奶牛中开始应用，目前已在世界各国普遍使用，并基本形成了国际性的统一标准。但各国在测定性状的选择上以及对各个性状的重视程度上有所不同。

猪：过去人们常用肉眼来评判一头猪的肌肉生长情况，现在可借助仪器(如 A 型或 B 型超声波仪)来客观地测量背膘厚和眼肌厚(或面积)，逐渐取代了外观的肌肉生长评分。但有些体型外貌性状，如乳腺和肢蹄，在育种实践中仍然具有重要意义。乳腺应具有足够的发育良好的乳头；四肢应具有理想的关节角度和健壮的蹄子，以保证猪能以正确的姿势稳定地站立和行走。

羊：毛用绵羊除了对羊毛的密度、长度、弯曲度、细度、均匀度以及羊毛油汗的含量、分布和颜色等要进行严格的鉴定外，还要对体格大小和身体的宽深丰满程度进行评定。对肉用绵羊的体型要求与猪相似，但肉用绵羊的肌肉丰满程度目前主要还是用肉眼观察。同样，对肢体的结实程度也要做观察。对乳用山羊的体型外貌评定与奶牛相似，原则上用奶牛的线性评定系统也可用于乳用山羊。

四、家畜的体质

家畜的体质是指有机体执行本身的重要生命机能与执行对人类经济活动有益的机能之间的协调性表现。它既考虑了对家畜机体本身有力的适应性状(如生活力、抗病性、抗逆性等)和对人类有利的经济性状，也考虑了适应性状与经济性状之间的协调性(协调程度)。

显然，家畜体质与人的体质在实质是存在着显著区别。人的体质(即医学上的体质)乃指身体素质，而家畜的体质则不能只停留在身体素质上，不能脱离人类饲养家畜的经济目的。应认识到，对家畜本身有利的适应性状与对家畜本身不利但对人类有益的经济性状两者间存在着矛盾。家畜越高产，两类性状间的矛盾就越大，协调性就越差。因此，在育种工作中、在选种中需要找到两类性状间的“最佳”平衡点，找到鉴定整个有机体的方法，使选出的家畜既高产，又使高产建立在较好身体素质的基础上，使两类性状建立起新的协调关系。

家畜的体质一般按照前苏联库列硕夫(1854—1936年)提出的皮肉的紧对松和骨骼的粗对细，把家畜的体质分为5种类型：

(1)细致紧凑型　表现骨骼细致而结实，头清秀，角蹄致密有光泽，肌肉结实有力。皮薄有弹性，结缔组织少，不易沉积脂肪，外形清瘦，轮廓清晰，新陈代谢旺盛，反应敏感灵活，动作迅速敏捷。乘用马、乳牛、细毛羊多具有此种体质。

(2)细致疏松型　表现结缔组织发达，全身丰满，皮下及肌肉内易积储大量脂肪。它的肌肉肥嫩松软，同时骨细皮薄。体躯宽广低矮，四肢比例小。代谢水平低，早熟易肥，神经反应迟钝，性情安静。肉用家畜多具有此种体质。

(3)粗糙紧凑型　这类家畜的骨骼虽粗，但很结实，体躯魁梧，头粗重，四肢粗大，骨骼间相互靠得较紧，中躯显得较短而紧凑，肌肉筋腱强而有力，皮厚毛粗，皮下结缔组织和脂肪不多。适应性和抗病力较强，神经敏感程度中等。挽用马、役用牛、粗毛羊多具有此种体质。

(4)粗糙舒松型　表现骨骼粗大，结构疏松，肌肉松软无力，易疲劳，皮厚毛粗，神经反应迟钝，繁殖力和适应性均差，是一种不理想的体质。对于任何经济用途家畜均不适宜。

(5)结实型　表现体躯各部平衡协调，皮、肉、骨骼和内脏的发育程度。骨骼坚强而不粗，皮紧而有弹性，厚薄适中，皮下脂肪不过多，肌肉相当发达。外形健壮结实，性情温顺，对疾病抵抗力强，生产性能也表现较好。表现出健康与生产性能的全面和谐结合，是一种理想的体质类型。各种经济类型的每一个品种的种畜均应具备此种体质。

第五节　记录系统

性能测定结果的记录是性能测定工作的最后环节，完整、统一和规范化的记录系统对于保证测定结果的有效利用是必不可少的。

一、个体识别

识别个体最简单也是最有效的方法是对个体进行编号。个体的编号有临时性编号和永久性编号2种。

1.在动物身上标记编号方法

(1)打耳缺　常用在猪上。在仔猪初生时用耳号钳在猪耳朵的边缘打一些缺口，每一个缺口代表一定的数字，所有缺口所代表的数字加起来就是该个体的标号。

(2)戴耳标　可用于除禽类外的各种家畜上。将写有个体标号的特制的金属或塑料标牌穿戴在动物的耳朵上。

(3)刺耳标　用刺标钳在耳朵上打针孔并将永久性墨水注入针孔，这些针孔组成了个体的编号。可用在耳朵颜色较浅的家畜品种中。

(4)戴颈链　常用在牛上。在牛的脖颈上套一个皮制的或塑料制的项链，在该链上标有个体的编号。

(5)电子标记　将一种体积很小的携带有个体编号信息的电子装置，如电子脉冲转发器，固定在动物身上的某个特定部位，它所发出的信息可用特殊的仪器接收并读出。

2. 编号系统

个体编号系统至少应包含出生场、出生年等基本信息。以我国瘦肉型猪遗传评估体系所实行的全国统一的种猪个体编号系统为例加以说明。该系统由 15 位字母和数字构成，编号原则为：

(1)前 2 位用英文字母表示品种：如 DD 表示杜洛克，LL 表示长白，YY 表示大白，HH 表示汉普夏，二元杂种母猪用父系＋母系的第一个字母表示（如长大杂种母猪用 LY 表示）。

(2)第 3～6 位用英文字母表示场的代码（由农业部统一认定）。

(3)第 7 位用数字或英文字母表示分场号（先用 1 至 9，然后用 A 至 Z，无分场的种猪场用 1）。

(4)第 8～9 位用公元年份的最后 2 位数字表示个体的出生年份。

(5)第 10～15 位用数字表示耳号，前 4 位用窝号，后 2 位为窝内个体号。

如某个体编号为 DDDLSG113001007，表示该个体为杜洛克品种，出生于 DLSG 种猪场的 1 分场，2013 年出生，在该场为 2013 年的第 10 窝中的第 7 个个体。

二、系谱记录

作为一头种畜或候选种畜，要求有完整的系谱记录。所谓系谱就是一个个体的父母亲及其祖先的编号，如果有一个完善的育种资料数据库管理系统，实际上只要准确记录了个体和其父、母亲编号，就可以非常方便地追溯它的所有祖先。种畜的系谱卡片一般以横式系谱表示：

- 子代
  - 父
    - 祖父
      - 祖父的父亲
      - 祖父的母亲
    - 祖母
      - 祖母的父亲
      - 祖母的母亲
  - 母
    - 外祖父
      - 外祖父的父亲
      - 外祖父的母亲
    - 外祖母
      - 外祖母的父亲
      - 外祖母的母亲

三、临时性记录

临时性记录有 2 种记录方式：

(1)手工记录　将测定结果记录在纸上，但要根据育种方案事先设计好各种统一的规范化的记录表格，将测定结果直接记录在表格中。

(2)自动记录　自动记录系统一般由计算机、佩戴在动物个体身上或固定在个体笼位上的含有个体标号的电子标记（如磁卡、条形码、脉冲转发器等），该电子标记的阅读器和计算机软件组成。

四、永久记录

无论是手工记录还是自动记录所得的临时数据都要经过处理，将需要长期保存的信息转成永久性记录长期保存，供育种分析和经营管理利用。保存的期限在不同的畜种中有不同的要求，世代间隔长的畜种要求保存的期限就要长一些。对于遗传评估和遗传参数的估计来说，一般要求至少保存上溯 5 个世代的记录，这就要求不仅要保存性能测定记录，还要保存系谱信息，也就是要尽量保存每个个体的完整的双亲信息。永久性记录一般都用某种数据库的形式在计算机的外部存储设备(硬盘、U 盘、光盘等)中保存。

复习思考题

1. 名词解释:生产性能测定　305 d 产奶量　成年当量　瘦肉率　背膘厚　产仔数　产蛋量　孵化率　剪毛量　净毛率

2. 生产性能测定的形式有哪些?

3. 家畜的系谱类型有哪些?其结构形式是什么?

第三章 选　种

从畜群中选择出优良的个体作为种用称为选种。选种是家畜育种工作的核心环节，它包括三个主要的部分，即生产性能测定、遗传评估和选留。选种是使品质较差个体的繁殖后代受到限制，而使优秀个体得到更多的繁殖机会，产生更多的优良仔畜。结果使群体的遗传结构发生定向变化，即有利基因的频率增加，不利基因的频率减少，最终使有利基因纯合个体的比例逐代增多。任何动物的育种都需要选种，没有选种，也就没有畜群改良。当今世界上所有动物良种，无一不是人类长期选择和培育的结果，选种具有创造性作用。

第一节　选种的基本原理

对个体种用价值的评定，实质是对于表现在动物体的性状的评定与选择。家畜的性状一般分为两类。一类是有单个或少数几个基因座所决定的，性状的表现不受或很少受环境因素的影响，且性状的表型变异为间断分布，即可以分成几个界限分明的等级或类型，这类性状被称作质量性状。家畜的许多外貌特征，如毛色、有无角、鸡的冠型等，血型和血浆蛋白质多态性等都是典型的质量性状。与之相对的另一类性状是由微效多基因所决定，性状的表现除了受遗传因素控制外，还很大程度上受环境因素的影响，这类性状的表型变异是连续分布，即可以量的大小表示任一个体的性状值，这类性状被称之为数量性状。家畜大部分有经济意义的生产性状都属于数量性状。如奶牛的产奶方面的性状、猪的生长发育和胴体组成性状、蛋鸡的产蛋性能等。

一、影响数量性状选择效果的因素

包括性状的遗传力、选择差和选择强度、世代间隔、性状间相关、选择性状的数目等。

1. 遗传力

遗传力是指在整个表型变异中可遗传的变异所占的百分数，一般用符号 h^2 表示。一般把遗传力值在 0.4 以上的性状认为是高遗传力的，0.2～0.4 为中等遗传力，0.2 以下的为低遗传力。遗传力一方面直接影响选择反应的大小，高遗传力性状的选择反应就比低遗传力的性状大很多。另一方面也影响选择的准确性，如遗传力高的性状，表型选择的准确性也愈大。

2. 选择差与选择强度

选择差是所选留种畜某一性状的表型平均数与畜群该性状的表型平均数之差。在影响选择反应大小的因素中，选择差是可以人为调节的，而选择差的大小取决于畜群的留种比率和变异程度。留种率越小，性状在畜群中的变异程度越大，选择差就越大，选择反应就越大。另外，为了便于比较分析，可将选择差标准化，即除以该性状表型值的标准差，所得结果称选择强度。在选定的群体中，所选留群体的选择差越大，选择强度越大，选择反应越大。

3.世代间隔

以双亲产生种用子女时的平均年龄来计算,即从这一代到下一代所需要的平均年数。世代间隔越短,平均每年所获得的遗传改进量越大。为了缩短世代间隔,可考虑采用提早配种,头胎留种和减少老畜在畜群中的比例等措施。

4.性状间的相关

具有较高遗传相关的性状间,在选择的时候会产生相关选择反应,如果为高的正相关,提高所选性状的表现的同时,也会提高相关性状的表现。如选择蛋鸡的252日龄产蛋数,同时会提高500日龄产蛋数。如果为高的负相关,提高所选性状的表现的同时,会降低相关性状的表现。如猪的背膘厚的降低,会提高瘦肉率。

二、选择的方法

对于种畜首先要求本身生产性能提高,体质外形好,发育正常,其次还要求它繁殖性能好,合乎品种标准,种用价值高。这六方面缺一不可。也就是要求种畜不仅本身的表型好,而且还要有优良的遗传型。

(一)个体选择

根据个体的生长发育、体质外形和生产力的实际表现来推断其遗传型的优劣。具体方法是,与其所在畜群的其他个体相比,或与所在畜群的平均水平相比,也可与鉴定标准相比,一般都要经历一个从小到大多次选留、逐步淘汰的过程。个体选择能使后代得到多大的遗传改造,取决于所选个体表现型与基因型的相关程度,选择什么性状、选择强度大小、同时选择多少性状以及怎样选法。一般是选择遗传力高的性状效果最可靠,进展也最大。

个体选择中,当所选性状不止一个时,可采用以下不同方法:

(1)顺序选择法　指同一时期只选一个性状,当这个性状得到满意的改良后,再致力于选择第二个性状,然后再选择第三个性状,如此顺序递选。

(2)独立淘汰法　指同时选择两个以上性状,并对每个性状分别规定出应达到的最低标准,凡全面达到标准者被选留,若有一项未达标准,即使其他方面都很突出也将被淘汰。此法简单易行,但被选留下来的个体,总的表现可能很平常,因而后代的遗传改进不会很大。

(3)选择指数法　指根据育种要求,对所选择的每一性状按其遗传力及经济重要性的不同,分别给以不同的加权系数,组成一个综合选择指数,然后按指数的高低选种。此法的特点是对所选几个性状有主次之分的综合在一个指数公式中进行同时选种,效果最好。选择指数的计算公式为

$$I=\sum_{i=1}^{n}W_i h_i^2(\frac{P_i}{\overline{P}_i})$$

式中:W_i 为性状的加权值;h_i^2 为性状的遗传力;P_i 为个体表型值;$\overline{P}_i$为畜群群体平均值。

(二)系谱选择

根据系谱,按个体祖先的表型值进行选种。因为后代的品质在很大程度上取决于亲代的遗传品质及其遗传的稳定性,所以系谱选择一般采取分析和对比法,即先逐个分析各个体的系谱,审查祖先特别是亲代和祖代的血统是否为纯种、生产性能高低及是否稳定;然后对各个体的系谱进行比较,从中选出比祖先性能高而且稳定又没有遗传疾患的个体做种用。但根据系谱选种只能预见

个体的遗传可能性，因此，此法多用于对幼畜的选留和引种上。

(三)后裔选择

根据后代的平均表型值选择的方法。因为后代品质的好坏是对亲本遗传性能及种用价值最确切的见证。这种方法尤其对遗传力低的性状是较好的选种法。因此，许多国家都采用，并设立测定站专门承担这项工作。但它需要时间长、投资高，所以，此法只用于种公畜的选留。后裔测验的方法有：

(1)母女对比法　将女儿与其母亲的生产成绩相比，如女儿成绩显著高于母亲，则证明其父亲是一个“改良者”，反之，则为“恶化者”，成绩相近则为“中庸者”。此法简单易行，但母女年代不同，生活条件难于取得一致。

(2)同龄女儿比较法　是将被测的几头公畜的同龄女儿进行同伴生产力间比较。由于他们的年龄、饲养管理条件较一致，故结果也较准确。

(3)半同胞比较法　是以同父异母的半同胞后裔的成绩进行比较。此法优点是能最大限度地消除母亲间和季节间的差异。

(4)公牛指数法　是将公牛女儿的成绩与其母亲的成绩按公式计算成公牛指数后进行比较。公式是

$$F=2D-M$$

式中：F 为父亲的产乳遗传潜力，即公牛指数；D 为女儿的平均产乳量；M 为母亲的平均产乳量。

后裔选择应注意的事项：①选配的母畜应在品种、类型、年龄、等级上尽可能相同；②后裔之间，后裔与亲代之间应在饲养管理上尽可能相同；③后裔的出生时间应尽可能安排在同一季节；④后裔的数量要足够大，大畜有 10～20 头，小畜有 20～30 头有生产能力的后代，即可对种畜的种用价值做出大致肯定；⑤评定指标要全面，既要重视后裔的生产力，还要注意其生长发育、体质外形、适应性及有无遗传疾患等。

(四)同胞选择

以旁系亲属(有全同胞与半同胞兄妹等)的表现为基础的选择。一般只根据全同胞或半同胞兄妹的平均表型值来选留种畜。同胞测验，因其双亲相同，其基因型一致，所以根据同胞资料能对该个体遗传基因型做出可靠判断，同时也是一个亲本(半同胞时)或双亲(全同胞时)的后裔测验，而且比后裔选择需时较短，能提早选择；同时对限性性状，活体不能度量的性状及低遗传力性状的选择都有重要意义。

三、提高选种的准确性

为了掌握和确保选种工作顺利进行，根据选种效果及其准确性，需建立一套选种的程序与制度。例如猪的选种程序及制度可概括为：“四评、三选、两达到、一突出”。四评即从外形、生长发育、生产性能和适应性(耐粗饲性能)四方面评定猪的好坏；三选即选留、选出、选定三步；两达到即本身与其后裔要达到育种要求；一突出即要突出育种的主选性状或品系特点。对此应做好以下工作：①目标明确；②情况熟悉；③条件一致；④资料齐全；⑤记录精确；⑥法正确；⑦制度健全。

第二节　质量性状的选择

一、对隐性基因的选择

对隐性基因的选择实际上是对显性基因的淘汰过程。若显性基因的外显率是100%，而且杂合子与显性纯合子的表型相同，则可以通过表型鉴别，一次性地将显性基因全部淘汰。

二、对显性基因的选择

对显性基因的选择，首先是鉴定出隐性纯合子个体并将其淘汰。但是，由于显性杂合子个体也携带隐性基因，所以仍有隐性基因留在群体中，要把全部隐性基因淘汰掉，必须把隐性纯合子个体和显性杂合个体都淘汰掉，仅仅保留显性纯合个体。

1. 根据表型淘汰隐性纯合个体

淘汰所有可识别的隐性纯合个体，开始能较快地降低群体中隐性基因的频率，但这个下降趋势将逐渐变缓，而且很难将其降低到0。

2. 通过测交鉴定显性杂合个体

淘汰全部隐性纯合个体，同时鉴定出显性杂合个体并予以淘汰，这样可很快在群体中清除隐性基因。假设在一个畜群中，在显性表型双亲的后代中出现了纯合隐性，就可断定此双亲为携带隐性基因的杂合个体。将这样的隐性基因携带者与其后代同时淘汰，可加快隐性基因频率下降的速度。

三、对伴性基因的选择

绝大部分的伴性基因仅被携带在一条性染色体上，即哺乳动物的X染色体或鸟类的Z染色体上，而且伴性基因绝大多数是表型等级分明的质量性状。因此，对某一伴性基因的判别和选择，主要通过对个体的表型辨别来实现。

鸡的羽速基因Z^K（慢羽）、Z^k（快羽）是典型的伴性基因，其遗传方式如图4-3-1。

亲代基因型	Z^kZ^k♂	×	Z^KW ♀
亲代表型	快羽	↓	慢羽
子代基因型	Z^KZ^k♂		Z^kW ♀
子代表型	慢羽		快羽

图4-3-1　快慢羽基因的遗传方式

根据羽速基因的伴性遗传规律，在鸡育种中可以选育羽速自别雌雄配套系。其技术路线如下：

（1）建立快羽父系　快羽公鸡的基因型为Z^kZ^k，母鸡为Z^kW，表型与基因型一致，因此，可直接按照个体的表型选择，雏鸡出壳后选留表型为快羽的个体，组成育种群。

（2）建立慢羽母系　慢羽母鸡的表型与基因型一致Z^KW，因此仅需按其表型选留母雏，即可获得慢羽母鸡鸡群。而表现慢羽的公鸡则有两种基因型，即Z^KZ^k和Z^KZ^K，为了培育纯慢羽系，需选留纯合慢羽公鸡个体。由于慢羽对快羽为显性遗传，必须进行测交试验，淘汰杂合公鸡个体。

第三节　个体育种值的估计

由微效多基因假说可知数量性状表型值是由个体的遗传和环境效应共同作用的结果($P=G+E$),其中遗传效应中由于基因作用的不同可以产生 3 种不同的效应($G=A+D+I$),即基因的加性效应(A)、显性效应(D)和上位效应(I)。虽然显性和上位效应也是基因作用的结果,但在遗传给下一代时,由于基因的分离和自由重组,它们是不能遗传给下一代的,在育种过程中不能被固定,难以实现育种改良的目的。只有基因的加性效应(I)部分才是能够确实遗传给下一代的,因此将控制一个数量性状的所有基因座上基因的加性效应总和称为基因的加性效应值,它是可以通过育种改良稳定改进的。个体加性效应值的高低反映了它在育种上的贡献大小,因此,也将这部分效应称为育种值(A)。

一、估计育种值

由于个体育种值是可以稳定遗传的,因此根据它进行种畜选择就可以获得最大的选择进展。但是育种值是不能够直接度量到的,能够知道的只是包含育种值在内的各种遗传效应和环境效应共同作用得到的表型值。因此只能利用统计分析方法,通过信息表型值和个体间的亲缘关系来对育种值进行估计,由此得到的估计值称为估计育种值(estimated breeding value,EBV)。

在估计某一个体的育种值时,可仅利用其某一类亲属(包括个体本身)的性状测定值,也可同时利用多类亲属的性状测定值。

二、单一亲属个体育种值估计

当仅利用个体本身或其某一类亲属的性状表型值估计个体的育种值时,最简便易行的方法就是通过建立育种值对表型值的回归方程来进行估计,即:

$$\mathrm{EBV}=\hat{A}=b_{\mathrm{AP}}(\mathrm{P}^{*}-\bar{P})$$

式中:$\hat{A}$ 为个体估计育种值;b_{AP}为个体育种值对信息表型值的回归系数或称加权系数;P^{*} 为用于评定育种值的信息表型值;$\bar{P}$ 为与该信息来源处于相同条件下的所有个体的均值;

显然,这里最为关键的是要计算出b_{AP}。根据回归系数的计算公式,有

$$b_{\mathrm{AP}}=\frac{Cov(A,P^{*})}{\sigma_{P^{*}}^{2}}$$

上式中:$Cov(\mathrm{A},\mathrm{P}^{*})$为被估计个体育种值与信息表型值的协方差;$\sigma_{\mathrm{P}^{*}}^{2}$ 为信息表型值方差;

将b_{AP}变形后,可以得到:

$$b_{\mathrm{AP}}=\frac{r_{A}nh^{2}}{1+(n-1)r_{P}}$$

式中:n 为个体本身的度量次数或同类亲属个体数;r_P 为多个表型值间的相关,如果是一个个体多次度量值,$r_P=r_e$(重复力),如果多个同类亲属个体单次度量,$r_P=r_A^{*}\cdot h^{2}$;r_A^{*} 为同类个体间的亲缘系数。

表 4-3-1 不同信息估计个体育种值的回归系数

信息资料类型	一个体单次度量值	一个体 k 次度量均数	n 个同类个体单次度量均值
本身	h^2	$\frac{kh^2}{1+(k-1)r_e}$	—
亲本	$0.5h^2$	$\frac{0.5kh^2}{1+(k-1)r_e}$	h^2
全同胞兄妹	$0.5h^2$	$\frac{0.5kh^2}{1+(k-1)r_e}$	$\frac{0.5nh^2}{1+0.5(n-1)h^2}$
半同胞兄妹	$0.25h^2$	$\frac{0.25kh^2}{1+(k-1)r_e}$	$\frac{0.5nh^2}{1+0.25(n-1)h^2}$
全同胞后裔	$0.5h^2$	$\frac{0.5kh^2}{1+(k-1)r_e}$	$\frac{0.5nh^2}{1+0.5(n-1)h^2}$
半同胞后裔	$0.5h^2$	$\frac{0.5kh^2}{1+(k-1)r_e}$	$\frac{0.5nh^2}{1+0.25(n-1)h^2}$

下面对几种主要信息来源估计育种值的特点作进一步的讨论。

1.个体本身信息

利用个体本身信息估计育种值也称为个体测定。根据不同性状的特点,个体本身信息可以是单次度量值,也可以是多次度量值。从表 4-3-1 可以看出,在利用单次度量值估计时,加权系数就是性状遗传力,对于同一群体的个体来说,加权系数就是性状的遗传力,因此,对于同一群体的个体来说,个体育种值估计值的大小顺序与个体表型值是完全一样的。当性状进行多次度量时,由于可以消除个体一部分特殊环境效应的影响,从而提高个体育种值估计的准确度。且由于个体测定的准确度直接取决于性状遗传力大小,因此遗传力高的性状利用这一信息估计的准确度较高。

2.系谱信息

利用系谱信息估计个体育种值也称为系谱测定。系谱信息包括个体的父母及祖先的性状测定信息。在实际测定时首先应注意父母代(亲本),然后是祖父母代,更远的祖先所提供的信息价值十分有限。由表 4-3-1 可以看出,亲本信息的加权值均只为相应的个体本身信息的一半,当利用双亲单次度量均值时它正好就是遗传力。当利用更远的亲属信息估计育种值时,只需在加权值计算公式中将相应的亲缘系数代替亲子亲缘系数即可,只是由于亲缘关系越远,其信息利用价值越低,一般而言祖代以上的信息对估计个体育种值意义不大。尽管利用亲本信息的估计效率相对较低,但其最大好处是可以作早期选择,甚至在个体未出生前,就可根据配种方案确定的两亲本成绩来预测其后代的育种值。

3.同胞信息

根据同胞信息估计个体育种值也称为同胞测定。同胞有全同胞和半同胞之分,同父同母的子女间为全同胞,在没有近交的情况下,全同胞个体间的亲缘系数为 0.5,在一些繁殖力高的畜禽,例如,在猪和鸡的育种中,可以得到较多的全同胞。同父异母或同母异父的子女间为半同胞,在没有近交的情况下,半同胞个体间的亲缘系数为 0.25,在一些繁殖力低的畜禽,如牛和羊的育种中,通过人工授精等技术可以得到大量的同父异母半同胞。同胞信息估计育种值的好处有:①可做早期选择;②可用于限性性状选择;③由于同胞数目可以很大,能较大幅度地提高估计准确度;④当性状度量需有屠宰家畜个体时,更需要根据同胞信息选择;⑤阈性状选择,例如,达到一定年龄时的死亡率,几乎唯一的选择依据就是同胞的存活率。

4. 后裔信息

利用后裔信息估计个体育种值也称为后裔测定。估计个体育种值的最终目的就是希望依据它来选择,使后代获得最大的选择进展,因此,一个个体的后代性能表现是评价该个体最可靠的标准。然而,实际上却并非如此,最主要的原因就是后代的遗传性能并不完全取决于该个体,而与它所配的另一性别个体的遗传性能好坏也有关,并且数量性状的表型值也受到环境的很大影响,因而只有当后裔数量较大时,才能得到较为可靠的估计育种值。后裔信息估计育种值的最大缺点是延长了世代间隔,缩短了种畜使用期限,而且费用大大增加。因此,目前后裔测定主要只对影响特别大且不进行个体测定的种畜进行,如奶牛育种中种公牛的选择。

第四节　间接选择

(一)间接选择的概念

由于性状间存在相关性,当我们对某个性状施加选择时,与其相关的另一(些)性状势必也要发生相应的变化。就是说对 Y 性状施加的选择通过性状之间的相关传递到 X 性状上,从而使得 X 性状也受到选择的影响。例如,当通过选择来提高猪的生长速度的同时也提高了饲料利用率,而选择猪薄的背膘厚度的同时也提高了胴体瘦肉率等。这种通过对 Y 性状的选择产生的作用来改良 X 性状的方法称为间接选择,这里我们把 Y 性状称为辅助性状。

(二)适用性状　间接选择主要适用于如下几种情形:

(1)难以度量的性状　主要是那些需要改良,但又难以活体度量的性状,可以通过选择一个与其相关的性状以得到改良目的。如动物的屠体性状、胴体品质、肉质等。

(2)早期选择　利用早期表现的性状与后期表现性状之间的相关实施早期选种。如利用鸡 4 周龄体重与 7 周龄体重之间的相关性,将后备鸡的选择提前到 4 周龄进行。

(3)遗传力低的性状　遗传力低的性状直接选择的效果不会,可采用间接选择的办法。

(三)应用条件

间接选择主要是针对直接选择在技术上有困难或间接选择的效果好于直接选择的情况下进行的。因此,要使间接选择优于直接选择,其条件是:两个性状之间有较高的遗传相关,辅助性状的遗传力高,目标性状是低遗传力的性状。间接选择在家畜育种中有广泛的应用前景,随着分子生物学研究的进展,间接选择已成为提高动物育种效果的有效手段。

复习思考题

1. 名词解释:选种　测交　育种值
2. 质量性状中显性基因和隐性基因选择的基本方法是什么?
3. 单一亲属信息估计个体育种值的方法是什么?

第四章　选　配

对于两性动物，无论是父本还是母本都只通过各自所产生的配子为下一代提供一半遗传物质，从而使下一代的基因型及其遗传效应并不简单等于父本或者母本，而是既受父本、母本各自影响，又受二者间的互作影响。育种者选择出优良个体并考虑将它们用作繁殖后代的亲体后，为巩固选择成果，必须审慎地决定哪头公畜与哪头母畜进行交配。这种按照一定的规则和策略来安排公母畜的交配就叫作交配系统，或称交配体系。交配系统分为两大类，一类是随机交配；另一类是非随机交配，即选配。随机交配是指某个性别的每个个体都有同等的机会与另一性别的任何一个个体交配。随机交配不同于无计划的随便交配或野交乱配。有时出于某种育种工作的需要还会要求在避免全同胞交配或者同时避免全同胞和半同胞交配的前提下实行随机交配。于是随机交配出现了两类，一类是完全的随机交配，另一类是不完全的随机交配。

为了达到特定目的，人为确定公母畜间的交配体制称为选配。根据与配双方的个体间关系还是个体所在的群体间的关系分为个体选配和种群选配。在个体选配中又分为品质选配和亲缘选配；种群选配可分为纯种繁育和杂交繁育。

本章主要讨论品质选配、近交和种群选配（纯繁和杂交繁育）。

第一节　品质选配

品质选配，又称选型交配。它所依据的是交配个体间的品质对比。动物的品质包括一般品质（如体质外形、生产性能及产品质量等）和遗传品质（如基因型和育种值的高低）。按交配双方品质的异同，可分为同质选配和异质选配。

品质选配，较之随机交配最主要的是改变了公母畜间的交配概率，因在随机交配时某种交配类型的概率是公畜与母畜相应基因型频率之积，而在品质选配时却不然。例如，假设一个由有角牛和无角牛组成的牛群，有角牛在全部公牛中的频率为 R，在全部母牛中的频率也是 R，于是，如果采用随机交配，则有角公牛与有角母牛交配的概率为

$$P(\text{有角公牛}\times\text{有角母牛})=P(\text{有角公牛})\times P(\text{有角母牛})=R\times R=R^2$$

而若采用同质交配，交配的概率就将有所不同，此时有角母牛的频率仍然是 R，但该母牛与有角公牛交配的概率却将是 1 而非 R，因为选配的原则要求它必须与有角公牛交配。因此，此时 2 个有角牛交配的概率变为：

$$P(\text{有角公牛}\times\text{有角母牛})=P(\text{有角公牛})\times P(\text{有角母牛})=1\times R=R$$

交配概率不同，对下一代的基因型频率，甚至基因频率就会有影响，从而具有不同于随机交配的独特作用，产生独特用途。

一、同质选配

如果两个个体品质相同或者相似，则其间的交配称为同质交配或者同型交配。同质选配分为表型同质选配和遗传同质选配，两者都可以获得与亲代品质相似的优秀后代。如高产牛配高产牛，超细毛羊配超细毛羊等。此法对遗传力高的性状，以一个性状为主的选配，效果较好。同质选配的优点是使畜群逐渐趋于同质化，因此，当畜群中一旦出现理想类型，可以通过同质选配使其纯合固定下来并扩大其在群体中的数量；可以通过同质交配使群体分化成为各具特点且纯合的类群；还可以采用同质选配加上选择得到性能优越而又同质的群体。

（一）同质选配的形式

1. 表型同质选配

安格斯牛（Angus cattle）的毛色受一个基因座上的两个等位基因 B（黑色）和 b（红色）控制，B 基因对 b 基因呈显性。如果采用表型同质选配，则存在两种情况：黑色公牛（BB、Bb）配黑色公牛（BB、Bb），红色公牛（bb）配红色母牛（bb）。

2. 遗传同质选配

短角牛（shorthorn cattle）的毛色受一个基因座上的 2 个等位基因 R（红色）、r（白色）控制，R 与 r 共显性，RR 为红色，Rr 为花色，rr 为白色。如果采用遗传同质交配，则存在三种情况：红色公牛（RR）配红色母牛（RR），花色公牛（Rr）配花色母牛（Rr），白色公牛（rr）配白色母牛（rr）。

（二）同质选配的遗传效应

（1）同质选配不改变基因频率。有两个前提：一是公畜群与母畜群的基因频率相同。公畜与母畜的使用频率相同；二是交配前对于交配类型没有选择，在交配后对下一代的基因型也没有选择。

（2）同质交配改变基因型的频率。即纯合子的频率增加、杂合子的频率减少。所增加的纯合子频率的幅度等于所降低的杂合子的频率的幅度，而且各种纯合子的频率增加的幅度相同。

（3）遗传同型交配改变基因型频率的程度大于表型同型交配。

（4）连续进行同型交配，杂合子的频率不断降低，各种纯合子的频率将不断增加。最后，群体将分化成由纯合子组成的亚群。

（5）同质交配若同选择相结合，则将既改变群体的基因频率又改变群体的基因型频率，群体将以更快的速度定向达到纯合。

（6）同质选配对于数量性状，将不改变其育种值，但因杂合子的频率降低却有可能降低群体均值。

（三）同质选配的注意事项

（1）表型选配虽与遗传选配作用性质相同，但其程度却不同。而且运用遗传同型交配，下一代的基因型可以准确预测，而表型同型交配因表型相同的个体基因型未必相同，故其下一代的基因型难以准确预测，因此，实践中应尽量准确地判断个体的基因型，根据基因型进行同质交配。

（2）同质交配是同等程度地增加各种纯合子的频率。因此，若理想的纯合子类型只是一种或者几种，那就必须将选配与选择结合起来，只有这样，才能使群体定向地向理想的纯合群体发展。

（3）同质交配将使一个群体分化成几个亚群，亚群之间因基因型不同而差异很大，但亚群内的变异却很小。因此在亚群内要想进一步选育提高可能比较困难。同质交配因减少杂合子的频率而使群体均值下降，因此可能适于在育种群中使用，而不适用于繁殖群中。

(4)同质交配必须用在适当时机，达到目的之后即应停止。同时，必须与异质交配相结合，灵活运用。

二、异质选配

如果两个个体品质不同或者不相似，则其间的交配称为异质交配或者异型交配。有两种情况：一种是选用具有不同优异性状的公母畜相配，以期获得兼有双亲不同优点的后代；另一种是选择相同性状但优劣程度不同的公母畜相配，即以优改劣，以期后代有较大的改进和提高。异质选配多属中间型遗传，其结果是把极端性状平均一下。

(一)单一性状异质交配

若对安格斯牛的毛色依据表型进行异质选配，则有两种交配类型：①黑色母牛(BB、Bb)配红色公牛(bb)；②红色母牛(bb)配黑色公牛(BB、Bb)。

单性状的异质交配具有如下作用：①单性状的异质交配可以改变下一代的基因频率；②隐性纯合子全部源于杂合子的存在；③如果能够区分表型和基因型，进而淘汰隐性纯合子而只保留两种纯合子间的异质交配即遗传异质交配，则下一代将全部变成杂合子；④异质交配对于数量性状而言，可能提高群体的均值，尤其在遗传异质交配下杂合子的频率提高，显性效应也将最大。

(二)多个性状异质交配

假设考虑两个性状：一个性状有一个基因座的两个等位基因 A、a 控制，A 表现优良；另一个性状由一对等位基因 B、b 在控制，而且 B 表现优良。由此，采用 A_bb×aaB_表型异质交配，下一代可能出现 4 种基因型 AaBb、Aabb、aaBb、aabb。而若采用 AAbb×aaBB 遗传异质交配，下一代将只有一种基因型即 AaBb。由此可见，多个性状异质交配具有下列作用：①无论表型异质交配还是遗传异质交配，都有可能出现 AaBb 杂合子，这种杂合子将交配双方的优良特性集于一身而优于交配双方。但表型选配不像遗传选配那样仅有一种 AaBb 后代，而是可能出现另外 3 种基因型的后代；②对于数量性状而言，AaBb 在两个性状上均处于杂合状态，故可充分利用基因间的互作效应，从而使下一代的生产性能表现高于两个亲本。

(三)异质选配的应用

(1)用好改坏，用优改劣。例如，某些高产母畜，只有在一性状上表现不好，就可以选在这个性状上特别优异的公畜与之交配，给后代引入一些合意的基因，使其表型优良。

(2)综合双亲的优良特性，提高下一代的适应性和生产性能。

(3)丰富后代的遗产基础，并为创造新的遗传类型奠定基础。例如，在异质交配产生了 AaBb 的基础上，采用 AaBb×AaBb 同质横交，即有可能得到 AABB 纯合优秀类型。

同质选配和异质选配的效果，与选种对基因型判断的准确性有关，如交配双方的基因型都是杂合子，即使是相同基因型的交配，后代也会出现分离；采用异质选配时，不允许有相同缺点或相反缺点的公母畜交配；选配的公畜等级一定要比母畜的等级高；同时应注意充分利用原有的育种记录，查明有效的交配组合继续使用，重复以往的选配，以增殖理想型个体的数量，不必做过多的探索。

第二节　亲缘选配

亲缘选配，就是依据交配双方间的亲缘关系进行选配。育种学上认为，如果与配双方间存在亲缘关系，就叫近亲交配，简称近交；如果与配双方不存在亲缘关系，就叫远亲交配，简称远交。在畜牧学中，通常将到共同祖先的距离在6代以内的个体间的交配称为近交；而把6代以外个体间的交配称为远交。或者把群体中个体的近交系数≥0.781％作为判断其父母是否是近交的标准。另外，远交可细分为两种情况，一是群体内的远交。在一个群体之内选择亲缘关系远的个体相互交配，可以防止小群内由于近交出现的近交衰退；二是群体间的远交，是指两个群体的个体间相交配，而群体内的个体间不交配。这种远交涉及的是不同群体，有品系间、品种间的杂交和种间、属间的远缘杂交。如图4-4-1所示。

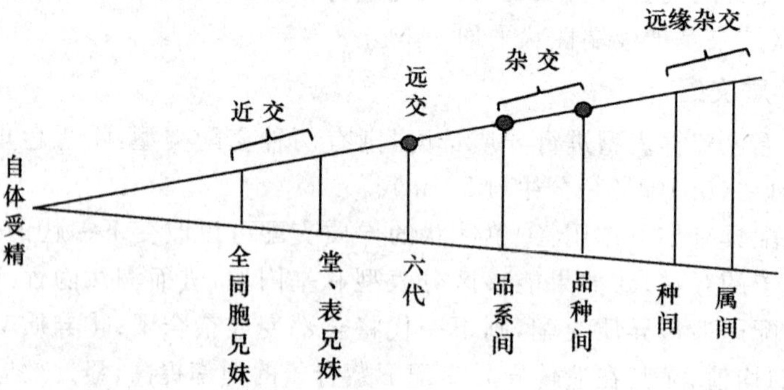

图4-4-1　亲缘关系远近示意图

一、近交

近交是改良现有畜群品种，培育新品系和新品种不可缺少的有效手段。世界上几乎所有著名的家畜品种在其培育过程中或育成后都使用过近交。但并非任何时候都可使用近交，若使用不当就会冒近交衰退的风险，因此，对于近交要合理使用。

（一）近交程度的衡量方法

亲缘关系的远近，可以用下一代的近交系数F来衡量。近交系数的概念首先是由Wright(1921)提出来的，是指配子基因效应间的相关。

Malécot(1948)给出了一个更直观的概念，一般来说两个基因相同分为两种情况：一是2个基因功能相同，即用分子遗传学的理论，2个基因的核苷酸序列相同。例如，某一特定牛的血型位点F上的2个等位基因均为F。我们称这两个基因同态相同。二是2个基因因为是同一祖先的同一基因的拷贝而相同，它们自然也有相同的功能和序列。这样的基因称为同源相同基因。因此，同源相同基因一定为同态相同基因，但同态相同基因不一定为同源相同基因。Malecot将近交系数定义为一个个体同一基因座上的两个基因为同源相同基因的概率。但对所有基因座，近交系数却意味着可以预期有比例等于F的基因座携带有同源相同基因。换句话说，在基础群中比例为F的杂合基因座已变成了纯合子。对于整个群体，就一个基因座而言，可以进行同样的推理。假设一个F_2群体作为基础群，杂合子的频率为50％。于是，若下一代的近交系数为40％，即意味着基础群有40％的杂合基因座在子一代变成了纯合基因座，或换言之，即近交群中70％(50％+50％×40％)的基因座达到了纯合。

（二）近交效应

(1)增加纯合子的频率　这是近交最基本的遗传效应，连续世代的近交，其结果是杂合子所占比例逐渐减少，最后趋于0，而两种纯合子（显性纯合子与隐性纯合子）则逐代增加，总和趋近于1。

（2）近交是群体产生分化 随着近交世代的增加，最终会使群体分化成若干个遗传组成不同但又较纯的小群体（纯系或家系），并使小群体间的差异越来越大的趋势是必然的。

（3）近交使群体均值下降 随着群体中杂合子比例的逐步降低，就使得群体的平均非加性效应值也逐步减小，因而造成群体均值的逐步下降，产生近交衰退。

（三）近交的用途

（1）固定优良性状 近交可使优良性状的基因型纯化，能使优良性状确实地遗传给后代，很少发生分化。同质选配虽也有纯化和固定遗传性的类似作用，但不如近交的速度快而且全面。

（2）揭露有害基因 由于近交是基因型趋于纯合，有害基因暴露机会增多，因而也就早期将有害性状的个体淘汰。

（3）保持优良个体血统 按照遗传学原理，任何一个祖先的血统，在非近交情况下，都有可能因世代的半化作用而逐渐冲淡直至消失。只有借助近交，才可使优良祖先的血统长期保持较高水平而不严重下降。所以当畜群中出现了某些特别优秀的个体，需要尽量保持这些优秀个体的特性时，就得考虑采用近交。例如，当牛群中出现了一头特别优良的公牛，为了保住它的特性，并扩大它的影响，此时只有让这头公牛与其女儿交配，或让其子女互相交配，或采用其他近交形式，才能达到这个目的。

（4）提高畜群的同质性 近交使基因纯合的另一结果是造成畜群分化，但经过选择，却可达到畜群提纯的目的。

（5）提供试验动物 近交可以产生高度一致的近交系，可以为医学、医药、遗传等生物学试验提供试验动物。

（四）近交衰退

近交的不足之处是可能产生近交衰退。近交衰退主要是指隐性有害纯合子出现的改良增加。即由于近交使后代个体表现繁殖力减退，死胎和畸形增多，生活力下降，适应性变差，体质变弱，生长缓慢，生产力下降等称为近交衰退。

1.近交衰退的表现规律

近交并不总是伴随衰退，近交衰退在不同的畜种、不同品种、不同性状上表现不同。

（1）不同畜种对近交的敏感性、耐受能力有差异，各有其安全极限。一般而言，猪对近交敏感性比牛、马强，牛、马又比绵羊强。在猪中，连续两代的全同胞交配，就可出现明显的生活力衰退。牛不如猪敏感，近交不影响其外形，仅出现怪胎或死胎，并少许影响生长速度。马在近交系数为6.25%时，通常无显著不良影响，羊对近交的耐受能力比其他家畜相对高一些。

（2）不同品种近交衰退程度有差异。有长期近交历史的品种近交并不衰退，如湖羊和蓝塘猪。这是因为经过长期的自然选择与人工选择，某些有害隐性基因频率已很低或为零，因而不表现近交衰退。

据研究发现，江南的湖羊至少有900年基本为母子配的历史，但未见因近交明显退化。广东紫金县等地区的蓝塘猪由于长期采用“父老子继，母死女代，代代相传”的单传法，致使群体表型相当稳定。

（3）遗传力低的性状，近交衰退表现不一。遗传力低的性状如生活力、繁殖力衰退明显；遗传力高的性状近交时基本不衰退；遗传力中等的性状近交衰退亦居中等。这是由于低遗传力性状，其基因效应以非加性效应为主。

2.防止近交衰退

防止近交衰退，除正确运用近交、严格掌握近交程度和时间外，还要采取以下措施：

(1)严格淘汰　近交时必须坚决遵守的原则。无数实践证明，近交中的淘汰率应该比非近交时大得多。如，猪的近交后代的淘汰率一般达80%～90%。所谓淘汰，就是将那些不合理想要求的、生产力低下、体质衰弱、繁殖力差、表现出有衰退迹象的个体从近交群中坚决淘汰出去。

(2)加强饲养管理　近交所生个体，种用价值一般较高，遗传性也较稳定，但生活力较差，表现为对饲养管理条件的要求较高。如果能适当满足它们的要求，就可使衰退现象得到缓解、不表现或少表现。

(3)血缘更新　为了防止近交不良影响的过多积累，可从外地引进一些同品种同类型但无血缘关系的种畜或冷冻精液，来进行血缘更新，要注意同质性，即应引入有类似特征、特性的种畜，因为如引入不同质的种畜来进行异质交配，将会使近交的作用受到抵消，以致前功尽弃。

(4)灵活运用远交　当近交达到一定程度后，可适当运用远交，即人为选择亲缘关系远甚至没有亲缘关系的个体交配，以缓和近交的不利影响。但是，同样应注意交配双方的同质性，以避免淡化近交所造成的群体的同质性。

二、种群间的选配

种群选配就是根据与配双方是属于相同的还是不同的种群而进行的选配。因为使用相同的品系或品种个体，和使用不同品系或品种的个体，以及使用不同种或属的个体相配，其结果是不大相同的。所以，为了更好地进行育种工作，除要进行个体选配外，还需合理而巧妙地进行种群选配，这样才能更好地组合后代的基因型，塑造更符合人们理想要求的畜群，或利用其杂种优势。

(一)纯种繁育

纯种繁育(pure breeding)是使一品种内的个体间交配繁殖，同时进行选育提高的方法，目的是促使更多的成对基因纯合，简称纯繁，过去也称为本品种选育。纯种个体是指那些能证实其父母属于同一品种的个体。纯种也指群体，即由这些个体组成的畜群或品种。

纯种繁育一般在优良品种中采用。优良品种既指国外良种，也指地方良种和新培育品种；既包括主要生产性状表现好的品种，如荷兰牛(又称荷斯坦牛)、长白猪、美利奴羊、来航鸡等，也包括某些方面具有特色的品种，如以产仔数多著称的太湖猪、生产世界羔皮珍品的湖羊、生产中国特色的优质二毛裘皮的滩羊和药用品种丝羽乌骨鸡等。

1.纯种繁育的任务

(1)提高　尽管进行纯繁的品种或畜群，其优良基因频率较高，但仍需开展经常性的遗传改良工作。人工选择一旦停止，自然选择作用就可能对人工选择的成果起破坏作用，导致优良基因频率下降，产生品种或畜群的退化现象。因此，对现有品种，必须通过连续选择等措施，使其提高到一个新水平，既巩固和发展优良性状，又克服其不良性状。

(2)提纯　通过近交和选择，使那些控制主要性状的各基因库，尽可能有较多座位的优良基因达到纯合状态。只有使群体达到一定的纯度，群体平均育种值才能进一步提高，高产基因型才能稳定，用其做杂交亲本，才能获得高度而稳定的杂种优势，才能增强杂种群体的一致性。

(3)保种 只有搞好保种工作，才可能为育种者随时提供育种素材和基因来源。

2.纯种繁育的方法

(1)选种与近交 选种是纯繁中最基本、最重要的技术环节和措施。在纯繁过程中，选种必须坚持不懈地连续进行。因时因畜群制宜，以不同形式将选种与近交结合也是必要的。

(2)针对不同类别的品种采取相应的措施 针对地方品种、新育成品种和引入品种在纯繁过程中所采取的措施在侧重点上有所不同。

①地方品种 地方品种在选育前要进行全面深入的品种资源调查，摸清品种分布，品种的数量、质量与公畜的血统数，形成历史及产区的自然和经济条件，明确它的特征特性，主要优缺点。地方品种是在特定的生态条件下经过长期选择而育成的，具有较好的适应性和抗逆性，有的在生产性能上也不乏优点，但大多数地方品种，选育程度相对较低、主要生产性能水平相对地还不高。对于地方品种的纯繁对策是：在加强保种工作的同时，可利用其遗传变异程度较大的特点加强选择，有条件和有必要时尚可适当采用引入杂交，针对其突出缺点，引入少量外血以克服其个别的突出缺点，加快其改良步伐。

②新育成品种 对于新育成品种和品系，除继续加强种畜测定、遗传评估、轻度选择外，还应抓好提纯、稳定遗传性工作，以及推广与杂交利用工作。绝不能像某些新品种那样，在通过鉴定、审定和获奖后便放松或基本放弃种畜的测定、选种工作，甚至让其自生自灭。

③引入品种 引入外来品种应有计划，不可乱引。开始时，应考查其适应性，并逐步转入选育提高、改造创新阶段。若引入地的生态环境与原产地相差悬殊，则应采取措施，加强其风土驯化。

(二)杂交繁育

杂交繁育(crossbreeding)是指不同品种以致不同种属个体间进行交配繁殖，同时进行选育提高的方法，目的是使各对基因的杂合性增加。一般把不同品种间的交配叫作“杂交”，不同品系间的交配叫作“系间杂交”；不同种或不同属间的交配叫作“远缘杂交”。

杂交的作用之一是杂交利用。所谓杂交利用，就是通过杂交的方法利用杂种优势和亲本性状的互补性，旨在提高商品生产水平。这种利用杂种优势和亲本性状互补性以提高商品生产的杂交方法，就称为经济杂交。经济杂交又称为商品性杂交。

杂交的作用之二是杂交育种。通过杂交能够使基因得到重新组合，其结果是不同品种所具有的优良性状有可能集中到一个杂种群中，为培育新品种和新品系提供素材；通过杂交还能起到改良作用，即能迅速提高低产畜群的生产性能，也能较快地改变一些种群的生产方向。

总之，基因的纯合与杂合是同一遗传现象的矛盾两极，它们互为依存，相互促进，只有亲本种群愈纯，才能使杂交双方基因频率之差愈大，所得杂种优势也才更突出。总之，无论何时何地何畜，都必须执行“本品种选育与杂交改良并举”的方针。

第三节 近交系数计算

一、个体近交系数计算

根据 Maecot 所做定义，近交系数计算可用图 4-4-2 所示的系谱为例予以说明。

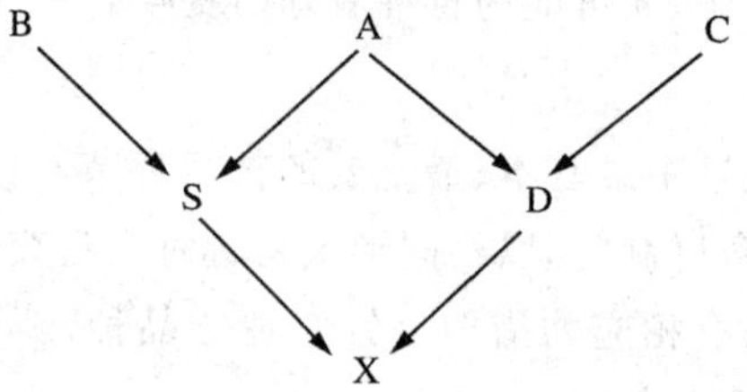

图 4-4-2　半同胞近交

图中 X 为半同胞 S、D 间交配所生的近交个体。我们要求它的近交系数 F_X。显然，S、D 因而也且仅仅因共同祖先 A 而相关。因此，我们只需考虑 A 的基因通过 S、D 传递给 X 的问题，并计算 X 是同源相同纯合子的概率。个体 X 的近交系数计算的一般公式为：

$$F_X = \sum \left(\frac{1}{2}\right)^N (1 + F_A)$$

在此，N 为亲本相关通径链中的个体数，包括亲本、共同祖先以及通径链中的其他所有个体，F_A 为个体 X 的父母 S、D 的共同祖先 A 的近交系数。

二、个体间亲缘系数计算

个体 S、D 间的亲缘关系可以间接地利用其所生后代 X 个体的近交系数来衡量，但 S、D 个体的亲缘关系的远近可以直接由二者的亲缘系数来表示。依然用图 10-1 系谱来看的话，S 和 D 个体因为有共同祖先 A，所以二者是亲属，可以直接计算亲缘系数。S 和 D 个体间的亲缘系数计算的一般公式为：

$$R_{SD} = \frac{\sum \frac{1}{2}^{(n_1 + n_2)} (1 + F_A)}{\sqrt{(1 + F_S)(1 + F_D)}}$$

在此，n_1 和 n_2 为个体 S 和 D 到共同祖先 A 通径链中的箭头数，F_A 为个体 X 的父母 S、D 的共同祖先 A 的近交系数，F_S 和 F_D 为个体 S 和 D 的近交系数。

复习思考题

1. 名词解释：选配、同源相同基因、近交系数、亲缘系数。
2. 同质选配的遗传效应是什么？
3. 如何理解在生产实践中同质选配和异质选配的结合应用？
4. 近交衰退的主要表现是什么？在生产中如何避免近交衰退？

第五章　家畜品系与品种的培育

家畜品系与品种的培育是家畜育种工作极其重要的组成部分。在过去的育种工作中，人类应用遗传学理论控制改造家畜遗传种性，创造和培育了大量的品种和品系，为畜牧业生产提供了丰富的品种资源，因此，家畜育种工作成了畜牧业生产中最富有创造性的工作。所有家畜品种，无论是原始品种还是地方品种或培育品种，都是经过纯繁或杂交过程育成的。

第一节　本品种选育

本品种选育是指培育程度较低的地方品种的改进提高而言，并不强调保纯，有时甚至可用某种程度的小规模杂交。本品种选育是在一个品种的生产性能基本能满足国民经济需要，不必做重大方向性的改变，为了保持和发展该品种优良特性，并克服个别缺点时才使用。

纯繁即纯种繁育，是指在品种内，通过选种选配、品系繁育、改良培育条件等措施，以保持和发展一个品种的优良特性，增加品种内优良个体的比重，克服该品种的某些缺点，达到保持品种纯度提高整个品种质量的目的。纯种繁育一般是在优良品种中采用，如夏洛来牛、杜洛克猪、美利奴羊、洛岛红鸡等，也包括某些方面具有特色的品种，如以产仔数多著称于世的太湖猪、生产世界羔羊珍品的湖羊、生产中国特有的优质板皮的槐山羊和药用品种丝羽乌骨鸡等。

第二节　品系的培育

品系是品种内的一个结构单位，它既符合该品种的一般要求，又有其独特优点。

为了把本品种选育工作进行得更有成效，常把品种核心群分化成若干个各具特点的品系，然后按品系来进行繁育，称为品系繁育。

一、品系的类别

(1)地方品系　数量多、分布广的品种，在某些自然或社会因素影响下，形成的一些具有不同特点的地方类型，它既符合品种要求，又有某些差别，称为地方品系。

(2)单系　凡来自同一优良公畜的后代，在类型特征上都与该公畜(系祖)大致相同，这种同祖同型的特殊类群称为单系。

(3)近交系　通过高度近交所建立的品系称为近交系。在养禽业和养猪业中，一般采用连续的全同胞交配，使近交系数很快上升到37.5%以上。

(4)群系　群体继代选育法，即通过选集基础群和闭锁繁育等措施，使畜群中分散的优秀性状得以迅速集中，并转而成为群体所共有的稳定性状，为与单系区别，故称为群系。此法建系速度快、规模大，其品质也超过祖先。

(5)专门化品系　根据动物的全部选育性状,由作父本用的品系和作母本用的品系分别承担。由于这种品系不仅各有特点,而且用以专门与另一特定品系交配,故称为专门化品系。这在养禽业和养猪业中应用较普遍。

二、建系的方法

1. 系祖建系法

①选择系祖,系祖在各方面都要达到畜群的中上等水平,且具有独特优点,遗传力强,并有成功的选配组合;②选配的进行,一开始即进行没有亲缘关系的同质选配,到第三代才围绕系祖进行中亲交配;对在次要性状上有微小缺点的系祖,可用一定程度的异质选配,以配偶的优点补充系祖的不足;③继承者的选择,只能选择那些完整继承系祖的优良品质,而又经后裔测验证明其能忠实遗传给后代的公畜。

2. 近交建系法

近交建系法是利用高度的近交,使基因尽快纯合,以达到建系的目的。建系步骤:①建立基础群,基础群的母畜数量越多越好,公畜不宜多,并力求彼此同质,相互间有亲缘关系。组成基础群个体不仅要求优秀,而且选育性状相同,且不带有隐性不良基因;②选配的进行,建系开始时近交程度可以较高,以后则根据上代近交效果来决定下一代的近交方式;③选种问题,最初四五代中可不加选择,任其分离,等分化出现明显不同的纯合子时,再按选育目标进行选择,这样易于选准,大大提高建系的效率。

过去美英等国几乎都是采用连续的全同胞交配来建立近交系的(图 4-5-1)。

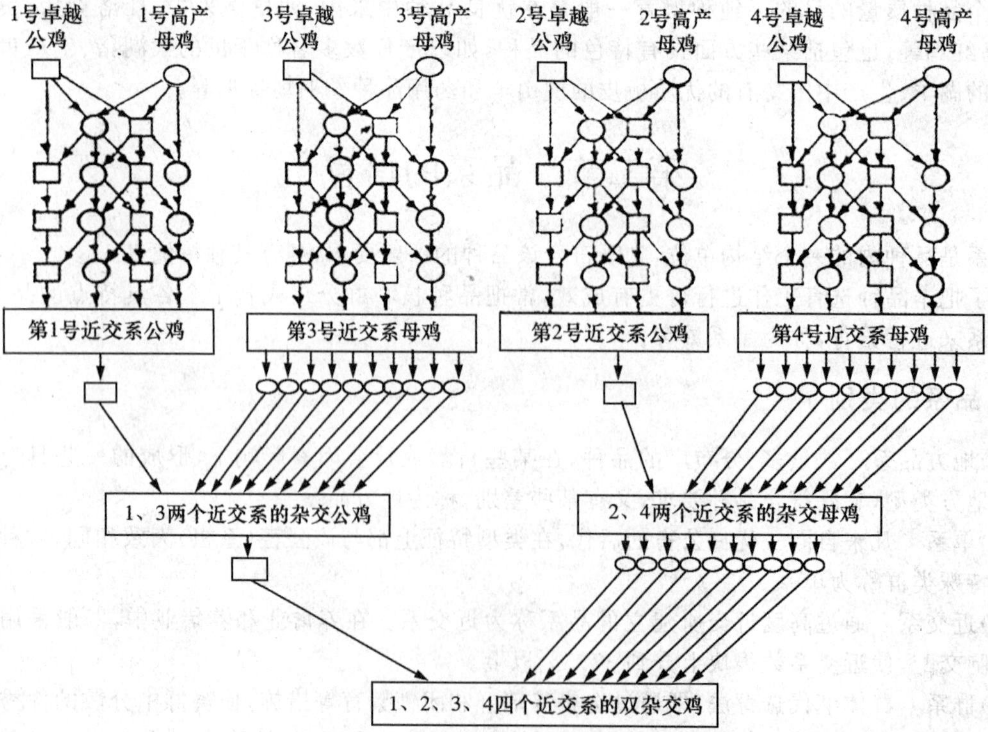

图 4-5-1　近交系的建立和利用示意图

3. 群体继代选育法(世代选育法)

①选集基础群:建系目标所要求的各种性状务必一次选齐。如果拟建立的品系要同时在好几个方面都有特点,则基础群以异质为宜,任何个体只要有某项特殊优点即可入选。若拟建立的品系只需要突出个别性状,则基础群以同质为好。②闭锁繁育:至少在4～6个世代之内不得引入任何外来种畜;更新用的后备动物,都应从基础群的后代中选留解决,如果畜群不大,可采用随机选配,当畜群较大或选配技术较强时,则要据上代选配效果,对那些品质已符合品系标准的优秀个体进行同质选配或近交。③严格选留:要求做到:a、对后备动物在出生时间、饲养管理条件、选种标准和选种方法等方面,各世代之间应基本保持一致,以提高选种的准确性。b、每世代的畜群规模大小,以保持稳定不变为宜。c、要特别照顾家系,一般每一家系都应留下后代,优秀家系可多留些。d、要在保证子代优于上代的前提下,适当缩短世代间隔,以加快遗传进展。

三、专门化品系的培育

建立专门化品系的目的是为了进行配套杂交,充分利用系间杂种优势和互补优势,提高畜牧业生产水平和经济效益。例如,艾维茵(Avian)肉鸡配套系、迪卡(Delcalb)猪配套系,有数个专门化品系配套,每个专门化品系只突出1、2个经济性状,遗传进展较快,培育品系时间短,配套系群体也较小,结构简单,更新的周期短,能灵活机动地适应多变的市场需求。建立专门化品系的方法主要有三种:系祖建系法、群体继代选育法和正反交反复选择法。在这里主要介绍正反交反复选择法。

一个专门化品系性能的优劣,重要标志之一就是它与其他专门化品系的配合能力。在建立专门化品系的过程中,把配合力纳入选种选配中,培育出具有高配合力的品系用于配套系杂交,这就是所谓的杂种优势育种,又叫配合力育种。目前世界上的一些专门化品系就是由育种公司采用配合力育种方法建立的,这样建立的专门化品系间有较好的配合力,所以配套杂交后生产出的杂交商品畜具有相当高的生产性能。

正反交反复选择法就是配合力育种培育专门化品系的一种,于1945年首先用于玉米品系培育,从20世纪70年代开始,逐步应用于猪、鸡的品系培育。

(一)正反交反复选择法的步骤

图4-5-2为猪的正反交反复选择法示意图:

首先组成A、B两个基础群(基础群组成的要求与闭锁继代选育法基本相同),依性能特征特点不同,定位A、B两个系,每个系中着重选择的性状应不同。其中一个系应着重选择生长、胴体和肉质性状、另一个系则着重选择繁殖性状。

第一年,把A、B两系的公母猪,分为正、反两个杂交组,即A♂×B♀和A♀×B♂、进行杂交组合试验。

第二年,根据上年正反交结果,即根据F_1代的性能表型鉴定亲本,将其中最好的亲本个体选留下来,其余的和全部后代杂种都一起淘汰做育肥用。选留下来的亲本个体必须与其本系的成员交配,即分别进行纯繁,产生下一代亲本。

第三年,将第二年繁殖的优秀的A、B两系纯繁猪选择出来,按第一年的正反两组进行杂交测验。

第四年,又重复第二年的纯繁工作,如此循环重复地进行下去,到一定时间后,即可形成两个新的专门化品系，而且彼此间具有很好的杂交配合力，可正式用于杂交生产。

正反交反复选择法，整个过程包括了杂交、选择、纯繁三个部分，其主要优点有三：第一，由于把杂交、选择和纯繁有机地结合在一起，三者不断交替重复使用，即可提高纯系的生产性能，又提高了两系间的特殊配合力，获得了杂种优势；第二，F_1 杂种的生产性能指标，既可以作为测验双亲杂交的配合力，又可当作 A、B 系的后裔测验成绩；第三，正反交反复选择法既是一种选种方法，又是一种杂交方式，能既达到有育种效果又有经济效益的目的。

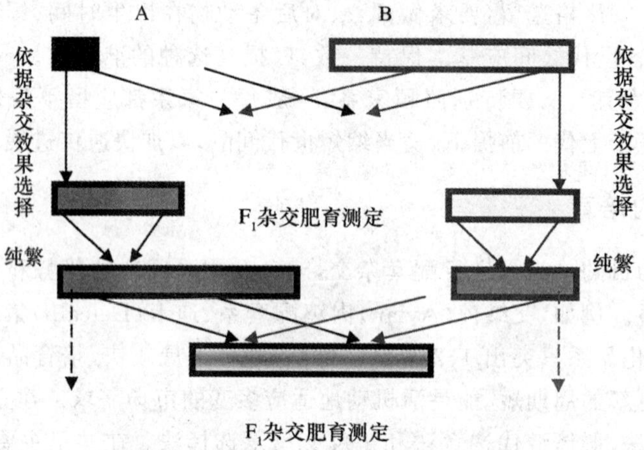

图 4-5-2　猪的正反交反复选择法示意图

(二)改良的正反交反复选择法

正反交反复选择法也有人提出不同意见，认为一年正反杂交，一年纯繁，世代间隔增大了一倍，太费时间，不利于加速专门化品系的建成，于是提出了改良的正反交反复选择法，如图 4-5-3 所示，改良后的 RRS 法将正反杂交和纯繁在同一年内进行，把原 RRS 法时间缩短了一半。

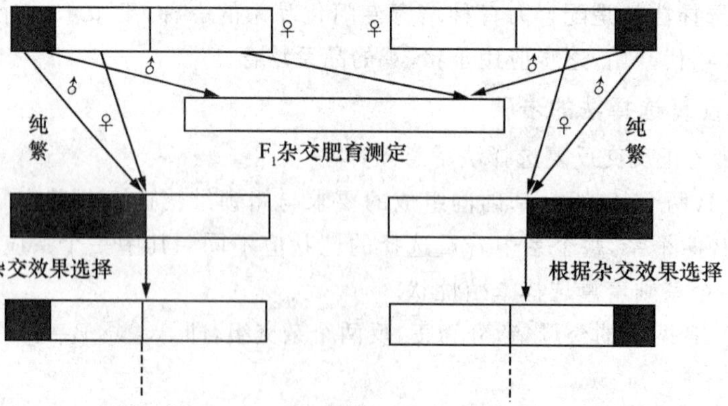

图 4-5-3　改良正反交反复选择示意图

改良的正反交反复选择法的步骤：

首先组成两个基础群，依性能特征特性不同定为 A、B 系。

第一年，将 A 系母畜的一半与 B 系的公畜杂交，另一半与 A 系的公畜交配进行纯繁，同样地，B 系母畜的一半与 A 系的公畜杂交，另一半与 B 系的公畜交配进行纯繁，杂交后代作肥育测定用，根据杂交效果进行选择，即从杂交效果好的亲本公畜的纯繁后代中选留种畜，组成一世代。

第二年，将选留纯繁后代再按第一年正反杂交组合和纯繁办法进行正反杂交和纯繁试验，如此正反交反复选择进行下去，即可育成具有高度杂种优势的两系配套的专门化品系。

注意：无论是RRS法还是改良的RRS法培育专门化品系过程中，在两系内进行选择组成下一世代的亲本群体时，应注意避免过度近交（可对亲本进行适度的温和近交以扩大两系间的基因频率差）。

四、品系的利用

品系建成后可以从以下两方面加以利用：

（一）合成新的品系

进行两个或多个品系的系间杂交，将各自优点综合在一起，从而合成另一个新的综合品系，以后又让合成品系再杂交，建立新的更好的合成品系。

（二）利用杂种优势

系间杂交同样可产生强大的杂种优势，特别是近交系杂交和专门化品系的杂交更为明显。在养鸡业中多用双杂交形式。在养猪业中则多用“顶交”形式。而用专门化品系来生产肉畜，比一般品种间杂交的效果还要大。

五、配套杂交

（一）配套系杂交的概念

20世纪50年代末、60年代初，各国开始进行探索，研究新的杂交体系，人们逐渐感到，品种间杂交越来越难满足现代化畜牧业生产的需求，于是，逐步用配套系杂交代替品种间的杂交，即建立一些配套的品系作为杂交中的父本和母本，取得了很好的效果，杂种优势利用获得了重大突破。

配套系杂交，就是按照育种目标进行分化选择，培育一些专门化品系，然后根据市场需要进行品系间配套组合杂交，杂种后代作为经济利用。

培育品系比较容易，品系的选种效率较高，品系间的杂交所得的商品畜一致性好，因此，配套系杂交的效果比品种间的杂交效果更好，可以更好地适应市场需求的变化。

（二）配套系杂交体系

配套系杂交可以是二系配套、三系配套、四系配套，甚至更多的系配套。不同的配套系模式涉及的种群数目不同，生产过程不同。此外，整个杂交中，涉及选育、扩繁以及生产商品等多种任务。这些问题要求在配套杂交体系中有一定的层次分级。常见的是二级杂交繁育体系，如图4-5-4，以及三级杂交繁育体系，如图4-5-5。级数是指商品代的生产所需要的繁殖代数。

对体系内的各级种群的要求是不同的。例如，在肉鸡的四系配套中（图4-5-6），父本品系总的要求是体重大、早期生长发育快，其中对A系的体重和早期生长速度要求更高，而对于B系则要求有更强的生命力。母本品系总的特点是生命力强、产蛋量高，其中对C系要求蛋大和早期生长速度较快，而对D系则要求生命力更强和产蛋量更高。

体系内各级种群的任务也是不同的。例如，在三级体系内，曾祖代（GGP）主要是根据育种任务和目标进行选优提纯，同时为其他层次提供优秀的后备种畜；对祖代（GP）主要是将曾祖代所培育的纯种扩大繁殖和为父母代提供足够数量的纯种或杂种后备种畜；父母代的主要任务是生产商品家用畜。

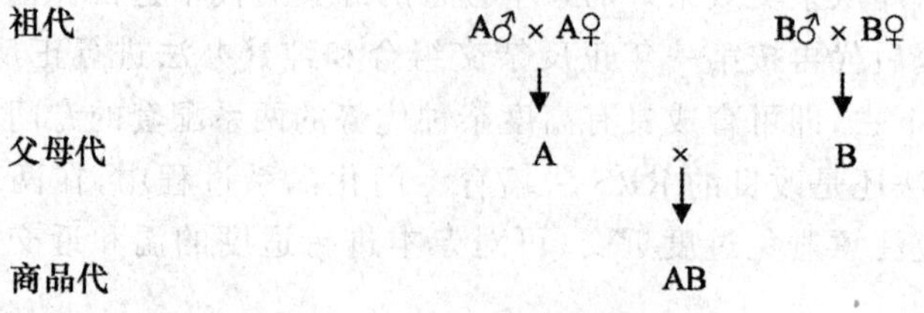

图 4-5-4　二系配套二级繁育体系

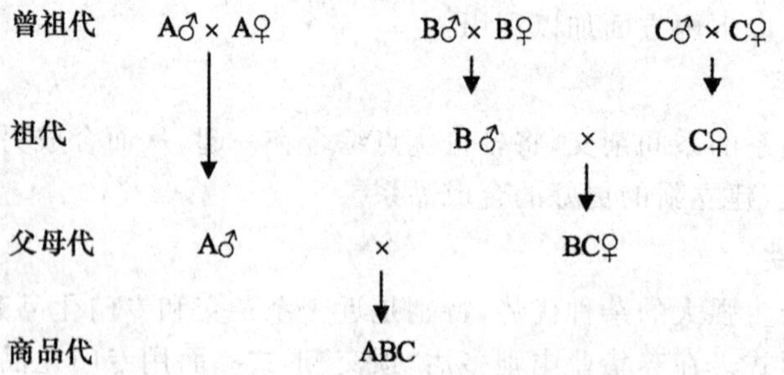

图 4-5-5　三系配套三级繁育体系

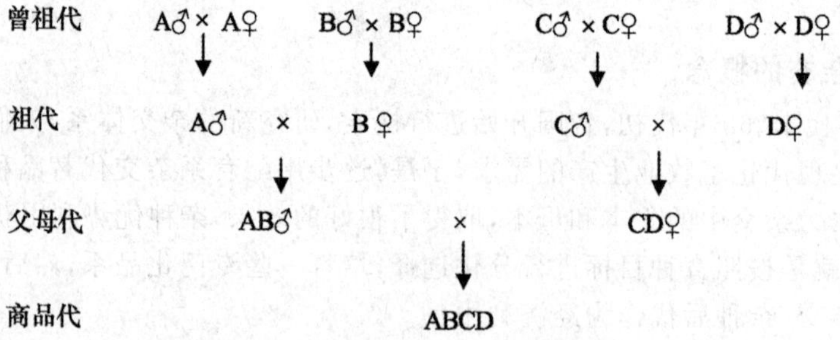

图 4-5-6　四系配套三级繁育体系

(三)配套系杂交体系内的结构

配套杂交体系除了具有层次性，还有一个结构问题。这是因为不同层次和不同群体在杂交体系中的角色和任务不同，从而使其所需要的数量也不同，而在每一群体内也存在一个由性别、年龄和生长阶段所决定的结构问题，各层次的各群体及各群体内各类个体的数量的缺点需要考察繁殖率、成活率、性别比等一系列因素。

六、配套系的维持与更新

(一)配套系的维持

配套系(这里指配套杂交体系中的专门化品系)育成了，不等于育种工作就此结束，必须立即转入维持阶段，即进行扩群保系，以便推广使用，发挥其在商品畜生产中的作用。配套系维持是指保持配套系建成时的遗传特性，使之在计划维持期限内不发生显著退化，配套系维持的期限，一般以 10～15 年为宜。配套系存在时间的长短，主要取决于选育工作的好坏和后代是否符合近交系或专门化品系的要求，如果选育工作做得好，配套系的后代在性能、纯度上符合要求，配套系间的杂交效果好，则维持的时间就会长些。

(二)维持配套系的基本要求

不引入外血；保留配套系育成的2/3以上种畜的血统；控制近交系数的上升速度；继续进行选择，以进一步提高配套的质量。

(三)维持配套系的措施

(1)控制近交速率　配套系内应尽可能选择亲缘关系远的公母畜进行交配，以降低平均亲缘系数，控制近交系数的上升速度。

(2)扩大畜群数量　如在猪育种中，在维持阶段，种公猪的数量可比建系阶段增加50%，如果在建系阶段种公畜为12头，则维持阶段可增加到18头，那么，假设建系时每代近交系数上升2.0%～2.5%，维持阶段就可控制在1.5%左右。

(3)减慢世代周转　在建立配套系时，为了在短期内积累选择效果，尽量加速世代周转，如猪，一般一年一个世代，但在维持阶段就应该减慢世代周转，延长种畜的使用时间，一般可考虑2.5年一个世代，这样，如果近交系数每代上升1.5%，那么每年上升不超过0.6%。

(4)采用合适的留种方式　在维持阶段，最好选用各家系等量留种方式，每头公畜与配等量的母畜，每头公畜的后代中留下一头最好的儿子，每头母畜的后代中留下一头最好的女儿。

(5)扩大后代群的变异　加强选种选配，培育继承者，多建立一些支系，丰富系群结构，都可使后代群的变异扩大。

(四)配套系的更新

配套系的维持过程中，如果出现由于近交系数上升速度过快而产生近交衰退，或由于人们对畜产品要求发生变化，导致配套系杂交所生产的杂优畜不能满足人们的要求，或配套系间杂交效果不明显时，就要及时更新某些配套系，建立新的配套系，以获得更大的系间杂种优势。

第三节　品种的培育

在畜禽中培育、创造新品种的工作，尤其是培育能适应我国各种特殊生态环境或抗逆性、抗病性较强的高产品种以及能生产特殊产品的品种十分重要。而且，我国还比较缺乏有自主知识产权且有国际竞争力的畜禽新品种，期待变种畜禽进口国为出口国。

一、培育新品种的目的

培育畜禽新品种主要有以下目的：

(1)为获得能适应特殊生态环境或抗逆性、抗病性较强的高产品种而培育新品种；

(2)为满足特殊生产或产生新型产品之需而培育新品种；

(3)为振兴我国的种畜业和畜牧业经济、变种畜进口国为出口国而培育新品种。

二、培育新品种的方法

(一)选择育种法

选择育种法的理论基础是选择的创造性作用，亦即选择能扩大变异，积累和加强变异以及决定变异的方向，从而使畜群产生新的个体，发生根本改变。

历史上多采用选择育种法。有不少采用此法培育出新品种的实例，但这些新品种多为十分古老的品种，且培育时间相当长。如我国的荣昌猪、秦川牛、湖羊、滩羊等和国外的海福特牛等都是用选择育种法培育出来的。

海福特牛系英国所育成的最古老的肉用品种。18 世纪中叶，随着英国工业革命的发展，对肉品的社会需求急剧增加，许多专门化肉用品种应时而育成。海福特牛即是在此种条件下对当地牛向着肉用方向在品种内进行长期选育而培育而成的。在培育过程中，为提高早熟性与肉的品质。Tomkins 采用近交和严格淘汰的方法进行选育，于 1790 年宣布海福特牛育成。1846 年建立海福特牛纯种登记簿，1876 年成立海福特品种协会，1883 年转为“封闭式”品种登记，即只登记双亲在本品种良种登记簿上登记过的牛。海福特牛属于中小型早熟肉用品种。成年公牛体高 134.4 cm，体重 850～1 100 kg，成年母牛体高 126 cm，体重 600～700 kg。毛色暗红色，具“六白”特征，即头、垂皮、鬐甲、腹下、四肢下部和尾帚一般为白色。分有角和无角两种。

湖羊是从南下的蒙古羊中选出来的。湖羊外形像蒙古羊，但羔羊品质优异(羔皮白色、花纹美观)，繁殖能力特别强，每胎产羔 2 只以上。

根据选择的原理和通过选择培育新品种的实践经验，可将选择育种法的要点归纳如下：

(1)长期选择某种数量性状可能育成新品种。如湖羊、新汉县鸡和澳洲黑鸡的培育。

(2)系统选择某种质量性状同样可能育成新品种。在家畜中有些性状如毛色和角的有无以及家禽的冠型等质量性状，根据遗传规律采取长期选择等措施，也可以育成新品种。譬如，安格斯肉牛，一般全身黑色，体小无角，颈部粗壮，体驱丰满，背腰平宽，肉质良好，但也有少量红毛的个体。这些红色和黑色的安格斯牛在很多性状上是基本一致的，但因安格斯品种要求全身黑色，故红牛常被淘汰。其实，红色个体在经济价值上，也就是在肉牛生产上一点都不逊色，因此，通过选择育种又培育了一个肉牛新品种——红色安格斯牛。

(3)选择有益突变也能培育新品种。例如，安康绵羊是赖特于 1791 年在美国新莫兰的一个农家的羊群中发现的一只突变羊个体(腿非常短且弯的公羊羔)的基础上培育而成的。该公羊羔对羊毛产量影响不大，由于它不能跳过一般栅栏，易于管理，于是用它育成了一个腿短但身体长的新品种。后来经研究知道，这种短腿突变属于隐性遗传。

(二)杂交育种法

到 19 世纪中叶，由于育种家们考虑到育种速度和经济的问题，于是从这时起培育牛、猪、马、羊新品种时，几乎都采用了在杂交的基础上培育新品种的方法，这就是杂交育种法。用于培育新品种的杂交育种法又称为育成杂交法。育成杂交是一种结合两个或两个以上品种(类群)的不同优点而采用适当的方法进行杂交，然后进行理想型杂种的自群繁殖和选育以创造新品种的方法。目前，育成杂交法已成为培育家畜新品种的一种重要且常用的方法。

三、杂交育种的类别

(一)根据所用品种个数分类

1. 简单育成杂交

简单育成杂交指只用两个品种进行杂交来培育新品种。采用这种方法，要求 2 个品种包含所有新品种的育种目标性状，优点能互补。几个常见的通过简单杂交育成的家畜品种。如用辽宁本地猪和巴克夏猪杂交培育而成的新金猪；利用蒙古羊和乳肉兼用短角牛杂交培育而成的草原红牛；利用林肯羊和兰布列羊杂交培育而成的哥伦比亚羊。

2.复杂育成杂交

复杂育成杂交用3个以上的品种杂交培育新品种。根据育种目标的要求，选择2个品种仍然满足不了要求时，可以多用1～2个甚至更多一些品种，以丰富杂交后代的遗传基础。杂交所用的品种越多，后代的遗传基础越复杂，需要的培育时间也越长。另外，后用品种对新品种的遗传影响和作用相对较大，因此要认真推敲先用哪两个品种？后用哪一个或哪几个品种？例如，新疆毛肉兼用细毛羊、东北毛肉兼用细毛羊、内蒙古毛肉兼用细毛羊和北京黑猪等品种，都是由3个以上品种杂交培育出来的。杂交方式可灵活掌握，如新疆细毛羊（中国育成的第一个绵羊新品种）系用当地的哈萨克羊和蒙古羊两种粗毛母羊和从前苏联引进的高加索细毛羊和泊列考斯细毛羊的公羊杂交育成。杂交阶段主要采用级进杂交法，然后选择级进三四代的理想的杂种公、母羊进行横交固定。1953年鉴定，1954年农业部批准正式命名为“新疆毛肉兼用细毛羊”。

（二）根据育种目标分类

1.改变家畜主要用途的育成杂交

改变家畜主要用途的杂交育种，一般要选用一个或几个目标性状符合育种目标的品种，连续几代与地方品种杂交，在得到质量和数量性状均得到满足要求的杂交后代后，进行自群繁育。我国的东北细毛羊就是用这种方法育成的。东北本地羊属于蒙古羊，主要生产方向是肉用，耐粗放饲养，抗病能力和耐寒能力强。20世纪50年代初用兰不列羊、苏联美利奴细毛羊、高加索细毛羊、阿斯卡尼细毛羊等品种杂交改良东北本地羊。随后还用新疆细毛羊、斯达夫细毛羊等品种公羊与本地母羊杂交。1956年在杂种羊选择理想公母羊进行横交试验。1959年成立的东北细毛羊育种委员会制定了具体的育种规划和育种目标，并开展联合育种。1967年经鉴定认为基本达到育种目标。目前，东北细毛羊体质结实，结构匀称，被毛全白，产毛量高，遗传性稳定，成为我国主要的细毛羊品种。

2.提高生产性能的育成杂交

例如，北京黑猪、新淮猪、黑白花奶牛和草原红牛的培育等都是具体的例证。

3.提高适应性和抗病力的育成杂交

许多著名的畜禽品种都有最适宜自己生活和发挥最好生产潜力的自然环境条件，当把这些品种引入到环境条件不同的地区时，要求这些品种对新环境有一定的耐受能力。于是就有必要培育具有适应性强和抗病力好的品种。国外用婆罗门牛培育的圣格鲁迪牛和用菲律宾猪培育的阿泊加猪，就是为了这一目的而应用杂交育种方法培育成功的抵抗能力强且生产性能高的品种。我国地域辽阔，生态环境不仅复杂，有些还极为特殊。如青藏高原的低压高寒、南方等地的高温多雨。因此，有必要培育抗逆性强的品种。婆罗门牛对热带干旱的条件能很好地适应，并且不得焦虫病。根据在我国广西饲养的情况来看，圣格鲁迪肉用牛能适应亚热带气候和放牧饲养，在草地上增重迅速，产肉率高，牛肉呈大理石纹状，嫩而多汁，对亚热带疾病有较好的抵抗力。我国南方应用婆罗门牛与本地黄牛杂交，在有计划的杂交和选育下，是非常有可能培育成既耐热又具有较高生产性能的新品种的。

来航鸡的抗马立克病品系是美国培育的新型品系。养鸡业每年受鸡病的威胁很大，其中马立克造成的死亡率在一些国家达60％。英国研究者指出，鸡对马立克病的抵抗力可以遗传，并证明抗病力不影响鸡的生产性能，因而可进行抗病育种。来航鸡抗马立克病品系的育成，为今后培育新抗病品系和品种展示了宽广的用途。在海福特牛与短角牛的杂交后代中，鉴定出一个抗牛稗的等位基因，这个基因属显性遗传，抗稗效应极高。所以，培育出携带这个主基因的品系或品种，能将有效地防止牛稗病的发生。

(三)根据育种工作的起点分类

1.在现有杂种群基础上的育成杂交

用外来品种与地方品种杂交，常常希望短期内能提高地方品种的生产性能，取得立竿见影的效果。但是这种"短、平、快"的改良效果不能持久，也不能稳定遗传，而且"改良"后的品种既不像地方品种，也不如引进品种。于是，人们希望以这些杂种家畜为基础，培育一个兼具有当地品种和引进品种优点的新品种。

我国的三河牛、三河马都是在群众性杂交改良基础上培育的。三河牛是产于呼伦贝尔盟额尔古纳旗、陈巴尔虎旗以及滨州铁路西段沿线的良种牛。它是多品种杂交的产物，它们祖先的杂交已有大量各式各样的杂种后代，并且其中有相当数量的个体在生产时都已合乎优良个体的要求，但仍不能成为一个新品种。因此，在1949年后停止了杂交，1955年建立了专门培育三河牛的牧场，开始了有计划的良种培育工作。尤其是自1959年全国家畜育种工作会议以后，进行了大量的工作，基本上形成了红白花的乳肉兼用牛和黑白花乳用牛两大类型，生产性能显著提高。

中国荷斯坦奶牛实际上也是在杂交改良的基础上培育成的著名品种。据载，早在1840年已有荷兰黑白花牛输入我国，后来在相当长的一段时间里又相继从德国、日本、美国和俄国引进一部分黑白花牛。各种类型和各种来源的黑白花牛在我国不同地区经长期的选育、驯化，特别是与中国的黄牛杂交，逐渐形成了中国黑白花奶牛的雏形。新中国成立后，在20世纪50年代先后从日本、荷兰、前苏联引入部分种牛。特别是1978年以来，又大量引进了美国、加拿大、丹麦的黑白花奶牛及其冷冻精液和胚胎，或纯繁或与中国黑白花奶牛杂交，到20世纪80年代中期经国家鉴定，已正式确认为中国黑白花奶牛新品种。为了适应现代育种与国际联合育种的需要，1993年又将中国黑白花奶牛改名为中国荷斯坦牛(Chinese Holstein)。

2.有计划从头开始的育成杂交

为了保证培育新品种的进度和质量，一般在开始工作前根据国民经济的需要、当地的自然条件和基础家畜的特点，进行细致的分析和研究，然后以现代遗传育种科学的理论为指导，制订出目的明确、依据可靠、目标具体、方法可行、措施有力和组织周密的育种计划。在执行计划中要严格选择杂交品种和个体，培育工作要做好。有计划从头开始的杂交育种可使工作少走弯路，加快进度，缩短育种时间，并且育出高质量的新品种。

拉康白猪的育成是由位于加拿大 Lacombe 农业研究站 Stothart 与 Fredeen 团队于1947年开始培育的。由于计划性强(在2年的研究准备基础上于1946年成立专门的小组制定育种计划)，所用的育种时间较短，而且效果较好。拉康白猪是用长白(Landrace)、巴克夏(Berkshire)与捷斯特白(Chester White)猪杂交育成的。育成时含56%的长白猪血、23%巴克夏猪血和21%捷斯特白猪血。

中国美利奴羊的培育也是有计划从头开始的。1972年，以澳洲美利奴羊为父本，波尔华斯羊、新疆细毛羊和军垦细毛羊为母本，进行有计划的复杂育成杂交，1985年12月经鉴定验收，正式命名为中国美利奴羊。新品种的育种方向以提高羊毛长度、密度和净毛率为主攻性状，育种过程中实行了外貌综合鉴定，并结合对净毛量的选择。

四、育成杂交培育新品种的三个阶段

用育成杂交法培育新品种的整个过程大致可分为下述3个阶段：

(一)杂交创新阶段

采用杂交手段(将具有不同优良性状的不同品种杂交)，实现基因重组，扩大遗传变异(产生各种变异类型，包括新类型)，通过测定、选择和选配，创造出兼具有诸杂交亲本优点的新的理想型杂种群。

杂交方式、杂交模式、参与杂交的品种数目以及哪一个世代横交，需视育种目标和具体情况而定。

(二)自繁固定阶段

从杂种自群繁殖起至稳定遗传性为止。自繁固定阶段的目的是：产生优良性状组合能稳定遗传的理想型群体；完善品种结构。

任务：①通过杂种自群繁殖(或称横交，即杂种群内理想型个体的相互交配)产生分离，为稳定遗传性创造条件，并从后代中尽可能地选到更理想的个体；②通过近交、同质交配加选择，稳定由理想型个体所组成的群体的遗传性，固定优良性状，并缩短育种年限；③完善品种结构，建立数个品系(杂交阶段即应准备或开始建立品系)。

(三)扩群提高阶段

最后达到品种应具备的条件，置于生产中进行初步考核。

任务：①扩大数量与分布地区；②开展杂交试验，提出杂交利用方法；③继续选育提高。

第四节　畜群的杂交改良

一、采用引入杂交方法改良畜群

引入杂交也称为导入杂交，其主要目的是改正地方品种的某种缺陷，或改良地方品种的某个生产性能，同时还要有意保留地方品种的其他优良特性。引入杂交一般是用外来品种与当地品种杂交一次。

1.引入杂交的方法

基本上符合要求但有某项缺点的品种(原来品种)，可以选择一个基本与之相同但有针对其缺点的优点的品种(引入品种)，和它进行一次杂交。如一个产乳量很高但乳脂率很低的品种，可以引入一个乳脂率高而其他品质与之相同的品种，以提高该品种的乳脂率。所得的第一代杂种，都应当用适宜的方式进行培育。在经过培育的杂种中，选出最优良的雄性个体与原来品种的母畜交配。这些经过培育的杂种，与原来品种进行回交所得的后代，含有1/4引入品种的“血液”和3/4原来品种的“血液”。将它们进行培育后，如果已经合乎要求，选择其中最好的雄性个体与合乎要求的雌性个体交配(横交)(图4-5-7)。

2.引入杂交的适用范围

(1)不需要根本改造品种或畜群，只需要在保留其全部优良品质的基础上，改正某些缺点　例如，一个基本符合要求的细毛羊群体，但其毛长偏短，可以选一个毛长优异的细毛羊品种，进行一

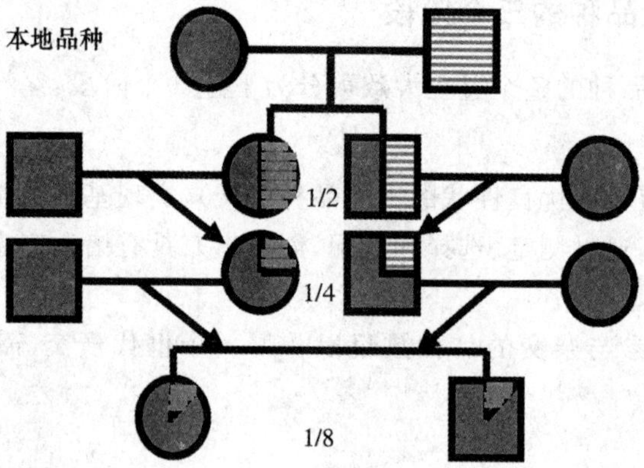

图 4-5-7　引入杂交示意图

如杂交以改正其缺点。

(2)需要加强或改善一个品种的生产力，而不需要改变其生产方向　如一个基本符合要求的瘦肉型猪群体，由于体格过小而且产肉量低时，可以选一个大型的瘦肉型猪品种进行引入杂交。

引入杂交可以用来提高乳脂率、产乳量、绵羊的繁殖力和羊毛品质，还能增大一些家畜的体型等。我国一些优良品种在进一步选育提高过程中，曾采用过引入杂交方法，例如狼山鸡选育过程中引入了澳洲黑鸡的基因；东北细毛羊选育过程中，引入过斯达夫细毛羊基因。新疆细毛羊育成后，虽然一些主要指标已经接近或赶上国际先进水平，但净毛率和羊毛长度等仍有一定缺陷。为了加快选育步伐，引入澳洲美利奴细毛羊后，有 1/4 澳洲后代的羊在羊毛长度和净毛率方面均有显著提高，而且保持了新疆细毛羊原有的体大、适应性强等特点。

3. 引入杂交注意事项

(1)慎重选择引入品种　引入品种的生产方向，应与原来品种基本相同，但又具有针对其缺点的显著优点，这样才能既保持其优良品质又改掉其缺陷。

(2)严格选择引入公畜　引入杂交注意是用引入品种的公畜(也可引入母畜)来提高原来品种的某种性状或特性，并且要求一次杂交能解决很大问题。因此，公畜的选择必须严格。要求具有针对原来品种缺陷的显著优点，而且这一优点能够稳定遗传。引入公畜最好要经过后裔测验。

(3)加强原来品种的选育　引入杂交需选用优良母畜与引入品种公畜杂交一次，所产杂种后代又将与原来品种进行回交。因此，加强原来品种的选育也是保证引入杂交成功的关键。

(4)引入外血要适当　采用引入杂交时，一般引入外血的量不超过 1/8～1/4，引入外血过多，不利于保持原来品种的特性。如原来品种与引入品种在主要生产性状及特性方面差异不大，在回交一代(含 1/4 外血)后就可暂时在引血群内横交。如差异过大，则应在回交二代(含 1/8 外血)后进行横交。在引血群内选出所需要的纯合子作种畜，然后用以提高整个品种，单纯依靠外血难以巩固所需要的性状。

(5)加强杂种选择和培育　创造利于引入品种优良性状表现的饲养管理条件，是引入杂交成功的重要保证，同时必须进行严格的选种和细致的选配。没有这两条措施，势必在几代以后又回到原来品种的老样子。

(6)应该限定范围进行　引入杂交只宜在育种场内进行，切忌在良种产区普遍推行，以免造成地方良种混杂。在育种场内一般也只进行少量杂交，还要保留一定规模的地方良种纯繁，供回交时使用。

二、采用级进杂交方法改良畜群

级进杂交也称为改良杂交，该方法是选择改良品种的优良公畜与被改良品种的母畜交配，所得杂种又与改良品种的优良公畜交配，如此连续几代将杂种母畜与改良品种的优良公畜回交，直至被改良品种得到根本改造。

1.级进杂交的方法

这种杂交方法的实质，在于通过杂交改变被改良品种的遗传特性，使杂种母畜一代又一代地与改良品种回交，以使遗传性随着代数的增加，一级一级地向改良品种靠近，最后使之发生根本性变化；亦即用杂交的方法，利用前人已经取得的育种成果，来改造低产家畜的过程(图 4-5-8)。

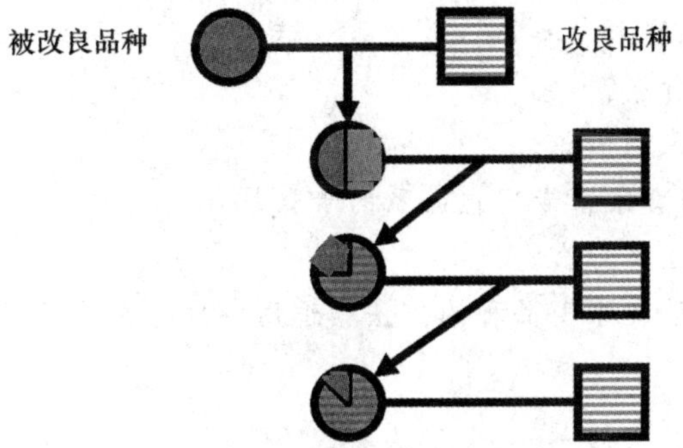

图 4-5-8　改良杂交示意图

2.级进杂交的适用条件

(1)为了尽快获得大量某种用途的家畜　我国在 20 世纪 50 年代以前，细毛羊的数量极少，为了尽快改造粗毛羊以使它们生产细毛，无论在内蒙古，还是在东北和西北，都大规模进行了改良杂交，从而很快获得了大量细毛羊。黄牛在我国 1949 年前是以役用为主，但是经过改良杂交，出现了大量的乳肉兼用牛。

(2)为了尽快提高家畜的某种生产性能　我国黄牛耐粗耐苦、适应性强，但是产乳量很低。为了提高产乳量，重庆奶牛场和贵州省花溪奶牛场等都曾用荷兰牛改良当地黄牛。结果产乳量上升很快，三代即与一般荷兰牛接近。

(3)为了经济有效地获得大量“纯种”家畜　购买优良纯种家畜往往需要大量资金。但是应用优良纯种公畜改良当地家畜，花费不大，而且 4～5 代改良杂种在体质外形上和在生产性能上，都已非常接近“纯种”。

(4)为了获得大量适应性强且生产力高的家畜　在条件比较艰苦而又难以很快改良，从而不能很好养育优良的生产性能高的家畜的地方，可以用生产性能良好的家畜作为改良品种，与能适应当地条件但生产力差的品种进行改良杂交。如果改良代数适当，杂种就可能既适应性强且生产力高。

3.级进杂交的注意事项

(1)明确改良的具体目标　进行改良杂交必须要有明确的目标。是在原来的基础上提高其生产性能，是彻底改变其生产方向，是为了获得一批优良的生产性能家畜，还是通过改良杂交创造新的品种，都应该事前慎重考虑并细致地订出计划。

(2)选择适宜的改良品种　改良品种的选择，与改良效果关系极为密切。选择时要认真考虑地区条件、地区规划以及地区需要，并在此基础上根据各有关品种的特性和特点做好判断。适宜的改良品种必须是该地区需要的、有发展前途的、生产力高的品种。

(3)选出优秀的改良用畜　杂交工作的成败及效果大小，与所用杂交个体的优劣直接有关。改良用畜不论公母畜都必须水平较高，公畜应尽可能是优秀的。这样杂交的起点高了，改良的效果自然要好。

(4)组织有效的配种工作　配种前要做好选配工作。杂交代数要根据需要和效果而定，切忌单纯追求外血所占比例。一般情况下，如果 3～5 代能满足要求的，就不必再继续杂交。

复习思考题

1. 名词解释：品系　品系繁育　单系　近交系　群系　地方品系　专门化品系
2. 系祖建系法的步骤是什么？
3. 请举一个近交培育品系的例子。
4. 采用改良的 RRS 法培育家畜专门化品系的步骤是什么？
5. 杂交培育新品种的方法是什么？
6. 引入杂交和级进杂交改良家畜品种的方法和适用条件分别是什么？

第六章 杂种优势利用

杂交可以充分利用种群间的互补效应，尤其是杂种优势，因此，杂交是畜牧生产中的一种主要方式。早在2000多年前，我国劳动人民即用驴、马杂交来生产骡。这种种间杂种较其亲本——驴、马具有更优异的役用性能，因而即使不能繁殖也仍深受人们欢迎。对此，1400多年前的《齐民要术》已经做过总结。至于种内品种间的杂交，也在我国有着悠久历史。远在汉唐时代，人们就从西域引进了大宛马与本地马杂交生产优美健壮的杂种马，并总结出“既杂胡种，马乃益壮”的宝贵经验。时至今日，在畜牧业较先进的国家，80%～90%的商品猪肉产自杂种猪，肉用仔鸡更几乎全是杂种，蛋鸡、肉牛、肉羊等也都是广泛采用杂交以利用杂种优势。

第一节 杂种优势

所谓杂种优势，亦即不同种群杂交所产生的杂种往往在生活力、生长势和生产性能方面在一定程度上优于两个亲本种群平均值。

一、杂种优势的度量

常用杂种优势量或杂种优势率度量杂种优势的大小。

在两品种（品系）杂交情况下，杂种优势量（H）是指F_1的平均性能优于两亲本平均性能的部分，如A品种（品系）与B品种（品系）杂交，则F_1的平均性能＝双亲均值＋杂种优势量。

$$H=\overline{F}_1-\frac{1}{2}(\overline{A}+\overline{B})$$

杂种优势也常以相对值即杂种优势率$H(\%)$来表示：

$$H=\frac{\overline{F}_1-(\frac{1}{2}\overline{A}+\frac{1}{2}\overline{B})}{\frac{1}{2}\overline{A}+\frac{1}{2}\overline{B}}\times 100\%$$

【例4.6.1】A、B两品种猪35 d平均窝重分别为98 kg和106 kg，A和B品种杂交F_1代35 d平均窝重113 kg，则：

$$F_1\text{的杂种优势量：}\quad H=\overline{F}_1-\frac{1}{2}(\overline{A}+\overline{B})$$

$$=113-\frac{1}{2}(98+106)=11(\text{kg})$$

杂种优势率：

$$H=\frac{\overline{F}_1-\left(\frac{1}{2}\overline{A}+\frac{1}{2}\overline{B}\right)}{\frac{1}{2}\overline{A}+\frac{1}{2}\overline{B}}\times 100\%=\frac{113-102}{102}\times 100\%=10.8$$

二、杂种优势的遗传学解释

杂种优势现象早已为人们所发现，也为各种学派所公认，但对于杂种优势的遗传机制尚无完善解释，主要有如下三个假说：

1. 显性学说

1910 年由 Bruce 等首先提出，1917 年由 Jones 进一步补充，该假说认为，有利于个体的等位基因一般为显性，或至少是部分显性；而不利的(含有害的)等位基因多为隐性。当两个遗传组成不同的近交系杂交获得F_1代，各杂合位点上的显性等位基因就可掩盖其相对的不利隐性等位基因的作用，从而以长补短，使F_1表现出优势来。对于数量性状，这里所称的显性(等位)基因后来称为增效(等位)基因，而隐性(等位)基因叫作减效(等位)基因。数量性状由多个基因座的基因控制。所以，具有显性基因(增效基因)的基因座越多，杂种优势程度就越大。以猪的日增重为例，假定两品系是相对等位基因的纯合子，且假定该性状受控于 3 对基因，每对显性基因决定 220 g 的日增重，每对隐性基因决定 180 g。由于 A 对 a、B 对 b、C 对 c 均为完全显性，故在表型效应上 Aa＝AA＞aa，余类推。两品系杂交，结果如图 4-6-1 所示，由于杂交，两亲本的显性基因相互补充，F_1的显性基因位点增多，使F_1表现出优势来。

P　　AabbCC　　×　　aaBBcc

(220 g +180 g +220 g =620 g)　↓　(180 g +220 g +180 g =580 g)

F_1　　AaBbCc

(220 g × 3 =660 g)

图 4-6-1　显性说图例

2. 超显性学说

超显性学说亦称杂合性说或等位基因互作说。由 Shull 和 East 分别于 1908 年首先提出，East 于 1936 年又作了进一步的阐述。该学说假定等位基因间不存在显隐性关系，杂种生活力的提高来自杂合性本身，即杂合子(a_1a_2)优于任何纯合子(如 a_1a_1 与a_2a_2)。杂合基因座愈多，杂种优势则愈明显。杂合子优于纯合子来源于等位基因间的相互作用，以猪的日增重为例，如图 4-6-2，假定纯合态的 a_1a_1 、a_2a_2、b_1b_1 、b_2b_2 、c_1c_1 、c_2c_2 的表型效应均为 200 g，杂合态的 a_1a_2 、b_1b_2、c_1c_2 的表型效应均为 220 g，非等位基因间也存在着各种类型的互作，在这种情况下，杂种优势还可能进一步提高。

P　　$a_1a_1b_1b_1c_1c_1$　　×　　$a_2a_2b_2b_2c_2c_2$

(200 g × 3 = 660 g)　↓　(200 g × 3 = 660 g)

F_1　　$a_1a_2b_1b_2c_1c_2$

(220 g × 3 =660 g)

图 4-6-2　超显性学说图例

3.遗传平衡学说

遗传平衡学说认为杂种优势在遗传上的成因很复杂,有时一种效应相对于另一种效应起主要作用;也可能在控制一个性状的许多对基因中,有的是不完全显性,有的是完全显性,有的是超显性;有的基因之间有上位效应,有的基因之间没有上位效应。所以,杜尔宾(1961)认为:“杂种优势不能用任何一种遗传原因解释,也不能用一种遗传因子相互影响的形式加以说明。因为这种现象是各种遗传过程相互作用的总效应,所以根据遗传因子相互影响的任何一种方式而提出的假说均不能作为杂种优势的一般理论,尽管其中一些假说,特别是上述两种假说都与一定的试验事实相符,无疑包含一些正确的看法,但这些假说都只是杂种优势理论的一部分。”近些年来,许多研究都对这一观点给予了更多的支持和佐证。例如,人们在蛋白质、DNA 等各种不同水平上均发现存在有大量多态现象。这种多态现象是维持群体杂种优势的一个重要因素,它可以增强群体的适应能力,保持群体的生活力旺盛,故可认为是对超显性学说的支持。但随着分子遗传学研究的深入,对基因的认识已有很大改变,发现基因间的作用相当复杂,难以明确区分显性、超显性、上位等各种效应。

第二节　杂交亲本

杂交用的亲本群是否适当,关系到杂种能否得到优良、高产即非加性效应大的基因,进而决定杂交能否取得最佳效果。

一、亲本群的类别

(一)品种

家畜品种数量众多、特点各异。以猪为例,国内有地方品种 48 个、培育品种 12 个、主要引入品种 6 个(《中国猪品种志》)。这些猪种约占世界猪种总数的 1/3,而且是较优秀的一部分,从繁殖力最高的太湖猪和民猪到产肉力最高的皮特兰和兰德瑞斯,从适于各种恶劣条件的地方品种到适于工厂化养猪的培育品种和引进品种,可谓应有尽有。其中地方品种和引进品种间的主要区别在于:①地方品种适应性强,耐粗、耐寒、耐热、耐高原环境等各种类型都有,而引进品种大多对饲养管理环境要求较高;②地方品种肉质鲜嫩、口味鲜美、少 PSE 肉,而引进品种多肉质粗硬、口味不佳、常见 PSE 肉;③地方品种大多产仔数多、饲料利用率差、胴体瘦肉率低,而引进品种却相反。可见地方猪种和引入猪种各具特色。因此二者之间如果杂交,当可充分利用互补效应和杂种优势。因此,品种杂交一直是一种主要的杂交形式,尤其是对于大家畜而言。

(二)品系

品系名目繁多,有地方品系、单系、群系、近交系、专门化品系等等。随着畜牧业的发展,品系的概念、范围及育成方法都有很大变化。目前,畜牧业发达的国家,养鸡业已基本上全部采用品系杂交,养猪业也在迅速向品系杂交过渡。品系具有下列特点:

(1)品系既可以在品种内培育,又可以在杂种基础上建立;质量不要求全面,可以突出某些特点;头数要求不用很多,分布也不要求很广;被迫近交问题不需要过虑,因为并不希望它长期存在。这样,使得培育一个品系要比培育一个品种快得多,从而可以真正做到“遍地开花”,培育大量杂交用的种群,增加新的杂交组合,为不断选择新的理想的杂交组合创造有利条件。

(2)品系形成快、形成多,就有可能快淘汰、多淘汰,因而遗传质量的改进不仅可以通过种群内的选育而渐进，而且可以通过种群的快速周转而跃进。

(3)品系的范围较小，因而种群的提纯比较容易。而亲本群纯，不但能提高杂种优势的杂种的整齐度，而且能够提高配合力测定的正确性和准确性。

(4)品系的培育工作在一个牧场内就可以进行。每个牧场可以有自己的培育方案，选种特点和独特的饲养管理方式，从而可以充分发挥自己的特点。

二、亲本群的初选

(一)对母本群的要求

(1)母本种群应数量多、适应性强，这是因为母畜的需要量大、种畜来源问题很重要，而适应性强的家畜便于饲养管理、易于推广。

(2)母本种群的繁殖力要高，泌乳能力要强，母性要好。这是因为母本种群既决定了一个杂交体系的繁殖成本，又作为母体效应影响着杂种后代的生长发育。

(3)母本种群在不影响杂种生长速度的前提下，体格不一定要求太大。体格太大浪费饲料。目前有些国家选用小型鸡作为杂交母本，就是这个道理。

(二)对父本群的要求

(1)父本群的生长速度要快，饲料利用率要高，胴体品质要好。这些性状的遗传力一般较高，故种公畜若具有这方面的优良特性，可遗传给杂种后代。

(2)父本群的类型应与对杂种的要求相一致，如要求生产瘦肉型猪时，即应选择瘦肉型猪作父本。

三、亲本群的选育

亲本群的选育主要包括选优、提纯两个方面。选优就是通过选择，选出性能优良、合乎理想的个体，从而使亲本群内优良、高产的基因频率尽可能增大。提纯则是通过选配，使亲本群在主要性状上纯合子的基因型频率尽可能增加，个体间的差异尽可能减少。提纯的重要性并不亚于选优，因为亲本种群愈纯，杂交双方的基因频率才能相差越大，杂种优势才能相差越明显。因此，“优”和“纯”虽然是两个不同的概念，但选优和提纯却是相辅相成的，可以同时进行和同时完成的不可截然分开的两个必要措施。

第三节 杂交方式

杂种优势利用中，最终商品畜的整个生产过程可能涉及不同数量的种群、不同数量的层次以及不同的种群组织方法。换言之，可能采用不同的杂交方式。而不同的杂交方式具有不同的特点和功能。

杂种优势利用中常用的一些杂交方式如下：

一、二元杂交

二元杂交亦即两个种群杂交一次，一代杂种无论是公是母，都不作为种用继续繁殖，而是全部用作商品(图 4-6-3)。

这种杂交方式简单，但实际应用却较麻烦，因为除了杂交外尚需考虑两个亲本群的更新补充问题。通常人们对父本种群的公畜采取购买的办法，对母本种群的更新补充则是通过购买公畜与杂交用的母畜群进行几个产次的纯繁解决，因此，增加了一个纯繁环节。另外，这种杂交方式不能充分利用母本种群繁殖性能方面的杂种优势。

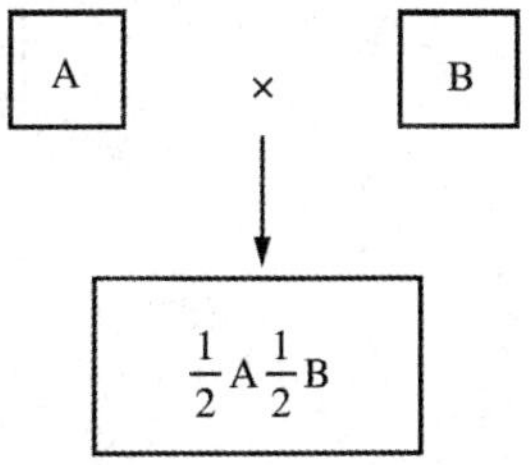

图 4-6-3 二元杂交

二、三元杂交

三元杂交是用两个种群杂交，所生杂种母畜再与第三个种群杂交，所生二代杂种用作商品。例如，在猪的生产中，用长白猪与大白猪先行杂交，所生二元杂种母猪再与杜洛克公猪杂交，所生三元杂种不论公母一律育肥出售即是一种三元杂交(图 4-6-4)。

这种杂交方式的杂种优势大于二元杂交。首先，在整个杂交体系下，二元杂种母畜在繁殖性能方面的杂种优势可以得到利用，二元杂交体系下，二元杂种母畜在繁殖性能方面的杂种优势不能得到利用。三元杂种集合了三个种群的差异和三个种群的互补效应，因而在单个数量性状上的杂种优势可能更大。

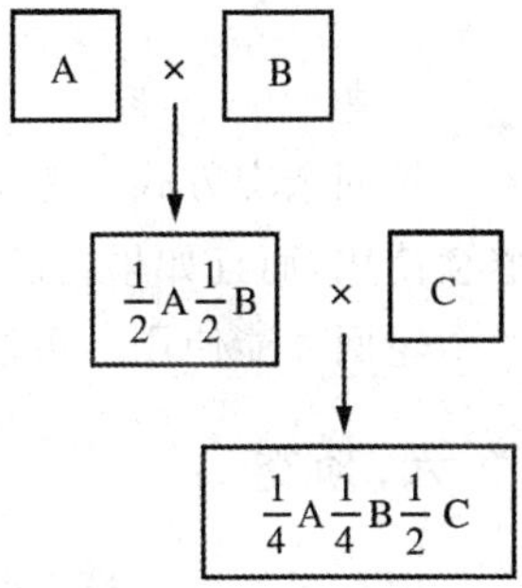

图 4-6-4 三元杂交

三、回交

回交是指两个种群杂交，所生杂种母畜再与两个种群之一杂交，所生杂种不论公母一律用作商品。例如，以长白猪作为父本、民猪作为母本杂交，所得二元长民杂种母猪再与长白猪杂交，所得的二代杂种一律育肥出售，这种杂交即为回交(图 4-6-5)。

这种杂交方式可以利用二元杂种母畜在繁殖性能方面的杂种优势，但三元商品杂种在利用杂种优势上要小，因为，二元杂种的显性效应有一半在回交后因一半基因座的纯合而丧失。

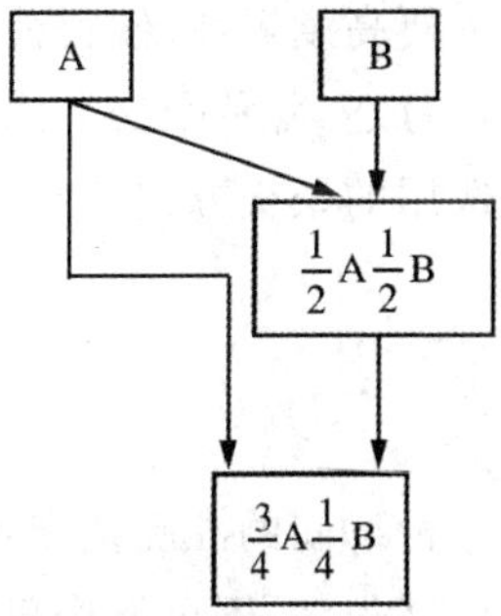

图 4-6-5 回交

四、双杂交

双杂交是利用 4 个种群分布两两杂交，然后两种杂种间再次进行杂交，产生四元杂种商品畜，这种杂交方式最初用于生产杂交玉米，目前在畜牧业中主要用于鸡。具体过程见图 4-6-6。

五、轮回杂交

轮回杂交是用几个种群轮流作为父本杂交，杂交用的母本种群除第一次杂交是用几个种群中的一个之外，各代均用杂交所产生的杂种母畜，各代所产生的杂种除了部分用于继续杂交之外，其他母畜连同所有公畜一律用作商品。

这种杂交方式具有下列优点：①除第一次杂交外，母畜始终都是杂种，有利于利用繁殖性能的杂种优势；②对于单胎家畜，繁殖用母畜需要较多，杂种母畜也需用于繁殖，采用这种杂交方式最为合适；③只需要每代引入少量纯种公畜或利用配种站的种公畜，而不需要自己维持几个纯繁群，在组织工作上方便得多；④由于每代交配双方都有相当大的差异，因此始终能产生一定的杂种优势。

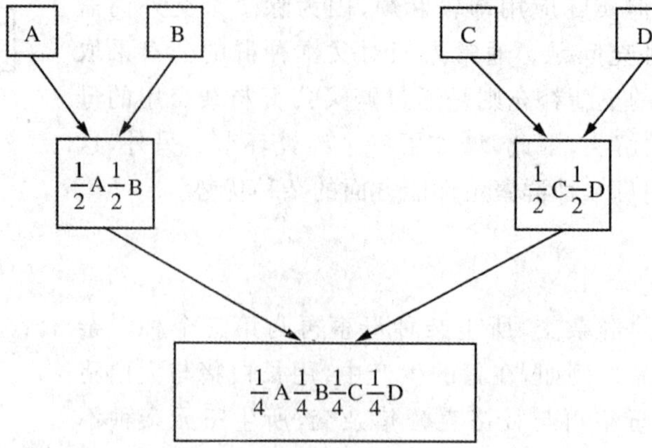

图 4-6-6　双杂交

轮回杂交方式也有以下几个缺点：①代代需要变换公畜，即使发现杂交效果好的公畜也不能继续使用，而且如果自己饲养公畜，则公畜在使用一个配种期后，要么淘汰，要么闲置几年，直到下一个轮回才能使用。可能造成较大浪费；②配合力不好做。

六、顶交

顶交是指用近交系的公畜与无亲缘关系的非近交系母畜交配。这种杂交方式主要用于近交系的杂交，因为近交系的母畜一般生活力和繁殖性能都差，不适宜做母本。但用非近交系做母本，容易因种群内的纯合程度较差而使后代发生分化，从而难以得到规格一致的产品。补救的办法是父本要高度提纯，使得公畜在主要性状上基本都是优良的显性纯合子。

总之，各种杂交方式特点不同，适应场合也有不同。在实际的杂交当中，应根据具体情况确定所选用的杂交方式。

第四节　杂交效果的预测

种群间的准确杂交效果，必须通过杂交试验才能最终确定。但是杂交试验费钱费事，家畜的种群又很多，不可能全部两两进行杂交试验。因此，在进行试验之前，需要有个大致估计，只有那些通过估计认为希望较大的组合才正式予以试验。

根据杂种生产性能的剖分、杂种优势机理以及大量实践经验，可知影响杂交效果的主要因素如下：

(1)杂交种群的平均加性基因效应越高，杂交效果越好。

(2)种群间的遗传差异越大，杂种优势越大。

(3)性状的遗传力越低，这个性状受非加性基因效应影响的程度越大，随着杂交带来的杂种杂合子比例的增加，杂种的杂种优势也就越明显。

(4)种群的整齐度越高，杂交效果越好。

(5)母体效应会在产前产后对后代提供的生活条件不同，最终的经济效益也不同。

复习思考题

1. 名词解释:杂种优势　杂种优势值　配合力
2. 杂种优势产生的实质是什么?
3. 杂交亲本种群的选优提纯指的是什么?
4. 杂交方式有哪些?各有何特点?
5. 杂种优势利用的技术环节有哪些?

第七章 家畜品种遗传资源多样性保护

一、动物品种遗传资源保存工作的意义

在现代化的商品动物生产中，随着畜牧业生产的"工厂化""集体化"的发展，地方畜禽品种的地位在生产中已发生了很大变化。现代畜禽的育种使为数不多的几个分布广、专门化程度高的良种在世界许多地区取代了当地的固有地方品种，在整个畜牧业中起着支配地位。以猪为例，在欧洲基本上是大白猪、长白猪，在北美除了这些猪品种外，较多饲养的是杜洛克、汉普夏。这是人类对猪种产品的要求所造成的结果。即随着人们对蛋白质食品量需求的不断增加，猪的商品生产中一直把高瘦肉率和快生长速度作为主要的追求目标。从而，杂交已成为养猪业的总趋势，对杂交所用的公、母本品种提出了较高的要求，促使那些在经济和产品类型上暂时处于劣势的品种愈来愈少，导致了一些地方猪种的濒危，甚至灭绝。

一个畜禽的原始品种(品系)或类型(类群)的形成，往往要花费很长的时间，但要破坏一个品种却十分容易。一个有独特遗传特性的品种若遭到破坏，就很难恢复。而从长远的眼光来看，畜禽品种遗传资源愈丰富，愈具有多样性，就愈能适应环境条件和社会经济条件的变化，愈能适应人们的不同爱好要求和变化。因此，地方畜禽品种遗传资源的保存(以下简称保种)工作具有极其重要的现实意义和深远的历史意义。

二、动物保种理论

要解决好畜禽保种问题，首先必须认真总结并充分认识畜禽保种工作的历史经验、教训及其发展过程，从而揭示保种工作所遇到的诸问题以及它们之间的相互关系。

(一)保种与选育的关系

保种与选育的目的各不相同，保种的目的是保存现有的遗传资源，要求不变或少变、慢变，选育则是为了改进品种的质量，希望多变、快变，就一个群体而言，保种是要保持原有的群体遗传结构，最后使全部基因都处于平衡状态，都能长期保存下来。因而保种应避免选择与近交，尽量减少随机遗传漂变并延长世代间隔；而选育则相反，选育首先要打破遗传平衡，使基因频率有所变动，甚至基因有所得失。选择是其必要手段，而且要尽可能使世代间隔缩短，有时还应利用近交等选配手段。

保种与选育的这种对立关系给我们实际保种工作者带来很大困难。如果保种与选育工作不能结合进行，势必各行其是，各搞一套。但这一矛盾，究其实质并不是变与不变的不可调和的矛盾，而只是随机与定向之间的人为矛盾。尤其是目前我国畜禽地方品种大多数都面临着选育和保种的双重任务。一方面需要保存优异的遗传资源，另一方面又必须提高其生产性能，因此，选育与保种最后能结合进行，即选育群与保种群最后能合而为一，选育措施与保种措施最好能统一兼容。

实际上，保种与选育并不对立，唯有随机的保种与定向的选育之间才难以兼顾，我们只有把随机的保种变为有目标的保种，保种与选育就完全可以结合进行。只有这样，我们丰富珍贵的畜禽地方品种的遗传资源才能保住，才能充分发挥它们的作用，为发展我国甚至全世界的畜牧业做出应有的贡献。

(二)优点与缺点的关系

畜禽品种的目的是保存现有遗传资源以备将来育种需要。畜禽品种随世代和社会对畜产品要求的变化而演化。应该承认我们对将来的预测还不可能那么准确，即不可能很准确地预测到现有的畜禽遗传特性在未来的相当长一段时间里，哪一种将“有用”(有利、好)，哪一种将“无用”(不利、坏)。譬如，太湖猪的繁殖力高，母猪一胎生十六七个仔猪，比外国猪几乎多一倍。但过去这算不上优点，因为生多了也养不活，反而影响初生重，可现在畜牧育种技术提高了，甚至可以采用人工哺乳等办法解决母猪哺育能力不够的问题。这样随着仔猪成活率的提高刺激了人们要求提高猪产仔数的愿望。再如，夏洛来牛的“双肌”，发现当初也被认为它是病理现象(肌肉肥大)，而现在却有人认为它是优良的产肉特性；矮小基因(dw)促使家禽个体变小，一般认为它是坏的，都加以淘汰，但目前却发现它与产蛋量和蛋重没有必然的遗传上对抗性。国外，目前正流行利用矮小基因培育饲料利用率高的蛋鸡，因为个体小维持生命活动所需的饲料少，饲料利用就较经济。以上三个例子充分说明我们要保存的是现有的遗传特性，而不一定都是保存所谓的优点，这样的例子还很多。对许多畜禽品种来说，有的遗传特性眼前看来好像是缺点，但它有可能有朝一日转变为优点，畜禽的“优点”与“缺点”是相对的，今天的优点将来不一定都是优点，今天的缺点将来也可能成为优点。两者在一定条件下可以相互转化，是因时因地而异的。就如几十年前人们不屑一顾的作物矮秆基因，却引起了一场对全世界粮食生产意义重大的“绿色革命”。

(三)量与质的关系

群体遗传学认为畜禽品种是一个具有一定遗传结构的相对平衡群体。同一畜种的不同品种，其基因位点基本相同，遗传结构的差异主要体现在基因种类和基因频率上。基因频率的变化是量变，频率降到0时即意味着该基因的消失，也就是基因种类的变化。所以基因种类差异是基因频率差异的极端形式，即基因种类的变化是质变。保种的低目标是“不丢失基因”，即基因种类不变；保种的高目标是“原封不动地保存所有基因”，即基因频率也不变。所以，即使是低目标保种，只为了保持基因的种类，也必须把基因频率的变化控制在一定的范围之内才行，因为“任何质量都表现为一定数量，没有数量也就没有质量”。保种是一项是分复杂的问题，有些问题可以做定量处理，有些问题则不行。因此，畜禽保种理论中的诸多关键行问题必须采取定量与定性分析相结合的方法来处理。

三、现有保种方法

现有畜禽保种方法大致可以归纳为两类：一是原位保存，即活体保种，指在自然生态环境条件下维持一个活体家畜群；二是易位保存，即冷冻保存，如长期冷冻保存精子、卵子或卵母细胞、胚胎及DNA文库等。冷冻保存是目前保护家畜品种基因库的最好方法，但也可以在家畜品种的原产地维持一个活体家畜群。

原位保存的基本方法：

(1)划定良种基地　在良种基地禁止引进其他品种的种畜，严防群体混杂，这是保种的一项重要措施。

(2)建立保种群　在良种基地建立足够数量的保种群。可根据畜种、资金等因素确定保种群的规模。一般地,如要求保种群在100年内近交系数不超过0.1,则猪、羊等小家畜的群体有效含量应在200头(假设世代间隔为2.5年),牛、马等大家畜的群体有效含量应为100头(假设世代间隔为5年),并且要保证有足够的公畜,以维持一定的性别比例。但是不同的学者对这一问题的看法是不完全一致的。

(3)实行各家系等量留种　在每一世代留种时,实行每一公畜后代中选留一头公畜,每一母畜后代中选留相同数量的母畜,并且尽量保持每个世代的群体规模一致,减少保种群体出现"瓶颈效应"。

(4)制定合理的交配制度　保种群中实行避免全同胞、半同胞交配的不完全随机交配制度,或采取非近交的公畜轮回配种制度,可以降低群体近交系数增量。也可以采用划分亚群,并结合亚群间轮回交配的方式。

(5)适当延长世代间隔,也可以降低群体近交系数增量。

(6)外界环境条件相对稳定,控制污染源,防止基因突变。

(7)在保种群中一般不进行选择,在不得已的情况下,才实行保种与选育相结合的所谓"动态保种"。

显然,要满足这些要求,核心是必须有强大的财力保证,对于拥有丰富遗传资源的发展中国家来说,这些保种措施在实际的家畜品种遗传资源保存中是难以付诸实践的。实际上,这些要求即使对发达国家来说,也难以在实际的家畜遗传资源保存中全面实施。

四、动物品种遗传资源的利用

动物品种遗传资源的利用,主要有直接利用和间接利用两种。

(一)直接利用

我国的地方良种以及新育成的品种,大多具有较高的生产性能,或者某一方面有突出的生产用途,它们对当地自然条件及饲养管理条件又有良好的适应性,因此均可直接利用于生产畜产品。

(二)间接利用

这是我国目前更为广泛的利用方式:

(1)作为杂种优势利用的原始材料　在开展杂种优势利用时,对母本的要求主要是繁殖性能好、母性强、泌乳力高,对当地条件的适应性强。我国地方良种大多都具备这些优点。

(2)作为培育新品种的原始材料　培育新品种时,为了使新育成的品种对当地的气候条件和饲养管理条件具有良好的适应性,通常都利用当地优良品种或类型与外来品种杂交。

复习思考题

1. 名词解释:保种　原位保存　易位保存

2. 原位保存的方法是什么?

第八章　生物技术在家畜育种中的应用

第一节　生物技术的概念

生物技术来自英语“biotechnology”一词，在国内的一些论著中也有将其称为“生物工程”。其概念有以下两种：其一是将生物技术定义为，“那些允许人们在微观上认识和控制生物遗传与繁殖过程的技术”；其二是将生物技术界定义为“能工业规模设计、经营和开发微生物、动物、植物以及动植物组织、器官、细胞的生物学特性与功能，为人类提供产品和服务的新兴技术”。

在家畜育种领域，生物技术主要包括繁殖生物技术和分子生物技术两个领域。家畜繁殖生物技术包括人工授精、超数排卵和胚胎移植、胚胎性别鉴定、体外受精、胚胎分割和克隆技术等。动物分子生物技术主要涉及基因组分析技术、DNA 诊断技术、转基因技术等领域。

20 世纪 80 年代以来，又出现了一个分子数量遗传学的研究领域，它是将分子生物技术与数量遗传学方法相结合，研究数量性状基因座（quantitative trait locus，QTL）定位于分子标记辅助选择（MAS）的理论和方法。

第二节　繁殖生物技术在家畜育种中的应用

通过对母畜即供体牛实施超数排卵处理，可诱发动物更多的卵母细胞的成熟并排卵，因而可充分利用卵巢中储备的生殖细胞。这种诱发排卵是在母畜黄体期间通过注射促性腺激素和前列腺素来实现的。在完成超数排卵后，即可进行授精、采胚、胚胎检验、胚胎培养与保存，然后将发育正常的胚胎移植到发情适时的受体牛生殖道内，以期实现“借腹怀胎”的目的。在这项繁殖生物技术中，超数排卵是基础，胚胎移植是手段。

20 世纪 80 年代以来，许多育种学家建议将胚胎移植技术高效率、高强度地应用于一定规模的高产奶牛育种核心群中，通过特定育种方案的实施，在核心群中选育优秀的种公牛和种母牛，而后通过种公牛、精液、胚胎等育种材料的推广，进一步改良整个奶牛群。将胚胎移植技术的优势与核心群育种的特点结合为一体，就形成了一个新的育种体系，称之为 MOET 核心群育种体系。“MOET”是英文超数排卵（multiple ovulation）和胚胎移植（embryo transfer）的首字母缩写，它的优势是可以提高母牛的繁殖力，这对低繁殖力的奶牛来说，具有特殊的意义。核心群育种的特点在于，育种措施主要集中在较小的高产牛群中进行，既便于严格地实施育种方案，又可实施一些在一般牛群中难于进行的育种措施，例如，某些特殊性能的测定，如采食量、挤奶性能等。

奶牛 MOET 核心群育种体系的主体是建立一个高产奶牛核心群，在核心群中实施胚胎移植技术的目的在于，使供体母牛每年获得一定数量的具有全同胞关系的后代，尤其在该育种体系中，不再组织耗时长的公牛后裔测定，而是利用具有全同胞和半同胞遗传关系的母牛性能记录资料，采用特定的统计推断方法，进行核心公牛和核心母牛的遗传评定。由此可缩短核心群的世代间隔，进而加快牛群的遗传进展，提高育种效益见图 4-8-1。

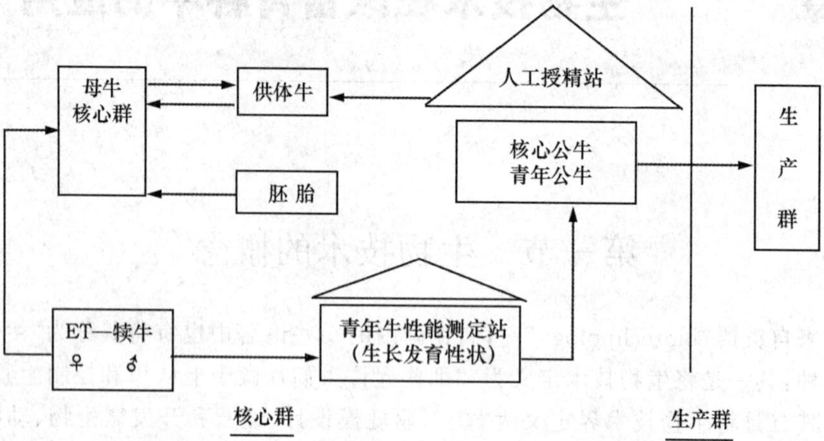

图 4-8-1　MOET 核心群育种体系的基本流程示意图

从图 4-8-1 可以看出：①经严格选择，组建一个 600～1 000 头的高产母牛核心群，在核心群中，对所有母牛实施可靠的性能测定。除产奶性能外，还应测定那些遗传力偏低，而经济重要性很高的次级性状，以及其他特殊性状。因此，这个核心群也称为"母牛性能测定站"；②每年根据性能测定的结果，通过育种值估计，选择一定数量的优秀母牛作为胚胎移植的供体母牛；③对供体牛进行超数排卵处理，并使用核心公牛或进口的优秀公牛精液配种，以期获得足够数量的可用胚胎，例如 12～20 枚；④在核心群内，把其他的母牛均作为受体母牛使用，接受胚胎移植；⑤在得到的 ET 犊牛中，母犊牛育成后，第一胎先在核心群中全部作为受体母牛使用，在其获得第一泌乳期成绩后，使用群体内动物模型 BLUP 法，进行母牛个体遗传评定。在每一全同胞组的头胎母牛中，仅选留一头最优秀者，作为核心母牛留在核心群中；⑥ET 公犊牛经过生长发育性能测定后，同样每全同胞组留一头，等待进一步的选择；⑦选留下来的青年公牛要等到其全同胞、半同胞姐妹的第一泌乳期性能测定得到后，利用以全同胞－半同胞信息为主的资料，进行青年公牛的育种值估计和遗传评定，选择一定数量的核心公牛；⑧在核心群以外的生产群中，还可组织一个"测定群"，为核心群青年公牛的遗传评定提供更多的半同胞信息，这尤其对次级性状的遗传评定是十分有意义的。见表 4-8-1。

表 4-8-1　一般 MOET 核心群育种体系的育种流程

月龄	青年牛体系(供体牛)	成年牛体系(供体牛)
1	出生	出生
13	选择并进行 MOET	
14		
15	妊娠	妊娠
22	MOET 后代出生	
23		

续表 4-8-1

月龄	青年牛体系(供体牛)	成年牛体系(供体牛)
24	分娩	分娩
34	第一泌乳期结束	第一泌乳期结束
35	选择 MOET 后代并进行 MOET	选择并进行 MOET
36		
44	第二代 MOET 后代出生	MOET 后代出生

在核心群内集中测定的是遗传力为中等的生产性状,而对低遗传力性状繁殖力和抗病力等,则仅靠核心群内的测定是不够的。为此有两种解决的途径:其一,探索一些遗传力高、测定简单,且与上述性状紧密相关的间接选择性状;其二,在核心群外建立一个一定规模的"测定群",以求得到核心群中被测后备牛有较大规模的半同胞组,当半同胞组达 200 头以上时,低遗传力性状的选择是有效的。

第三节 分子遗传标记在家畜育种中的应用

近 30 年来分子遗传学与分子生物技术有了突飞猛进的发展,主要表现在:①大量 DNA 水平上的分子遗传标记及其检测技术;②DNA 序列测定技术;③转基因技术;④核移植(体细胞)克隆技术。这种发展对家畜育种产生巨大影响,尤其是大量的分子标记,为我们研究动物的基因组提供了非常好的信息,这些信息可用于:①QTL 的检测;②标记辅助选择;③标记辅助基因导入;④标记辅助杂种优势利用;⑤标记辅助遗传资源保存;⑥研究品种起源与发展;⑦亲子鉴定等。其中在育种中用的最多的是 QTL 检测和标记辅助选择。

一、分子遗传标记

分子遗传标记(以下简称标记)是指那些可准确鉴别的能反映个体特异性的遗传特征。理想的标记应具备以下条件:①高度多态,多态是指标记在群体中有多种基因型存在,多态程度越高,个体之间在标记上就越能表现出差异,所提供的信息就越多;②数量多,而且均匀地覆盖整个基因组;③对它的测定不受年龄、性别、环境等因素的控制;④共显性,能够准确判别所有可能的基因型。

据估计,在人类大约平均每 1 000 个碱基对才有 1 个会出现差异,但没有两个个体的碱基序列是完全相同的,在某些位点上,不同个体之间的 DNA 序列会出现差异,这些位点就可用作遗传标记,称为分子标记或 DNA 标记。当这种 DNA 差异出现在一个基因之内,并且会影响该基因的功能,进而影响性状的表型时,称这类标记为Ⅰ型标记,但大部分标记都与基因功能无关,称为Ⅱ型标记。

二、数量性状基因座

数量性状的变异是由很多基因的共同作用引起的,由于基因的数目很多,而每个基因的作用一般都较小,再加上环境因素的干扰,我们不能对每个基因单独地进行分析,而只能将所有的基因作为一个整体来考虑。

自 20 世纪 70 年代以来,人们在经过长期选择的群体中陆续发现了一些对数量性状有明显作用的仍然处于分离状态的单个基因。例如，影响鸡的体型大小的矮小(dwarf)基因，影响猪的瘦肉率和肉质的氟烷(Halothane)基因，影响肉牛的肌肉丰满程度的双肌(double muscling)基因，影响羊的产羔数的 Booroola 基因。人们将这些基因称为主效基因。

一般认为如果一个基因的效应(两种纯合基因型的基因型值之差)达到 0.5～1.0 表型标准差时，可将其视为主效基因。这些基因的发现大多是偶然的，但它们的发现使得人们对数量性状的遗传机制有了新的认识，可以想象在其他数量性状中也完全可能存在类似的主效基因，如何主动地去发掘这些基因就成为数量遗传学和家畜育种学的新的研究课题。

分子遗传标记的出现，使我们可以真正从 DNA 水平上对影响数量性状的单个基因或染色体片段进行分析，人们将这些单个的基因或染色体片段称为数量性状基因座(quantitative trait loci, QTL)。从广义上说，数量性状基因座是所有影响数量性状的基因座(不论效应大小)，但通常人们只将那些可被检测出的、通常有较大效应的基因或染色体片段称为 QTL，而将那些不能检测出的基因仍当作微效多基因来对待。当一个 QTL 就是一个单个基因时，它就是主效基因。

显然，如果我们能对影响数量性状的各单个基因都很清楚地了解，我们对数量性状的选择就会更加有效，同时我们还可利用基因克隆和转基因等分子生物学方法来对群体进行遗传改良。

三、标记辅助选择

个体遗传评定是基于表型信息和系谱信息进行的。如果我们知道所要评定的性状有某些 QTL(主效基因)存在，并且能直接测定它们的基因型(如通过候选基因分析发现的 QTL)，或者虽不能测定它们的基因型，但知道它们与某些标记的连锁关系(如通过标记-QTL 连锁分析发现的 QTL)，而我们可以测定这些标记的基因型，这时我们就可将这些信息用到个体的遗传评定中，这样会提高评定的精确性。这就是所谓的标记辅助选择(marker-assisted selection, MAS)。

较理想的状况是我们能够直接测定 QTL 或主效基因的基因型，这样在选择时我们就可以直接选择那些具有理想基因型的个体，这时也称为基因辅助选择。当 QTL 的基因型不能直接测定，而只能根据标记信息推测时，问题就要复杂得多。

复习思考题

1. 名词解释：MOET　QTL　MAS
2. MOET 核心群育种的模式是什么？
3. 目前发现的家畜 QTL 有哪些？

第五篇

家畜繁殖学

第一章 家畜生殖器官

第一节 公畜的生殖器官及其功能

公畜的生殖器官包括:性腺(睾丸)、输精管道(附睾、输精管和尿生殖道)、副性腺(精囊腺、前列腺和尿道球腺)和外生殖器(阴茎)(图 5-1-1)。

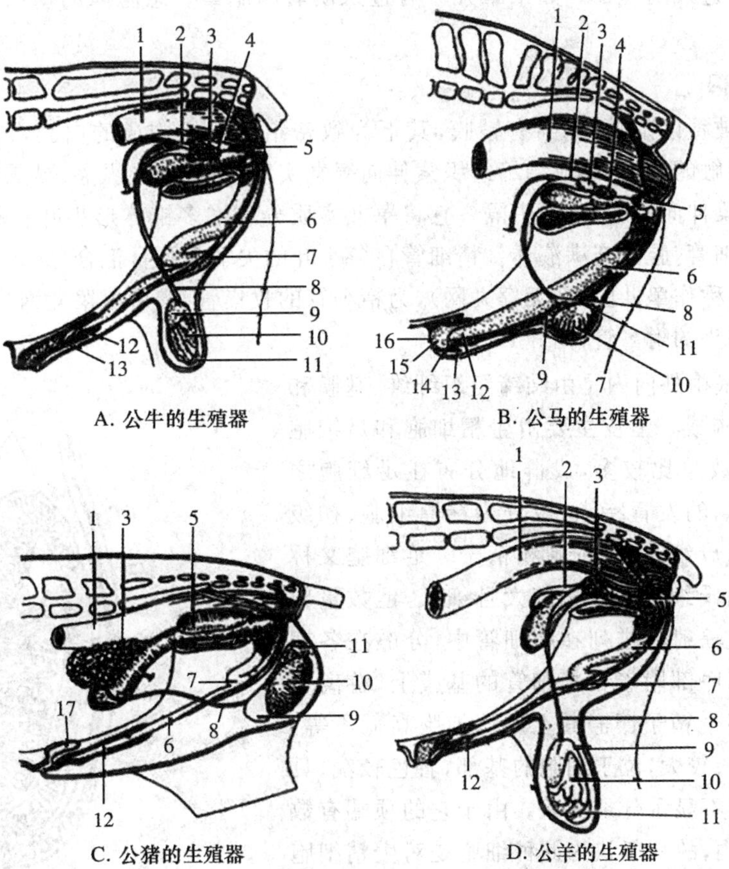

图 5-1-1 公畜生殖器官剖面示意图

1. 直肠 2. 输精管壶腹 3. 精囊腺 4. 前列腺 5. 尿道球腺 6. 阴茎 7. S状弯曲 8. 输精管 9. 附睾头 10. 睾丸 11. 附睾尾 12. 阴茎游离端 13. 内包皮鞘 14. 外包皮鞘 15. 龟头 16. 尿道突起 17. 包皮憩室

一、睾丸

(一)形态位置

正常雄性家畜的睾丸均呈长卵圆形,左右各一,位于阴囊的两个腔内。不同种类家畜的睾丸大小、重量差别较大。猪、羊、犬等相对较大,牛、马左侧稍大于右侧,其他动物无固定差别。其重量牛、马为500～600 g,猪为900～1 000 g,绵羊为400～500 g,兔为5～7 g。羊、牛睾丸位于前腹股沟区(悬垂于腹下后侧,靠近两后腿),长轴与地面垂直,附睾在睾丸的后外缘,头朝上尾朝下。马、驴睾丸位于两股之间,紧贴腹壁腹股沟区,长轴与地面平行,附睾在睾丸的背外缘,头前尾后。猪、猫睾丸位于肛门下方会阴区,长轴与地面成一定角度,前低后高,附睾在睾丸背部,头朝前下,尾朝后上方。兔睾丸位于股部后方肛门两侧,在性成熟后,繁殖季节时,才下降至阴囊内。狗睾丸在腹股沟区与肛门之间。

睾丸进入阴囊的时间,牛、羊在胚胎中期,马在出生前后,猫在胎儿期后期。还有许多动物只有在繁殖季节,才进入阴囊中。如果睾丸没有进入阴囊叫隐睾。患隐睾的动物有性欲,却无繁殖能力。

(二)组织结构

睾丸的外表被覆以浆膜,即固有鞘膜,其下为致密结缔组织构成的白膜,白膜由睾丸的一端(即和附睾头相接触的一端)形成结缔组织索伸向睾丸实质,构成睾丸纵隔,纵隔向四周发出许多放射状结缔组织小梁伸向白膜,称为中隔。它将睾丸实质分成许多锥体形小叶。每个小叶内有一条或数条盘曲的精细管,腔内充满液体。精细管在各小叶的尖端先各自汇合,穿入纵隔结缔组织内形成弯曲的导管网,称作睾丸网(马无睾丸网),为精细管的收集管,最后由睾丸网分出10～30条睾丸输出管,汇入附睾头的附睾管(图5-1-2)。

精细管的管壁由外向内是由结缔组织纤维、基膜和复层的生殖上皮构成。上皮主要由生精细胞和足细胞构成。生精细胞数量比较多,成群地分布在足细胞之间。根据不同时期的发育特点,可分为精原细胞、初级精母细胞、次级精母细胞、精细胞和精子。足细胞又称支持细胞、塞托利氏细胞。体积较大且细长,但数量较少,属体细胞。呈辐射状排列在精细管中,分散在各期生殖细胞之间,其底部附着在精细管的基膜上,游离端朝向管腔,常有多个精子镶嵌其上。该细胞高低不等,界限不清。细胞核较大,位于细胞的基部,着色较浅,具有明显的核仁,但不显示分裂现象。由于它的顶端有数个精子伸入胞浆内,故一般认为此种细胞是对生精细胞起着支持、营养、保护等作用。如果足细胞失去功能,精子便不能成熟。

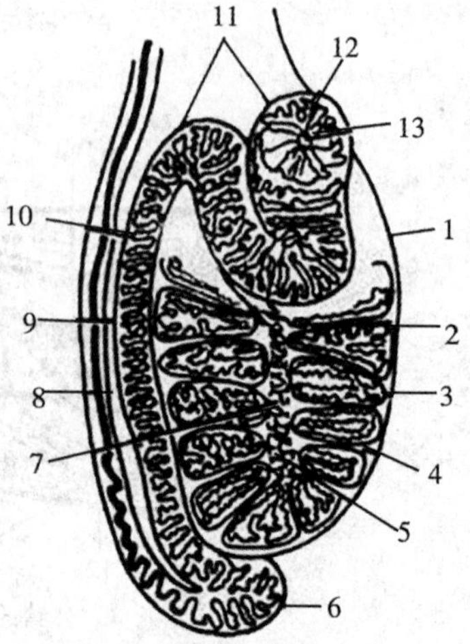

图5-1-2 睾丸及附睾的组织结构

1.睾丸 2.精细管 3.小叶 4.中隔 5.纵隔 6.附睾尾 7.睾丸网 8.输精管 9.附睾体 10.附睾管 11.附睾头 12.输出管

(三)功能

(1)生精机能 精细管的生精细胞经多次分裂后最终形成精子,并储存于附睾。公牛每克睾丸组织平均每天可产生精子 1 300 万～1 900 万个,公羊 2 400 万～2 700 万个,公猪 2 400 万～3 100 万个。

(2)分泌雄激素 间质细胞分泌的雄激素,能激发公畜的性欲及性兴奋,刺激第二性征,刺激阴茎及副性腺的发育,维持精子发生及附睾精子的刺激阴茎及副性腺的发育,有利于精子发生及附睾精子的存活。

(3)产生睾丸液 由精细管和睾丸网产生大量的睾丸液。含有较高浓度的钙、钠等离子成分和少量的蛋白质成分。主要作用是维持精子的生存和有助于精子向附睾头部移动。

二、附睾

(一)形态

附睾附着于睾丸的附着缘,分头、体、尾三部组成(图 5-1-2)。头、尾两端粗大,体部较细。附睾头由睾丸网发出十多条睾丸输出管组成,这些管呈螺旋状,借结缔组织联结成若干附睾小叶,再由附睾小叶联结成扁平而略呈杯状的附睾头,贴附于睾丸的前端或上缘。各附睾小叶的管子汇成一条弯曲的附睾管。附睾体由弯曲的附睾管沿睾丸的附着缘延伸逐渐变细,延续为细长的附睾体。在睾丸的远端,附睾体变为附睾尾,其中附睾管弯曲减少,最后逐渐过渡为输精管,经腹股沟管进入腹腔。附睾管极度弯曲,其长度牛、羊为 35～50 m,马 80 m,猪 60 m、最长可达 150 m。管腔直径 0.1～0.3 mm。

(二)组织结构

附睾管壁由环形肌纤维和单层或部分复层柱状纤毛上皮构成。附睾管大体可区分为三部分,起始部具有长而直的静纤毛,管腔狭窄,管内精子数很少;中段的静纤毛不太长,且管腔变宽,管内有多数精子存在;末段静纤毛较短,管腔很宽,充满精子。

(三)功能

1. 吸收和分泌作用

吸收作用为附睾头及尾的一个重要作用。牛、猪、绵羊和山羊的睾丸液的精子浓度为 1 亿/mL,而附睾尾液中每毫升约含 50 亿精子。大部分睾丸网液在附睾头部被吸收,使得管腔中的 Na^{+} 与 Cl^{-} 量减少。附睾液中有许多睾丸液中所不存在的有机化合物,参与维持渗透压、保护精子及促进精子成熟有关。

2. 附睾是精子最后成熟场所

由睾丸精细管生产的精子,刚进入附睾头时,颈部常有原生质滴,说明精子尚未发育成熟。精子通过附睾过程中,原生质滴向后移行。这种形态变化与附睾的物理及细胞化学的变化有关,它能增加精子的运动和受精能力。

3. 附睾是精子的储存库

精子主要储存在附睾尾,能储存 45～90 d,但储存时间过长,精子死亡率、畸形体上升。牛两侧附睾可存精 741 亿,54%在尾部;猪可存 2 000 亿,70%在尾部;羊可存 1 500 亿,68%在尾部。附睾之所以储存精子是因为附睾管上皮可分泌营养物质,供精子发育所需。附睾由弱酸环境(pH 6.2～6.8)抑制活动,附睾管内是高渗压环境,颈部小滴下移时发生脱水,使精子内缺乏可保持活动的最低限度的部分,故精子不运动。附睾温度较低,这些因素使精子处于休眠状态,减少能量消耗,因此,可长期储存。

4. 附睾管的运输作用

精子在附睾内缺乏主动运动，它是靠纤毛上皮的活动，以及附睾管壁平滑肌的收缩作用由附睾头运送至附睾尾的。各种家畜精子在附睾中运行的时间不同，牛 10 d，羊 13～15 d，猪 9～12 d，马 8～11 d。

三、输精管

(一)形态与结构

附睾管在附睾尾端延续为输精管，管的起始端有些弯曲，很快变直，并与血管、淋巴管、神经、提睾内肌等同包于睾丸系膜内而组成精索，经腹股沟管进入腹腔，折向后进入盆腔，在生殖褶中沿精囊腺内侧向后伸延，变粗形成输精管壶腹(图 5-1-3、图 5-1-4)，其末端变细，穿过尿生殖道起始部背侧壁，与精囊腺的排泄管共同开口于精阜后端的射精孔(图 5-1-3)。壶腹富含分支管状腺体，马的壶腹部最发达，其次是牛、羊，而猪和猫则没有明显的壶腹部。

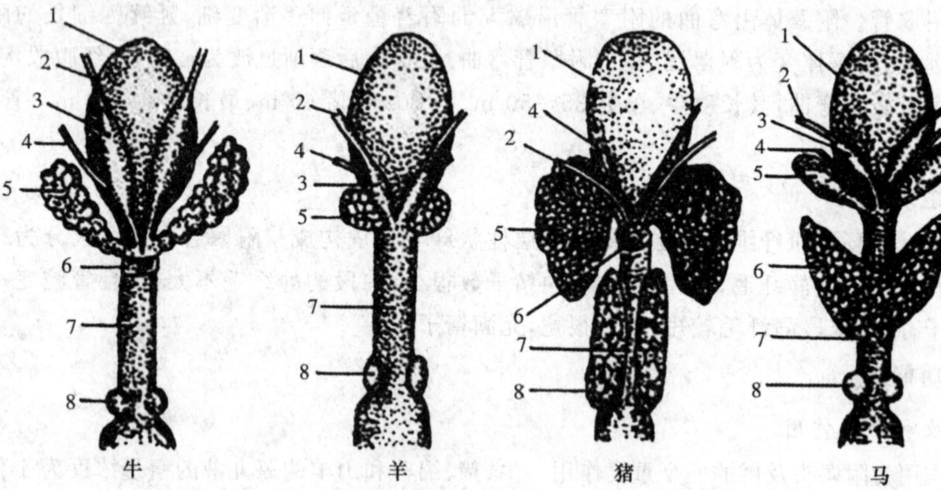

图 5-1-3　各种家畜的副性腺(背面图)

1. 膀胱　2. 输精管　3. 输精管壶腹　4. 输尿管　5. 精囊腺　6. 前列腺
7. 前列腺扩散部　8. 尿道球腺

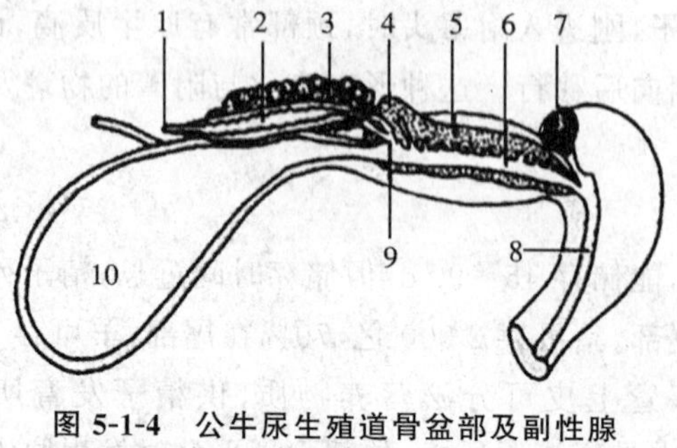

图 5-1-4　公牛尿生殖道骨盆部及副性腺

1. 输精管　2. 输精管壶腹　3. 精囊腺　4. 前列腺体部　5. 前列腺扩散部
6. 尿生殖道骨盆部　7. 尿道球腺　8. 尿生殖道阴茎部　9. 精阜及射精孔　10. 膀胱

(二)功能

(1)射精时,在催产素和神经系统的支配下输精管肌肉层发生规律性收缩,使得管内和附睾尾部储存的精子排入尿生殖道。

(2)壶腹部也可视为副性腺的一种,马的硫组氨酸分泌、牛和羊精液中部分果糖来自于壶腹部。

(3)输精管还具有对死亡和老化精子的分解吸收作用。

四、副性腺

精囊腺、前列腺及尿道球腺总称为副性腺(图 5-1-3)。射精时它们的分泌物,加上输精管壶腹的分泌物混合在一起称为精清,并将来自于输精管和附睾高密度的精子稀释,形成精液。

(一)形态与结构

1.精囊腺

精囊腺成对存在,位于输精管末端的外侧。牛、羊、猪的精囊腺为致密的分叶状腺体,腺体组织中央有一较小的腔。牛、羊精囊腺的排泄管和输精管,共同开口于尿道起始端顶壁上的精阜,形成射精孔。猪则各自独立开口于尿道。

2.前列腺

牛、猪前列腺分为体部和扩散部,体部较小,而扩散部相当大,体部外观可见,延伸至尿生殖道骨盆部。扩散部在尿道海绵体和尿道肌之间,它们的腺管成行开口于尿生殖道内。山羊和绵羊的仅有扩散部,且为尿道肌包围,故外观上看不到。牛的前列腺呈复合管状的泡状腺体,其体部和扩散部皆能见到。

3.尿道球腺

尿道球腺在坐骨弓背侧,位于尿生殖道骨盆部的外侧附近的一对腺体。猪的体积最大,呈圆筒状,为尿道肌覆盖;牛、羊的较小,呈球状,埋藏在球海绵体肌内。一侧尿道球腺一般有一个排出管,通入尿生殖道的背侧顶壁中线两侧。

(二)功能

(1)冲洗尿生殖道,为精液通过做准备　交配前阴茎勃起时,所排出的少量液体,主要是尿道球腺所分泌,它可以冲洗尿生殖道中残留的尿液,使通过尿生殖道的精子不致受到尿液的危害。

(2)精子的天然稀释液　附睾排出的精子,其周围只有少量液体,待与副性腺液混合后,精子即被稀释,从而也加大了精液容量。

(3.供给精子以营养物质　精子内某些营养物质是在其与副性腺液混合才得到的,如附睾内的精子不含果糖,当精子与精清混合时,果糖很快地扩散入精子细胞内。果糖的分解是精子能量的主要来源。

(4)活化精子　副性腺液的 pH 一般为偏碱性,碱性环境能刺激精子的运动能力。另外,副性腺液的渗透压低于附睾处,可使精子吸收适量的水分而得以活动。

(5)帮助推动和运送精液到体外　副性腺腺体分泌物在与精子混合的同时,随即运送精子排出体外,精液射入母畜生殖道后,精子以一部分精清为媒介而泳动至受精地点。

(6)缓冲不良环境对精子的危害　精清中含有柠檬酸盐及磷酸盐,这些物质具有缓冲作用,给精子保持以良好的环境，从而延长精子的存活时间，维持精子的受精能力。

(7)形成阴道栓，防止精液倒流　有些家畜的精清，有部分或全部凝固的现象。一般认为这是一种在自然交配时防止精液倒流的天然措施。

五、尿生殖道

雄性尿生殖道是尿和精液共同的排出管道，可分为两部分：①骨盆部，由膀胱颈直达坐骨弓，位于骨盆底壁，为一长的圆柱形管，外面包有尿道肌；②阴茎部，位于阴茎海绵体腹面的尿道沟内，外面包有尿道海绵体和球海绵体肌。在坐骨弓处，尿道阴茎部在左右阴茎脚(阴茎海面体起始部)之间稍膨大形成尿道球。

射精时，从壶腹聚集来的精子，在尿道骨盆部与副性腺的分泌物相混合，在膀胱颈的后方，有一个小的隆起，称为精阜，在其顶端是壶腹和精囊腺导管的共同开口。精阜主要由海绵组织构成，它在射精时可以关闭膀胱颈，从而阻止精液流入膀胱。

六、阴茎

阴茎为雄性的交配器官，阴茎头为阴茎前端的膨大部，亦称龟头，牛的龟头较尖，且沿纵轴略呈扭转形；猪的龟头呈螺旋状，上有一浅的螺旋沟；羊的龟头呈帽状隆突(图 5-1-5)。

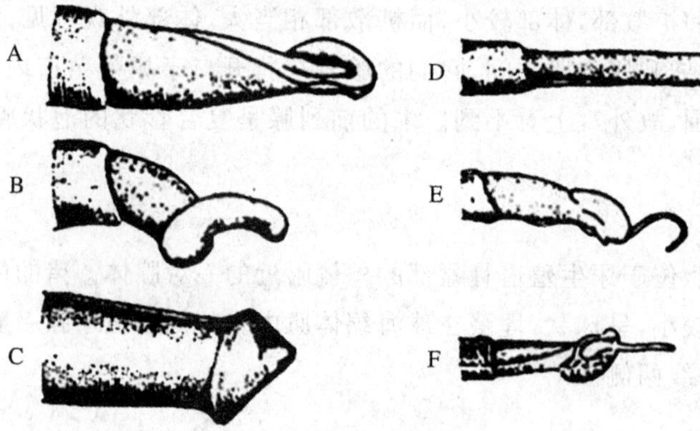

图 5-1-5　各种公畜的龟头

A. 公牛　B. 公牛(刚交配后的形态)　C. 公马　D. 公猪　E. 公绵羊　F. 公山羊

七、包皮

包皮是由游离的皮肤凹陷而发育成的阴茎套。在不勃起时，阴茎头位于包皮腔内。包皮的分泌物常形成带有异味的包皮垢。

第二节　母畜的生殖器官

母畜的生殖器官包括 3 个部分：①性腺，即卵巢；②生殖道，包括输卵管、子宫、阴道；③外生殖器官，包括尿生殖前庭、阴唇、阴蒂。性腺和生殖道也称为内生殖器官。母畜的生殖器官如图 5-1-6 所示。

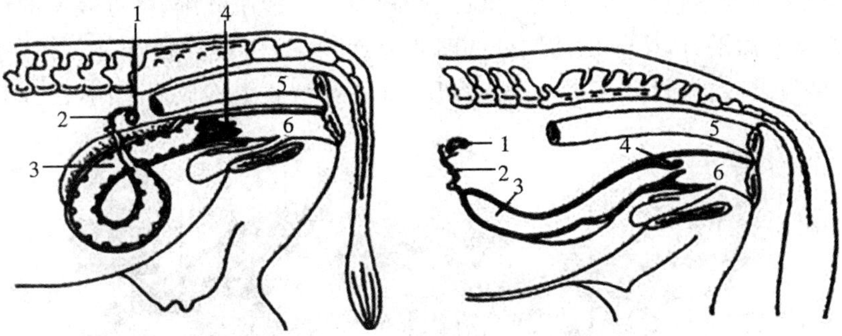

A. 母牛的生殖器官　　B. 母马的生殖器官

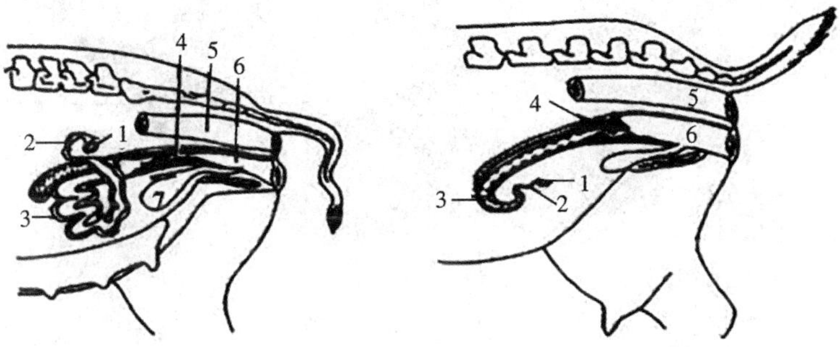

C. 母猪的生殖器官　　D. 母羊的生殖器官

图 5-1-6　母畜的生殖器官

1. 卵巢　2. 输卵管　3. 子宫角　4. 子宫颈　5. 直肠　6. 阴道　7. 膀胱

一、卵巢

(一)形态位置

卵巢是母畜一对重要的生殖腺,位于腹腔靠近骨盆的直肠下侧、子宫角尖端的上侧或外侧,附着在卵巢系膜上。其具体位置、形态、大小因畜种、个体、年龄、发情周期和妊娠等而异。

卵巢分几种类型,肾脏形有排卵窝,发情期长;椭圆形的排卵窝浅;三角形的排卵窝很深;不规则形不知排卵部位,发情不正常。牛的卵巢呈扁椭圆形,平均长 2～4 cm,宽 1.5～2.5 cm,厚 1～1.5 cm。初产和经产胎次少的母牛,位于耻骨前缘之后的骨盆腔内;经产多胎母牛,位于耻骨前缘的腹腔内,卵巢游离缘表面的任何部位均可排卵。形状随卵泡黄体变化而相应变化。黄体被卵巢覆盖在下面,无膨大部和排卵窝,初情期左侧稍大,发情期表面分布大小不等的卵泡、红体、黄体,凹凸不平。马多为肾脏形,但并非全如此。猪的卵巢呈葡萄状,形态及大小因年龄不同而有很大变化;小猪的在第二对奶头外侧,岬背的两旁,随年龄逐渐前移,腰角前下。马在初情以后,其卵巢的形状略像蚕豆。左侧在第四、第五腰椎左侧横突末端下方,即左侧髋结节的下内侧,而右侧在第三、第四腰椎突出下,靠腹腔顶。兔的卵巢位于肾的后方,由短的巢系膜悬于腹腔。狗、猫均位于同侧肾脏之后。

(二)组织结构

牛、羊、猪的卵巢组织分为皮质部和髓质部。皮质内含有卵泡,卵泡的前身和续产物(红体、黄体和白体)。由于卵巢外表无浆膜覆盖,卵泡可在卵巢的任何部位排卵。皮质部的结缔组织含有许多成纤维细胞、胶原纤维、网状纤维、血管、淋巴管、神经和平滑肌纤维，接近表面的结缔组织细胞的排列大体上与卵巢表面平行，比靠近髓质处的略为致密，称为白膜。髓质内含有许多细小的血管、神经，它们由卵巢门出入，血管分为小支进入皮质，并在卵泡膜上构成血管网(图 5-1-7)。

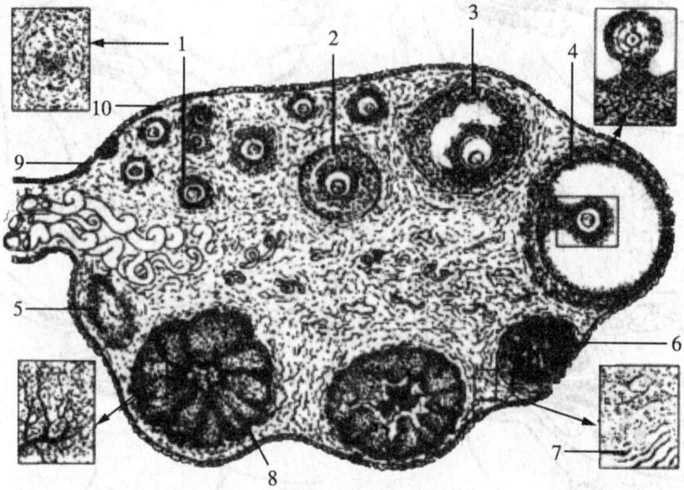

图 5-1-7　卵巢微细结构

1. 初级卵泡　2. 次级卵泡　3. 三级卵泡　4. 葛拉夫氏卵泡　8. 黄体　9. 生殖上皮　10. 白膜

(三)功能

1. 卵泡发育和排卵

卵巢皮质部有着许多原始卵泡。原始卵泡是由一个卵母细胞和周围一单层卵泡细胞构成。原始卵泡经过次级卵泡、生长卵泡和成熟卵泡阶段，最终排出卵子(图 5-1-8)。排卵后，在原卵泡处形成黄体。以马、牛为例，胚胎期 75 000 个/巢，生后 21 000 个/巢(1～3 岁)，12～14 岁 2 500 个/巢。正常情况下，成熟者不超过 100 个/巢，人工处理可达 300～400 个/巢。

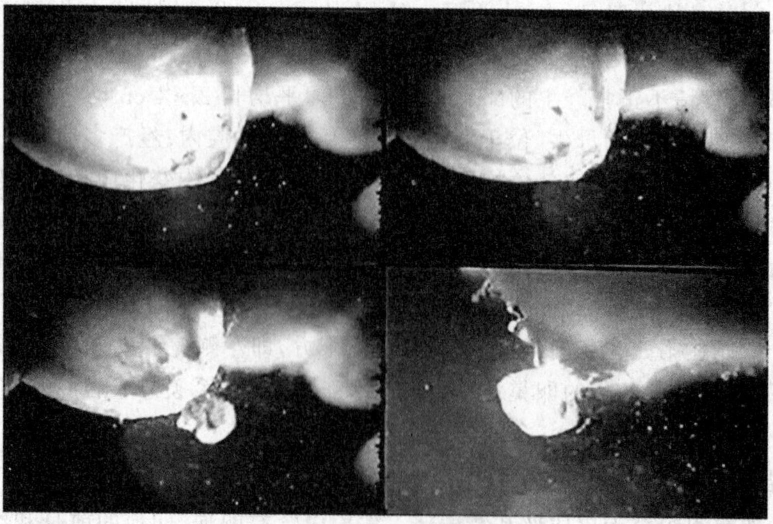

图 5-1-8　排卵瞬间

2.分泌雌激素和孕酮

在卵泡发育过程中,包围在卵泡细胞外的两层卵巢皮质基质细胞形成卵泡膜,可分泌雌激素,是导致母畜发情的直接因素。排卵后形成黄体能分泌孕酮,它是维持妊娠所必需的激素之一。

二、输卵管

(一)形态位置

输卵管是卵子进入子宫必经的通道,为一对多弯曲的细管,位于每侧卵巢和子宫角之间,由子宫阔韧带外缘形成的输卵管系膜固定。

输卵管可分三部分,腹腔口呈漏斗状,边缘成皱襞,为伞状。伞边缘或附近附着着输卵管系膜和卵巢系膜中间形成的卵巢囊。管的前端接近卵巢,扩大呈漏斗状或伞状,称为漏斗或伞部。伞部后面的输卵管较粗,叫作壶腹部,占输卵管长度的3/4,是卵子和精子受精的部位。输卵管后部较细,称为峡部,峡部与子宫角相连,与子宫角尖端相连接处叫宫管连接部(图5-1-9)。

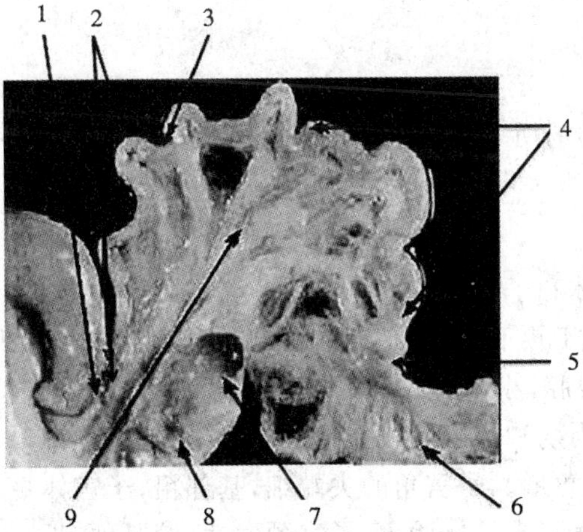

图5-1-9　牛输卵管结构

1.宫管连接部　2.峡部　3.壶峡连接部　4.壶腹部　5.漏斗部　6.伞部　7.黄体　8.卵巢　9.系膜

(二)组织结构

输卵管的管壁从外向内由浆膜、肌层和黏膜构成(图5-1-10)。肌层可分为内层的环状或螺旋形肌束和外层的纵行肌束,其中混有斜行纤维,使整个管壁能协调地收缩。黏膜层的纤毛细胞在输卵管的卵巢端,特别在伞部,较为普遍,越向子宫端越少。这种细胞有一种细长而能颤动的纤毛伸入管腔,能向子宫方向摆动,有助于卵子的运行。

(三)功能

(1)承受并运送卵子　从卵巢排出的卵子先到伞部,借纤毛的活动将其运输到漏斗和壶腹,通过壶腹的黏膜襞被运送到壶峡连接部。

(2)精子获能、受精及卵裂的场所 子宫和输卵管为精子获能的部位,壶腹部为精卵结合的部位。

(3)分泌机能　输卵管在不同的生理阶段,分泌的量有很大的变化。发情时,分泌量增多,分泌物主要为各种氨基酸、葡萄糖、乳酸、黏蛋白及黏多糖,它是精子、卵子及早期胚胎的培养液。输卵管及其分泌物的生理生化状况是精子和卵子正常运行、合子正常发育及运行的必要条件。

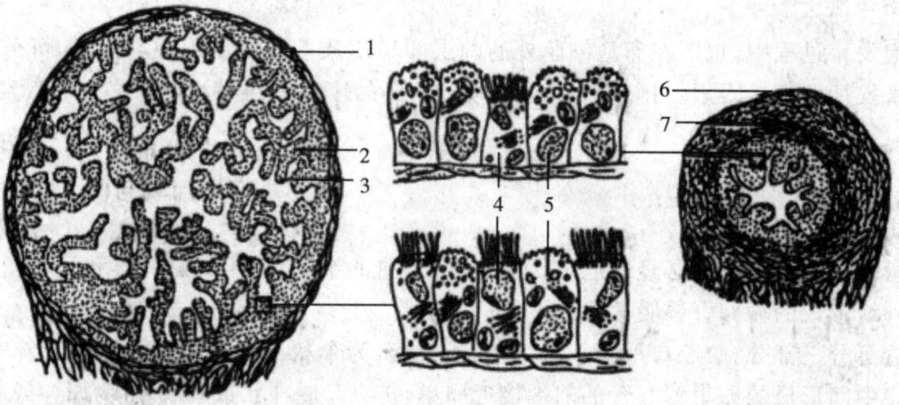

图 5-1-10　输卵管的组织结构

1.浆膜　2.初级皱襞　3.次级皱襞　4.纤毛细胞　5.分泌细胞　6.纵行肌层　7.环形肌层

三、子宫

子宫为胎儿生长发育的场所，根据结构不同可分为双角子宫、双间子宫、双子宫、单子宫四种类型。

(一)形态位置

子宫分为子宫角、子宫体和子宫颈三部分。

子宫借助子宫阔韧带悬于腰下，背侧是直肠，腹侧为膀胱，前接输卵管，后通阴道，两侧为骨盆腔侧壁。子宫大部分位于腹腔，小部分位于骨盆腔，由子宫角、子宫体和子宫颈组成。其形态、大小、结构因畜种、年龄、发情周期和妊娠阶段有较大差异。

牛、羊：牛的子宫呈绵羊角形。子宫角的尖端细，基部粗，子宫体短，内膜上有许多半圆形隆起，称为子宫阜或子叶，怀孕后发育成母体胎盘，子宫颈发达，壁厚硬，长 6～10 cm，粗 2.5～4 cm，直肠检查时容易摸到。羊不同于牛，是下凹陷。宫颈肌肉层发达，质地较硬，颈管细而弯曲，且有大而厚的环状皱襞，因而关闭很紧。颈外口，突于阴道中似菜花样，其突出部分与阴道间形成阴道穹窿，羊的突出阴道部分短，仅两三片(上片大)。

猪：子宫体长而弯曲，形如小肠(成年母猪长达 100～150 cm)，宫壁厚而硬，子宫角黏膜皱襞多而大，充满子宫角腔，宫颈长达 10～18 cm。颈内壁上有半圆形并彼此交错的肉突，与阴道之间不明显(图 5-1-11)。

马、驴："Y"形的扁圆状子宫，质地松软，子宫角小弯在上，大弯在下，角被悬吊在腹腔内。宫黏膜有大量纵行皱襞，子宫体与角连接处下部叫子宫底。子宫颈前接子宫体，子宫颈口突出阴道 2～4 cm，称子宫颈阴道部，颈管中有纵襞。颈壁薄，管道粗，发情时开张程度大(可通过食指)。

犬：子宫几乎全在腹腔，宫角细长，平均长达 12～15 cm，呈"V"形，宫体长 2～3 cm，壁薄，在其前面有长约 1 cm 的中隔。颈短、壁厚，子宫颈形似一个卵圆形的团块将子宫与阴道分开，在阴道中的背中线子宫颈处形成子宫颈后褶，发情与妊娠时变得明显。

(二)组织结构

子宫的组织结构从里向外为黏膜、肌层及浆膜。黏膜由上皮和固有膜构成。上皮为柱状细胞，下陷入固有膜内构成子宫腺。子宫腺以子宫角最发达，子宫体较少。反刍动物子宫角黏膜表面，沿

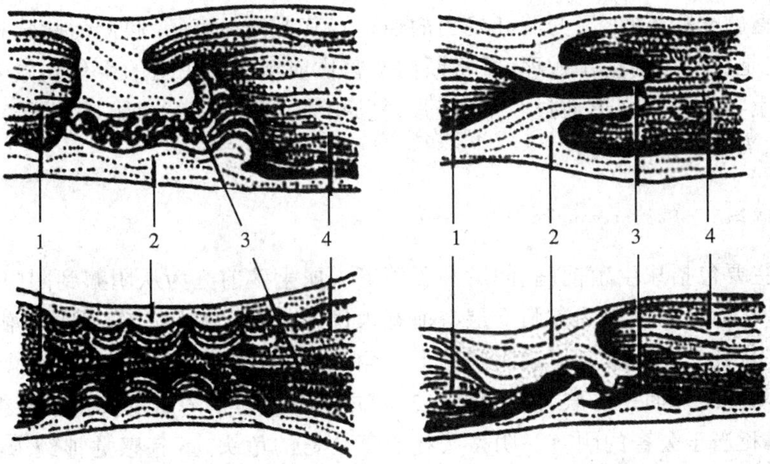

图 5-1-11　几种母畜的子宫颈(正中矢状剖面)

1.子宫体　2.子宫颈　3.子宫颈外口　4.阴道

子宫纵轴排列着纽扣状隆起，称为子宫阜。肌层的外层薄，为纵行肌纤维，内层厚，为螺旋形的环状纤维，内外两层交界处有交错的肌束和血管网。浆膜与子宫阔韧带的浆膜相连。

(三)功能

1.子宫壁平滑肌的收缩作用

发情时子宫壁平滑肌收缩能加快精子的运行，使精子尽快到达输卵管受精部位。分娩时，强有力的阵缩可排出胎儿。

2.提供精子获能条件及胎儿生长发育的营养与环境

子宫内膜腺体分泌的物质可为早期胚胎提供营养。子宫内膜形成母体胎盘，与胎儿胎盘结合成为与母体之间交换营养、排泄代谢产物的器官。子宫是胎儿发育的场所，随胎儿生长的需求，子宫自身在大小、形态及位置上可发生显著的适应性变化。

3.调控母性动物发情周期

在发情季节，如果母畜未孕，在发情周期的一定时期，一侧子宫角内膜所分泌的前列腺素对同侧卵巢的周期黄体有溶解作用，垂体又大量分泌促卵泡素，引起卵泡生长发育，导致发情。妊娠后，不释放前列腺素，黄体继续存在，维持妊娠。

4.防御功能

子宫颈是子宫的门户，平时子宫颈关闭，以防异物侵入子宫腔；发情时稍开张，以利于精子进入，同时子宫颈分泌大量黏液，这是交配的润滑剂；妊娠时，子宫颈柱状细胞分泌黏液堵塞子宫颈管，防止外界病原微生物侵入。子宫颈还是选择精子的储存库。母畜发情配种后，开张的子宫颈口有利于精子逆流进入。子宫颈黏膜隐窝内可积存大量精子，同时滤除缺损和不活动的精子，所以它是防止过多精子进入受精部位的第一道栅栏。

四、阴道

阴道既为母畜的交配器官，又为胎儿娩出的通道。其背侧为直肠，腹侧为膀胱和尿道。阴道除是交配器官外，也是交配后的精子贮库，并不断向子宫供应精子。阴道的生化和微生物环境能保护生殖道不遭受微生物入侵。阴道通过收缩、扩张、复原、分泌和吸收等功能，排出子宫黏膜及输卵管的分泌物，同时作为分娩时的产道。

五、外生殖器官

外生殖器官主要包括尿生殖前庭、阴唇和阴蒂等。尿生殖前庭为从阴瓣到阴门裂的部分，前高后低，稍为倾斜。在前庭两侧壁的黏膜下层有前庭大腺，为分支管状腺，发情时分泌增多。阴唇分左右两片构成阴门，其上下端联合形成阴门的上下角。牛、羊和猪的阴门下角呈锐角，二阴唇间的开口为阴门裂。阴唇的外面是皮肤，内为黏膜，二者之间有阴门括约肌及大量结缔组织。阴蒂由两个勃起组织构成，相当于公畜的阴茎。阴蒂头相当于公畜的龟头，富有感觉神经末梢，位于阴唇下角的阴蒂凹内。

复习思考题

1. 公畜生殖器官由哪些部分组成？睾丸、附睾和副性腺的结构有哪些主要特点？
2. 比较各种公畜(牛、马、猪、羊)生殖器官的构造有哪些异同。
3. 睾丸、附睾和副性腺有哪些主要功能？
4. 母畜生殖器官由哪些部分组成？卵巢、输卵管和子宫的结构有哪些主要特点？
5. 比较各种母畜(牛、马、猪、羊)的卵巢、输卵管、子宫的位置和结构有哪些异同。
6. 卵巢、输卵管和子宫有哪些主要生理机能？
7. 原始生殖细胞起源于何处？它有何特征？
8. 生殖导管和外生殖器是如何发生的？

第二章 生殖激素

第一节 概 述

一、生殖激素的概念

1. 激素

由动物的内分泌器官产生，经体液或空气等途径传播作用于靶器官或靶细胞，并使其产生生理变化的微量生物活性物质。几乎所有激素都是由内分泌腺产生的(前列腺素除外)，动物的繁殖机能与生殖过程都直接和间接地受激素影响。所有哺乳动物中，几乎所有激素在一定程度上都与生殖有关。有的直接影响某些生殖生理活动，有的间接地通过保证整体的正常生理状态从而维持正常的繁殖机能，也有的激素作用微弱。

2. 生殖激素

直接作用于生殖活动，如动物的性器官、性细胞、性行为等的发生和发育以及发情、排卵、妊娠和分娩等生殖活动有直接关系的激素统称为生殖激素。由于生殖激素是由动物内分泌腺体无管腺产生，故又称为生殖内分泌激素，如促性腺素释放激素、促性腺素、性腺激素等。

目前生殖激素研究和应用进展很快，它已在繁殖的各个方面属于首要地位，凡是与繁殖有关的问题均涉及激素。不仅如此，它还可以作为一种调节剂，制成各种激素类药物来调节动物的发情周期或季节。对于防治动物繁殖障碍，尤其是治疗不孕症效果非常显著，因而受到越来越多的研究者的高度重视。

二、生殖激素与生殖活动的关系

动物所有机能都是在激素调节下进行的，激素失调必然导致生殖系统的失调，所以不能轻易使用激素处理动物，防止失调，保证其有规律地进行。配子的发生、成熟、排出、性行为、受精、妊娠、分娩、泌乳等繁殖机能，主要是由雌性动物承担，生理过程复杂、历程长。

三、主要生殖激素的种类

1. 神经生殖激素类

包括神经激素和神经内分泌。神经激素是由某些神经细胞合成与分泌的激素。神经内分泌有神经细胞分泌激素的现象称为神经内分泌。

神经生殖激素是与生殖活动有密切关系的神经激素。目前发现的主要神经激素类主要有三部分。

①催产素、抗利尿素：在下丘脑视上核和室旁核内合成的九个氨基酸组成的多肽激素，并由垂体后叶储存和释放。由于合成此激素的神经内分泌细胞体积大，所以称为大细胞神经内分泌系统。

②多种释放（或抑制）激素：由下丘脑促垂体区细胞神经合成，主要有促性腺激素释放激素、促乳素释放因子、促乳素抑制因子、促甲状腺素释放激素等。由于合成此激素的神经内分泌细胞体积小，所以称之为小细胞神经内分泌系统。

③松果腺激素：松果腺实质细胞的分泌物，也称松果体（又名脑上腺），以外形类似松果而得名。它分泌两大类激素，即吲哚类和肽类。松果腺激素的合成与分泌过程除依赖一定的光周期外，还与其他内分泌腺及有关激素相互联。

2. 促性腺激素类

凡能引起性腺生长和发育，促进配子发生和调节繁殖机能的激素称为促性腺激素，它与配子的产生有直接关系。

（1）垂体促性腺素　由垂体前叶分泌的与生殖关系密切的激素，包括促卵泡素（FSH）、促黄体素（LH 或 ICSH）和促乳素（LTH 或 PRL）。它们受下丘脑分泌的释放激素以及性腺反馈的机制调节。

（2）胎盘促性腺激素　母畜妊娠期间胎盘几乎可以产生垂体和性腺所分泌的多种激素，这对于维持孕畜的生理需要及平衡起着重要作用。目前，在生产上应用价值较大的主要有孕马血清促性腺激素（PMSG）和人绒毛膜促性腺激素（HCG）。

3. 性腺激素类

性腺激素是由卵巢和睾丸产生的激素，与第二性征、性行为及生殖器官发育有关，包括雄激素、雌激素、孕激素、松弛素、抑制素等。

4. 其他类

包括前列腺素和外激素。

（1）前列腺素（PGE）　属于组织激素，几乎存在于机体的各组织和体液中，并非由专一的前列腺或某一内分泌腺产生，主要来源于精液、子宫内膜、母体胎盘和下丘脑。前列腺素在血液循环中消失很快，其作用主要限于邻近组织，故被认为是一种“局部激素”。前列腺素精液中最多，属于不饱和脂肪酸类。

（2）外激素　同种动物个体之间，用于传递有关动物种类、性别、群体中的地位、行动方向、发情等信息的化学物质，属于一种不是激素的激素，有人称之为“动物不同个体间的化学通信物质”。这类激素主要在尿生殖道和其他外分泌腺中出现，靠动物嗅觉来识别。

第二节　主要生殖激素

一、下丘脑激素

由下丘脑分泌的激素主要有促性腺激素释放激素（GnRH），能引起垂体释放和合成促黄体素（LH）和促卵泡素（FSH），以 LH 的释放与合成为主，所以又称为促黄体素释放激素（LH-RH）。天然提纯的 GnRH 由 10 个氨基酸组成，人工合成的比天然的少 1 个氨基酸，但其生物学活性比天然的高数十倍甚至数百倍。目前已人工合成类似物 200 多种，如国产的 GnRH 类似物有 LRH-A_2

(促排 2 号)、LRH-A_3(促排 3 号)等。

(一)生理功能

(1)由下丘脑分泌的 GnRH 进入血液后,经垂体门脉系统作用于垂体前叶,促进垂体 LH 和 FSH 的分泌与释放。相对而言,GnRH 对 LH 分泌的促进作用比对 FSH 的更迅速。

(2)nRH 对雄性动物有促进精子发生和增强性欲的作用。

(3)长时间或大剂量用 GnRH 或其类似物,会产生抗生育作用。表现为抑制排卵、延缓附植、阻碍妊娠,甚至引起卵巢和睾丸萎缩。

(4)垂体外作用,即可在垂体外一些组织中直接发生作用,而不经过垂体的促性腺素途径。如直接作用于中枢神经系统,诱发用雌酮处理过的去卵巢小鼠的交配行为。

(二)在畜牧业上的应用

1.诱导母畜发情排卵

GnRH 对母畜有诱导发情、促进排卵、提高受胎率的功能。初情期前、产后乏情母畜用 GnRH 处理可促进发情和排卵。母猪、母牛发情配种前 6 h 或配种时注射 GnRH 100～200 μg,可提高受胎率。

2.治疗母畜不孕症

奶牛卵巢静止,肌内注射 GnRH 粗品 200～400 μg,1～3 次,会在 11～33 d 发情;奶牛持久黄体,肌内注射 GnRH 粗品 400～800 μg,1～4 次,30 d 左右持久黄体消失;奶牛卵泡囊肿,肌内注射 GnRH 粗品 400～600 μg,2～4 次,15～30 d 囊肿消失;缩短分娩间隔产后 10～20 d,肌内注射 GnRH 粗品为 100～200 μg,可以提早发情,促进子宫恢复,缩短分娩间隔;患胎盘停滞母牛产后 10～18 d 注射 GnRH 可提高受胎率,缩短产后首次配种受胎的间隔时间。GnRH 纯品为 30～60 μg/头。

二、垂体促性腺激素

(一)促卵泡素(FSH)

促卵泡素又称卵泡刺激素或促卵泡成熟素,简称 FSH。提取和纯化较难,且纯晶很不稳定。FSH 的半衰期约为 5 h。

1.生理功能

(1)对雌性动物可促进卵泡的生长和发育。

(2)对雄性动物可促进生精上皮发育和精子产生。

2.在畜牧业上的应用

(1)治疗母畜不发情、卵巢静止、卵巢发育不全、卵巢萎缩等症　使用剂量:如母牛每次肌内注射 100～200 IU,一般 2～3 d 为 1 个疗程,每次间隔时间为 3～4 d。

(2)提高同期发情率 在同期发情处理中,和孕激素或前列腺素配合使用,可增加群体母畜发情和排卵的同期率。

(3)用于牛、羊胚胎移植技术中的超数排卵。

(4)诱发因泌乳而乏情的母畜发情　对产后 4 周的泌乳母猪及 60 d 以后的母牛应用 FSH 可提高发情率和排卵率,缩短产仔间隔。

(5)治疗公畜精液品质不良　当精子密度不足或活率低时,应用 FSH 可提高精液品质。

(二)促黄体素(LH)

促黄体素又称黄体生成素或促间质细胞素(ICSH),简称LH。

1. 生理功能

(1)对雌性动物,LH与FSH的协同作用下,可促进卵泡发育成熟后排卵;促进黄体产生和分泌孕酮。

(2)对雄性动物,可刺激睾丸间质细胞合成和分泌睾酮。这对副性腺发育、精子最后形成具有重大意义。

2. 在畜牧业上的应用

(1)治疗卵巢疾病　治疗卵巢囊肿,促使其黄体化,使下一周期恢复正常;治疗排卵迟缓、黄体发育不全等。LH和FSH合用可治疗卵巢静止或卵泡中途萎缩。

(2)诱导排卵　对诱发性排卵的动物,为获得卵子可在发情期静注LH,24 h后即可排卵;超数排卵时和FSH配合使用促进排卵。

(3)防止流产　对于黄体发育不全造成习惯性流产的母畜,可在配种时和配种后肌内注射LH。

(4)治疗公畜不育症　LH对公畜性欲减退、精子密度低等一些疾病有一定疗效。

三、性腺激素

(一)孕激素

孕激素主要来源为卵巢中的黄体细胞。天然的孕激素主要是孕酮(P_4)。人工合成的有:甲孕酮(MAP)、甲地孕酮(MA)、氯地孕酮(CAP)、氟孕酮(FGA)等。

1. 生理功能

(1)维持妊娠。

(2)对生殖道发育的作用。

(3)少量孕酮与雌激素协同作用,使母畜出现发情的外部表现,并接受交配。母畜初情期第一次排卵但没有发情表现,就是没有孕激素的协同作用的原因。但大量孕酮能抑制发情。

(4)孕酮能刺激乳腺腺泡系统的发育,并且和雌激素共同维持乳腺的发育。

2. 在畜牧业上的应用

(1)诱导同期发情　连续给药7 d以上可抑制垂体促性腺激素的释放,从而抑制发情,造成人工黄体。一旦停药,即能反馈性引起促性腺激素释放,使家畜在短期内出现发情。

(2)增强超数排卵效果　目前在进行家畜的超数排卵时,往往不考虑发情周期,而是采用埋置孕激素的方法,制造一个人工黄体进行超排。

(3)进行妊娠诊断 采集配种后21～25 d(猪、牛、山羊)或19～23 d(绵羊)的血浆、乳汁、尿液等样品,用放射免疫或免疫酶标测定法确定其孕酮含量。若未孕,孕酮接近发情时水平,否则含量很高,接近或超过黄体期水平。

(4)治疗繁殖疾病　如排卵迟缓、卵巢静止、暗发情以及预防孕酮不足性流产。

(二)雌激素

雌激素主要来源于卵泡内膜细胞和卵泡颗粒细胞。雌激素在动物体内的主要形式有雌二醇(E_2)、雌酮、雌三醇(E_3)等。人工合成的雌激素种类很多,主要有己烯雌酚、苯甲酸雌二醇、己雌酚、二丙酸雌二醇等。

1. 生理功能

(1)促进并维持雌性个体生殖道的发育。如初情期前摘除母畜禽卵巢,生殖道就不能发育,初情期后摘除卵巢,则生殖道退化。

(2)在少量孕酮协同作用下可使雌性个体出现性欲和性兴奋。如接受公畜爬跨,子宫颈充血、开张等。

(3)使雌性个体发生并维持第二性征,抑制长骨生长,使成熟的雌性个体比雄性小。

(4)刺激乳腺管道系统的生长,与孕酮共同刺激并维持乳腺的发育。

(5)分娩时雌激素水平升高,使子宫肌对催产素的反应性增大。

(6)抑制雄性第二性征,使雄性睾丸萎缩,副性腺退化,最后导致不育。

2. 在畜牧业上的应用

(1)用于家畜的催情　小剂量己烯雌酚可引起发情征状微弱母畜的发情。但往往只有发情表现,无卵泡发生,第二情期可再配种。

(2)促进产后胎衣不下或排出干尸化(木乃伊)胎儿。

(3)提高家畜的同期发情率　在同期发情中配合小剂量的雌二醇能提高发情同期率。

(4)生物去势　应用于肉用畜禽,特别对小公鸡,注射雌激素后能使肉质鲜嫩。

(5)刺激未孕母畜泌乳。

(三)雄激素

雄激素主要产生于睾丸间质细胞。

1. 生理功能

(1)促进雄性畜禽生殖道及副性腺的生长发育和功能。

(2)促进精子的发生。维持附睾发育,延长附睾中精子的寿命与活力。

(3)促进并维持雄性动物的性行为。

(4)促进并维持雄性动物的第二性征表现。

(5)雄激素量过多时,可抑制 FSH、ICSH 的分泌,降低雄激素分泌量,以维持激素平衡。

2. 在畜牧业上的应用

人工合成的雄激素类似物主要有甲基睾酮和丙酸睾酮。

(1)主要用于治疗公畜性欲不强(如阳痿)和性功能减退,常用药物为丙酸睾酮。可以皮下或肌内注射,一般使用剂量为牛:100～300 mg,羊:100 mg。

(2)去势公畜用雄激素处理,可用作试情公畜。

四、胎盘激素

(一)孕马血清促性腺激素(PMSG)

孕马血清促性腺激素主要存在于妊娠 40～150 d 的母马血中。

1. 生理功能

(1)具有类似 FSH 和 LH 的双重活性,但以 FSH 的作用为主,因此对母畜有着明显的促进卵泡发育、促进排卵和黄体形成的功能。

(2)对雄性动物可促使曲精细管发育和性细胞分化。

2. 在畜牧业上的应用

(1)催情　PMSG 对于各种动物均有促进卵泡发育,引起正常发情的效果。如对母牛催情可间隔 1 d 注射 PMSG 2 000 IU。

(2)治疗母畜卵巢发育不全　卵巢功能减退，长期不发情或安静发情。使用剂量为牛皮下注射 1 500～2 000 IU、羊 200～400 IU、猪肌内注射 750～1 000 IU。

(3)治疗公畜睾丸功能衰退、产生死精子等 使用剂量为牛皮下注射 1 500 IU、羊 500～1 200 IU。

(4)诱导单胎动物孪生　绵羊在发情前 3～4 d 皮下一次注射 PMSG 500 IU，或用 10 mL 全血，可提高双羔率；与孕激素配合使用，母牛肌内注射 PMSG 1 000～1 200IU，可诱导双胎。

(5)用于胚胎移植技术中的超数排卵　牛一次肌内注射 2 000～3 000 IU、羊 500～800 IU、猪一次肌内注射 1 500～200 IU。

(6)诱发非繁殖季节如山羊的发情　可结合孕激素使用，如在埋植一段时间阴道栓后，在撤栓的同时注射 PMSG 500 IU，会获得较好的诱发发情效果。

(二)人绒毛膜促性腺激素(hCG)

人绒毛膜促性腺激素主要来自孕妇尿、流产刮宫液中。

1. 生理功能

(1)hCG 和 LH 相似，对雌性动物具有促进性腺发育、卵泡成熟、排卵和形成黄体的作用。

(2)对雄性动物可促进睾丸曲精细管精子的发生及间质细胞分泌雄激素。

2. 在畜牧业上的应用

(1)提高母畜配种受胎率　据报道马、驴等家畜在配种前 6～12 h，肌内或皮下注射 hCG 1 000～2 000 IU 受胎率会显著提高。

(2)治疗母畜繁殖障碍疾病　据报道对排卵延迟和不排卵这类母畜静脉注射 hCG 1 000～2 000 IU，可在 20～60 h 排卵；对于卵巢囊肿及慕雄狂，静脉注射 hCG 2 500～5 000 IU 或肌内注射 10 000 IU，慕雄狂征状于 2～3 d 后消失，囊肿很快黄体化。

(3)治疗公畜性腺发育不良(一侧睾丸过小、单睾)和阳痿　牛用量为 1 000～5 000 IU，猪、羊为 500～2 000 IU。

五、前列腺素和外激素

(一)前列腺素(PGs)

前列腺素几乎存在于身体各种组织和体液中。以生殖器官，特别是子宫内膜、母体胎盘、精液中含量较多，实际上与前列腺关系不大。

1. 生理功能

(1)溶解黄体的作用　通常牛、羊、马的黄体对 $PGF_{2\alpha}$ 敏感，排卵后 4 d 的黄体即可被溶解。而猪只有在 10～12 d 的黄体才能被 PG 溶解。

(2)促进排卵 $PGF_{2\alpha}$ 可能触发卵泡壁降解酶合成，同时刺激卵泡外膜组织平滑肌纤维收缩，导致卵泡破裂和卵子排出。

(3)对子宫、输卵管作用　$PGF_{2\alpha}$ 可促进子宫平滑肌收缩，有利于分娩活动。分娩后 $PGF_{2\alpha}$ 可促进子宫功能恢复。PGF 主要使输卵管口收缩，使受精卵在输卵管滞留，PGE 使输卵管松弛，有利于受精卵运行。

2. 在畜牧业上的应用

天然的 PGs 提取困难，价格昂贵，且作用时间短，人工合成的类似物成本低，作用时间长，所以目前广泛应用 PGs 的类似物。我国合成的 PGs 类似物有 15-甲基 $PGF_{2\alpha}$、$PGF_{2\alpha}$甲脂、氯前列烯醇等。

(1)调节发情周期　前列腺素用于同期发情的方法有子宫注入和肌内注射，前者用药量少，效果明显，但注入有时比较困难，肌内注射操作容易但用药量增加。牛可 2 次用药，间隔 11 d。

(2)用于超数排卵　在超排过程中使用前列腺素来溶解黄体使母畜发情，配合 FSH、PMSG 使用，牛 0.2～0.4 mg，羊 0.1～0.2 mg。

(3)用于人工引产和同期分娩　对不应该维持的妊娠可用 $PGF_{2\alpha}$终止，主要是在妊娠早期进行。为便于管理，也可用 $PGF_{2\alpha}$使家畜提前分娩，达到同期分娩的目的。

(4)用于治疗生殖器官的疾病　如治疗持久黄体、黄体囊肿、子宫积浓、干尸化胎儿等。

(5)提高人工授精受胎率　据报道在牛冻精中加入 $PGF_{2\alpha}$ 1 μg，受胎率可显著提高。

(6)增加公畜精子的射精量　对公牛采精前 30 min 注射 $PGF_{2\alpha}$，不但可以增加精子数而且可使精液中 $PGF_{2\alpha}$的含量升高 45%～50%。

(二)外激素

外激素是动物不同个体之间进行化学通信的信使，是由动物体释放到体外，并引起同类动物行为和生理反应的一种化学物质。外激素腺体分布很广泛，遍及全身各处，靠近体表，主要有皮脂腺、汗腺、唾液腺、下颌腺、泪腺、包皮腺及会阴腺等，有些家畜的尿液和粪便中也含有外激素。

1. 生理功能

(1)促进雌性动物初情期的提前到来，促进性成熟。

(2)促进雌性动物的母性行为和识别行为。

2. 在畜牧业上的应用

(1)公羊效应中的化学刺激　公羊的气味可看作是外激素(性引诱剂)，促进青年母羊性成熟，使乏情季节提前结束，延长发情季节，可使母羊发情集中，排卵提早，提高母羊的排卵率和产羔率。反过来，母羊的气味对公羊也是一个强烈刺激，公羊可以根据母羊的气味从羊群中找到发情羊。

(2)促使母猪提早发情　将成年公猪放入青年母猪群中 5～7 d 母猪即会出现发情高峰，比未与公猪接触的青年母猪提早发情 30～40 d。

(3)母猪的试情　母猪对公猪的外激素反应非常敏感，如用雄烯酮等合成的公猪外激素，发情母猪则表现静立反应，发情母猪检出率在 90%以上，而且受胎率和产仔率较高。

(4)母猪催情　给断奶后的母猪鼻子上喷洒合成外激素，能促进其卵巢功能的恢复。

(5)发情母牛的检出　发情母牛的阴道会散发出一种特殊的气味，在澳大利亚有人训练犬来识别这种气味，通过犬来发现发情母牛。

(6)使用外激素　可加速公畜采精训练的完成。

第三节　生殖激素的调节作用

一、生殖激素的调节机制

畜禽的整个生殖活动都是受神经、激素控制的。中枢神经系统把外界环境的刺激传到下丘脑，使之分泌促性腺释放激素，促性腺释放激素作用于垂体，促使垂体释放促性腺激素，促性腺激素即作用于性腺，使性腺分泌性腺激素。垂体激素可以通过反馈作用调节下丘脑释放激素的分泌。同样，性腺激素也可以通过反馈作用调节下丘脑和垂体释放相应的激素。

二、母畜生殖活动的调节

(一)性成熟的调节

母畜初情期时，由于促性腺激素的分泌量较少或不恒定，不能维持正常的发情和排卵，其受胎率较低，且产仔数少。母畜到达性成熟时，下丘脑、垂体和卵巢均已成熟，能够分泌正常量的各种激素，维持周期性的发情和正常妊娠。性成熟的个体生殖激素分泌量增加到正常水平，需要一定的体成熟的生理条件来保证。如果个体生长发育不良，使体成熟延迟，就会推迟性成熟和初情期的到来。据此理论，在生产上对接近初情期的母畜使用外源性生殖激素，可提前使母畜正常发情和排卵，提早利用。

(二)繁殖季节的到来

具有季节性繁殖的家畜，如马、驴和羊，在繁殖季节，促性腺激素的分泌量增加，卵巢能产生正常成熟的卵子。而在非繁殖季节，垂体激素分泌量很少或停止，活性降低，卵巢功能降低或停止活动，如补充外源激素，则可表现正常的繁殖能力。

(三)发情周期的调节

母畜的发情过程是下丘脑分泌的促性腺激素释放激素，母畜的发情过程是下丘脑分泌的促性腺素释放激素，作用于垂体前叶，使其分泌促卵泡素和少量的促黄体素，促使卵泡逐渐成熟。随着卵泡的成熟，雌激素的分泌量逐渐增多，母畜表现发情征状。同时，大量雌激素对下丘脑和垂体具有反馈作用，抑制垂体促卵泡素的分泌，并促进促黄体素分泌量的增加，两者成一定比例时，即引起排卵。排卵后卵泡内膜开始形成黄体，在促乳素的协同作用下，使黄体细胞分泌孕酮。孕酮对下丘脑和垂体具有负反馈作用，抑制促性腺激素的分泌，此时，排出的卵子如未受精，促乳素分泌量逐渐消失，黄体退化萎缩。这时由于孕酮含量大幅度下降而解除了对下丘脑和垂体的抑制，于是促性腺激素的分泌量又开始增加，随之又开始了下一个发情周期(如图 5-2-1)。

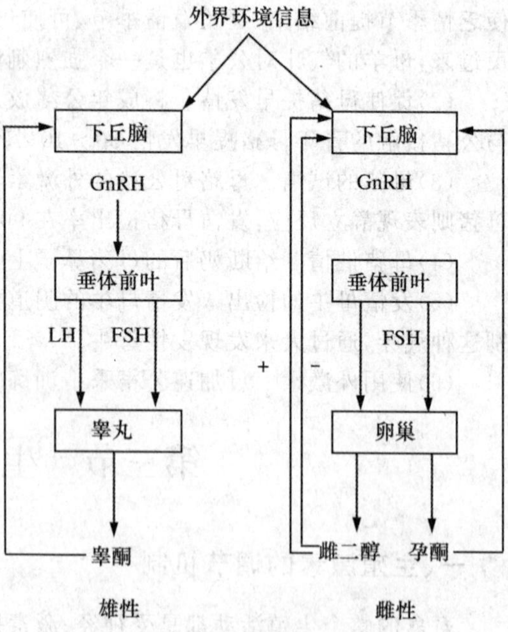

图 5-2-1 下丘脑与垂体的生殖激素的相互作用
"+"表示正反馈作用(或刺激所用)，
"-"表示负反馈作用(或抑制所用)

(四)妊娠的调节

黄体分泌的孕酮对维持妊娠起着决定性的作用，它能促使子宫和乳腺发育，适应胚胎发育的需要。在怀孕期，孕酮的来源是妊娠黄体和胎盘。牛、猪、羊、兔的妊娠黄体存在于整个怀孕期。黄体使孕酮的主要来源，但胎盘亦有少量的分泌。马驴的妊娠黄体在 5 个月时开始退化，7 个月时几乎消失，这时孕酮完全由胎盘分泌，由于此时孕酮分泌量不足，所以此时马已发生流产。

(五)分娩的调节

分娩前数日，母畜血液中的孕激素含量下降。母畜妊娠期，雌激素分泌量不断增加，在分娩发动前达到高峰，它对催产素有高度的敏感性，容易引起子宫的收缩而发动分娩。据观察，催产素晚间分泌量较多，所以母畜晚间分泌较多。此外，再加上松弛素的作用，便于胎儿的最后产出。

肾上腺皮质激素对分娩有促进作用，如牛、羊在分娩前肾上腺皮质激素的分泌量增加。同时，妊娠后期胎儿的垂体可分泌一定的促性腺激素，可促使胎盘在产前分泌雌激素。

(六)泌乳的调节

母畜泌乳活动包括引起泌乳和维持泌乳两个过程。妊娠期间由于胎盘和卵巢分泌多量的雌激素和孕酮，而抑制垂体前叶分泌促乳素。在分娩后，孕酮水平突然下降，结果促乳素大量迅速释放，并强烈地促进乳腺引起泌乳。以后在血液中保持一定量的促乳素，才能维护泌乳活动。

垂体分泌促乳素是一种反射活动，引起这种反射的主要原因是哺乳或挤乳时对乳房的刺激。垂体是维持泌乳的中心，如切除垂体则泌乳立即完全停止。此外，肾上腺皮质激素、生长素、甲状腺素、胰岛素等对维持和促进泌乳都有一定的作用。

三、公畜生殖活动的调节

生殖激素对公畜生殖活动的调节作用与母畜不同，如母畜垂体促性腺激素对雌激素的调节就因发情周期所处时间不同而异，而公畜则是经常地均衡分泌促性腺激素。因此，雄激素也是经常不断分泌的。但季节性繁殖的马、驴、羊在非配种季节，促性腺激素的分泌量有所下降，公畜的性欲和精液品质也有所降低。此时，如增加外源性促性腺激素或雄激素，可改进上述情况。

复习思考题

1. 什么叫生殖激素？按生殖激素的化学特性可将其分为哪些种类？举例说明。

2. 下丘脑和垂体之间联系是怎样建立的？有何生理意义？

3. 促性腺激素释放激素有哪些主要的生理作用？去分泌受哪些因素调节？可实际应用于哪些方面？

4. 催产素分泌和释放部位是什么？生理作用有哪些？在生产中可应用于哪些方面？

5. 详述 FSH、LH、PRL、PMSG、hCG 的来源、化学特性、生理功能以及应用。

6. 雄激素、雌激素、孕激素的来源、化学特性和生理功能如何？生产上如何应用？

7. 叙述前列腺素的来源和生理功能。其在畜牧生产上如何应用？

8. 促性腺激素释放激素、催产素、促卵泡素、促黄体素、促乳素、孕马血清促性腺激素、人绒毛膜促性腺激素、雄激素、雌激素、孕激素、前列腺素的英文名称缩写各是什么？

9. 什么叫外激素？其生理功能如何？

第三章 家畜的生殖生理

第一节 公畜的生殖生理

一、公畜的繁殖特点

(一)初情期与性成熟

1.初情期

公畜的初情期是指公畜初次释放有授精能力的精子,并表现出完整性行为的时期,又称为公畜的“青春期”。

从这一时期开始,公畜开始具有使母畜受胎的能力,同时也是公畜生殖器官和身体发育最为迅速的生理阶段。初情期标志着公畜开始具有生殖的能力,但其繁殖力是较低的。公畜初情期要持续几周,才能达到正常的繁殖水平。初情期与体重的关系较为密切。奶牛初情期的体重是成年体重的30%~40%,肉牛则为45%~55%。

初情期受生理环境、光照、父母的年龄、品种、杂种优势、环境温度、体重、断奶前后的生长速度等因素的影响。营养水平可调节初情期,饲喂超过正常营养水平可使公畜的初情期提前;而饲喂不足、生长缓慢,可推迟初情期。

2.性成熟

性成熟是继初情期之后,青年公畜的身体和生殖器官进一步发育,生殖功能达到完善、具备正常生育能力的年龄。通常公畜性成熟要比母畜晚些。性成熟是生殖能力达到成熟的标志,对于多数家畜来说,性成熟时身体的发育尚未达到成熟,必须再经过一段时间才能完成这一过程。一般牛为10~18月龄,绵(山)羊5~8月龄,猪3~6月龄。

(二)初配适龄、体成熟、繁殖年限

公畜性成熟后,虽然已具备了繁殖能力,而且具有性行为,但还未达到体成熟,尚处于生长发育阶段,因此一般还不适宜于配种。

1.初配适龄

初配适龄是根据公畜自身发育状况和使用目的,人为确定的公畜第一次适宜配种的年龄。公畜初配适龄一般晚于性成熟年龄,但早于体成熟年龄,通常在体成熟或接近体成熟时期,一般在体重达到成年体重的70%以上时,即可用于初配。牛为17个月 ,绵(山)羊18个月,猪10个月。

2.体成熟

体成熟是指家畜基本上达到生长发育完成的时期。在正常情况下,各种公畜的体成熟年龄为:

猪 9～12 个月，牛 2～3 年，绵(山)羊 12～15 个月。

3. 繁殖年限

公畜的繁殖年限是指公畜可用于配种或采精的时间。不同的家畜繁殖年限不同，公牛的繁殖年限为 10～15 年，猪和羊为 8～10 年，马为 15 年，驴为 16～18 年。公畜的繁殖年限与品种、配种(或采精)频率、饲养管理条件等因素有关。

(三)性行为

1. 性行为和性行为链

性行为是动物在两性接触中表现出来的特殊行为，是由动物体内激素和体外特殊因素(外激素及感官的神经刺激等)共同作用而引发的特殊反应。不同性别具有各自独特的性行为表现形式。

公畜在交配(或采精)过程中所表现出来的完整性行为主要包括：求偶、勃起、爬跨、交配、射精及射精结束等步骤。它们是按一定顺序连续发生的系列性行为，因此又称为性行为链(或性行为系列)。公畜正常的性行为链是顺利完成交配和采精的必要条件。

2. 交配频率

交配频率是指在一定的时间内，公畜与发情母畜交配的次数(或采精的次数)，也称交配能力。牛、羊的交配频率一般高于猪、马。经长时间休息或季节性配种的家畜，其交配能力在开始的几天，可超常发挥，公牛日交配可达十几次，绵羊可达 20 次以上，但持续的时间很短，若不加以限制就会影响公畜的繁殖力和母畜的受胎率。

二、精子

(一)精子的形态与结构

家畜精子形似蝌蚪，分为头、颈、尾三部分(图 5-3-1)。

(1)头部　家畜精子的头部呈扁椭圆形，主要由核构成，其中含有染色质，其最重要的成分是 DNA。精子核的前部为顶体，其中含有许多酶类，与受精有关。精子的顶体在衰老时容易变性，出现异常或从头部脱落，是评定精液品质的指标之一。

(2)颈部　位于头和尾之间，外界环境不适会引起精子颈部畸形。

(3)尾部　是精子的运动器官，可分为中段、主段、尾段三部分。

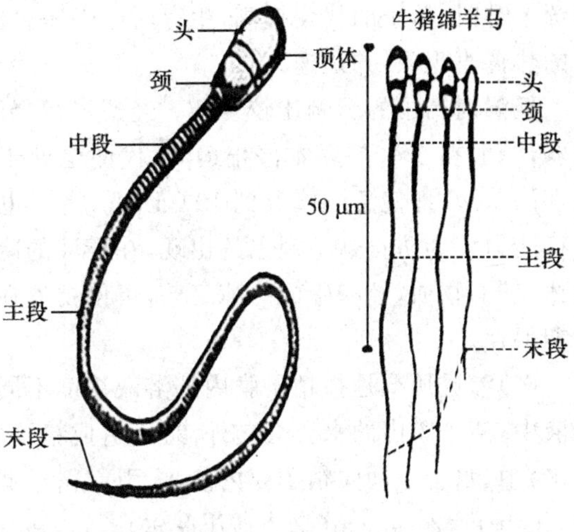

图 5-3-1　几种主要家畜精子结构示意图

(二)畸形精子和分类

(1)头部畸形　常见的有窄头、头基部狭窄、梨形头、圆头、巨头、小头、头基部过宽和发育不全等。对精子的受精能力和运动方式都有显著的影响。

(2)中段畸形　包括中段肿胀，纤丝裸露和中段呈螺旋状扭曲等。中段畸形的直接影响是精子运动方式的改变和运动能力的丧失。

(3)尾部畸形　包括尾部各种形式的卷曲、头尾分离、带有近端和远端原生质滴的不成熟精子(图 5-3-2)。尾部畸形对精子的运动能力和运动方式影响最为明显。

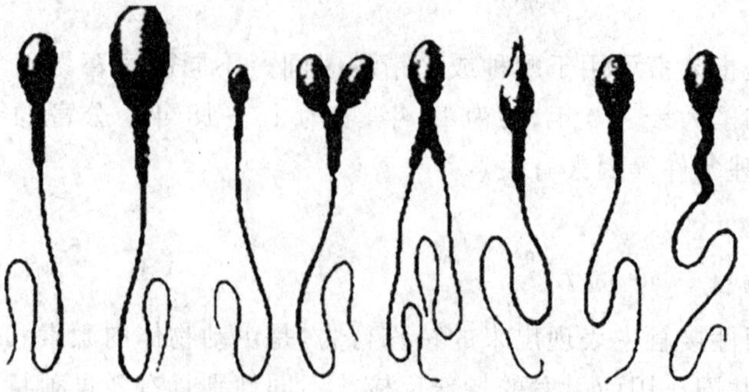

图 5-3-2　精子形态

(三)精子的生理特性

1.精子的代谢

(1)精子的糖酵解　通常精清中存在的可被精子直接分解产生能量的是果糖。不论在有氧或无氧的条件下,精子把精清(或稀释液)中的果糖(葡萄糖)分解成乳酸而释放能量的过程叫作糖酵解。精子糖酵解的终末产物是乳酸。

(2)精子的呼吸　在有氧条件下,精子可将果糖酵解产生的乳酸,通过呼吸消耗氧进一步分解为二氧化碳和水,产生比糖酵解大得多的能量,称为精子呼吸。

(3)精子对脂类、蛋白质和氨基酸的代谢　当精子外源呼吸的基质枯竭时,可利用脂类、蛋白质和氨基酸获取能量。在正常情况下,精子不从蛋白质的成分中获取能量,表明精液已开始变性。

2.精子的运动

精子的运动形式主要有三种:一种是直线前进;第二种是转圈运动;第三种是原地摆动。其中只有直线前进运动为精子的正常运动形式。

3.环境条件对精子的影响

(1)温度　精子在相当于体温,即 37℃左右的温度下,可保持正常的代谢和运动状态。当温度继续上升时,精子的代谢提高,生存时间缩短。家畜的精子在 45℃以上的温度下,会经历一个极短促的热僵直现象,并迅速死亡。

低温对精子的影响比较复杂。经适当稀释的家畜精液,缓慢降温时,精子的代谢和运动会逐渐减弱,一般在 0～5℃基本停止运动,代谢也处于极低的水平,称为精子的“休眠”。但是,未经任何处理的精液,即使急剧降温到 10℃以下,精子也会因低温打击,出现“冷休克”,而不可逆地丧失其生存能力。为防止这一现象的出现,在精液的冷冻保存中,在稀释液里加入卵黄、奶类、甘油等“防冷休克”的物质,经特殊的冷冻工艺,可使精液在超低温冷源——干冰(－79℃)和液氮(－196℃)中长期保存。

(2)渗透压　是指精子膜内外溶液浓度不同而出现的膜内外压力差。在高渗透压(高浓度)稀释液中,精子膜内的水分会向外渗出,造成精子脱水,严重时精子会干瘪死亡;在低渗溶液(蒸馏水、常水)中,水会主动向精子膜内渗入,引起精子膨胀变形,最后死亡。精子最适宜的渗透压与精清相等,相当于 324 mosm(毫渗透压摩尔)。

(3)pH　新鲜精液的 pH 为 7 左右。在一定的范围内,酸性环境对精子的代谢和运动有抑制作用；碱性环境则有激发和促进作用。但超过一定限度均会因不可逆的酸抑制或因加剧代谢和运动而造成精子酸、碱中毒而死亡。精子适宜的 pH 范围一般为 6.9～7.3。

(4)光照　直射的阳光对精子的代谢和运动有激发作用，在精液处理和运输中，应尽量避免阳光的直射，通常采用棕色玻璃容器收集和贮运精液。

4. 精子的凝集

精子的凝集严重影响精子的运动、代谢和授精能力。其产生的原因主要来自物理、化学和免疫学方面的作用。

三、精液

精液由精子和精清两部分组成，二者的关系如同血液中的血细胞和血浆。

(一)精子的主要化学成分及生理作用

精子的主要化学成分包括核酸、蛋白质、酶和脂质等。核酸是遗传信息的携带者，不仅能将父系遗传信息传递给后代，而且也是决定后代性别的因素；蛋白质包括核蛋白、顶体复合蛋白及尾收缩蛋白三部分，对基因开启、蛋白质分解、授精以及精子的运动等有一定作用；酶与精子活动、代谢及授精有密切关系；脂质是精子的能量来源，也对精子有保护作用。

(二)精清的主要化学成分及生理作用

1. 精清的主要化学成分

由于不同家畜副性腺的大小、结构的差异，造成精清的化学组成也有明显差异，即使同一个体每次射精的精清成分也有一定的变化。但一般包括糖类、蛋白质、氨基酸、酶类、脂类、维生素以及无机离子等成分。

2. 精清的生理作用

精清在精液中所占比例与动物的种类和射精量有密切关系，各种家畜精液中精清含量分别为猪 93%、马 92%、牛 85%、羊 70%。精清的主要生理作用表现为：稀释来自附睾的浓密精子；调整精液 pH，促进精子的运动；为精子提供营养物质；对精子的保护作用；清洗尿道和防止精液逆流。

第二节　母畜的生殖生理

一、性发育与性成熟

1. 初情期与性成熟

(1)初情期 母畜第一次出现发情表现并排卵的时期，称为初情期。这时生殖器官迅速发育，开始有繁殖后代的功能。但此时生殖器官还未充分发育，性功能也不完全。

一般家畜的初情期与体重的关系较为密切。如奶牛达到初情期时的体重是其成年体重的 30%～40%，而肉牛是其成年体重的 45%～50%，绵羊为 40%～63%。生长速度会影响达到初情期的年龄，良好的饲养条件能促进生长、初情期提早。

(2)性成熟　母畜在初情期后，经一段时间，生殖器官发育成熟、发情和排卵正常，并具有正常的生殖能力时称为性成熟。母畜从出生至性成熟的年龄，称为性成熟期。性成熟期与初情期有类似的发育规律，品种及饲养水平、出生季节、气候条件等因素都对性成熟期有影响。

2. 适配年龄、体成熟、繁殖年限

(1)适配年龄　又称配种适龄,是指适宜配种的年龄。母畜的适配年龄应根据具体生长发育情况和使用目的而定,一般在性成熟期以后,但开始配种时的体重应不低于其成年体重的 70%。如奶牛为 16～18 个月,猪为 8～12 个月,绵(山)羊为 12～18 个月。

(2) 体成熟期　家畜出生后达到成年体重的年龄,称为体成熟期。母畜在适配年龄后配种受胎,身体仍未完全发育成熟,只有在产下 2～3 胎后,才能达到成年体重。

(3)繁殖　年限又称为繁殖利用年限,是指母畜的繁殖能力有一定的年限。繁殖年限的长短因品种、饲养管理条件、环境以及健康状况等不同而异。母畜丧失繁殖能力后,便无饲养价值,应及时予以淘汰。

二、卵子

(一)卵子的形态

1. 卵子的形态

哺乳动物的正常卵子(卵细胞)为圆球形(图 5-3-3)。凡是椭圆形或扁圆形的、有大型极体或无极体的、卵黄内有大空泡的、特大或特小的、异常卵裂等都属于畸形卵子。

2. 卵子的结构

卵子呈球形,其结构包括放射冠、透明带、卵黄膜及卵黄等部分。

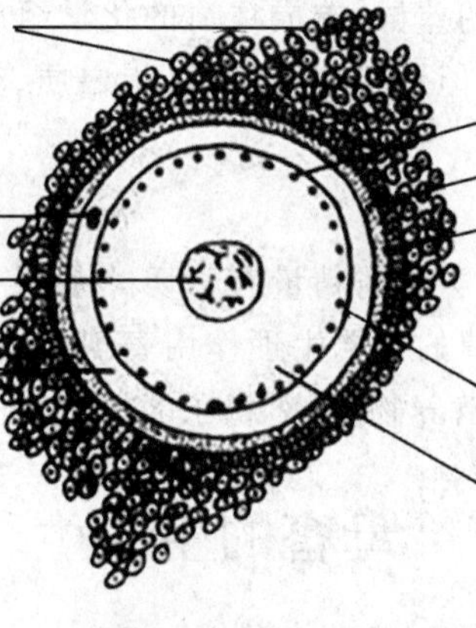

图 5-3-3　刚排出的哺乳动物卵子结构示意图

(1)放射冠　卵子周围致密的颗粒细胞呈放射状排列,故名放射冠。放射冠细胞的原生质伸出部分穿入透明带,并与存在于卵母细胞本身的微绒毛相交织。排卵后数小时,在输卵管黏膜分泌的纤维蛋白分解酶的作用下使放射冠细胞松散、脱落,于是使卵子裸露。放射冠的作用是在卵子的发生过程中起到营养的供给和保护作用,有助于卵子在输卵管伞中的运行,在受精过程中对精子有引导和定位作用。

(2)透明带　位于放射冠和卵黄膜之间的均质而明显的半透膜,主要由糖蛋白组成。其作用是保护卵子,以及在受精过程中发生透明带反应,对精子有选择作用,可以阻止多精受精,还具有无机盐离子的交换和代谢作用。

(3)卵黄膜　卵黄外周包被卵黄的一层薄膜,由两层磷脂质分子组成。卵黄膜的作用是保护卵子,以及在受精过程中发生卵黄膜封闭作用,防止多精子受精,且使卵子有选择性地吸收无机盐离子和代谢物质。

(4)卵黄 位于卵黄膜内部的结构。其中包括线粒体、高尔基体、核蛋白体、多核糖体、脂肪滴、糖原和卵核等组分。刚排卵后的卵核处于第一次成熟分裂中期状态。卵黄的主要作用是为卵子和早期胚胎发育提供营养物质。

排卵时的卵母细胞,卵黄占据透明带以内的大部分容积。而受精后卵黄收缩,并在卵黄膜与透明带之间形成间隙,称为"卵黄周隙",以供极体储存。

3.卵子大小

大多数哺乳动物的卵子,直径为 70～140 μm 之间。不同动物种类的卵子大小有差异,但与成年动物体重比例大小无显著的关系。

三、卵泡

(一)卵泡的概念

卵泡是由卵母细胞与包绕着它的数个到大量的卵泡细胞共同构成的细胞集团。

(二)卵泡的发育

卵泡发育是指由原始卵泡发育成为初级卵泡、次级卵泡、三级卵泡和成熟卵泡的生理过程(图 5-3-4)。母畜在初情期前,卵泡虽能发育,但不能成熟和排卵,当发育到一定程度时,便闭锁退化。初情期后,在生殖激素的调节作用下,卵巢上的原始卵泡逐步发育成熟并排卵。

(1)原始卵泡 原始卵泡位于卵巢皮质外周体积最小的卵泡,由一层扁平或多角形的体细胞围着停留在核网期的卵母细胞构成。原始卵泡无卵泡腔、卵泡膜,大量原始卵泡在发育过程中退化。

(2)初级卵泡 由卵母细胞和周围单层柱状卵泡细胞组成的卵泡,由原始卵泡发育而来。无卵泡膜和卵泡腔,有不少初级卵泡在发育过程中退化消失。

(3)次级卵泡 由初级卵泡发育而来。位于卵巢皮质深部。由多层圆柱状细胞包围在卵母细胞周围组成,卵泡腔仍未形成。

(4)三级卵泡 次级卵泡进一步发育成为三级卵泡。在这一时期,卵泡细胞分泌的液体进入卵泡细胞和卵母细胞之间的间隙,形成卵泡腔。随着卵泡液的增多,卵泡腔液逐渐扩大将卵母细胞挤向一边,卵母细胞包裹在一团颗粒细胞中,形成突出在卵泡腔内的半岛,称为卵丘。其余颗粒细胞紧贴于卵泡腔的周围,形成颗粒细胞层。

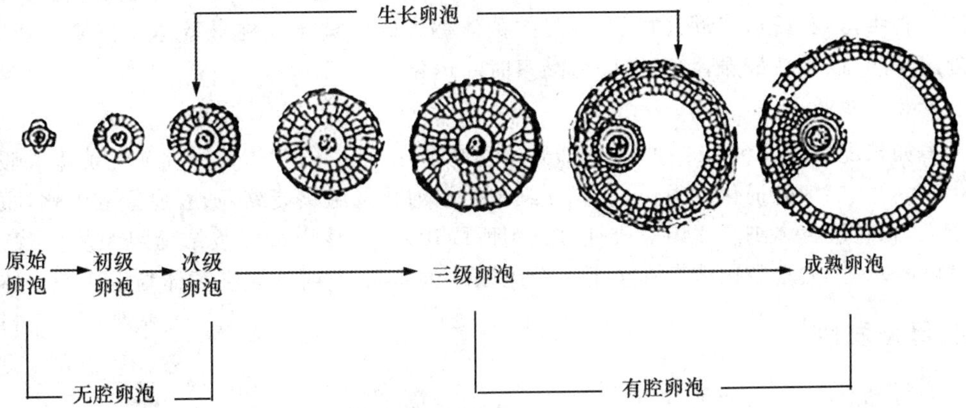

图 5-3-4 卵泡发育阶段个体结构模式图

(5)成熟卵泡　又称葛拉夫氏卵泡。三级卵泡继续生长,卵泡液增多,卵泡腔增大,卵泡扩展到整个皮质部并突出卵巢表面,卵泡壁变薄,卵泡发育到最大体积。这时的卵泡称为成熟卵泡。不同动物发情时,能够成熟卵泡的个数差别较大:牛和马一般有 1 个,猪 10～25 个,绵羊 1～3 个。成熟卵泡的大小,牛为 12～19 mm,猪为 8～12 mm,绵羊为 5～10 mm。山羊为 7～10 mm。

(三)卵泡闭锁和退化

卵泡闭锁现象是大量存在的,在卵泡发育的各个阶段都有发生。卵泡闭锁最多的时期是初生前,出生后较少,而且主要是在初情期前,成年期相对较少。卵泡的闭锁和退化包括卵泡细胞和卵母细胞的一系列形态学变化。闭锁的卵泡被卵巢中的纤维细胞所包围,最后导致卵泡的消失而形成瘢痕。

(四)排卵

成熟的卵泡破裂后即发生排卵。排卵数在不同的家畜之间差异很大,牛、马、驴一般每次只排 1 个卵子,个别也有排 2 个的,母猪每次能排 10～25 个。在多胎动物中,若摘除一个卵巢,另一个卵巢的代偿能力增强,明显增加排卵数目,但一般不超过 2 个卵巢排卵数目的总和。

动物的排卵类型大致分为自发性排卵和诱发性排卵两种。

(1)自发性排卵　卵泡成熟后便自发排卵并自动生成黄体的为自发性排卵。这种类型又分为两种情况:一种是发情周期中黄体的功能可以维持一定时期,且具有功能,如牛、猪、马、羊等属于这种类型;二是除非交配,否则形成的黄体不具备功能,小鼠属于这种类型。如未交配,黄体几乎没有分泌孕酮的功能。

(2)诱发性排卵 只有通过交配或子宫颈受到刺激才能排卵的为诱发性排卵。在发情季节中,卵泡有规律性地成熟和退化,如交配、输精或注射 LH 激素等皆可引起成熟的卵泡排卵。兔、猫、骆驼等动物属于此类型。

(五)黄体的形成与退化

1. 黄体的形成

成熟的卵泡破裂排卵后,由于卵泡液被排空,导致卵泡腔内产生了负压,从而使血管发生破裂,血液积聚于卵泡腔内形成凝块,破裂口呈火山口样,呈红色,因此称为红体。此后颗粒层细胞增生变大,长满整个卵泡腔,并突出于卵巢表面。由于吸取类脂质而使颗粒细胞变成黄色,而称为黄体。同时,卵泡内膜分生出血管,布满于发育中的黄体,随着这些血管的分布,含类脂质的卵泡内膜细胞移至黄体细胞之间,并参与黄体形成。黄体细胞增殖所需要的营养来源于血管供应。如配种妊娠,则黄体一直维持到母畜,临近分娩前,此时的黄体称为妊娠黄体或称真黄体。在整个妊娠期,黄体持续分泌孕酮,以维持妊娠,到妊娠即将结束时才退化。

2. 黄体的退化

母畜如未配种或配种后未孕,黄体即开始逐渐退化,此时的黄体称为周期性黄体或假黄体。黄体退化时,颗粒层细胞退化得很快,表现在细胞质空泡化及胞核萎缩,随着血管的退化,黄体的体积逐渐变小,颗粒层黄体细胞逐渐被成纤维细胞所取代,最后整个黄体被结缔组织所代替,形成一个瘢痂,称为白体。大多数白体存在至下一个周期的黄体期,此时功能性黄体与退化的白体共存。

四、母畜发情

(一)发情

母畜达到一定的年龄时,由卵巢上的卵泡发育所引起的、受下丘脑—垂体—卵巢轴系调控的一种生殖生理现象称为发情。

1. 发情征状

正常的发情应包括三方面的变化：行为变化；生殖道变化；卵巢的变化。发情征状因发情期的不同阶段而有差异，一般在发情盛期最为明显，而在发情前期和后期则减弱。此外，因畜种的不同其表现程度也有所差异，如猪比牛、绵羊明显。

(1)行为变化　母畜的发情是在卵泡分泌大量的雌激素和少量孕激素的共同作用下，刺激中枢神经系统，引起性兴奋。行为表现为兴奋不安、食欲减退、鸣叫、喜接近公畜、举腰弓背、频繁排尿，或到处走动，愿意接受雄性交配，甚至爬跨其他母畜或被爬跨。

(2)生殖道变化 主要表现在血管系统、黏膜以及黏液的性状等方面。在发情周期中，受激素的影响，生殖道黏膜上皮细胞发生一系列生理变化。以牛为例，输卵管的上皮细胞在发情时增高，发情后降低。发情后由于受雌激素的作用，子宫腺体生长发育加快，黏液的分泌量和性质发生变化，量由少变多，起初较稀薄，至排卵前黏液逐渐变稠，排卵后由于孕激素的作用，黏液量分泌减少而变干涩。母畜在排卵时，引起充血的血管发生破裂，使血液从生殖道排出体外。此类现象在奶牛和黄牛比较多见，其他动物则极少发生这种现象。

(3)卵巢的变化　发情开始之前，卵巢卵泡已开始生长，至发情前 2～3 d 卵泡迅速发育，卵泡内膜增生；到发情时卵泡已发育成熟，卵泡液分泌不断增多，使卵泡容积更加增大，此时卵泡壁变薄并突出于卵巢表面，在激素作用下促使卵泡壁破裂，致使卵子被挤压而排出。

2. 异常发情

常见的异常发情有如下几种。

(1)安静发情　是指母畜无发情征状，但卵泡能发育成熟并排卵。母牛、母马分娩后第一个发情周期以及带仔的牛和羊或者每日挤奶次数多的母牛、年轻或体弱的母牛均易发生安静发情。

(2)短促发情　主要表现为发情持续时间非常短，如不注意观察，常易错失配种机会。多发生于青年动物，家畜中奶牛发生率较高。

(3)断续发情　母畜发情时断时续，整个过程延续很长，常见于早春及营养不良的母马。其原因是卵泡交替发育所致，使体内雌激素水平时高时低，因此出现发情间断。

(4)持续发情　是慕雄狂的一种征状。常见于牛和猪，其他动物很少见。表现为持续强烈的发情行为，发情周期不正常，发情期长短不规则。患牛高度兴奋，大声哞叫，阴道黏膜及阴门水肿，从阴门流出透明的黏液，食欲减退，消瘦，被毛粗乱，两侧臀部肌肉塌陷，尾根举起．频频排尿，经常追逐和爬跨其他母牛，配种后不能受胎。

(5)孕后发情　即母畜在妊娠后仍出现发情表现。主要原因是由于激素分泌失调，即孕酮分泌不足，而胎盘分泌雌激素过多所至。母牛在妊娠最初的 3 个月内，常有 3%～5%有发情表现；绵羊在妊娠期间约有 30%有发情表现。

3. 产后发情

产后发情是指母畜分娩后出现的第一次发情。各种母畜产后发情出现的时间早晚不一，这与饲养管理条件、季节、哺乳时间的长短以及产后有无疾病发生等因素有关。母猪大多在分娩后 3～6 d 内出现发情，但不排卵。一般在仔猪断奶后 1 周之内出现第一次正常发情。母牛一般可在产后 40～60 d 发情；发情季节不明显的母羊大多在产后 2～3 个月发情，不哺乳的母羊可在产后 20 d 左右发情。

4. 返情

返情是指在配种后一定时期内(如配种后 1 个情期、2 个情期、3 个情期等)母畜再次出现发情，称为返情。配种后一定时期内返情母畜的数量越多，表明畜群的受胎效果越差。

5. 乏情

乏情是指达到初情期的母畜长期不发情的现象，称为乏情。引起母畜乏情的因素很多，有季节性、生理性和病理性因素。

(1)季节性乏情　季节性发情母畜在非繁殖季节无发情或发情周期，卵巢和生殖道处于静止状态，这种现象称为季节性乏情。季节性乏情的时间因畜种、品种和环境而异，如绵羊和马就比牛、猪明显。绵羊为短日照家畜，乏情常发生于长日照的春、夏季节。

(2)生理性乏情　包括泌乳性乏情和衰老性乏情。家畜在泌乳期间，由于卵巢周期性活动受到抑制而引起的不发情，称为泌乳性乏情。例如，母猪一般是在仔猪断奶后才发情。绵羊的泌乳期乏情持续 5～7 周。动物因衰老而乏情，这是自然规律。其原因是下丘脑—垂体—卵巢轴功能减退，导致促性腺激素的分泌量减少或卵巢对这些激素的敏感性降低，不能激发卵巢功能活动而出现乏情。

(3)病理性乏情　包括营养性乏情、应激性乏情和卵巢和子宫异常引起的乏情。日粮营养水平对卵巢活动有显著的影响。如放牧的牛和羊因缺乏磷等微量元素会导致初情期延迟，发情征状不明显，最后停止发情，小母猪和母牛由于日粮中缺乏锰元素会造成卵巢功能障碍，发情不明显，甚至不发情。应激性乏情引起的原因如使役过度，畜舍条件太差，惊吓，突然更换饲料、饲喂发霉饲料等。卵巢发育不全、卵巢囊肿、子宫蓄脓、胎儿干尸化、流产可造成乏情期延长，导致母畜不发情。

(二)发情周期

母畜初情期以后，卵巢出现周期性的卵泡发育和排卵，并伴随着生殖器官及整个机体发生一系列周期性生理变化，这种变化周而复始(非发情季节及妊娠期除外)，一直到性功能停止活动的年龄为止，这种周期性的性活动称为发情周期。计算发情周期的时间，是从前次发情开始至下一次发情开始，或者从前次发情结束至下一次发情结束所间隔的时间(发情当天计作零天)。各种动物的发情周期长短不一，同种动物内不同品种以及同一品种不同个体，发情周期也有所不同。绵羊的发情周期平均为 17 d，山羊、牛、马和猪等动物的发情周期平均为 21 d。

发情周期的划分主要有四分法和二分法。四分法是根据动物的性欲表现及生殖器官变化，将发情周期分为发情前期、发情期、发情后期和间情期；二分法是以卵巢上组织学变化以及有无卵泡发育和黄体存在为依据，将发情周期分为卵泡期和黄体期。

1. 四分法

(1)发情前期　上一个发情周期所形成的黄体进一步退化萎缩，卵巢上开始有新的卵泡生长发育，雌激素也开始分泌，阴道和阴门黏膜有轻度充血、肿胀，子宫颈略微松弛，分泌少量稀薄黏液，但尚无性欲表现。对于发情周期为 21 天的动物，如果以发情征状开始出现时为发情周期第一天，则发情前期相当于发情周期第 16～18 d。

(2)发情期　动物性欲达到高潮，有明显发情征状，相当于发情周期第 1～2 天。卵巢上的卵泡迅速发育，雌激素分泌增多，使阴道和阴门黏膜充血肿胀明显，子宫黏膜显著增生，子宫颈充血，子宫颈口开张，子宫肌层蠕动加强，有大量透明稀薄黏液排出，愿意接受雄性交配。多数动物在发情期的末期排卵。

(3)发情后期　是排卵后黄体开始形成，发情征状逐渐消失的时期，相当于发情周期第 3～4 天。动物由性欲激动逐渐转入安静状态，卵泡破裂排卵后黄体开始形成，雌激素分泌量减少，孕酮水平增加，使生殖道充血肿胀征状逐渐消退，子宫肌层蠕动减弱，黏液量少而稠，子宫颈口逐渐封闭。

(4)间情期　动物性欲已完全停止，精神状态恢复正常，发情征状完全消失。处于发情周期第 4/5～15 天。在间情期的前期，黄体继续发育增大，分泌大量孕酮作用于子宫，使子宫黏膜增厚，子宫腺体高度发育，分泌作用加强，产生子宫乳供胚胎发育所需营养，如果卵子受精，这一阶段将延续下去，动物不再发情。如未孕，则在间情期的后期，增厚的子宫黏膜回缩，呈矮柱状，腺体缩小，腺体分泌活动停止，周期性黄体也开始退化萎缩，卵巢有新的卵泡开始发育，又进入到下一次发情周期的前期。

2. 二分法

(1)卵泡期　是指黄体进一步退化，卵泡开始发育直到排卵为止的时期。卵泡期实际上包括发情前期至发情期两个阶段。卵泡期很短，如绵羊的卵泡期为 2 d，而牛和猪为 4～5 d。

(2)黄体期　是指从卵泡破裂排卵后形成黄体，直到黄体萎缩退化为止的时期。黄体期相当于发情后期和间情期两个阶段。黄体期占发情周期的大部分，但是在整个黄体期都存在有腔卵泡，因此，雌性动物的黄体期部分地与卵泡期重叠。

(三)繁殖季节与非繁殖季节

家畜的发情周期主要受神经内分泌所调节，也受外界环境条件的影响，尤其是光照，各种家畜所受的影响程度不同，表现也各异。据此可将动物发情周期类型划分为非季节性发情周期(如猪、牛、湖羊以及小尾寒羊等)和季节性发情周期(如马、驴、绵羊、山羊、狗、狐狸、貉等)。对于具有季节性发情周期的动物来说，一年中一般可分为繁殖季节和非繁殖季节。

1. 繁殖季节

公、母畜有性活动的时期称为繁殖季节。例如，马的繁殖季节为春季，常在春季配种，妊娠期为 11 个月，则分娩季节在春季，这有利于幼驹成活；羊的繁殖季节一般在秋季，常在秋季配种，妊娠期平均为 5 个月，分娩季节在春季，有利于幼羔成活。

2. 非繁殖季节

公、母畜没有性活动的时期称为非繁殖季节。在此季节，卵巢机能处于静止状态，不会发情排卵，称之为季节性乏情期。羊的非繁殖季节往往处于长日照的夏季。此时母羊一般不表现发情。

家畜的季节性繁殖并不是固定不变的，随着驯化程度的加深、饲养管理条件的改善、控制光照等，可使家畜的繁殖季节发生一定程度的改变，甚至可以变成无季节性。如粗放条件下饲养的绵、山羊，其发情季节性明显；平原农区的羊，由于气候温暖，饲草比较充足，经过长期的人工选择和培育，其季节性繁殖的特点不明显，可长年繁殖，1 年产 2 胎或 2 年产 3 胎。

复习思考题

1. 什么是公畜的性行为序列？它在配种和采精过程中有什么意义？

2. 简述精子发生及其主要激素的调节过程。

3. 精子成熟的标志有哪些？
4. 简述精子的形态和基本结构。
5. 外界条件是如何影响精子的运动和代谢活动的？
6. 卵子的发生过程及各阶段的特点是什么？
7. 卵泡的发育主要分哪几个阶段？各阶段卵泡的主要特点是什么？
8. 简述排卵过程。
9. 简述黄体的形成与退化过程。

第四章　母畜的发情控制技术

第一节　发情鉴定的基本方法

在家畜繁殖过程中，发情鉴定是一个最基本技术环节。通过发情鉴定，可以判断母畜发情所处阶段和程度，以便适时配种或输精，提高受胎率和繁殖效率。

发情鉴定有多种方法，主要是根据动物发情时的外部行为表现和内部生理变化(如卵巢、生殖道和生殖激素)进行综合判断。生产中常用的发情鉴定方法有：

一、外部观察法

主要观察母畜的外部表现和精神状态，从而判断其是否发情和发情程度。母畜发情时常表现精神不安、爱走动、食欲减退甚至拒食，外阴部充血肿胀流有黏液，对周围环境或雄性动物的反应敏感。不同动物有各自的特殊表现，如母牛发情时哞叫，爬跨其他母牛；母猪闹圈现象。

二、试请法

专用试情的雄性动物应是体质健壮、性欲旺盛及无恶癖的非种用公畜(最好采用已经作过输精管结扎或阴茎扭转术的公畜，而羊在腹部结扎试情布即可)。在常见家畜中，牛、猪、山羊等发情时有同性相互爬跨行为。根据接受其他发情母畜爬跨的安静程度，识别发情母畜。此法常结合外部观察法使用，因操作简便、行为明显、容易掌握，适用于各种动物。在生产实践中得到广泛应用。

三、阴道检查法

阴道检查法是将消毒灭菌的阴道开张器或扩张筒插入被检母畜的阴道内，借助光源，观察阴道黏膜颜色、充血程度和子宫颈阴道部的松弛状态、子宫颈外口的颜色、开口大小、黏液的颜色、黏稠度及量的大体情况，依此来判断母畜是否发情及其发情进程。此法主要适用于牛、马、驴等大家畜。

四、直肠检查法

直肠检查法，是以清洁消毒涂润滑剂的手、臂(最好带上长臂薄胶手套)伸入保定好的母畜直肠内，先排出宿粪，再隔着直肠壁以手指轻稳触摸卵巢及其卵泡的变化情况，如卵巢的大小、质地和卵泡发育的部位、大小、弹性、卵泡壁厚薄以及卵泡是否破裂，有无黄体等情况。此法在生产实践中，对马、驴和牛的发情鉴定效果较为确实，可判定和预测发生排卵时间，减少输精次数和提高受胎率。此方法只适于大家畜如牛、马、驴、马鹿等大动物。

五、电阻值测定法

应用电阻表测定母畜阴道黏液的电阻值，对于确定适宜配种时间有一定参考价值。该法的原理是，母畜发情时由于黏液分泌增多，生殖道内的离子浓度升高使电阻值降低，当电阻值降至最低时，输精最适宜。此法常用于伴侣动物或经济动物的发情鉴定，但准确率偏低。

六、生殖激素检测法

随着免疫测定技术的发展，通过对雌性动物体液（血液、血清、乳液、和尿液等）的检测，能精确测定出不同生理时期体内各种生殖激素的含量水平和变化规律。

七、子宫颈黏液分析法

有黏液 pH 测定法和黏液电测法、子宫颈黏液结晶法、离子选择性电极测定法等。

八、仿生法

它是用模拟公畜的声音（放录音磁带）和气味（天然或人工合成的气雾剂），刺激母畜的听觉和嗅觉感受器官，观察受刺激后的反应状况，以判断是否出现发情行为。

九、阴道细胞学分析法

阴道细胞学是观察发情期阴道角质化上皮细胞及阴道内容物中白细胞、有核的和无核的角质化细胞所占比例来判断发情阶段和推断排卵时间的方法。

十、发情鉴定器测定法

本法主要用于牛，有时也用于羊。发情鉴定器的原理类似试情法，利用发情动物愿意接受试情公畜爬跨而留下标记。

十一、超声波法

利用配有一定功率探头的超声波仪，将探头通过阴道壁接触卵巢上的黄体或卵泡时，由于探头接受不同的反射波，在显示屏上显示出黄体或卵泡的结构图像。根据卵泡直径的大小确定发情阶段。用同样的原理，使用腹腔内窥镜，可在显示屏上直接观察到卵泡和黄体发育程度。该方法准确、可靠，但操作复杂、成本高。

第二节　常见家畜的发情鉴定

一、牛的发情鉴定

根据母牛的发情特点，生产中母牛的发情鉴定通常采用外部观察法和直肠检查法。

（一）外部观察法

母牛在发情时外部表现比较明显，根据母牛爬跨和接受爬跨的情况，外阴部的肿胀程度及流出的黏液状况等情况来检出发情母牛，一般早、中、晚各检查 1 次，会有 85%以上的发情牛被检出。

根据母牛发情时的外部表现将母牛的发情期分为发情初期、发情盛期和发情后期。

1.发情初期(不接受爬跨期)

发情母牛试图爬跨其他母牛,但不接受其他母牛的爬跨;表现为兴奋不安、游走于运动场,食欲减退、对环境敏感、哞叫、阴户充血、肿胀、发亮,有透明黏液流出,常有其他母牛嗅闻其外阴部或和其他母牛额对额相对立。

2.发情盛期(接受爬跨期)

母牛接受其他母牛的爬跨而站立不动作交配态。外阴部肿胀明显、皱襞展开、潮红湿润,流出的黏液呈牵缕状。发情母牛精神状态仍表现不安,食欲减退、反刍减少或停止,产奶量下降。

3.发情后期(拒绝爬跨期)

此时发情母牛不再接受其他母牛爬跨。外阴部肿胀程度开始减弱,黏液量减少而浓稠,由透明变为乳白色,牵拉成丝。母牛兴奋性明显减弱,开始有食欲,此后逐渐恢复正常,进入休情期。

(二)直肠检查法

是用手隔着母牛直肠壁触摸卵巢及卵泡发育状况,以判定母牛的发情阶段或确定其为真发情还是假发情。直肠检查法对于那些发情异常、发情表现不易观察、卵泡发育与排卵过快或过慢、奶牛产后第一次发情(多发情表现不明显)以及受胎后发情的母牛更有极其重要的意义。

用湿润或涂有肥皂的手臂伸进直肠内后,手指并拢,手心向下,轻轻下压并左右抚摸,在子宫角弯曲处即可摸到卵巢。此时可用手指肚细致轻稳地触摸卵巢卵泡发育情况。

第一期:卵泡出现期　有卵泡开始发育,一侧卵巢稍有增大,卵泡直径为0.5～0.75 cm,波动不明显,指压之似觉有一软化点。

第二期:卵泡发育期　卵泡发育到1.0～1.5 cm,呈小球状,突出于卵巢表面、卵泡壁较厚,有波动感。

第三期:卵泡成熟期　卵泡发育不再增大,卵泡壁变薄,有一触即破之感,波动明显。

第四期:排卵期　卵泡破裂排卵,由于卵泡液流失,卵泡壁变松软成凹形。排卵后6～8 h在卵泡破裂的小凹陷处黄体开始发育长大,凹陷的卵泡开始被填平,可摸到质地柔软的新黄体。

直肠检查时要注意卵泡与黄体的区别:

(1)发情前期的卵泡有光滑、较硬的感觉。卵泡的形状像半个弹球扣在卵巢上一样,而没有退化的黄体一般呈扁圆形,稍突出于卵巢表面。

(2)卵泡的生长过程是渐进性变化,由小到大,由硬到软,由无波动到有波动,由无弹性到有弹性。而黄体则是退行性变化,发育时较大而软,到退化时期愈来愈小、愈来愈硬。

(3)黄体与卵巢连接处有明显的界限且不平直,而正常的卵泡与卵巢连续处光滑,无界限。

值得注意的是,在自肠内触摸时要用指肚进行,不能用手指乱抓,以免损伤直肠黏膜。在母牛努责或肠管收缩时不能将手臂硬向里推,可待它努责或收缩停止后再继续检查。

二、羊的发情鉴定

母羊的发情期短,外部表现不太明显,特别是绵羊,又无法进行直肠检查,因此母羊的发情鉴定以试情为主,结合外部观察。

(一)试情法

试情法多数是采用带试情布或结扎输精管的公羊进行群体试情,一般将试情公羊按一定比例

(1:40),每日一次或早晚各一次定时放入母羊群中进行试情。母羊发情时,往往被试情公羊尾随追逐,有时也主动靠近公羊。只有当接受爬跨不动的母羊,视为发情母羊,可将其隔离出来并打上标记,以备配种。一般选择2～4岁体质健壮、性欲旺盛、无恶癖的非种用公羊作为试情公羊,并且采用试情布法、切除输精管法、睾酮处理法等进行处理。

(二)阴道检查法

发情母羊的行为表现不明显,也可采取阴道检查法。是将开膣器或扩张筒插入母羊阴道,观察其阴道黏膜的色泽和充血程度,子宫颈的弛缓状态,子宫颈外口开张的程度,黏液的颜色、分泌量及黏稠程度等,以判断母羊的发情程度。检查时,器械要经过灭菌消毒,插入时要小心谨慎,以免损伤阴道壁。但是阴道检查法不能准确地判断母羊的排卵时间,只能是在必要时作为辅助性的检查手段。

三、猪的发情鉴定

母猪发情时,外阴部变化和行为变化表现明显,因此母猪的发情鉴定主要采用外部观察法,同时结合试情进行。中国地方品种母猪发情时,精神兴奋不安、食欲下降、鸣叫、闹圈。国外品种兴奋状态不及本地母猪明显。用试情公猪试情,母猪亲近公猪,安静接受公猪爬跨;若将发情母猪与非发情母猪合圈,发情母猪有爬跨非发情母猪的行为,并安静接受非发情母猪爬跨;也可根据"静立反射"。单纯人按压背腰鉴定发情的准确率仅48%,用公猪试情则100%出现静立反射。

第三节　发情控制技术

为了最大限度地挖掘雌性动物繁殖潜力,对处于乏情(包括生理和病理的)状态的母畜,利用激素或其他措施控制它的发情进程或排卵数量与时间的技术,称为发情控制技术。早在20世纪40年代,人们便开始探讨控制母畜发情的方法。几十年来,在发情控制技术方面已取得重大进展,并进入实用化阶段。广义的发情控制技术包括:诱导发情、同期发情、产后发情等技术。

要有效实施发情控制技术,必须具备以下三个基本条件:第一,必须深入了解和掌握各种动物的发情生理和特定规律,尤其是内分泌调节机理;第二,必须掌握各种外源性生殖激素在不同生理时期的作用特点(包括作用原理、剂量范围、激素效价、半衰期以及可能产生的副作用);第三,接受处理的动物,必须处于良好的饲养管理条件下。只有辅以良好的饲养管理条件,才可能达到预期效果。

一、诱导发情

对处于生理或病理状态下乏情的母畜,施以激素或其他措施,使之出现正常的发情、排卵的技术,称为诱发发情技术。诱发发情处理对象为个体。针对个体发情的确切原因,采用针对性技术措施达到诱使其发情的目的。

诱发发情在生产中有很重要的价值。通过诱发发情,可缩短母畜发情周期,增加胎次,提高繁殖效率;对因病理原因不发情的动物,可恢复其繁殖机能,继续繁殖后代;对季节性乏情的动物,也可通过诱发发情改变其繁殖季节,提高生产效益。

(一)诱发发情的机理

诱发发情是采用外源性激素或某些生理活性物质,或通过改变环境条件以及异性刺激等方法,促使卵巢从相对静止状态转为活跃状态，促进卵泡的生长发育、成熟和排卵，继而表现发情并予配种。

用于诱导家畜发情的激素，根据药物性质可分为：

(1)抑制卵泡发育和发情(孕酮)　如孕酮、甲孕酮、氟孕酮、氯地孕酮等。

(2)促进卵泡生长发育及成熟排卵　如 PMSG、FSH、HCG、LH。

(3)溶解黄体　$PGF_{2\alpha}$及其类似物氯前列烯醇(ICI)。

(4)促进发情征状的表现(雌激素)　如雌二醇、己烯雌酚。

(5)性外激素　公羊头颈部皮脂腺发达发出一种膻味，是一种性引诱剂。

(6)其他　如初乳、催产素、抑制素、褪黑素等。

(二)常见家畜的诱发发情

1.牛

(1)孕激素处理法

①阴道栓塞法　目前多选用法国产阴道置留器简称 PRID。PRID 装置为管状，每个外套橡胶中含孕酮 2.25 g，内部胶囊中含雌二醇 10 mg 。另一方法是海绵栓法，用色拉油溶解 18-甲基炔诺酮 50～100 mg，浸泡于海绵中。插入阴道置留 12 d，除去 24 h 前肌注前列腺素、PMSG 或氯前列烯醇。

②孕激素埋植法　用 18-甲基炔诺酮 15～25 mg/头，进行耳背部皮下埋植 1～2 周后取出，同时注射 800～1000 IU 的 PMSG 便可诱发发情。

③肌肉注射油质孕酮 用油质孕酮肌肉注射，隔天 1 次，每次 100 mg，共 3 次，接着注射 PMSG，可使产后奶牛繁殖机能恢复正常，发情率为 70%～80%。

(2)“三合激素”法　对不发情奶牛用“三合激素”(每毫升含丙酸睾丸素 25 mg、黄体酮 12.5 mg、苯甲酸雌二醇 1.25 mg)。用量一般为每头 2～3 支，用药后 3～4 d 约有 70%的牛发情。

(3)前列腺素诱导法　由于 $PGF_{2\alpha}$有溶解黄体的作用，故可用于治疗家畜持久黄体引起的乏情和暗发情。常用剂量是 $PGF_{2\alpha}$25～30 mg 或氯前列烯醇 0.5 mg 肌肉注射，或 $PGF_{2\alpha}$5.0 mg 子宫内注入。母牛一般在注射后 3～5 d 内发情，在注射后 80 h 人工授精或分别在注射后 72 h 和 96 h 两次人工授精，妊娠率达 60%。

(4)雌激素诱导法　肌肉注射 20～30 mg 己烯雌酚或 5～10 mg 雌二醇对于暗发情母牛(在接近排卵时注射)是有效的。多数情况是，虽然可能诱导出发情征状，但不一定能引起排卵。

(5)GnRH 及其类似物的发情诱导 GnRH 及其类似物能够促进垂体释放促性腺激素，从而诱导卵泡发育和排卵。奶牛用 LRH-A_2或 LRH-$A_3$200～400 μg 进行肌肉注射，每日 1 次，连续 1～3 次，可引起发情排卵。

(6)促性腺激素处理法　对卵巢处于静止状态的乏情母牛，采用促性腺激素 FSH+LH 可诱使卵巢机能恢复而发情。生产中多用 PMSG 可促进卵泡发育和发情。10 天内仍未发情的，可用此法再次处理。

2.猪

哺乳一个月断奶，母猪可在断奶后 1 周左右发情。如果能在断奶的同时注射 PMSG，则发情效果更好。一般而言，断奶时间愈早，断奶至出现发情的间隔时间愈长。

对母猪进行药物诱发发情主要有：在母猪分娩后第 6 周，肌注 PMSG(750～1 000 IU)进行诱导，其发情率达 95.83%，受胎率为 93%。采用 PMSG 和 HCG 的混合物即 PMSG 400 IU 和 HCG 200 IU 混合后给乏情母猪肌肉注射，5 d 内其发情率为 94%以上，情期受胎率为 75%。

3. 羊

(1)孕激素处理　常用的投药方式为皮下埋植法和阴道栓塞法。采用不同的方法，要求孕激素的剂型不同，一般是 MGA(60 mg)海绵栓、FGA(30 mg)海绵栓、孕酮海绵栓及阴道置留器(PRID)(内含 400 mg 孕酮)。处理时间以 6～15 d 为宜。用孕激素刺激过后，再用 PMSG 较为理想。

(2)促性腺激素　用于诱导乏情母羊发情的激素主要有孕马血清促性腺激素、促卵泡素、人绒毛膜促性腺激素、促黄体素等。PMSG 半衰期长，一次注射即可，操作方便。一般皮下注射：PMSG 500 IU，HCG 200 IU，隔 16～17 d 再重复一次，可取得发情排卵的良好效果。

(3)雌激素　主要用雌二醇和己烯雌酚。通过试验证实了雌激素对非繁殖季节的诱导发情是有效的。

二、同期发情

同期发情就是利用某些激素制剂人为地控制并调整一群母畜发情周期的进程，使之在预定时间内集中发情。

(一)同期发情的意义

1. 充分发挥冷冻精液人工授精技术优势，扩大配种面积

采用同期发情技术可以充分利用冷冻精液人工授精技术，扩大冷冻精液的使用范围。特别是广大的农村，能够减少液氮的消耗及液氮设备的使用，可以使人工授精工作做到成批、集中、定时，甚至可以不需要作发情鉴定。

2. 便于组织规模化生产和科学管理

同期发情可以使畜群妊娠和分娩时间相应地比较集中，产下的后代年龄也较整齐，仔畜培育、断奶等阶段也相继可以做到同期化。因而可以节省人力、时间、降低管理费用。乳牛、肉牛、猪可以根据生产计划来分批进行同期发情处理，这对配种工作十分方便。

3. 提高畜群的发情率和繁殖率

对繁殖率较低的畜群，如南方的水牛和管理较粗放的黄牛，因随母哺乳或营养水平偏低等原因，分娩后较长时间不能恢复正常的发情周期，对这些畜群作同期发情处理达到提早发情受胎的目的，从而提高发情、配种和繁殖率。

4. 同期发情技术是其他繁殖技术和科学研究的辅助手段

使用胚胎移植技术进行鲜胚移植必须与同期发情技术结合，才能达到预期效果。即供给胚胎的母畜和接受胚胎的母畜发情的同期化，供、受体母畜的生殖器官才能处于相同的生理状态，移植的胚胎才能正常发育。

(二)同期发情的机理

雌性动物发情周期中，根据卵巢活动规律可将发情周期划分为卵泡期和黄体期两个阶段。黄体期约占整个周期的 70%。如牛的发情周期为 21 d，黄体期为 15 d。黄体期期间，黄体分泌的孕酮对卵泡发育有极强的抑制作用。只有黄体消退、血浆中孕酮水平下降以后，新的卵泡才能发育成熟和排卵，母畜才能表现出正常的发情。因此控制卵巢上黄体的消长是控制母畜发情的关键。

同期发情技术是借助外源激素刺激卵巢，使被处理母畜的卵巢生理机能都处于相同阶段而达

到同期发情。其实质是通过外源性激素使黄体期延长或缩短、控制卵泡的发生或黄体的形成来调节发情周期，使被处理动物的发情、排卵同期化。

同期发情通常采用两种途径：一种途径是延长黄体期，给一群母畜用孕激素药物，抑制卵巢中卵泡的生长发育和发情表现，经过一定时期后同时停药，由于卵巢同时失去外源性激素的控制，卵巢上的周期性黄体已退化，于是同时出现卵泡发育，引起母畜发情。另一种途径是缩短黄体期，应用 $PGF2\alpha$ 加速黄体消退，使卵巢提前摆脱体内孕激素的控制，于是卵泡得以同时开始发育，而达到母畜同期发情

(三)常见家畜的同期发情

1. 牛

用于母牛同期发情处理应用的药物种类很多，方法也有多种，但较实用的是孕激素埋植法和阴道栓塞法以及前列腺素法。

(1)孕激素埋植法　将一定量的孕激素制剂装入管壁有小孔的塑料细管中，利用套管针或者专门埋植器将药管埋入耳背皮下，经一定天数，在埋植处作切口将药管同时挤出，同时，注射孕马血清促性腺激素 500～800 IU。

(2)孕激素阴道栓塞法　栓塞物可用泡沫塑料块或硅橡胶环，它们包含一定量的孕激素制剂。将栓塞物放在子宫颈外口处，其中激素即渗出。处理结束时，将其取出即可，或同时注射孕马血清促性腺激素。孕激素的处理有短期(9～12 d)和长期(16～18 d)两种。长期处理后，发情同期率较高，但受胎率较低；短期处理后，发情同期率较低，而受胎率接近或相当于正常水平。

(3)前列腺素法　前列腺素的投药方法有子宫注入(用输精管)和肌肉注射两种，前者用药量少，效果明显，但注入时较为困难；后者虽操作容易，但用药量需适当增加。

2. 羊

上述处理牛的方法也可以用于诱导羊同期发情，只是药物用量较少、海绵栓直径较小、孕激素处理时间较短而已。通常，羊用海绵栓直径和厚度以 2～3 cm 为宜，孕激素用量为：甲孕酮 40～60 mg，甲地孕酮 40～50 mg，18-甲基炔诺酮 30～40 mg，氟孕酮 30～60 mg，孕酮 150～300 mg.。前列腺素的用量一般为牛的 1/4～1/3。

3. 猪

猪用孕激素处理易引起卵巢囊肿，而且发情率和受胎率都不高；对猪多以同期断奶，结合使用促性腺激素(PMSG：750～1 000 U)。

(1)促性腺激素释放激素：先用己烯雌酚肌注 2 mL/头，以调整发情周期，在第 2 情期发情前 2～3 d 肌注促性腺激素释放激素类似物 $LRHA_2$(促排卵素 2 号)，在第 3 情期自然发情时配种，配种前 6～12 h 肌注 $LRHA_2$，一般不超过 25 μg。注射己烯雌酚后卵巢不一定排卵。第 2 情期肌注 $LRHA_2$，20 小时后全部发情，发情率达 100%。

(2)青年母猪皮下埋植乙基去甲睾酮 500 mg，持续 20 d，或每天注射 30 mg，持续 18 d，停药后 2～7 天内发情率可达 80%以上，受胎率可达到 60%～70%。

三、排卵控制

排卵控制是在母畜发情周期的适当时期，应用外源性促性腺激素处理以控制其排卵时间和排卵数量的方法。控制排卵时间的方法称诱发排卵；用超常规剂量的促性腺激素促使排卵数多于正

常排卵数称超数排卵(简称"超排");在同期发情处理基础上,使用一定剂量促性腺激素,促使排卵时间更加一致,称为同期排卵。

(一)超数排卵使用的药物和剂量

(1)孕马血清促性腺激素　使用PMSG作超数排卵,在使用剂量恰当的条件下,发育的卵泡数不会过多,排卵时间较集中,一侧卵巢可排出卵子5~8枚。缺点是排卵效果不够稳定,也容易造成卵巢囊肿。PMSG一般情况下母牛的使用剂量为2 000~3 000 IU,作1次肌肉注射。将FSH和LH按5∶1的比例混合使用也可以取得良好的超排效果。

(2)前列腺素　前列腺素($PGF_{2\alpha}$)在超数排卵中常作为配合药物使用,不仅能使黄体提早消退,而且能提高超排效果。一般在母牛发情周期第16天注射PMSG 2 000 IU,48 h后配合PG,每头供体牛平均排卵数可由单一注射PMSG的8个卵提高13个。

(3)孕激素　对施行超数排卵的母畜,如果用孕激素进行预处理,可以提高母畜对促性腺激素的敏感性,增强超排效果。

(二)超数排卵的处理时期

超数排卵处理的时期应选择在发情周期的后期即黄体消退时期,此时卵巢正处于由黄体期向卵泡开始发育过渡的时期。为获得良好的超排效果,必须在注射促性腺激素的同时,使卵巢上的黄体在一定时间内退化。如果在发情周期的中期进行超排处理,需要在施用促性腺激素后48~72 h配合注射$PGF_{2\alpha}$,促使黄体消退。近年来在发情周期的中期配合应用$PGF_{2\alpha}$进行超数排卵的方法已被广泛地采用。

(三)超数排卵处理效果

1.受胎率

受精率一般要低于自然发情排出的卵子。

2.排卵数

单胎动物供体母畜一次超排两侧卵巢排卵数为10~15枚较为适宜。如果超排卵子数过多,会有相当多的未成熟的卵子排出,使受精力下降。

3.发情率

超排处理大部分母牛有发情表现,少数不发情但能排卵。

4.胚胎回收率

作超排处理注射$PGF_{2\alpha}$后48 h内发情的供体母牛胚胎回收率最高,72 h以后发情的胚胎回收率则大幅度下降,而且多为未受精卵。

5.发情周期

超排后的母畜体内血液中含有高浓度的孕激素,因此发情周期将会延长。

复习思考题

1.何为发情?一个发情周期可人为地分为哪几个阶段?各阶段的主要生理特征是什么?

2.影响母畜发情周期的主要因素是什么?

3.什么叫卵泡期和黄体期?在这两个不同的时期卵泡活动的特点各是什么?

4.简述母畜发情周期中的主要生殖激素调节过程。

第五章 受精与早期胚胎发育

第一节 受精

受精(fertilization)是指精子和卵子结合,产生合子(zygote)的过程。在这一过程中,精子和卵子经历一系列严格有序的形态、生理和生物化学变化,使单倍体的雌、雄生殖细胞共同构成双倍体的合子。合子是新个体发育的始发点。受精的实质是把父本精子的遗传物质引入母本的卵子内,使双方的遗传性状在新的生命中得以表现,促进物种的进化和家畜品质的提高。同时,也是配子和胚胎生物学研究的重要内容之一。

一、配子的运行

配子的运行(transport of gametes)是指精子由射精部位(或输精部位)、卵子由排出的部位到达受精部位—输卵管壶腹部的过程。与卵子相比,精子运行的路径更长、更复杂些。

(一)家畜的射精部位

(1)阴道型　射精时公畜只能将精液射入发情母畜的阴道内。牛、羊属于这种类型。

(2)子宫型　在射精时,公畜可直接将精液射入发情母畜的子宫颈和子宫体内。猪和马等动物为这种类型。

(二)精子的运行 (transport of sperm)

1.精子在子宫颈内的运行

牛、羊子宫颈黏膜具有许多纵行皱襞构成的横行沟槽(皱褶)。处于发情阶段的子宫颈黏膜上皮细胞具有旺盛的分泌作用,并由子宫颈黏膜形成许多腺窝(子宫颈隐窝)。射精后,一部分精子借自身运动和黏液向前流动进入子宫;另一部分则随黏液的流动进入腺窝,暂时储存,形成精子贮库。所以,子宫颈也称为精子运行中的第一道栅栏。

2.精子在子宫内的运行

穿过子宫颈的精子在阴道和子宫肌收缩活动的作用下进入子宫。大部分精子在子宫内进入子宫内膜腺,形成精子在子宫内的贮库。因此,宫管连接部成为精子向受精部位运行的第二道栅栏。

3.精子在输卵管中的运行

进入输卵管的精子,靠输卵管的收缩、黏膜皱襞及输卵管系膜的复合收缩以及管壁上皮纤毛摆动引起的液流的流动,使精子继续前行。当精子上游至输卵管峡部时,将遇到高黏度黏液的阻塞和有力收缩的括约肌的暂时阻挡,因此,壶峡连接部是造成精子到达受精部位的第三道栅栏,限制更多精子进入输卵管壶腹部。精子经过三道栅栏的筛选，在一定程度上防止卵子发生多精受精(polyspermy)。牛、羊通过宫管连接部的精子往往停留在输卵管峡部，直到排卵时才开始游向壶腹部与卵子相遇而受精。受精前精子在峡部储存可能是哺乳动物的一般规律，在排卵时，只有获能精子从储存位点释放，通过精子的趋化性引导向卵子运行(图 5-5-1)。

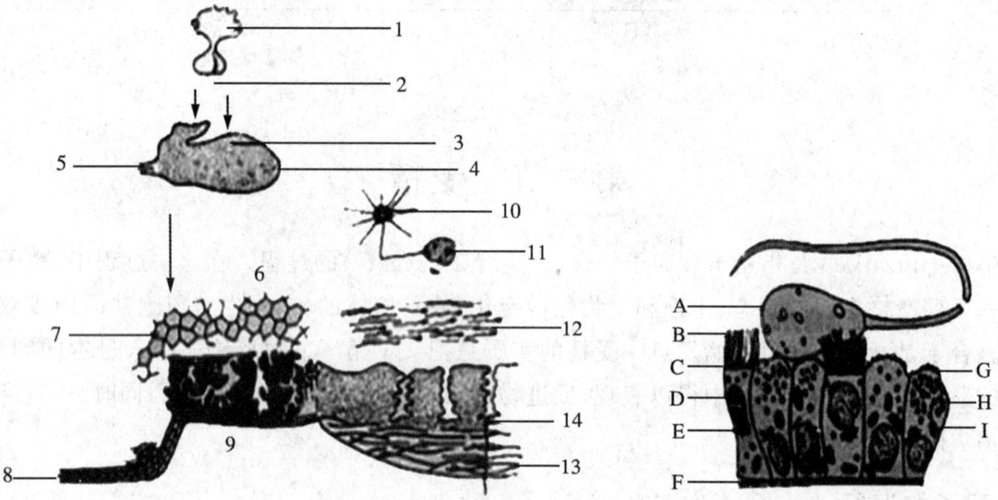

图 5-5-1　精子在子宫颈和子宫内运行的各种变化

1. GnRH　2. FSH，LH　3. 卵巢　4. 孕酮　5. 雌激素　6. 精子顶体酶宫颈黏液酶　7. 宫颈黏液大分子　8. 精液库　9. 精子在子宫隐窝中　10. 精子凝集　11. 吞噬精子　12. 子宫内膜液中的精子　13. 子宫肌收缩　14. 精子在子宫内膜腺中的积存　A. 精子与子宫颈上皮细胞的比较　B. 纤毛　C. 纤毛基部　D. 核　E. 高尔基体　F. 上皮基底膜　G. 无纤毛细胞的微绒毛　H. 线粒体　I. 分泌颗粒

表 5-5-1　种动物精子运行至受精部位的时间和精子数

物种	射精部位	射精到输卵管出现精子的时间/min	到达受精部位的精子数/个
猪	子宫颈、子宫	15～30	1 000
牛	阴道	2～13	很少
绵羊	阴道	6	600～700
兔	阴道	数分钟	250～500
犬	子宫	数分钟	50～100
猫	阴道、子宫颈	—	40～120
人	阴道	5～30	很少
小鼠	子宫	15	<100
大鼠	子宫	15～30	50～100
仓鼠	子宫	2～60	很少
豚鼠	子宫	15	25～50

4.精子在母畜生殖道运行的速度

有关精子运行到输卵壶腹部的速度报道不一，但精子自射精(输精)部位到达受精部位的时间，比精子自身运动的时间要短。一放来说几分钟或十几分钟，最多不超过 30 min 就可到达受精部位。如牛、羊在交配后 15 min 左右即可在输卵管壶腹发现精子，猪 15～30 min，马为 24 min 左右(表 5-5-1)。精子运行的速度与母畜的生理状态、黏液的性状以及母畜的胎次都有密切关系。

5.精子在雌性生殖道内存活时间和维持受精能力的时间

精子在母畜生殖道内存活时间大致为 1～2 d，牛为 15～56 h，猪 50 h，羊 48 h，马的时间最长可达 6 d。维持受精能力的时间比存活时间要短些，牛 28 h，猪 24 h，绵羊 30～36 h，马 5～6 d，犬 2 d。精子在母畜生殖道内存活和保持受精能力时间的长短，不仅与精子子本身的生存能力，也与母畜生殖的生理状况有关。在确定配种时间、配种间隔时，都具有重要的参考意义。

6.精子在母畜生殖道内运行的动力

精子由射精部位向受精部位的运行受多种因素的综合影响。

(1)射精的力量　公畜射精时，尿生殖道肌肉严格有序地收缩将精液自尿生殖道排出，并射入母畜生殖道内，是精子运行的最初动力。

(2)子宫颈的吸入作用　如母马在交配时由于公马阴茎的抽动，使子宫产生负压，吸引精液进入子宫。

(3)母畜生殖道肌肉的收缩　发情母畜在激素和神经的调控下，可引起母畜生殖道肌肉的收缩活动。阴道、子宫颈、子宫和输卵管的收缩是精子运行的主要动力。子宫肌的收缩是由子宫颈向子宫、输卵管方向的一种逆蠕动，交配时，催产素的分泌，可使这种蠕动加强精子向输卵管运行。

(4)母畜生殖道管腔液体的流动　精子伴随波体流动而在母畜生殖道内运行，是在子宫、输卵管的肌肉收缩和上皮纤毛的摆动作用下产生的。

(5)精子自身的运动　由于尾部活动，精于可在母畜生殖道内向前游动，但对其达到受精部位的作用是次要的。试验证明，活精子到达受精部位的时间要略早于死精子。

7.精于运行的神经内分泌调节

卵巢激素主要是雌激素和孕激素影响子宫颈、子宫和输卵管上皮的结构及分泌活动；肌层的收缩活动；子宫颈黏液的量和化学组成，表面张力和黏滞度会影响精于运行速度和存活的能力。交配刺激引起的垂体后叶催产素的释放对子宫和输卵管肌肉收缩有促进作用。精液中的前列腺素也可增加母畜生殖道收缩。

精子的运行受交感和副交感神经系统的控制。肾上腺素、乙酰胆碱、组织液和各种血管收缩物质，都能暂时改变子宫和输卵管的收缩能力。

8.精子的损耗

各种家畜在交配时射入母畜阴道或子宫的精子常达几十亿，但只有极少数的精子到达受精部位；大多数的精子在运行的途中死于子宫颈、宫管连接部和壶峡连接部。

少数精子进入子宫内会引起白细胞反应而被吞噬；生殖道上皮纤毛的摆动也会将某些畸形或受损伤的精子送入子宫颈返回阴道被排出体外。生殖道内其他部位的精子在失去活力后并不被迅即排出，排出的精子主要来自子宫颈。而到达输卵管伞部的精子也有可能继续前进人腹腔(图 5-5-2)。

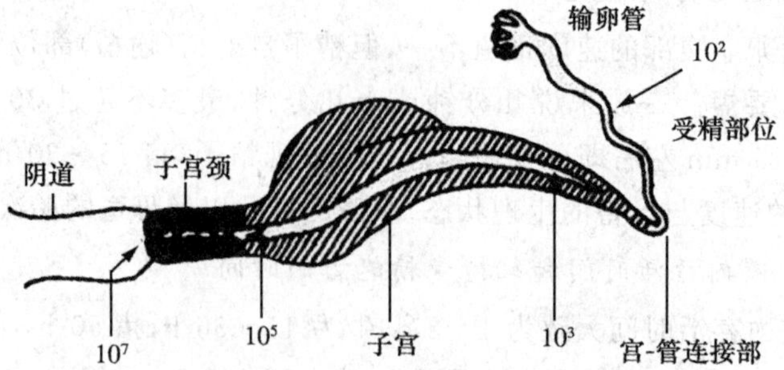

图 5-5-2 精子运行中的损耗

(仿自 R. H. y. Hunter;Reproduction of Farm Animals,1982)

(三)卵子在生殖道内的运行

1. 卵子的接纳(ovum pickup)

雌性动物在接近排卵时,输卵管伞充血、开放,借助输卵管系膜肌肉的活动使输卵管伞紧贴于卵巢表面,并通过卵巢固有韧带的收缩,引起的围绕自身纵轴的旋转运动,使伞的表面紧贴卵巢囊的开口部(图 5-5-3)。

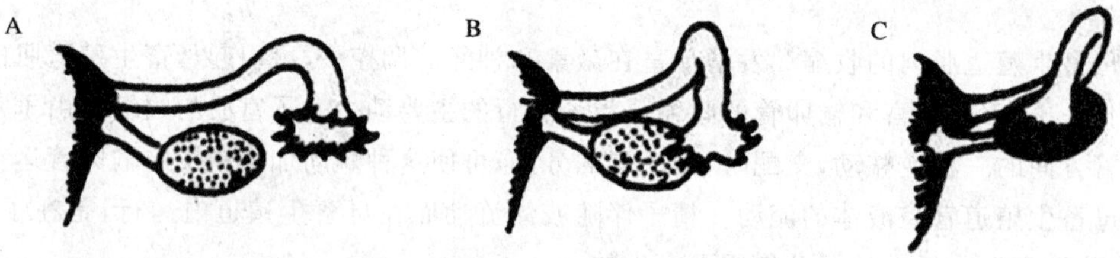

图 5-5-3 卵子接纳过程(引自 E. S. E. Hafez,1993)

A. 输卵管伞收缩 B. 卵巢的移动 C. 接纳卵子进入输卵管

排出的卵子通常被黏稠的放射冠细胞包围,附着于排卵点上。输卵管伞黏膜纤毛摆动,将卵子纳入输卵管喇叭口。卵子在液流作用下进入输卵管。

2. 卵子在输卵管内的运行

输卵管宽大的管腔以及管壁纤毛的摆动和肌肉的活动,使卵子很快进入壶腹的下端,与已运行到此处的精子相遇完成受精。在运行的过程中,某些动物卵子周围的放射冠会逐渐脱落或退化,使卵母细胞裸露。牛和绵羊的放射冠一般在排卵后几小时退去。多数动物的受精卵在壶峡连接部停留时间可达 2d 左右。以后随着输卵管逆蠕动的减弱和正向蠕动的加强,以及肌肉的松弛,受精卵运行至宫管连接部并短暂滞留;当其括约肌松弛时,受精卵随液流迅速进入子宫。

3. 卵子运行的动力及其机理

卵子(或受精卵)在输卵管的运行机理在于管壁平滑肌和纤毛的协同作用。输卵管壁平滑肌受交感神经肾上腺素能神经支配。壶腹部神经纤维分布较少,而峡部较多。输卵管上存在和两种受体,可分别引起环形肌收缩和松弛。

在卵子运行中,若雌激素分泌量增多或经外源雌激素处理,都可延长卵子在壶峡连接部的时间;而孕激素作用则相反。其次,输卵管纤毛运动和管腔液体流动对卵子运行起重要作用。在发情期，当壶峡连接部封闭时，由于输卵管逆蠕动、纤毛摆动和液体的流向朝向腹腔，使卵子难于下行；而在发情后期，纤毛摆动方向和液体流动方向相反，在两种力的共同作用下，胚胎或卵子下行。

4.卵子保持受精能力的时间

排出的卵子保持受精能力的时间比精子要短（表5-5-2）。卵子在输卵管保持受精能力的时间多数在1 d(24h)之内，只有犬的可长达4.5d。卵子在壶腹部才具有正常的受精能力，若未受精则随之老化，被输卵管分泌物包裹，丧失受精能力，最后破裂崩解。因某些特殊情况落入腹腔的卵子多数死亡，极少数造成宫外孕现象。

表5-5-2 卵子在输卵管内保持受精能力的时间

物种	牛	猪	绵羊	马	兔	犬	豚鼠	大鼠	小鼠	猴	人
时间/h	18～20	8～12	12～16	4～20	6～8	4.5 d	20	12	6～15	23	6～24

引自张忠诚，2004

二、配子在受精前的准备

受精前，精子和卵子都要经历一个进一步生理成熟的阶段，才能顺利完成受精过程，并为受精卵发育奠定基础。

（一）精子在受精前的准备

1.精子获能（capacitation）

刚射出的精子不能与卵子结合，必须在子宫或输卵管内经历一段时间，形态和生理机能上发生某些变化以进一步成熟，才具备受精能力的现象，称为精子获能。美籍华人学者张明觉曾将附睾或射出的精子进行过多次体外受精的研究，都未获成功。后来他注意到精子在雌性生殖道运行至受精部位的时间，总比排卵的时间要提前，精子总要在受精部位等候卵子。通过实验证实，精子只有在子宫和输卵管发生某些变化才具有受精能力。1951年张明觉和Austin分别发现了这一重要生理现象，使体外受精获得成功，1952年被Austin命名为精子获能。

精子在附睾内的成熟并不能使精子获得完全的受精能力。附睾精子包被有精子表面分子（蛋白质和糖类），射出后精子的表面分子渐渐变成精清蛋白，经雌性生殖道孵育后精子表面分子及精清蛋白均脱落，暴露出的分子可与卵母细胞的透明带结合。获能后的精子耗氧量增加，运动的速度和方式发生改变，尾部摆动的幅度和频率明显增加。在输卵管，精子运动模式从线性运动（以相对直线游动模式）变为一种强有力的、尾部呈"鞭打样"的不对称运动，称为精子的超活化。精子这种运动便于精卵接触。一般认为，精子获能的主要意义在于使精子做好顶体反应的准备和精子超活化，促使精子穿越透明带。

（1）精子获能的部位和时间　对于子宫型射精的动物，精子获能开始于子宫，最后完成于输卵管；阴道型射精的动物，流入阴道的子宫液可使精子获能，因此，精子获能始于阴道，但获能最有效的部位仍然是子宫和输卵管（图5-5-4）。

各种动物精子获能所需时间有明显差别（表5-5-3），其中牛为34 h，猪为36 h，绵羊1.5 h，兔为56 h。

（2）去能和再获能　精子获能是一个可逆过程。精清中存在一种抗受精物质，称去能因子，相对分子质量为30万，溶于水，并具有极强的热稳定性，加热65℃和冷冻均不能使去能因子失活。它可抑制精子获能、稳定顶体，与精子结合后抑制顶体水解酶释放，因此，又称"顶体稳定因子"。获能

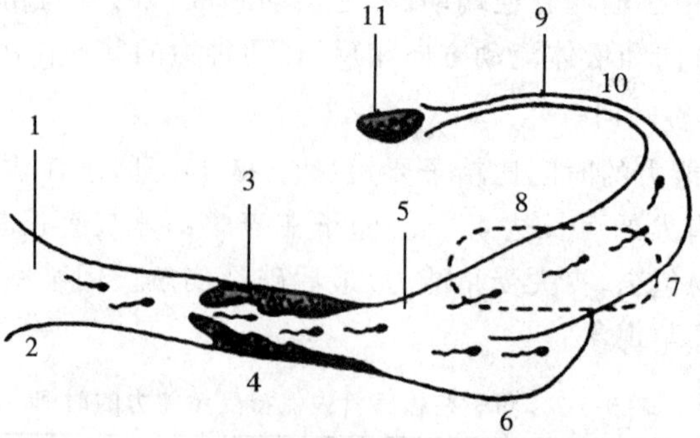

图 5-5-4 精子通过雌性生殖道的获能过程(引自郑行,1994)

1.阴道 2.射出精子,含高水平胆固醇、氨基多糖等 3.子宫颈 4.子宫黏液,去除精清和不活动精子 5.子宫 6.雌激素较高时,子宫分泌物有助于去除精子表面各种成分 7.获能,去除精子表面胆固醇、氨基多糖及其他成分 8.去能,精子和精清培育 9.输卵管 10.Ca^{2+}、低水平的胆固醇和氨基多糖 11.卵巢

精子若重新放入动物精清,与去能因子相结合,又会失去受精能力,这一过程称"去能"。而经去能处理的精子,在子宫和输卵管孵育后,又可获能,称为再获能。

表 5-5-3 不同动物精子获能时间

h

动物种类	获能时间	动物种类	获能时间
牛	3～4(20)	仓鼠	2～4
猪	3～6	大鼠	2～3
绵羊	1.5	小鼠	1～2(<1)
兔	5～6	雪貂	3.5～11.5
犬	7	猴	5～6
豚鼠	4～6	人	7

引自杨利国,2003

(3)精子获能的机理 精子顶体酶能溶解卵子外周的保护层,是使精子和卵子相接触并融合的主要酶类。但是,附睾或射出精液中的去能因子和顶体酶结合后,抑制了顶体酶活性和精子的受精能力。雌性生殖道中的和淀粉酶被认为是获能因子,胰蛋白酶、葡萄糖苷酶和唾液淀粉酶等也能使去能因子失活,尤其淀粉酶能水解由糖蛋白构成的去能因子,使顶体酶类游离并恢复其活性,溶解卵子外围保护层,使精子得以穿越。因此,获能的实质是使精子去掉去能因子或使去能因子失活的过程。去能因子并非某种特殊物质,而是一系列对精子有抑制作用的物质。

精子获能还受性腺类固醇激素的影响。一般情况下,雌激素对精子获能有促进作用,孕激素则有抑制作用。但在不同种类动物,有时同一种激素对精子获能的影响不完全一致。精子获能无明显的种间特异性。

2.精子的顶体反应(acrosome reaction)

获能后的精子,在受精部位与卵子相遇,会出现顶体帽膨大,精子质膜和顶体外膜相融合。融合后的膜形成许多泡状结构,随后这些泡状物与精子头部分离,造成顶体膜局部破裂,顶体内酶类释放出来,以溶解卵丘、放射冠和透明带,这一过程称为顶体反应(图 5-5-5)。顶体反应通过释放顶体酶系，为精子穿越卵子周围各层膜与卵质膜发生融合，进入卵内打通道路奠定了基础。

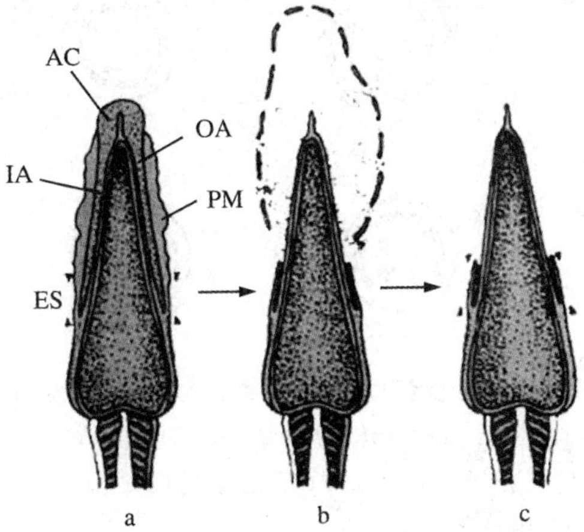

图 5-5-5　精子的顶体反应过程(引自张忠诚，2004)

a. 顶体完整的精子，顶体周围细胞膜轮廓不规则　b. 顶体反应：细胞膜与顶体外膜多处融合，空泡化，内容物膨胀、外溢　c. 精子开始穿过透明带时，顶体脱落　AC. 顶体　OA. 顶体外膜　IA. 顶体内膜　PM. 质膜　ES. 赤道段

顶体反应使精子能够溶出一个进入透明带的小孔，而保持透明带的完整性，这种完整性非常重要，因为其阻止了早期胚胎卵裂球游离出透明带。

(二)卵子在受精前的准备

大多数哺乳动物的卵子都是在输卵管壶腹部完成受精。卵子排出后 23h 才被精子穿入，有证据表明卵子在受精前也有类似精子在受精前的生理准备。例如，马和狗排出的卵子仅为初级卵母细胞，尚未完成第一次成熟分裂，需要在输卵管进一步成熟，达到第二次成熟分裂中期，才具备被精子穿透的能力。此外，已发现大鼠、小鼠和兔的卵子排出后，其皮质颗粒数量不断增加，并向卵子的皮质部迁移。当皮质颗粒数达到最多时，卵子受精能力最强。卵子在输卵管期间，透明带和卵质膜表面发生一些变化，如出现透明带精子受体以及卵质膜亚显微结构的变化等。

三、受精

(一)受精过程

哺乳动物的受精(fertiliaztion)主要包括以下几个步骤：精子穿越放射冠(卵丘细胞)；接触并穿越透明带；精子与卵子质膜融合；雌雄原核形成；配子配合等(图 5-5-6)。

1. 精子穿越放射冠

放射冠是包围在卵子透明带外的卵丘细胞层，以胶样基质粘连，基质主要由透明质酸多聚体组成。精子顶体反应释放的透明质酸酶使基质溶解，使精子得以穿越放射冠接触透明带。卵丘细胞层选择性地允许获能的、顶体完整的精子穿过。精子表面 PH-20 蛋白的氨基端序列与透明质酸酶有 36％同源性，并具透明质酸酶活性，使卵丘细胞层数分钟内迅速散开。精子在附睾内成熟后，PH-20 定位于头后部质膜和顶体内膜，顶体内膜 PH-20 量是头后部质膜内的两倍。顶体完整的获能精子穿越卵丘细胞层时，起到透明质酸酶作用的只是头后部质膜 PH-20，与顶体内膜 PH-20 无

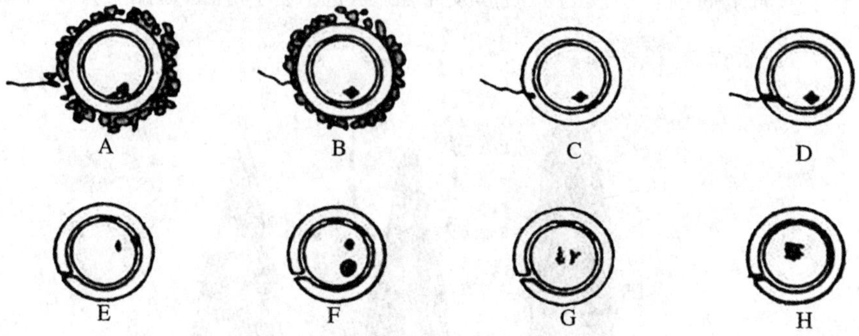

图 5-5-6　受精过程(引自 E. S. E. Hafez,1993)

A. 精卵相遇,精子穿入放射冠　B. 精子发生顶体反应,并接触透明带　C、D. 精子释放顶体酶,水解透明带,进入卵周隙　E. 精子头膨胀,同时卵子完成第二次成熟分裂　F. 雄、雌原核形成,释放第二极体　G. 原核融合,向中央移动,核膜消失　H. 第一次卵裂开始

关。对于啮齿类动物,放射冠对刺激精子活力和增加精卵结合机会有一定作用。

2. 精子穿越透明带

穿过放射冠的精子,与透明带接触并附着其上,随后与透明带上精子受体相结合。精子受体为有明显种间特异性的糖蛋白,又称透明带蛋白(ZP),已发现三种 ZP1、ZP2 和 ZP3。精子和透明带初级结合是通过透明带 ZP3 和至少三种精子质膜上的蛋白质结合,而精子和透明带次级结合是由透明带 ZP2 和精子顶体内膜的顶体酶原/顶体酶介导,个别动物除外。顶体反应后的精子释放顶体酶将透明带溶出一条通道而穿越透明带,与卵质膜接触。精子顶体含有多种酶,如透明质酸酶、脂酶、磷酸酶和磷脂酶 A2 等,在数量和质量上存在种间差异,它们相互协调配合对精子穿越透明带具有重要作用。另外,精子获能后的超活化在这一过程中的作用不容忽视。当精子触及卵质膜的瞬间会激活卵子,使之从休眠状态苏醒,同时,卵母细胞膜发生收缩,由卵母细胞释放某种物质到卵的表面和卵周隙,引发透明带反应,以阻止后来的精子再进入透明带,这一变化称为透明带反应(zona reaction)。迅速而有效的透明带反应是防止多个精子进入透明带进而引起多精子入卵的屏障之一。兔卵子无透明带反应,受精后可在透明带内发现许多精子,其多余的精子称为补充精子,但其他动物透明带内极少见到补充精子。多种动物的精子穿越透明带时,头部斜向或垂直方向穿入。

3. 精子进入卵质膜

精子进入透明带到达卵周隙,与卵子质膜即卵黄膜接触。卵质膜表面有大量的微绒毛,当精子与卵质膜接触时,即被微绒毛抱合,精子实际躺在卵子表面,通过微绒毛收缩被拉入卵内。卵质膜和精子赤道部融合,使精子头部完全进入卵母细胞。在精子进入卵母细胞的部位形成一个明显的突起,称受精锥。当精子进入卵黄膜后,卵黄膜立即发生变化,表现出卵黄紧缩和卵黄膜增厚,并排出部分液体进入卵周隙,这种变化称为卵黄膜反应(vitelline membrane reaction)。这一反应具有阻止多精子入卵的作用,因此又称为卵黄膜封闭作用。

4. 原核形成

精子进入卵细胞后,精子核开始破裂、膨胀、解聚,形成球状核,核内出现多个核仁,而后重新形成核膜,核仁增大融合,最后形成一个比原细胞核大的雄原核。而卵细胞完成第二次减数分裂,排出第二极体。卵细胞核染色体分散并向中央移动,在移行过程中,逐渐形成核膜,原核由最初不规则到最后变为球形，出现核仁。雌雄原核难以区分，原核靠近处有精子尾部的判定为雄原核。除猪外，其他动物雌原核都略小于雄原核。许多动物（如海胆、蛙等）精子头部入卵后旋转180°，精子中心体位于核前端，朝向卵子中央。雄原核形成与生发泡破裂有关。精子核去致密（解聚）因子或该因子上游调节物可能储存在生发泡内，GVBD后，这些成分释放到细胞质中，精子核才能解聚进而发育成雄原核；如果抑制GVBD，进入的精子核就不能发育成雄原核。

5. 配子配合

两原核形成后，卵子中的微管和微丝被激活，重新排列，使雌、雄原核均向中心移动，彼此靠近。原核接触部位相互交错。松散的染色质高度卷曲成致密染色体。随后两核膜破裂，核膜、核仁消失，染色体混合、合并，形成二倍体核。随后，染色体排列在赤道板上，出现纺锤体，到达第一次卵裂中期，受精过程至此结束。

(二)异常受精(abnormal fertilization)

哺乳动物异常受精占2%～3%，其中以多精受精、单核发育和双雌核发育较为多见。

1. 多精受精

可能由于两个或两个以上精子几乎同时与卵子接近并进入卵内造成，这与卵子阻止多精入卵的机能不完善有关。例如，卵母细胞发育尚未成熟或已老化、卵子透明带损伤、皮质颗粒分布和排列异常、皮质颗粒排放延迟都会引起多精受精。一些动物的卵子允许补充精子进入并形成雄原核，但只允许其中一个与雌原核发生融合，这种现象称生理性多精受精。鸟类多精受精比较普遍，哺乳动物仅1%～2%。但是，一般来说，动物多精入卵是异常受精，猪延迟配种或输精会导致15%的多精入卵率；绵羊发情36～48 h后输精会造成较高的多精受精或出现多核卵裂球。发生的形式也有很大变异。畜牧生产中，雌性动物配种和输精延迟都可能导致多精受精。多精受精发生时，多余精子形成的原核一般都比较小。若两个精子同时参与受精，会出现三个原核，形成三倍体。对于哺乳动物，其胚胎最多可发育到妊娠中期，最终死亡。

2. 雄核发育或雌核发育

精子入卵激活卵子后，只是其中一个雄原核或雌原核发育，另一个未发育，即只有一个核激活发生类似受精现象。若雌核激活，称为雌核发育；雄核激活，称为雄核发育。在鱼类的生殖过程中，有时会出现激活的卵子和未排出的第二极体发育成为二倍体的现象。但在哺乳动物少有，且不能正常发育。与雌核发育不同，单性生殖是卵子不经受精而发育成子代的一种现象，又称孤雌生殖。自然界无脊椎动物中的某些昆虫，可以单性生殖繁殖后代。鸟类中火鸡的单性生殖高达41.7%，其后代均为雄性，少数能正常产生精子，具备繁殖能力。

3. 双雌核受精

卵子成熟分裂中，由于极体未排出，造成卵内有两个卵核，发育为两个雌原核，出现双雌核受精现象，在猪和金田鼠的受精过程中比较多见。延迟交配、输精或在受精前卵子老化等都可能引起双雌核发育、受精。母猪发情36 h后再配种或输精，双雌核率达20%以上。

第二节　早期胚胎的发育与附植

受精完成后，形成了二倍体的合子（又称受精卵），开始进行有丝分裂（卵裂）并向子宫迁移，形成的囊胚在子宫中附植，结束游离状态，与母体开始建立联系。

合子形成后即进行有丝分裂，早期胚胎发育在输卵管内开始。通过一系列有序的细胞增殖和分化，胚胎由单细胞变成多细胞，由简单细胞团分化为各种组织、器官，最后发育成完整个体。早期胚胎是指哺乳动物由受精卵开始到尚未与子宫建立组织联系，处于游离阶段的胚胎。不同种类动物的胚胎，其发育及进入子宫的时间有明显的种间差异(表 5-5-4)。

表 5-5-4　各种动物受精卵发育及进入子宫的时间

动物种类	胚胎发育					进入子宫	
	2-细胞/h	4-细胞/h	8-细胞/h	16-细胞/h	桑葚胚/h	时间/d	发生阶段
小鼠	24～38	38～50	50～60	60～70	68～80	3	桑葚胚
大鼠	37～61	57～85	64～87	84～92	96～120	4	桑葚胚
豚鼠	30～35	30～75	80	—	100～115	3.5	8-细胞
兔	24～26	26～32	32～40	40～48	50～68	3	桑葚胚
猫	40～50	76～90	—	90～96	<150	4.8	桑葚胚
犬	96	—	144	196	204～216	8.59	桑葚胚
山羊	24～48	48～60	72	72～96	96～120	4	10～16-细胞
绵羊	36～38	42	48	67～72	96	34	16-细胞
猪	21～51	51～66	66～72	90～110	110～114	22.5	4～6-细胞
马	24	30～36	50～60	72	98～106	6	囊胚期
牛	27～42	44～65	46～90	96～120	120～144	4～5	8～16-细胞

注：马、牛、犬为排卵后时间，其他动物为交配后时间。

王元兴，1993

一、早期胚胎的发育(Early embryonic development)

(一)卵裂

早期胚胎发育有一段时间是在透明带内进行的，在这一时期，胚胎细胞(卵裂球)数量不断增加，但总体积并不增加，且有减小趋势，称为卵裂。卵裂所产生的子细胞称为卵裂球。哺乳动物与其他低等动物相比，卵裂速度较慢，细胞周期为 12～24 h。其中在第三次卵裂后，卵裂球分裂不完全同步。在体内卵裂是胚胎在向子宫角移行过程中完成的。根据形态特征可将早期胚胎发育分为以下几个阶段(图 5-5-7)：胚胎发育早期，每一个卵裂球都具有发育成健康、独立个体的潜能。2 细胞、4 细胞和 8 细胞胚胎卵裂球都具有发育全能性。

(二)桑葚胚

胚胎在透明带内进行有丝分裂，卵裂球数目呈几何级数增加。当胚胎卵裂球达到 16～32 个细胞时，细胞间形成紧密连接，形成致密细胞团，形似桑葚，称为桑葚胚。随着胚胎发育，细胞间界线逐渐消失，胚胎外缘光滑，体积减小，整个胚胎形成一个紧缩细胞团，这一过程称为胚胎致密化，胚胎称为致密桑葚胚。动物种类不同，胚胎开始致密化的时期不同，小鼠、猪和人胚胎开始于 8 细胞期，牛和羊开始于 32～64 细胞期。在桑葚胚阶段，透明带内的胚胎总质量继续减少，与成熟卵子相比，牛胚胎总质量减少 20%，绵羊减少 40%；发育所需营养物质主要来自胚胎自身，部分来自输卵管液或子宫液。细胞出现初步分化时，胚胎仍在透明带内。

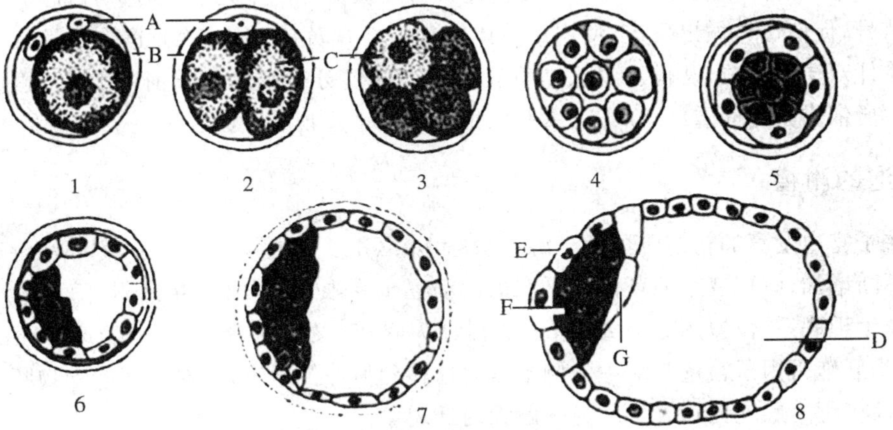

图 5-5-7　受精卵的发育(引自张忠诚,2004)

1.合子(受精卵,单细胞期)　2.二细胞期　3.四细胞期　4.八细胞期　5.桑葚胚

6～8.囊胚期：　A.极体　B.透明带　C.卵裂球　D.囊胚腔　E.滋养层　F.内细胞团　G.内胚层

(三)囊胚

桑葚胚继续发育,细胞开始分化,出现细胞定位现象。胚胎一端细胞较大,密集成团称为内细胞团;另一端细胞较小,沿透明带内壁排列扩展,称为滋养层;滋养层和内细胞团之间出现囊胚腔。这一发育阶段的胚胎叫囊胚,随着胚胎发育,囊胚腔不断扩大,透明带变薄,体积逐渐超过原卵母细胞体积,这时胚胎称为扩张囊胚。扩张囊胚进一步发育,液体充满囊胚腔,内部压力增加,囊胚细胞从透明带开口裂缝被挤出,直至完全脱出透明带,这个过程称为囊胚孵化;脱离透明带的囊胚称为孵化囊胚或胚泡。囊胚阶段,内细胞团进一步发育为胚胎本身,滋养层发育为胎膜和胎盘。囊胚一旦脱离透明带,即迅速扩展增大。这一阶段特点是:

①滋养层细胞外表面有密集微绒毛,选择吸收营养物质,供胚胎发育需要,以后主要发育成为绒毛膜。内细胞团进一步分化为内胚层、中胚层和外胚层,最终形成胎儿;

②胚胎基因组转录和表达活性增加,发育明显加快;

③胚胎在子宫内时,营养物质主要来源于子宫乳;

④胚胎孵化过程中或孵化后产生妊娠信号,与母体子宫建立初步联系。

(四)原肠胚

囊胚进一步发育,出现两种变化:①内细胞团顶部滋养层退化,内细胞团裸露,成为胚盘;②胚盘下方衍生出内胚层,沿滋养层内壁延伸、扩展,衬附在滋养层内壁上,这时的胚胎称为原肠胚。在内胚层发生中,除绵羊是由内细胞团分离出来外,其他动物均由滋养层发育而来。原肠胚进一步发育,在滋养层(又称外胚层)和内胚层之间出现中胚层;进一步分化为体壁中胚层和脏壁中胚层,两个中胚层之间的腔隙,构成以后的体腔。三个胚层的建立和形成,为胎膜和胚体各类器官的分化奠定了基础。

(五)胚胎扩张或伸长

原肠化过程中,胚胎进入快速发育期,体积增加很快,有的动物胚胎还发生形态变化,由球形变成管形,最终变为线形。但马在胚胎早期发育中一直保持球形,孵化后直径每天递增 2～3 mm,配

种后 17～19 d 胚胎直径与子宫腔相当。胚胎伸长与妊娠信号产生几乎同时进行，胚胎伸长或扩张传递妊娠信号，促使母体做出反应，使周期黄体转化为妊娠黄体，保证胎儿进一步发育。胚胎伸长主要由胚体外双层膜完成，胚体本身大小变化很小。通过分析胚胎伸长前后 DNA 总量变化发现胚胎伸长主要依靠细胞间重组，而不是靠胚胎细胞增殖来实现。

二、胚泡的附植

胚泡在子宫内发育的初期阶段处于游离状态，并不和子宫内膜发生联系，称胚泡游离。由于胚泡内液体不断增加，体积变大使胚泡在子宫内活动逐步受限，与子宫壁相贴附，随后才和子宫内膜发生组织及生理联系，位置固定下来，这一过程称为附植，又称附着、植入或着床。胚泡在游离阶段，单胎动物胚泡可因子宫壁收缩由一侧子宫角迁移到另一侧子宫角；对于多胎动物胚泡也可向对侧子宫角迁移，称为胚泡内迁。牛胚泡一般无内迁现象。

(一)附植部位

胚泡在子宫内附植的部位，通常是对胚胎发育最有利位置，基本选择在子宫血管稠密、营养供应充足的部位；胚泡间有适当距离，以防止拥挤。胚泡附植一般位于子宫系膜对侧。多胎动物通过子宫内迁均匀分布在两侧子宫角内；牛、羊单胎时，其胚泡常在子宫角下 1/3 处，双胎时则分别位于两侧子宫角内；马单胎时常迁至对侧子宫角，而产后首次发情受孕的胚胎多在上一胎的空角基部。

(二)附植时间

胚泡附植是个渐进的过程，确切附植时间差异较大。游离期之后，胚泡与子宫内膜即开始疏松附植。紧密附植的时间发生在此后较长一段时间内，且有明显的种间差异(表 5-5-5)，最终以胎盘建立结束。

表 5-5-5　胚泡附植的进程(以排卵后天数计算)

畜种	妊娠识别	疏松附植	紧密附植
猪	10～12	12～13	25～26
牛	60～17	28～32	40～45
绵羊	12～13	14～16	28～35
马	14～16	35～40	95～105

(引自张忠诚，2004)

子宫环境和胚胎发育同步程度对胚泡附植具有重要意义，不同步是导致胚泡附植失败早期死亡的原因之一，在进行胚胎移植时需特别注意。

(三)附植过程中子宫内膜的变化

在孕激素作用下，子宫内膜充血、增厚，上皮增生，子宫腺盘曲明显，分泌能力增强，子宫肌的收缩和紧张度减弱，为胚泡附植提供有利的环境条件。子宫乳成为胚泡附植过程中的主要营养来源。雌激素的致敏和孕激素的生理作用是子宫产生上述变化的主要原因。孕激素增强子宫内膜腺分泌功能；雌激素除使子宫内膜增生外，还促进子宫释放蛋白水解酶，使其消化子宫液中的大分子物质，为胚泡发育提供营养。同时，水解酶使透明带溶解、滋养层细胞增生、滋养层逐渐侵入子宫上皮和基质层，引起附植现象出现。水解酶还在胚泡疏松附植和子宫内膜的蜕膜化等过程中发挥重要作用。

(四)影响胚泡附植的因素

1. 母体激素

母体激素特别是卵巢类固醇激素对胚泡附植具有重要作用,存在种间差异。小鼠和大鼠需在雌激素和孕激素协同作用下,才能引起子宫内膜发生相应变化,具备分泌功能。雌激素可抑制上皮细胞的吞噬作用,为胚泡存活和附植创造条件。而豚鼠则可在只有孕酮条件下发生。对于其他动物,母体雌激素和孕激素水平及其比值变化对胚泡附植十分重要。

2. 胚泡激素

胚泡一旦形成,可分泌激素促进和维持黄体功能。其中孕酮对于整个子宫是一种抗炎剂,抑制子宫对胚泡的炎性反应,但是同时对于即将附植的部位又可改变其毛细血管通透性,表现出炎性反应特点,为胚泡滋养层与子宫内膜的进一步接触,乃至胎盘形成奠定基础。胚泡雌激素则对附植部位的孕酮起着一定的颉颃作用,更有利于胚泡和子宫内膜相互作用。

3. 子宫对胚泡的容受性

胚泡并非完全来自母体,因此在理论上,子宫对胚泡应有一定的免疫排斥反应。但是在雌激素和孕激素的协同作用下,子宫内膜容许胚泡附植。子宫对胚泡的这种容受性,使子宫分泌特异蛋白,在附植过程中起关键作用。同时,胚泡对子宫内环境存在依附性,只有子宫内环境变化与胚泡发育同步,胚泡才可能顺利实现附植。胚泡和子宫内膜之间任何一方不协调,都可能造成附植中断。

4. 胚激肽

肽激素是在胚泡附植前后,子宫组织分泌产生的一种特异球蛋白。对兔的研究发现,肽激素的出现和消失与附植胚泡的生长发育有关,对胚泡发育具有刺激作用,所以又称胚激肽,它的合成和分泌受雌激素和孕酮调节。妊娠母猪子宫液也有类似的物质,除促进胚泡发育外,还对附植时子宫与滋养层细胞蛋白溶酶的分泌有调控作用,可与孕酮结合,保护胚泡。

三、胚胎发育各阶段的营养来源

不同发育阶段的胚胎其营养来源存在较大差异。在桑葚胚阶段主要依靠自身贮备的卵黄提供胚胎发育的营养。囊胚阶段主要靠子宫乳提供营养,透明带消失后的胚泡发育速度很快,营养需要量大增,卵黄逐渐耗尽。子宫乳是由增生的子宫上皮分泌的糖原、蛋白等营养物质和聚集在子宫内与子宫腔内的细胞碎屑、红细胞和淋巴球等构成的组织营养物,其中蛋白质高达10%～20%,可通过简单扩散、渗透进入囊胚。在胎盘形成和附植过程中,胚胎摄取营养主要有以下三种形式:吸收和吞噬子宫乳;通过滋养层吞噬子宫上皮细胞碎屑;通过正在形成的胎盘吸收来自母体的营养物质。牛、羊以前两种为主,后期有第三种参与;猪以第一种和第三种为主;马以第一种为主。胎盘形成后,胚胎通过胎盘与母体进行物质交换,获取营养。这是新生儿出生前取得营养的主要方式。

四、双胎和多胎

单胎动物中的双胎大多来自两个不同受精卵,又称双合子孪生。其双胎率受品种、年龄和环境影响较大。但是,少数双胎也可来自同一个合子,即由一个受精卵产生两个完全一致的后代,又称为单合子孪生或同卵双胎,只在少数物种如人和牛中出现,其中这种形式的双胎约占双胎总数的10 %。同卵双胎在自然情况下是附植后内细胞团分化为两个原条所产生的。同卵双胎也可在实验室中通过显微操作分离卵裂球或分割囊胚的方法获得。

在自然情况下，奶牛双胎率为3.5%，而肉牛低于1%。在双胎中，若两子宫角各有一个胚泡，其生活力不会受到影响，在这种情况下，排卵率则成为双胎的主要限制因素。牛怀双胎时，由于相邻孕体的尿膜绒毛膜血管形成吻合支，导致共同的血液循环，使约91%的异性双胎雌性不育(freemartin)。异性双胎雌性不育在绵羊、山羊和猪中少见。

绵羊多胎品种如芬兰羊和布鲁拉美利奴羊可窝产两羔以上，我国湖羊、寒羊等绵羊以及济宁青山羊等都是多胎品种。这些多胎品种一般有较高排卵率或存在多胎基因，也可能与FSH分泌水平有密切关系。

马排双卵的现象并不少见，但异卵双胎只占1%～3%。这是由于双胎妊娠过程中，出现一个或两个胚胎在发育早期死亡，否则易发生流产、木乃伊胎或初生死亡。双胎在子宫内死亡通常是由于胎盘或子宫不能适应双胎需要造成的，实际上双胎的胎盘总面积与单胎差不多。

外源促性腺激素处理，可增加排卵数提高双胎率，但由于卵巢的反应差异较大，其双胎效果不稳定。一般来说同侧卵巢排两个卵的双胎可能性要小于两侧卵巢各排一个卵。牛、山羊胚胎移植效果表明，采用双侧子宫角分别移入一枚胚胎的做法，可获60%～70%的双胎率。卵巢类固醇激素，特别是雄酮或雌酮免疫，可明显提高绵羊排卵率，而对牛效果稍差。采用抑制素免疫可增加绵羊排卵3～4倍，猪可提高35%。

第三节　胎膜与胎盘

胎膜是指包裹在胎儿周围的几层膜的总称。胎盘是指胎膜和妊娠子宫共同构成的复合体，是一个极其复杂的器官，具有物质运转、合成分解代谢、分泌激素及免疫等多种功能，能维持胎儿在子宫内的正常发育。

一、胎膜和胎囊

孕体是指早期发生阶段的胚胎或附植后胎儿和胎儿附属膜的总称。胚胎孵化后，孕体开始快速生长，如奶牛在妊娠第13天，囊胚直径约3 mm，在第17天，囊胚长度可达到250 mm，呈现丝线状，至妊娠第18天，囊胚深入对侧子宫角。猪的囊胚发育更为迅速。在妊娠第10天，囊胚呈球形，直径2 mm，随后第12天，长度可达200 mm左右，至第16天则达800～1 000 mm。孕体的显著生长源于一套被称为胚胎外膜或胎膜的急剧发育。猪、绵羊和奶牛附植时囊胚均呈丝线状，而马囊胚仍保持球形。

胎膜是胎儿的附属膜，是胎儿本体以外包被胎儿的几层膜的总称，包括卵黄囊、绒毛膜、羊膜、尿膜和脐带。其作用是与母体子宫黏膜交换养分、气体及代谢产物，对胎儿的发育极为重要。由于在胎儿出生后即被摒弃，所以胎膜是一个临时性器官。胎囊是指由胎膜形成的包围胎儿的囊腔，一般指卵黄囊、羊膜囊和尿囊(图5-5-8)。

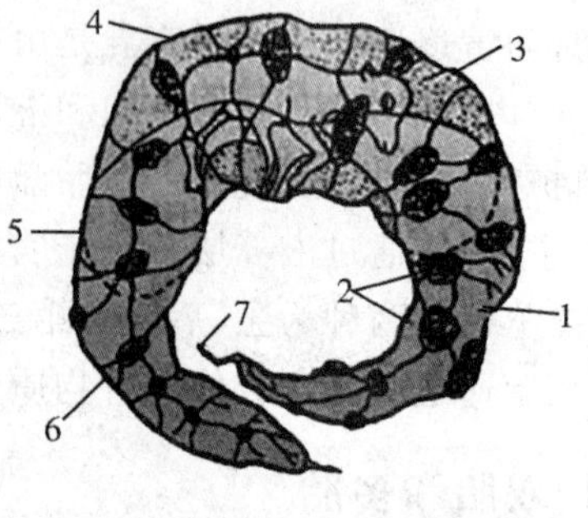

图5-5-8　牛的胎膜和胎囊

(引自E. S. E. Hafez，1993)

1.尿囊腔　2.子叶　3.羊膜腔　4.羊膜绒毛膜　5.绒毛膜　6.尿膜绒毛膜　7.绒毛膜坏死端

1. 卵黄囊

当原肠胚发育为胚内和胚外两部分时，其胚外部分即形成卵黄囊。卵黄囊外层和内层分别由胚外脏壁中胚层和胚外内胚层形成。猪、牛、羊的卵黄囊较长，可达胚泡两端。卵黄囊上有稠密的血管网，胚胎发育早期借助卵黄囊吸收子宫乳养分和排出废物。随着胎盘形成，卵黄囊的作用逐步减弱并萎缩，最后只在脐带中留下遗迹。

2. 羊膜

羊膜由腹侧胚外外胚层和胚外体壁中胚层构成，呈半透明状。发育完全的羊膜形成羊膜囊，内含羊水。

3. 尿膜

尿膜由胚胎后肠端向腹侧方向突出而成，外层为胚外脏壁中胚层，内层为胚外内胚层。尿膜在扩展中与绒毛膜内层贴近并共同分化出血管，通过脐带将胎儿和胎盘血液循环连接起来。最后尿膜与绒毛膜融合形成尿膜绒毛膜，成为胎儿胎盘。尿囊内有尿水，是胎儿膀胱的尿液通过脐尿管排入尿囊内形成。

4. 绒毛膜

绒毛膜是胎膜的最外层，表面覆盖绒毛。绒毛膜由胚外外胚层和胚外体壁中胚层构成，是胎儿胎盘的最外层。

5. 脐带

脐带为胎儿和胎膜间连系的带状物，其外层由羊膜包被；马脐带还可由尿膜包被。脐带内有脐尿管、脐动脉、脐静脉、肉冻状组织和卵黄囊遗迹等结构。脐带长度种间差异较大：猪平均为 20～25 cm，牛 30～40 cm，羊 7～12 cm，由于子宫和阴道总长度较长，分娩时，多数自行断开；马的脐带长 70～100 cm，分娩时脐带一般不能自行断开。

多胎动物的胎儿一般都各具一套完整的胎膜。例如，猪的一个子宫角常有几个胎儿，各有独立的胎膜存在，由于子宫容积有限，尿膜与绒毛膜常相连并列。单胎动物怀双胎时，来自两个不同合子发育的双胎，各自有一套独立的胎膜。对于单合子孪生的胎儿情况则相对复杂一些：若由单一内细胞团分化为两个原条产生的双胎，其绒毛膜共用一套，有时羊膜也是共用的；若由单个囊胚内细胞团在附植前分成两套，则各自的绒毛膜和羊膜独立。

二、胎水

胎水包括来自羊膜囊的羊水和尿囊的尿水，来源广泛，成分比较复杂，主要包括胎儿肾脏的排泄物、羊膜及羊膜上皮的分泌物、胎儿唾液腺分泌物以及颊黏膜、肺和气管的分泌物。胎水呈弱碱性，含蛋白质、脂肪、尿素、肌酸酐、激素、维生素、盐及糖类等物质。

胎水的主要作用：①胎儿的液体环境可缓冲外部压力和机械刺激，有利于附植；②在胎儿发育过程中，避免脐带挤压造成血液供应障碍，防止胎儿与周围组织粘连；③在分娩时，润滑产道、扩张子宫颈，有利于胎儿顺利排出；④低渗的尿囊液可维持胎儿血浆渗透压，保证母体血液的正常循环。

三、胎盘

胎盘是指由胎儿尿膜绒毛膜（猪还包括羊膜绒毛膜）和妊娠子宫黏膜共同构成的复合体，前者称胎儿胎盘，后者称母体胎盘。胎儿胎盘和母体胎盘都有各自的血管系统，并通过胎盘进行物质交换。

(一)胎盘的分类

绒毛膜表面的细小绒毛从绒毛膜向子宫内膜突进,是胎儿与母体进行物质交换的功能性单位。根据母体子宫黏膜和胎儿尿膜绒毛膜的组织结构和融合程度,以及尿膜绒毛膜表面绒毛的分布状况,可将胎盘分为以下几种类型(表 5-5-6,图 5-5-9)。

表 5-5-6 胎盘的分类、组织结构及对分娩的影响

物种	胎盘分类		
	绒毛膜绒毛类型	母体一胎儿屏障	分娩时母体组织的变化
猪	弥散型	上皮绒毛膜型	无蜕膜
马	弥散型和微子叶型	上皮绒毛膜型	无蜕膜
绵羊、山羊、牛、水牛	子叶型	结缔组织绒毛膜型	少量蜕膜
猫、狗	带状	内皮绒毛膜型	中量蜕膜(半蜕膜)
人、猴	盘状	血绒毛膜型	大量蜕膜(半蜕膜)

(引自 E. S. E. Hafez,1987)

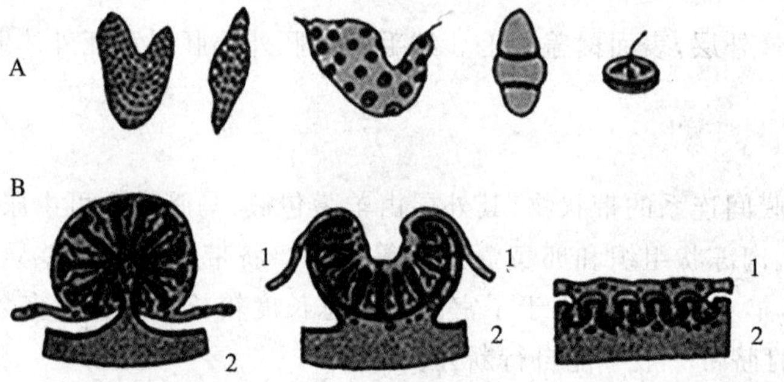

图 5-5-9 胎盘的类型和结构(引自 E. S. E. Hafez,1993)

A. 胎盘外观 B. 牛、羊和马的胎盘结构 1. 尿膜绒毛膜(胎儿胎盘) 2. 子宫胎盘(母体胎盘)

1. 弥散型胎盘

绒毛基本上均匀分布在绒毛膜表面,疏密略有不同。猪、马和骆驼属此类型。每一绒毛内都有动脉和静脉毛细血管分布。与胎儿胎盘相对应的母体子宫黏膜上皮向深部凹陷成腺窝。绒毛与腺窝上皮接触,在结构上又称上皮绒毛胎盘。

猪弥散型胎盘有一个绒毛状表面,紧密排列的微绒毛覆盖整个绒毛膜表面。马胎盘有许多特殊绒毛膜绒毛"微区域",称微子叶,是胎儿—母体接触面微小分散区域,称子宫内膜杯,子宫内膜杯直径从几毫米到几厘米不等,源于胚胎滋养层和子宫内膜。胎盘表面有 5~10 个子宫内膜杯覆盖其上,子宫内膜杯在孕体附植时产生绒毛膜促性腺激素,到妊娠第 60 天,子宫内膜杯在子宫腔内开始蜕皮,逐渐失去功能。

弥散型胎盘由六层组织结构构成胎盘屏障,即母体子宫上皮、子宫内膜结缔组织和血管内皮;胎儿绒毛上皮、结缔组织和血管内皮。此类胎盘构造简单,胎儿和母体胎盘结合不甚牢固,易发生流产;分娩时出血较少,胎衣易脱落。

2. 子叶型胎盘

胎儿尿膜绒毛膜的绒毛集中成许多绒毛丛(又称胎儿子叶),嵌入母体子宫黏膜上皮腺窝(又称母体子叶)。子叶之间的绒毛膜表面一般较光滑,无绒毛存在。牛、羊属于此类型。

子叶型胎盘在组织结构上,一般在妊娠前 4 个月左右与上皮绒毛胎盘相同。之后母体子叶上皮变性,萎缩消失,母体胎盘的结缔组织直接与胎儿绒毛接触变为结缔组织绒毛胎盘,也称上皮绒毛与结缔组织绒毛混合型胎盘。

这种类型的胎盘,母仔联系紧密,分娩时新生儿不易发生窒息。绵羊有 90～100 个子叶分布在绒毛膜表面,牛 70～120 个。胎儿胎盘和母体胎盘(子宫阜)共同组成子叶。羊为中间凹陷的母体子叶,分娩时胎衣容易分离;牛的母体子叶呈凸出的饼状,产后胎衣脱离时常较困难,易出现胎衣不下。在分娩过程中由于牛、羊胎盘的组织结构特点,时常出现胎儿胎盘脱落带下少量子宫黏膜结缔组织,并有出血现象,因此,又称为半蜕膜胎盘。

3. 带状胎盘

胎盘是长型囊状,绒毛集中于绒毛膜中央,呈环带状,称带状胎盘,又称环状胎盘。狗、猫等食肉动物为这种胎盘。

组织结构特点:在胎儿胎盘和母体胎盘附着部位的子宫黏膜上皮被破坏,绒毛直接与子宫血管内皮相接触,也称绒毛内皮胎盘。分娩过程中,可造成母体胎盘组织脱落,血管破裂出血,又称半蜕膜胎盘。

4. 圆盘状胎盘

在胎盘发育过程中,胎儿胎盘的绒毛逐渐集中于一个圆形区域内,绒毛膜以 1 个或 2 个很明显圆盘为特征。这些圆盘绒毛膜绒毛与子宫内膜相贴,提供了一个营养和代谢废物交换区域。人及灵长类动物属这一类型。绒毛浸入子宫黏膜,穿过血管内皮直接浸入血液中,又称血液绒毛胎盘。分娩会造成子宫黏膜脱落、出血,也称蜕膜胎盘 。

(二)胎盘的物质交换

胎儿和母体间的物质交换靠胎盘完成。在胎盘中,胎儿和母体的血液循环并不直接相通,而是靠绒毛膜和子宫黏膜的紧密接触。胎儿借助胎盘从母体血液中获得氧和所需的营养物质。物质交换的方式主要有简单扩散、主动运输、吞噬作用(吞食)和吸液作用(吞水)等(表 5-5-7)。

表 5-5-7　胎盘转运物质的种类及方式

组别	物质	生理作用	交换机制
1	电解质、水和呼吸气体	维持体内生化环境的稳定或保护胎儿免于突然死亡	迅速运输
2	氨基酸、糖和大多数水溶性维生素	胎儿	主动运输
3	各种激素	胎儿生长的变化或维持妊娠	缓慢扩散
4	药物和麻醉剂、血浆蛋白、抗体和整个细胞	免疫或毒性的重要性	迅速扩散、吸液作用或通过胎膜孔漏出

(引自朱士恩,2009)

胎盘的气体交换与出生后动物的呼吸机制不同。动物出生后肺是气体与血液系统间完成交换的重要器官,而胎盘则是母体血液与胎儿血液的气体交换的器官。由于胎儿血红蛋白对氧的亲和力高,脐动脉的未氧合血运送到胎盘,在胎盘完成与氧的结合,然后脐静脉把氧合血运递给胎儿。

由于胎儿血对 CO_2 亲和力低，有利于其从胎儿传递到母体，实现 CO_2 排出。

对反刍动物研究表明，胎儿血糖水平高于母体，且以果糖为主，而母体则以葡萄糖为主。说明胎盘有将来自母体葡萄糖转化为果糖的功能。蛋白质不能经胎盘直接运输，只有在分解为氨基酸后才能通过胎盘，被胎儿吸收并合成新的蛋白质。虽然母体血脂含量通常高于胎儿，却不能直接通过胎盘，只有分解为脂肪酸和甘油后才能被胎儿吸收。水分和电解质可自由通过胎膜，尤其是铁、铜、钙、磷等矿物质容易通过胎盘。水溶性维生素可通过胎盘被胎儿利用，而脂溶性维生素如 A、D、E 等常被胎盘阻隔。一般来说，胎盘可使一切激素渗透，特别是雌激素和孕激素容易通过胎盘，而多肽类激素通过较慢；对于绵羊和山羊，肾上腺皮质醇不能经胎盘进入胎儿。

(三)胎盘屏障

胎儿为满足自身生长发育的需要，既要同母体进行物质交换，又要保持自身内环境同母体内环境的差异，胎盘的特殊结构是实现这种矛盾统一的生理作用屏障，称为胎盘屏障(placental barrier)。在这一屏障作用下，尽管可以使多种物质经各种转运方式进入和通过胎盘，但具有严格的选择性。有些物质不经改变就可经胎盘在母体血液和胎儿血液之间进行交换；有些则必须在胎盘分解成比较简单的物质才能进入胎儿血液。胎盘内有高活性的酶系统，有很强的物质分解和合成的能力；还有些物质特别是有害物质，通常不能通过胎盘，从而保护胎儿的生长发育环境。

胎盘对抗体的运输也具有明显的屏障作用。作为母体的豚鼠和兔血清中的抗体能够通过胎盘进入胎儿，使其获得被动免疫能力；而小鼠、大鼠、猫和犬等动物，只有少量抗体由胎盘进入胎儿，大部分抗体是出生后从初乳中获得的；猪、山羊、绵羊、牛和马等动物的抗体不能通过胎盘进入胎儿，因此幼仔只能从初乳中获得。

(四)胎盘的免疫功能

胎儿胎盘，可部分看作是母体的同种移植物，即同种异体移植组织。胎盘乃至胎儿不受母体排斥是胎盘特定的免疫功能所致。

胎盘免疫的确切机理虽然尚待进一步明确，但以下观点在一定程度上可以解释胎盘的免疫作用：①胎盘滋养层的组织抗原性很弱，不足以引起母的排斥反应；②滋养层细胞外覆盖的带有负电荷的唾液黏蛋白对母体淋巴细胞的免疫排斥具有抑制作用，使滋养层得以保护；③孕酮可抑制母体胎盘对来自父本的组织相容性抗原的免疫排斥；④妊娠所引起的雌性动物内分泌系统变化，可有效抑制母体对胎儿免疫排斥，例如，hCG 可防御母体对滋养层的攻击，妊娠后期还有催乳素的协同作用。

(五)胎盘的分泌功能

胎盘是一个临时性的内分泌器官，几乎可以产生卵巢和垂体所分泌的所有性腺激素和促性腺激素。它所分泌的雌激素、孕激素、松弛素和催乳素的化学结构和生理功能与卵巢和垂体分泌的同种激素相同，如马胎盘产生的 PMSG(eCG)，人类产生的 hCG。

胎盘产生的孕激素对维持妊娠具有重要作用。猪、牛、绵羊、狗、猫和豚鼠等动物妊娠前半期，主要靠黄体分泌的孕酮维持妊娠，若切除卵巢可导致流产；妊娠后半期黄体虽然存在，但维持妊娠所需的孕酮主要由胎盘分泌，这时若切除卵巢，妊娠仍可继续维持。例如，母羊怀孕 50 d 以后，维持妊娠的孕酮主要来自胎盘。其他物种；猪和兔不管处于妊娠哪个阶段，去除黄体都会终止妊娠；妊娠 8 个月牛去除黄体将导致流产。妊娠母体血液中孕酮增加，对于不同物种，达到峰值的时间各异。应该指出，即使胎盘接管妊娠黄体，黄体在整个妊娠过程中仍产生孕酮。马属动物在妊娠开始两个月主要是妊娠黄体分泌孕酮，妊娠 2～5 个月由副黄体(accessory corpus luteum)产生并分泌孕酮，与妊娠黄体共同维持妊娠，5 个月以后卵巢上黄体相继退化，主要靠胎盘产生的孕酮维持妊娠，若在这段时间切除卵巢对妊娠没有影响。

雌激素也是胎盘产生的重要激素，特别在妊娠最后阶段，大多数物种在这一时期雌激素出现峰值往往是临近分娩的信号。

胎盘松弛素存在于人、马、猫、猪、兔子和猴子中。兔松弛素完全由胎盘产生，而不是由卵巢分泌。然而，牛在妊娠期间，松弛素并不出现在胎盘；在分娩中，松弛素可能既来源于卵巢也来源于胎盘，然而奶牛摘除卵巢并不导致产犊困难。因此，松弛素的生理作用在牛上可能更为复杂。

某些胎盘激素能促进雌性动物乳房功能完善和胎儿发育。例如，胎盘催乳素促胎儿生长效果及催乳效果在不同物种间存在差异，其中在牛和羊的催乳活性超过促生长活性。

(六)胎儿循环

胎儿一旦脱离母体，就必须通过肺与外界交换气体，依靠小肠吸收营养，利用肾脏排出废物。在胎儿阶段，这三方面的生理功能完全由胎盘与母体实现。胎盘是胎儿临时代替行使上述三种功能的器官。因此，胎儿循环实质上是胎儿同胎盘之间的物质循环。胎儿心脏和血管系统存在某些特殊结构，左心房同右心房并联，左心室同右心室并联，似乎只有一个心房和心室在工作。回到心房的静脉血既有来自胎儿各器官的“陈旧”血液，也有来自胎盘的“新鲜”血液，二者在心房混合后进入心室，再由心室加压泵送到胎儿各器官系统和胎盘。脐动脉和脐静脉在胎盘处形成毛细血管网，动脉和静脉两套血管系统在此处汇合。胎儿胎盘和母体胎盘两个系统在毛细血管之间进行物质和气体交换和转运。

复习思考题

1. 简述精子在雌性生殖道内的运行过程和生理作用。
2. 配子在受精前分别发生哪些变化？
3. 简述哺乳动物精卵受精过程。
4. 哺乳动物附植前胚胎分为哪几个明显阶段？各阶段的特点是什么？
5. 简述胚胎附植过程和特点。
6. 动物胎盘分为哪几类？每种胎盘的绒毛分布及组织学特点是什么？
7. 简述胎盘功能及胎儿营养供应特点。

第六章　家畜的人工授精

在动物繁殖过程当中，正常发情的雌性动物能否受孕，关键在于配种。家畜配种的方法主要有自然交配和人工授精两种。自然交配又叫本交，是按照一定的公母比例，将公畜分散在母畜群中任其自由交配。人工授精，是利用器械采集公畜精液，再利用器械把经过检查和处理的精液输送到发情母畜生殖道的适当部位，从而使其受孕，以代替公母畜自然交配的一种科学配种方法。

第一节　自然交配

自然交配又称家畜本交。指公母畜直接交配。又可根据人为干预的程度分为如下四种方式。

一、自由交配

见于群牧畜群。公母畜常年混牧饲养，一旦母畜发情，公畜即与其随意交配，它是一种不受人工控制的最原始的交配方式。

二、分群交配

在配种季节内，将母畜分成若干小群，每群放人一头或几头经过选择的种公畜，任其自然交配。这样，公畜的配种次数得到适当控制，并实现了一定程度的群体选种选配。但是仍然无法防止生殖器官疾病的传播，公畜的配种利用率仍然有限，母畜的预产期也难于推测。

三、圈栏交配

公母畜平时隔离饲养，当母畜发情时，在圈栏内放入母畜与特定的公畜交配。这种方式在一定程度克服自由交配的缺点，公畜的配种利用率比分群交配有所提高，选种选配也比较严格。

四、人工辅助交配

公母畜平时严格分开饲养，只有在母畜发情配种时，才按原定的选种选配计划，令其与特定的公畜交配，并对母畜做好必要的保定、清毒处理等准备工作，并采取其他一些必要措施，以辅助公畜顺利完成交配。与上述三种自然交配方式相比，增加了种公畜的叫配母畜头数，延长了种公畜的利用年限；能够调控产仔时间，有利于生产的计划管理；可以实行严格的个体选种选配，建立系谱，有利于品种改良；根据配种记录，可以估测母畜预产期；并在一定程度上防止疫病传播。它是比较科学的人工控制的自然交配方式。

第二节　人工授精技术

一、人工授精的意义

人工授精是家畜繁殖技术革新的一项重大突破，已成为现代的动物繁殖方法在世界范围内推广应用。这种科学的繁殖技术已在动物生产中充分显示了它的优越性和应用前景。

1. 充分发挥优良种公畜的种用价值和配种效能

人工授精不仅有效地改变了家畜的交配过程，更重要的是选择了最优良的公畜实行人工授精配种，它超过自然交配能够配种的母畜头数的许多倍。例如，在现代技术条件下，一头优良公牛的冷冻精液每年可配母牛达万头以上，既可使优秀种公畜的利用年限不受寿命的限制，又可促成国际家畜精液的贸易，以代替种公畜的直接引进和出口。

2. 加速家畜繁殖改良，促进育种工作进程

由于人工授精选用的精液都来自优良种公畜，随配种母畜头数的增多，而扩大了优良遗传基因的影响。此外，采用人工授精还有利于保证配种计划的实施和提供完整的配种记录，从而加速育种工作的进程。

3. 减少疾病的发生和传播

人工授精公母畜不直接接触，所以可防止各种疾病、特别是生殖道传染病的传播。

4. 降低饲养管理费用

由于每头种公畜可配的母畜数增多，相应减少了公畜饲养的头数，降低了饲养管理费用。

5. 有利于提高母畜的受胎率

人工授精不仅可以克服公、母畜因体格大小相差悬殊或家禽笼养而不易交配或母畜生殖道异常而不易受胎的困难，又便于发现繁殖障碍疾病，而且在杂交改良工作中，还可解决因公母畜所属品种不同而造成不愿交配的问题。更重要的是人工授精使用经严格处理的优质精液，每次输精的时间经过科学的判断，输精部位准确，因此有利于提高母畜的受胎率。

6. 可扩展优良种畜配种地区和范围

经稀释保存的精液尤其是冷冻保存精液，便于运输和检疫，可使母畜的配种不受地域限制。同时也有效发地解决了因公畜不足地区或因疫病封锁而使公畜不能往来的地方母畜配种问题。

7. 推广繁殖新技术的一项基础措施

人工授精技术是胚胎移植、同期发情等其他繁殖新技术的一项配套措施，可按计划进行集中或定时输精，同时为远缘杂交提供了行之有效的技术手段。

但是，人工授精只有在严格消毒和遵守操作规程以及对种公畜进行全面鉴定的情况下，才能充分发挥其巨大的优越性，以促进畜牧业发展和生产力的提高。相反，如果不严格遵守操作规程，卫生要求不严，则会造成受胎率、窝产仔数的下降，甚至发生生殖道疾病传播；如果使用遗传上有缺陷的公畜，则将会造成更严重的后果。

二、人工授精的技术程序

人工授精技术的基本技术程序包括精液的采集、精液品质的检查、精液的稀释、分装、保存、运

输、冻精的解冻与检查、输精等环节。

(一)采精

采精是人工授精的首要技术环节。认真做好采精前的各项准备工作,正确掌握采精技术,合理安排采精频率,是保证采得量多质优精液的重要条件。

1.采精前的准备

(1)采精场地要求　采精应在良好和固定的环境中进行,以便公畜建立起巩固的条件反射,同时也是防止精液污染的基本条件。采精场应该宽敞、平坦、安静、清洁,场内设有采精架以保定台畜,供公畜爬跨进行采精。

理想的采精场所应同时设有室外和室内采精场地,并与精液处理操作室和公畜舍相连。室内采精场的面积一般为 10 m×10 m,并附有喷洒消毒和紫外线照射杀菌设备。

(2)台畜的准备与种公畜的调教　台畜,是供公畜爬跨射精时进行精液采集用的采精台架,可分为活台畜和假台畜两类。采精时,选择健康、体壮、大小适中、性情温顺的发情母畜,或经过训练的公、母畜作台畜,有利于刺激种公畜的性反射,效果较好。假台畜是指用钢筋、木料等材料模仿家畜的外形制成的固定支架,其大小与真畜相似。各种动物采精用的假台畜可参见图 5-6-1。

对于初次使用假台畜进行采精的种公畜必须进行调教:涂抹发情母畜阴道分泌物、让公畜爬跨发情母畜,不让其交配而将其拉下,然后诱其爬跨假台畜采精,让待调教的公畜目睹公畜利用假台畜采精的过程。在调教过程当中,要反复进行训练,耐心诱导,切勿强迫、抽打、恐吓或其他不良刺激,以防止性抑制而给调教造成困难。

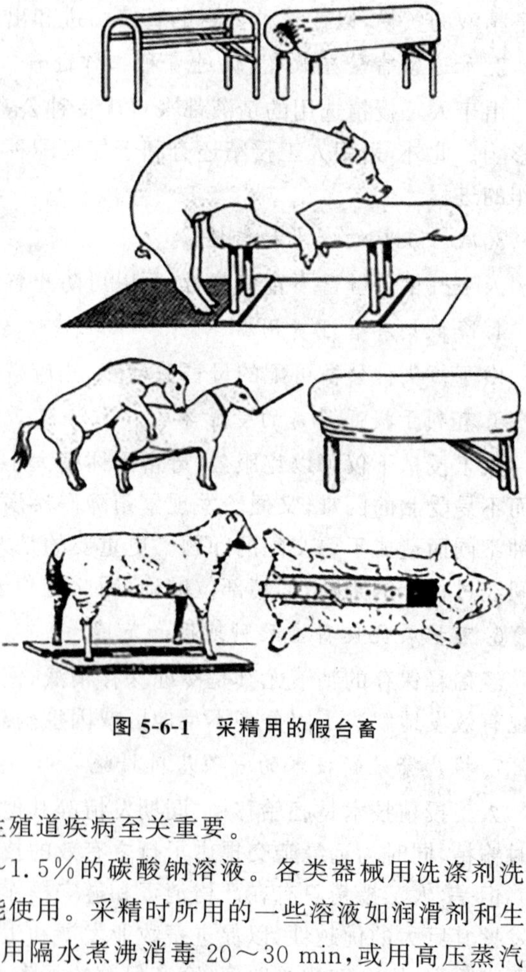

图 5-6-1　采精用的假台畜

(3)采精器械与人员的准备

①器械的清洗与消毒　采精用的所有人工授精器械,均要求进行严格的消毒,以保证所用器械清洁无菌。这对于减少采精引起的公畜生殖道疾病至关重要。

传统的洗涤剂是 2%～3%的碳酸氢钠或 1%～1.5%的碳酸钠溶液。各类器械用洗涤剂洗刷后,务必立即用清水洗净,然后经严格的消毒后才能使用。采精时所用的一些溶液如润滑剂和生理盐水等;药棉、纱布、毛巾等常用物品的消毒均可采用隔水煮沸消毒 20～30 min,或用高压蒸汽消毒。在进行溶液的消毒时应避免玻璃瓶爆裂。

②采精人员的准备　采精人员应具有熟练的采精技术,并熟知每一头公畜的采精条件和特点,采精时动作敏捷,操作时要注意人畜安全。在采精之前,采精人员应身着紧身利落的工作服,避免与公畜及周围物体钩挂,影响操作。同时还应将指甲剪短磨光,手臂要清洗消毒。

2. 采精方法

公畜的采精方法有多种，曾经使用过的有：阴道收集法、海绵法、集精袋法、外科瘘管法、按摩法、电刺激法、假阴道法、手握法、筒握法等。经实践证明，假阴道法是较理想的采精方法，适用于各种家畜；而筒握法，特别是手握法是当前采集公猪精液较普遍使用的方法。按摩法主要用于禽类的采精，也适用于牛和犬。电刺激法在一般情况下只应用于驯养和野生动物的采精。其他的一些采精方法因其存在一定的缺点而在生产上已不采用。

(1)假阴道采精法　假阴道法是用相当于母畜阴道环境条件的人工阴道，诱导公畜在其中射精而取得精液的方法。

①假阴道的结构和采精前的准备　假阴道是一筒状结构，主要由外壳、内胎、集精杯及附件组成。外壳为一圆筒，由硬橡胶、金属或塑料制成；内胎为弹性强、薄而柔软无毒的橡胶筒，装在外壳内，构成假阴道内壁；集精杯由暗色玻璃或塑胶制成，装在假阴道的一端。此外，还有固定内胎的胶圈，保定集精杯(牛)用的三角保定带，充气用的活塞和双连球，连接集精瓶(猪)或集精管(牛)的胶漏斗，以及为防止精液污染而敷设在假阴道入口处的泡沫塑料垫等。各种假阴道的形状略异，大小不一，但结构基本相同(图 5-6-2)。

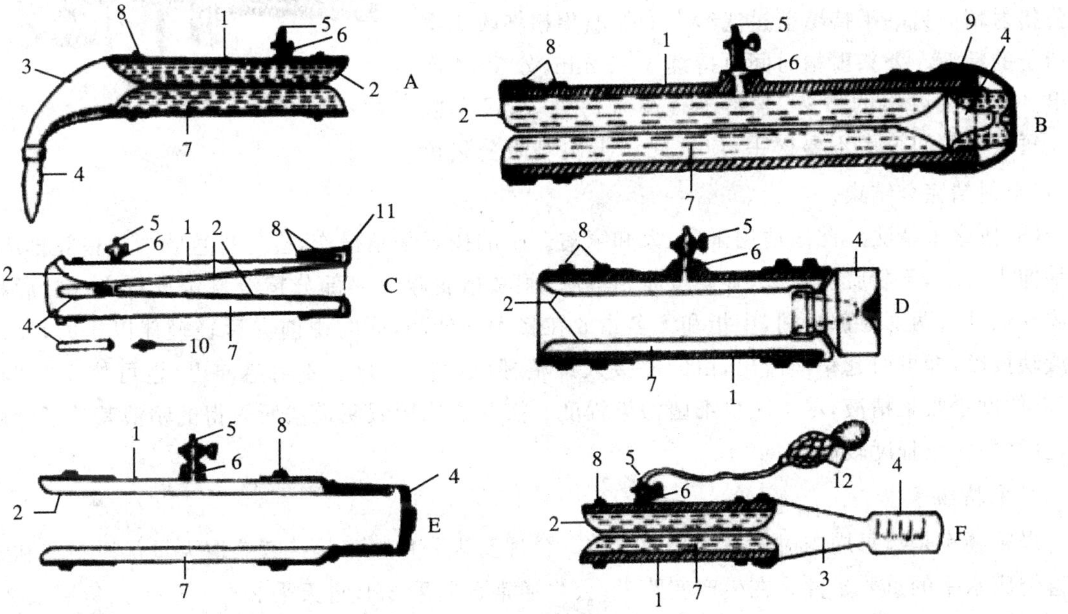

图 5-6-2　各种动物的假阴道

A. 欧美式牛用假阴道　B. 苏联式牛用假阴道　C. 西川式牛用假阴道　D. 羊用假阴道　E. 马用假阴道　F. 猪用假阴道

1. 外壳　2. 内胎　3. 橡胶漏斗　4. 集精杯　5. 气门活塞　6. 水孔　7. 温水　8. 固定胶圈　9. 集精杯固定套　10. 瓶口小管　11. 假阴道入口泡沫垫　12. 双连球

(改自中国农业大学，家畜繁殖学，2000)

假阴道在使用前要进行洗涤，安装内胎、消毒、冲洗、注水、涂润滑剂、调节温度和压力等步骤，使假阴道具有引起射精反射的适当温度(38～40℃)、适当压力和一定的润滑度。

②采精操作　采精时，采精员通常站在台畜的右后方。当公畜爬跨台畜的瞬间，迅速将假阴道

靠在台畜尻部，使假阴道的长轴与阴茎伸入方向一致，用左手托起阴茎中后部（牛只能握住包皮部，切忌触及阴茎），使其自然进入假阴道。操作时要注意动作的协调性，当公畜射精完毕从台畜上跳下时，持假阴道跟进，收集完所有的精液。当公畜阴茎自然脱离假阴道后，取下集精杯（管），将精液送到处理室备检。

使用假阴道采精时，各种家畜对假阴道的要求各有不同，如公牛和公羊对假阴道的温度比压力更为敏感，因此温度要更准确；而对公马、公驴和猪来说，对假阴道压力的要求比温度更为重要。

（2）徒手采精法　徒手采精法即手握法是目前采集公猪精液普遍采用的一种方法，其原理是模仿母猪子宫颈对公猪龟头螺旋部的约束力而刺激射精（图 5-6-3）。该方法具有设备简单，操作方便，能采集公猪浓份精液等优点，但易使精液遭受污染和冷打击。

采精前应先用消毒液洗涤公猪包皮及其附近被毛，再用生理盐水冲洗擦干。采精时，采精员应戴好消毒乳胶（或塑料薄膜）手套，蹲在台猪的右侧或左侧，当公猪爬跨台猪并伸出阴茎时，将公猪螺旋龟头导入握成的空拳中，让阴茎自由抽动片刻，再握紧螺旋部不让龟头转动。当阴茎充分勃起后顺势向前牵拉，手指有弹性并有节奏的松压，即可引起公猪射精。另一手持覆盖过滤纱布的保温集精杯收集富含精子的精液。公猪射精时间可持续 5～7 min，分 3～4 次射出。第一次射出的精液，含精子较少且污染大，可不收集。每次射精间隙后不要松手，应按此法再次刺激公猪龟头，直至射精完全结束。

图 5-6-3　徒手采精法

（3）按摩采精法　此法适用于牛、犬和家禽。牛的按摩采精操作，应先将直肠内的宿粪排净，再将手伸入直肠，于膀胱侧稍后，轻柔按摩精囊腺，刺激精囊腺分泌部分精清自包皮排出。然后将食指放在输精管两膨大部中间，中指和无名指放在膨大部外侧，同时由前向后轻轻伴以压力，反复进行滑动按摩，即可引起精液流出，由助手接入集精杯（管）内。为了使阴茎伸出，也可按摩“S”状弯曲，以便助手收集精液，尽量减少细菌污染程度。按摩法比用假阴道法所采得的精液其精子密度较低，且细菌污染程度较高。

3. 采精频率

采精频率是指每周内对公畜的采精次数。合理安排采精频率是持续获取大量优质精液和维持公畜健康水平的重要条件。在生产实践上，公牛通常每周采 2 d，每天采 2 次。也可以每周采 3 次，公猪、公马射精量大，很快使附睾内储存精子彻底排空，采精最好隔日一次。公绵羊和公山羊射精量少而附睾储存量大，加之配种季节短每天可采精多次，连续数周，不会影响精液质量。在生产实践中，通常以出现精液质量下降，尤其是出现未成熟精子（带有原生质滴）时应立即减少或停止采精。

（二）精液品质检查

精液品质检查的目的是在于鉴定精液品质的优劣，以便决定配种负担能力，同时也反映出公畜饲养管理水平和生殖机能状态、技术操作水平，并依此作为检验精液稀释、保存和运输效果的依据。现行评定精液品质的方法有外观检查法、显微镜检查法、生物化学检查法和精子生活力检查法等 4 种。无论哪一种检查方法，都必须以受精力的高低为依据。精液品质评定的原则是检查评定结果必须真实反映精液本来的品质。

1. 外观检查法

(1)精液量　所有公畜采精后应立即直接观察射精量的多少。评定公畜正常的射精量，不能仅凭一次的采精记录，应以一定时间内多次射精总量的平均数为依据。此外，精液当中不应该有毛发、尘土和其他污染物。

(2)色泽 精液一般为乳白色或灰白色，精子密度越大，精液的颜色越浓。精液颜色出现异常为不正常现象。若精液呈红色可能混有血液；精液呈褐色可能混有陈血；精液呈淡黄色可能混有脓汁或尿液。

(3)气味　正常的精液略带有腥味，牛、羊精液除具有腥味外，另有微汗脂味。

(4)云雾状　牛、羊的精液因精子密度大而混浊不透明，因此用肉眼观察刚采得的新鲜精液时，可看到精子因运动翻腾滚滚而如云雾状。精液混浊度越大，云雾状越显著，越呈乳白色，表明精子密度和活率也越高。

(5)pH　家畜新鲜精液 pH 一般为 7.0 左右，如牛、羊精液 pH 在 6.5～6.9；猪 pH 为 7.4～7.5。

(6)杂质　一般指在精液内混入的异物如家畜的被毛、脱落上皮、生殖道的炎性分泌物及灰尘、纤丝、粪渣等。

2. 显微镜检查法

(1)精子活力评定　精子活力是指精液中呈直线前进运动精子所占的百分率。精子活力可以直接反映精子自身的代谢机能，与精子受精力密切相关，是评价精液质量的一个重要指标。精子活力的评定一般在采精后、精液处理前、后和输精前均应进行检测。

检查精子活力需借助显微镜，放大 200～400 倍，放在 37～38℃显微镜恒温载物台上或保温箱内进行观察。评定精子活力多采用“十级评分制”，即按精子直线运动占视野中精子的估计百分比评为 10 个等级。100%前进者为 1.0 分，90%前进者为 0.9，依此类推。

作为家畜的新鲜精液，活力一般为 0.7～0.8。为保证获得较高的受精率，用以授精的精子活力，液态保存精液一般在 0.6 以上，冷冻保存精液在 0.3 以上。

(2)精子密度评定　精子密度是指单位体积(mL)精液内所含有精子的数目。目前测定精子密度的方法主要有估测法、血细胞计数法和光电比色法。

①估测法　根据显微镜下精子的密集程度，把精子的密度大致分为稠密、中等、稀薄三个等级。这种方法大致估计精子的密度，主观性强，误差较大。

②血细胞计数法　一般采用血细胞计数板进行。可以准确地测定每单位容积精液中的精子数，是公畜定期检查的一个方法。

③光电比色法　是目前国际上普遍采用的测定牛、羊精子密度的方法，利用精液的透光性，精子密度越大，透光性就越差。

(3)精子的形态学检查

①精子畸形率　精子畸形率是精液中畸形精子数占精子总数的百分率。在正常精液中不超过 20%，对受精力影响不大。羊不超过 14%，马不超过 12%。如果畸形精子率超过 20%，则表明精液品质下降，受精力受到影响，不能用作输精。精子畸形一般可分为头部畸形、颈部畸形、中段畸形和主段畸形。

②精子顶体异常率　精子顶体发生异常，一般有膨胀、缺损、部分脱落、全部脱落等情况。正常精液精子的顶体异常率不高，牛平均 5.9%，猪为 2.3%。如果精子顶体异常率超过 14%，受精能

力就会明显下降。

(4)存活时间及存活指数检查　精子存活时间是指精子在体外的总生存时间，而存活指数是指平均存活时间，表示精子的活率下降速度。精子存活时间越长，生存指数越大，说明精子生活力越强，品质越好。

3.微生物检测

精液中如果有大量微生物存在，不仅会影响精子的寿命和降低受精力，而且还会导致有关疾病的传播。精液中微生物的来源与公畜生殖器官疾病和人工授精操作卫生条件密切相关，因此有必要对精液进行细菌微生物学检查。我国评定牛精液中细菌数通常采用平板培养法进行，求出每毫升原精液内的细菌数。我国牛冷冻精液国家标准规定，解冻后的精液应无病原微生物，每毫升中细菌菌落数不超过 1 000 个。现有资料显示，精液中病原微生物的检测还可以利用 PCR 法或巢式 PCR 法进行，如猪精液中的环状病毒。

4.代谢能力测定

(1)精液果糖分解测定　测定果糖的利用率，可以反映精子的密度和代谢情况。果糖分解测定通常用 1 亿精子在 37℃厌氧条件下每小时消耗果糖的毫克数表示。其方法是在厌氧情况下把一定量的精液(如 0.5 mL)在 37℃的恒温箱中停放 3 h，每隔 1 h 取出 0.1 mL 进行果糖量测定，将结果与放入恒温箱前比较，最后计算出果糖酵解指数。一般牛、羊精液的果糖利用率为 1.4～2 mg。猪、马由于精子密度小，指数很低。由于精子还可以利用果糖以外的其他简单糖类，因此用含葡萄糖等稀释液稀释过的精液不能进行测定。

(2)美蓝褪色试验　美蓝是一种氧化还原剂，氧化时呈蓝色，还原时无色。精子在美蓝溶液中呼吸时氧化脱氢，美蓝被还原而褪色。因此，根据美蓝褪色时间的快慢即可估测出精子的密度和活力。

(3)精子耗氧量测定　精子呼吸时消耗氧气多少与精子活力和密度有关。精子耗氧量的测定即耗氧率的测定，通常以 1 亿个精子在 37℃条件下每小时内所消耗氧气的微升(μL)数表示。一般家畜精液的耗氧量为 5～22 μL。

(三)精液的稀释

精液的稀释是指在精液中加入适宜于精子存活并能保持其受精能力的稀释液。精液稀释的目的是为了扩大精液的容量，提高一次射精量的可配母畜头数；并通过降低精液的能量消耗，补充适量营养和保护物质，抑制精液中有害微生物的活动以延长精子寿命；同时便于精液的保存和运输。因此，精液的稀释处理是充分体现和发挥人工授精优越性的重要技术环节。

1.精液稀释液的主要成分及其作用

理想的稀释液，是根据精子的生理特点提出来，并不断改进完善的。现行的稀释液一般含有多种成分，各成分又常常具有多重效能。

(1)稀释剂　主要用于扩大精液容量。必须保证有相似的渗透压。一般有氯化钠、葡萄糖、蔗糖等。

(2)营养剂　主要为精子体外代谢提供营养，补充精子消耗的能量。一般多采用单糖、奶类或卵黄等。

(3)保护剂

①缓冲物质　维持精液相对恒定的酸碱度。常用的有柠檬酸钠、磷酸二氢钾、Tris 等。

②非电解质　向稀释液中加入适量的非电解质或弱电解质，以降低精清中的电解浓度。一般常用的非电解质或弱电解质有各种糖类、氨基乙酸等。

③防冷刺激物质　具有防止精子冷休克的作用。在低温保存稀释液中以卵磷脂的效果最好。此外，脂蛋白以及含磷脂的脂蛋白复合物，亦有类似卵磷脂防止冷休克的作用。以上这些物质均存在于奶类和卵黄中，是常用的精子防冷刺激物质。

④抗冻物质　具有抗冷冻危害的作用。一般常用甘油和二甲基亚砜(DMSO)作为抗冻剂。

⑤抗菌物质　常用的有青霉素、链霉素和氨苯磺胺、卡那霉素、林肯酶素、多粘菌素、氯霉素等应用于精液的稀释保存，取得较好的效果。

(4)其他添加剂 主要有酶类、激素类、维生素类等。

2. 稀释液的种类

根据稀释液的性质和用途不同，可以分为以下 4 类：

(1)现配现用稀释液　适宜于采精后立即稀释输精，以单纯扩大精液容量，增加输精母畜头数为目的。此类稀释液配方简单，通常以糖类或奶类为主体，不宜进行保存。

(2)常温保存稀释液　适用于精液在常温下短期保存，以糖类和弱酸盐为主体，pH 偏低(弱酸性)。

(3)低温保存稀释液　适用于精液低温保存，以含奶类或卵黄为主体，具有抗冷休克的特点。

(4)冷冻保存稀释液　适用于精液冷冻保存，以卵黄、甘油为主体，具有抗冻的特点，同时还有配套的解冻液。

3. 稀释液的配制原则及注意事项

各种家畜精液稀释液的种类繁多，采用何种稀释液应根据畜种的不同、稀释液的效果、保存方法和成分是否容易得到而定。配制时应注意以下原则：

(1)配制稀释液所使用的一切用具，必须严格洗净消毒，用稀释液冲洗后才能使用。

(2)稀释液应现用现配，保持新鲜。如条件许可，经过消毒、密封后，可在冰箱中存放一周，但卵黄、抗生素、酶类、激素类等成分，须在用时添加。

(3)配制稀释液所用的蒸馏水或离子水要求新鲜，pH 呈中性，最好现用现制。

(4)配制稀释液所用的药品，成分要纯净，称量要准确，充分溶解、过滤、密封进行消毒后方能使用。

(5)卵黄应取自新鲜鸡蛋，外壳洗净消毒后破壳抽取，尽量避免混入蛋清，待稀释液消毒冷却后加入，充分混匀后使用。

(6)使用奶类要求新鲜(奶粉以脱脂奶粉为宜)，尤其鲜奶须经过滤，然后在水浴中灭菌 10 min，抑制对精子有杀害作用的乳烃素，并除去奶皮后方可使用。

(7)抗生素、酶类、激素类、维生素等添加剂，须在稀释液冷却至室温时按剂量准确加入。

4. 精液稀释的方法与稀释倍数的确定

(1)精液的稀释方法　精液稀释应在采精后尽快进行(30 min 内)，并尽量减少与空气和其他器皿的接触。新采取的精液应迅速放入 30℃保温瓶中，然后在 30℃的水浴锅内将精液和稀释液调至同温，在同温条件下进行稀释。

稀释时，将稀释液沿杯(瓶)壁缓缓加入精液中，切忌将精液迅速倒入稀释液内；然后轻轻摇动或用灭菌玻棒搅拌使之混合均匀，切防剧烈震荡。如作高倍稀释，应分次进行，先作 3～5 倍稀释，然后再高倍，防止精子所处的环境突然改变，造成稀释打击。精液稀释后，应立即进行镜检，如果活率下降，说明稀释或操作不当。

(2)精液的稀释倍数　精液进行适当的稀释可以提高精子的存活，但是稀释超过一定的限度，精子的存活力则会随着稀释倍数的提高而逐渐下降，以致影响受精效果。实践证明，公牛精液保证每毫升稀释精液中含有500万有效精子数时对受胎率无大的影响；一般多习惯稀释10～40倍。公猪精液一般稀释2～4倍或按每毫升稀释精液含有效精子0.5亿为原则进行稀释(公牛稀释40倍，500万/mL；公猪稀释4倍，5 000万/mL)。

(四)精液的保存

精液保存的目的是为了延长精子的存活时间并维持其受精能力，便于长途运输，扩大利用范围，增加受配母畜头数，提高优良种公畜的配种效能。

现行的精液保存方法，可分为常温(15～25℃)保存、低温(0～5℃)保存和冷冻(－79～－196℃)保存3种。前两者的保存温度都在0℃以上，以液态形式作短期保存，故又称为液态保存；后者保存温度在0℃以下，以冻结形式作长期保存，故也称为固态保存。无论哪种保存形式，都是以抑制精子代谢活动、降低能量消耗、延长精子存活时间而不丧失受精能力为目的。

1. 常温保存

常温保存(15～25℃)是将精液保存在一定变动幅度的室温下，所以亦称变温保存或室温保存。常温保存所需的设备简单，便于普及推广，特别适宜于猪精液的保存。

(1)原理　常温保存主要是利用一定范围的酸性环境抑制精子的活动，或用冻胶环境来阻止精子运动，以减少其能量消耗，使精子保持在可逆性的静止状态而不丧失受精能力。常温有利于微生物生长，因此，还要用抗菌物质抑制微生物对精子的有害影响。此外，加入必要的营养和保护物质，隔绝空气，也会有良好作用。

(2)常温保存稀释液

①猪精液常温保存稀释液 公猪精液在15～25℃下保存效果最适宜。采精后立即输精的，可不稀释；一天内输精的，可用一成分稀释液稀释；如果需要保存1～2 d的，可用二成分稀释液稀释；如果需要保存3 d以上的，可用IVT等综合稀释液稀释(表5-6-1)。

②马、绵羊精液的常温保存稀释液　马、绵羊精液用含有明胶的稀释液，在10～14℃下呈凝固状态保存，可得到良好效果。保存绵羊精液达48 h以上，马精液在120 h以上，活率为原精液的70%。葡萄糖、甘油、卵黄稀释液和马奶稀释液分别在12～17℃、15～20℃，保存精液达2～3 d以上(表5-6-2)。

4 其他家畜精液常温保存稀释液　列于表5-6-3。

表5-6-1　猪精液常温保存稀释液

成分	葡萄糖液	葡萄糖、柠檬酸钠液	氨基乙酸卵黄液	葡萄糖、柠檬酸钠、乙二胺四乙酸液	蔗糖、奶粉液	英国变温稀释液(IVT)*	葡萄糖、碳酸氢钠卵黄液	葡-柠-碳-乙-黄液
基础液								
二水柠檬酸钠/g	—	0.5	—	0.3	—	2	—	0.18
碳酸氢钠/g	—	—	—	—	—	0.21	0.21	0.05

续表 5-6-1

成分	葡萄糖液	葡萄糖、柠檬酸钠液	氨基乙酸卵黄液	葡萄糖、柠檬酸钠、乙二胺四乙酸液	蔗糖、奶粉液	英国变温稀释液(IVT)*	葡萄糖、碳酸氢钠卵黄液	葡-柠-碳-乙-黄液
氯化钾/g	—	—	—	—	—	0.04	—	—
葡萄糖/g	6	5	5	—	—	0.3	4.29	5.1
蔗糖/g	—	—	—	—	6	—	—	—
氨基乙酸/g	—	—	3	—	—	—	—	—
乙二胺四乙酸/g	—	—	—	0.1	—	—	—	0.16
奶粉/g	—	—	—	—	5	—	—	—
氨苯磺胺/g	—	—	—	—	—	0.3	—	—
蒸馏水/mL	100	100	100	100	100	100	100	100
稀释液								
基础液/容量%	100	100	70	95	96	100	80	97
卵黄/容量%	—	—	30	5	—	—	20	3
10%安钠加/容量%	—	—	—	—	4	—	—	—
青霉素/(单位/mL)	1 000	1 000	1 000	1 000	1 000	1 000	1 000	500
双氢链霉素/(μg/mL)	1 000	1 000	1 000	1 000	1 000	1 000	1 000	500

* 通入 CO_2 使 pH 达到 6.35

表 5-6-2　马、绵羊精液常温保存稀释液

成分	绵羊		马		
	RH 明胶	明胶、羊奶液	明胶、蔗糖液	葡糖糖、甘油卵黄液	马奶液
基础液					
二水柠檬酸钠/g	3	—	—	—	—
蔗糖/g	—	—	8	—	—
葡萄糖/g	—	—	—	7	—
磺胺甲基嘧啶钠/g	0.15	—	—	—	—
后莫氨磺酰/g	0.1	—	—	—	—
明胶/g	10	10	7	—	—
羊奶/mL	—	100	—	—	—
马奶/mL	—	—	—	—	100
蒸馏水/mL	100	—	100	100	—
稀释液					
基础液/容量%	100	100	90	97	99.2
甘油/容量%	—	—	5	2.5	—
卵黄/容量%	—	—	5	0.5	0.8
青霉素/(单位/mL)	1 000	1 000	1 000	1 000	1 000
双氢链霉素/(μg/mL)	1 000	1 000	1 000	1 000	1 000

表 5-6-3　其他家畜精液常温保存稀释液

成分	水牛	驴	山羊	兔
基础液				
葡萄糖/g	0.97	7	—	5
乳糖/g	—	—	—	—
奶粉/g	—	—	—	—
羊奶粉/g	—	—	100	—
二水柠檬酸钠/g	1.6	—	—	0.5
碳酸氢钠/g	0.15	—	—	—
柠檬酸钾/g	0.11	—	—	—
蒸馏水/mL	100	100	—	100
稀释液				
基础液/容量%	75	99.2	100	100
卵黄/容量%	25	0.8	—	—
青霉素/(单位/mL)	1 000	1 000	1 000	1 000
双氢链霉素/(μg/mL)	1 000	250	1 000	1 000
氨苯磺胺/g	—	0.2	—	—

2. 低温保存

低温保存是将精液稀释后，置于0～5℃环境保存，一般保存效果比常温保存时间长。

(1)原理　温度降至0～5℃时，精子的代谢较弱，几乎处于休眠状态。抑制微生物生长，同时加入必要的营养和其他成分，并隔绝空气。为防止冷休克现象在稀释中加入卵黄、奶类等抗低温物质外，要采取缓慢降温的方法，并维持低温保存期间内的温度恒定不变。

(2)低温保存稀释液

①牛精液低温保存稀释液　适宜于牛精液低温保存的稀释液很多，在0～5℃下有效保存期可达7 d，可作高倍稀释(表5-6-4)。

②猪精液低温保存稀释液　猪的浓份精液或离心后的精液，可在5～10℃下保存3～7 d并保持正常受胎率(表5-6-5)。

③马和绵羊精液低温保存稀释液　马、绵羊精液的低温保存，由于精液本身特性，以及季节配种的影响，精液保存效果比其他家畜差，故在生产中的应用并不普遍。绵羊精液保存时间不超过1天，马精液可保存数天(表5-6-6)。

④其他家畜低温保存稀释液列于表5-6-7。

表 5-6-4　牛精液低温保存稀释液

成分	柠檬酸钠、卵黄液	葡萄糖、柠檬酸钠、卵黄液	葡萄糖、氨基乙酸、卵黄液	牛奶液	葡萄糖、柠檬酸钠、奶粉、卵黄液
基础液					
二水柠檬酸钠/g	2.9	1.4	—	—	1
碳酸氢钠/g	—	—	—	—	—
氯化钾/g	—	—	—	—	—
牛奶/mL	—	—	—	100	—

续表 5-6-4

成分	柠檬酸钠、卵黄液	葡萄糖、柠檬酸钠、卵黄液	葡萄糖、氨基乙酸、卵黄液	牛奶液	葡萄糖、柠檬酸钠、奶粉、卵黄液
奶粉/g	—	—	—	—	3
葡萄糖/g	—	3	5	—	2
氨基乙酸/g	—	—	4	—	—
柠檬酸/g	—	—	—	—	—
氨苯磺胺/g	—	—	—	0.3	—
蒸馏水/mL	100	100	100	—	100
稀释液					
基础液/容量%	75	80	70	80	80
卵黄/容量%	25	20	30	20	20
青霉素/(IU/mL)	1 000	1 000	1 000	1 000	1 000
双氢链霉素/(μg/mL)	1 000	1 000	1 000	1 000	1 000

表 5-6-5　猪精液低温保存稀释液

成分	葡萄糖、柠檬酸钠、卵黄液	葡萄糖、卵黄液	牛奶液	葡萄糖、柠檬酸钠、牛奶液	蜜糖、牛奶、卵黄液
基础液					
二水柠檬酸钠/g	0.5	—	—	0.39	—
葡萄糖/g	5	5	—	0.5	—
牛奶/mL	—	—	100	75	72
蜜糖/mL	—	—	—	—	8
氨苯磺胺/g	—	—	—	0.1	—
蒸馏水/mL	100	100	—	25	—
稀释液					
基础液/容量%	97	80	100	100	80
卵黄/容量%	3	20	—	—	20
青霉素/(IU/mL)	1 000	1 000	1 000	1 000	1 000
双氢链霉素/(μg/mL)	1 000	1 000	1 000	1 000	1 000

表 5-6-6　马、绵羊精液低温保存稀释液

成分	绵羊			马		
	葡萄糖、柠檬酸钠、卵黄液	柠檬酸钠、氨基乙酸液	羊奶、卵黄液	奶粉、葡萄糖、卵黄液	葡萄糖、酒石酸钾钠、卵黄液	马奶、卵黄液
基础液						
二水柠檬酸钠/g	2.8	2.7	—	—	—	—
葡萄糖/g	0.8	—	—	7	5.76	7
氨基乙酸/g	—	0.36	—	—	—	—
酒石酸钾钠/g	—	—	—	—	0.67	—

续表 5-6-6

成分	绵羊			马		
	葡萄糖、柠檬酸钠、卵黄液	柠檬酸钠、氨基乙酸液	羊奶、卵黄液	奶粉、葡萄糖、卵黄液	葡萄糖、酒石酸钾钠、卵黄液	马奶、卵黄液
马奶/mL	—	—	—	—	—	—
奶粉/mL	—	—	10	10	—	—
蒸馏水/mL	100	100	100	100	100	—
稀释液						
基础液/容量%	80	100	90	92	95	95
卵黄/容量%	20	—	10	8	5	5
青霉素/(IU/mL)	1 000	1 000	1 000	1 000	1 000	1 000
双氢链霉素/(μg/mL)	1 000	1 000	1 000	1 000	1 000	1 000

表 5-6-7　其他家畜精液低温保存稀释液

成分	水牛		驴		山羊		兔	
	葡-氨-卵液	葡-奶-柠-卵液	葡萄糖液	葡-卵液	葡-柠-卵液	奶粉液	葡-柠-卵液	奶-卵液
基础液								
葡萄糖/g	5	2	7	7	0.8	—	5	—
奶粉/g	—	3	—	—	—	10	—	10
氨基乙酸/g	4	—	—	—	—	—	—	—
二水柠檬酸钠/g	—	1	—	—	2.8	—	0.5	—
蒸馏水/mL	100	100	100	100	100	100	100	100
稀释液								
基础液/容量%	70	80	100	99.2	80	100	95	95
卵黄/容量%	30	20	—	0.8	20	—	5	5
青霉素/(IU/mL)	1 000	500	1 000	1 000	1 000	1 000	1 000	1 000
双氢链霉素/(μg/mL)	1 000	500	1 000	1 000	1 000	1 000	1 000	1 000

(3)低温保存方法　精液进行低温保存时，应采取逐步降温的方法，从 30℃降至 5～0℃时以每分钟降 0.2℃，用 1～2 h 完成降温过程为好，以防冷休克的发生。低温保存所使用的冷源最理想的是冰箱，也可将冰块放入广口保温瓶内代替。低温保存的精液在输精前要进行升温处理。升温的速度对精子影响较小，一般可将贮精瓶直接投入 30℃温水中升温即可。

3.精液的冷冻保存

(1)精液冷冻保存的意义　精液冷冻保存是利用液氮(－196℃)、干冰(－79℃)或其他制冷设备作为冷源，将精液经过特殊处理后，保存在超低温下，以达到长期保存的目的。

精液冷冻保存解决了精液的长期保存问题，使精液不受时间、地域和种畜生命的限制，加速了品种的育成和改良步伐。利用精液冷冻保存技术将濒危珍稀物种和优良家畜品种的精液进行保存，从而有利于生物品种和多样性的长期可持续利用。精液的冷冻保存还有力地推动了家畜繁殖新技术在生产上的应用。

(2)精液冷冻保存的原理　精子在冰点下保存时，在降温过程中的一定条件下，水分子重新按几何图形排列形成冰晶。冰晶形成过程对精子造成的物理和化学伤害是造成精子死亡的主要原因。冰晶的物理结构呈针芒状，可使精子膜受到物理伤害；冰晶形成过程造成精子外的溶质浓度和渗透压增高，引起细胞内脱水、原生质变干、酸碱度失去平衡、细胞膜和顶体以及整个组织结构破坏，最后导致精子发生不可逆的变性而死亡。而玻璃化是水在超低温下，水分子仍然保持原来自然的无次序状态，呈现玻璃样的超微结晶均匀冻结。精子在玻璃化冻结状态下，不会发生细胞脱水，仍维持原来的正常结构，从而使得精子在解冻后能够复苏和保持受精能力。

冰晶化和玻璃化形成是有条件的，冰晶化必须在 0～60℃低温(冰晶化温度也称有害温度区)区域内，而且在缓慢降温的条件下才能形成，尤以－15～－25℃对精子危害最大，所以也称显著有害温度区。玻璃化必须在－60～－250℃超低温(玻璃化温度)区域内，但玻璃化是可逆的且不稳定，当缓慢升温再经过冰结晶温度区域时，玻璃化又先变为冰晶化再变为液化，所以精液解冻时也要快速升温。

(3)冷冻精液的剂型　冷冻精液的剂型亦称包装方法、分装方法。目前广泛应用的剂型有细管型、安瓿(bu)型和颗粒型三种，它们各有利弊。

①安瓿型　最早采用，是采用硅酸盐硬质玻璃制成的安瓿盛装精液，剂量多为 0.5～1.0 mL。

②细管型　一般有 0.25、0.5、1.0 mL 三种容量。是目前国外比较流行的包装方法。其优点：适于快速冷冻，精液受温均匀，冷冻效果好；剂量标准化卫生条件好，不易受污染，标记鲜明，精液不易混淆；体积小，便于大量保存，精子损耗率低，精子复苏率和受胎率高；适于机械化生产，工效很高。

③颗粒型　将精液直接滴冻在经液氮冷却的塑料板或金属板。优点：方法简便，易于制作，成本低，体积小，便于大量储存。

(4)冷冻保存稀释液　冷冻精液稀释液应具有保护精子免受或减少冻害的作用，其成分也依不同家畜种类而异。冷冻精液稀释液的主要成分与一般低温保存稀释液的成分基本一致，只是再加入了一定量的抗冻物质而已。各种家畜常用冷冻保存稀释液参见表 5-6-8 至表 5-6-11。

表 5-6-8　公牛精液常用冷冻保存稀释液

成分	乳糖、卵黄甘油液	蔗糖、卵黄甘油液	葡萄糖、卵黄甘油液	葡萄糖、柠檬酸钠、卵黄甘油液		解冻液
				Ⅰ液	Ⅱ液	
基础液						
蔗糖/g	—	12	—	—	—	—
乳糖/g	11	—	—	—	—	—
葡萄糖/g	—	—	7.5	3.0	—	—
二水柠檬酸钠/g	—	—	—	1.4	—	2.9
蒸馏水/mL	100	100	100	100		100
稀释液						
基础液/容量%	75	75	75	80	86*	
卵黄/容量%	20	20	20	20	—	—
甘油/容量%	5	5	5	—	14	—
青霉素/(IU/mL)	1 000	1 000	1 000	1 000	—	—
双氢链霉素/(μg/mL)	1 000	1 000	1 000	1 000	—	—
适用剂型	颗粒	颗粒	颗粒	细管	细管	颗粒

*取Ⅰ液 86 mL 加入甘油 14 mL 即为Ⅱ液

表 5-6-9 猪精液常用冷冻保存稀释液

成分	葡萄糖、卵黄甘油液	BF_5液	脱脂乳、卵黄、甘油液			解冻液	
			Ⅰ液	Ⅱ液	Ⅲ液	BTS	葡-柠-乙液
基础液							
葡萄糖/g	8	3.2	—	—	—	3.7	5
蔗糖/g	—	—	—	11	11	—	—
脱脂乳/mL	—	—	100	—	—	—	—
二水柠檬酸钠/g	—	—	—	—	—	0.6	0.3
乙二胺四乙酸钠/g	—	—	—	—	—	0.125	0.1
碳酸氢钠/g	—	—	—	—	—	0.125	—
氯化钾/g	—	—	—	—	—	0.075	—
Tris/g	—	0.2	—	—	—	—	—
TES/g	—	1.2	—	—	—	—	—
OrvusES 糊/mL	—	0.5	—	—	—	—	—
蒸馏水/mL	100	100	—	100	100	100	100
稀释液							
基础液/容量%	77	79	100	80	78	—	—
卵黄/容量%	20	20	—	20	20	—	—
甘油/容量%	3	1	—	—	2	—	—
青霉素/(IU/mL)	1 000	1 000	1 000	1 000	1 000	—	—
双氢链霉素/(μg/mL)	1 000	1 000	1 000	1 000	1 000	—	—

表 5-6-10 马、绵羊精液常用冷冻稀释液

成分	马			绵羊		
	乳糖、卵黄甘油液	乳-乙-柠-碳-卵-甘液	解冻液	乳糖、卵黄甘油液	葡-乳-卵-甘油液	解冻液
基础液						
葡萄糖/g	—	—	—	—	2.25	—
乳糖/g	11	11	—	10	8.25	—
奶粉/g	—	—	3.4	—	—	—
蔗糖/g	—	—	6	—	—	—
乙二胺四乙酸/g	—	0.1	—	—	—	—
柠檬酸钠/g	—	—	—	—	—	2.9
3.5%柠檬酸钠/mL	—	0.25	—	—	—	—
4.2%碳酸氢钠/mL	—	0.2	—	—	—	—
蒸馏水/mL	100	100	100	100	100	100
稀释液						
基础液/容量%	95.4	94.5	—	72.5	75	—
卵黄/容量%	0.8	1.6～2	—	25	20	—
甘油/容量%	3.8	3.5	—	3.5	5	—
青霉素/(IU/mL)	1 000	1 000	—	1 000	1 000	—
双氢链霉素/(μg/mL)	1 000	1 000	—	1 000	1 000	—

表 5-6-11　其他家畜精液常用冷冻保存稀释液

成分	水牛			驴	山羊			兔		
	奶-果-卵-甘液	葡-卵-甘液	解冻液	蔗-卵-甘液	果-乳-卵-甘液		葡-柠-T-卵-甘液	葡-T-卵-甘-D液		蔗-乳-卵-甘液
					Ⅰ液	Ⅱ液		Ⅰ液	Ⅱ液	
基础液										
果糖/g	1.4	—	—	—	1.5	—	—	—	—	—
葡萄糖/g	—	10	5	—	—	—	1.0	1.05	1.05	—
蔗糖/g	—	—	—	10	—	—	—	—	—	5
乳糖/g	—	—	—	—	10.5	—	—	—	—	5
脱脂鲜奶/mL	82	—	—	—	—	—	—	—	—	
二水柠檬酸钠/g	—	—	0.5	—	—	—	—	—	—	
一水柠檬酸/g	—	—	—	—	—	—	1.34	—	—	
Tris/g	—	—	—	—	—	—	2.42	2.52	2.52	—
蒸馏水/mL	—	100	100	100	100	—	100	100	100	100
稀释液										
基础液/容量%	82	75	—	90	80	93*	82	75	79	74
卵黄/容量%	10	20	—	5	20	—	10	16	16	20
甘油/容量%	8	5	—	5	—	7	8	—	5	6
DMSO/容量%	—	—	—	—	—	—	—	9	—	—
青霉素/(IU/mL)	1000	1 000	—	1 000	1 000	—	1 000	1 000	1 000	1 000
双氢链霉素/(μg/mL)	1000	1 000	—	1 000	1 000	—	1 000	1 000	1 000	1 000

* 取Ⅰ液 93 mL 加入甘油 7 mL 即为Ⅱ液

(5)冷冻精液稀释的方法　一般多采用一次或二次稀释法，三次稀释很少应用。

①一次稀释法　常用于颗粒冻精。将含有甘油、卵黄等的稀释液按一定比例加入精液中，适合于低倍稀释。

②二次稀释法　为避免甘油与精子接触时间过长而造成对精子的危害，采用二次稀释法效果较好。首先用不含甘油的稀释液(Ⅰ液)对精液进行最后稀释倍数的半倍稀释，然后把该精液连同Ⅱ液一起经 1 h 缓慢降温至 0～5℃，并在此温度下作第二次稀释。

(6)精液的降温和平衡　降温是指精液稀释后由 30℃以上温度，经 1～2 h 缓慢降温至 0～5℃，以防低温打击。平衡是指降温后，继续在 0～5℃的环境中停留 2～4 h，使甘油充分渗入精子内部，起到抗冻作用。

(7)精液的分装　冷冻精液常采用颗粒、细管、安瓿装 3 种分装方法。

①颗粒冻精　将平衡好的精液直接滴在经液氮制冷的金属网或塑料板上，冷冻后制成 0.1～0.2 mL 的颗粒。颗粒冻精曾在牛精液冷冻中广泛应用，现多用于猪、马、绵羊及野生动物的冻精剂型，具有成本低、制作方便等优点，但不易标记，解冻麻烦，易受污染。

②细管冻精　把平衡后的精液分装到塑料细管中，细管的一端塞有细线或棉花，其间放置少量聚乙烯醇粉(吸水后形成活塞)，另一端封口，冷冻后保存。细管的长度约 13 cm，容量有 0.25、0.5 或 1.0 mL 剂型。现生产中牛的冻精多用 0.25 mL 剂型。细管冻精具有不受污染、容易标记、易储存、适宜于机械化自动化生产等特点，是最理想的分装方法。

③安瓿冻精　用硅酸盐硬质玻璃制成的安瓿盛装精液，用酒精灯封口，剂量为 0.5 或 1.0 mL。安瓿冻精虽剂量准确、不受污染、易标记，但体积较大、储存不便、易爆裂，所以生产中已较少采用。

(8)精液的冻结

①干冰埋植法　适合于小规模生产及液氮缺乏地区。

颗粒冷冻：把干冰置于木盒中，铺平压实，用预先作好的模板在干冰上压出直径 0.5 cm、深 2～3 cm 的小孔，用滴管将平衡后的精液 0.1 mL 左右滴入孔内，覆以干冰，2～4 min 后，收集保存。

细管冻精：将分装的冻精平铺于压实的干冰上，并迅速用干冰覆盖，2～4 min 后取出储存于干冰或液氮中。

②液氮法

颗粒冻精：在广口液氮瓶上安装铜纱网(或聚四氟乙烯凹板)，调至距液氮面 1～3 cm，预冷几分钟后，使纱网或氟板附近温度达－80～－130℃，将精液均匀地滴在铜纱网上，2～4 min 后，待精液颗粒充分冻结，颜色变浅时，用小铲轻轻铲下颗粒冻精，每个纱布袋中装入 50～100 粒，沉入液氮保存。

细管冻精：除按上述方法对细管进行熏蒸冷冻外，也可采用液氮浸泡法。把分装好的精液细管密集竖直排列于特制的细管冷冻筐内，放入液氮容器内逐渐浸入液氮中，用计算机精确控制浸入液氮的速度，完成冷冻过程。这种方法启动温度低，冷冻效果好，大大减少了液氮消耗量，简化了冷冻精液生产工艺流程。

(9)冻精解冻与检查　冻精解冻是验证精液冷冻效果的一个必要环节，也是输精前必须进行的工作。方法有低温(0～5℃)解冻、温水(30～40℃)解冻和高温(50～70℃)解冻等。实践证明，温水解冻法特别是 38～40℃解冻效果最好。

细管冻精、安瓿冻精可直接投放在温水中解冻，待冻精融化一半后即可取出备用；颗粒冻精解冻时取一小试管，加入 1 mL 解冻液，放在盛有温水的烧杯中，当与水温相同时，取一粒冻精于小试管内，轻轻摇晃使冻精融化。常用解冻液为 2.9%的柠檬酸钠溶液。

解冻后进行镜检并观察精子活力，活力在 0.3 级以上者才能用于输精。

(10)冻精的储存与运输　冻结的颗粒、细管、安瓿或袋装精液，经解冻检查合格后，即按品种、编号、采精日期、型号分别包装，做好标记，转入液氮罐(或干冰保温瓶)中储存备用。目前，冻精的储存多采用液氮作为冷源。

(五)输精

输精是人工授精的最后一个技术环节。适时地把一定数量的优质精液准确的输送到发情母畜生殖道内的适当部位，并在操作过程中防止污染，是保证人工授精具有较高受胎率的重要环节。

1. 输精前的准备

(1)场地的准备　输精场地在输精前应进行环境消毒、通风，保证清洁、卫生、安静的输精环境。

(2)母畜的准备　母畜经发情鉴定后，确定输精适时后，将其进行保定，并进行外阴的清洗消毒。

(3)器械的准备　各种输精用具在使用之前必须彻底洗净严格消毒，临用前用灭菌稀释液冲洗。每头家畜备用一只输精管，如果使用一只输精管给两头以上母畜输精，需消毒处理后方能使用。

(4)精液的准备　常温保存的精液需轻轻振荡后升温至 35℃，镜检活力不低于 0.6；低温保存的精液升温后活力在0.5以上;冷冻精液解冻后活力不低于0.3。

(5)输精人员的准备　输精人员应穿好经过消毒的工作服,指甲剪短磨光,手及手臂洗净擦干后用75%的酒精消毒,必要时涂以润滑剂。

2.输精的基本要求

(1)输精时间　母牛的输精一般应在开始接受爬跨后18~20 h进行,母绵羊应在发情后半天输精,母山羊最好在发情后12 h输精,第二天仍发情者,再输精一次。母猪应在发情后18~30 h输精,即发情的当天傍晚或次日早晨,间隔12~18 h再输精一次。初配母猪的输精时间应适当后延,可在发情的第二天输精。

(2)输精量及有效精子数　一般马、猪的输精量大,牛、羊的输精量小;体型大、经产、子宫松弛的母畜输精量相对较大,体型小以及初配母畜输精量较小;液态保存的精液输精量比冷冻精液多一些。

(3)输精部位　牛的最适输精部位是子宫颈深部或子宫体;猪、马、驴以子宫内输精为好;羊、兔只需在子宫颈内浅部输精即可达到受胎目的,绵羊冻精应尽量进行深部输精。

3.不同家畜的输精方法

(1)母牛的输精方法　母牛的输精方法已普遍采用直肠把握法。母牛的输精方法已普遍采用直肠把握法。一只手伸入直肠握着子宫颈外口,另一手持输精管插入阴道,先斜向上再向前行,当输精管行至宫颈外口时,两只手协同操作,将输精管通过子宫颈,最后把精液注入子宫颈内口处或子宫体中。此法用具简单,操作安全,受胎率高,是目前广泛应用的一种方法(图5-6-4)。

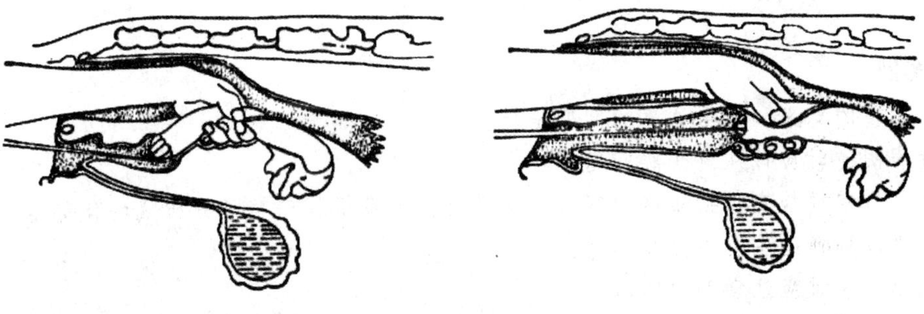

图5-6-4　牛直肠把握输精法

(左)牛直肠把握子宫颈深部输精中,错误的子宫颈把握方法。子宫颈倾斜或没有向前拉,无法将输精器导入子宫颈口;(右)正确的操作方法,可将输精器顺利导入子宫颈口

(2)母猪的输精　母猪的阴道与子宫颈接合处无明显界限,因此,一般都采用输精管插入法。猪的输精器种类很多,一般包括一个输精管(橡皮胶管或塑料管)和一个注入器(注射器或塑料瓶)。输精时让母猪自由站立栏圈内,将精液吸入注射器内,在输精管外部涂抹少量的灭菌润滑剂。左手保定注射器,右手持输精管先沿阴道上壁插入,避开尿道口后即以水平方向,边左右旋转边向前推进,经抽送2~3次后,直至不能继续再前进为止,此时即已插入子宫,然后向外拉出一点,接上注射器,缓缓注入精液。注完后按压母猪背腰部,以免拱背精液倒流。

(3)母羊的输精　一般采用开膣器输精法,发情母羊多时,可利用凹坑装置,此法需要三人操作,其中一人将母羊抓到输精架内,一人用开膣器打开阴道,用输精器伸入子宫颈外口1~2 cm作输精操作,另一人处理精液及挑选母羊等,每小时可输精100只以上。

各种家畜的输精要求见表 5-6-12。

表 5-6-12　各种家畜的输精要求

项目	牛		马、驴		猪		绵羊、山羊		兔	
	液态	冷冻	液态	冷冻	液态	冷冻	液态	冷冻	液态	冷冻
输精量/mL	1～2	0.2～1.0	15～30	30～40	20～50	20～30	0.05～0.1	0.1～0.2	0.2～0.5	0.2～0.5
输入有效精子数/亿	0.3～0.5	0.1～0.2	2.5～5	1.5～3	20～50	10～20	0.5	0.3～0.5	0.15～0.2	0.15～0.3
适宜输精时间	发情后 10～20 h，或排卵前 10～20 h		接近排卵时，卵泡发育第四至第五期，或发情第二天开始隔日一次至发情结束		发情后 24～48 h，或开始接受"压背试验"后 8～12 h		发情后 10～36 h		诱发排卵后 2～6 h	
输精次数	1～2		1～2、3		1～2		1～2		1～2	
输精间隔时间/h	8～10		24～48		12～18		8～10		8～10	
输精部位	子宫颈深部或子宫内		子宫内		子宫内		子宫颈内		子宫颈内或阴道底部	
附注	驴的输精要求可参照马，其输精量和输入有效精子数取马的最低值									

复习思考题

1. 人工授精的意义和值得注意的问题是什么？
2. 安装假阴道时应该注意哪些问题？
3. 精液品质常规检查包括哪些内容？如何进行？计算机辅助精子分析仪的优势是什么？
4. 简述精液稀释的主要成分和作用？
5. 配制稀释液时应注意哪些问题？
6. 精液冷冻保存的意义是什么？
7. 精液保存的方法有哪些？各自的效果如何？
8. 如何把握家畜的适时输精？
9. 影响家畜人工授精效果的因素有哪些？

第七章 妊娠诊断及助产

第一节 妊娠诊断

妊娠诊断，就是根据雌性动物妊娠与非妊娠阶段的生理、生化、行为和体征体态变化，做出确认。妊娠诊断的方法很多，但寻求和研究一种操作简便、准确实用的早期妊娠诊断方法，一直是畜牧兽医工作者长期以来的心愿。

一、妊娠母畜的主要生理变化

(一)生殖激素的变化

1. 孕酮

妊娠母畜血液中，孕酮含量一直维持在较高水平，是妊娠维持的主要激素。母猪、母牛的孕酮主要来自黄体，母羊妊娠的后末期主要来自胎盘，马在妊娠前 150 d 由主黄体分泌，150～180 d 由副黄体分泌，180 d 以后主要由胎盘分泌。其作用：

2. 松弛素

多肽激素，主要由黄体(母猪、牛)和胎盘产生(马、绵羊)，对妊娠维持和分娩具有重要作用。妊娠早期，它使子宫结缔组织松软，利于子宫随胎儿生长而扩展，在后期，引起骨盆腔开张。各种家畜在分娩前，松弛素水平都有上升。

3. 雌激素

雌激素在妊娠早期水平低，而在妊娠中后期血液中的浓度越来越高，母马在妊娠后期雌激素水平很高。妊娠期的雌激素主要来自胎盘，它在妊娠期的主要功能是与孕激素协同作用，促进乳腺的发育，为产后的泌乳作准备。

4. 其他激素

如促乳素，由胎盘产生，促进乳腺和胎儿发育，甲状腺素、甲状旁腺素和肾上腺素等对维持母畜妊娠期的代谢水平有重要作用，为胚胎和胎儿发育提供良好环境。

(二)生殖器官变化

(1)卵巢　出现妊娠黄体，卵巢的周期活动基本停止。

(2)子宫　子宫腔不断扩大，子宫肌不发生收缩或蠕动，处于相对静止状态。

(3)子宫颈　出现子宫栓，子宫颈括约肌处于收缩状态。

(4)外生殖道　母畜妊娠以后，阴唇收缩，阴门紧闭，阴道黏膜苍白、发干。妊娠后期，阴唇逐渐水肿、柔软。

(5)子宫阔韧带　子宫阔韧带逐渐松弛，同时，韧带平滑肌纤维和结缔组织增生，韧带变厚。

(6)子宫动脉　妊娠后，子宫动脉血流量增大，血管内壁增厚，脉搏变成不明显的颤动，称作妊娠脉搏。

(三)母畜行为变化

怀孕后，母体的新陈代谢旺盛，食欲增进，消化能力提高，因此，孕畜营养状况改善，表现为体重增加，毛色光润。

怀孕初期，阴唇收缩，阴门裂紧闭。随妊娠期进展，阴唇的水肿程度增加。

妊娠后半期，由于胎儿骨骼发育的需要，母体内钙磷往往含量降低，如饲养时矿物质缺乏，可常见后肢跛行，牙齿也易受到缺钙的影响而磨损较快。

妊娠末期，母畜因不能消化足够的营养物质以供给迅速发育的胎儿的需要，致使消耗妊娠前半期储存的营养物质，所以母畜在分娩前常常消瘦。在牛、马怀孕的后期，常可以发现由乳房到脐部的水肿扩展及后肢发生水肿。怀孕母畜，随着胎儿的增长，母体内脏器官容积缩小，这就使排粪、排尿次数增多，而每次量减少。妊娠末期，腹部轮廓也发生变化，行动稳定，谨慎，容易疲倦，出汗。

二、妊娠诊断的意义

早期妊娠诊断，是指在母畜配种后的最短时间(通常是指 1～3 个情期)内，确诊妊娠与否，对于保胎护产，减少空怀，提高繁殖效率尤其重要。早期妊娠诊断具有以下意义：

(一)防止流产

对诊断为已经妊娠的母畜，尽早按孕畜的营养需要进行饲养管理，以维持母畜的健康、确保胎儿的正常发育，防止流产。对于大家畜，早期妊娠诊断能有效地防止孕后发情误配而引起的流产。

(二)及早再配或淘汰

对诊断为未妊娠的母畜，有利及早查明原因。如果未孕是由配种(交配)时间不当或配种方法不适或由于公畜精液品质不合格引起，则需总结准备下个情期再配；如果未孕是由母畜生殖道疾病引起，则应对其进行治疗或淘汰。

(三)早期妊娠诊断可有效地提高畜群繁殖率

在适配的奶牛群中，如果不进行早期妊娠诊断，个体或群体累计失配 13.5 个发情周期(283天)就意味着少产一犊，并损失一个泌乳期的泌乳量。

(四)早期妊娠诊断有利于生产计划的合理安排

如调剂使役、接产、预算场房建筑、饲料供应等。

三、妊娠诊断的方法

临床上应用的妊娠诊断方法主要指外部检查法和内部检查法。每一种方法都有它自身的优点，但也有其一定的局限。因此在临床应用时应根据畜种、妊娠期阶段及饲养管理方式等来决定应采取的方法。但须指出，一般不是孤立采用某种方法，而是把某一种或几种作为主要诊断方法，其他的则作为辅助诊断方法。

(一)外部检查法

1. 视诊

母畜配种(授精)一个性周期后，应注意观察母畜是否再次发情。如果连续 1～2 个周期不发情，则可能已妊娠。这种方法对发情规律比较正常的母畜，有着一定的实用价值，其准确率一般可达80%以上。但是当母畜饲养管理或利用不当、生殖器官不健康、激素分泌紊乱以及有其他疾病发生时，虽未怀孕，也可能不表现发情。此外，有的母畜虽已怀孕，却会出现发情，这种情况多见于马、驴、少数牛也时有发生。

母畜妊娠后一般表现为：回避公畜，并拒绝公畜爬跨。群牧的母畜则有离群、行动谨慎、怕拥挤、防踢蹴等行为表现。食欲增加，毛色润泽，膘情良好，体重增加，性情温顺，到一定时期（牛、马、驴4～5个月，羊3～4个月，猪2个月）后，腹围增大，腹壁向一侧突出，马、驴多向左侧突出，牛、羊多向右侧突出，而母猪腹部侧向下垂。两侧腹壁的不对称，随着妊娠的延续，隔着腹壁可以触诊到胎儿。已妊娠母畜外阴部干燥收缩紧闭，有皱纹出现，前庭黏膜苍白、干燥、无分泌物。妊娠后期，母畜乳房增大，尻部下塌较深，阴户出现充血膨大松弛等征状。

视诊的缺点在于对早期妊娠难以确定，另外对少数生理异常的母畜易出现误诊，因此视诊的结果仅能作为其他方法的补充。

2. 听诊

利用听诊器在母畜外腹壁距子宫最近的部位，检查有无胎儿心音，这种方法只适用于妊娠中后期，胎龄越长准确率越高。

3. 触诊

多应用于猪、羊，有时马、牛也用。触诊母猪时先使母猪侧卧，然后用一只手或双手在最后2对乳头的上腹壁，由前向后滑动，触摸有无硬块，如母猪已孕，可摸到若干个大小相似的硬块。触诊母羊时，术者面向羊尾端，用两腿夹住母羊的颈部，使母羊不能前后移动。双手紧贴下腹部，前后滑动触摸，检查子宫内有无硬块，有时可摸到黄豆大小的子叶。对母牛触诊可用手掌压迫其右腹壁，对马、驴则压迫其左腹壁，如为妊娠中后期，当手掌压迫腹壁时可明显地感觉到有胎儿的反射性撞击。

（二）内部检查法

内部检查法主要指临床诊断中的直肠检查法和阴道检查法。

1. 直肠检查法

直肠检查法是牛、马等大家畜妊娠诊断最可靠的方法。该法简便易行，在整个妊娠期（马从配种后16 d，牛从40 d左右）都可使用，诊断结果较准确。此法可判断胎龄、识别假妊娠、假发情、死胎以及某些生殖疾病等不正常情况。

使用该法的检查人员必须经过一定的技术训练，方可熟练掌握，尤其在妊娠早期，胎儿很小，母畜生殖器官在形态上的变化不大，只有具有丰富经验的技术人员才能正确判断。直肠检查法是检查人员把手伸进母畜的直肠内，隔着直肠壁触摸卵巢、子宫、胎盘（牛）、胎儿及子宫动脉等，根据它们的变化情况来判断母畜是否妊娠。母畜妊娠后，在黄体分泌的孕激素作用下，阴道、子宫以及卵巢的形态、位置和质地等都会发生一系列有规律性的变化，这些变化随妊娠的不同时期而有差异，因此在直肠检查时检查的内容依怀孕时间不同而有所侧重。如在妊娠早期，主要检查卵巢上黄体的状态，子宫角的形态和质地、两侧子宫角是否对称、孕体是否明显。妊娠中后期，由于胎儿已经下沉，子宫远离直肠，可以检查子宫颈的位置及子宫动脉的妊娠搏动，对牛可以检查子叶胎盘。

直肠检查前的准备工作、操作手法和注意事项与发情鉴定的直肠检查法大致相同。触诊胚泡或胎儿时，动作要轻缓，且不宜拖延时间太久，以免造成流产。

2. 阴道检查法

阴道检查法也是妊娠诊断的重要临床方法之一，是大家畜配合直肠检查进行的辅助诊断方法；

是小家畜妊娠检查的诊断方法之一。

此法是用阴道开膣器插入母畜阴道，观察其阴道黏膜的颜色、干湿状况、黏液的浓稠度、透明度和分泌量，子宫颈的形状、位置及开口处的黏液状况等。

(1)阴道黏膜　妊娠 2 周后，阴道黏膜由未孕时的淡粉红色变为苍白色，干燥而无光泽，同时阴道收缩变紧，插入开膣器时感到有较大阻力。检查时动作要迅速，否则会因时间过长，阴道受刺激转为充血状态。

(2)阴道黏液　怀孕初期，阴道中的黏液量变少，黏稠度增加，颜色混浊，呈灰白色或略带黄色。怀孕中期，阴道黏液量有增加趋势，以牛最为明显，有时甚至可流出阴门外(指子宫栓的更换期)，马的阴道黏液较浓稠，呈糊状，并带有特殊的芳香味，这些黏液多聚集在子宫颈外口附近及阴道穹窿部。

(3)子宫颈　妊娠后颈管紧闭，子宫颈阴道部变为苍白，颈外口处堵有糨糊状的黏液块(子宫栓)，子宫栓以牛的较为明显，马的怀孕 3～4 个月后才逐渐增多。牛在妊娠过程中子宫栓有更替现象，被更替的黏液排出时，常黏附于阴门下角，并有粪草黏着。马妊娠 3 周后，子宫颈即收缩紧闭，子宫颈阴道部变得细而尖。子宫颈的位置随妊娠的进展有所变化，怀孕初期一般位于阴道穹窿部的中央，以后由于子宫膨大下垂，使其受到牵引而向前下方移动，有时也偏向一侧。

阴道检查应注意某些个体的异常变化，如怀孕后出现发情、阴道或子宫颈病理性变化，这些都将影响妊娠判断。阴道检查虽有一定的准确性，但不能作为主要的方法，还必须结合其他方法，才能得出正确的结论。

(三)实验室检查法

1. 超声波诊断

超声波诊断是把超声波的物理特点和动物组织结构的声学特点密切结合的一种物理学诊断方法。它是以高频声波对动物的子宫进行探查，碰到母畜子宫不同组织结构出现不同的反射，然后将其回波放大后以不同的形式转化成不同的信号显示出来，以探知胚胎的存在。Lindahahl(1966)最早把超声诊断技术引入兽医领域，以后，超声波诊断技术就在兽医领域广泛使用起来，目前应用的诊断仪主要有 A 超、B 超和多普勒超声三种。

实时超声显像法(简称 B 超) 此法是将回声信号以光点明暗的形式显示出来。回声强，光点就亮，回声弱光点就暗。光点反映组织内各界面反射强弱及声能衰减的规律，这样由点到线到面构成一幅被扫描部位组织或脏器的二维断层图像，称为声像图。超声波在家畜体内传播时，穿透子宫、胚泡或胎儿等，由于脏器或组织的声阻抗不同，界面形态不同，以及脏器间密度较低的间隙，造成各脏器不同的反射规律，形成各脏器各具特点的声像图。用 B 超诊断配种后 28～30 天的奶牛妊娠诊断准确率达 98.3%，对配种后 25 d 的母猪妊娠诊断准确率达 99.75%。

超声波早期诊断动物妊娠具有安全、准确、简便、快速等优点，是较为理想的早期妊娠诊断方法。但由于经产母畜与处女母畜的卵巢位置有差异，以及盆腔脏器的干扰，常影响准确性。实时超声显像法准确率高于其他两种，但目前由于设备较为昂贵，生产中尚未广泛应用。

2. 孕酮水平测定法

母畜体内孕酮的主要来源是黄体，因此体内孕酮水平的变化可作为监测母畜生殖活动的精确“指示剂”。由于妊娠黄体的存在，在相当于下一个情期到来的时间，其血中(血清)和奶中(乳汁或乳脂)孕酮含量要远远高于未孕母畜。因此测定母畜血浆或乳汁的孕酮浓度可以进行早期妊娠诊断。

采乳样比采血样方便，目前测定乳中孕酮含量的较多，而乳中孕酮水平受乳脂含量的影响，故测定脱脂乳孕酮水平比测定全乳更准确。对于非乳用母畜，可以采集尿液、唾液、被毛或粪便进行孕酮水平测定。

3. 免疫学诊断法

免疫学诊断法是指根据免疫化学和免疫生物学的原理所进行的妊娠免疫学诊断。它主要依据是：怀孕后，胚胎、胎盘及母体组织分别能产生一些化学物质、激素或酶类，其中某些物质具有很好的抗原性，能刺激动物机体产生免疫反应，如果用这些物质去免疫其他家畜（如家兔或火鸡），会在体内产生强烈的抗体，用其血液制成抗血清。血清中的特异抗体只能和其诱导的抗原相同或相近的物质进行特异结合。抗原和抗体的这种结合可以通过两种方法在体外测定出来：一是荧光染料或同位素标记，然后在显微镜下定位；另一是抗原和抗体结合产生某些物理性状，如凝集反应、沉淀反应，利用这些反应的有无来判断家畜是否妊娠。

此外，妊娠诊断的方法还有硫酸雌酮测定法、血小板计数法、PMSG 测定法和早孕因子（EPF）测定法等。

四、各种家畜的妊娠诊断

（一）牛的妊娠诊断

1. 直肠检查法

配种 19～22 d：子宫的变化不明显，不能摸到胚泡。在排卵侧卵巢上，若存在发育良好，直径为 2.5～3 cm 的黄体，则是妊娠的重要表现。配种后没有怀孕的母牛，通常在第 18 天黄体就消退，因此，不会有发育完整的黄体。

妊娠 30 d 后：两侧子宫大小不对称，孕角略为变粗，质地松软，有波动感，孕角的子宫壁变薄；空角硬而有弹性，弯曲明显；用手轻握孕角，从一端滑向另一端，有胎膜囊从指间滑落的感觉。若用拇指与食指轻轻捏起子宫角，然后稍微放松，可感到子宫壁内先有一层薄膜滑开，这就是尚未附植的胚囊壁。

妊娠 60 d：孕角明显增粗，相当于空角的 2 倍左右，波动感明显，角间沟变得宽平，可摸到整个子宫。

妊娠 90 d：孕角有婴儿头或排球大小，波动极明显；角间沟消失，子宫开始沉向腹腔，初产牛子宫下沉要晚些。子宫颈前移，有时能摸到胎儿。孕侧的子宫中动脉根部有微弱的震颤感（妊娠特异脉搏）。

妊娠 120 d：子宫像装满东西的口袋全部沉入腹腔，子宫颈已越过耻骨前缘，一般只能摸到子宫的背侧及该处的子叶，子叶如蚕豆大小，可摸到胎儿，孕侧子宫动脉搏动明显。

此后到分娩：子宫进一步增大，沉入腹腔甚至抵达胸骨区，子叶逐渐长大如胡桃、鸡蛋。子宫动脉越发变粗，粗如拇指，双侧都有明显的妊娠脉搏。妊娠后期可触到胎儿、四肢及各部。

母牛妊娠 3 个月后，子宫动脉的怀孕脉搏即可作为诊断的重要标志。寻找子宫动脉的方法是，将手伸入直肠后，手心向上，指肚贴着椎体向前滑动，在岬部的前方可摸到腹主动脉的最后一个分支，即髂内动脉，在左右髂内动脉的根部各分出一支动脉即为子宫动脉。用双指轻轻捏住子宫动脉，压紧一半就可感觉到典型的颤动。

2. 孕酮水平测定法

根据妊娠后血中及奶中孕酮含量明显增高的现象，常用放射免疫和酶免疫法测定奶样中的孕酮含量进行妊娠诊断。用放射免疫法对奶样孕酮测定在1974年就成为商业化的方法。1980年(英)农业研究委员会动物生理研究所介绍检测输精后3周乳样中的硫酸雌甾酮含量以判断是否妊娠，以上两种方法都被英国乳品推销委员会宣布认可使用。应用放射免疫法在配种后20～25 d测定孕酮含量，奶牛每毫升乳汁孕酮含量大于7 ng为妊娠，小于或等于5.5 ng为未孕，介于5.5～7 ng为可疑，其妊娠准确率为81.6%，空怀准确率100%。

3. 10%或25%苛性钠溶液煮沸法

取一块玉米粒大小的子宫颈黏液置于试管内，加10%或25%苛性钠溶液5 mL，煮沸1 min。若液体被染成橙色至暗褐色，则可判定该牛已孕；若溶液呈透明黄色，则判定该牛未孕。用10%苛性钠溶液煮沸法其妊娠准确率可达85%以上，用25%苛性钠溶液其妊娠诊断准确率达90%以上。

4. 超声波诊断法

目前国内试制的有两种：一种是用探头通过直肠探测母牛子宫动脉的妊娠脉搏，由信号显示装置发出的不同的声音信号，来判断妊娠与否。另一种，探头伸入阴道穹隆2 cm处，在下方两侧进行探测。母体宫血音：妊娠30～40 d出现"阿呼"音，40天以后有"蝉鸣"音判为妊娠，未孕牛或因子宫下垂，探头接触不良时，仅听到"呼呼"音，声音频率与母体脉搏相同。胎儿死亡时，也只能听以"呼呼"音。胎儿脐血音：呈节律很快的血流音，其频率为120～180次/min，从妊娠50 d起比较明显。应用SCD-Ⅱ型超声多普勒诊断仪，对配种后33～70 d的母牛进行探测，其妊娠诊断准确率可达90%左右。

在有条件的大型奶牛场也可采用较精密的B型超声波诊断仪。其探头放置在右侧乳房上方的腹壁上，注意探头应涂以接触剂(凡士林或液状石蜡)，接触部位应剪毛。探头方向应朝向妊娠子宫角。通过显示屏可清楚地观察胚泡的位置、大小，并且可以定位照相。通过探头的方向和位置的移动，可见到胎儿各部的轮廓、心脏的位置和跳动情况、单胎或双胎等。

(二)母羊的妊娠诊断

羊的个体小，不便进行直肠检查，主要采用外部观察，结合阴道检查、腹壁触诊及其他一些方法，如B超、直肠探诊等方法进行妊娠诊断。

1. 外部观察

母羊配种后一个发情周期不再发情，一个月后阴户干燥紧缩，颜色发紫，从阴道向外流出透明而略带黄色的黏液，便可初步认为怀孕。检查妊娠母羊的阴道，刚打开时可见黏膜为白色，几秒钟后即变为粉红色，而未孕羊的阴道黏膜为粉红色或苍白，且由白变化的速度较慢。孕羊60 d后腹部明显增大，触诊能摸到胎儿。

2. 腹壁触诊

检查者在羊体右侧与羊并立，或两腿夹住羊的颈部，人脸朝向羊尾部，以左手从羊右侧围住腹部，右手从左侧抱住羊腹，两手先在腰椎下方轻缓压缩腹壁，然后右手用力压左侧腹壁，如此则可将子宫推向右侧腹壁，左手在右侧腹壁上前后滑动，触摸是否有硬块(胎儿). 触诊到的胎儿好像漂浮于腹腔中，膘情差或被毛少的母羊，有时还可摸到子叶。

3. 其他方法

用B型超声断层扫描仪进行妊娠诊断，其准确率高，操作也简便。据有关实验，把波尔山羊胚胎移植给受体白山羊和波尔赡养与本地山羊杂交后进行早期妊娠检查，在胚胎移植或交配后 20～100 d 对羊妊娠诊断，其阴性和阳性的准确率为 100％ 。在胚胎移植（2～8 细胞胚胎）30 d 以后进行 B 超妊娠检查，不仅可准确判断妊娠情况，而且能得到胚胎移植羊流产或妊娠中止的数据。试验说明，B 超妊娠诊断是目前波尔山羊胚胎移植产业化过程中的一个重要环节。

用放射免疫分析法检测血液中的孕酮和雌二醇的水平，连续检测一个发情周期(20 d)，每 5 天采集血液样本 1 次，每只母羊连续采 4 次。由检测结果分析得出的结论，经实践检验，妊娠诊断的准确率为 75％ ，如果结合其他妊娠诊断方法，可以进一步提高波尔山羊妊娠诊断的准确率。

(三)母猪的妊娠诊断

1. 外部观察法

母猪配种后经 18～25 d 没再表现发情，或到 40 d 仍无发情表现，而且变得贪睡，性情温驯，上膘明显，尾巴下垂，阴门紧闭等，这些都是妊娠的现象。母猪妊娠两个月后，腹围增大，腹部下垂，妊娠征状更加明显。但是有的母猪未孕也不发情，这就应该结合其体态表现、营养状况全面分析，综合判断，或者采用其他方法进行检查。

2. 触诊法

适用于妊娠中、后期检查。母猪怀孕 2.5 个月后，用手隔着最后两对乳头上方的腹壁可以摸到胎儿。检查时，可以给母猪搔痒使其卧地，然后用手在上述部位前后滑动，细心触摸。妊娠初期或母猪过肥时，触诊较困难。

3. 超声波诊断法

检测方法：探测部位在倒数第 1～2 对乳头上方无毛的软腹壁处，以液状石蜡、凡士林的混合物作耦合剂，探头对准子宫的方向，前后左右呈扇形探测。若能听到宫血音、胎心音、胎动音、脐带血流音之一或一种以上者，即判定为阳性。在 20 d 以内的总准确率和阳性准确率分别为 63.63％和 42.85％，而 21～30 d 二者分别为 84.39％和 70.37％，51～60 d 均达到 100％。

应用 B 超检查可以在配种后 14 d 确定是否妊娠，准确率高达 100％。利用超声多普勒仪进行母猪早期妊娠诊断，具有简便、快速、准确率高的优点，它可以在生产实践中推广应用。

4. 用激素探测

(1)PMSG 制剂法　在配种后 14～26 d 的不同时期，在被检母猪颈部肌肉注射 700 IU 的 PMSG 制剂，处理后 5 d 内不发情或发情微弱及不接受交配者判定为妊娠母猪。据实验报道，妊娠和未妊娠母猪的确诊率均达到 100％。用 PMSG 制剂对母猪进行早期妊娠诊断的最佳时间是配种后 14～17 d。该方法简便，诊断时间短，具有妊娠诊断和诱导发情的双重效果，且未妊娠母猪再配种后仍能得到正常的受胎效果，在养猪生产中具有很好的实用价值。

(2)性激素检查法　据有关试验报道用缬草素雌二醇 2 mg 加庚酸睾酮 5 mg 在人工授精后第 15～23 天一次肌注，隔 2～3 d 用公猪试情，若未孕则发情，若怀孕则无反应。亦可用 1％丙酸睾酮 0.5 mL，0.1％苯甲酸雌二醇 2 mL 混合肌注，注射后 2～3 d 内试情，反应同上。

(四)其他动物的妊娠诊断

1. 犬

对于母犬的妊娠诊断常用的方法有：外部观察、触诊、超声波探测、X 射线透视法。

(1)外部观察法　母犬妊娠后，一般食欲增加，被毛光亮，性情温和，活动量减少，个别犬有妊娠呕吐和厌食现象。怀孕 2～3 周后，第 4、第 5 对乳头变粗，颜色为粉红，乳房开始发育，基部显出

"蓝晕",4 周后,体重增加明显,腹围开始明显增大。

(2)触摸法　母犬在配种后 20～25 d 进行妊娠诊断。检查时母犬应作站立姿势保定,胎儿的位置在脐孔与第 4 对乳头之间的腰椎和下腹部之间,左手掌紧贴母犬的下腹部,拇指位于右侧腹壁,中指位于左侧腹壁,当母犬呼气、腹压降低时,以两手指向腹腔压缩,并作上下左右捻动,妊娠犬可感觉到两子宫角松软无力并有硬物感,胎儿呈葡萄状硬块,有弹性,易游离。触摸胎儿时,应在母犬空腹情况下进行,检查操作中,动作应轻缓且勿用力过大,以免造成流产。

(3)超声波诊断法　可以用以上介绍的多普勒法、A 型超声波法和 B 型超声波法三种。多普勒法可在配种后的第 29～35 天探测到胎儿的心跳。B 型超声波诊断可在配种后第 18～19 天进行。

2. 兔

先将母兔轻轻抓起放在地上或台上,头朝检查者,以左手抓着兔耳和颈皮,右手拇指与其他四指呈八字形分开在母兔腹下,由前向后沿腹壁触摸。如感觉母兔腹部柔软如绵,表示无胎;如摸到有椭圆形滑动肉球,而且多数呈双行排列在后腹两侧,指压时光滑有弹性,不易抓住,即为胎胞;若摸到的圆形物质硬、无弹性、粗糙而不规则,分布面较大则是粪球。

免的摸胎一般应在配种后 12～15 d 进行,第 15 天时可以摸到几个连在一起的胎胞,20 d 后可摸到形成的胎儿。摸胎动作应轻缓,要用指肚触摸,不可用力挤捏,以免造成流产。

第二节　家畜的分娩

一、分娩预兆与分娩过程

(一)分娩预兆

随着胎儿的发育成熟喝分娩期的接近,母畜的生殖器官与骨盆都要发生一系列生理变化,以适应排出胎儿和哺乳幼仔的需要。母畜的行为及全身状况也发生相应的变化,通常把这些变化称为分娩预兆。我们可根据这些变化预测母畜分娩的时间,以便做好产前准备,以确保母仔安全。

1. 乳房的变化

乳房在分娩前迅速发育,膨胀增大,腺体充实,有时还出现浮肿。临近分娩时,可从乳头中挤出少量清亮胶状液体或挤出少量初乳,有的出现漏乳现象。

2. 外阴部的变化

在分娩前数天到 1 周左右,阴唇逐渐变松软、肿胀并体积增大,阴唇皮肤上的皱褶展平,并充血稍变红,从阴道流出的黏液由浓稠变稀薄,尤以牛和羊最为明显。猪阴唇肿大开始于产前的 3～5 d。只有母马和奶山羊的阴唇变化较晚,在分娩前数小时至 10 h 多才出现显著变化。

3. 骨盆的变化

骨盆韧带在临产前数天开始变为松软。牛的荐坐韧带后缘原为软骨样,触诊硬,外形清楚,到妊娠末期,由于骨盆血管内血量增多,静脉瘀血,促使毛细血管壁扩张,血液的液体部分渗出管壁,浸润周围的组织,骨盆村带从分娩前 1～2 周开始软化,到分娩前的 12～36 h,荐坐韧带后线变为非常松软,外形几乎消失,尾根两侧下陷,只能摸到一堆松弛组织,即通称为"塌窝",但初产牛这些变化不甚明显。奶山羊的荐坐韧带软化也比较明显,当荐骨两旁的组织各出现一纵沟,荐坐韧带后缘完全松软时,分娩一般不超过 1 d,猪、马和驴虽荐坐韧带也出现柔软现象,但因这部分软组织原来比较丰满，因此，变化不如牛明显。在荐坐韧带软化的同时，荐髂韧带同样也变得柔软，使荐骨后端的活动性增大，当手握羊和驴的尾根时可上下活动，而牛和马因臀部肌肉肥厚，手握尾根时活动性不是很明显。

4. 行为的变化

在分娩前都有较明显的精神状态变化，均出现食欲不振、精神抑郁和来回走动不安和离群寻找安静地等现象。猪在临产前 6～12 h 出现衔草作窝现象。马、驴在临产前数小时在肘后和腹侧出汗，表现为不安、频繁举尾、蹄踢下腹部和时常起卧及回顾腹部等情况。

(二)分娩过程

母畜的整个分娩过程是从子宫肌和腹肌出现阵缩开始的，至胎儿和附属物排出为止。一般划分为开口期、产出期和胎衣排出期。但开口期与产出期间没有明显界限。

1. 子宫颈开口期

又称准备期，指从子宫肌开始阵缩为起点，到子宫颈口完全开张与阴道之间的界限消失为止。这一期仅有阵缩而无努责。开始收缩的频率低，间隔时间长，持续收缩的时间和强度低。随后收缩频度加快，收缩的强度和持续时间增加，到最后以每隔几分钟即收缩一次。初产母畜表现不安、起卧频繁、食欲减退等；经产者表现不甚明显。稍有不安，轻度腹痛，尾根举起，常作排尿状态，并停止采食或者是很少进食。

2. 胎儿产出期

是指由子宫颈口充分开张至胎儿全部排出为止持续的时间。在这一时期，母体的阵缩和努责共同发生作用，其中努责是排出胎儿的主要力量。

在这时期，母体的行为变化是表现极度不安，起卧频繁，前蹄刨地，后肢踢腹，回顾腹部，弓背努责，嗳气等。当胎儿前置部分以侧卧胎势通过骨盆及其出口时，母体四肢伸直，努责的强度和频率都达到极点。努责数次后，休息片刻，又继续努责。在产出期中期，胎儿最宽部分的排出需要较长时间，特别是头部。当胎儿通过骨盆腔时，母体努责表现最为强烈。正生胎向时，当胎头露出阴门外之后，母畜稍微休息，继而将胎儿胸部排出，然后努责缓和，其余部分随之迅速被排出，仅把胎衣留于子宫内。此时，不再努责，休息片刻后，母体就能站起来照顾新生幼仔。

牛的产出期为 6 h，也有长达 12 h 的，马、驴产出期为 12 h，有的长达 24 h，猪为 3～4 h，绵羊 4～5 h，山羊 6～7 h。

3. 胎衣排出期

胎衣是胎膜的总称，包括部分断离的脐带。胎儿被排出之后，母体就开始安静下来，几分钟之后，子宫再次出现轻微的阵缩与努责。胎衣的排出，主要是由于子宫的强烈收缩，从胎儿胎盘和母体胎盘中排出大量血液，减轻了绒毛和子宫黏液腺窝的张力。胎衣排出的快慢，因各种动物的胎盘组织构造不同而有差别。

二、正常分娩的助产

原则上对正常分娩的母畜无须助产。助产人员的主要职责是监视母畜的分娩情况，发现问题及时给予必要的辅助和对仔畜的护理。助产时重点注意以下几个问题：

(1)产前卫生　母畜临产时先用温开水清洗外阴部、肛门、尾根及后躯，然后用 70% 的酒精、1% 的来苏儿溶液或 0.1% 的高锰酸钾溶液消毒。

(2)撕破羊膜　当头露出阴门之外而羊膜尚未破裂时，应立即撕破羊膜，使胎儿鼻端露出，防止窒息。

(3)托住胎儿　若遇母畜站立分娩，应双手托住胎儿，以防落地甩伤。

(4)断脐　处理脐带的目的并不在于防止出血，而是希望断端尽早干燥，避免因细菌侵入而造成感染。为了使胎盘上更多的血液流入幼驹体内，可在脐带上涂上碘酊后，用手把脐带血向幼驹腹部捋，直到脐血管显得空虚时再从距脐孔之下 12～15 cm 脐带狭窄处剪断。断脐后除持续出血不止，一般不进行结扎。

(5)擦干仔畜身上的黏液　对幼驹或仔猪出生后可立即将身上的胎水或黏液擦干。

(6)帮助幼畜站立和哺乳　新生仔畜产出不久即试图站立，但最初一般站不起来，应予以帮助。并进行人工哺乳。

三、难产的助产

1. 难产的类型

难产包括产力性难产、产道性难产、胎儿性难产三种。

2. 难产的救助原则

(1)了解病情，摸清产道及胎儿的状态，采取有针对性的助产手术以确保母子双全外，应特别注意保护母畜的繁殖力。

(2)为便于矫正和拉出胎儿，特别是胎水已流尽，应向产道内灌注大量滑润剂(液体石蜡或植物油)，或者灌入加热到 35～40℃的消毒肥皂水。

(3)助产时应根据情况改变母畜的姿势，避免因矫正或截除部分肢体使母畜过度努责而影响操作。

(4)应尽量避免剖腹产手术，因对以后的妊娠有一定影响，必须进行时应从左侧(牛羊)切开腹壁才不致肠管外漏，省时省力。

(5)矫正胎位时，应力求在母畜阵缩间歇期将胎儿推回子宫，以利矫正胎势。

3. 难产的预防

(1)应避免母畜过早配种产仔。

(2)要注意妊娠期间母畜的合理饲养。

(3)对妊娠母畜安排适当的运动。

(4)临产时对分娩是否正常及早做出诊断。

四、产后护理

(一)新生幼畜的护理

1. 防止新生仔畜窒息

当仔畜出生后应立即清除其口腔和鼻腔的黏液，一旦出现窒息，应立即找原因并进行人工呼吸。

2. 注意保温

新生仔畜的体温调节中枢尚未发育完善，皮肤调节温度的机能又差，而外界温度又比母体内低得多，特别是冬季和早春寒冷季节，若不注意保温，仔畜极易受到冷冻而死亡。

3.尽早让仔畜吃足初乳

初乳是新生仔畜获得抗体的唯一来源。初乳中的抗体可以增强仔畜的抵抗力。初乳中含有大量的镁盐，有助于刺激肠道发生缓泻作用，促使胎粪排出。初乳不但含有大量的维生素A，而且还有大量的蛋白质，特别是清蛋白和球蛋白的含量要比常乳高出20～30倍，这些物质无须经过肠道分解，就可直接吸收。此外，新生仔畜消化道很不发达，消化腺和胃肠道的消化机能很不完全，但生长发育速度却很快，新陈代谢非常旺盛，所以在它站立以后需立即辅助它找到乳头，吮食初乳，时间越早越好。

犊牛在出生后30～50 min，马驹在出生后1～1.5 h就应吃到初乳。母猪如果分娩过程过长，可在分娩结束以前，先让出生的仔猪吮乳，使其不至挨饿。

4.注意脐带的变化

新生仔畜的脐带断端一般于生后一周左右自行脱落，仔猪出生后24 h脐带即干燥。在此期间应经常注意观察脐带的变化，防止仔畜间相互舔吮而感染发炎。

5.预防疾病

由于新生仔畜本身抵抗力弱，加之环境、营养、免疫、遗传和难产等因素的影响，常常容易在出生后不久便出现一些病理现象。如孱弱、便秘、拉稀、脐带不能闭合、融血病、腹痛、仔猪低血糖症等，为此应采取积极的防治措施。

(二)母畜的护理

(1)提供饮水　在分娩过程中母畜丢失大量水分，所以产后应补充体内水分的损耗，同时也有助于促进母畜的泌乳活动。

(2)保持产后母畜外阴部的清洁卫生　产后应用消毒溶液清洗母畜外阴部、尾巴及后躯。对难产并进行了助产的母畜须进行抗菌消炎、强心利尿。

(3)注意产后母畜的营养　喂给质量高、容易消化的饲料。但量不宜过多，以免引起消化道或乳腺疾病。饲料应逐渐转变为正常。

(4)役用家畜母畜分娩前半个月内应停止使用。

复习思考题

1.简述妊娠母畜的主要生理变化。

2.简述母畜妊娠诊断的常用方法。

3.简述母畜分娩过程及其发动的机理。

4.什么是胎位、胎向、胎势？胎儿在子宫内处于哪种状态是正常的？

5.什么是骨盆轴？各种家畜骨盆轴有何特点？与分娩过程有什么关系？

6.分娩发动的动力是什么？

7.如何进行助产？如何预防难产？

8.如何产后期？产后期生殖器官的变化是什么？

第八章　家畜繁殖管理

第一节　繁殖力

一、繁殖力的概念

繁殖力是指动物维持正常生殖机能、繁衍后代的能力，是评定种用动物生产力的主要指标。动物繁殖力是个综合性状，涉及动物生殖活动各个环节的机能。动物繁殖力的高低受多种因素的影响。对公畜来说，繁殖力反映性成熟早晚、性欲强弱、交配能力、精液质量和数量等。对母畜而言，繁殖力体现在性成熟的迟早、发情表现的强弱和次数、排卵的多少、配种受胎、胚胎发育、泌乳和哺乳等生殖活动的机能。

二、评定繁殖力的主要指标

评定动物繁殖力的指标很多，不同动物种类或同种动物不同性别和不同经济用途之间，评定指标也有差异。评定雄性动物繁殖力的指标，主要有精液品质评定指标如射精量、活力、密度等和性发育指标如初情期、性成熟期，以及配种受胎率等。由于繁殖力最终必须通过母畜产仔才能得以体现，因此目前常用的繁殖力指标主要是针对母畜来制定的。但我们也不能忽视来自公畜的影响。

(一)牛的繁殖力指标的计算

1.情期受胎率

情期受胎率表示妊娠母畜数与配种情期数的比率。此指标能较快地反映出畜群的繁殖问题。此指标同样适用于马、猪和羊。

$$\text{情期受胎率}=\frac{\text{妊娠母畜数}}{\text{配种情期数}}\times 100\%$$

2.第一情期受胎率

第一情期受胎率指第一次配种就受胎的母畜数占第一情期配种母畜总数的比率。包括青年母牛第一次配种或经产母牛产后第一次配种后的受胎率。主要反映配种质量和畜群生殖能力。人工授精技术水平高低、精液质量较差、公畜交配太频繁、母畜屡配不孕等因素，均可影响情期受胎率。

$$\text{第一情期受胎率}=\frac{\text{第一情期受胎母畜数}}{\text{第一情期配种母畜数}}\times 100\%$$

3.总受胎率

总受胎率指年内妊娠母畜头数占配种母畜头数的百分率。此指标反映了牛群的受胎情况，可以用来衡量年度内的配种计划完成情况。配种后 2 个月以内出群的母牛，可不参加统计，2 个月后的出群的母牛一律参加统计。年内受胎两次以上（含两次）母牛（包括早产和流产后又受胎的），受胎头数应同时计算。

$$总受胎率 = \frac{年受胎母畜数}{年配种母畜数} \times 100\%$$

4. 繁殖率

繁殖率指本年度内实繁母牛数占应繁母牛数的比率。此项指标实生产力的指标之一，可用来衡量牛场生产技术管理水平。

$$繁殖率 = \frac{年实繁母牛数}{年应翻母牛数} \times 100\%$$

5. 受胎指数

受胎指数指每次受胎所需的配种次数。无论自然交配还是人工授精，指数超过 2，都表示配种工作没有组织好。

$$受胎指数 = \frac{配种总次数}{受胎头数} \times 100\%$$

6. 产犊间隔

产犊间隔指两次产犊间隔时间，是牛群繁殖力的综合指标，亦称平均胎间距。除一胎牛外，凡在年内繁殖的母牛，均应进行统计。由于妊娠期是一定的，因此提高母牛产后发情率和配种受胎率，是缩短产犊间隔、提高牛群繁殖力的重要措施。

$$产犊间隔 = \frac{\sum 胎间距}{n}$$

式中：n 为头数；胎间距为当胎产犊日距上胎产犊日的间隔天数；$\sum$ 胎间距为 n 个胎间距的合计天数。

7. 犊牛成活率

犊牛成活率指出生后 3 个月时犊牛成活数占产活犊牛数的比率。

$$犊牛成活率 = \frac{生后 3 个月活犊牛数}{总产活犊数} \times 100\%$$

此外，不返情率、空怀率、流产率等，在一定情况下也能反映出繁殖力和生产管理技术水平。

（二）猪繁殖力指标的计算

猪繁殖力指标有些与牛相似，如情期受胎率、总受胎率等。但猪妊娠期短、产仔多，还有些特殊指标。

1. 产仔窝数

产仔窝数指一群母猪在一年内平均产仔窝数。此指标可用来衡量母猪的繁殖力，也可以衡量生产管理水平。产仔窝数愈多，年繁殖率愈高。

$$产仔窝数(窝)=\frac{年内分娩总窝数}{年内繁殖母猪数}$$

2.平均窝产仔数

平均窝产仔数指某一品种或某一场内产仔总数与产仔总窝数之比。产仔数包括分娩时产出的已死仔猪。窝产仔数品种间差异大，一般来说，我国地方品种比外来品种平均窝产仔数多。

$$平均窝产仔数=\frac{产仔总数}{产仔窝数}\times 100\%$$

3.仔猪成活率

仔猪成活率指断奶时活仔猪数占出生时活仔猪数的百分率。此指标可用来考核饲养管理员的责任心，也反映出母猪哺育仔猪的能力。

$$仔猪成活率=\frac{断奶时成活仔猪数}{初生时活仔猪数}\times 100\%$$

(三)羊繁殖力指标的计算

羊繁殖力指标计算与牛基本相似，但羊除产单羔外，也有产双羔、三羔，因此也有些特殊指标。

1.产羔率

产羔率指产活羔数与参加配种母羊数的比率。

$$产羔率=\frac{产活羔羊数}{参加配种母羊数}\times 100\%$$

2.双羔率

双羔率指产双羔母羊数占产羔母羊数的百分比。

$$双羔率=\frac{产双羔母羊数}{产羔母羊总数}\times 100\%$$

3.成活率

成活率分断奶成活率和繁殖成活率两种，用以反映适繁母羊产羔成活的成绩和羔羊成活的成绩。

$$繁殖成活率=\frac{年内成活羔羊数}{产活羔头数}\times 100\%$$

$$断奶成活率=\frac{断奶成活羔羊数}{产活羔头数}\times 100\%$$

(四)马繁殖力指标的计算

1.受胎率

受胎率指受胎母马数占配种母马数的百分率。

$$受胎率率=\frac{受胎母马数}{配种母马数}\times 100\%$$

2.产驹率

产驹率指产驹母马数占妊娠母马数的比率。

$$产驹率=\frac{产驹母马数}{妊娠母马数}\times 100\%$$

3. 幼驹成活率

幼驹成活率指成活幼驹数占出生幼驹数的百分率。

$$幼驹成活率=\frac{成活幼驹数}{初生幼驹数}\times 100\%$$

三、常见家畜的正常繁殖力

在饲养管理、自然环境条件、生殖机能正常的情况下所表现出的繁殖水平称为自然繁殖力或生理繁殖力，也称为正常繁殖力。

(一)牛的正常繁殖力指标

牛的繁殖力，常用一次受精后的受胎效果来表示。一般成年母牛的情期受胎率为 40%～60%；年总受胎率 75%～95%；年繁殖率 70%～90%；第一情期受胎率 55%～70%；产犊间隔 14～15 个月。由于品种、环境气候和饲养管理水平及条件在全国各地有差异，所以牛群的繁殖力水平也有差异。

(二)猪的正常繁殖力指标

猪的正常情期受胎率一般为 75%～80%，总受胎率可达 85%～90%，平均每窝产仔数 8～14 头。但是品种间、胎次间差异很大，同品种不同类群间产仔数也有很大差异。

(三)羊的正常繁殖力指标

母羊的繁殖力因品种、饲养管理和生态条件等不同而有差异。绵羊大多一年一产或两年三产。其中，湖羊、小尾寒羊有时可在一年内产 2 胎，产双羔或三羔的比例也很高，产四羔的羊也有，个别能产六羔。山羊一般每年产羔 1 胎，有时可在一年内产胎，每胎可产羔 1～3 只，个别可产羔 4～5 只。

四、提高繁殖力的方法和措施

动物的繁殖力决定于它本身的繁殖潜力，然而后天因素，如环境、营养、管理、疾病等对动物的繁殖力具有重要影响。只有正确掌握动物的繁殖规律，采取先进的技术措施，才能最大限度地发挥动物繁殖潜力，提高其繁殖力。

1. 严格选种、充分利用高繁殖力种畜的遗传潜力

(1)繁殖性状的遗传规律　繁殖性状是一种受众多遗传和环境因素影响的复杂性状。有些繁殖性状受雌性的影响，有些繁殖性状仅受雄性影响，也有些性状同时受雄、雌两性的影响。总的来说，繁殖性状遗传力较低，大多在 0.1 以下。但是，与繁殖力有关的某些指标，如初情期、性成熟期、妊娠期等以及调节繁殖的激素及其受体水平等指标的遗传力较高，可达 0.3 以上。因此，对这些指标进行选择，可望提高繁殖力。

(2)在选留种畜时应将繁殖力作为重要选择指标　繁殖性状的遗传力虽然很低，但却与生产性能和经济效益紧密相关，因此必须选择繁殖力高的公、母畜作种畜。选择公畜时，要参考其祖先的生产能力，并对被选个体的生殖系统发育情况、性欲、射精量、精子质量等进行检查后再做选择。选

择母畜时，应注意性成熟的早迟、发情排卵的情况，应注意对一次情期受胎率、初产年龄、排卵数、初生窝重和断奶窝重等繁殖性状的选择。

2. 科学饲养管理、确保公母畜的正常繁殖机能

(1)科学饲养　应根据品种、类型、年龄、生理状态和生产性能等给种畜喂以充足的各种营养素。种公畜对缺乏蛋白质非常敏感，应特别注意补充蛋白质饲料。对种母畜，还应根据不同的生理阶段，给予不同的营养水平。

(2)创造良好的环境条件　环境条件可改变动物的繁殖活动。在自然环境条件中，以气候的影响程度最大。应给动物建立良好的环境条件，注意畜舍通风、卫生情况，并保证有足够的活动场所。高温季节要采取降温防暑措施，严冬季节要注意保暖防冻。

(3)强化科学管理　要改善畜群结构，重视遗传结构和年龄结构，才能获得最优的遗传进展，繁殖率和增殖率升高，提供的畜产品数量也增多。实行标准化的生产，生殖激素的合理推广应用是进行繁殖管理的重要手段。人工授精、胚胎移植等技术的实施，必须有标准化的操作程序并正确地使用药物，才能保证繁殖技术的推广应用效果和畜产品质量。动物繁殖活动受到人的控制，科学的管理措施有利于提高动物繁殖力。对整个畜群要应用计算机建立档案，监测畜群生长发育、生产、繁殖等情况。

3. 掌握好每一种动物发情排卵的规律、确保适时输精

(1)加强对种公畜和精液质量管理　优良品质的精液是保证受精和胚胎正常发育的前提。对人工授精使用的精液，要严格地进行质量检查，无论是用鲜精液配种还是用冷冻精液配种，都要注意检查精子活率、密度等以了解种公畜生殖机能状况和精液质量。及时治疗或淘汰，有繁殖障碍或精液质量差的种公畜。

(2)加强对母畜的发情鉴定，适时配种　准确地进行发情鉴定，决定最适的配种时间，提高受胎率，是提高动物繁殖力的重要环节。

4. 及时早期妊娠诊断、防止失配空怀

母畜配种之后，要及时掌握母畜是否妊娠、妊娠的时间、胎儿的发育情况及母畜的生殖器官的变化情况。确定母畜是否妊娠，以便按妊娠母畜对待，加强饲养管理。母畜未孕，要及时找出其未孕的原因，并密切注意其下一次的发情，抓好再配种工作，防止失配空怀，减少经济损失。

5. 降低早期胚胎死亡率与流产

早期胚胎死亡和流产是影响产仔数等繁殖力指标的重要因素之一。必须注意适时输入高质量的精液，对妊娠期的母畜要加强饲养管理，要防止挤斗及滑倒，役畜要减少使役时间，防止胚胎死亡和流产。

6. 加速繁殖新技术的研究与推广应用

(1)人工授精技术　虽然人工授精技术在我国推广应用已近半个世纪，但在不少地区，特别是一些畜牧业比较落后的农村仍未普及，今后应需继续加大宣传力度，推广该项技术。

(2)胚胎移植技术　通过胚胎移植还可使单胎肉牛产双胎。自 20 世纪中后期以来，该项技术在动物生产中应用，已显示出广阔的应用前景，具有巨大的经济效益和社会效益，今后应大力推广。

(3)诱导发情技术　对于生理性乏情(如季节性乏情、哺乳性乏情)和病理性乏情动物，可用外源激素或某些生理活性物质(如初乳)以及环境条件的刺激，促使乏情母畜的卵巢从相对静止状态转变为机能性活动状态，或消除病理因素，以恢复母畜的正常发情和排卵，即诱导发情排卵。

(4)母畜产后期生殖机能监测技术　母畜在产后期生殖机能的恢复状况是影响产仔间隔期最关键的因素。因此,利用现代科学技术对母畜产后期的生殖机能状况进行监测,以便采取适当的措施,使母畜在产后能尽早配种受孕,对于缩短产仔间隔期,提高母畜繁殖力具有重要作用。

(5)生殖激素的应用　利用 GnRH、FSH、PMSG 等可以诱发不发情的母畜发情,排卵少的多排卵。生产中可应用 GnRH 来提高母畜情期受胎率。据对数千头母牛试验,在母牛配种或输精的同时,肌肉注射 LRH-A3 20 μg 后,第一情期受胎率达到 71.0%,比对照组约提高 27.3%,效果显著。利用前列腺素及类似物,可治疗持久黄体等,使患繁殖障碍的母畜恢复繁殖机能。利用孕激素类药物可以保胎。

7.避免不育(不孕)症的发生

对种畜而言,繁殖力就是生产力,不育(不孕)就意味着繁殖力受到破坏,生产力受到损失,严重地影响畜群的增殖与改良。不育(不孕)是由于两性生殖系统生理机能的失常引起,也可以由其他器官严重的疾病间接造成,以致损害配子的发生、交配能力减弱、胚胎发育障碍等。不育(不孕)可分为四类:①先天性不育(不孕),包括幼稚病、异性孪生、雌雄同体、隐睾;②获得性不育(不孕),包括症状性、营养性、使用性、气候性;③人为的不育(不孕),如配种和人工授精技术上的错误以及条件的性反射(恶习),或青年家畜的两性隔离、延长泌乳期或绝育手术等;④衰老性不育(不孕)。为了防止不育(不孕)对生产带来的损失,我们必须作好以下几个方面工作:

(1)定期全面检查繁殖母畜　防治不育(不孕)时,首先应该有目的的向饲养员、配种员或挤奶员调查了解家畜的饲养、管理、使役、配种情况,有条件时可查阅繁殖配种记录和病例记录。调查饲料的种类和品质,了解饲料的加工和保管办法。不仅要详细检查生殖器官,而且要检查全身情况,有条件的地方,要定期对母畜进行繁殖健康检查。

(2)建立完整的繁殖记录　繁殖记录包括分娩或流产的时间,发情及发情周期的情况、配种及妊娠情况、生殖器官的检查情况、父母亲代的有关资料、后代的数量及性别、预防接种及药物使用以及其他有关的健康情况。

(3)完善管理措施　在家畜的不育(不孕)中,由于管理不善引起的要占较大的比例。要求技术人员和工作人员要认真负责,提高管理水平。

(4)重视后备家畜的饲养　对青年家畜必须提供足够的营养物质和平衡饲料,及时进行疫病预防和驱虫,保证健康成长,以便按时出现有规律的繁殖周期,发挥繁殖效益。

(5)严格执行卫生措施　在进行家畜的生殖器官检查、人工授精及母畜分娩时,一定要注意防止生殖器官的感染,杜绝严重影响生育力的传染性或寄生虫病的感染,对新购的家畜要隔离观察、严格检疫和预防接种。

第二节　繁殖障碍

家畜整个繁殖中的任何一个环节遭到扰乱和破坏,使繁殖力下降或在应当繁殖的时间内不能正常地产出仔畜,称为繁殖障碍。繁殖障碍严重地影响畜群的增殖和改良,是造成母畜不孕、公畜不育的主要原因。据不完全统计,世界各国在成年母奶牛中繁殖障碍发生率高达 15%～20%,母猪、母马的繁殖障碍发生率与母奶牛相近,母肉牛为 5%～10%。因此,研究解决家畜的繁殖障碍对畜牧业发展有重要意义。

一、公畜繁殖障碍

公畜繁殖障碍主要包括先天性、饲养管理性、疾病性、功能性四类。

(一)先天性繁殖障碍与防治

1. 隐睾症

在正常的情况下,睾丸经腹股沟从腹腔落入阴囊。隐睾是睾丸不能正常地下降进入阴囊,可能是双侧性的,但通常以一侧居多。发病率以猪最高,可达1%~2%,其次为马,牛和羊不常见。位于腹腔内的隐睾,在动物出生后的生长发育过程中睾丸发育受阻,不仅体积小,而且内分泌和生精功能均受到影响,甚至不产生精子。

2. 睾丸发育不全

睾丸发育不全是指精细管生殖层的发育不完全。发生于所有家畜,在一些牛群中可高达20%,在一些猪群中可达60%。睾丸发育不全有些是单侧,有些是双侧。一侧性的只有到性成熟时,因两侧睾丸大小不同才被发现。主要表现为精子量少、发育异常,精子对储存和冷冻的抵抗力低下。

在生产中对患有先天性繁殖障碍的公畜一般采取淘汰,不能作为种用。

(二)饲养管理性繁殖障碍

饲养管理不当会使公畜生殖功能衰退或受到破坏而造成不育。如长期饥饿或饲料不足、品种单一、缺乏某些必需的营养物质等。相反由于营养过剩、运动不足等造成公畜过肥,这些都会导致公畜精液品质不良,畸形精子、死精子数过多。

科学的饲养管理是预防种公畜饲养管理性繁殖障碍的有效手段,在饲料上应保证营养均衡,由于种公畜对缺乏蛋白质非常敏感,应特别注意补充蛋白质饲料。

(三)疾病性繁殖障碍

1. 睾丸炎及附睾炎

睾丸炎和附睾炎通常由物理性损伤或病原微生物感染所引起,因此睾丸炎和附睾炎常并发。患睾丸炎及附睾炎的家畜,精囊和精细管退化,精子活力降低,精子数减少,从而导致不育。为避免该病的发生,应以预防为主,健全防疫、检疫制度,定期注射疫苗。在治疗上主要应控制感染和预防并发症,防止转化为慢性,导致睾丸萎缩或附睾闭塞。急性病例应停止配种或采精,安静休息,24 h内局部用冷敷,以后用湿热敷、红外线照射等热敷疗法。

2. 外生殖道炎症

外生殖道炎症包括阴囊炎、阴囊积水、前列腺炎、精囊腺炎、尿道球腺炎和包皮炎等。这些疾病有的会影响精液品质,有的会影响性行为及采精。

(四)功能性繁殖障碍

1. 性欲缺乏

性欲缺乏又称阳痿,是指公畜在交配时性欲不强,以致阴茎不能勃起或不愿意与母畜接触的现象。

2. 交配困难

交配困难主要表现在公畜爬跨、阴茎的插入和射精等交配行为发生异常。爬跨无力是老龄公牛常发生的交配障碍。蹄部腐烂、四肢外伤、后躯或脊椎发生关节炎等都可能造成爬跨无力。

3. 精液品质不良

精液品质不良是指公畜射出的精液达不到使母畜受精所要求的标准，主要表现为射精量少，无精子、死精子、精子畸形和活力不强等。

为防止公畜功能性繁殖障碍的发生，首先应加强饲养管理，补充矿物质及维生素饲料。对性欲缺乏及精液品质不良的公畜可用 PMSG 或 LH 等激素治疗，对交配困难的公畜应针对不同的症状加以治疗。

二、母畜繁殖障碍

(一)先天性繁殖障碍

1. 生殖器官发育不全和畸形

母畜生殖器官发育不全主要表现为卵巢和生殖道体积较小，功能较弱或无生殖功能。幼稚性动物的生殖器官常常发育不全，即使到达配种年龄也无发情表现，有时虽然发情，但屡配不孕。常见的生殖器官畸形有输卵管伞和输卵管或输卵管和子宫连接处堵塞，子宫角缺失，单子宫角，无官腔实体子宫角，子宫颈的形状和位置异常，子宫颈闭锁，双子宫颈，以及阴瓣过度发育等。

2. 雌雄间性

又称两性畸形，指同时具有雌雄两性的部分生殖器官的个体。如某个体的生殖腺一侧为睾丸，另一侧为卵巢；或者两侧均为卵巢和睾丸的混合体即卵睾体，这种现象称为真两性。性腺为一种性别，而生殖道为另一种性别的两性畸形，称为假两性畸形。

3. 孪生母犊不育症

此种现象主要发生于牛，异性孪生母犊中约有 92% 患不育症，主要表现为不发情，体型较大，阴门狭小，阴蒂较长，阴道短小，子宫角和子宫颈非常细，甚至没有或呈薄膜状。卵巢极小。乳房极不发达，内无腺体。

4. 种间杂交

种间杂交的后代往往无生殖能力。如马和驴所生的后代，因卵巢中卵原细胞极少，睾丸中精细管堵塞，不能产生精子，所以无生育能力。又如黄牛和牦牛杂交，所产的后代犏牛，雌性虽有生育能力，但繁殖力较低。

对患有上述先天性繁殖障碍的母畜，在生产上一般采取淘汰的方法做肉畜处理。

(二)饲养管理性繁殖障碍

1. 营养性障碍

一般是由于饲养不当，动物缺乏营养、营养过剩或营养不平衡而使生殖功能衰退或受到破坏，从而生育力下降。

饲料数量不足，营养缺乏造成母畜生殖功能受到抑制；饲料过多，同时又缺乏运动，母畜卵巢发生脂肪变性，母畜表现为不发情。妊娠早期则会引起血浆孕酮浓度下降，也会妨碍胚胎的发育；若饲料品种单一，或者饲料中缺乏机体所必需的某种营养物质，就会造成殖障碍。

2. 环境、气候及管理性障碍

母畜的生殖功能与日照、气温、湿度、饲料成分等外界因素的变化有密切关系。如天气寒冷，加之营养不良，母畜就会停止发情或出现安静发情；而天气炎热，受胎率也会下降。长途运输、环境突然改变等应激反应，使生殖功能受到抑制，造成暂时性不孕。母畜长期缺乏运动、饲养环境恶劣等都会给母畜带来繁殖障碍。

对饲养管理性繁殖障碍的母畜应针对不同的情况改善饲养管理状况。

(三)技术性繁殖障碍

由发情鉴定的准确率低及配种技术不当引起的繁殖障碍称为技术性繁殖障碍，为防止这种现象的发生，首先要提高繁殖技术水平，制订并严格按照发情鉴定、配种和妊娠检查的规章制度和规程操作。

(四)疾病性繁殖障碍

1. 卵巢功能减退、不全及卵泡交替发育

卵巢功能减退的主要表现是卵巢处于静止状态，不出现周期性活动；卵巢功能不全是指有发情的外部表现，但不排卵或排卵迟缓，或者有排卵，但无发情的外部表现；卵泡交替发育是指卵泡不能发育到正常排卵即发生闭锁，与此同时另一个又在发育，彼此交替。

2. 卵巢囊肿

一般分为卵泡囊肿和黄体囊肿两种。卵泡囊肿，壁较薄，单个或多个卵泡存在于一侧或两侧卵巢上；黄体囊肿一般多为单个，存在于一侧卵巢上，壁较厚。卵泡囊肿持续有发情表现，黄体囊肿母畜表现长期不发情。

3. 持久黄体

妊娠黄体或周期黄体超过正常时间而不消失，称为持久黄体。持久黄体在组织结构和对机体的生理作用方面，与妊娠黄体或周期黄体没有区别，同样可以分泌孕酮，抑制卵泡发育和发情，引起不育。

4. 子宫内膜炎

子宫内膜炎是母畜在产后不同阶段所发生的急性或慢性子宫炎症。临床上以慢性子宫内膜炎比较常见，常由急性转化而来。该病主要由饲养管理不当，饲料单纯、缺乏维生素、矿物质等；一味追求高泌乳，造成母畜能量代谢的负平衡；使母畜处于过热、过冷或过湿、空气污浊、大量蚊虫叮咬的应激环境；以及母畜患有其他疾病时，可降低机体的抗病力，促成本病的发生。

复习思考题

1. 何为繁殖力？影响繁殖力的主要因素有哪些？
2. 简述公畜繁殖障碍的主要表现。
3. 评定繁殖力的指标有哪些？
4. 简述提高家畜繁殖力的主要措施。
5. 引起胚胎早起丢失和死亡的因素是什么？

第九章 家畜繁殖新技术

第一节 胚胎移植技术

一、胚胎移植的概念

胚胎移植(embryo transfer,ET)是指将一头良种母畜配种后的早期胚胎取出,移植到同种的生理状态相同的母畜体内,使之继续发育成新个体,所以也称作借腹怀胎。提供胚胎的个体为供体,接受胚胎的个体为受体。胚胎移植产生的后代,其遗传特性(基因型)取决于胚胎的双亲(提供卵子和精子者),受体母畜对后代的遗传特性影响是很小的。

二、胚胎移植的意义

1.发挥优良母畜的繁殖潜力

一头良种母牛的卵巢内有几万个生殖细胞,但在一个正常性周期内只有几个卵泡成熟并排卵,即使受精也只能产生一头良种牛犊。一只良种母畜一生只能繁殖10个左右的后代,大部分时间用于妊娠和哺乳。如果能让良种母畜更多的卵泡成熟排卵,而让品质平凡的同种母畜担任漫长而繁重的妊娠和哺乳的任务,那么,优良母畜可以获得后代的数目至少增加几十倍。

2.加速品种改良,扩大良种畜群

一般在一个畜群中最优良的母畜只占少数,超数排卵使一头母畜在一个性周期内产生更多的胚胎,然后移植到低产母畜子宫中,让其生产优良个体的后代,从而加速了品种改良速度。如加拿大有一头荷斯坦牛,曾生产了86头胚胎移植小牛,分属18头种公牛的后代。国内也有用胚胎移植技术从一只供体母羊的一次超数排卵中获得10只羔羊的报道。

3.诱发肉牛怀双胎

在肉牛业中,有一种由胚胎移植演化的所谓的“诱发双胎”的方法。即向已配种几天后或未配种但生理状态合适的母畜移植一枚或二枚胚胎,可望获得双胎。这种人工诱发双胎的方法提高了受体母畜的受胎率。

4.代替活畜运输

冷冻胚胎可长期保存,使移植不受时间和空间的限制。胚胎运输方便,且运输费用胚胎比活畜低,便于良种推广。

5.利于品种资源保存

畜种的生命周期是有限的,因而活畜保种有很大的局限性。而胚胎的长期保存是保存某些特有家畜品种和野生动物资源的理想方式,把优良品种的胚胎储存起来,还可以避免局部地区的良种遭受疫病、自然灾害或战争的意外打击而灭绝的危险。而且比保存活畜的费用低的多,容易实行。

冷冻精液、冷冻胚胎和冷冻卵母细胞共同构成优良性状的基因库。

6. 防疫需要和克服不孕

胚胎外部有透明带可防止细菌和病毒侵入，可用于培养无特异病原畜群，重建健康牛、猪群等。有些优良母畜容易发生习惯性流产或难产，或是由于其他原因不宜负担妊娠过程，可让其充当专门供体，正常繁殖后代。美国科罗拉多州立大学的研究人员通过胚胎移植，曾让一头屡配不孕的母牛在 15 个月期间内得到 30 头犊牛。

7. 研究手段

胚胎移植是研究受精生物学、遗传学、胚胎学、细胞学、动物育种学、免疫学以及繁殖生理学等理论问题的一种很好的手段。同时又是研究胚胎工程如胚胎分割、胚胎嵌合、体外受精、性别鉴定、核移植、转基因动物等的基础和生长点，因为这些技术最终产生动物个体目前仍离不开胚胎移植环节。

第二节　胚胎移植的操作程序

胚胎移植和人工授精从技术程序上讲基本相似，不过操作对象是胚胎而不是精子。它包括供体的超数排卵、配种或人工授精；受体的同期发情；胚胎的采集；胚胎品质的鉴定；胚胎的体外保存和胚胎的移植等(图 5-9-1)。但与人工授精相比，胚胎移植的技术含量要高得多，为了取得预期效果，必须十分重视供体和受体母畜的选择。忽视了这一点，往往会导致整个胚胎移植工作的失败。

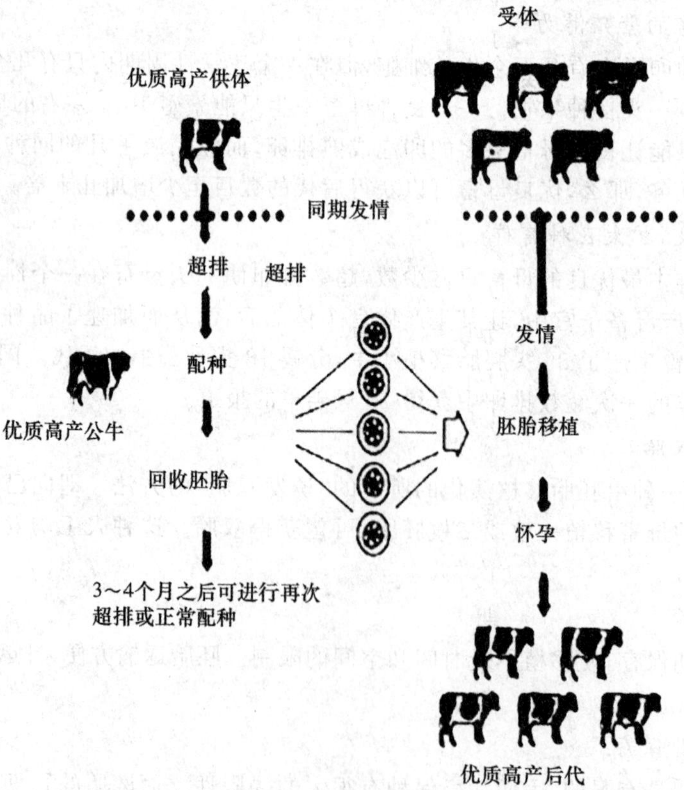

图 5-9-1　牛胚胎移植的生产过程

一、供体、受体母畜的选择

(一)供体的选择

1. 供体应具备遗传优势

在育种上有价值,应选择生产性能高、经济价值大的家畜作为供体。以奶牛为例,应选择产奶量、乳脂率和乳蛋白含量高的个体作为供体。

2. 供体应具有良好的繁殖能力

既往繁殖史好、易配易孕;繁殖史上没有遗传缺陷;分娩顺利,无难产或胎衣不下现象;生殖器官正常,无繁殖疾病;性周期正常、发情症状明显。

3. 供体应营养良好

体质健壮,健康无病。

4. 生理生化指标

目前通过生理生化指标选择供体的工作还处于研究阶段。现介绍以下几种供参考:

(1)血液中总胆固醇水平　牛血浆总胆固醇浓度高于 150 mg/100 mL 的母牛超排处理后获得可用胚胎超过 3 枚的比例高。若以牛血清总胆固醇含量以 140 mg/100 mL 为标准预选供体牛,则供体牛选择的准确性可以提高到 91%(10/11)。

(2)血清孕酮含量　每毫升血清中含有 3.0 ng 的孕酮,对于预选高效供体母牛是很有用的指标。超排处理时,孕酮含量高的供体羊,超排后排卵数及可用胚胎多。血清孕酮含量为(1.12±0.34) ng/mL 时,平均排卵数和平均可用胚胎数分别为(35.80±3.49)枚和(17.00±7.58)枚;当血浆孕酮含量为(0.83±0.12) ng/mL 时,平均排卵数和平均可用胚数为(7.50±1.12)枚和(1.00±3.74)枚。

(3)血清中 β-胡萝卜素浓度　母牛血清中 β-胡萝卜素浓度与超排效果之间存在着正相关,血清中 β-胡萝卜素的浓度为(20.10±13.55) μg/mL 时,采得胚胎数和可用胚胎数为 10～21 枚和(6.85±5.94)枚。血清中 β-胡萝卜素浓度高于 20μg/mL 的供体牛可能会有较好的超排反应。

(二)受体的选择

受体母畜可选用非优良品种的个体或土种家畜,但也应具有良好的繁殖性能和健康状态,体型中上等。在拥有大数量母畜的情况下,可以选择自然发情与供体发情时间相同或相近的母畜,一般两者发情时间差不宜超过±24h。由于在一般情况下往往不易找到足够的合适的母畜作为受体,所以大都需要对供体和受体进行同期发情处理。

二、供体和受体同期发情处理

供、受体的同期化是胚胎移植的关键,只有当供、受体的生殖器官处于相同的生理状态,移植的胚胎才能正常发育。一般供受体同期化发情时间不得超过一天,同期化越近成功率越高。当前比较理想的同期发情药物是前列腺素及其类似物,其用量根据药物的种类和用法而有不同。在注射 PGF2α 后 24 h,配合注射促进卵泡发育的 PMSG 或 FSH,可明显提高同期发情效果。(详见第三章第三节)

三、供体的超数排卵

在母畜发情的适当时间内利用外源性激素,促进卵巢机能,激发卵巢一次有较多卵泡发育成熟

并排卵。(详见第三章第三节)

四、供体母畜的配种

经过超排处理的母畜发情后应适时配种或人工授精。为了得到较多的发育正常的胚胎,人工授精时应使用活率高、密度大的精液,而且将授精次数增加到 2 或 3 次,两次间隔时间 8~10 h。牛的授精可通过直肠检查掌握卵泡发育情况,第二次或第三次授精时还可以检查有多少卵泡已经破裂排卵。

五、胚胎的采集

家畜的胚胎收集一般在配种 3~8 d 后,发育至 4~8 细胞以上为宜。牛胚胎最好在桑葚胚或早期囊胚阶段采集和移植,一般在配种 6~8 d 后进行。胚胎的采集是利用冲洗液将胚胎由输卵管或子宫冲出,收集在器皿内。在解剖镜下用特制的玻璃细管将胚胎从冲洗液中检出,放在盛有培养液的平皿内。胚胎采集有手术法和非手术法两种方法,手术法适用于各种动物,非手术法仅适用于牛、马等大动物,且只能在胚胎进入子宫后进行。几种家畜的排卵时间和胚胎发育的速度及所处的位置见表 5-9-1。

表 5-9-1　几种家畜的排卵时间和胚胎发育速度

畜种	排卵时间	发育速度(排卵后天数)							
		2 细胞	4 细胞	8 细胞	16 细胞	进入子宫	胚泡形成	脱离透明带	附植开始
牛	发情结束后 10~11 h	1~1.5	2~3	3	4	3~4	7~8	9~11	22
绵羊	发情开始后 24~30h	1.5	1.5~2	2.5	3	2~4	6~7	7~8	15
猪	发情开始后 35~45h	1~2	1~3	2~3	3.5~5	2~2.5	5~6	6	13
马	发情结束前 1~2d	1	1.5	3	4~4.5	4~6	6	8	37
兔	交配后 10~11h		1.5~2	1.5~2	2	2.5~4	3~4		

(一)手术法采胚

按照外科手术的要求麻醉,在腹部中线左右距乳房中线 4 cm(羊)、10 cm(牛)作一切口,切口大小根据子宫角大小确定,能牵拉出为宜。寻找子宫角,牵出创口外,用注射器吸取冲洗液注入输卵管或子宫角,后端用止血钳夹住,进行冲洗。同时观察卵巢上的排卵情况,计算黄体数量。

手术法冲洗胚胎不同的动物有不同方式(图 5-9-2)。对于牛、羊和兔是用注射器装上磨钝的针头刺入子宫角顶端,注入冲洗液,从输卵管上端的伞部接取冲洗液;对于猪和马则冲洗方向与此相反,由伞部注入冲洗液,从输卵管上端接取,因为猪和马的子宫角与输卵管结合部有一活塞状结构。上述两种方法是当胚胎处于输卵管或刚进入子宫角时使用(排卵后 4 d 以内)。当确认所有胚胎进入子宫角内,采用冲洗子宫角的方式,即从子宫上端注入冲洗液,在基部接取。或者反向冲洗均可。冲洗液用量根据子宫角容积大小而定。冲洗操作要求迅速准确,尽量减少对动物的过多刺激和对生殖器官的损伤。手术后生殖道易发生不同程度的粘连,严重时会造成不孕。手术后母畜宜单独饲养,观察伤口愈合情况。

(二)非手术法采胚

牛、马采用非手术法收集胚胎,由于它比手术法简便易行且伤害生殖道的危害性小,故有较大的优越性(图 5-9-3)。Sugie 设计了一种器械。可有效地从牛子宫收集胚胎。后来人们对采胚器进行了改进,发明了 Folley 氏导管、Stewart 三通路导管及相似器械。

非手术法收集胚胎前用尾椎麻醉,然后将三通管插入子宫角内注入空气或水将三通管的气球充满,以堵塞子宫角基部。注意气球充盈度,避免对子宫内膜的过度压迫。用 30～60 mL 冲洗液灌入,充满一个子宫角,再令其回流至集卵皿,同时隔着直肠轻轻按摩子宫,最好用手在直肠内将子宫角提起。这样多次重复冲洗,直至用完 300～800 mL 冲洗液。然后用同样方法冲洗另一个子宫角。收集马的卵母细胞或胚胎,气球应放在子宫颈内充气,同时冲洗两个子宫角。牛、马的胚胎用非手术法收集时,通常在配种后 6～8 d 胚胎进入子宫角时进行,此法不能收集位于输卵管内的胚胎。

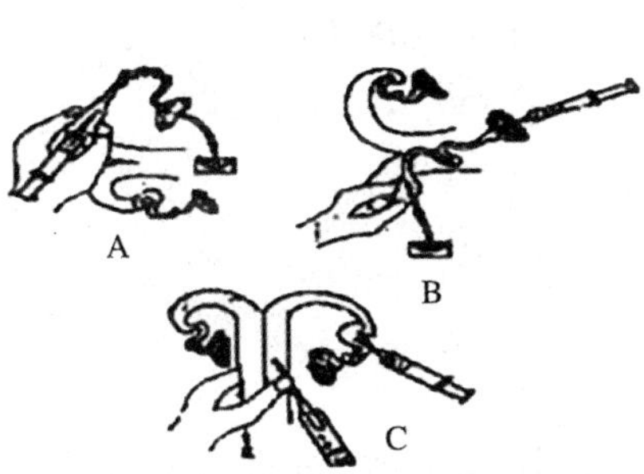

图 5-9-2　手术法冲胚

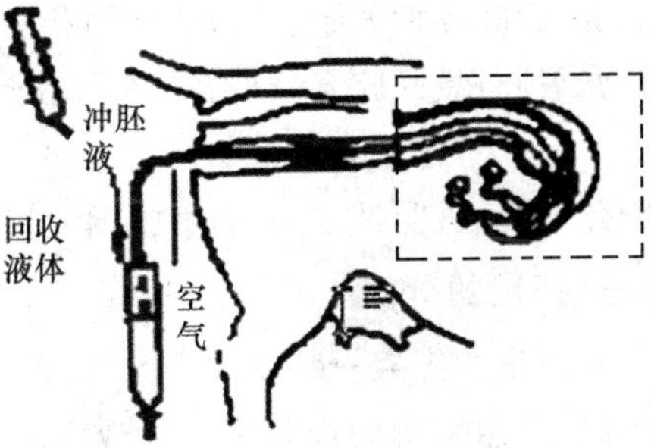

图 5-9-3　母牛非手术法冲洗胚

A. 输卵管向伞部冲洗　B. 输卵管向子宫角冲洗　C. 子宫冲洗

(三)冲洗液

收集胚胎的冲洗液有多种,现在多用杜氏磷酸盐缓冲液(PBS)、布林斯特 4 等冲洗液。冲洗液需含 1%～5%的犊牛血清或 0.3%～1%的牛血清白蛋白。

六、胚胎检查与鉴定

超排处理后,卵巢内的卵泡并非同时排卵,加之超排处理使生殖道的内分泌环境发生改变,回收到的胚胎发育程度有很大变化。这就需要对胚胎进行形态学鉴定,选出形态比较正常的胚胎进行移植。有些形态特征较差或发育迟缓的胚胎移植后也有可能发育。但发育延迟在 2 d 以上者,往往很难存活。

(一)胚胎检查方法

为了减少体外不利因素对胚胎造成的影响,从母畜生殖道冲出来的冲卵液应保持在 37℃环境中,冲卵结束后将冲卵液置于 30℃的无菌箱中,最好在箱内检查,如果条件不具备,可在 20～25℃的无菌操作室内检查。以缩短检卵时间,最好用 2～3 台立体显微镜同时检查。因冲卵液量比较多(几百毫升),全部检查花费时间太多,故采取两种方法,既不让胚胎丢失又要节省时间。一种方法是静置法:把盛冲卵液的容器在无菌室内静置 20～30 min,胚胎下沉到容器底部,然后将上面的冲卵液吸出,剩下几十毫升即可,然后将这些冲卵液倒入平皿或表面皿,在立体显微镜下进行检查,为防止胚胎粘到容器上,要用冲卵液冲洗容器,这部分单独倒入平皿检查,另一种方法是采用带有网格(直径小于胚胎直径)的过滤器放入冲卵液中,由上往下吸出冲卵液,最后剩下几十毫升即可,为防止胚胎吸附在冲卵器上，用冲卵液反复冲洗过滤器，按上述方法进行处理后，在体视镜下进行观察，牛和绵羊早期胚胎的直径为150μm左右。检查出的胚胎用吸卵器移入含有20%的犊牛血清的PBS中进行鉴定。

(二)胚胎发育期的划分和特征

正常动物胚胎如图5-9-4所示。母牛第6～8天非手术采集的发育为桑葚胚至扩张囊胚，发育期的划分和特征如下。

桑葚胚：卵裂球隐约可见，细胞团的体积几乎占满卵周间隙。

致密桑葚胚：卵裂球进一步分裂变小，看不清卵裂球的界线，细胞团收缩至卵周间隙的60%～70%。

早期囊胚：出现透亮的囊胚腔，但难以分清内细胞团和滋养层，细胞团占卵周间隙的70%～80%。

囊胚：囊胚腔增大明显，内细胞团和滋养层细胞界线清晰，细胞充满了卵周间隙。

扩张囊胚：囊胚腔充分扩张，体积增至原来的1.2～1.5倍，透明带变薄，相当于正常厚度的1/3。

孵化囊胚：透明带破裂，内细胞团脱出透明带。

(三)胚胎的分级

胚胎质量按优劣一般分为A、B、C和D四个等级。

A级：胚胎发育阶段与胚龄一致，胚胎形态完整，轮廓清晰，呈球形，分裂球大小均匀，结构紧凑，色调和透明度适中，无游离的细胞和液泡或很少，变性细胞比例<10%。

B级：胚胎发育阶段与胚龄基本一致，轮廓清晰，分裂球大小基本一致，色调和透明度及细胞密度良好，可见到一些游离的细胞和液泡，变性细胞占10%～30%。

C级：胚胎发育阶段与胚龄不太一致，轮廓不清晰，色调变暗，结构较松散，游离的细胞或液泡较多，变性细胞达30%～50%(图5-9-4)。

D级：有碎片的卵、细胞无组织结构，变性细胞占胚胎大部分，约75%。

A、B、C级胚胎为可用胚胎，D级为不可用胚胎。

(四)胚胎的鉴定

移植前正确鉴定胚胎的质量，是移植能否成功的关键之一。目前鉴定胚胎质量和活力的途径主要以形态学方法为主。一般是在50～80倍的实体显微镜下或120～160倍的生物显微镜下进行综合评定，评定的主要内容是：①卵子是否受精：未受精卵的特点是透明带内分布匀质的颗粒，无卵裂球(胚细胞)；②透明带的规则性即形状、厚度、有无破损等；③胚胎的色调和透明度；④卵裂球的致密程度，细胞大小是否有差异以及变性情况等；⑤卵黄间隙是否有游离细胞，或细胞碎片；⑥胚胎本身的发育阶段与胚胎日龄是否一致、胚胎的可见结构如胚结(内细胞团)、滋养层细胞、囊胚腔是否明显可见。

应该指出，形态鉴定在很大程度上是凭经验进行鉴定，带有一定的主观性，单靠胚胎的形态不能完全说明其活力。但是由于形态鉴定胚胎方法简单易行，特别是观察者经验丰富，此方法还是相当可靠的，正是由于形态学鉴定胚胎有上述优点，在胚胎移植实践中大都采用此方法。

除了形态学方法进行胚胎鉴定外，还有体外培养法、荧光法和测定代谢活性等方法，但因设备投入大，测定复杂，在生产中应用较少。

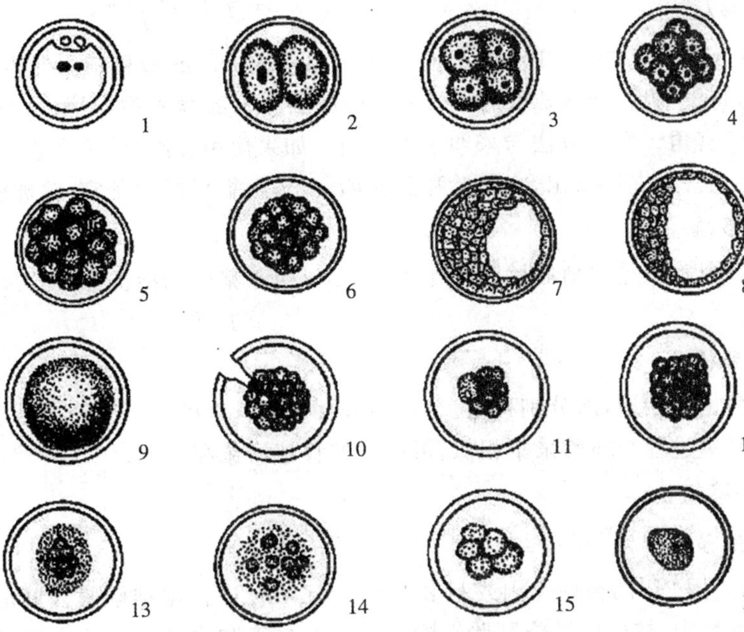

图 5-9-4　发育不同阶段的正常胚胎和退化变形胚

正常胚胎：1.1 细胞期　2.2 细胞期　3.4 细胞期　4.8 细胞期　5.桑葚胚　6.密集桑葚胚　7.囊胚　8.扩张囊胚　非正常胚胎：9.未受精卵　10.透明带破损　11.变性卵　12.透明带椭圆　13～16.退化变性卵

七、胚胎保存

胚胎(受精卵)保存，就广义上说，就是设法在体外把胚胎暂时储存起来而不使其失去活力。从狭义上说，胚胎保存是指把胚胎放在低于正常发育的温度下，使细胞的新陈代谢和分裂速度减慢乃至完全停止，使胚胎的发育处于暂时停顿的状态。一旦恢复到正常发育的温度时，胚胎又再继续发育下去。随着家畜胚胎移植的成功和普及，应用胚胎移植来加速品种改良已显得日益重要。但是，要使胚胎移植能更加广泛应用于生产还必须解决胚胎保存、特别是长期保存的问题。

要达到保存胚胎的目的，通常可以有 4 种方法：①在正常发育的温度(37℃)下培养保存；②在异种活体内保存；③低温(37℃以下，0℃以上)保存；④超低温(－196℃)冷冻保存。保存温度在 0℃以上时，胚胎的代谢仍在进行，保存时间不会很长，它为一种培养式的保存，故称为短期保存；保存温度在 0℃以下，如干冰(－79℃)、液氮(－196℃)或低温冰箱中保存时间可达几十年，称为长期保存。

八、胚胎移植

胚胎的移植也叫胚胎的植入，是整个胚胎移植技术中关键环节之一。和采集胚胎一样，胚胎的移植也有手术法和非手术法两种。

(一) 手术法移植

本法主要用于羊、猪和实验动物。

1. 羊的手术法移植

用含 0.3%～0.5% BSA 的 DPBS 液或含 10 %的血清的 DPBS 液移植。受体羊肌注 2%的静松灵 0.3～0.5 mL，将发情后 2～3 d 从输卵管采集的胚胎从伞部移入输卵管，发情后 6～7 d 从子宫采集的胚胎移入子宫角。手术方法与采卵手术雷同。如果使用腹腔镜，可在腹壁开个小口，观察卵巢黄体，用肠夹将子宫角夹持取出，将胚胎移到排卵侧子宫角，可减少子宫、输卵管的粘连。

2. 猪的手术法移植

同牛、羊手术法移植，只是移植胚胎数量比牛、羊多。由于猪胚胎冷冻保存效果较差，目前一般都为鲜胚移植。

3. 兔的手术法移植

兔的两侧子宫角也不相通，需分别移植。但不必两侧做切口，可经一侧切口沿子宫体引出另一侧子宫角。移植的基本过程与胚胎采集相似，可用羊的移植器械和方法。

（二）非手术法移植

1. 牛的非手术法移植

将受体牛保定好，用 2%的普鲁卡因或利多卡因 3～5 mL 进行尾椎硬膜外麻醉。把新鲜的冲胚液分在几个小培养皿中，按顺序洗涤胚胎以除去附着的黏液和血液等杂物。然后将胚胎装入细管，方法是首先在细管内吸入保存液使形成 2～5 cm 的液柱，接着使细管内形成 0.5 cm 的空气层，然后再吸入含有胚胎的保存液，液柱为 2.5 cm，再形成一层空气，再吸入少量保存液。在吸入时，细管可连接 1 mL 注射器，操作比较方便。吸入时要使用实体显微镜，吸入后还要隔细管壁检查，以确定胚胎是否已经吸入。把吸入胚胎的细管安装在精液注入器上，并套上灭菌的外鞘。用温水或肥皂水清洗受体外阴，以干布或卫生纸擦拭，然后再用消毒液洗涤，最后用 70%的酒精棉球擦之。用类似于直肠把握输精的方法把套上外鞘的移植器插入阴道内，并推进到子宫颈口，使移植器冲破外鞘的前端直接进入子宫颈内。育成牛子宫颈管细，移植器插入前可先用子宫颈扩张棒扩张。当移植器进入黄体一侧的子宫角时，在伸进直肠的手的协助下，使移植器前端达到子宫角大弯处，随即将胚胎推出。胚胎的移植操作要求动作轻、快、稳，最好在 10 min 分钟内完成。

2. 羊的非手术法移植

羊的非手术移植需要腹腔镜和配套的操作器械。受体羊术前饥饿 12～24 h，在乳房前 6 cm 处的中线两侧各 2 cm 处分别做两个小切口，插入腹腔镜头和固定钳。在腹腔镜的监视下，进行黄体计数并用固定钳固定宫管结合部，再从乳房前 6 cm 处的中线上插入一套长 7 cm、内口径 7 mm 的套管针，很快拔出针芯，伸入 18 号长针刺入子宫角。再将装在 1 mL 注射器上含有胚胎的细管(外径 1.2 mm)通过子宫角上针头的穿孔插入 2～3 cm，以保证细管尖端游离在子宫腔，再向后拉 1 cm 以防止尖端粘着于子宫内膜内，然后推动 1 mL 注射器送入胚胎。这种方法，每次移植仅需 5～8 min，比手术移植快。

九、供体和受体的术后观察

胚胎手术后要注意供体、受体母畜的健康情况和发情表现。供体在下次发情时可照常配种，或经过 2～3 个月在重复作为供体。受体母畜如未发情则应在适当时候做妊娠检查，如确已妊娠则需要加强培养管理。

理论上讲，胚胎移植可以提高母畜繁殖力很多倍，但在实际生产应用中还存在很多问题。如牛的胚胎移植，按每头供体每次超排计算，最后产犊大多是 2～4 头。胚胎移植效果上主要决定于胚胎来源（排卵率、收集率），胚胎保存和分割，所有这些过程还有待于进一步的完善。

复习思考题

1. 何为胚胎移植？它在畜牧业生产中的意义是什么？简述产业化前景及存在的主要问题。
2. 胚胎移植的生理学基础是什么？
3. 胚胎移植的基本原则和基本条件是什么？

参 考 文 献

[1] 白文林,尹荣焕,尹荣兰. 动物分子育种的研究与实践. 大连:辽宁科学技术出版社,2014.
[2] 包雯琦,迈向畜牧业现代化——农业部畜牧业司司长马有祥谈“十三五”畜牧业发展重点. 农产品市场周刊,2016,1:37-38.
[3] 陈斌. 动物遗传育种. 2版. 重庆:重庆大学出版社,2011.
[4] 陈代文,王恬. 动物营养与饲养学. 北京:中国农业出版,2011.
[5] 陈代文. 饲料安全学. 北京:中国农业出版社,2010.
[6] 陈宏权. 动物遗传学. 北京:中国农业大学出版社,2002.
[7] 陈喜斌. 饲料学. 北京:科学出版社,2003.
[8] 董文超,庄苏,张腾. 反刍动物蛋白质营养研究进展. 畜牧与兽医,2013,(7):104-109.
[9] 范兆廷. 水产动物育种学. 2版. 北京:中国农业出版社,2014.
[10] 冯定远. 配合饲料学. 北京:中国农业出版社,2003.
[11] 冯仰廉. 反刍动物营养学. 北京:科学出版社,2004.
[12] 付静涛. 动物繁殖. 北京:中国农业大学出版社,2013.
[13] 计成. 动物营养学. 北京:高等教育出版社,2008.
[14] 贾涛. 饲料营养对生鲜乳品质的影响. 饲料与畜牧:新饲料,2015,(5):62-64.
[15] 李爱杰. 水产动物营养与饲料学. 北京:中国农业出版社,2000.
[16] 李碧春,徐琪. 动物遗传学. 2版. 北京:中国农业大学出版社,2015.
[17] 李德发,龚利敏. 配合饲料制造工艺与技术. 北京:中国农业出版社,2003.
[18] 李凤铃. 动物繁殖技术. 北京:北京师范大学出版社,2011.
[19] 李建国. 畜牧学概论. 中国农业出版社,2018.
[20] 李宁. 动物遗传学. 3版. 北京:中国农业出版社,2011.
[21] 李婉涛 张京和. 动物遗传育种. 3版. 北京:中国农业大学出版社,2016.
[22] 刘榜. 家畜育种学. 北京:中国农业出版社,2007.
[23] 刘国世. 经济动物繁殖学. 北京:中国农业大学出版社,2009.
[24] 刘来亭. 动物营养与饲料加工专业英语. 郑州:郑州大学出版社,2011.
[25] 刘源,张院萍. 促进生猪生产持续健康有序发展——农业部畜牧业司司长马有祥解读《全国生猪生产发展规划(2016—2020年)》. 中国畜牧业,2016,10:38-40.
[26] 栾合军,王林元,高原. 油脂的作用及酸败的危害. 养殖技术顾问,2011,(12):56-56.
[27] 马美蓉. 陆叙元动物营养与饲料加工. 北京:科学出版社,2012.
[28] 农业部畜牧业司司长马有祥:当前畜牧业主要形势与任务. 兽医导刊, 2017, 1: 12-13.
[29] 农业部左玲玲十三五期间畜牧业规划. 新疆畜牧业,2016.11:31-32.
[30] 庞清刚,刘丽. 蛋白质营养对动物繁殖性能的影响. 饲料工业,2007.28(22): 41-42
[31] 彭健. 饲料学. 2版. 北京:科学出版社,2008.

[32] 乔国华,余成群,李锦华.反刍动物日粮能量与氮素的同步化.黑龙江畜牧兽医,2013,(5):23-25.
[33] 邱以亮.畜禽营养与饲料.2版.北京:高等教育出版社,2013.
[34] 师守堃.动物育种学总论.北京:北京农业大学出版社,2001.
[35] 宋青春.水产动物营养与配合饲料学.北京:中国农业大学出版社,2010.
[36] 苏玉虹.动物遗传育种技术.北京:中国农业科学技术出版,2012.
[37] 孙丽萍,张丽华.影响原料乳品质的因素分析.黑龙江畜牧兽医,2015,(11):9-21.
[38] 孙利娜,李贺,郜希君,等.提高反刍动物对粗纤维消化率的营养调控措施.饲料博览,2011,(9):23-26.
[39] 孙伟,常洪.现代动物群体遗传学 .北京:科学出版社,2016.
[40] 推动饲料工业全面提高质量效益和竞争力——农业部畜牧业司司长马有祥解读《全国饲料工业-十三五-发展规划》.吉林农业,2016,22:25-26.
[41] 万发春.反刍动物对非蛋白氮的利用.山东畜牧兽医,2000,(4):47-48.
[42] 王成章,王恬.饲料学.2版.北京:科学出版社,2011.
[43] 王锋.动物繁殖学 .北京:中国农业大学出版社,2012.
[44] 王岗,岳守忠.小肽吸收的优势与意义.畜禽业,2002,(2): 12-13.
[45] 王树涛.试论青贮饲料及粗饲料的加工、调制及其饲喂.甘肃畜牧兽医,2016,46(22):108-108.
[46] 王恬.畜牧学通论.2版.北京:高等教育出版社,2002.
[47] 王向峰,张龙涛.动物日粮纤维应用研究进展.福建畜牧兽医,2010,(1):15-17.
[48] 吴常信.动物遗传学.2版.北京:高等教育出版社,2015.
[49] 吴晋强.动物营养学.3版.合肥:安徽科学技术出版社,2010.
[50] 阎慎飞.动物繁殖学.重庆:重庆大学出版社,2007.
[51] 杨凤.动物营养学.2版.北京:中国农业出版社,2000.
[52] 杨利国.动物繁殖学.2版 .北京:中国农业出版社,2010.
[53] 杨孝列,刘瑞玲.动物营养与饲料.北京:中国农业大学出版社,2015.
[54] 杨占江,赵彦青.营养因素对蛋品质量的影响与调控.中国畜牧兽医文摘, 2015 ,(3) :193-194.
[55] 姚军虎.动物营养与饲料.北京:中国农业出版社,2001.
[56] 游金明,瞿明仁,张宏福.动物营养对环境的影响及营养学调控方法.饲料研究, 2002,(4):20-22.
[57] 俞晓荣.维生素 A 在动物机体内作用研究进展.湖南饲料,2011,(3):46-48.
[58] 张彬.粗饲料的特点与加工制作方法.养殖技术顾问,2014,(8):70-70.
[59] 张拴林.反刍动物繁殖调控研究.北京:中国农业科学科技出版社,2008.
[60] 张廷荣.家畜育种学.青岛:中国海洋大学出版社,2013.
[61] 张英杰.动物分子营养学.北京:中国农业大学出版社,2012.
[62] 张沅.家畜育种.北京:中国农业出版社,2001.
[63] 张子仪.中国饲料学.北京:中国农业出版社,2008.
[64] 张子仪.中国现行饲料分类编码系统说明.中国饲料,1994,4:19-22.

[65] 赵兴波. 分子诊断与动物分子育种. 北京：科学出版社，2011.
[66] 郑云峰，许云英，徐玉娟. 蛋白质营养中小肽的研究新进展. 饲料工业，2006，27(1)：16-18.
[67] 周安国，陈代文. 动物营养学. 3 版. 北京：中国农业出版社，2011.
[68] 朱士恩. 家畜繁殖学. 5 版. 北京：中国农业出版社，2009.
[69] H. Joe Bearden Emeritus. Applied Animal Reproduction (6th Edition). Prentice Hall，2013.
[70] Ian Gordon. Reproductive Technologies in Farm Animals. CABI Publishing，2004.